普通高等院校机电工程类规划教材

机械设计基础课程设计

——基于SolidWorks的实现

林秀君 林怡青 谢宋良 吕文阁 成思源 编著

清华大学出版社
北京

内容简介

本书根据高等工科院校机械设计课程教学基本要求，结合教师丰富的教学经验编写而成。本书以培养学生解决工程实际问题的能力为主要目标，除了介绍机械设计的知识外，注重叙述设计方法和设计过程的把握。

本书分为三篇，第一篇为课程设计指导，以减速器设计为例，介绍了一般机械传动设计内容、方法和步骤。针对多学时、中等学时、少学时三种教学大纲，提供相应的课程设计任务书和设计原始数据，以及圆柱齿轮传动、圆锥齿轮传动、蜗杆传动三类减速器的装配图和零件图参考图例。第二篇为基于 SolidWorks 的减速器设计范例，介绍了如何用 SolidWorks 设计软件实现减速器零件的实体建模、减速器装配体的建立以及从装配体生成工程图。第三篇为课程设计常用规范，内容基本可以满足课程设计的需要。

本书可供高等工科院校机械类、近机械类和非机械类专业学生进行机械设计课程设计、机械设计基础课程设计使用。

图书在版编目(CIP)数据

机械设计基础课程设计：基于 SolidWorks 的实现/林秀君等编著. —北京：清华大学出版社，2019 (2024.2 重印)

(普通高等院校机电工程类规划教材)

ISBN 978-7-302-53241-5

Ⅰ. ①机… Ⅱ. ①林… Ⅲ. ①机械设计－课程设计－高等学校－教材 Ⅳ. ①TH122-41

中国版本图书馆 CIP 数据核字(2019)第 134538 号

责任编辑：许 龙
封面设计：傅瑞学
责任校对：刘玉霞
责任印制：丛怀宇

出版发行：清华大学出版社
网　　址：https://www.tup.com.cn，https://www.wqxuetang.com
地　　址：北京清华大学学研大厦 A 座　　**邮　　编**：100084
社 总 机：010-83470000　　**邮　　购**：010-62786544
投稿与读者服务：010-62776969，c-service@tup.tsinghua.edu.cn
质量反馈：010-62772015，zhiliang@tup.tsinghua.edu.cn
印 装 者：三河市龙大印装有限公司
经　　销：全国新华书店
开　　本：185mm×260mm　　**印　　张**：22.25　　**字　　数**：542 千字
版　　次：2019 年 6 月第 1 版　　**印　　次**：2024 年 2 月第 5 次印刷
定　　价：59.80 元

产品编号：074175-01

前　言

减速器设计是传统的课程设计题目，由于它覆盖了机械设计课程的大量知识点，因此一直保持着强大的生命力，不少学校至今仍把减速器设计作为机械设计基础课程设计的内容。本书以减速器设计为知识载体，以培养学生解决工程实际问题的能力为目标进行编写，具有如下特点：

(1) 在介绍机械设计知识的同时，注重叙述设计方法和设计过程的把握；

(2) 以设计过程为线索展开讨论，引导学生综合考虑结构设计和计算的要求，寻找合理的设计途径；

(3) 针对学生容易犯错或产生疑惑的地方，在设计进程的关键点处给出了提示，同时又留给指导教师必要的空间；

(4) 提供了用 SolidWorks 设计软件进行减速器设计的完整范例，有利于提高学生机械设计的能力；

(5) 采用最新的设计标准，提供符合多学时、中等学时、少学时三种教学大纲的课程设计任务书及进度安排，并提供经过验证的设计原始数据；

(6) 提供了圆柱齿轮传动、圆锥齿轮传动、蜗杆传动三类减速器的设计指导，以及装配图和零件图参考图例，方便学生选用。

本书凝结了教师多年的教学经验，在编写过程中吸取了兄弟院校同行的经验，参考了相关的书籍。唐文艳、张晓伟、路家斌、夏鸿建、潘继生、俞爱林等老师提出了宝贵意见，在此表示衷心的感谢。

编　者

2018 年 10 月

目　录

第一篇　课程设计指导

第三篇　课程设计常用规范

第一篇

课程设计指导

第1章 概　　述

1.1 课程设计的目的

"机械设计基础"是一门理论与应用联系紧密的学科，具有技术性和实践性强的特点。课程设计是该课程的重要实践性教学环节，课程设计的目的是配合理论教学，通过具体机械的设计，把机械设计基础及其他相关课程的知识在实践中加以综合运用，达到巩固、加深和拓宽课程内容，进一步加强工程意识、培养机械设计能力的目的。

课程设计是综合运用所学知识的过程，是知识转化为能力和工程素质的重要阶段。在课程设计中，要注意综合运用机械设计课程和其他先修课程的知识，分析和解决机械设计中的问题，学会运用设计手册等有关资料，按照技术标准和规范进行设计。

课程设计是启发创新思维，培养发现问题和解决问题能力的过程。在课程设计中会遇到各种问题，要充分利用各种渠道获取有用的信息，充分发挥自己的主观能动性，提出解决问题的方案，与指导老师进行有效的交流。

在课程设计中，要提倡独立思考与团队合作相结合的方式。因为每人的设计题目数据不同，所以必须独立完成。但题目的类型相同或相似，这样便于对设计方法、关键技术问题的解决展开讨论，集思广益。

1.2 课程设计的一般步骤

1. 设计准备

仔细研究设计任务书，明确设计任务；阅读课程设计指导书，观察实物、模型、电教资料，或进行调研；准备设计资料、工具，拟定设计计划。

2. 传动装置总体方案设计

拟定传动方案，选择电动机，计算传动装置的运动和动力参数（包括确定总传动比，分配各级传动比，计算各轴转速、功率、转矩）。

3. 传动零件初步设计

通过设计计算，确定传动零件的基本参数和主要尺寸，为装配图设计做好准备。

4. 装配草图设计

初绘传动装置装配草图，进行轴系部件的结构设计，轴、轴承、键连接的计算，箱体及其他支承零件的设计，润滑与密封装置的设计。

5. 装配工作图设计

装配草图设计检查无误后，即可绘制传动装置的装配工作图。

6. 零件图设计

设计部分零件工作图。

7. 编写设计说明书

整理和编写课程设计计算说明书。

8. 总结与答辩

进行课程设计总结和答辩。

1.3 课程设计任务书及参考数据

本节根据不同要求的教学大纲列举 3 种设计任务书作为参考，设计内容均为减速传动装置。其中 3 周(15 个工作日)教学计划是设计三级减速传动装置，带传动和两级齿轮减速器，涉及本书的全部内容；2 周(10 个工作日)教学计划是设计两级减速传动装置，带传动和单级齿轮减速器，涉及本书的绝大部分内容；1 周(5 个工作日)教学计划是设计单级齿轮减速器，设计内容和图纸要求适当减少。

任务书中运输带工作拉力 F、运输带工作速度 v 和卷筒直径 D 的数值由指导教师填写(可参考本书提供的数据)，每个学生采用不同的数据，要注意这些原始数据的设定应该满足任务书中关于传动装置级数的要求。任务书中建议的进度安排可根据具体的时间由指导教师进行调整确定，地点由指导教师根据实际情况确定，应收集的资料与主要参考文献由指导教师根据实际情况确定。

1.3.1 适用机械类教学大纲(3 周，15 个工作日)

机械设计基础课程设计任务书

题目名称　带式运输机传动装置

学生学院

专业班级

姓　　名

学　　号

1. 课程设计的内容

带式运输机传动装置设计的内容应包括：三级传动装置的总体设计；传动零件、轴、轴承、联轴器等的设计计算和选择；减速器装配图和零件工作图的设计；设计计算说明书的编写。

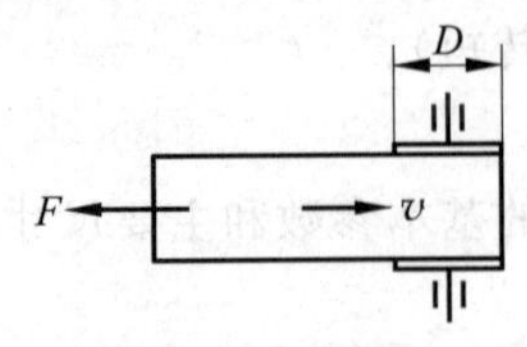

2. 课程设计的要求与数据

已知条件：

(1) 运输带工作拉力 $F=$______ kN；

(2) 运输带工作速度 $v=$______ m/s；

(3) 卷筒直径 $D=$______ mm；

(4) 使用寿命：8 年；

（5）工作情况：两班制，连续单向运转，载荷较平稳；

（6）制造条件及生产批量：一般机械厂制造，小批量；

（7）工作环境：室内，轻度污染环境；

（8）边界连接条件：原动机采用一般工业用电动机，传动装置与工作机分别在不同底座上，用弹性联轴器连接。

3. 课程设计应完成的工作

（1）减速器装配图1张；

（2）零件工作图2张；

（3）设计说明书1份。

4. 课程设计进程安排

序 号	设计各阶段内容	地 点	起止日期
1	设计准备： 明确设计任务，准备设计资料和绘图用具		第1天
2	传动装置的总体设计： 拟定传动方案；选择电动机；计算传动装置运动和动力参数 传动零件设计计算： 带传动、齿轮传动主要参数的设计计算		第1、2天
3	减速器装配草图设计： 初绘减速器装配草图；轴系部件的结构设计；轴、轴承、键连接等的强度计算；减速器箱体及附件的设计		第3～6天
4	减速器装配图设计		第7～11天
5	零件工作图设计		第12、13天
6	整理和编写设计计算说明书		第14天
7	课程设计答辩		第15天

5. 应收集的资料及主要参考文献

略。

发出任务书日期： 年 月 日

计划完成日期： 年 月 日

指导教师签名：

基层教学单位责任人签章：

主管院长签章：

1.3.2 适用近机械类教学大纲（2周，10个工作日）

机械设计基础课程设计任务书

题目名称 带式运输机传动装置

学生学院

专业班级

姓 名

学 号

1. 课程设计的内容

带式运输机传动装置设计的内容应包括：两级传动装置的总体设计；传动零件、轴、轴承、联轴器等的设计计算和选择；减速器装配图和零件工作图的设计；设计计算说明书的编写。

2. 课程设计的要求与数据

已知条件：

(1) 运输带工作拉力 $F=$______ kN；

(2) 运输带工作速度 $v=$______ m/s；

(3) 卷筒直径 $D=$______ mm；

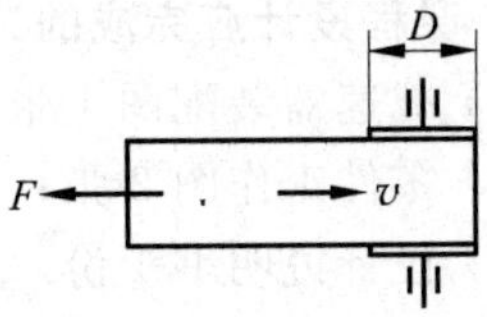

(4) 使用寿命：8 年；

(5) 工作情况：两班制，连续单向运转，载荷较平稳；

(6) 制造条件及生产批量：一般机械厂制造，小批量；

(7) 工作环境：室内，轻度污染环境；

(8) 边界连接条件：原动机采用一般工业用电动机，传动装置与工作机分别在不同底座上，用弹性联轴器连接。

3. 课程设计应完成的工作

(1) 减速器装配图 1 张；

(2) 零件工作图 1 张；

(3) 设计说明书 1 份。

4. 课程设计进程安排

序　号	设计各阶段内容	地　点	起止日期
1	设计准备： 明确设计任务；准备设计资料和绘图用具 传动装置的总体设计： 拟定传动方案；选择电动机；计算传动装置运动和动力参数		第 1 天
2	传动零件设计计算： 带传动、齿轮传动主要参数的设计计算		第 2 天
3	减速器装配草图设计： 初绘减速器装配草图；轴系部件的结构设计；轴、轴承、键连接等的强度计算；减速器箱体及附件的设计		第 3～5 天
4	减速器装配图设计		第 6～8 天
5	零件工作图设计		第 9 天
6	整理和编写设计计算说明书		第 10 天

5. 应收集的资料及主要参考文献

略。

发出任务书日期：　年　月　日

计划完成日期：　年　月　日

指导教师签名：

基层教学单位责任人签章：

主管院长签章：

1.3.3　适用非机械类教学大纲(1周,5个工作日)

机械设计基础课程设计任务书

题目名称　传动装置轴系零件装配设计

学生学院

专业班级

姓　　名

学　　号

1. 课程设计的内容

带式运输机传动装置设计的内容应包括：单级减速器传动零件设计,包括齿轮、轴、轴承、联轴器等的设计计算和选择;画出减速器装配图;编写设计计算说明书。

2. 课程设计的要求与数据

已知条件：

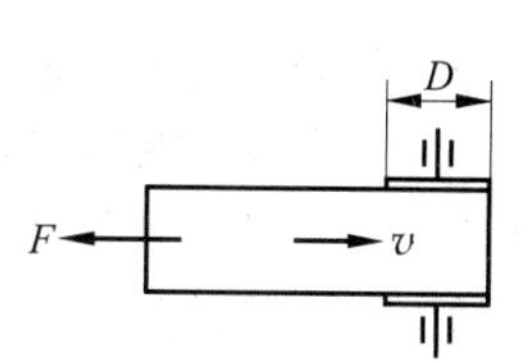

(1) 运输带工作拉力 $F=$______ kN;

(2) 运输带工作速度 $v=$______ m/s;

(3) 卷筒直径 $D=$______ mm;

(4) 使用寿命：8年;

(5) 工作情况：两班制,连续单向运转,载荷较平稳;

(6) 制造条件及生产批量：一般机械厂制造,小批量;

(7) 工作环境：室内,轻度污染环境;

(8) 边界连接条件：原动机采用一般工业用电动机;传动装置与工作机分别在不同底座上,用弹性联轴器连接。

3. 课程设计应完成的工作

(1) 减速器装配图1张;

(2) 设计说明书1份。

4. 课程设计进程安排

序　号	设计各阶段内容	地　点	起止日期
1	设计准备： 明确设计任务;准备设计资料和绘图用具 传动装置的总体设计： 选择电动机;计算传动装置运动和动力参数 传动零件设计计算： 齿轮传动主要参数的设计计算		第1天
2	减速器装配草图设计： 轴系部件的结构设计;轴、轴承、键连接等的强度计算		第2、3天
3	减速器装配图设计		第3、4天
4	整理和编写设计计算说明书		第5天

5. 应收集的资料及主要参考文献

略。

发出任务书日期： 年 月 日

计划完成日期： 年 月 日

指导教师签名：

基层教学单位责任人签章：

主管院长签章：

1.4 课程设计中应注意的问题

进行课程设计要特别注意以下几点：

(1) 处理好继承与创新的关系。机械设计是经历了长期发展的学科，形成了相对完整的体系，建立了严格的设计规范。学习和继承机械设计领域前人的成果是课程设计的主要任务。要分清哪些方面是必须遵守和借鉴的，哪些方面是可以灵活处理和大胆创新的。

(2) 综合考虑强度和刚度、结构工艺性、标准化与经济性等要求进行设计。机械零、部件的设计不能只依靠计算，计算值只是一个重要的参考，还要综合考虑传动要求、加工和装配的工艺要求、标准化与互换性要求、经济性要求等因素，才能最终设计出合乎要求的机械。

(3) 采用计算与作图互为依据的设计方法。零、部件的尺寸不是完全由计算确定的，而且各零件之间是互相联系、互相影响的。随着设计的进展，考虑的问题会更全面、更合理，在设计的后阶段往往要对前阶段计算得到的参数进行修改。在确定传动方案后，计算运动参数和动力参数、传动零件基本参数和主要尺寸等，但都只是初步计算，应该尽早进入草图设计阶段；边计算、边绘图、边修改；最后才能确定各参数的合理数值。千万不要在初步设计阶段停滞不前，生怕初步设计的参数不正确而影响画图。必须明确，只有当图纸设计完成后才能最终检验参数设计的正确性。

(4) 严格遵守规范化、标准化原则。应该熟悉和正确采用各种相关的技术标准与设计规范，尽量采用标准件，减少材料的品种和标准件的规格数目。图纸要符合工程制图标准，遵循规定的表达方法。

1.5 课程设计原始数据

机械设计基础课程设计的原始数据如表 1.1 所示，该表以带式运输机传动装置为例。

表 1.1 带式运输机传动装置设计的原始数据

序 号	F/kN	v/(m/s)	D/mm	序 号	F/kN	v/(m/s)	D/mm
1	4.0	1.5	300	7	3.4	1.5	300
2	3.9	1.5	300	8	3.3	1.5	300
3	3.8	1.5	300	9	3.2	1.5	300
4	3.7	1.5	300	10	3.1	1.5	300
5	3.6	1.5	300	11	4.0	1.4	300
6	3.5	1.5	300	12	3.9	1.4	300

续表

序　号	F/kN	v/(m/s)	D/mm	序　号	F/kN	v/(m/s)	D/mm
13	3.8	1.4	300	32	2.9	1.3	300
14	3.7	1.4	300	33	2.8	1.3	300
15	3.6	1.4	300	34	2.7	1.3	300
16	3.5	1.4	300	35	2.6	1.3	300
17	3.4	1.4	300	36	3.0	2.0	320
18	3.3	1.4	300	37	2.9	2.0	320
19	3.2	1.4	300	38	2.8	2.0	320
20	3.1	1.4	300	39	2.7	2.0	320
21	4.0	1.6	320	40	2.6	2.0	320
22	3.9	1.6	320	41	3.0	2.1	340
23	3.8	1.6	320	42	2.9	2.1	340
24	3.7	1.6	320	43	2.8	2.1	340
25	3.6	1.6	320	44	2.7	2.1	340
26	3.5	1.6	320	45	2.6	2.1	340
27	3.4	1.6	320	46	3.0	2.2	360
28	3.3	1.6	320	47	2.9	2.2	360
29	3.2	1.6	320	48	2.8	2.2	360
30	3.1	1.6	320	49	2.7	2.2	360
31	3.0	1.3	300	50	2.6	2.2	360

第2章　机械传动装置的总体设计

机器一般由原动机、传动装置、工作机3部分组成。传动装置在原动机和工作机之间，用于传递运动和动力，把原动机的运动形式转变为工作机需要的运动形式，改变运动和动力参数，以适应工作机的要求。在带式运输机中，原动机为电动机，工作机为皮带运输机，课程设计要完成的任务是选择电动机、设计传动装置。

2.1　传动方案的拟定

从无到有设计出一台机器，第一步要做的事情是拟定传动方案。由于具体的尺寸还未设计出来，传动方案只能用机构示意图表示。合理的传动方案除了必须满足工作机的性能要求(如运动规律、传递的功率等)，符合所在的工作环境要求外；还应尽量使传动装置结构简单，尺寸紧凑，传动效率高，成本低，加工、装配和维护方便。同时满足这些要求往往是困难的。在课程设计中，要依据课本上介绍的基本原则，广泛收集资料，通过分析对比多种方案，选择并确定最终方案。

传动方案拟定阶段的任务是要确定传动装置的形式、布置方式、机构组成、传递的功率和速度大小、总传动比、原动件及主要传动零件的数量和类型，初步确定各级传动比，计算各轴的功率、速度和转矩。这些设计变量之间的关系往往较复杂，有些甚至互为前提，这种互相依赖的关系确定了设计过程的复杂性。

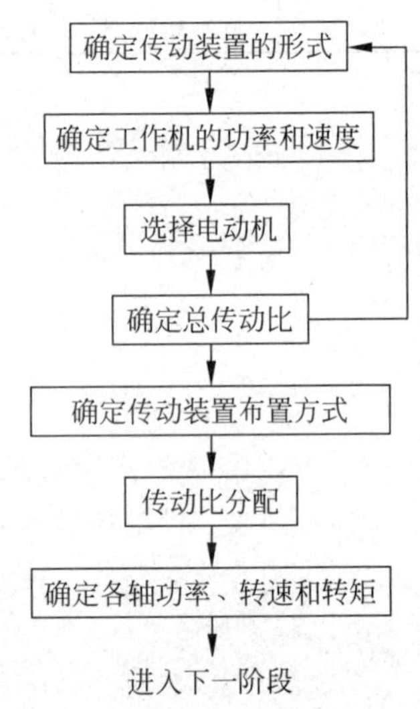

图2.1　传动方案拟定阶段设计子任务之间的联系

把传动方案拟定阶段的任务分解成子任务，图2.1表示各设计子任务之间的联系。图中方框表示设计任务，箭头表示设计顺序，即箭头指向的任务依赖箭头始端的任务提供的信息。由图2.1可知，要确定传动装置的类型，需要知道传递的功率和总传动比，确定传动装置的布置方式等。其中传递的功率可以从滚筒消耗的功率以及传动装置的效率计算得到，但总传动比要在选定电动机后才能确定，而电动机的选择又依赖传递功率的确定，其中包括传动链各环节的传递效率，因此必须在确定传动装置的类型后才能估算。这种互相依存的关系在各设计阶段普遍存在，因此，机械设计是一个由粗到精、反复修改的过程。

传动方案拟定阶段计算得到的各级传动比、各级传递的功率和转矩只是初步的数值，在后面的传动零件设计阶段才能最后确定。例如，若有带传动，设计时按照标准选取的带轮直径不一定完全符合初定的传动比，带的弹性滑动也造成传动比的变化，必要时要进行传动比修正；又例如，若采用多级齿轮传动，由于考虑润滑要求做了总传动比的初步分配，但齿轮设计过程中齿数可能需要调整,这样会造成齿轮机构最终传动比的变化。由于各阶段设计任务之间有联系,跨阶段的反复也是机械设计过程中常见的现象。在课程设计中对此一定要有充分的思想准备,制订工作计划时要预备相应的提前量。

2.1.1　确定传动装置的类型

表 2.1 列举了一些常用传动机构在传动性能方面的特点。从表中看出,每种机构传递的最大功率都可以满足课程设计中带式运输机的要求,但不同类型的机构单级传动比的最大值不同。因此,要确定采用什么机构,采用几级传动,首先要确定总传动比。

表 2.1　常用传动机构的特点

机构名称	主要特点	单级最大传动比	最大功率/kW	最大速度/(m/s)
渐开线圆柱齿轮	速度、功率范围大,效率高,精度高,互换性好,需要考虑润滑	6.3(硬齿面) 7.1(软齿面)	3000	210
渐开线直齿圆锥齿轮	满足相交轴传动	8	370	5
普通圆柱蜗杆	传动比大,传动平稳,噪声小,结构紧凑,可实现自锁	80	200	15
普通平带	价格低,效率低,中心距大,可实现交叉及有导轮的角度传动	5	500	30
普通 V 带	当量摩擦系数大,传动比大,预紧力较小	10	700	30
窄 V 带	能承受较大预紧力,寿命长,功率大	10	75(单根)	40
滚子链	无弹性滑动,对工作环境要求低,瞬时传动比不恒定	8	100	15

1. 确定总传动比

传动装置的总传动比等于电动机的满载转速除以带式运输机滚筒的转速。从任务书中运输皮带的速度与滚筒的直径可以计算得到滚筒转动的速度,如果运输皮带存在弹性滑动,计算得到的滚筒速度要适当加以调整。为了确定传动装置的总传动比,需要知道电动机的满载转速,而电动机根据电极数目有不同的满载转速(见本书第三篇)。

在初步拟定方案时,可以选择转速具有一定间隔的几种电机(如 960 r/min、1420 r/min、2900 r/min),确定一组备选的传动比,在确定了传动装置的类型后才最终确定电动机的型号。

2. 确定传动装置的类型

表 2.1 列举了各种传动机构的单级最大传动比,但课程设计应避免选取最大传动比。尤其是带传动和链传动,最大传动比只在中心距比较大时才采用,否则包角难以达到要求。总传动比较大时可考虑多级传动。一般来讲,总传动比小于 15,可以考虑两级传动;总传动比为 15～50 时,可考虑采用三级传动。

同一功能的实现可以有许多方案,如减速功能可以用带传动装置、链传动装置、齿轮传动装置或若干类型的传动装置组合来实现。每一种传动装置又有许多可供选择的类型,如齿轮传动装置可以采用开式传动或闭式传动,可以用单级传动或多级传动,可以采用直齿圆柱齿轮、斜齿圆柱齿轮、人字齿轮、圆锥齿轮或蜗杆蜗轮等形式。

一般来讲,传递大功率时,应考虑采用传动效率高的机构,如齿轮机构;传递功率小、传动比很大时,可以考虑蜗杆传动;载荷多变、有冲击或过载可能时,可以采用带传动、弹性联轴器或其他过载保护装置;在潮湿、粉尘、易燃易爆场合,不宜采用摩擦传动,可以采用链传动、闭式齿轮传动。

在拟定传动方案时,还要注意收集类似用途机器的资料,参考前人的设计,结合自己的设计能力、掌握的设计参考资料、课程设计允许的时间等方面进行考虑。

3. 确定电机的功率

传动装置的类型确定后,可以计算出传动装置的总效率,进而确定电动机的功率。例如,工作机的输入功率为 P_w,传动装置的总效率为 η^*,电动机的输出功率为

$$P_d = \frac{P_w}{\eta} = \frac{Fv}{\eta'\eta^*} \tag{2.1}$$

式中:η'为滚筒的效率;F 是运输带的工作拉力;v 为运输带的工作速度。

表 2.2 列举了几种常用机械传动的效率。进行传动装置的总效率计算前,应分析传动装置中各级传动的组合方式,按照实际情况相应采用串联、并联、混联的效率计算公式。

表 2.2 常用机械传动的效率

名　称	效率/%	名　称	效率/%
渐开线圆柱齿轮	97～99	滑动轴承(一对)	94～99
渐开线直齿圆锥齿轮	97～99	滚动轴承(一对)	98～99.5
普通圆柱蜗杆	70～90	弹性联轴器	99～99.5
普通 V 带	85～95	齿式联轴器	99
窄 V 带	85～95	十字沟槽联轴器	97～99
普通平带	80～95	滚子链	94～96

提示:如图 2.1 所示,传动装置方案的确定与总传动比相关,总传动比与电机选择相关,而电机有转速与功率两个主要参数,它们的确定又依赖传动装置的传动比和效率。在以上步骤中,根据同一转速的电动机有不同的额定功率可供选择的事实,先选定电动机的转速,确定总传动比,进行传动装置方案设计,然后确定电动机的功率。

在进行传动方案拟定时要充分听取用户的意见,还要综合考虑功能要求、工作条件、寿命与可靠性要求、加工能力、成本价格等因素。从以上步骤得到的可能是一组方案,要经过对比选择出最终方案。在方案选择过程中,还可能对上述的初步方案进行调整,甚至重新设计新的方案。

常用齿轮减速器类型如表 2.3 所示。

表 2.3　常用齿轮减速器类型

类别	级数		传动简图	推荐传动比范围	特点及应用
圆柱齿轮减(增)速器	单级		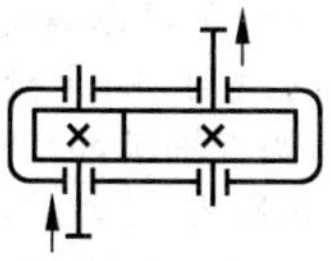	调质齿轮：$i \leqslant 7.1$； 淬硬齿轮：$i \leqslant 6.3$ ($i \leqslant 5.6$ 较佳)	减速、增速均广泛应用，结构简单，精度容易保证。轮齿可做成直齿、斜齿或人字齿。可用于低速重载、高速传动
圆柱齿轮减(增)速器	两级	展开式	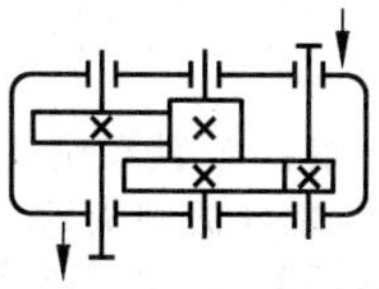	调质齿轮：$i = 7.1 \sim 50$； 淬硬齿轮：$i = 7.1 \sim 31.5$ ($i = 6.3 \sim 20$ 较佳)	两级减(增)速器中最简单、应用最广泛的结构。齿轮相对于轴承位置不对称。当轴产生弯扭变形时，载荷在齿宽上分布不均匀，因此轴应设计得具有较大刚度，并使高速轴齿轮远离输入端。淬硬齿轮大多采用此结构
		分流式	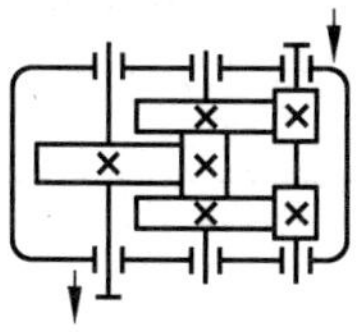	$i = 7.1 \sim 50$	高速级为对称左右旋斜齿轮，低速级可为人字齿或直齿。齿轮与轴承对称布置。载荷沿齿宽分布均匀，轴承受载平均，中间轴危险截面上的转矩相当于轴所传递转矩之半。但这种结构不可避免要产生轴向窜动，影响齿面载荷的均匀性。结构上应保证有轴向窜动的可能。通常低速级大齿轮作轴向定位，中间轴齿轮和高速小齿轮可以轴向窜动
		同轴线式	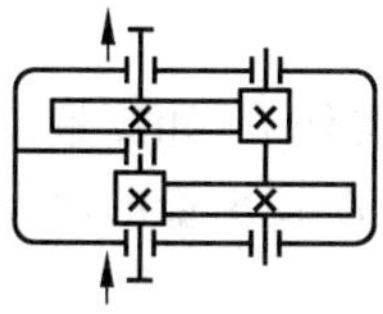	调质齿轮：$i = 7.1 \sim 50$； 淬硬齿轮：$i = 7.1 \sim 31.5$	箱体长度缩小。输入轴和输出轴布置在同一轴线上，使设备布置较为方便、合理。当传动比分配适当时，两对齿轮浸油深度大致相同。但轴向尺寸较大，中间轴较长，其齿轮与轴承不对称布置，刚性差，载荷沿齿宽分布不均匀
		同轴分流式	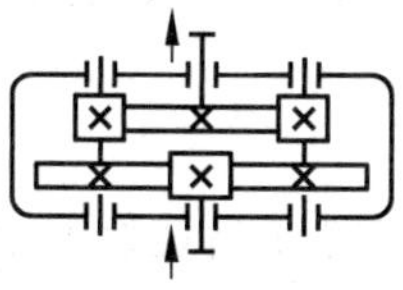	$i = 7.1 \sim 50$	从输入轴到输出轴的功率分左右二股传递，因此啮合轮齿仅传递一半载荷。输入轴和输出轴只受转矩，中间轴只受全部载荷的一半，故可缩小齿轮直径、圆周速度及减速器尺寸。一般用于重载齿轮。关键是要采用合适的均载机构，使左右二股分流功率均衡
圆锥、圆锥-圆柱齿轮减速器	单级		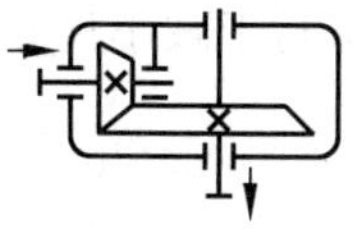	直轮：$i \leqslant 5$； 曲线齿、斜齿：$i \leqslant 8$ (淬硬齿轮：$i \leqslant 5$ 较佳)	轮齿可制成直齿、斜齿或曲线齿。适用于输入轴和输出轴二轴线垂直相交的传动中。可为水平式或立式。其制造安装复杂，成本高，仅在设备布置必要时才采用
	两级		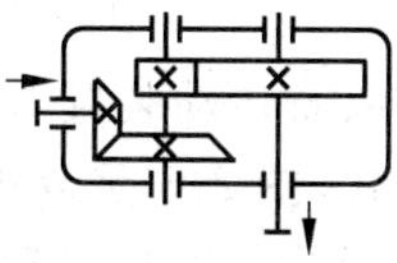	直齿：$i = 6.3 \sim 31.5$； 曲线齿、斜齿：$i = 8 \sim 40$ (淬硬齿轮：$i = 5 \sim 16$ 较佳)	特点同单级圆锥齿轮减速器。圆锥齿轮应在高速级，使圆锥齿轮尺寸不致太大，否则加工困难。圆柱齿轮可为直齿或斜齿

续表

类别	级数		传动简图	推荐传动比范围	特点及应用
蜗杆减速器	单级	蜗杆下置式	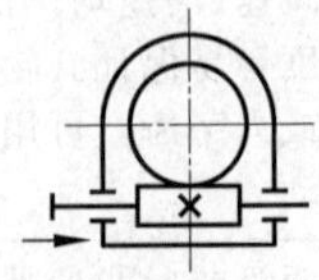	$i=8\sim80$	蜗杆布置在蜗轮的下边，当采用油池润滑时，啮合处的冷却和润滑较好，蜗杆轴承润滑也方便。但当蜗杆圆周速度太大时，油的搅动损失较大，一般用于蜗杆圆周速度 $v<5$ m/s。$v>5$ m/s 时应采用循环油润滑
		蜗杆上置式	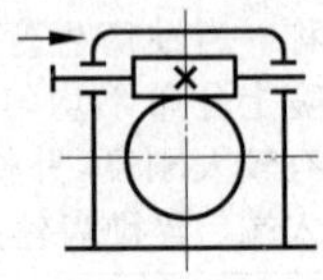		蜗杆布置在蜗轮的上边，装拆方便，蜗杆的圆周速度允许高一些，但蜗杆轴承润滑不方便
		蜗杆侧置式	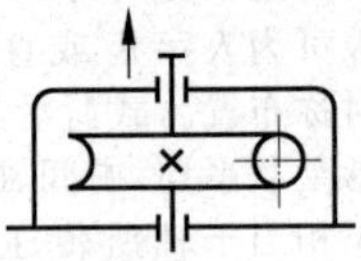		蜗杆放在蜗轮侧面，蜗轮轴是竖直的

2.1.2 多级传动的合理布置

对于多级传动，合理布置各种机构在传动链中的位置，对机器的性能、传动效率和结构尺寸等方面有很大影响，课程设计中可以按照下面的原则进行考虑。

1. 传动速度

高速级速度高，容易产生振动和噪声，应该把缓冲吸振的环节（如皮带传动）布置在高速级。由斜齿轮传动与直齿轮传动组成的多级传动中，宜将传动较平稳的斜齿轮放在高速级。链传动运转不平稳，应放在低速级。

2. 传动能力

高速级传递的力和力矩较小，可以把传动能力较弱的传动环节（如皮带传动）安排在高速级。

3. 润滑条件

闭式齿轮传动润滑条件好，宜放在高速级。蜗杆传动布置在高速级有利于形成润滑油膜。开式传动工作条件差、润滑不良，应安排在低速级。

4. 外形尺寸

传递功率不变，齿轮传动布置在高速级可以减小模数，有利于减小尺寸。

5. 加工成本

圆锥齿轮传动布置在高速级能减小尺寸，降低加工成本。

2.1.3 确定传动方案的装配形式

传动装置的类型确定后，还要确定传动装置各级之间，以及传动装置与电动机、工作机连接的装配形式。图 2.2 是单级齿轮减速器的几种装配形式，图 2.3 是双级齿轮减速器的几种装配形式。选定齿轮减速器的装配形式后，减速器的输入、输出连接还可以取不同的形式。例如，图 2.2(b)的减速器方案可以进一步组成图 2.4 的各种方案。

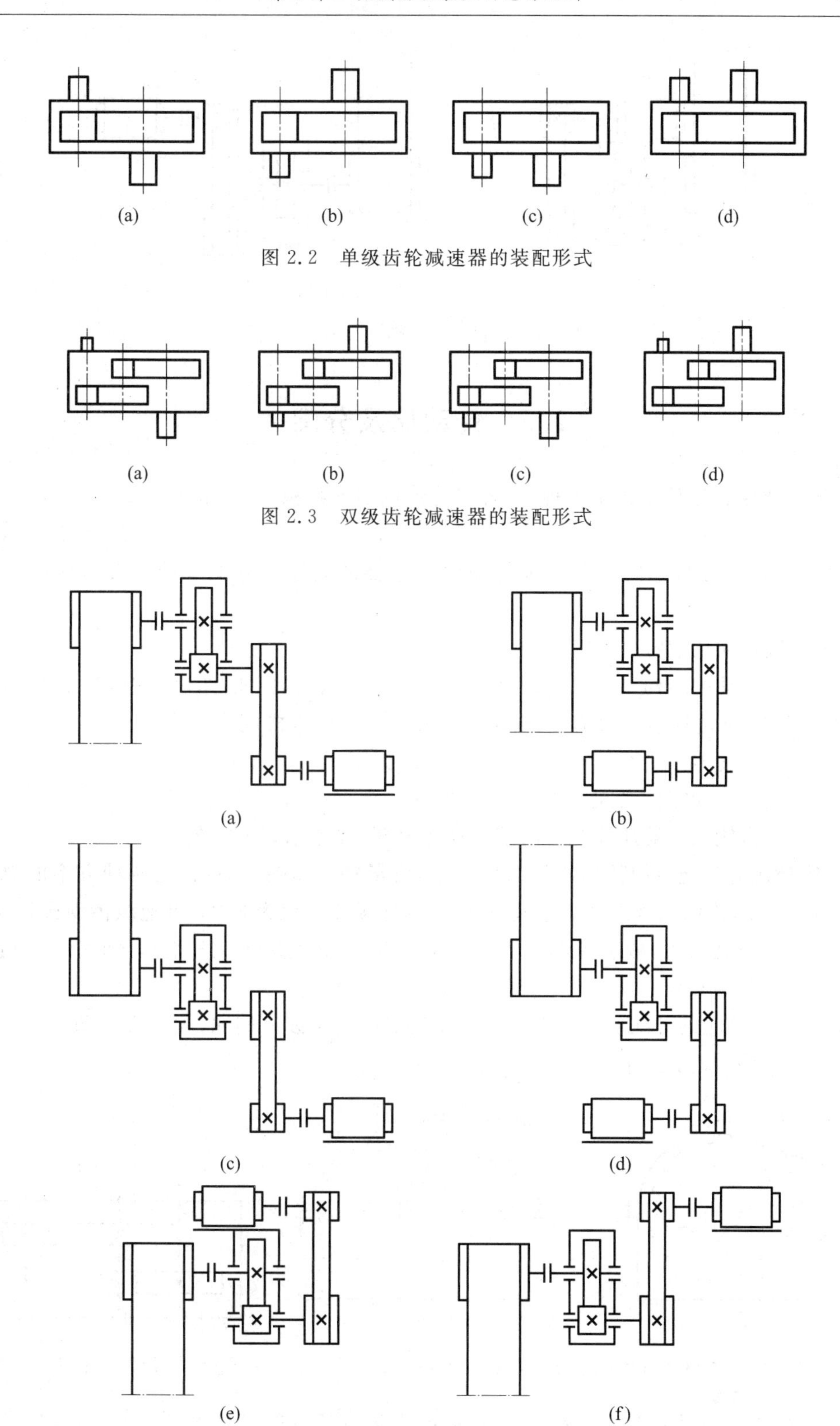

图 2.2　单级齿轮减速器的装配形式

图 2.3　双级齿轮减速器的装配形式

图 2.4　不同的输入、输出布置

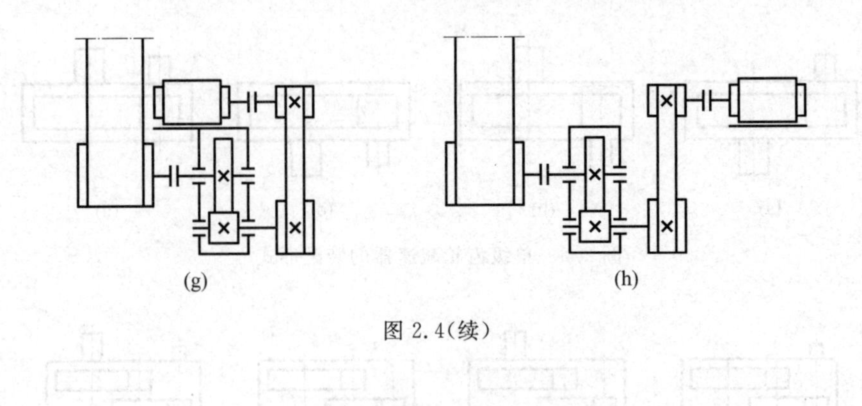

图 2.4(续)

2.2 传动比及分配

总传动比由各级传动比来实现，是各级传动比的连乘积

$$i = i_1 i_2 \cdots i_n \tag{2.2}$$

确定总传动比后，如何分配各级传动比是重要的问题。分配传动比要考虑的主要问题有：

(1) 各级传动比应符合表 2.1 中的数值。

(2) 各级传动的结构尺寸要协调，以便于布置和安装。例如，图 2.4 中，如果 V 带传动比过大，大带轮的直径就可能超过减速器的中心高度，给机座设计和传动零件安装带来困难。

(3) 应避免传动零件之间发生干涉碰撞。

(4) 多级齿轮减速器还要进行内部传动比分配，要考虑如下问题：

① 传动比的分配应使减速器外廓尺寸小，质量轻。如图 2.5 所示，两种方案的总中心距都是 650 mm，传动比接近 20.5。图 2.5(a)高速级传动比为 3.95，低速级传动比为 5.18，低速级大齿轮直径较大，减速箱尺寸较大。图 2.5(b)高速级传动比为 5，低速级传动比为 4.1，两个大齿轮直径比较接近，减速箱尺寸较小。

② 各级传动比的分配应避免造成传动零件之间的干涉。例如，高速级传动比过大容易造成高速级大齿轮与低速轴干涉，见图 2.6。

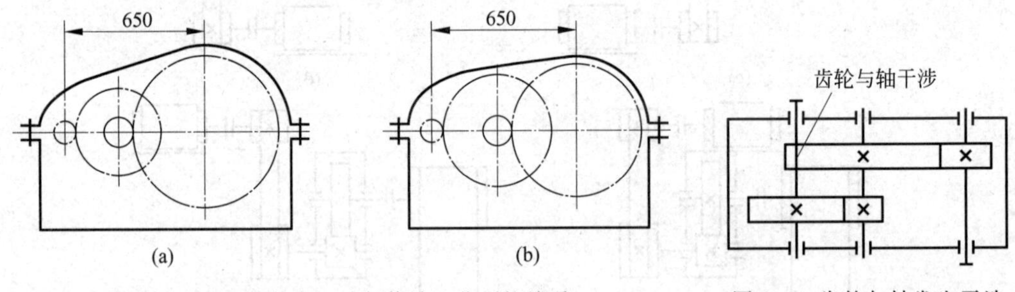

图 2.5　减速器外廓尺寸与传动比分配的关系　　　图 2.6　齿轮与轴发生干涉

③ 若齿轮采用浸油方式润滑，应使各级的大齿轮的直径尽量接近，从而使浸油的深度相接近，便于润滑。为了达到这个目的，对于两级卧式圆柱齿轮减速器，高速级传动比 i_1 与低速级传动比 i_2 的关系可取：

展开式和分流式　　　$i_1=(1.1\sim1.5)i_2$

同轴式　　　$i_1=i_2$

④ 圆锥-圆柱齿轮减速器应避免圆锥大齿轮的直径过大，可取 $i_1\approx0.25i$，且 $i_1\leqslant3$（i 为减速器总传动比）。

⑤ 齿轮-蜗杆减速器，常取低速级圆柱齿轮 $i_2=(0.03\sim0.06)i$。

由于摩擦传动存在弹性滑动，齿轮传动和链传动的传动比是有限离散数值，要精确地实现所要求的传动比是困难的。对于一般的机械传动，如果没有规定总传动比的误差范围，可按照±(3～5)%考虑。

提示：传动比分配要注意以下 3 个方面：

(1) 有皮带传动的，传动比不宜太大，以免大带轮半径大于齿轮箱中心高；

(2) 采用双级齿轮传动的，两大齿轮半径大小应满足浸油要求；

(3) 采用双级齿轮传动的，要防止高速级大齿轮与低速级的轴发生干涉。

上述第(1)点要在第 5 章箱座的设计完成后才能最后确定，第(2)点要在第 3 章主要传动零件设计完成以后才能最后确定，第(3)点要在第 5 章轴的强度设计完成后才能最后确定。对此应该有充分的认识，一方面要适当选取相关参数的数值，或拟定多种方案备用；另一方面要尽早进入下一阶段的工作，预留充足的时间。

2.3　运动参数与动力参数计算

进行传动零件的设计之前，必须先计算出各轴的转速、功率和转矩。对于多级传动，从高速至低速依次给各轴编号，轴 1、轴 2、…、轴 n，电动机的满载转速为 n_d，用 i_{kj} 表示轴 k 与轴 j 的传动比，各轴的转速 n(r/min)为 $n_1=n_d, n_2=\dfrac{n_1}{i_{12}}, \cdots, n_n=\dfrac{n_{n-1}}{i_{n-1,n}}$。

在进行各轴输入功率的计算时，对于通用机器，以电动机的额定功率为第 1 轴的输入功率；对于专用机器，以电动机的输出功率（前述的 P_d）作为第 1 轴的输入功率。用 η_{ij} 表示从 i 轴到 j 轴的传动效率，其余各轴的输入功率(kW)为 $P_2=P_1\eta_{12}, \cdots, P_n=P_{n-1}\eta_{n-1,n}$。

需要注意的是，η_{ij} 表示两轴之间的传动效率，不是传动零件之间的传动效率。例如，表 2.3 中分流式减速器两轴之间的传动效率要按照并联传动方式计算得到。

各轴输入功率求得后，各轴的输入转矩(N·m)为

$$T_i=9550\frac{P_i}{n_i},\quad i=1,2,\cdots,n \tag{2.3}$$

传动装置总体设计阶段完成后，产生如下信息：

(1) 传动装置机构示意图；

(2) 电动机型号、额定功率(kW)、同步转速和满载转速(r/min)、质量(kg)、中心高度、外形尺寸、安装尺寸；

(3) 各级传动比、传动效率；

(4) 各轴传动参数，如转速(r/min)、输入功率(kW)、输入转矩(N·m)。

第3章 传动机构及传动零件基本参数和主要尺寸的设计

传动装置总体方案确定后，可以根据各级传动的类型以及各轴的运动和动力参数来设计对应的传动机构、确定传动零件的基本参数和主要尺寸。关于传动机构和传动零件的设计，相关的教材已经有详细的介绍，本书不再重复。

本阶段完成后，根据传动装置不同的类型，产生如下部分信息：

(1) 带传动基本参数：主要包括带的型号、中心距、传动比、带根数、带长度、带速度、带预紧力和压轴力，带轮的材料、直径、轮毂和轮槽宽度等参数。

(2) 链传动基本参数：主要包括链传动的型号、中心距、节距、链节数，链轮的材料、齿数、直径和安装尺寸等参数。

(3) 圆柱齿轮传动基本参数：主要包括圆柱齿轮传动的材料与制造精度、中心距、传动比、齿数、模数、螺旋角、齿宽系数等参数。

(4) 圆锥齿轮传动基本参数：主要包括锥齿轮传动的材料与制造精度、传动比、锥距、齿数、模数、齿宽系数等参数。

(5) 蜗杆传动基本参数：主要包括蜗杆传动的类型、材料与制造精度、传动比、中心距、齿数、模数、压力角，蜗杆导程角和蜗杆分度圆直径、蜗轮齿宽等参数。

提示：本设计阶段中，各级传动机构的传动比常需要小幅调整。例如，采用多级齿轮传动，由于考虑润滑要求作了总传动比的初步分配，但齿轮设计过程中齿数可能需要调整，这样会造成齿轮最终传动比的变化。又如带传动与齿轮传动组成的传动装置中，若带轮的直径远大于大齿轮直径，会造成带轮半径大于减速器中心高的情况，影响安装，这时也需要调整传动比。即使没有发生类似问题，由于传动机构的许多参数要取标准数值，也会对传动比产生影响。为保证总传动比在规定的误差范围内，本阶段设计过程中应综合考虑各级传动比的互相影响，进行必要的调整。

为了做到心中有数，在齿轮参数设计前必须研究齿轮的润滑方式。表3.1列出了闭式齿轮传动的常用润滑方式，其中浴油润滑适用于圆周速度 $v<15$ m/s 的齿轮传动和 $v<10$ m/s 的蜗杆传动。圆周速度较大时搅油损失大，且由于离心力的作用齿轮上的油容易甩离，宜采用喷油润滑。喷油润滑也适用于速度不高但工作繁重的重型或重要减速器。

油浴润滑时，齿轮浸入油中的深度要适当，既要满足充分的润滑，又要避免搅油损失太大。多级圆柱齿轮传动应合理分配传动比，使各大齿轮的直径尽量接近，以便使浸油的深度相近。

本阶段中，齿轮减速器的轴尚未设计出来，各级大齿轮与相邻级的轴之间存在互相干涉的可能(见图2.6)。大齿轮齿顶圆到相邻转轴的轴线之间应留有适当的距离，可初步估算该段轴的直径，检查是否预留必要的间隙。若间隙足够，则不必调整；若间隙不够，可增大齿轮齿数或模数使中心距满足要求。如果调整后两个大齿轮的直径相差太大，不能保证浸油深度大体相同，可以采用带油轮（但要考虑箱体上带油轮的安装方式）。

表 3.1　闭式齿轮传动的常用润滑方式

润滑方式	说明		
浴油润滑	圆柱齿轮	浸油深度：$v<3$ m/s 时为 3～6 倍模数，$v>3$ m/s 时为 1～3 倍模数	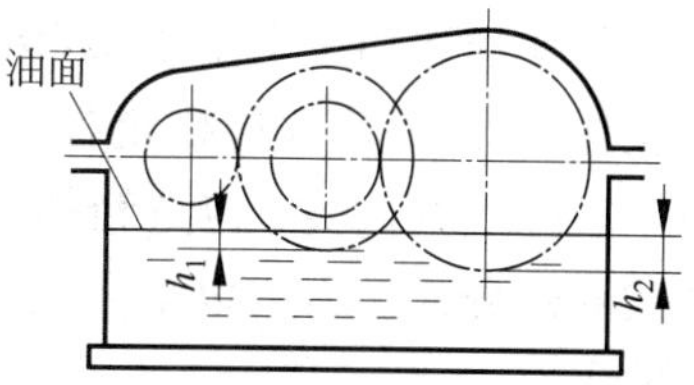
	圆锥齿轮	浸油深度：全齿宽以上	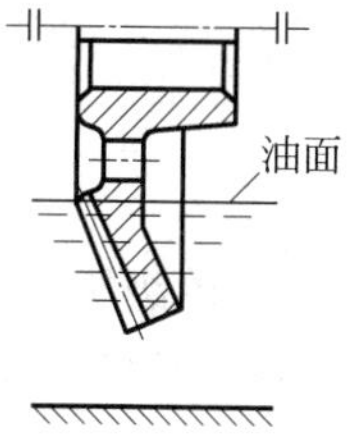
	蜗杆蜗轮	蜗杆上置：最深浸到 1/6 蜗轮直径，最浅浸到蜗轮 1 个齿高； 蜗杆下置：最深不高于蜗杆轴承最低滚动体中心，最浅浸到蜗杆 1 个螺牙高	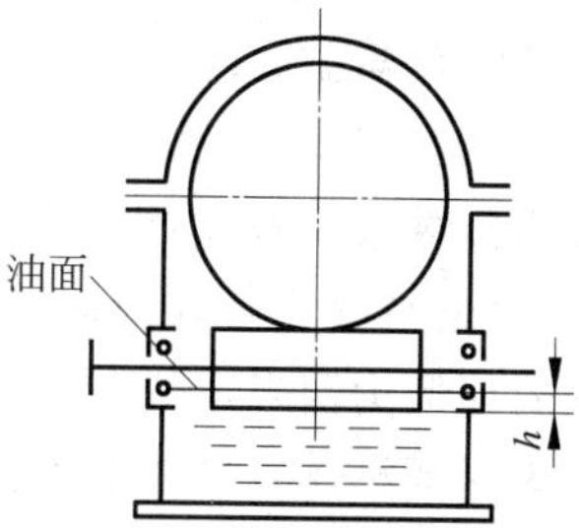
喷油润滑	利用油泵压力将润滑油从喷嘴直接喷到啮合区，需要专门的供油装置，成本较高		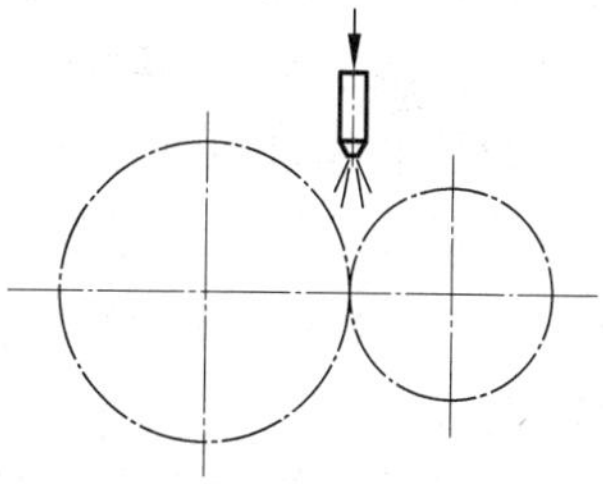

第4章　减速器箱体的结构设计

箱体的作用是支承轴系，保证传动零件的正常工作。设计减速器时，首先要确定采用什么箱体结构，然后才能确定各主要传动零件相对箱体的位置。从制造方法角度看，减速器箱体一般分成两大类：铸造箱体和焊接箱体；从箱体结构角度看，减速器又可以分为两种：整体式和剖分式。本书以剖分式铸造箱体为例进行讲述，其他类型箱体的知识可参考其他相关的资料。

4.1　减速器箱体的外部结构

图4.1是单级圆柱齿轮传动减速器外形。箱体沿通过两齿轮轴的平面剖分成箱座和箱盖两部分，为了增加轴承座的刚度，设置了若干肋板。图4.1所示的肋板位于箱体外侧，称为外肋板；肋板也可以分布在箱体内侧，称为内肋板。

箱座与箱盖通过轴承旁的螺栓和凸缘处的螺栓进行连接，整个减速器通过箱座底部上的地脚螺栓安装在机座上。每根轴两端的轴承用轴承端盖定位和密封，图4.1中的轴承端盖称为凸缘式端盖，用螺钉固连在箱体轴承座端面上，轴承端盖与轴承座端面之间设置了垫片，通过增减垫片可以调整轴承的游隙。另一种类型的轴承端盖是嵌入式端盖，通过轴承座孔上的环形沟槽来定位，不需要螺钉(见第5章)。

为保证箱体有足够的连接刚度，轴承旁的螺栓应尽可能靠近轴承座孔。为保证箱体连接的紧密性，剖分面上螺栓的间距不能太大且要尽可能分布均匀。另外，考虑安装方便，应留有足够的扳手空间，螺栓中心线到周围障碍的距离至少为C_1，到边缘处的距离至少为C_2。各部分螺栓和螺钉的直径、凸缘和肋板的厚度、扳手空间等结构要素见表4.1。

减速器上设置了起吊装置。为了方便搬运和装拆箱盖，在箱盖上设置了吊环螺钉或起重吊耳；为了搬运箱座或整个减速器，在箱座上设置了起重吊钩。起吊装置的结构尺寸参考第18章。

为了便于减速器的日常维护，箱盖上加工了窥视孔，平时用窥视孔盖封闭起来。窥视孔盖上装有通气塞，允许减速器内空气热胀冷缩流入或流出，同时防止灰尘进入。为了监视减速器内的润滑油量，箱座上加工了油标尺凸台和油标尺安装孔，使用油标尺可以不必打开箱盖来检查润滑油。减速器经过一段时间运行必须更换润滑油，为此在箱座下方加工了油塞凸台和螺纹孔，其位置应该能尽量把油放尽。窥视孔、通气塞、油标尺和油塞的结构尺寸参考第17章。

圆锥齿轮传动减速器(图4.2)与蜗杆蜗轮传动减速器(图4.3)的结构要素与圆柱齿轮传动减速器类似，同样参照表4.1和第17、18章。

这里只是对减速器外部结构要素的初步认识，具体的设计要从减速器内部做起，把箱体内部传动零件的结构、定位和固定方式设计好，把齿轮、轴承的润滑和密封设计好，才能最后设计减速器箱体的外部结构。

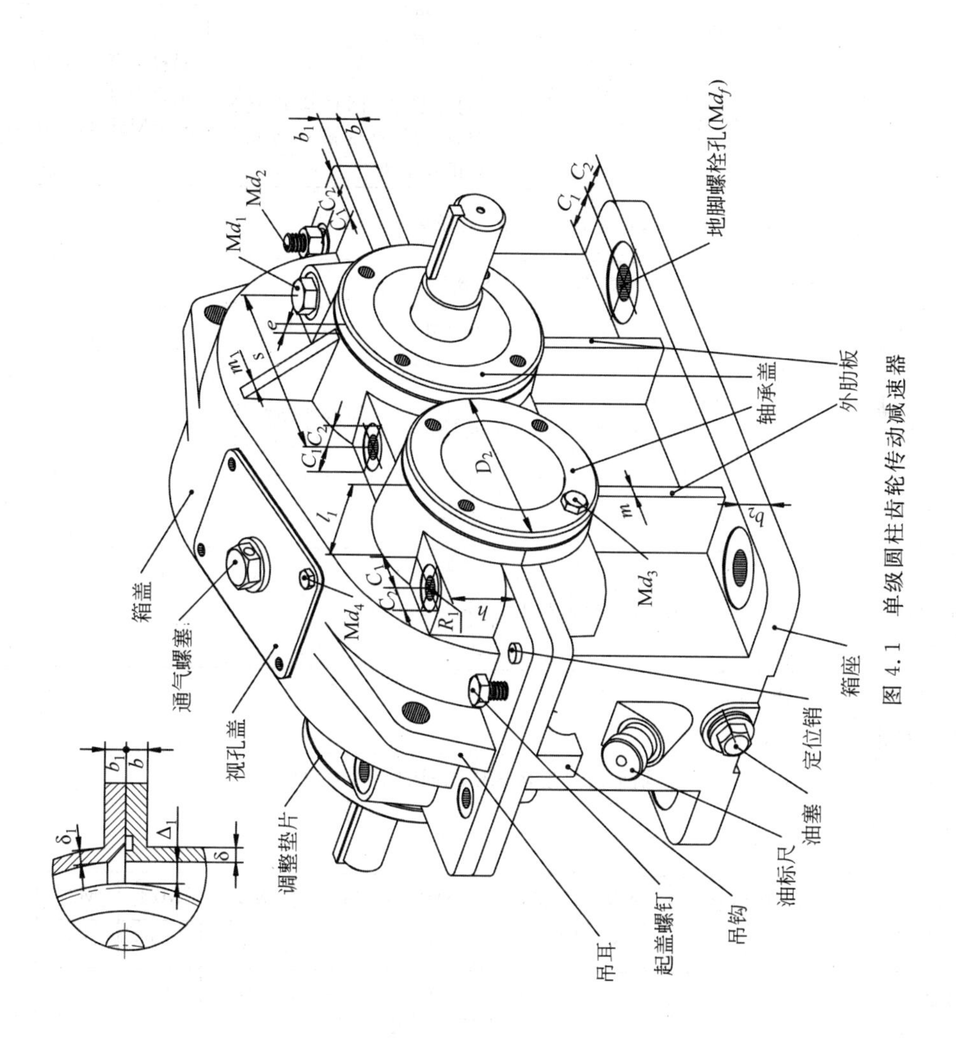

图 4.1　单级圆柱齿轮传动减速器

表 4.1　铸铁减速箱体结构尺寸(参见图 4.1、图 4.2、图 4.3)

<table>
<tr><th rowspan="2">名　称</th><th rowspan="2">符　号</th><th colspan="3">尺寸说明</th></tr>
<tr><th>圆柱齿轮减速器</th><th>圆锥齿轮减速器</th><th>蜗杆减速器</th></tr>
<tr><td>箱座壁厚</td><td>δ</td><td rowspan="2">$\delta \geqslant \mathrm{Max}\{0.025a+\Delta,8\}$
$\delta_1 \geqslant \mathrm{Max}\{0.02a+\Delta,8\}$
$\Delta=1$(单级),$\Delta=3$(双级)
a 为低速级中心距</td><td rowspan="2">$\delta \geqslant \mathrm{Max}\{0.025a+\Delta,8\}$
$\delta_1 \geqslant \mathrm{Max}\{0.02a+\Delta,8\}$
$\Delta=1$(单级),$\Delta=3$(双级)
$a=(d_{m1}+d_{m2})/2$
(对于圆锥-圆柱齿轮减速器,a 为低速级圆柱齿轮传动的中心距)</td><td>$\delta \geqslant \mathrm{Max}\{0.04a+3,8\}$</td></tr>
<tr><td>箱盖壁厚</td><td>δ_1</td><td>蜗杆上置:$\delta_1=\delta$
蜗杆下置:
$\delta_1 \geqslant \mathrm{Max}\{0.85\delta,8\}$</td></tr>
<tr><td>箱体凸缘厚度</td><td>b、b_1、b_2</td><td colspan="3">箱座 $b=1.5\delta$,箱盖 $b_1=1.5\delta_1$,箱底座 $b_2=2.5\delta$</td></tr>
<tr><td>加强肋厚</td><td>m、m_1</td><td colspan="3">箱座 $m=0.85\delta$,箱盖 $m_1=0.85\delta_1$</td></tr>
<tr><td>地脚螺栓直径</td><td>d_f</td><td>$0.036a+12$</td><td>$d_f \geqslant \mathrm{Max}\{0.018(d_{m1}+d_{m2})+1,12\}$</td><td>$0.036a+12$</td></tr>
<tr><td>地脚螺栓数目</td><td>n</td><td>$a \leqslant 250$, $n=4$
$250 < a \leqslant 500$,$n=6$
$a > 500$, $n=8$</td><td colspan="2">$n \geqslant \mathrm{Max}\left\{4,\dfrac{\text{箱底座凸缘周长之半}}{200\sim300}\right\}$</td></tr>
<tr><td>轴承旁连接螺栓直径</td><td>d_1</td><td colspan="3">$0.75\,d_f$</td></tr>
<tr><td>箱盖、箱座连接螺栓(凸缘螺栓)直径</td><td>d_2</td><td colspan="3">$(0.5\sim0.6)d_f$,螺栓间距 $L \leqslant 150\sim200$</td></tr>
<tr><td>轴承盖螺钉直径和数目</td><td>d_3、n</td><td colspan="3">见表 15.12</td></tr>
<tr><td>轴承盖外径</td><td>D_2</td><td colspan="3">见表 15.12,轴承两侧连接螺栓之间的距离 $s \approx D_2$</td></tr>
<tr><td>窥视孔盖螺钉直径</td><td>d_4</td><td colspan="3">$(0.3\sim0.4)d_f$</td></tr>
<tr><td>d_f、d_1、d_2 至箱外壁距离、至凸缘边缘距离</td><td>C_1、C_2</td><td colspan="3"><table><tr><td>螺栓直径</td><td>M8</td><td>M10</td><td>M12</td><td>M16</td><td>M20</td><td>M24</td><td>M27</td><td>M30</td></tr><tr><td>$C_{1\min}$</td><td>13</td><td>16</td><td>18</td><td>22</td><td>26</td><td>34</td><td>34</td><td>40</td></tr><tr><td>$C_{2\min}$</td><td>11</td><td>14</td><td>16</td><td>20</td><td>24</td><td>28</td><td>32</td><td>34</td></tr></table></td></tr>
<tr><td>轴承旁凸台高度和半径</td><td>h、R_1</td><td colspan="3">$R_1=C_2$;h 由结构定</td></tr>
<tr><td>箱体外壁至轴承座端面的距离</td><td>l_1</td><td colspan="3">$C_1+C_2+(5\sim10)$</td></tr>
</table>

注:d_{m1}、d_{m2} 为两圆锥齿轮的平均直径。

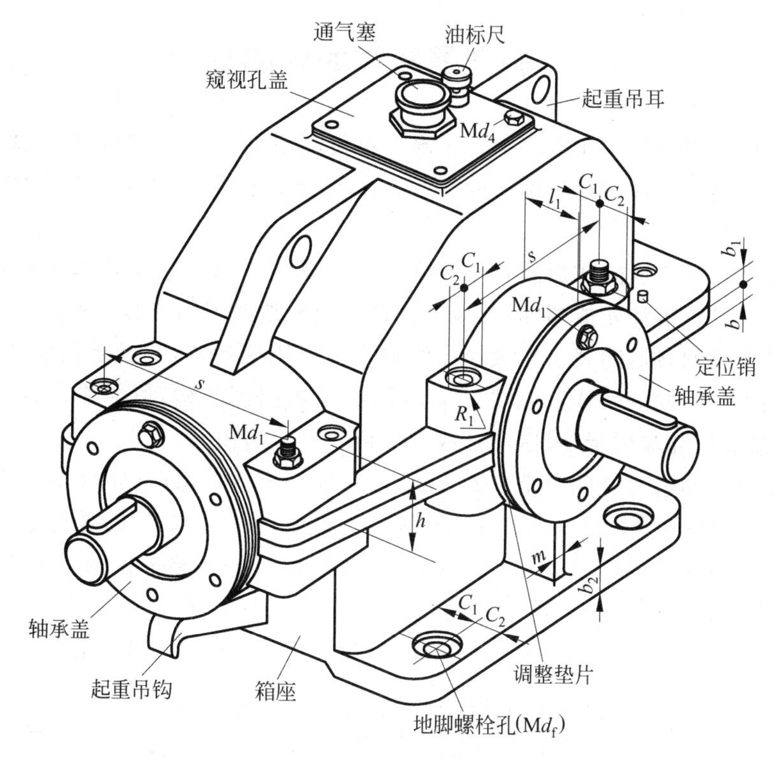

图 4.2　单级圆锥齿轮传动减速器

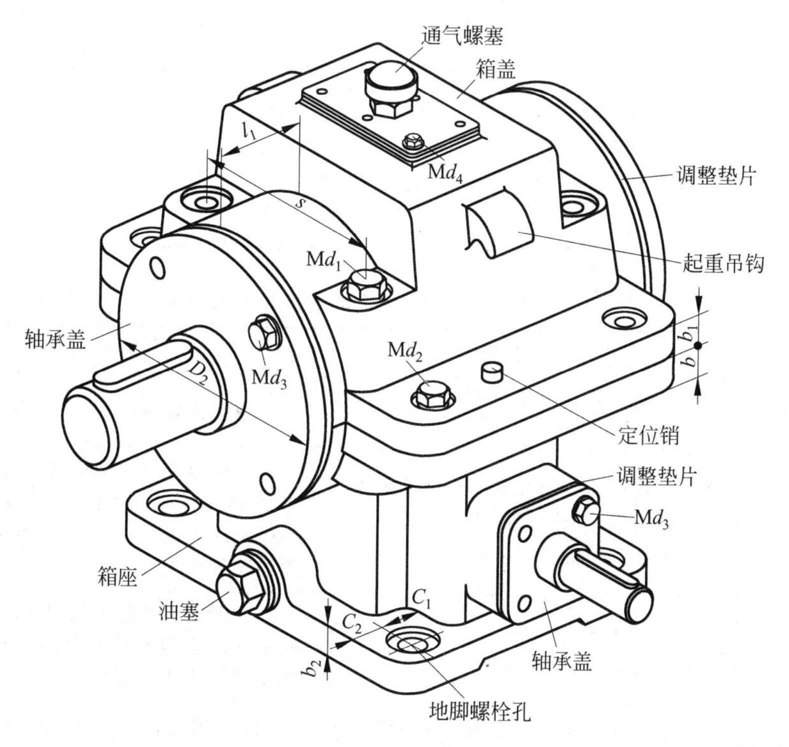

图 4.3　蜗杆蜗轮传动减速器

4.2　减速器箱体的内部结构

减速器箱体的内部结构应能容纳并正确支承传动零件，在设计的时候还要考虑润滑剂的引导、保持、散热、密封、添加与更换的问题。在减速器内部，需要提供润滑的零件有齿轮和轴承。

课程设计涉及的普通闭式齿轮传动可采用浴油润滑方式和喷油润滑方式，参照表 3.1 确定。如果需要设置带油轮或喷油器，应考虑带油轮或喷油器的安装结构。

课程设计涉及的普通闭式齿轮减速器的轴承多采用滚动轴承，轴承的润滑方式有脂润滑和油润滑两种。不同的轴承润滑方式有不同的箱体内部结构，可能要设置油沟、导油斜面，预留挡油盘或封油盘位置，考虑油杯或刮油板的安装结构。

从轴承本身对润滑方式的要求来看，脂润滑和油润滑方式都可以满足课程设计的要求，表 4.2 列举了各种润滑方式下轴承允许的 dn 值。但是，表 4.2 中各数据成立的前提是润滑剂能够到达并维持正确的润滑条件。因此，轴承润滑设计的主要依据归结为润滑条件的保证，表 4.3 列举了减速器常用润滑方式的设计要求。

本章只是对减速器内部结构的初步认识，具体的设计要结合轴系的设计一起进行。

表 4.2　各种润滑条件下轴承的允许 dn 值

轴承类型	脂润滑	浴油润滑	滴油润滑	循环油润滑	喷雾润滑
深沟球轴承	160 000	250 000	400 000	600 000	>600 000
调心球轴承	160 000	250 000	400 000		
角接触球轴承	160 000	250 000	400 000	600 000	
圆柱滚子轴承	120 000	250 000	400 000	600 000	>600 000
圆锥滚子轴承	100 000	160 000	230 000	300 000	
调心滚子轴承	80 000	120 000		250 000	
推力球轴承	40 000	60 000	120 000	150 000	

表 4.3　减速器滚动轴承的润滑方式及其应用

<table>
<tr><th colspan="2">润滑方式</th><th>主 要 特 点</th><th>应 用 说 明</th></tr>
<tr><td colspan="2">脂润滑</td><td>润滑脂直接填入轴承室(可采用油杯)</td><td>适用于齿轮圆周速度 $v<1.5\sim2$ m/s</td></tr>
<tr><td rowspan="3">浴油润滑</td><td>飞溅润滑</td><td>利用齿轮溅起的油形成油雾进入轴承室，或将飞溅到箱盖内壁的油汇集到输油沟，再引入轴承</td><td>适用于浸油齿轮圆周速度 $v\geqslant1.5\sim2$ m/s；当 $v>3$ m/s 时，飞溅油可形成油雾；当 v 较小或油的黏度较大时，不易形成油雾，应设置油沟等引油结构</td></tr>
<tr><td>刮板润滑</td><td>利用刮板将油从轮缘端面刮下后，经输油沟流入轴承</td><td>适用于浸油齿轮圆周速度 $v<1.5\sim2$ m/s；同轴式减速器中间轴承、蜗轮轴轴承、上置式蜗杆轴轴承的润滑</td></tr>
<tr><td>浸油润滑</td><td>轴承局部浸入油中，但油面应不高于最低滚动体中心</td><td>适用于中、低速(如下置蜗杆轴)轴承，高速时搅油剧烈易造成过热</td></tr>
</table>

4.2.1　轴承采用脂润滑

如前所述，课程设计中减速器的齿轮是采用油润滑的。当轴承采用脂润滑时，箱体内存在两种不同性质的润滑剂。如图 4.4 所示，在轴承盖和封油盘之间充满了润滑脂，而箱体内部的齿轮用润滑油润滑，封油盘的作用是把这两种不同的润滑剂分开，并防止润滑脂向箱体内部流失。

图 4.4 右侧轴承盖称为闷盖，润滑脂不能向箱体外部流失。而左边轴承盖称为透盖，有一截轴段透过端盖伸出箱体外部。为防止润滑脂向箱体外部流失，透盖孔与外伸轴之间必须进行密封。有关透盖和外伸轴之间的密封可以参考第 17 章。

拆开轴承端盖可以添加、更换润滑脂，也可以采用油杯加注润滑脂，如图 4.5 所示。

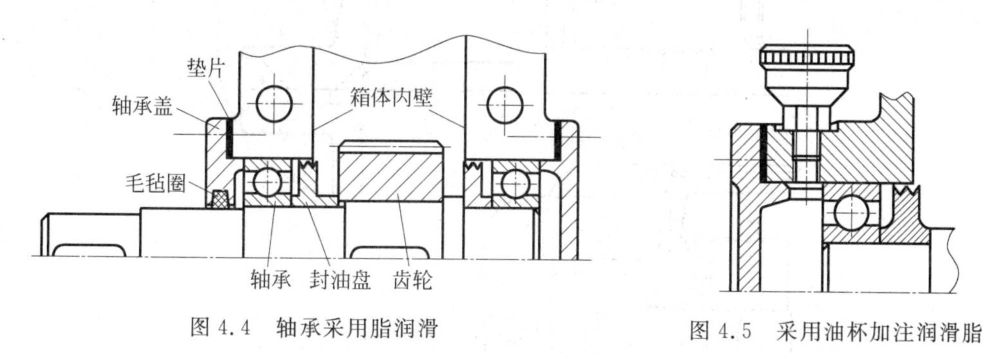

图 4.4　轴承采用脂润滑

图 4.5　采用油杯加注润滑脂

4.2.2　轴承采用油润滑

在齿轮圆周速度较高的情况下，轴承与齿轮可以采用同一种润滑油进行润滑。

如果采用飞溅润滑，当齿轮圆周速度 $v \leqslant 3$ m/s 时，需要设置引油结构。齿轮运转带起的润滑油飞溅到箱盖上，沿内壁流下，通过箱盖上的导油斜面汇集到箱座剖分面上设置的油沟内（见图 4.6 主视图右侧的放大图）。润滑油沿油沟流动，通过轴承盖上的缺口进入轴承室进行润滑（见图 4.6 俯视图）。

轴承采用脂润滑的一些减速器箱座剖分面上也开有导油沟，但作用不同。这些导油沟的作用是收集飞溅到箱盖上的油并引导至油池，避免过多的油流向轴承座。

在齿轮圆周速度较小时，需要设置刮油板。图 4.7 表示刮油板在蜗杆减速器内的安装位置，刮板与蜗轮端面的间隙小于 0.5 mm，蜗轮的一部分浸在润滑油中。当蜗轮顺时针转动时，黏附在蜗轮端面的润滑油沿刮板斜面流入油沟，被引导至轴承进行润滑；当蜗轮逆时针转动时，润滑油则通过刮板反面被刮下进入油沟。

轴承采用油润滑不需要在轴承与箱体内壁之间设置封油盘，但是当齿轮分度圆直径小于轴承座孔时，为避免齿轮啮合时产生的高速高压热油射入轴承，可设置挡油盘。挡油盘与封油盘的结构尺寸和安装要求不同，参考第 5 章。

密封润滑油比密封润滑脂要困难一些，要防止润滑油向箱体外部流失，可采用橡胶圈、迷宫等密封手段，参考第 17 章。

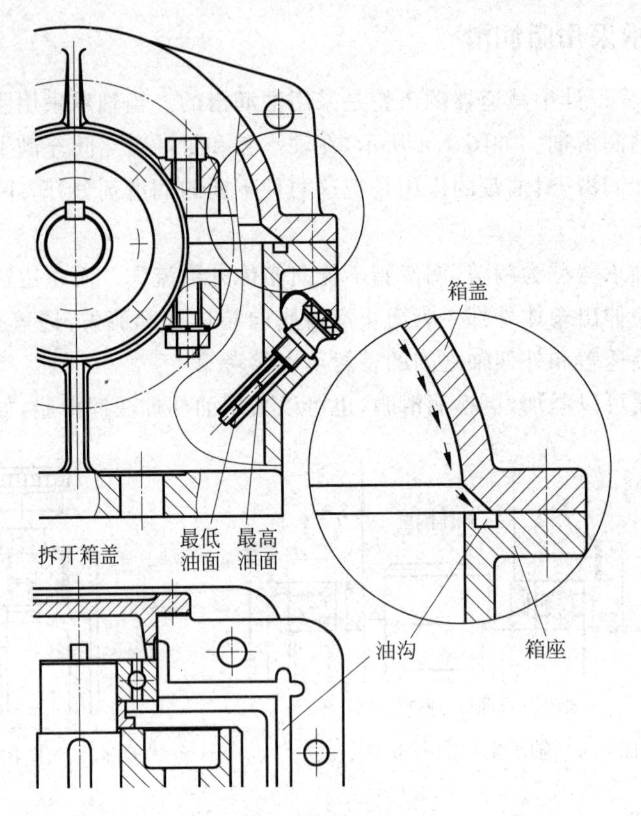

图 4.6　导油斜面和油沟

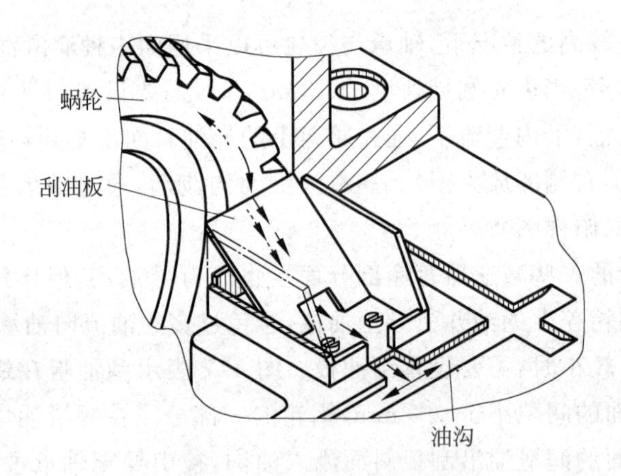

图 4.7　刮油板的安装结构

第5章 减速器装配草图设计

第3章已经计算出传动零件的基本参数和主要尺寸，现在要把这些传动零件装配在一起，进行减速器装配工作图设计。在绘制正式的减速器装配工作图前，需要先设计装配草图。装配草图应包含至少两个视图，并能清楚地表示零件之间的装配关系以及所有零件的正确工作位置，以清晰表达机器的工作原理。在学习本章的时候，需要反复思考下面的问题：

(1) 如何分析互相依存、互相影响的设计参数之间的关系；

(2) 如何抓住主要矛盾，寻找设计的突破口；

(3) 如何确定设计步骤，以便减少错误，加快速度。

进行装配草图设计前，要确定箱体的类型，本章以剖分式铸铁箱体为例，讲述减速器装配图的设计过程。箱体类型确定后，还要确定齿轮和轴承的润滑方式，齿轮的润滑参照表3.1确定，轴承的润滑参照表4.3确定。

减速器的传动零件安装在轴上，轴的两端由轴承支承，轴承安装在箱体座孔上。轴是联系减速器中各零部件的关键零件，因此，装配图设计的核心是轴的设计。轴的设计要考虑：①轴在箱体上应有准确的工作位置；②轴上零件应有准确的工作位置并便于装拆；③轴应具有良好的结构工艺性，并具有足够的强度和刚度。

轴的设计不仅仅要考虑轴本身，更要处理好与轴相关联的零件的设计，如轴上零件的设计、轴承的设计、箱体的设计。轴的设计以轴上零件为依据，带动其他零件的设计，并与箱体的设计相辅相成。

图5.1表示轴与其他设计实体的关系。图中包含了减速器轴系的大部分零件，方框表示设计实体，箭头出发实体是箭头指向实体的设计依据，例如，齿轮的主要尺寸是设计相应轴段直径和长度的依据。

本章围绕轴的设计展开。设计轴时，首先要确定轴的工作位置，轴的工作位置与该轴上的零件相对箱体的位置有关，如箱体内部齿轮与箱体之间的位置关系，箱体外部带轮或联轴器与箱体之间的相对位置。5.1节讨论轴在箱体内部的工作位置，轴在箱体内部之外的工作位置与轴承型号、密封件、轴承座设计等因素相关，暂时还不能确定。

轴在减速器内部的工作位置确定后，可以进一步进行结构设计。5.2节讨论轴的结构设计问题。如图5.1所示，首先要确定轴分段的数目，依据是能够正确地定位和固定轴上的零件。在这个阶段中要确定轴上每个零件采用什么方法定位和固定，不同的定位和固定方法(如轴肩、轴套、定位螺钉)将形成不同的轴段数目。

轴段数目确定后，接下来要确定轴各段的直径。某轴段的直径应该满足该轴段上零件的装配要求，以及定位和固定的要求。相邻两段轴直径变化处形成轴肩，轴肩分为定位轴肩和非定位轴肩，不同的轴肩直径变化的数值不同。还要考虑到，若某轴段上安装的是标准件，要以标准件的尺寸为依据，这就需要综合考虑。一般把第3章计算得到的数据作为主要依据，在设计过程中再考虑其他零件(如轴承和密封件)的要求。

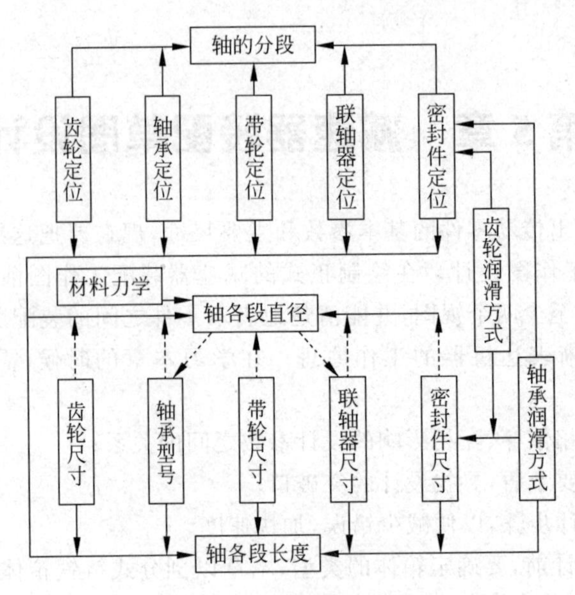

图 5.1　轴的设计依据

图 5.1 中用虚线表示互为依据的设计实体，例如，某轴段按照定位轴肩的要求初步确定直径(依据是相关零件的定位尺寸)，该轴段要安装轴承，则已确定的尺寸成为选择轴承内径的依据。而轴承是标准件，确定好了轴承内径，同时也就确定了该轴段最终的直径。又如齿轮分度圆的大小确定了采用齿轮轴结构还是键连接结构，对于采用键连接结构的齿轮，其轮毂部位的尺寸又依赖于轴的结构设计。

轴各段长度的确定需要考虑的因素也很多。各轴段的长度不但与传动零件的尺寸相关，还与它们的定位和固定方式有关，并且与箱体结构和润滑方式有关。

综上所述，轴的设计不可能光靠计算来进行，有了初步计算作为依据后，要根据结构设计的方法来设计。轴的结构设计是减速器装配草图设计阶段最重要的任务。在这个阶段，要把轴的结构及轴上零件画出来，边画图、边计算、边修改，有可能需要反复修改才能得到满意的结果。

轴结构设计完成后，轴承、密封和定位零件相对箱体的位置就确定了，此时可以画出这些零件在箱体上的位置，并进一步进行箱体上其他结构要素(如轴承座)的设计。以下各节大致按照上述的设计步骤来安排，需要互相参照的内容将特别说明。

5.1　齿轮与箱体之间相对位置的确定

5.1.1　圆柱齿轮传动

圆柱齿轮减速器箱体一般采用剖分面通过各齿轮轴线的结构形式。第 3 章已经计算出齿轮传动的基本参数和主要尺寸，可以在主视图和俯视图上画出各齿轮的中心线、分度圆、齿顶圆、齿宽，如图 5.2 所示。其中，Δ_1、Δ_2、Δ_6 分别是齿顶圆至箱体内壁、齿轮端面至箱体内壁、大齿轮顶圆至箱底内壁之间的最小距离，反映箱体内运动零件与静止零件之间的必要空间；Δ_4、Δ_5 分别是齿轮端面之间、齿顶圆与相邻轴之间的最小距离，反映箱体内运动速度不同的零件之间的必要空间；δ_1 是箱盖的壁厚。这些参数参照表 4.1、表 5.1 确定。

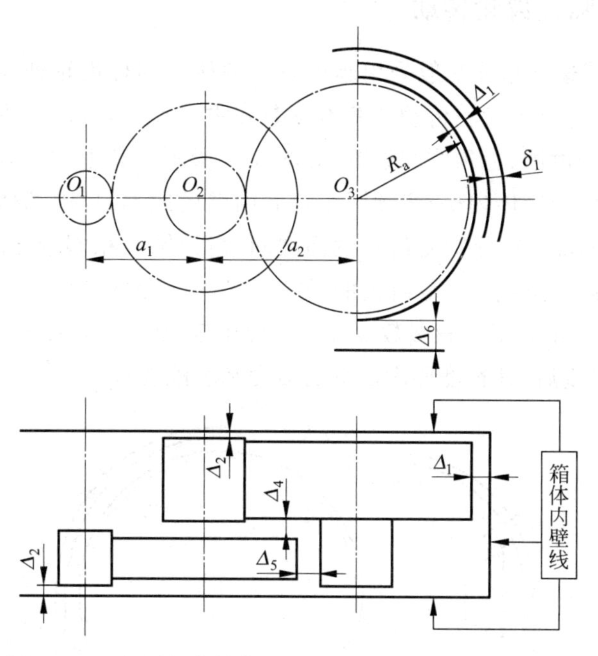

图 5.2　两级圆柱齿轮传动中齿轮与箱体之间的相对位置

表 5.1　减速器零件的位置尺寸

代　号	名　　称	推　荐　用　值
Δ_1	齿顶圆至箱体内壁的距离	≥1.2δ(δ 是箱座壁厚)
Δ_2	齿轮端面至箱体内壁的距离	>δ
Δ_3	轴承端面至箱体内壁的距离	10～12 mm(轴承用脂润滑)
		3～5 mm(轴承用油润滑)
Δ_4	旋转零件之间的轴向距离	10～15 mm
Δ_5	齿轮顶圆至轴表面的距离	≥10 mm
Δ_6	大齿轮顶圆至箱底内壁的距离	>30～50mm(与润滑油储量有关)
e	轴承端盖凸缘厚度	参见第 15 章

提示：图 5.2 中箱体左侧内壁线暂时无法确定，需要在主视图中把箱盖设计(5.6 节)完毕后才能最终确定。具体步骤如下：

(1) 先在俯视图进行轴的结构设计(5.2 节)，同时选择轴承型号；

(2) 轴承型号选好后，轴承座孔直径随之确定，接着选择并确定轴承端盖尺寸，轴承座外径随之确定；

(3) 在主视图设计轴承旁凸台，先定好轴承旁连接螺栓的中心线，再确定凸台高度，保证轴承旁连接螺栓有足够的扳手空间；

(4) 设计箱盖左侧外壁，内壁线随之确定，这时返回俯视图，左侧内壁线最终确定。

以上设计顺序在下面几节中将详细叙述。

5.1.2 圆锥-圆柱齿轮传动

圆锥-圆柱齿轮减速器箱体一般采用圆锥齿轮轴线与圆柱齿轮轴线所决定的平面作为剖分面。第 3 章已经计算出齿轮传动的基本参数和主要尺寸，可以在主视图和俯视图上画出各齿轮的中心线、分度圆、齿顶圆和齿宽，如图 5.3 所示。其中，Δ_1、Δ_2、Δ_6分别是齿顶圆至箱体内壁、齿轮端面至箱体内壁、齿顶圆至箱底内壁的距离，反映箱体内运动零件与静止零件之间的必要空间；Δ_4、Δ_5分别是齿轮端面之间、齿顶圆与相邻轴之间的距离，反映箱体内运动零件之间的必要空间；δ_1 是箱盖的壁厚，δ 是箱座的壁厚。这些参数参照表 4.1、表 5.1 确定。B_1、b、e 在第 3 章齿轮参数设计中已经确定，B_2 约为$(1.5\sim1.8)e$，B_2 的最后确定要到轴及键设计完成后，其长度要满足键的强度和装配要求。

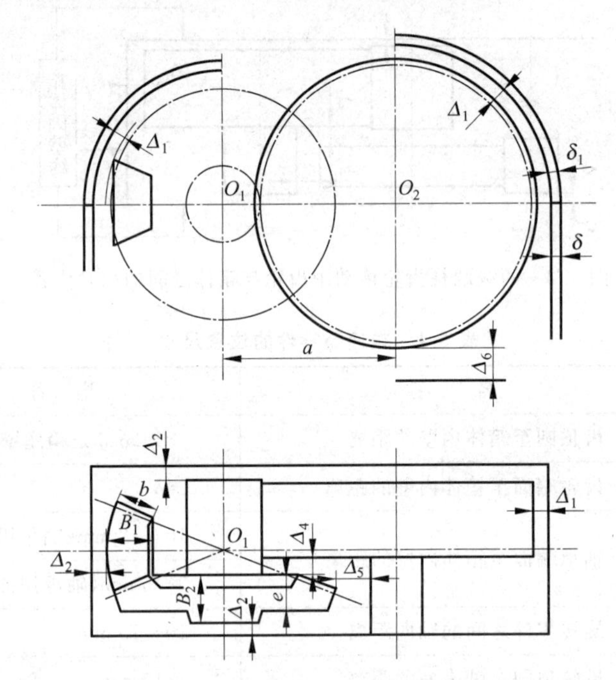

图 5.3　圆锥-圆柱齿轮传动中齿轮与箱体之间的相对位置

圆锥-圆柱齿轮减速器箱体一般做成关于小圆锥齿轮轴线的对称结构，中间轴和低速轴可以调头安装，方便输出轴位置的改变。箱体与各齿轮的相对位置如图 5.3 所示。

5.1.3 蜗杆蜗轮传动

剖分式蜗杆减速器箱体一般采用通过蜗轮轴线平行蜗杆轴线的平面作为剖分面，见图 4.3。为了提高蜗杆的刚度，蜗杆轴承座多采用内伸进箱体的结构，见图 5.4。本节按照这种箱体结构来讲述，并设蜗杆布置在下方。

第 3 章已经计算出蜗杆蜗轮传动的参数，可以在主视图和左视图上画出蜗杆和蜗轮的中心线、分度圆和齿顶圆，如图 5.5 所示。其中，Δ_1、Δ_2 分别是齿顶圆与箱体内壁、齿轮端面与箱体内壁之间的距离，反映箱体内运动零件与静止零件之间的必要空间；δ_1 是箱体的壁厚，δ 是箱座的壁厚。这些参数参照表 4.1、表 5.1 确定。

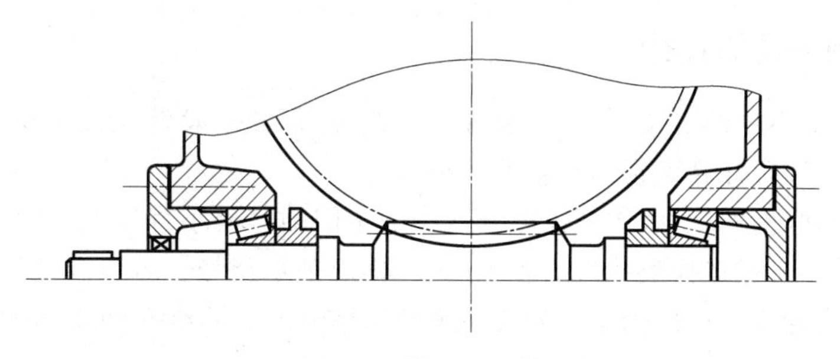

图 5.4　轴承座内伸

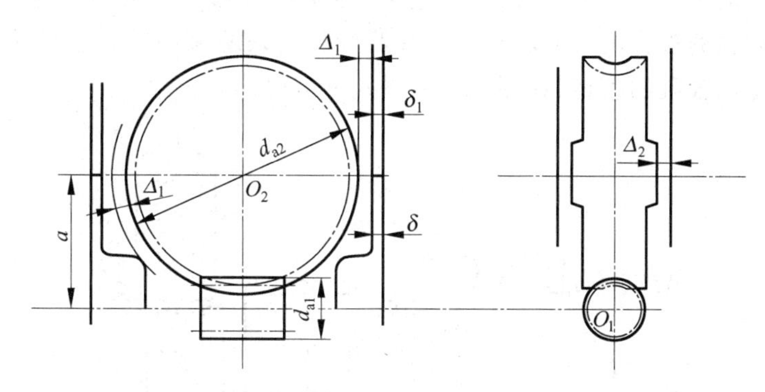

图 5.5　蜗杆蜗轮传动中齿轮与箱体之间的相对位置

箱体与蜗杆蜗轮的相对位置如图 5.5 所示。其中蜗杆轴承座内伸长度的确定要在后面结合蜗杆轴承的组合设计一起进行。蜗杆至箱座底的最小距离先不确定，将在后面按照散热要求确定润滑油储量后，再反算箱座底面的位置。

5.2　轴的结构设计

减速器的各轴都是转轴，既传递转矩也承受弯矩。也就是说，各轴都处于复合应力状态，同时承受扭矩引起的剪应力和弯矩引起的正应力，本应按轴的实际应力状态来设计，但在轴的结构设计之初，轴承尚未选定，外伸轴的长度也未设计，所以支点位置和传动零件上的力作用点都未定，弯矩无法准确求出。

实际设计时，对于传递转矩为主的转轴，初步计算时忽略弯矩，按扭转强度条件初步估算轴的最小直径，按下式计算

$$d \geqslant A \cdot \sqrt[3]{P/n} \tag{5.1}$$

式中，P 为轴的输入功率(kW)；n 为轴的转速(r/min)；A 为材料系数，可参考教材确定；d 的单位为 mm。

如果该轴是外伸轴，最小轴径处往往开有键槽，应参照教材适当增加最小轴径的数值。

5.2.1　轴各段的直径

为了满足轴上零件的定位、紧固及装拆方便的要求，轴一般设计成阶梯状，各段有不同的直径。根据式(5.1)计算得到的是轴的最小直径。

对于非外伸轴(例如，双级圆柱齿轮减速器的中间轴)，最小直径处一般安装轴承，要根据计算出来的最小直径选择最接近的轴承内径，确定轴承型号。直齿圆柱齿轮传动可选深沟球轴承，其他齿轮传动根据轴向力的大小正确选择圆锥滚子轴承、角接触球轴承或深沟球轴承。

对于外伸轴，最小直径一般为外伸段，应从外伸段开始设计。外伸轴与带轮或联轴器连接，要与带轮或联轴器毂孔的尺寸相适应。按照计算出来的最小轴径查带轮或联轴器的标准毂孔直径，确定该轴段的直径(如图 5.6 中的尺寸 d)。

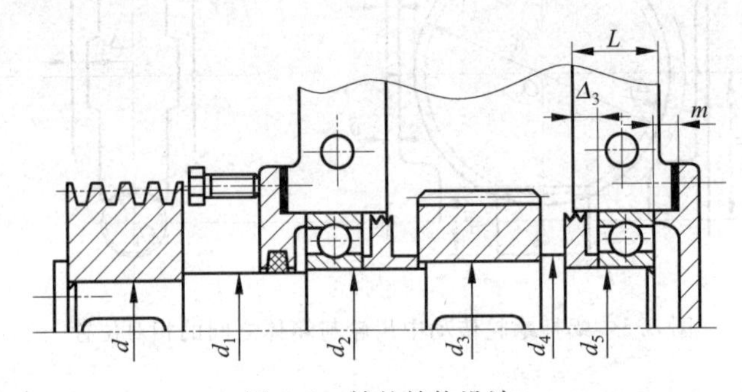

图 5.6　轴的结构设计

下面以图 5.6 为例说明如何确定该轴的各段轴径：

(1) 先初估轴的最小直径，考虑带轮孔径要求确定 d。

(2) 考虑带轮用轴肩定位，按照定位轴肩尺寸的确定方法确定 d_1；又因为该段轴与密封毡圈配合，密封毡圈是标准件，故必须同时满足密封毡圈的要求，最后确定 d_1。

(3) 接下来的轴段 d_2 与轴承配合，d_1 到 d_2 变化为非定位轴肩，考虑的是便于装拆轴承和减少精加工面，故按照非定位轴肩尺寸的确定方法，同时考虑轴承内径确定 d_2。

(4) 按照非定位轴肩尺寸的确定方法确定与齿轮配合处的轴径 d_3。

(5) 按照定位轴肩尺寸的确定方法确定轴环的轴径 d_4。

(6) d_5 的尺寸按照轴承内径确定。

提示：在确定轴的各段直径时一定要仔细考虑下面问题：

(1) 轴上零件(如带轮、齿轮、联轴器、轴承)采用什么方式进行定位和固定？

(2) 考虑轴承的内、外圈固定方式和游隙调整的方法，选择合适的轴承端盖，参考 5.5 节；

(3) 轴承的定位轴肩应按照轴承安装尺寸确定，参考第 15 章；

(4) 考虑轴承的润滑与密封方式，选择合适的密封件，参考 5.5 节和第 17 章；

(5) 同一轴上两个支点的轴承尽量采用同一型号，方便轴承座孔的加工；

(6) 同一内径的轴承可以有不同的宽度和外径，初选时可以取正常宽度的中系列轴承，校核后根据情况再进行调整。

仔细考虑上述问题，可以减少不必要的返工，提高设计效率。

5.2.2　轴各段的长度

轴各段的长度视其位置不同与轴上零件的宽度、箱体结构、润滑与密封相关，是轴结构设计的一个重点。轴的长度设计要伴随箱体、润滑与密封的设计进行，这些方面的设计是相辅相成的，要采用边画图、边计算的方法进行。轴的长度设计完成后，这些零件与箱体之间的相对位置也就确定了，可以画出装配草图上零件的定位线，进一步进行箱体设计。

1. 箱体内部轴段长度的设计

轴的长度设计一般从安装齿轮的轴段开始。为了保证齿轮可靠的轴向固定，轴段的长度应略小于轮毂的宽度，根据第 3 章得到的齿轮宽度很容易确定该轴段（图 5.6 中直径为 d_3 的轴段）的长度。d_3 轴段的长度确定后，接着向左依次确定轴段 d_2、轴段 d_1 和轴段 d 的长度，向右依次确定轴段 d_4 和轴段 d_5 的长度。

轴段长度设计步骤如下：

（1）确定轴段 d_3 的长度。考虑到保证齿轮可靠固定，使该轴段的长度比齿轮的轮毂宽略短。

（2）确定轴段 d_2 的长度。要考虑：①轴承已经选择，则轴承宽度可查；②齿轮到箱体内壁的距离 Δ_2 也已确定；③因轴承润滑方式不同，需要的内部密封装置不同，轴承内端面到箱体内壁所需预留的空间 Δ_3 不同，由此确定轴承在轴承座孔的安放位置。考虑上述三方面因素，轴段 d_2 的长度就可确定。有关润滑与密封部分以及封油盘或挡油盘的结构尺寸和安装位置参阅 5.5 节和第 17 章。

（3）确定轴段 d_1 的长度，参阅外伸轴段长度的设计。

（4）确定轴段 d 的长度，考虑到保证联轴器可靠固定，使该轴段的长度比联轴器的轮毂宽略短。

向右依次确定轴段 d_4 和轴段 d_5 的长度，类似上述过程。

如果采用油润滑且齿轮齿顶圆直径小于轴承孔直径，为防止齿轮啮合时挤出的高速、高温油射进轴承，要安装挡油盘，如图 5.7(a)所示，挡油盘的结构与尺寸与封油盘是不同的，自然也影响 d_4 段的长度。如果采用油润滑且齿轮齿顶圆直径大于轴承孔直径，则无须安装挡油盘。对于轴承采用脂润滑的情况，参考图 5.6。如果齿轮定位轴肩稍小于轴承定位尺寸，可以扩大至轴承定位尺寸，延长 d_4 长度至轴承端面，如图 5.7(b)所示；如果尺寸相差比较大，也可以考虑按照轴承定位轴肩的尺寸要求增加一级轴段，如图 5.7(c)所示。

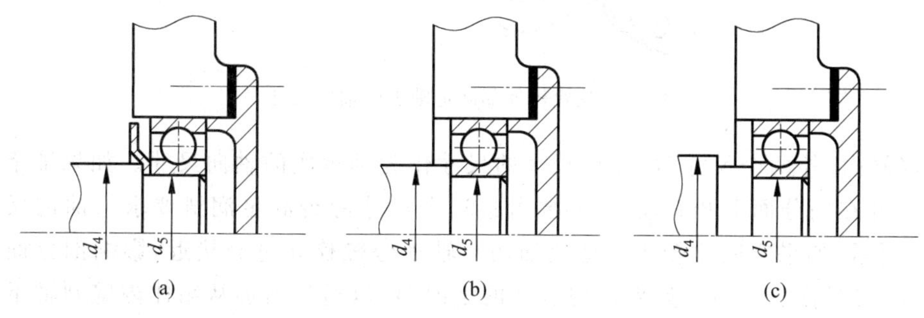

图 5.7　几种不同的轴段设计

2. 外伸轴段长度的设计

图 5.6 中直径为 d_1 的轴段位置跨越箱体内、外，其长度还要考虑左边轴承端盖的安装、轴伸出端的密封、轴承端盖到带轮的距离等因素。其中轴承端盖的安装位置要根据箱体上轴承座的结构确定，因此必须先做好轴承座的轴向长度设计，才能依次定出轴承和密封件的轴向位置。

箱体轴承座设计要考虑箱体内、外结构这两个因素。从箱体内部看，以箱体内壁向外推算，轴承座孔的长度 L 要满足箱体内壁到轴承端面的距离 Δ_3 加上轴承宽度再加上轴承外圈定位结构的轴向长度(见图 5.6)。图 5.6 采用的是凸缘式轴承端盖，通过端盖上的定位环压紧轴承外圈来实现定位。设定位环的长度为 m，则有 $L\approx\Delta_3+$轴承宽度$+m$。

如果采用内嵌式轴承端盖，轴承座的轴向长度会更大些，见图 5.8。

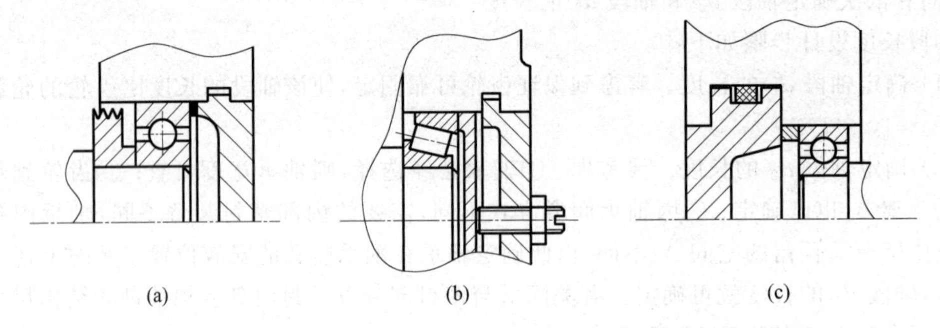

图 5.8　采用内嵌式轴承端盖时轴承座的结构

从箱体外部看，从箱体内壁向外推算，轴承座孔的长度 L 等于箱体壁厚加上轴承座连接螺栓的扳手空间(表 4.1 中的 C_1、C_2)，在这个基础上增加 5～10 mm(区分轴承端盖接合面与箱体外壁非加工面)确定轴承座孔端面，见图 5.9。

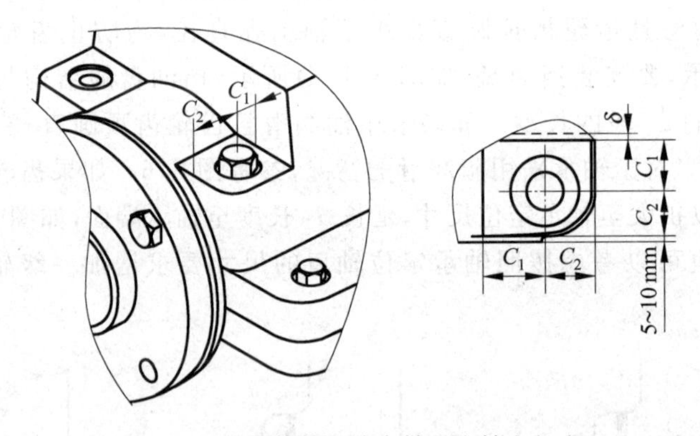

图 5.9　从箱体外部确定轴承座轴向长度

确定好内、外两个尺寸后，选择较大的尺寸作为轴承座的轴向尺寸。如果轴承采用浴油润滑并在剖分面上开有油沟，还要考察这个尺寸能否满足润滑要求。油沟尺寸如图 5.10 所示，如果空间比较小会造成油沟与轴承旁螺栓孔过分接近，影响剖分面密封的可靠性(参见图 5.11)。如果出现这样的情况，可以适当增加从箱体内壁到轴承座端面的距离。

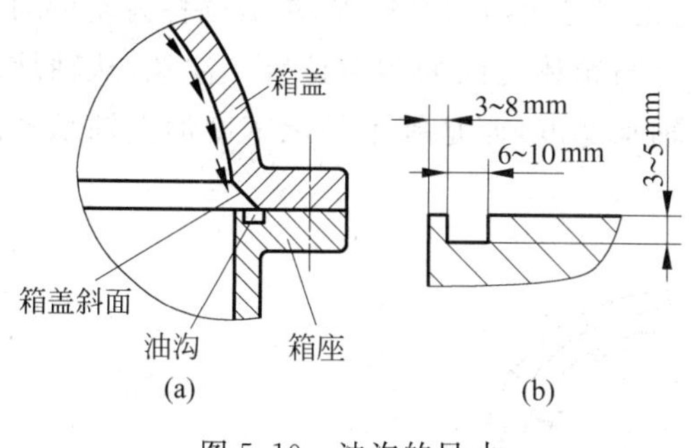

图 5.10　油沟的尺寸

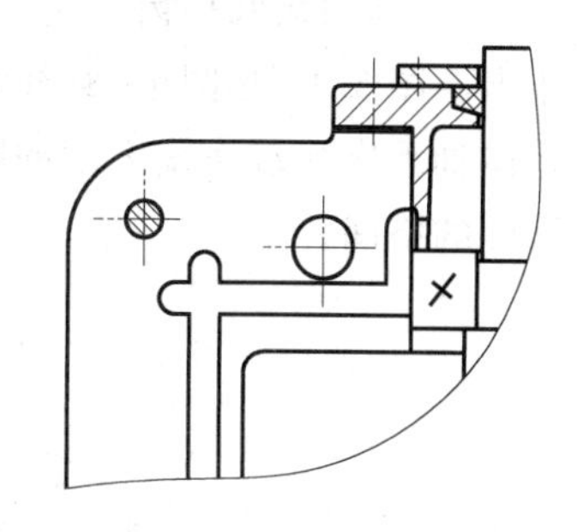

图 5.11　油沟与轴承旁螺栓孔过于接近

外伸轴处轴承端盖的尺寸还与所采用的密封方式有关，可参照第 17 章确定，毡圈密封方式的轴向长度比较小，迷宫式、沟槽式和组合式密封的轴向长度比较大，见图 5.12。外部、内部和润滑要求三者之间的关系见图 5.13。

轴承端盖到带轮的距离属于动、静零件之间的距离，可取 15～20 mm。如果要考虑在装拆轴承端盖或更换联轴器弹性套柱时不必拆开减速器，可根据相关零件的安装要求增加必要的距离(图 5.14)。

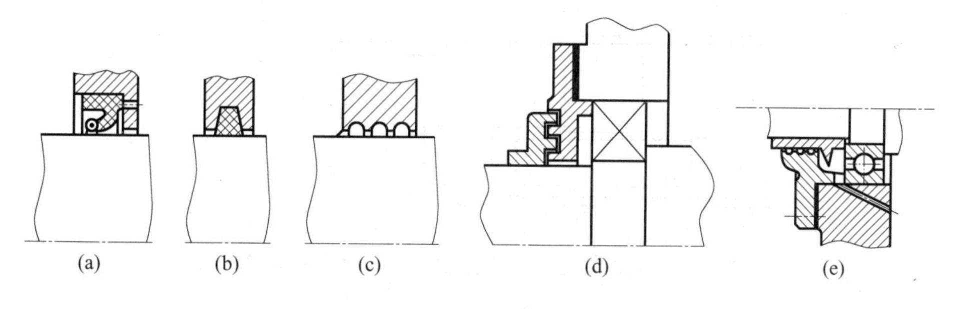

图 5.12　不同的密封方式

(a) 唇形密封；(b) 毡圈密封；(c) 沟槽式密封；(d) 迷宫式密封；(e) 离心式与沟槽式组合密封

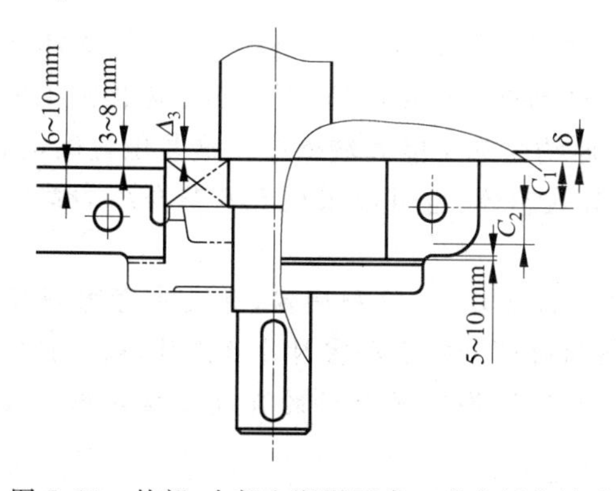

图 5.13　外部、内部和润滑要求三者之间的关系

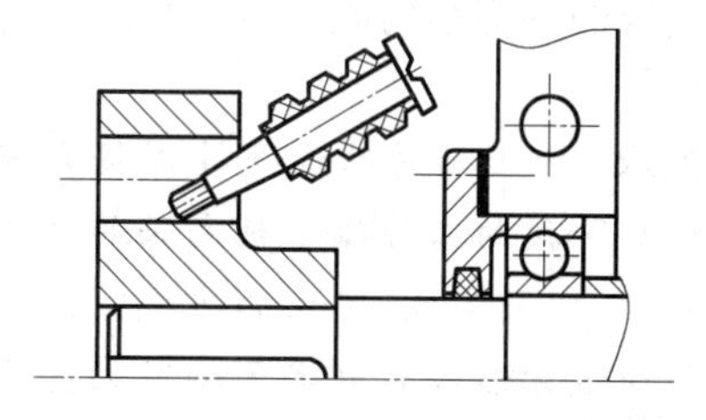

图 5.14　更换联轴器弹性套柱

考虑上述因素后，才能确定 d_1 的长度。

3. 画出主要零件与箱体之间的相对位置

由于轴承座及轴承盖都已经确定，可以进一步画出减速器箱体与其他零件之间的相对位置。图 5.15 是两级圆柱齿轮传动主要零件与箱体之间的相对位置，单级圆柱齿轮传动可以参照作出。图 5.16 是圆锥-圆柱齿轮主要零件与箱体之间的相对位置。注意，从轴承端面线到箱体轴承座孔端面线之间的距离不等于轴承宽度，而是等于轴承宽度加上轴承外圈定位所需要的空间。

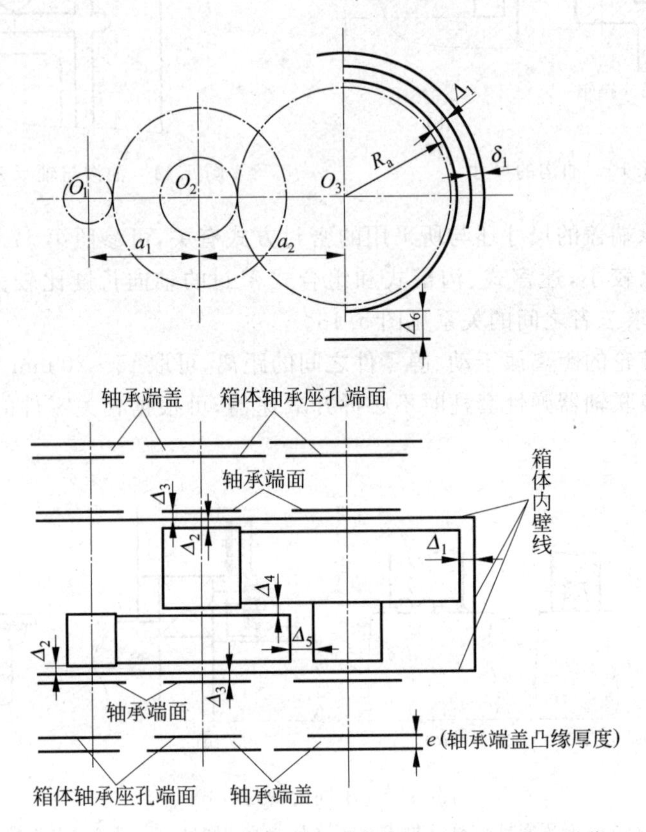

图 5.15　两级圆柱齿轮传动主要零件与箱体之间的相对位置

图 5.17 是蜗杆蜗轮传动主要零件与箱体之间的相对位置，左视图上 D_2 是蜗杆轴承盖外缘直径。为了尽量提高蜗杆轴系的刚度，蜗杆轴承座尽量内伸，但与蜗轮齿顶圆距离必须保证 Δ_1，可将轴承座内伸段做成锥台，小端壁厚约为 0.4 倍大端壁厚。这些位置确定后，蜗杆减速器的外部结构既可以采用图 4.3 的剖分式箱体，也可以采用 5.6 节介绍的整体式箱体结构。

提示：以上轴的结构设计依据是轴上零件的安装、定位和固定，并没有考虑强度和刚度。这个阶段的工作除了确定轴的尺寸外，还同时进行轴承和密封件的设计，确定它们的类型和尺寸，以及安装、定位的方式。这些零件确定后，即可进行轴的强度校核计算。只有强度校核通过才能最后确定各轴段的直径。

4. 键槽的位置

要进行轴的强度校核，必须知道力的作用点位置和轴的支点位置，其中轴的支点可以根据轴承的位置定出，齿轮上力作用点一般取在齿宽中点。动力通过带轮和齿轮传递，作用力通过键施加到轴上。因此，力作用点的位置还要参考键的位置。键槽的尺寸根据所在轴段的直径和长度查相关标准，键槽的位置应靠近轮毂装入一侧的轴段端部，长度应比轴段长

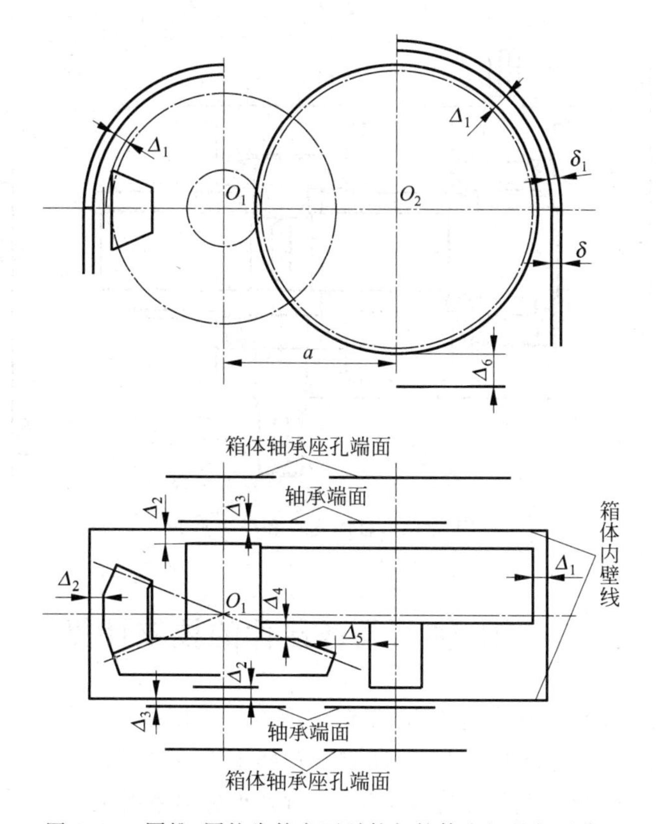

图 5.16　圆锥-圆柱齿轮主要零件与箱体之间的相对位置

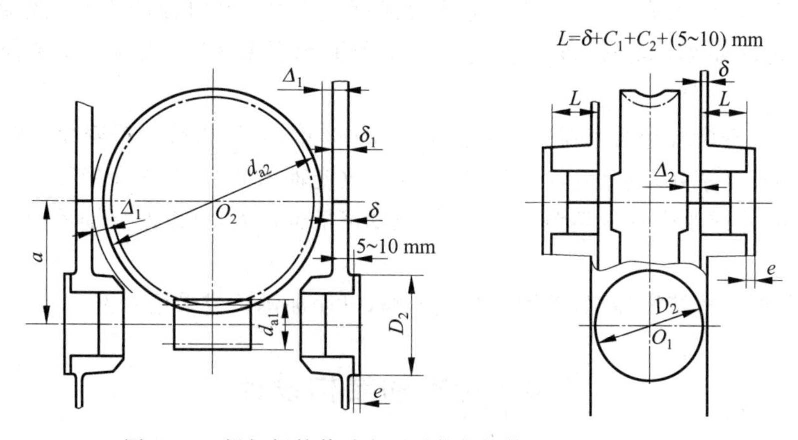

图 5.17　蜗杆蜗轮传动主要零件与箱体之间的相对位置

度小，不要太靠近轴肩以免加重应力集中。轴上有多个键槽时，如果各段轴直径差别不大，可以采用相同截面尺寸的键；轴上各键槽的对称面应通过轴的中心线，各键槽尽量布置在轴的同一侧且位于同一直线上，以便于加工。

至此，轴的结构设计基本完成。图 5.18 是单级圆柱齿轮减速器两根轴的设计结果。

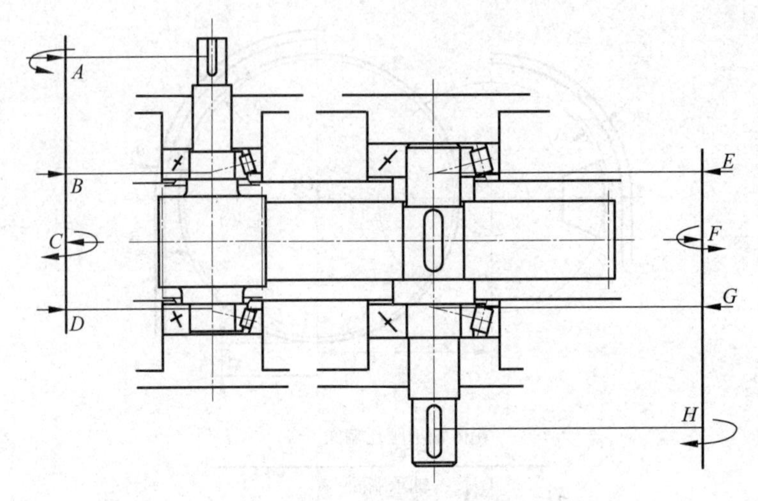

图 5.18　轴的支点和受力点

5.3　轴、轴承及连接件的校核计算

设齿轮作用力集中作用在齿宽中点，带轮施力点位于键槽长度的中点，图 5.18 两侧是轴的受力示意图，其中 A 是带轮施力点，H 是联轴器施力点，C 和 F 是齿轮传动施力点，B、D、E、G 是轴承支点，轴承支点的位置参考第 15 章轴承标准来确定。

要进行轴与轴承的校核计算，需要作出轴的受力简图和力矩图，可参考 5.8 节。若校核后强度不够，应采取适当措施提高轴的强度。例如，增加轴的直径，改变轴的材料和热处理方式。如果轴的强度裕量过大，应在轴承及键校核完毕后，综合各因素来修改。

滚动轴承的寿命可与减速器寿命或检修期（2～3 年）大致相符。若寿命不够，可采用同一内径的不同宽度系列，或改变轴承型号，必要时改变轴承类型；若寿命裕量过大，可采用同一内径的窄系列，或改变轴承类型；如果轴的强度裕量也过大，可以改变轴承型号，选择内径较小的轴承。

键连接主要校核挤压强度，若键的强度不够，可增加键长或采用双键。

5.4　齿轮的结构设计

齿轮的结构与材料、尺寸、毛坯的制造方法等因素有关。齿轮与轴分开制造时，还要进行齿轮和轴的连接设计。如果齿轮的转速较高，要考虑齿轮的平衡，宜采用花键或双键连接。

齿轮与轴分开制造时，齿轮齿根圆到键槽底部的距离 e 不能太小（图 5.19）。对于圆柱齿轮 $e>2\,m_t$（m_t 为端面模数），对于圆锥齿轮 $e>1.6\,m$（m 为小头模数）。如果不满足这个要求，可以把齿轮与轴做成一体。如果齿轮的齿根圆比轴的直径小，可以采用图 5.20 所示的结构。

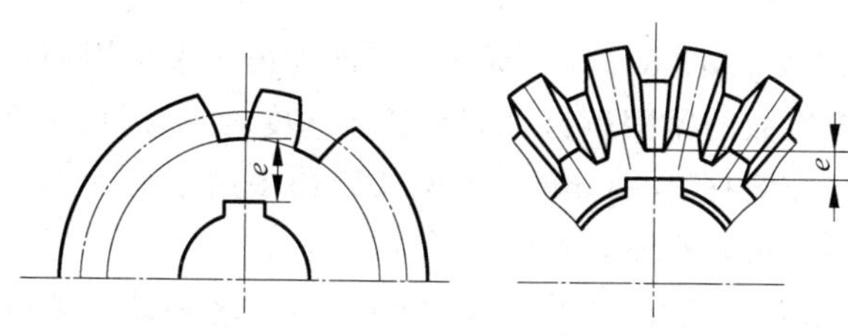

图 5.19　齿轮齿根圆到键槽底部的距离

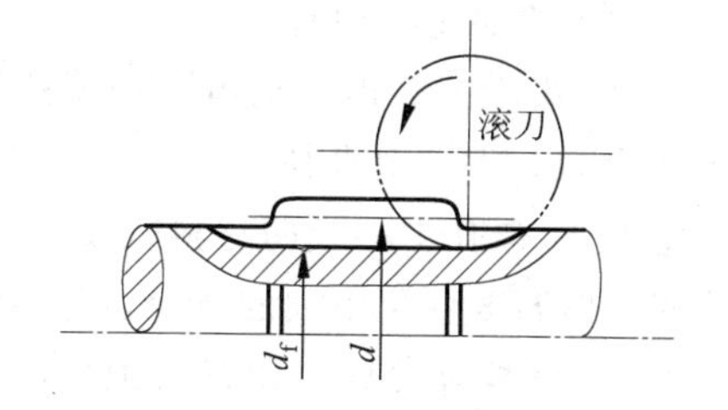

图 5.20　齿轮的齿根圆比轴的直径小

齿轮齿顶圆直径小于 160 mm 时，一般做成实心结构，如图 5.21 所示。齿轮齿顶圆直径大于 160 mm 但小于 500 mm 时，一般做成腹板式结构，如图 5.22 所示。腹板式齿轮一般用锻造方式制作毛坯。

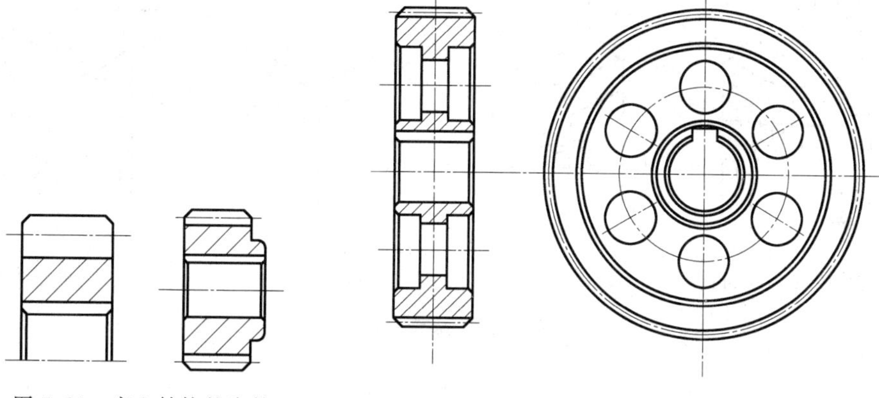

图 5.21　实心结构的齿轮　　图 5.22　腹板式结构的齿轮

对于齿顶圆直径大于 300 mm 且用铸造方式制造毛坯的齿轮，可做成带加强筋的腹板式结构；对于齿顶圆直径大于 400 mm 且小于 1000 mm 的齿轮一般用铸造方式制作毛坯，并做成轮辐式结构，见表 16.5。

对于尺寸较大、要求较高的齿轮，为了节省贵重金属，可做成组装齿圈的结构，如图 5.23 所示。齿圈用满足啮合要求的材料制作，齿芯用铸铁或铸钢制作。

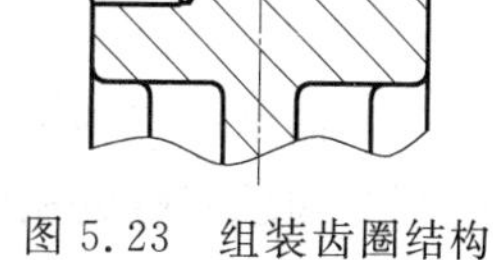

图 5.23　组装齿圈结构的齿轮

普通圆柱蜗杆螺旋部分的直径不大，一般与轴做成一体，如图 5.24 所示。其中，图(a)的结构无退刀槽，刚性较好，但只能用铣削方法加工；图(b)的结构有退刀槽，螺旋部分可以车制，也可以铣制。如果蜗杆螺旋部分直径较大，也可以与轴分开制作。

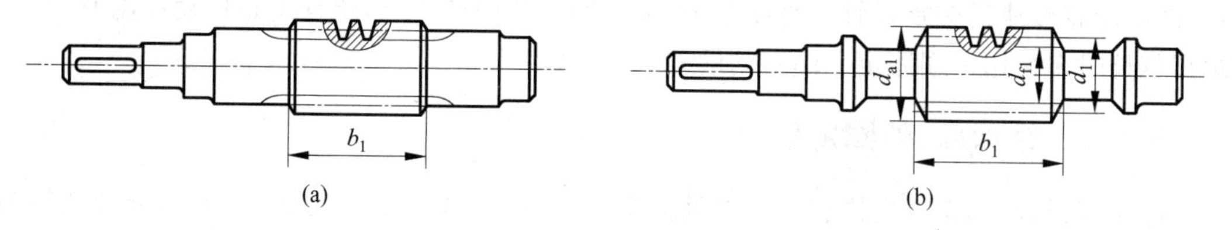

图 5.24　蜗杆的结构

常用的蜗轮结构有：

(1) 齿圈式。由青铜齿圈和铸铁齿芯组成，如图 5.25(a)所示。齿圈与齿芯多采用 H7/r6 配合，加 4～6 个直径为 1.2～1.5 倍蜗轮模数的紧固螺钉。螺钉拧入深度为 0.3～0.4 倍蜗轮齿宽，螺孔中心线向材料较硬的齿芯部分偏移 2～3 mm。齿圈式结构多用于尺寸不太大或工作温度变化不大的场合，以避免材料的热胀冷缩影响配合质量。

(2) 螺栓连接式。用普通螺栓或铰制孔螺栓连接，如图 5.25(b)所示。这种结构装拆比较方便，多用于尺寸较大或容易磨损的蜗轮。采用这种结构要进行螺栓连接强度校核。

(3) 整体浇铸式。一般用于铸铁蜗轮或尺寸较小的青铜蜗轮，结构如图 5.25(c)所示。

(4) 拼铸式。在铸铁齿芯上浇铸出青铜齿圈，然后切齿。这种方式只用于成批制造的齿轮，结构如图 5.25(d)所示。

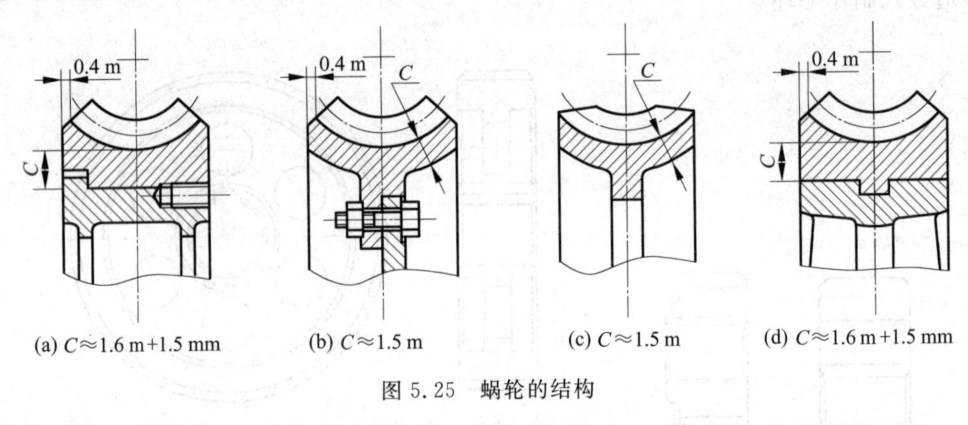

(a) $C\approx1.6\text{ m}+1.5\text{ mm}$　(b) $C\approx1.5\text{ m}$　(c) $C\approx1.5\text{ m}$　(d) $C\approx1.6\text{ m}+1.5\text{ mm}$

图 5.25　蜗轮的结构

5.5　滚动轴承组合与润滑设计

进行轴设计的同时已经选择了轴承和轴承端盖等零件，滚动轴承的设计除了正确选择轴承类型和型号外，还有另外一项重要内容——滚动轴承组合结构的设计，具体内容包括：

(1) 轴承内圈和外圈的定位和固定；

(2) 轴承间隙的调整；

(3) 轴承的润滑与密封；

(4) 轴承与轴、轴承与座孔的配合。

轴承支点固定方式有 3 种：两端固定，一端固定一端游动，两端游动。合理的组合设计应考虑轴的正确定位、防止轴向窜动以及轴受热膨胀后不致卡死等因素。课程设计中，圆柱、圆锥齿轮减速器较重且轴的跨度较小，常采用两端固定支承；蜗杆蜗轮传动在温升较大、蜗杆较长时多采用一端固定一端游动的方式。

5.5.1　轴承内、外圈定位

在课程设计中，轴承内圈在轴上的轴向定位一般采用轴肩或轴套方式，轴承外圈的轴向定位一般采用轴承端盖。设计两端固定支承应留有适当的轴向间隙用来补偿轴受热伸长量。这个间隙的大小与轴的支点距离、运转温升等因素有关，可调游隙的轴承间隙可参考第

15章的相关内容。对于固定间隙轴承(如深沟球轴承),应经过专业的计算来确定,在课程设计中可取0.25~0.4 mm。

如采用凸缘式端盖,可在轴承盖与箱体轴承座端面之间设置调整垫片,在装配过程中通过增加或减少垫片来调整轴向间隙,如图5.6所示。如采用内嵌式轴承盖,也可在轴承盖与轴承外圈之间设置调整垫片,如图5.8(a)、(c)所示,但是调整垫片时需要开启箱盖,比较麻烦。对于可调间隙轴承,如圆锥滚子轴承或角接触球轴承,可用调整垫片的方式,也可以用螺纹件方式调整轴承的游隙,如图5.8(b)所示。

轴承的轴向间隙通过装配操作规范来保证。如果采用螺纹件方式,应先将螺纹旋转至勉强可用手使轴转动的位置,再松开对应轴承轴向间隙的位移,然后锁紧定位螺母。如果采用垫片调整方式,一般采用多片垫片,先将垫片总厚度减少到上紧轴承盖螺钉后勉强可用手使轴转动,此时轴承间隙为零,再加上厚度等于轴承间隙的垫片。

圆锥齿轮减速器需要调整大、小齿轮的轴向位置,使两个分度圆锥的锥顶达到正确的装配位置。为了达到这个目的,小圆锥齿轮轴的两个轴承装在套杯中,如图5.26所示。调整套杯与箱体轴承座端面之间的垫片引起套杯轴向移动,从而调整小齿轮分度圆锥顶的位置。

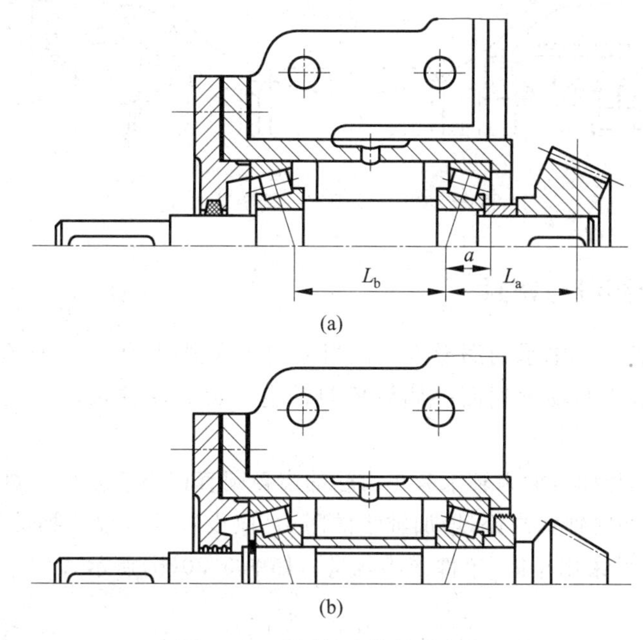

图5.26 小圆锥齿轮轴的定位

当小圆锥齿轮顶圆直径大于套杯凸肩孔径时(图5.26(a)),为方便装配采用齿轮与轴分开制造的方式。当小圆锥齿轮顶圆直径小于套杯凸肩孔径时(图5.26(b)),常做成齿轮轴。

小圆锥齿轮采用悬臂结构,齿宽中点至轴承受力支点之间的轴向距离 L_a 为悬臂长度。设计时应尽量减小悬臂的长度。为了使轴系具有较大的刚度,两个轴承支点之间的距离不宜过小,一般可取 $L_b \approx 2L_a$,或 $L_b \approx 2.5d$(d 为轴承内圈直径)。为了提高轴系的刚度,可采取轴承反装的方式,如图5.27所示。轴承反装时,轴承支点之间的距离增加,悬臂长度减小,但两轴承受载荷不均匀程度扩大。

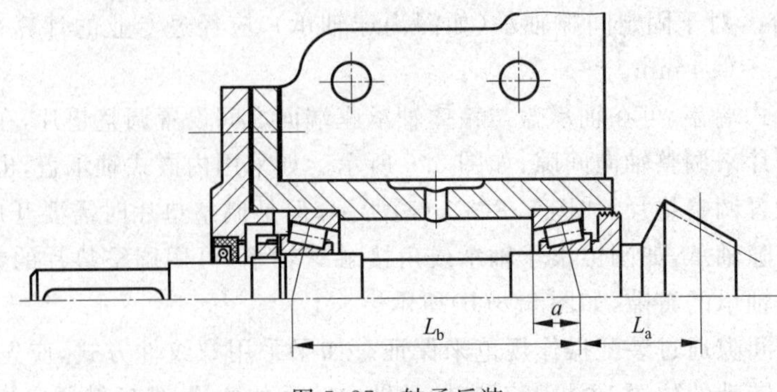

图 5.27　轴承反装

当精度要求不高、温升不大且蜗杆刚度较高时，蜗杆轴的支承可采用两端固定方式；否则，可采用一端固定一端游动方式，如图 5.28 所示。

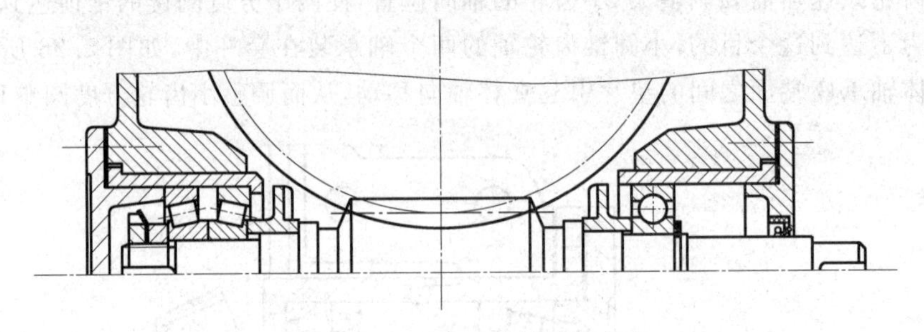

图 5.28　一端固定一端游动方式

5.5.2　轴承润滑与密封

5.1 节中已经选定了轴承的润滑方式。当采用脂润滑时，为了防止润滑脂向箱体内部流失，需要在面向箱体的轴承端面一侧设置封油盘。封油盘的尺寸结构以及安装位置如图 5.29 所示。

当轴承采用油润滑时，如果轴承旁小齿轮的齿顶圆直径小于轴承外圈，为防止齿轮啮合时挤出的高压热油冲向轴承内部，增加轴承的阻力，应设置挡油盘。挡油盘可冲压制造，如图 5.30(a)所示，也可采用车制(单件或小批量)，如图 5.30(b)所示。

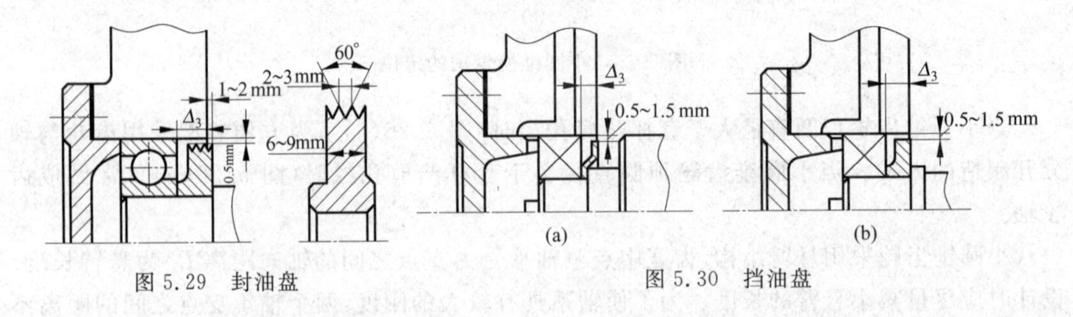

图 5.29　封油盘　　　图 5.30　挡油盘

输入、输出轴是外伸轴，要在轴与轴承端盖之间设置密封装置，防止轴承润滑脂或润滑油漏到箱体外部。密封装置有多种选择，可参照第 17 章减速器的润滑与密封部分进行设计。一般来讲，轴承采用脂润滑的可采用毡圈密封件；轴承采用油润滑的，可采用唇形密封圈、迷宫等密封件。

图 5.31 是双级圆柱齿轮减速器轴系及轴承组合设计示例，图 5.32 是圆锥-圆柱齿轮减速器轴系及轴承组合设计示例，图 5.33 是蜗杆减速器轴系及轴承组合设计示例。

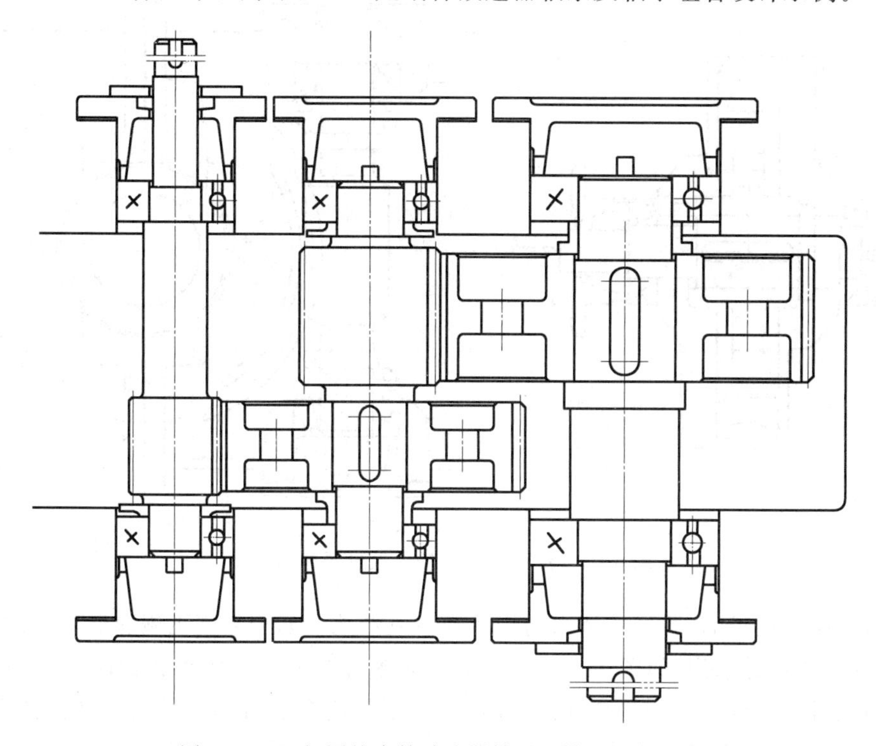

图 5.31　双级圆柱齿轮减速器轴系及轴承组合设计

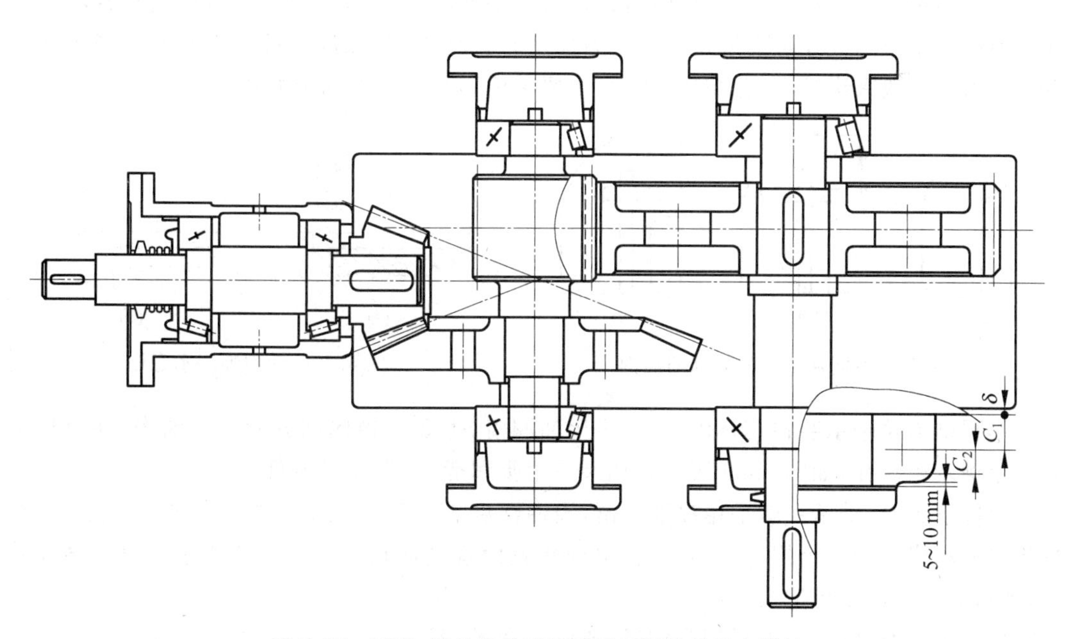

图 5.32　圆锥-圆柱齿轮减速器轴系及轴承组合设计

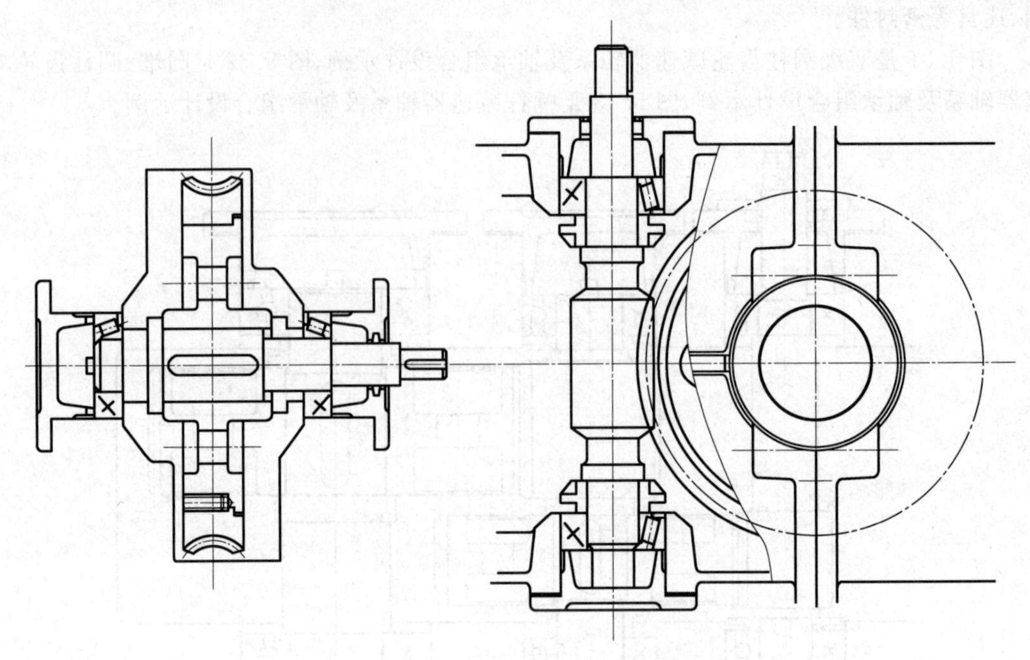

图 5.33　蜗杆减速器轴系及轴承组合设计

轴承采用油润滑的，要把箱体内的润滑油引入轴承。如果采用飞溅润滑，箱盖要设计引油斜面，箱座要设计油沟，如图 4.6 所示。剖分面俯视图上油沟的形状如图 5.34 所示。值得注意的是，油沟可以用不同形状的刀具加工。用铸造方法得到的油沟形状如图 5.34(a)所示，用指状铣刀加工出来的油沟形状如图 5.34(b)所示，用盘状铣刀加工出来的油沟形状如图 5.34(c)所示。图 5.35(a)是用指状铣刀加工油沟的示意图，图 5.35(b)是用盘状铣刀加工油沟的示意图。注意当采用盘状铣刀加工时，油沟有效深度为铣刀中心至被加工面处垂直距离。一般来讲，同一台减速器尽量不要采用不同的油沟加工方式。

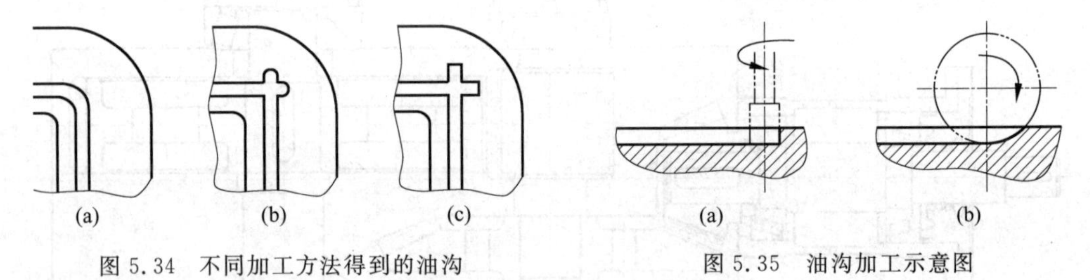

图 5.34　不同加工方法得到的油沟　　　　图 5.35　油沟加工示意图

小圆锥齿轮轴承装在套杯内，如果采用油润滑，也要在箱体剖分面上开油沟，在套杯上开环形槽及引流孔，如图 5.26 所示。如果采用脂润滑，应设置封油盘。

蜗杆下置时，轴承一般采用浸油润滑，浸油深度不大于最低滚动体的中心，如果此时蜗杆齿浸油深度小于一个蜗杆齿高，可在蜗杆两侧设置溅油轮，如图 5.36 所示。设置溅油轮时，轴承的浸油深度可适当减小。

蜗杆上置时，轴承一般采用脂润滑，或设置刮板(图 4.7)。

蜗轮轴承一般采用脂润滑，或设置刮板。

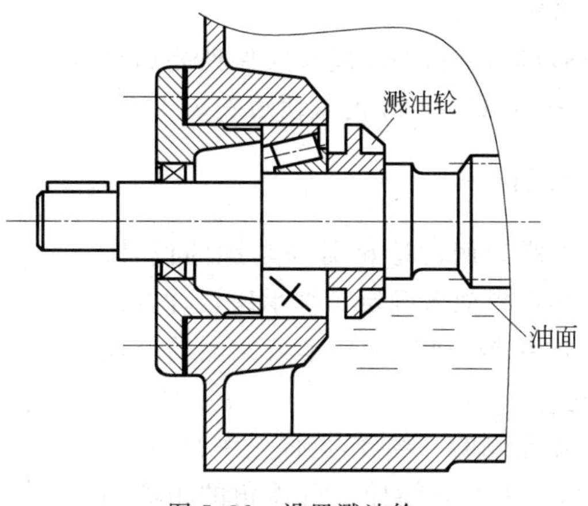

图 5.36　设置溅油轮

5.6　箱体结构设计

5.6.1　轴承座设计

在进行轴的设计时已经确定了轴承座孔的直径和长度，以及轴承座端面的位置，还需要确定的是轴承座的外轮廓。轴承座端面要与轴承盖进行装配，其尺寸应不小于轴承盖凸缘的外径 D_2，如图 5.37 所示。轴承座凸台是与箱体一起铸造成形的，应有一定的拔模斜度。

在轴承座两侧用螺栓连接箱盖和箱座。为了提高轴承座的连接刚度，轴承座两旁螺栓中心线之间的距离应尽量靠近，可近似取 $S \approx D_2$，原则是不与轴承盖螺钉孔干涉，并与箱座上的油沟偏离一定距离以保证箱座与箱盖之间的密封。图 5.38 中轴承旁螺栓孔与油沟之间的距离过小，应增加 S 的数值。

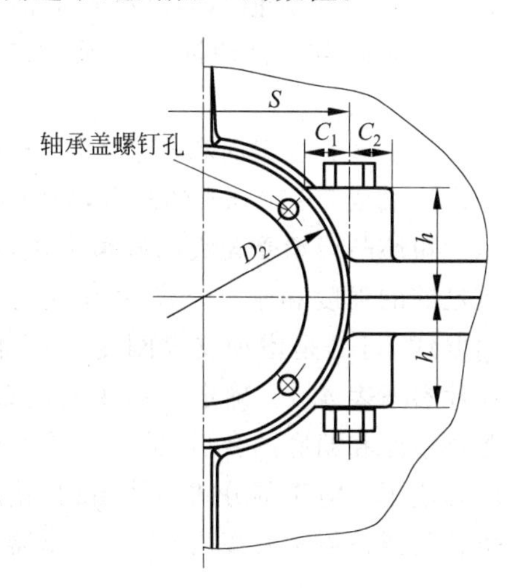

图 5.37　轴承座端面视图

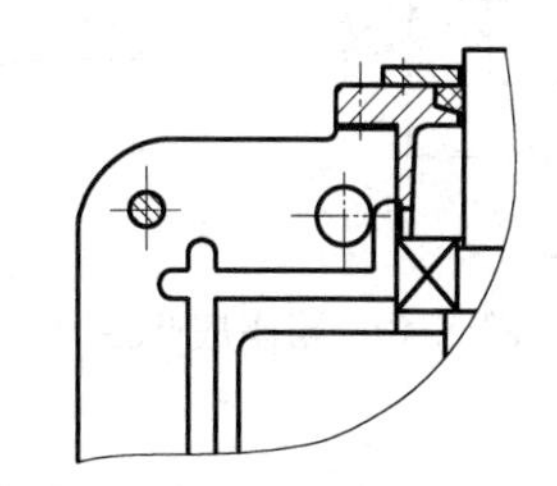

图 5.38　轴承旁螺栓孔太靠近油沟

为了制造方便，箱体上各轴承旁螺栓凸台应设计成同一高度。相邻的两个凸台如果比较接近，可连成一体。当两个连成一体的凸台之间距离比较小时，可以只设置一个轴承旁螺栓孔，否则设置两个轴承旁螺栓孔。

轴承旁螺栓中心线确定后，凸台的高度 h 应保证能满足扳手空间的要求。扳手空间随螺栓凸台高度增加，图 5.37 上 C_1 和 C_2 的数值可查表 4.1。

5.6.2 箱盖外廓设计

本节以圆柱齿轮减速器为例讨论箱盖外轮廓的设计。在图 5.2 中，箱体内壁左侧边界尚未确定。轴承座设计好以后，可以进一步确定箱盖的结构，通过设计箱盖左侧的外轮廓来确定箱体内壁左侧边界。

图 5.39 是减速器箱盖左侧的一部分，上面是主视图，下面是俯视图。从左边轴承座中心到螺栓凸台顶角的距离为 R'，取 $R>R'$ 画出箱盖左边外廓圆弧，然后根据投影关系得到俯视图上箱盖左侧的外轮廓线。箱盖左侧内壁的位置是外壁线右移一个壁厚，再参照图 5.10 中箱盖与箱座之间的位置关系来确定箱座内壁边界。

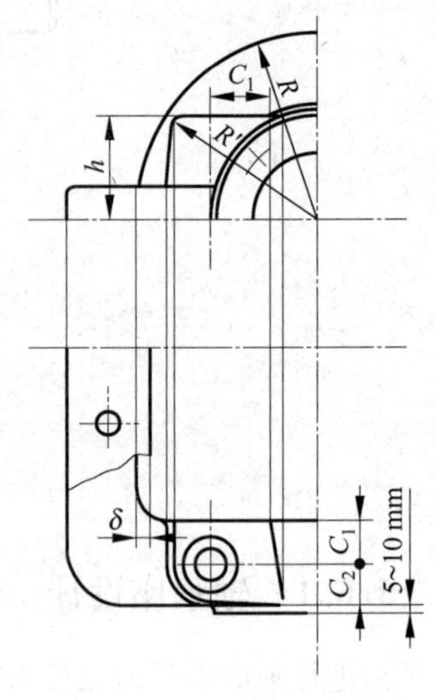

图 5.39 箱盖左侧的设计

注意，圆弧 R 不能太小，若 R 太小，则会影响到箱盖顶部窥视孔盖和吊环螺钉(或吊耳)的设计，参见 5.6.4 节；但也不要太大，若 R 太大，则减速器左侧内壁距离高速轴小齿轮的间隙过大，造成减速器的外廓尺寸过大。

5.6.3 箱座的高度设计

在图 5.2 和图 5.3 中，箱座底内壁至直径最大的齿轮的齿顶圆预留了 30～50 mm。在最终确定箱座的高度时，还要考虑润滑油的储量，以保证润滑和散热。单级减速器每千瓦功率需润滑油量为 350～700 cm^3(低黏度油取小值，高黏度油取大值)，多级减速器油量按照级数正比增加。按照箱体内壁围成的空间计算油面的高度，如果储油量不足，要增加箱座的高度。

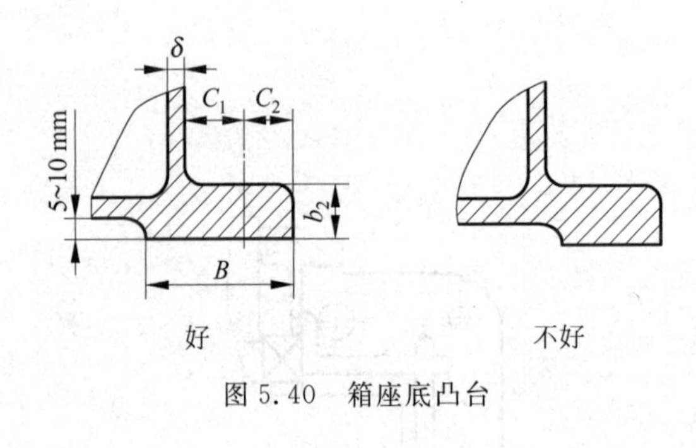

图 5.40 箱座底凸台

为了区分加工面和非加工面，箱座底外壁两边做成 5～10 mm 的凸台，如图 5.40 所示。箱座凸缘承受较大的倾覆力矩，必须具有足够的强度和刚度。尺寸 B 应超过箱座内壁线，目的是增加支撑刚度，图上的其他尺寸参考表 4.1。确定了箱座底内壁位置、箱座壁厚和箱底凸台后，减速器箱座的高度就确定了。对于剖分式箱体结构，箱座高度也就是减速器中心高度，它是减速器性能指标的一个重要参数，见图 5.41 中尺寸 H。

蜗杆蜗轮减速器发热量较大，为保证散热，对下置式蜗杆减速器，常取蜗轮轴中心高为 1.8～2 倍蜗轮蜗杆传动中心距。

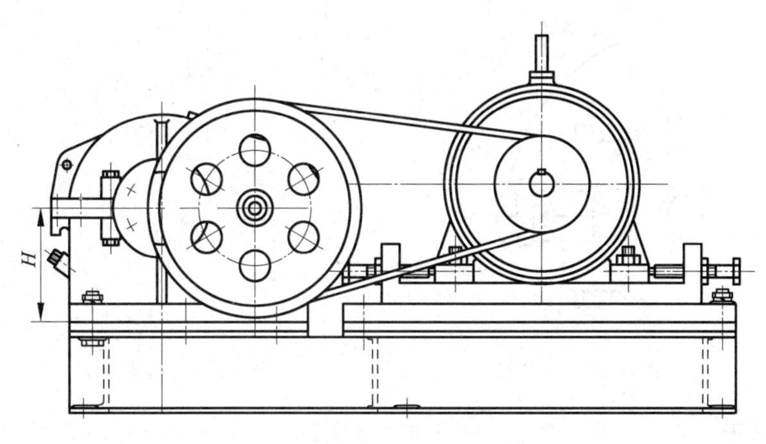

图 5.41　电动机与减速器安装在机座上

5.6.4　箱体其他要素的设计

1. 窥视孔与通气塞

减速器使用期间经常需要进行维护。为方便检查,在箱盖顶部设置窥视孔(图 5.42)。窥视孔用于检查齿轮的啮合情况、润滑状态、接触斑点及齿侧间隙,还可用来注入润滑油。窥视孔要开在能够看到齿轮啮合区的位置,其大小应满足伸手进入箱体内进行检查操作。窥视孔上应加盖,为保证密封,箱盖上与窥视孔盖接触处需加工,为减少加工面应设置凸台。窥视孔盖用螺钉紧固在凸台上。窥视孔盖上装有通气塞,减速器工作环境有粉尘的,要选择带过滤网的通气塞。窥视孔盖、通气塞结构尺寸参考第 17 章。

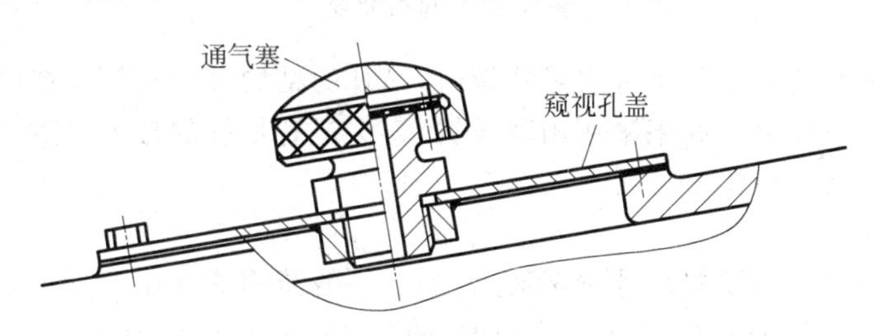

图 5.42　箱体顶部的窥视孔

2. 定位销

剖分式箱体的轴承座孔分别在箱盖和箱座上,加工和装配的重要问题是保证轴承孔的同轴度,以保证轴的旋转精度,为此在剖分面上设置了两个定位销。定位销之间的距离越大,定位精度越高,所以定位销一般布置在箱体凸缘的对角处。两定位销相对箱体的位置不能采取对称布置,以防止箱盖转 180°后进行错误的安装。常用圆锥销作为定位销,长度应稍大于箱盖凸缘和箱座凸缘厚度之和。定位销的尺寸参考第 14 章。

定位销孔是在箱体剖分面加工完毕并用连接螺栓紧固后,箱盖和箱座装配在一起钻孔和铰孔的,所以定位销的位置应考虑到便于钻孔和铰孔,且不妨碍附近连接螺栓的装拆(见图 5.43)。

3. 起盖螺钉

为方便开启箱盖,要设置起盖螺钉,在箱盖凸缘处开螺纹孔。拆卸箱盖时,拧动起盖螺钉顶起箱盖。起盖螺钉的直径与凸缘连接螺栓相同,端部光滑倒角或制成半球形,如图 5.44 所示。

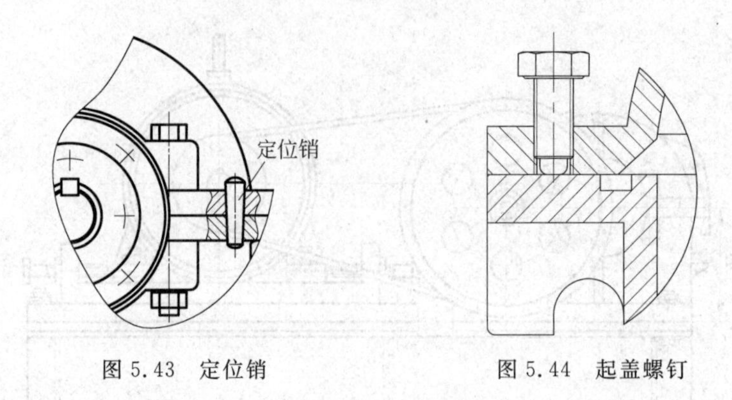

图 5.43 定位销　　图 5.44 起盖螺钉

4. 起吊装置

为方便减速器搬运，体积较大的减速器箱盖和箱座均应设置起吊装置，如图 5.45 所示，其结构及尺寸可参考第 18 章。

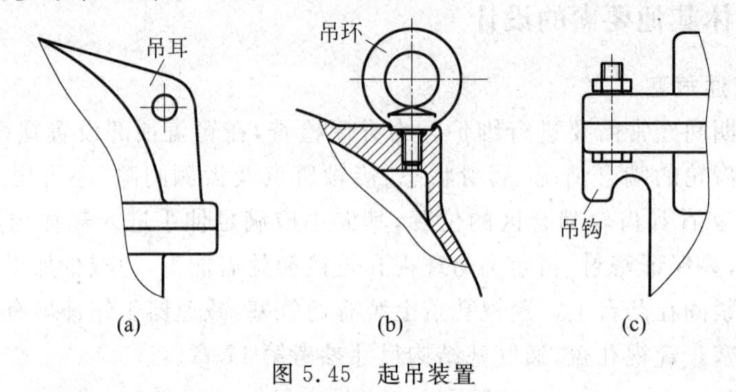

图 5.45 起吊装置

箱盖上的起吊装置可采用吊耳或吊环螺钉，吊耳的结构尺寸与箱盖壁厚相关，吊环螺钉结构尺寸与起吊质量相关。如果采用吊环螺钉，为保证有足够的拧入深度，常设置凸台。箱座的起吊装置一般采用吊钩。

5. 油面指示器

油面指示器的类型和结构尺寸参考第 17 章。一般减速器常用油标尺，如图 5.46 所示。油标尺上有标示最高油面和最低油面的刻度，图 5.46(b)所示在箱体油标尺座孔处装有隔离套，可以减轻油搅动时对油标尺上油面痕迹位置的影响。图 5.46(a)没有隔离套，应在减

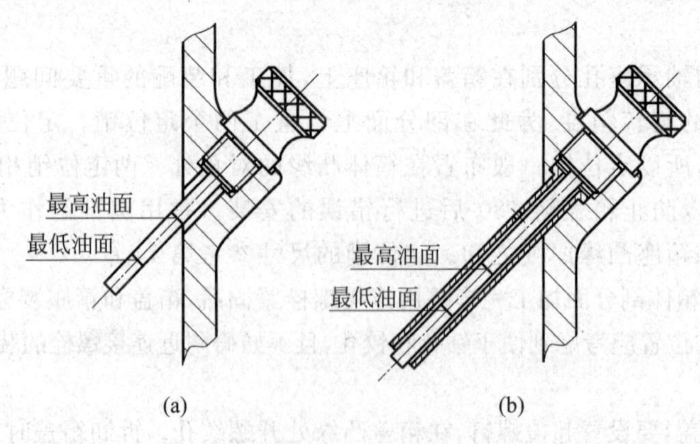

图 5.46 油标尺

速器停止工作一段时间后观察油标尺油面痕迹。

6. 放油孔和螺塞

放油孔应置在油池最低处，平时用螺塞堵塞。箱座上安装螺塞处应设置凸台，并加垫片防止漏油，见图 5.47。放油孔位置要低于油池底面以便尽量把油排出，这样螺塞孔螺纹处就可能产生半边螺孔（如图 5.47(b)所示），为改善攻螺纹的工艺性，可采取图 5.46(a)所示的结构。放油螺塞的结构尺寸参考第 17 章。

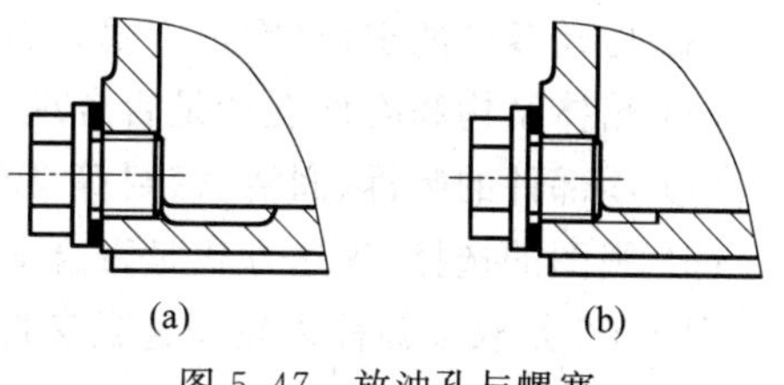

图 5.47　放油孔与螺塞

5.6.5　蜗杆减速器整体式箱体

蜗杆减速器常采用整体式箱体结构，一般在两侧设置两个大端盖，以方便蜗轮轴系的装配，如图 5.48 所示。箱体上对应大端盖的孔径要稍大于蜗轮外圆直径，箱体顶部与蜗轮外圆之间要有适当的间距 S，方便蜗轮的安装。为了加强轴承座的刚度，大端盖轴承座处常设置加强肋。

经过热平衡计算的蜗杆减速器，如果散热能力不足，可增加中心高，加设散热片，如果还不能满足要求，还可以在蜗杆端设置风扇，在油池设置冷却水管。散热片结构尺寸如图 5.49 所示，一般垂直箱体外壁，如果安装风扇，散热片布置应与气流方向一致。

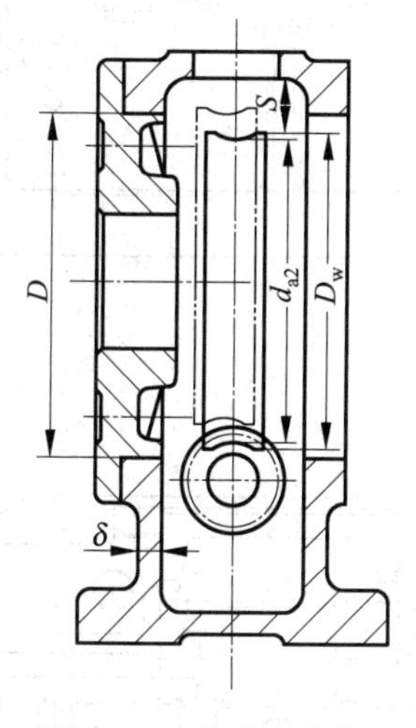

图 5.48　整体式箱体

$$S > 2m + \frac{D_w - d_{a2}}{2}$$

m— 模数

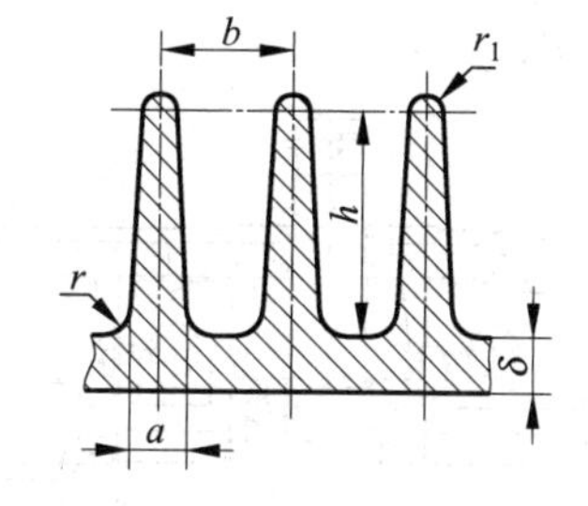

图 5.49　散热片

$$a = \delta,\ 2r_1 = \delta - \frac{h}{10}$$

$$b = 2 \sim 3\delta,\ r = 0.5\delta$$

$$h = 3 - 5\delta$$

5.7　减速器装配草图设计结果

减速器装配草图设计完成时，图上信息应包括所有零件的位置及相互装配关系，至少用两个视图表示。请检查如下项目：

(1) 装配草图是否符合总体传动方案；

(2) 传动零部件的结构是否合理；

(3) 传动零件的定位、固定方式是否合理；

(4) 箱体结构和附件设计是否合理；

(5) 零部件的装拆、润滑、密封等是否合适；

(6) 视图的选择、表达方式是否合适，是否符合国家制图标准。

图 5.50 是双级圆柱齿轮减速器装配草图，从图上可见，除标题栏、零件明细、尺寸标注、技术要求等要素外，所有零件的位置及相互装配关系已经表示清楚，箱体各部分结构要素表达清楚并能据此画出左视图。

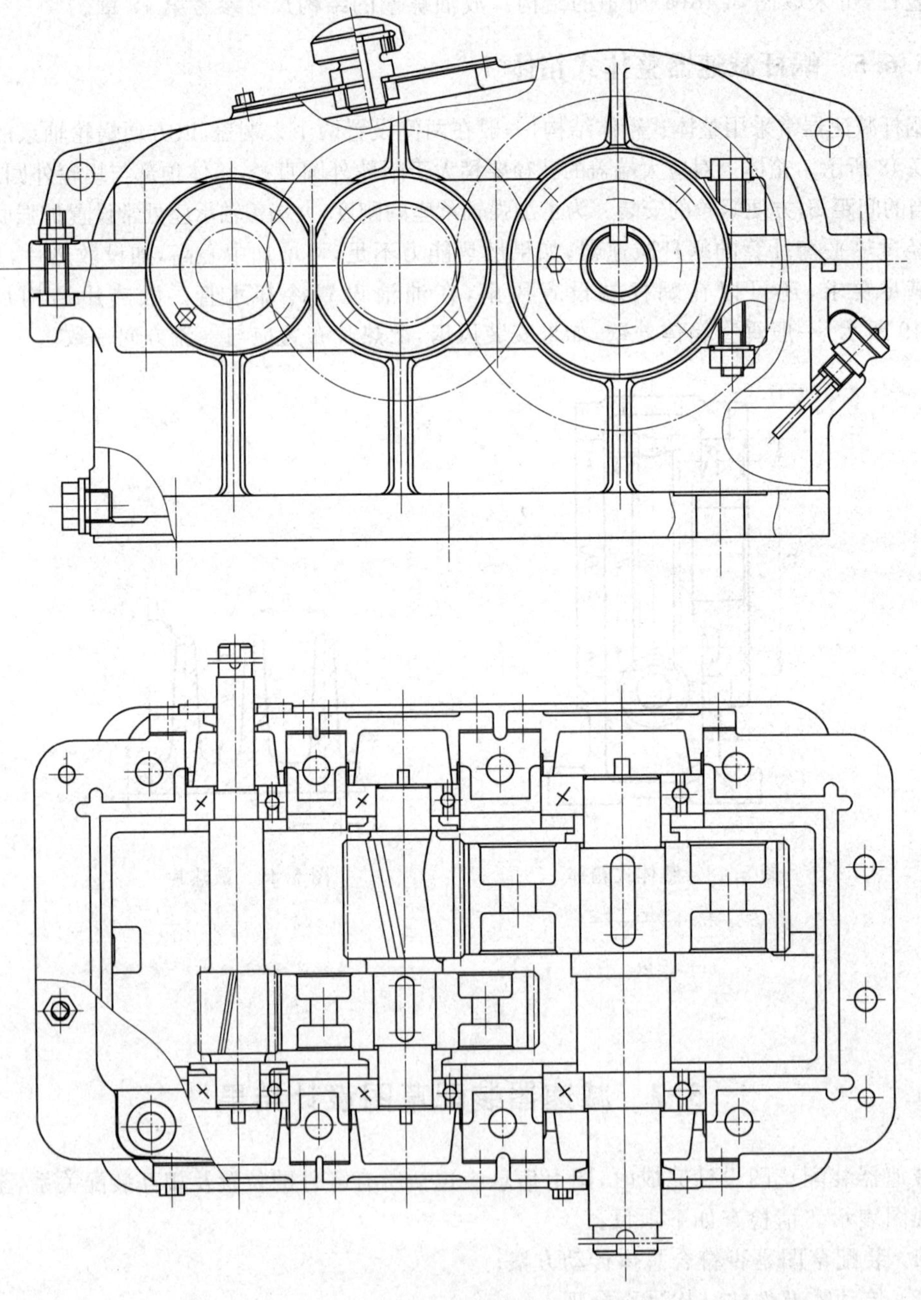

图 5.50　双级圆柱齿轮减速器装配草图

单级圆柱齿轮减速器装配草图(图 5.51)、圆锥齿轮减速器草图和蜗杆减速器草图的设计结果可比照这些要求进行检查。

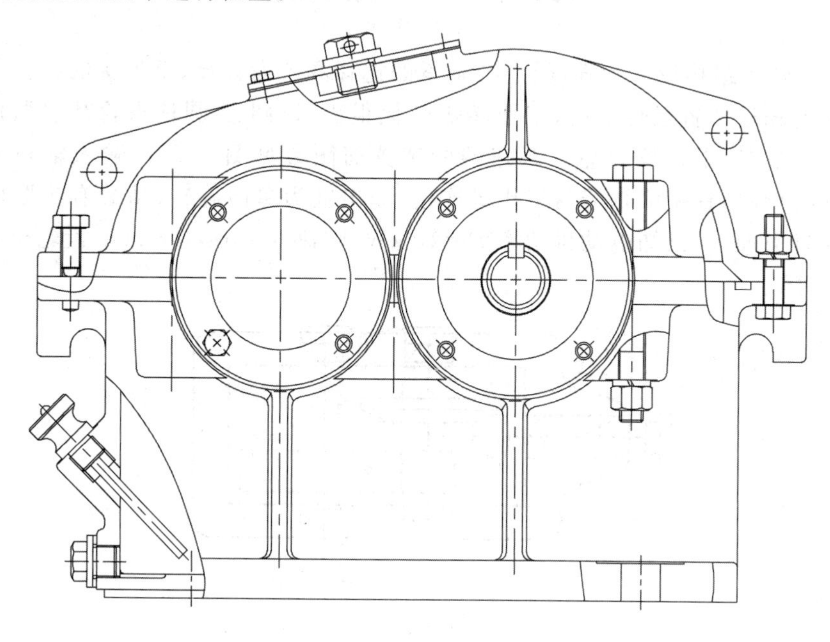

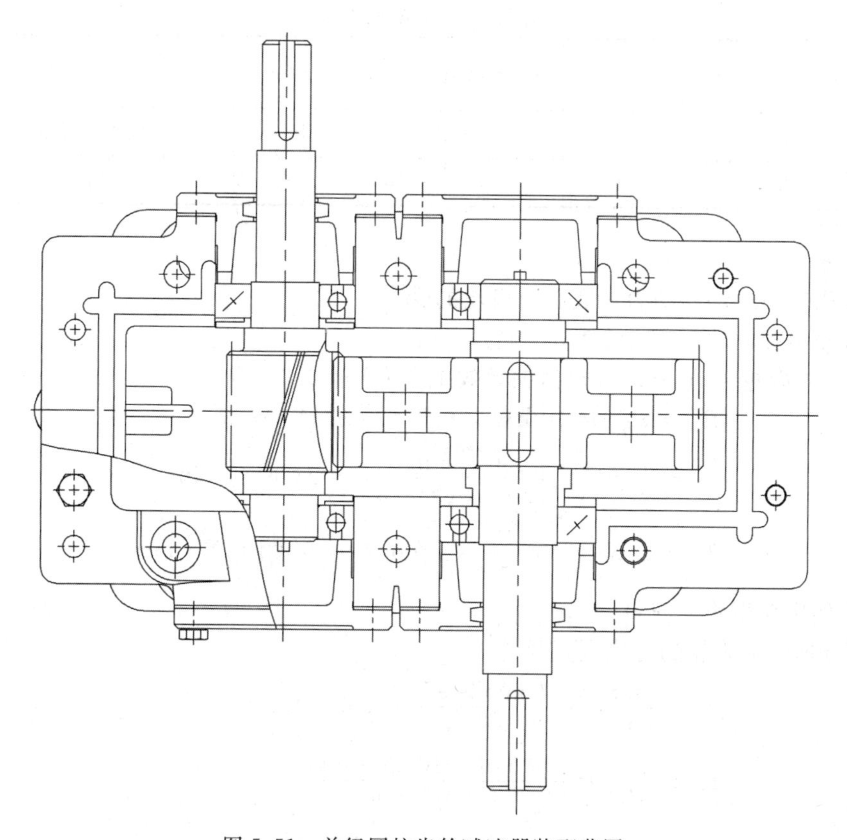

图 5.51　单级圆柱齿轮减速器装配草图

5.8 轴系设计示例

［**示例**］ 轴的结构设计和强度计算、轴承的选择和寿命计算、键连接的选择和计算某化工设备中的输送装置运转平稳，工作转矩变化很小，以圆锥-圆柱齿轮减速器作为减速装置，试设计该减速器的输出轴。减速器的装置简图参见图 5.52。输入轴与电动机连接，输出轴通过弹性柱销联轴器与工作机连接，输出轴为单向旋转（从装有半联轴器的一端看为顺时针方向）。已知电动机功率 $P=10\ \mathrm{kW}$，转速 $n_1=1450\ \mathrm{r/min}$，齿轮机构的参数如表 5.2 所示。

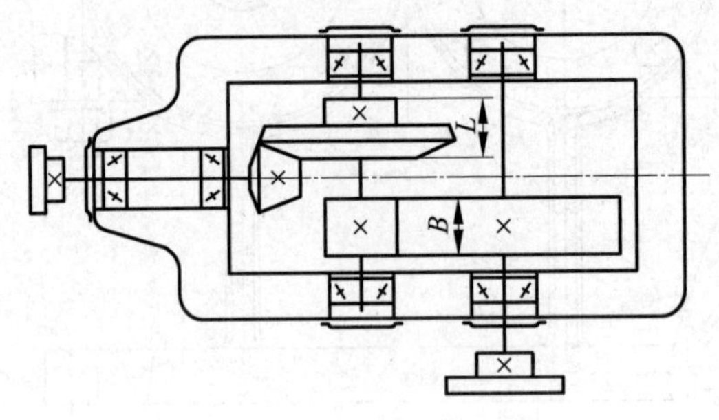

图 5.52 减速器的装配简图

表 5.2 齿轮机构参数

参数 级别	z_1	z_2	m_n/mm	m_t/mm	β	α_n	h_a^*	齿宽 /mm
高速级	20	75		3.5	0	20°	1	大锥齿轮轮毂长 $L=50$
低速级	23	95	4		8°06′34″			$B_1=85, B_2=80$

［**解**］

1. 求该轴的运动和动力参数以及齿轮的受力

1) 求输出轴的功率 P_3、转速 n_3 和转矩 T_3

若取每级齿轮传动的效率（包括轴承效率在内）$\eta=0.97$，则

$$P_3=P\eta^2=10\ \mathrm{kW}\times0.97^2=9.41\ \mathrm{kW}$$

$$n_3=\frac{n_1}{i}=\frac{1450\ \mathrm{r/min}}{(75/20)\times(95/23)}=93.61\ \mathrm{r/min}$$

$$T_3=9.55\times10^6\,\frac{P_3}{n_3}\ \mathrm{N\cdot mm}=9.6\times10^5\ \mathrm{N\cdot mm}$$

2) 求作用在齿轮上的力

已知低速级大齿轮的分度圆直径为

$$d_2=\frac{m_n z_2}{\cos\beta}=\frac{4\ \mathrm{mm}\times95}{\cos 8^\circ06'34''}=383.84\ \mathrm{mm}$$

$$F_t=\frac{2T_3}{d_2}=\frac{2\times9.6\times10^5\ \mathrm{N\cdot mm}}{383.84\ \mathrm{mm}}=5002\ \mathrm{N}$$

$$F_r=F_t\,\frac{\tan\alpha_n}{\cos\beta}=5002\ \mathrm{N}\times\frac{\tan 20^\circ}{\cos 8^\circ06'34''}=1839\ \mathrm{N}$$

$$F_a = F_t \tan\beta = 5002\ \text{N} \times \tan 8°06'34'' = 713\ \text{N}$$

2. 轴的结构设计

1）初步确定轴的最小直径

按扭转强度条件初估轴的最小直径

$$d \geqslant A\sqrt[3]{\frac{P}{n}} = 112 \times \sqrt[3]{\frac{9.41}{93.61}}\ \text{mm} = 52.1\ \text{mm}$$

考虑键槽的影响，增大 3%，则

$$d_{\min} = 52.1\ \text{mm} \times (1 + 0.03) = 53.7\ \text{mm}$$

输出轴最小直径为安装联轴器处，联轴器的孔径有标准系列，故轴最小直径处须与联轴器的孔径相适应。假定选用弹性柱销联轴器，查手册选用 HL4 型，孔径为 55 mm，半联轴器长为 $L=112$ mm，毂孔长度为 $L_1=84$ mm。

以上面计算作为依据，并考虑该段轴上零件（联轴器）的要求，确定轴的最小直径为 $d_{\text{I}}=55$ mm。

这里须同时校核联轴器，计算方法参考教材。

2）确定轴各段的直径和长度

考虑轴上零件的安装、定位和固定，依次把轴各段的直径和长度确定下来，如图 5.53 所示。

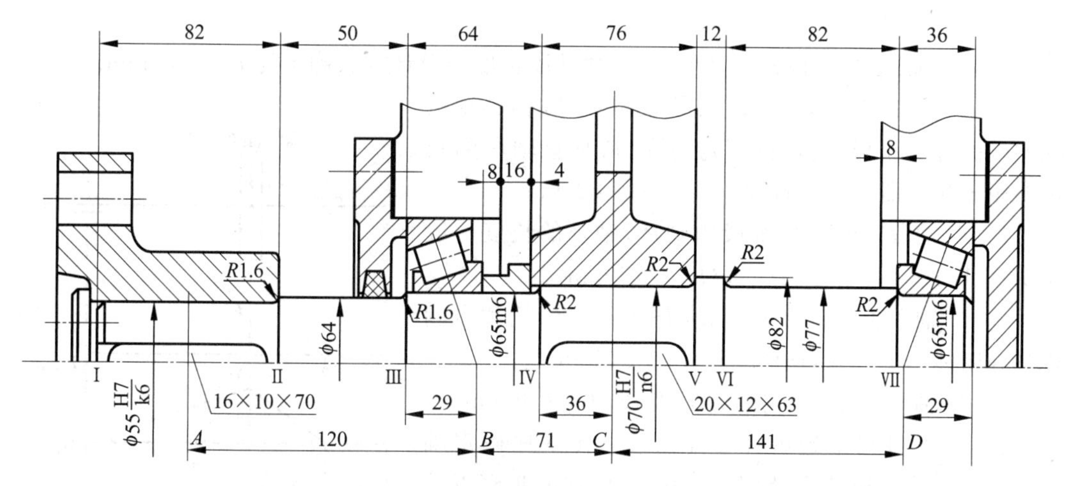

图 5.53　轴的装配简图（单位：mm）

下面说明轴各段的直径和长度确定的过程。

(1) 确定轴各段的直径。

一般确定轴各段的直径时，按从外往里顺序进行。

① d_{I}：$d_{\text{I}}=55$ mm。

② d_{II}：半联轴器需要定位，故在Ⅰ—Ⅱ轴段设计一定位轴肩，定位轴肩高度一般按下式确定：$h=(0.07\sim0.1)d=(0.07\sim0.1)\times55\ \text{mm}=3.85\sim5.5\ \text{mm}$，同时考虑半联轴器的毂孔倒角为 $C=2$ mm，须保证 $h>C$，故取 $h=4$，则确定 $d_{\text{II}}=63$ mm。此处安装毛毡圈，查标准工作内径为 64 mm，确定该轴段直径为 64 mm。

③ d_{III}：d_{III} 段与轴承配合，轴承内径有标准系列，取 $d_{\text{III}}=65$ mm。d_{III} 段和 d_{II} 段设计一

非定位轴肩，目的是便于装拆轴承和减少精加工面。非定位轴肩高度 h 不用太大，一般尺寸的轴，取 $h=1\sim2$ mm 即可。

同时选择滚动轴承型号，因轴承同时受径向力和轴向力的作用，故选用圆锥滚子轴承，轴承型号为 30313。

④ d_{IV}：该段轴为安装齿轮处，d_{III} 段和 d_{IV} 段设计一非定位轴肩，取 $d_{\text{IV}}=70$ mm。

⑤ d_{V}：d_{V} 为轴环的直径，用来定位齿轮，故须在轴段 d_{IV} 和轴段 d_{V} 之间设计一定位轴肩，按 $h=(0.07\sim0.1)d=(0.07\sim0.1)\times70$ mm$=4.9\sim7$ mm，同时考虑齿轮轮毂倒角 $C=2.5$，取 $h=6$，则 $d_{\text{V}}=82$ mm。

⑥ d_{VI}：轴段 d_{VI} 应按照轴承的安装尺寸确定，应查手册，取 $d_{\text{VI}}=77$ mm。

⑦ d_{VII}：一般取同一根轴两端的轴承为同型号，故 $d_{\text{VII}}=65$ mm。

(2) 确定轴各段的长度。

一般确定轴各段的长度时，按从里往外顺序进行，参考 5.2.2 节。

如图 5.53 所示，在图上标明各已知轴向尺寸，如齿轮和联轴器的轮毂宽、轴承宽度及在轴承座孔的安放位置、齿轮端面距箱体内壁的距离等。

① d_{IV} 轴段长度：d_{IV} 轴段与齿轮配合，齿轮右端面用轴肩定位，左端面用套筒固定，为保证固定可靠，应使该轴段的长度略短于齿轮轮毂宽，取 $L_{\text{IV}}=80$ mm-4 mm$=76$ mm。

② d_{III} 轴段长度：轴承宽度可查，在轴承座孔的安放位置也已确定，即可确定 $L_{\text{III}}=64$ mm。

③ d_{II} 轴段长度：该轴段外伸，按外伸轴段长度的设计方法确定为 $L_{\text{II}}=50$ mm。

④ d_{I} 轴段长度：d_{I} 轴段安装联轴器，联轴器轮毂孔左端面有一压板，为保证固定可靠，应使该轴段的长度略短于联轴器轮毂孔宽度，确定 $L_{\text{I}}=82$ mm。

⑤ d_{V} 轴段长度：d_{V} 轴段为轴环，轴环的长度一般按 $L=(1.5\sim2)h$ 确定，这里取 $L_{\text{V}}=12$ mm。

⑥ d_{VI} 轴段长度：根据装配草图大圆柱齿轮和右侧轴承在箱体内的位置(图略)，取 $L_{\text{VI}}=82$ mm。

⑦ d_{VII} 轴段长度：参考轴承宽度，取 $L_{\text{VII}}=36$ mm。

说明：上述详细地解释了如何按一定次序确定轴的各段直径和各段长度，旨在帮助明晰设计的步骤以及设计过程中需要考虑的问题。实际设计时，并不要求写出上述的文字，只需画出图如图 5.53 所示，并在图上标明各力作用点 A、B、C、D，为下一步轴的强度校核计算做好准备。

3. 轴的强度校核计算

1) 求轴上的载荷

如图 5.54 所示，画出轴的空间受力简图、水平面受力简图、垂直面受力简图，根据理论力学列力平衡方程(略)。

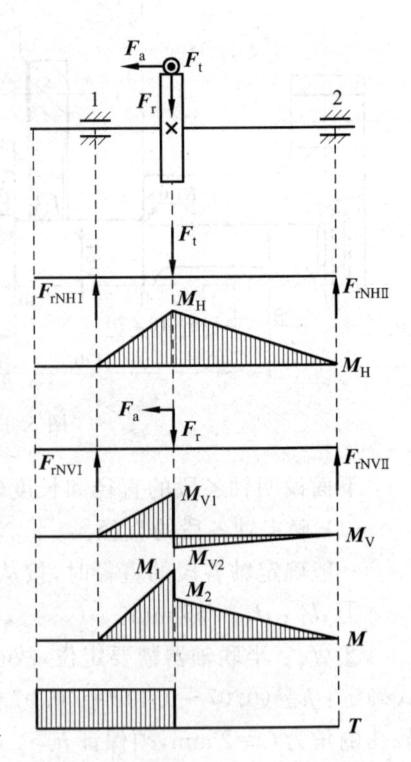

图 5.54　轴的受力简图和力矩图

根据材料力学画出水平面弯矩图、垂直面弯矩图、合成弯矩图、扭矩图(略)。

各力和力矩数值见表 5.3。

表 5.3　力和力矩的数值

载　荷	水 平 面	垂 直 面
支反力/N	$F_{rNH\,I}=3327$　$F_{rNH\,II}=1675$	$F_{rVH\,I}=1869$　$F_{rVH\,II}=-30$
弯矩/(N·mm)	$M_H=236\,217$	$M_{V1}=132\,699$　$M_{V2}=-4140$
合成弯矩/(N·mm)	$M_1=270\,938$　$M_2=236\,253$	
扭矩/(N·mm)	$T=960\,000$	

2）按弯扭合成强度校核轴的强度

选取危险截面 C(见图 5.53)，按下式计算

$$\sigma_{ca}=\frac{M_{ca}}{W}=\frac{1}{W}\sqrt{M_1^2+(\alpha T)^2}=\frac{\sqrt{270\,938^2+(0.6\times960\,000)^2}}{0.1\times70^3}\text{ MPa}$$
$$=18.6\text{ MPa}$$

轴的材料选用 45 钢，查手册$[\sigma_{-1}]=60$ MPa，则

$$\sigma_{ca}<[\sigma_{-1}]$$

故强度足够。

3）精确校核轴的疲劳强度(略，可参阅教材)

4. 轴承的选择和寿命计算

前面在轴的结构设计的同时，已经选择了轴承类型为圆锥滚子轴承，轴承型号为 30313。该轴承能否满足要求，还需进行寿命计算。

1）求轴承的径向载荷

$$F_{r\,I}=\sqrt{F_{rNH\,I}^2+F_{rVH\,I}^2}=\sqrt{3327^2+1869^2}\text{ N}=3816\text{ N}$$
$$F_{r\,II}=\sqrt{F_{rNH\,II}^2+F_{rVH\,II}^2}=\sqrt{1675^2+(-30)^2}\text{ N}=1675\text{ N}$$

2）求轴承的轴向载荷

查手册，30313 轴承的基本额定动载荷 $C_r=185$ kN，基本额定静载荷 $C_{0r}=142$ kN，$\alpha=12°57'10''$，$Y=0.4\cot\alpha=1.74$，$e=1.5\tan\alpha=0.345$。

两轴承的派生轴向力为(见图 5.55)

$$F_{d\,I}=\frac{F_{r\,I}}{2Y}=\frac{3816\text{ N}}{2\times1.74}=1097\text{ N}$$
$$F_{d\,II}=\frac{F_{r\,II}}{2Y}=\frac{1675\text{ N}}{2\times1.74}=481\text{ N}$$

图 5.55　轴的受力简图

$F_a+F_{d\,II}=713\text{ N}+481\text{ N}=1194\text{ N}>F_{d\,I}=1097\text{ N}$

轴左移，左端轴承压紧，右端轴承放松

$$F_{a\,I}=F_a+F_{d\,II}=713\text{ N}+481\text{ N}=1194\text{ N},\quad F_{a\,II}=F_{d\,II}=481\text{ N}$$

3）求轴承的当量动载荷

取载荷系数 $f_P=1.5$，则

$$\text{因为}\quad\frac{F_{a\,I}}{F_{r\,I}}=\frac{1194\text{ N}}{3816\text{ N}}=0.312<e\quad\text{所以}\quad X_I=1,Y_I=0$$

$$P_{\mathrm{I}} = f_{\mathrm{P}} F_{\mathrm{rI}} = 1.5 \times 3816\ \mathrm{N} = 5724\ \mathrm{N}$$

因为 $\dfrac{F_{\mathrm{a II}}}{F_{\mathrm{r II}}} = \dfrac{481\ \mathrm{N}}{1675\ \mathrm{N}} = 0.287 < e$ 所以 $X_{\mathrm{II}} = 1, Y_{\mathrm{II}} = 0$

$$P_{\mathrm{II}} = f_{\mathrm{P}} F_{\mathrm{r II}} = 1.5 \times 1675\ \mathrm{N} = 2513\ \mathrm{N}$$

取

$$P = P_{\mathrm{I}} = 5724\ \mathrm{N}$$

4）求轴承的寿命

$$L_{\mathrm{h}} = \frac{10^6}{60n}\left(\frac{C_{\mathrm{r}}}{P}\right)^{\frac{10}{3}} = \frac{10^6}{60 \times 93.61} \times \left(\frac{185\,000}{5724}\right)^{\frac{10}{3}}\ \mathrm{h} = 19\,146\,975\ \mathrm{h}$$

假设该机器预期寿命为 10 年，每年按 300 个工作日，每天两班工作，则轴承的寿命为 3989 年。

考虑到寿命很长，可改选 30213 轴承，验算从略。若改选后的轴承经计算寿命仍然较长，由于结构的原因，不必改为更小的。注意，轴承寿命计算是一种验算，寿命足够则可。

5. 键连接的选择和强度计算

键连接的选择方法见相关教材，先选择键的类型和尺寸，再校核键连接的强度。下面以与齿轮配合处的键连接为例。

1）键的选择

根据该轴段的直径，选择键的截面尺寸为 $b \times h = 20\ \mathrm{mm} \times 12\ \mathrm{mm}$。根据该轴段的长度，选择键的公称长度为 $L = 63\ \mathrm{mm}$。

2）键连接的挤压强度计算

查手册可知，许用挤压应力$[\sigma_{\mathrm{p}}] = 110\ \mathrm{MPa}$，则

$$\sigma_{\mathrm{p}} = \frac{2T}{kld} = \frac{2 \times 9.6 \times 10^5}{(0.5 \times 12) \times (63 - 20) \times 70}\ \mathrm{MPa} = 106\ \mathrm{MPa} < [\sigma_{\mathrm{p}}]$$

可见，挤压强度足够。

第6章　减速器装配工作图设计

减速器装配草图设计的重点在于表达工作原理，以及各零件的结构、位置和相互关系，这是绘制减速器装配图的必要准备。而装配工作图应能指导减速器生产装配工作，是领取库存零件、选用装配工具、确定装配工序、组织装配生产的依据。所以，装配工作图设计并不是简单地把装配草图画成正规图。

在着手设计装配工作图前，要从基本设计原则出发对装配草图的设计结果进行认真的分析检查，发现零部件之间制造、装配工艺方面考虑不周的地方要改正过来。

装配工作图应包含减速器的各视图、主要尺寸、配合尺寸、技术要求、技术特性表、零件编号、零件明细表和标题栏等。

装配工作图应严格按照制图标准作图，例如，图面尺寸、标题栏和零件明细表等要合乎规格，中心线、粗实线、细实线、剖面线等线型要符合标准。要表达清楚每个零件的装配信息，尽量避免用虚线表示零件的结构，必须表达的内部装配结构可采用局部视图或局部剖视图来表示。细小的装配结构可以用局部放大图来表示。

装配工作图上某些结构可以采用省略画法或简化画法。例如，相同类型、规格的螺栓连接可以只画一个(画出的那个必须在所有视图上完整表达)，其他用中心线表示；又如螺栓、螺母、螺钉、滚动轴承可以采用简化画法。

可先将装配工作图各零件的结构用细线画出，检查修改后，待零件工作图完成后再加深描粗，补充剖面线。

6.1　尺寸标注

减速器装配工作图上应标注4类尺寸：

(1) 外形尺寸，如减速器总长、总宽和总高。外形尺寸提供装配工作所需空间、搬运所需工具等信息。

(2) 特性尺寸，如传动零件的中心距及偏差。特性尺寸提供减速器性能、规格和特征的信息。

(3) 安装尺寸，如减速器中心高、地脚螺栓孔的直径和位置尺寸、箱座底面尺寸、外伸轴与其他机械连接的轴段长度和直径尺寸。安装尺寸提供减速器与其他有关零部件之间连接所需的信息。

(4) 配合尺寸，如主要零件的配合尺寸、配合性质和精度等级。配合尺寸提供装配工作的要求、装配工具的选用和装配工艺方面的信息。表6.1为减速器主要零件的常用配合。

表 6.1　减速器主要零件的常用配合

配合零件		推荐配合	拆装方法
一般齿轮、蜗轮、带轮、联轴器与轴	一般情况	$\frac{H7}{r6}$	压力机
	较少拆装	$\frac{H7}{n6}$	压力机
	小圆锥齿轮或经常拆装处	$\frac{H7}{m6}$、$\frac{H7}{k6}$	手锤
滚动轴承内圈与轴		j6、k6	温差法或压力机
滚动轴承外圈与箱体轴承座孔		H7	木槌或徒手
轴承盖与箱体轴承座孔		$\frac{H7}{d11}$、$\frac{H7}{h8}$、$\frac{H7}{f9}$	徒手
轴承套杯与箱体轴承座孔		$\frac{H7}{js6}$、$\frac{H7}{h6}$	

注：滚动轴承的配合可参考本书第三篇相关内容。

6.2　减速器技术特性标注

减速器技术特性写在装配图适当的地方，如表 6.2 所示。

表 6.2　减速器技术特性

输入功率 /kW	输入转速 /(r/min)	效率 η	总传动比 i	传动特性							
				高速级				低速级			
				m_n	Z_2/Z_1	β	精度等级	m_n	Z_4/Z_3	β	精度等级

6.3　技 术 要 求

装配工作图的技术要求是用文字说明在视图上无法表达的有关装配、调整、检验、润滑、维护等方面的要求，例如：

(1) 注明装配前所有零件均应清除铁屑并用煤油或汽油清洗，箱体内不应有任何杂物，箱体内壁应涂防蚀剂。

(2) 注明传动件及轴承所用润滑剂牌号、用量、补充和更换的时间间隔(参见第 17 章)。

(3) 注明箱体剖分面及外伸轴段密封处不允许漏油，箱体剖分面上可涂刷密封胶或水玻璃，但不得使用垫片等要求。

(4) 注明对齿轮传动侧隙和接触斑点的要求，作为装配时检查的依据。对于多级传动，当各级传动的侧隙和接触斑点要求不同时，要分别注明。

(5) 注明轴承安装调整的要求。对可调游隙轴承(如圆锥滚子轴承、角接触球轴承)应标明轴承游隙数值；两端固定支承的轴系，若采用不可调游隙轴承的（如深沟球轴承），要注明轴承盖与轴承外圈端面之间的轴向间隙（参见第 15 章）。

（6）注明其他有必要的要求，如减速器试验要求，外观、包装、运输方面的要求等。

6.4　零件编号、零件明细表和标题栏

装配工作图上每个零件都有编号，不能遗漏也不能重复，完全相同的零件应共用一个编号。应按照顺时针或逆时针方向依次排列指引线，应自所指部分的可见轮廓内引出，各指引线不相交。零件序号的位置应在视图外边，字体应大于尺寸标注的字体。对装配关系明显的零件组，如螺栓、螺母和垫圈这样一组紧固件可用一条公共的指引线标注并分别编号。可以对所有零件统一进行编号，也可将标准件与非标准件分别编号。

零件明细栏是装配图上所有零部件的详细目录，在明细表上对每一个编号的零件自下而上按照顺序列出其名称、数量、材料和规格，应尽量减少材料和标准件的品种和规格。

标题栏布置在图纸右下角，标明减速器名称和重量、作图比例、图号、设计者姓名、设计时间等（参见 6.6 节）。

6.5　装配工作图检查

减速器装配工作图完成后，应检查如下项目：

（1）视图数量是否足够，减速器工作原理、结构和装配关系是否已经表达清楚；

（2）装配工作图表达方式是否符合制图国家标准，各部分投影关系是否正确；

（3）零部件的结构是否合理，减速器的装拆、调整、润滑、维修是否方便；

（4）尺寸标注是否完整、正确，配合与精度选择是否合理；

（5）技术要求和技术特性是否正确，有无遗漏；

（6）零件编号是否遗漏或重复，标题栏和零件明细表是否符合要求。

6.6　减速器装配工作图例

同一对象的装配工作图可以有不尽相同的表达，但必须按照本章前述的要求绘制。图 6.1～图 6.5是参考图样，其中，图 6.1 是单级圆柱齿轮减速器装配工作图，图 6.2 是双级圆柱齿轮减速器装配工作图，包括了装配工作图的全部内容，采用外肋板剖分式铸造箱体。图 6.3～图 6.5 只画出三视图，其中，图 6.3 是单级圆柱齿轮减速器装配工作图，采用内肋板剖分式铸造箱体；图 6.4 是圆锥-圆柱齿轮减速器装配工作图，采用外肋板剖分式铸造箱体；图 6.5 是蜗杆减速器装配工作图，采用外肋板剖分式铸造箱体。

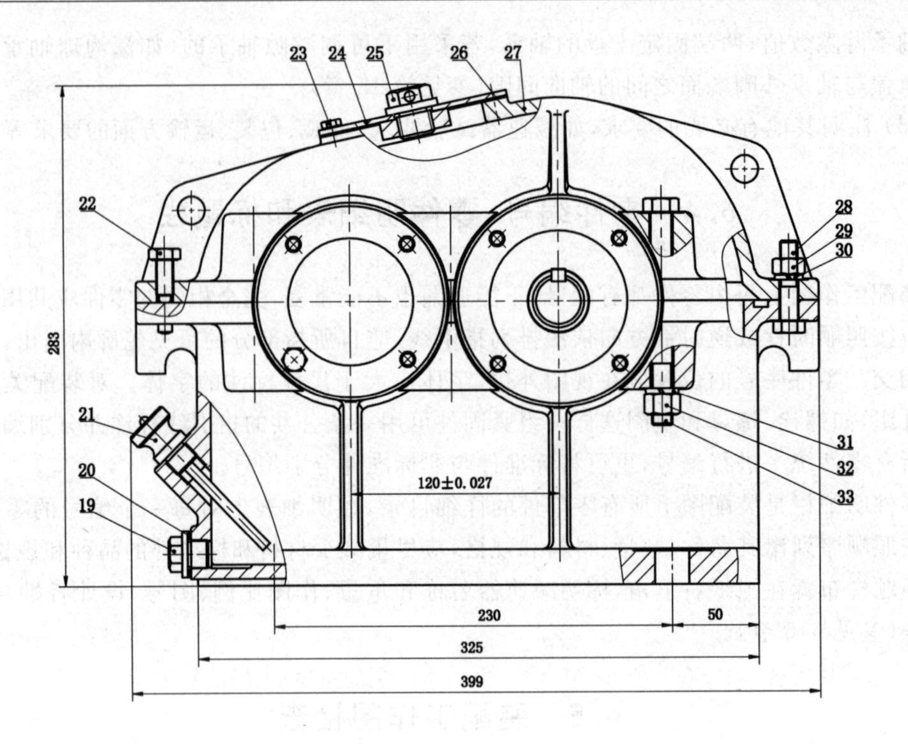
23
24
25
26
27
22
28
29
30
283
21
20
19
31
32
33
120±0.027
230
50
325
399

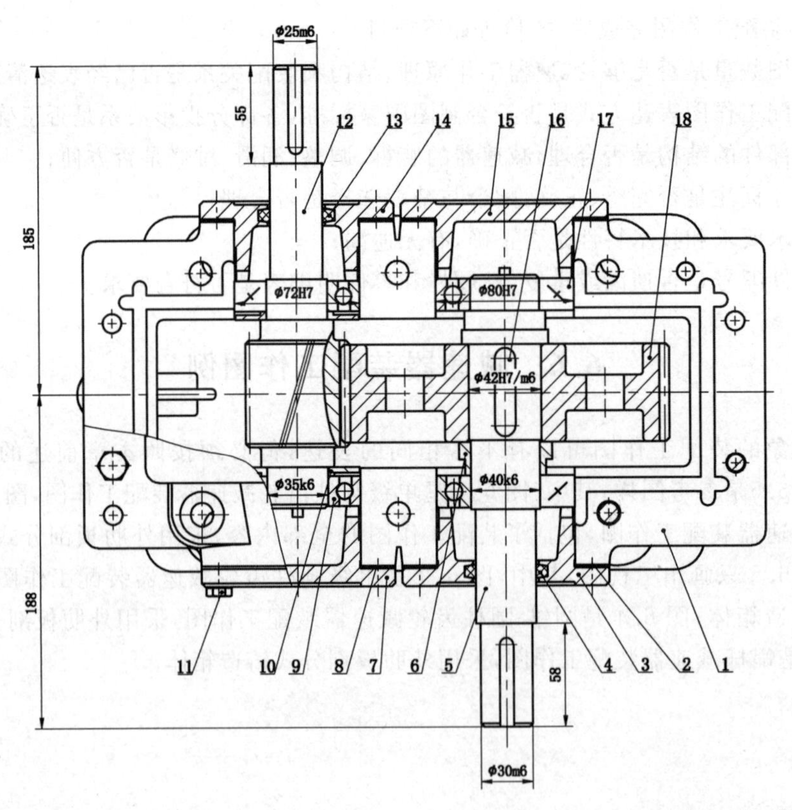
φ25m6
55
12
13
14
15
16
17
18
185
φ72H7
φ80H7
φ42H7/m6
φ35k6
φ40k6
188
11
10
9
8
7
6
5
4
3
2
1
58
φ30m6

图 6.1　单级圆柱齿轮

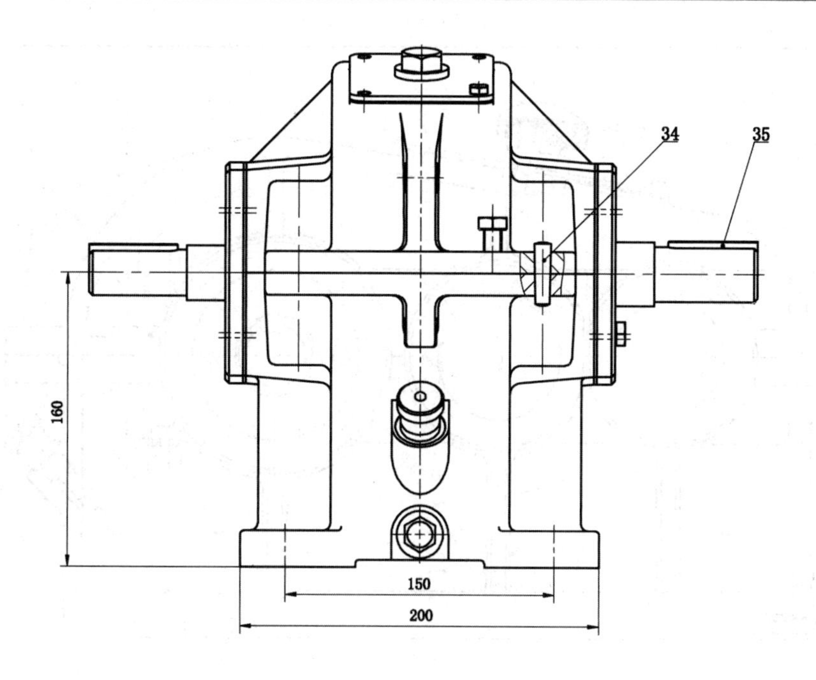

技术特性

输入功率/kW	输入轴转速/(r/min)	传动比i
4.5	960	3.38

技术要求

1. 装配前，滚动轴承用汽油清洗，其他零件用煤油清洗，箱体内不允许有任何杂物存在，箱体内壁涂耐油油漆；
2. 齿轮副的侧隙用铅丝检验，侧隙应不小于0.14mm；
3. 滚动轴承的轴向调整间隙均为0.05~0.1mm；
4. 齿轮装配后，用涂色法检验齿面接触斑点，沿齿高不小于45%，沿齿长不小于60%；
5. 减速器剖分面涂密封胶或水玻璃，不允许使用任何填料；
6. 减速器内装N150号工业齿轮油(GB 5963—86)，油量应达到规定高度；
7. 减速器外表面涂灰色油漆。

序号	零件名称	数量	材料	规格及标准代号	备注
35	键	2	45	键C 8×50 GB/T 1096—1979	
34	圆锥销	2	35	GB/T 117—2000 8×35	
33	螺栓	6	Q235	GB/T 5782—2000 M12×120	
32	螺母	6	Q235	GB/T 6175—M12	
31	弹簧垫圈	6	65Mn	垫圈GB/T 93—1987 12	
30	弹簧垫圈	3	65M	垫圈GB/T 93—1987 10	
29	螺母	3	Q235	GB/T 6175—M10	
28	螺栓	3	Q235	GB/T 5782—2000 M10×40	
27	箱盖	1	HT200		
26	垫片	1	软钢纸板		
25	通气器	1	Q235		
24	视空盖	1	Q235		
23	螺钉	4	Q235	GB/T 5783—2000 M6×20	
22	起盖螺钉	1	Q235	M10×20	
21	油标尺	1		组合件	
20	封油圈	1	石棉橡胶纸		
19	油塞	1	Q235		
18	大齿轮	1	45		
17	角接触球轴承	2		7208AC GB/T 292—1994	
16	键	1	45	键12×45 GB/T 1096—1979	
15	轴承盖	1	HT200		
14	轴承盖	1	HT200		
13	毡圈	1	半粗羊毛毡	毡圈30	
12	齿轮轴	1	45		
11	螺钉	16	Q235	GB/T 5783—2000 M8×25	
10	挡油盘	2	Q235		
9	角接触球轴承	2		7207AC GB/T 292—1994	
8	调整垫片	2组	08F		
7	轴承盖	1	HT200		
6	套筒	1	45		
5	轴	1	45		
4	毡圈	1	半粗羊毛毡	毡圈35	
3	轴承盖	1	HT200		
2	调整垫片	2组	08F		
1	减速器箱塞	1	HT200		

标记	处数	分区	更改文件号	签名	年月日	阶段标记	重量	比例	“图样名称”
设计			标准化				8.797	1:2	
校核			工艺						“图样代号”
设计			审核						
			批准			共1张 第1张	版本		替代

减速器装配工作图

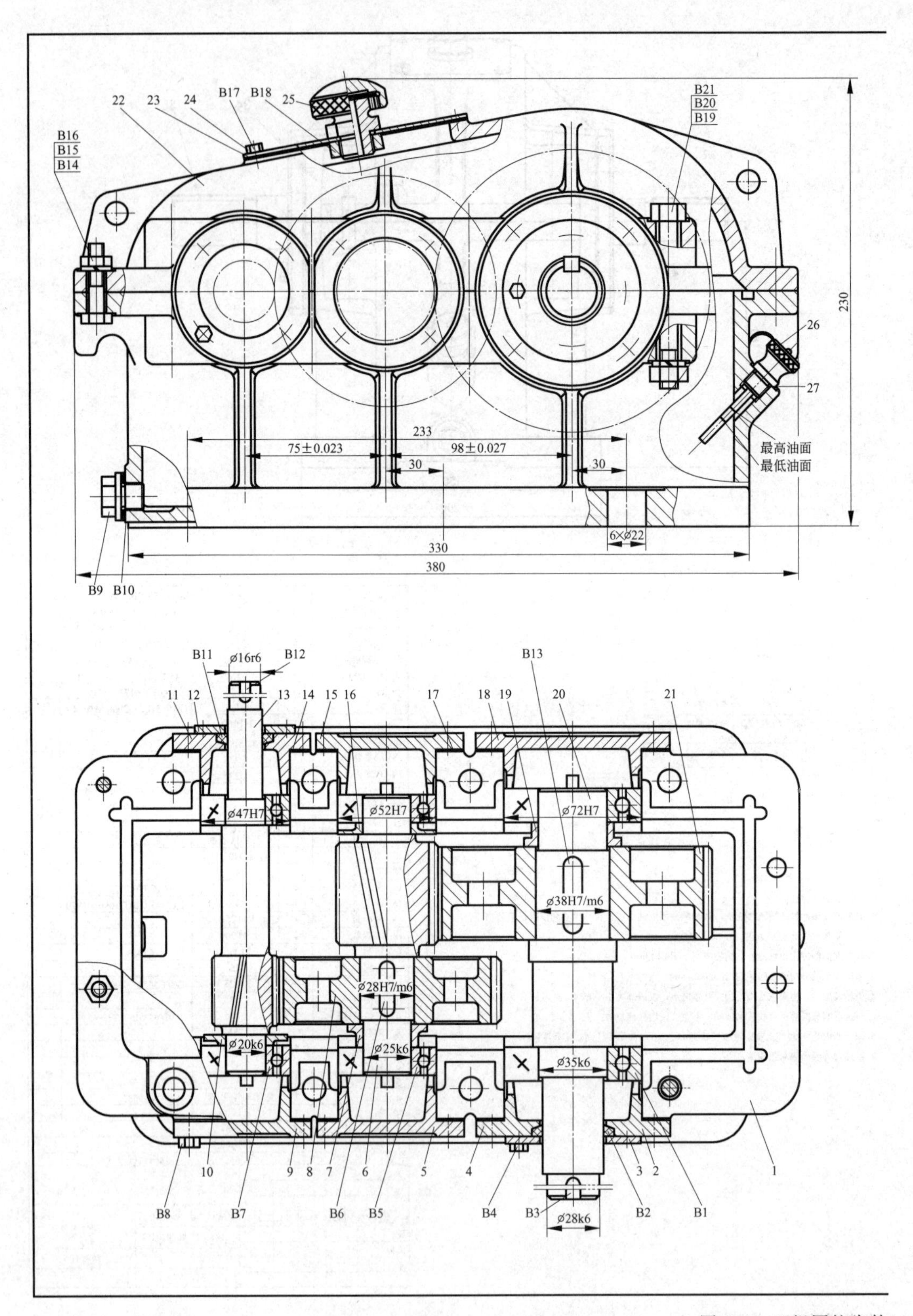

22
23
24
B17
B18
25
B16
B15
B14
B21
B20
B19
26
27
230
最高油面
最低油面
75±0.023
233
98±0.027
30
30
6×ø22
330
380
B9
B10
B11
ø16r6
B12
B13
11
12
13
14
15
16
17
18
19
20
21
ø47H7
ø52H7
ø72H7
ø38H7/m6
ø28H7/m6
ø20k6
ø25k6
ø35k6
10
9
8
7
6
5
4
3
2
1
B8
B7
B6
B5
B4
B3
B2
B1
ø28k6

图 6.2 双级圆柱齿轮

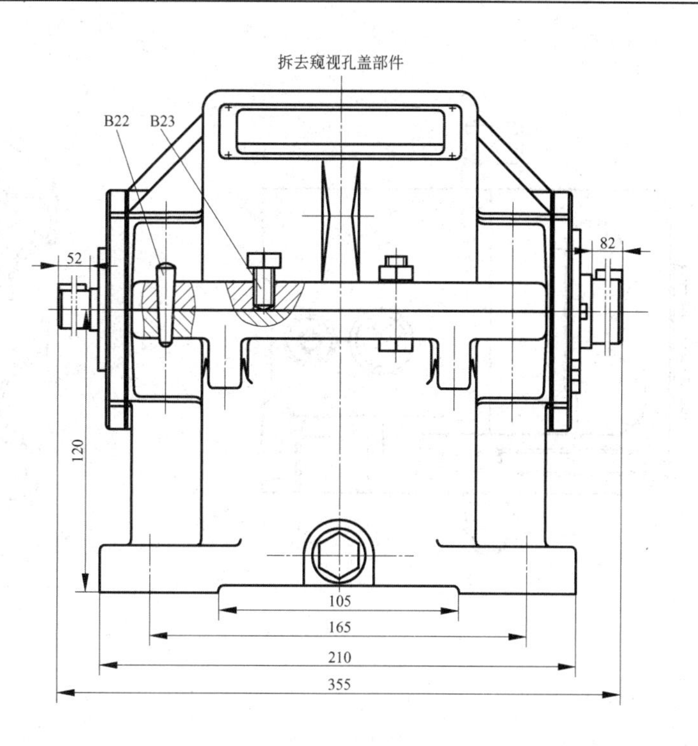

技术特性

输入功率 /kW	输入轴转速 /(r/min)	效率 η/%	总传动化 i	传动特性			
				第1级		第2级	
				m_n	β	m_n	β
4	1440	0.93	11.99	2	13°43′48″	2.5	11°2′38″

技术要求

1. 装配前箱体与其他铸件不加工面应清理干净，除去毛边、毛刺，并浸涂防锈漆；
2. 零件在装配前用煤油清洗，轴承用汽油清洗干净；
3. 齿轮装配后应用涂色法检查接触斑点，圆柱齿轮沿齿高不小于 40%，沿齿长不小于 50%；
4. 调整、固定轴承时应留有轴向间隙 0.05~0.1 mm；
5. 减速器内装 N220 工业齿轮油，油量达到规定深度；
6. 减速器内壁涂耐油油漆，减速器外表面涂灰色油漆；
7. 减速器剖分面、各接触面及密封处均不允许漏油，箱体剖分面应涂以密封胶或水玻璃，不允许使用其他任何填充料；
8. 按试验规程进行试验。

⋮				
B14	螺栓	3	Q235	GB/T 5782—2000 M10×35
B13	键	1	45	键 5×30 GB/T 1096—1979
B12	键	1	45	键 8×40 GB/T 1096—1979
B11	毡圈	1	半粗羊毛毡	毡圈 30FJ 145—1979
B10	封油圈	1	软钢纸板	
B9	油塞	1	Q235	
B8	螺钉	24	Q235	GB/T 5783—2000 M8×12
B7	角接触球轴承	2		7204C GB/T 292—1994
B6	键	1	45	键 8×28 GB/T 1096—1979
B5	角接触球轴承	2		7205C GB/T 292—1994
B4	螺钉	8	Q235	GB/T 5782—2000 M5×10
B3	键	1	45	键 C8×52 GB/T 1096—1979
B2	毡圈	1	半粗羊毛毡	毡圈 30FJ 145—1979
B1	角接触球轴承	2		7207C GB/T 292—1994

序号	零件名称	数量	材料	规格及标准代号	备注
⋮					
⋮					
12	密封盖	1	Q235		
11	轴承盖	1	HT200		
10	挡油盘	1	Q235		
9	轴承盖	1	HT200		
8	大齿轮	1	45		
7	套筒	1	Q235		
6	轴	1	45		
5	轴承盖	1	HT200		
4	调整垫片	2组	08F		
3	密封盖	1	Q235		
2	轴承盖	1	HT200		
1	箱座	1	HT200		

双极圆柱齿轮减速器	比例		图号	
	数量		质量	
设计		年 月	机械设计课程设计	(校名)
审核				(班号)

减速器装配工作图

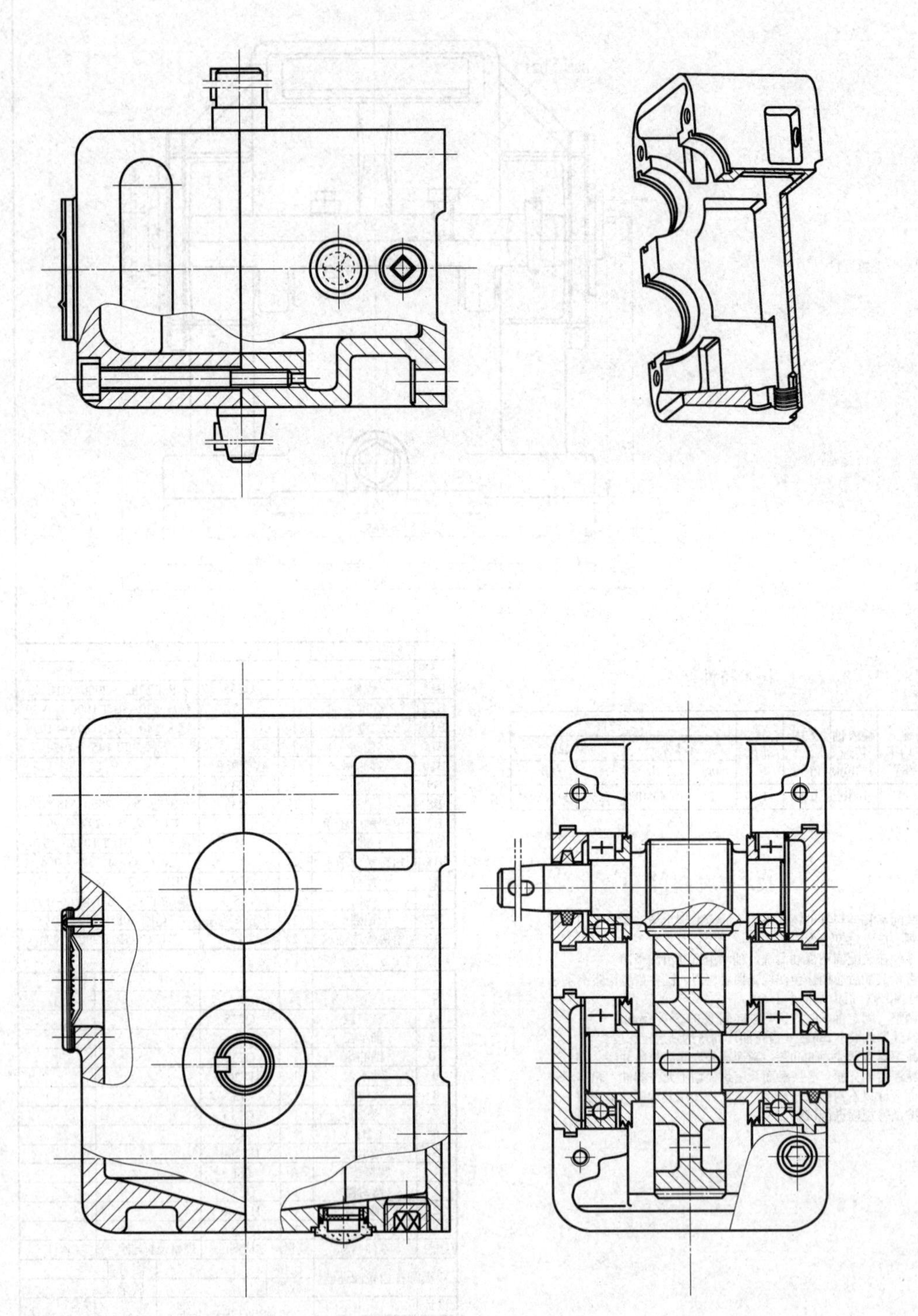

图 6.3 单级圆柱齿轮减速器装配工作图(三视图)

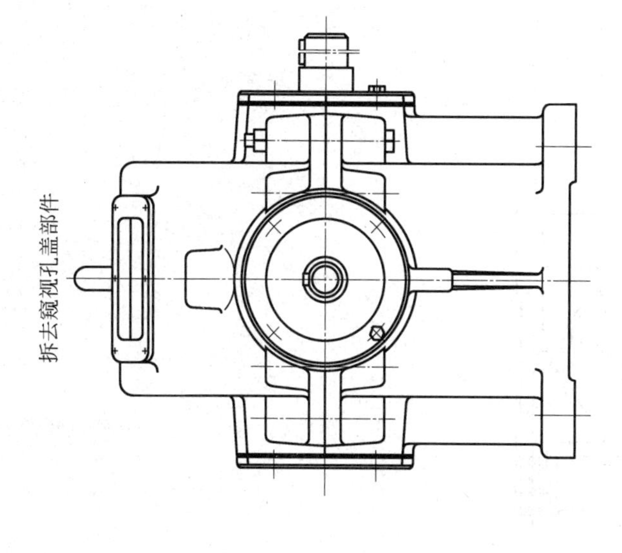

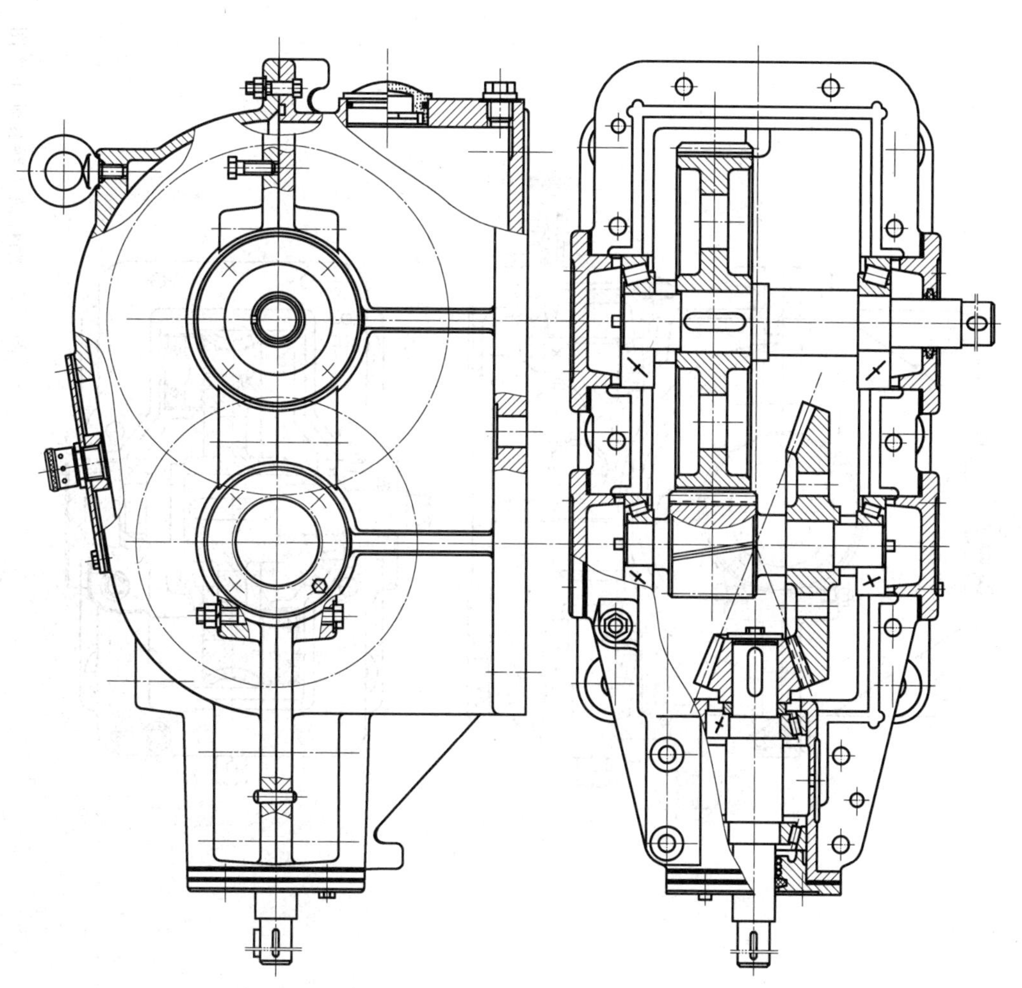

图 6.4　圆锥-圆柱齿轮减速器装配工作图

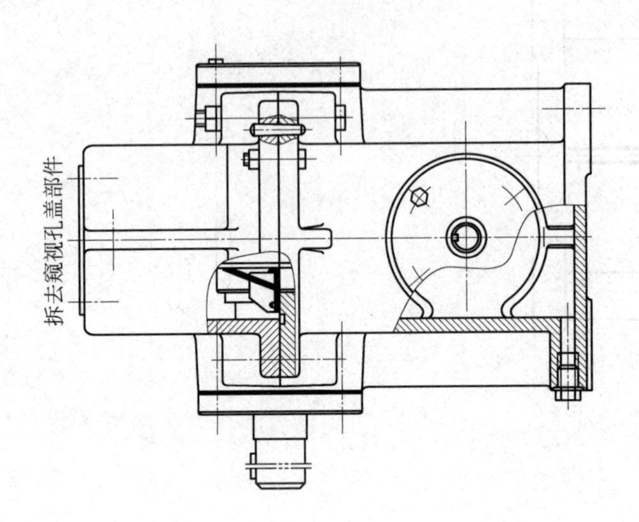

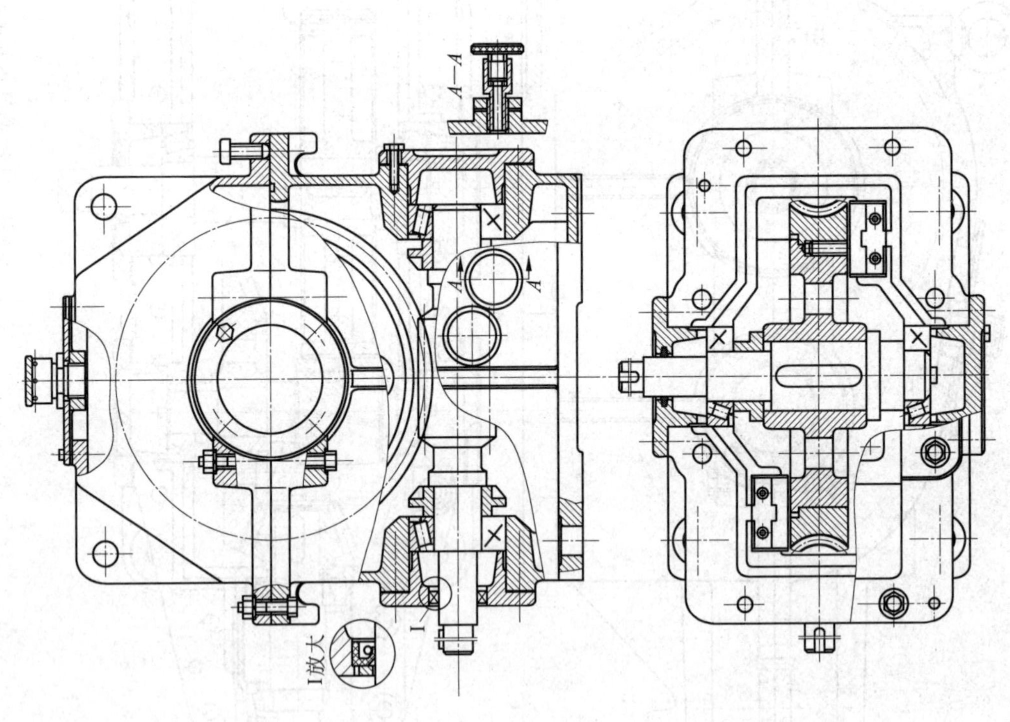

图 6.5　蜗杆减速器装配工作图

第 7 章　零件工作图设计

在装配图设计时已经对主要传动零件的基本结构和尺寸进行了设计，但出发点是表达机械的装配关系和工作原理，仅根据装配图上的信息还不能把零件正确地加工制造出来。

零件工作图是零件制造、检验和制定工艺规程的主要技术文件。零件工作图应完整、清楚地表达零件的结构和尺寸，图上应标注尺寸偏差、形位公差和表面粗糙度，写明材料、热处理要求和其他技术要求。每个零件应单独用一幅图表示，尽量按照 1∶1 绘制。

零件工作图是在装配图基础上绘制的，零件图表达的零件结构和尺寸应与装配图一致，如果必须更改，要对装配图做相应的修改。

提示：绘制零件图时，要时刻提醒自己站在制造和检验的立场上思考问题。例如，轴加工和检验时用两端的中心孔来定位，这个结构在装配图上是没有的，在零件图上却不能缺少。要精心选择零件图的尺寸偏差、形位公差和表面粗糙度，既要满足装配图的要求，又要考虑加工成本。

每张零件图完成后，要做下列检查：

(1) 零件的结构尺寸与装配图是否一致；

(2) 零件的细微结构设计是否合理，是否表达清楚；

(3) 尺寸标注是否便于加工，是否完整、清晰；

(4) 尺寸偏差、形位公差和表面粗糙度选择是否合理，数值是否正确；

(5) 传动特性表(如齿轮类零件)、误差检查项目、技术要求是否完备、正确。

7.1　轴类零件

轴类零件是简单的回转体，一般只采用一个主要视图，在有键槽和孔的部位增加必要的剖视图。对于不易表达的部位，如中心孔、砂轮越程槽、退刀槽等，可增加局部放大图。

轴向尺寸的标注首先要选择基准面，要尽量做到设计基准、工艺基准和测量基准一致。轴轮类零件的径向尺寸基准为轴线，一般用两端中心孔来定义。轴向尺寸基准多采用轴上重要的传动零件的定位基准为轴的尺寸标注基准，再结合工艺定出辅助基准。例如采用齿轮的定位轴肩平面作为基准面，再选择左、右两端面为辅助基准面(参考图 7.1)。应尽量考

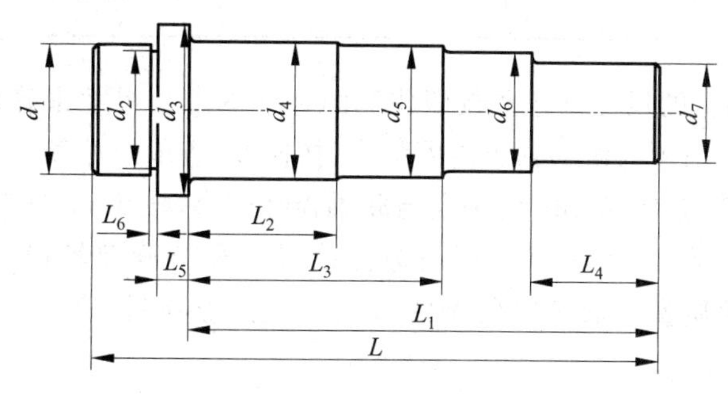

图 7.1　轴的尺寸链

虑加工过程来标注各段的尺寸，选择无特殊配合要求的轴段作为自由尺寸段，避免尺寸链封闭(参见表 7.1)。

表 7.1　轴的部分加工工序

工序号	加工内容	工序草图	所需尺寸
1	下料，车端面，打中心孔，车外圆	d_3　L	L,d_3
2	量 L_1，车 d_4	d_4　L_1	L_1,d_4
3	量 L_2，车 d_5	d_5　L_2	L_2,d_5
4	量 L_3，车 d_6	d_6　L_3	L_3,d_6
5	量 L_4，车 d_7	d_7　L_4	L_4,d_7
6	掉头，量 L_5，车 d_1	d_1　L_5	L_5,d_1
7	车退刀槽	d_2　L_6	L_6,d_2

轴的零件工作图上的尺寸偏差要按照装配图标注的配合尺寸来确定，例如图 7.2 所示直径为 40 mm 的两段轴颈与滚动轴承内圈配合，按照 k6 查取尺寸偏差；直径为 42 mm 的轴段与齿轮毂孔配合，直径为 30 mm 的轴段与联轴器孔配合，按照 m6、k6 查取尺寸偏差。

为了保证装配质量，除了按照装配图标注的尺寸配合确定轴段的尺寸偏差外，必须定义形位公差和表面质量。表 7.2 是轴的形位公差推荐项目，表 7.3 是轴的表面粗糙度 *Ra* 推荐值。

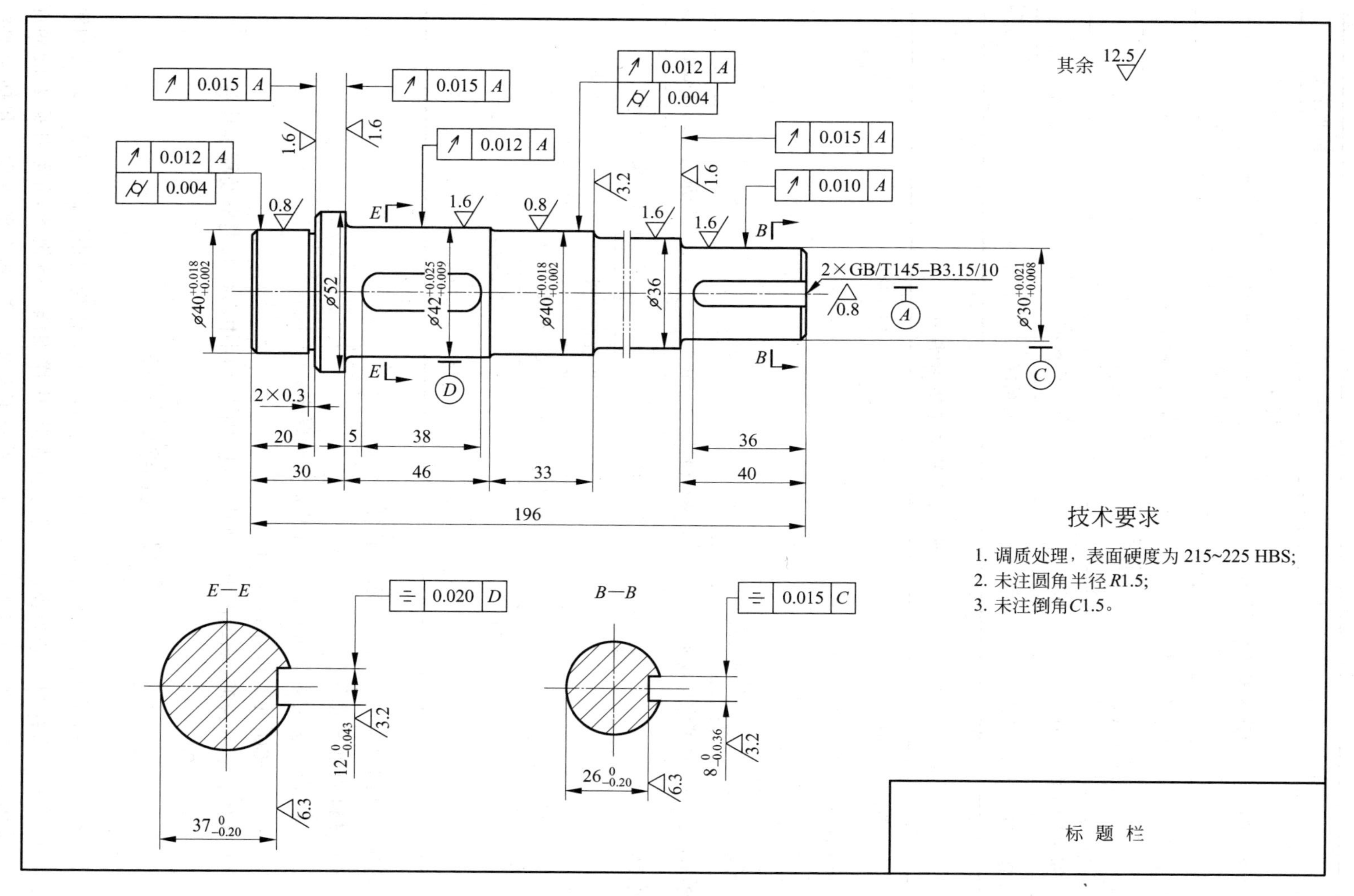

其余 12.5
0.015 A
0.012 A
0.004
0.010 A
0.8
1.6
3.2
ϕ40 +0.018 +0.002
ϕ52
ϕ42 +0.025 +0.009
ϕ36
ϕ30 +0.021 +0.008
2×GB/T145–B3.15/10
2×0.3
20
5
38
30
46
33
36
40
196
E—E
B—B
0.020 D
0.015 C
12 0 −0.043
8 0 −0.36
26 0 −0.20
37 0 −0.20
6.3
技术要求
1. 调质处理，表面硬度为 215~225 HBS;
2. 未注圆角半径R1.5;
3. 未注倒角C1.5。
标 题 栏

图 7.2　轴类零件工作图

表 7.2 轴的形位公差推荐项目

加 工 表 面	标注项目	精度等级
与普通精度的滚动轴承配合的圆柱面	圆柱度	6
	圆跳动	6～7
普通精度的滚动轴承的定位端面	端面圆跳动	6
与传动零件配合的圆柱面	圆跳动	6～8
传动零件的定位端面	端面圆跳动	6～8
平键键槽侧面	对称度	7～9

表 7.3 轴的表面粗糙度 *Ra* 推荐值

<table>
<tr><td>加 工 表 面</td><td colspan="4">$Ra/\mu m$</td></tr>
<tr><td>与传动零件、联轴器配合的表面</td><td colspan="4">3.2～0.8</td></tr>
<tr><td>传动零件、联轴器的定位端面</td><td colspan="4">6.3～1.6</td></tr>
<tr><td>与普通精度的滚动轴承配合的表面</td><td colspan="2">1.0(轴承内径≤80 mm)</td><td colspan="2">1.6(轴承内径＞80 mm)</td></tr>
<tr><td>普通精度的滚动轴承的定位端面</td><td colspan="2">2.0(轴承内径≤80 mm)</td><td colspan="2">2.5(轴承内径＞80 mm)</td></tr>
<tr><td>平键键槽</td><td colspan="2">3.2(键槽侧面)</td><td colspan="2">6.3(键槽底面)</td></tr>
<tr><td rowspan="4">密封处的表面</td><td>毡圈</td><td colspan="2">橡胶密封圈</td><td>油沟、迷宫式</td></tr>
<tr><td colspan="3">密封处的圆周速度/(m/s)</td><td rowspan="3">3.2～1.6</td></tr>
<tr><td>≤3</td><td>＞3～5</td><td>＞5～10</td></tr>
<tr><td>1.6～0.8</td><td>0.8～0.4</td><td>0.4～0.2</td></tr>
</table>

轴类零件图上提出的技术要求一般有：

(1) 材料的化学成分和力学性能；

(2) 热处理方法和热处理后硬度和表面质量要求；

(3) 图中未注明的圆角、倒角尺寸；

(4) 其他必要的说明，例如图上未画中心孔，则应注明中心孔的类型及标准代号。

7.2 齿轮类零件

齿轮类零件一般采用通过齿轮轴线的全剖或半剖视图作为主视图，辅以表达毂孔和键槽形状、尺寸的局部视图。如果齿轮采用轮辐结构，应详细画出侧视图，并附加必要的局部视图，如轮辐的横剖面图。对于组合式蜗轮，要分别画出齿圈、齿芯的零件图和蜗轮的组件图。

齿轮类零件的径向尺寸基准为轮毂孔的轴线，轴向尺寸基准为端面。对于配合尺寸和精度要求较高的部分应标注尺寸偏差，加工面应标注表面粗糙度，配合表面、安装或测量基准面应标注形位公差。

轮毂孔作为切齿、检测和装配的基准，可选择基孔制 7 级精度。轮毂孔端面是装配定位基准，也是切齿时的加工定位基准，应标注对中心线的垂直度或端面跳动。齿顶圆柱面作为加工和测量基准的，应标注尺寸偏差和形位公差。例如图 7.3 中，轮毂孔按照 H7 孔的极限偏差，齿顶圆径向跳动按照 7 级精度查圆柱齿轮齿坯公差，两端面跳动按照 7 级精度查圆柱齿轮齿坯公差。

齿轮的分度圆是设计的基本尺寸，必须精确标出(视加工精度不同保留小数后 2～3 位)。齿根圆是加工的结果，不标注。键槽、毂孔是重要的配合要素，应标注尺寸偏差、形位公差和表面粗糙度。

圆锥齿轮的锥角、锥距是重要的啮合参数，锥角应精确到分，并标注公差，锥距精确到小数后 2～3 位，还应标注基准面到锥顶的距离。

组合式蜗轮零件工作图上只标注齿圈、齿芯装配后进一步加工所需要的尺寸，其他尺寸分别在齿圈零件工作图和齿芯零件工作图上标注。

齿轮工作图上应有啮合特性表，表中列举齿轮的基本参数、精度等级和检验项目。齿轮工作图上应列举技术要求，包括对材料、热处理、加工(如未注明的倒角、倒圆半径)、齿轮毛坯(锻件、铸件)等方面的要求。对于大尺寸齿轮或高速齿轮，还应考虑平衡试验要求。

图 7.3～图 7.7 为各种齿轮类零件工作图。

7.3　箱体类零件

箱体分为箱盖和箱座，是课程设计中最复杂的零件。箱座和箱盖一般要用 3 个视图来表示，并辅以剖视图或局部剖视图来表达一些不易看清楚的局部结构。

箱体结构复杂，标注尺寸应清晰正确，避免遗漏和重复，避免出现封闭尺寸链。箱体类零件长度方向的尺寸以轴承座孔的中心线为基准，宽度方向的尺寸一般以箱体宽度的对称中线为基准。箱盖高度方向的尺寸采用剖分面为基准，箱座高度方向的尺寸采用剖分面或箱座底安装面为基准。

进行箱体的结构形状尺寸标注时要充分考虑制造和测量的要求。箱体类零件的尺寸可分为定形尺寸和定位尺寸，定形尺寸主要反映箱体各结构要素的形状，可直接标出，如减速器总长、总宽、总高、壁厚、凸台高度、沉孔深度。定位尺寸确定箱体各结构要素的位置，必须从基准标出，如箱盖吊耳中心的高度。

对于表达机械工作性能的尺寸也要标注，如轴承孔中心距、减速器中心高。

箱盖和箱座是互相配合来工作的，箱盖和箱座的尺寸要有对应关系，保证整体功能的实现。

箱体类零件工作图上应标注的尺寸公差主要有：

(1) 所有配合尺寸的尺寸偏差。

(2) 轴承孔中心距的极限偏差，数值满足(0.7～0.8)f_a，f_a 是齿轮副或蜗杆副的中心距

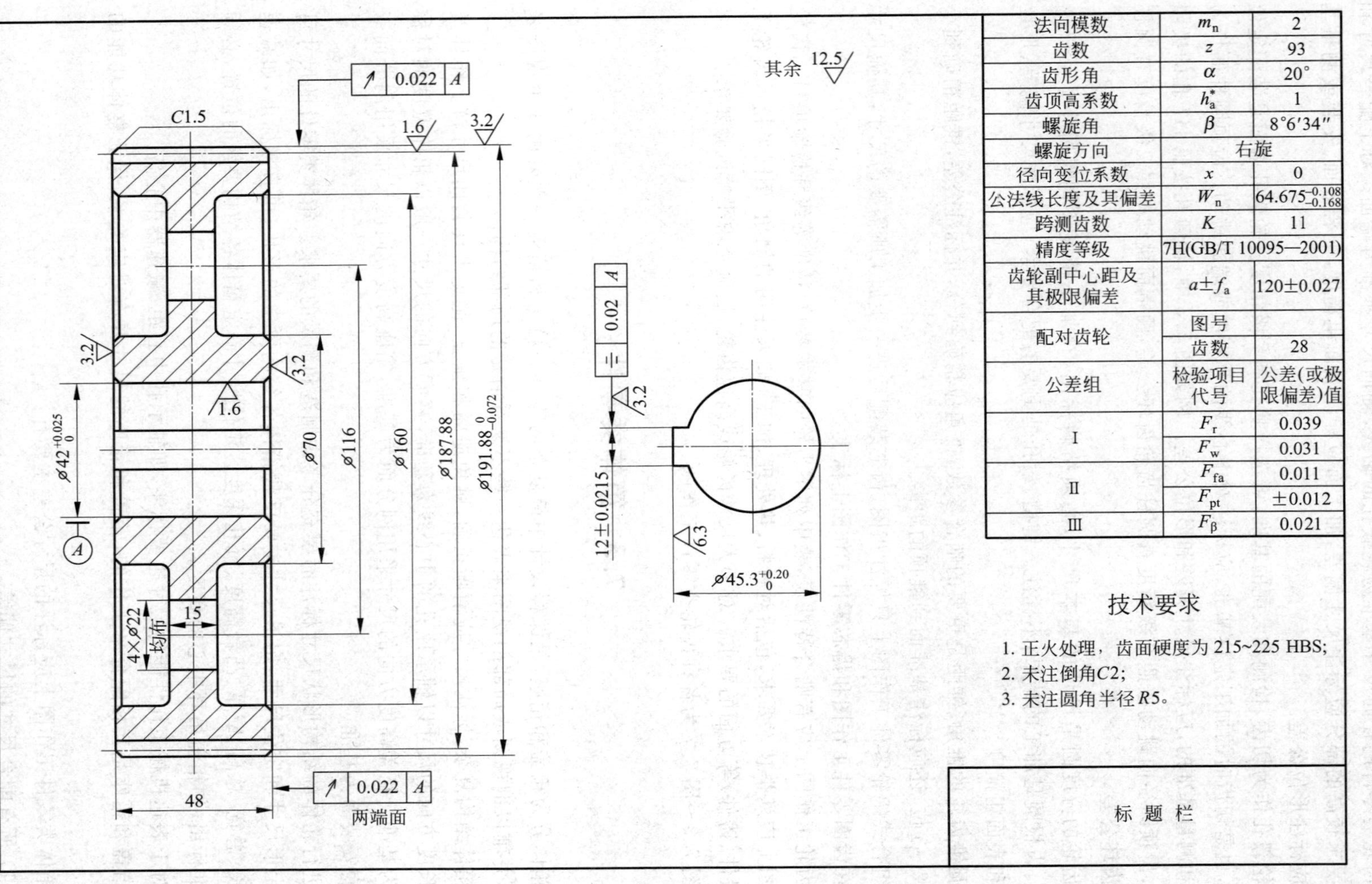

法向模数	m_n	2
齿数	z	93
齿形角	α	20°
齿顶高系数	h_a^*	1
螺旋角	β	8°6′34″
螺旋方向	右旋	
径向变位系数	x	0
公法线长度及其偏差	W_n	$64.675_{-0.168}^{-0.108}$
跨测齿数	K	11
精度等级	7H(GB/T 10095—2001)	
齿轮副中心距及其极限偏差	$a\pm f_a$	120±0.027
配对齿轮	图号	
	齿数	28
公差组	检验项目代号	公差(或极限偏差)值
Ⅰ	F_r	0.039
	F_w	0.031
Ⅱ	F_{fa}	0.011
	F_{pt}	±0.012
Ⅲ	F_β	0.021

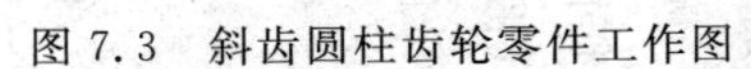

图 7.3　斜齿圆柱齿轮零件工作图

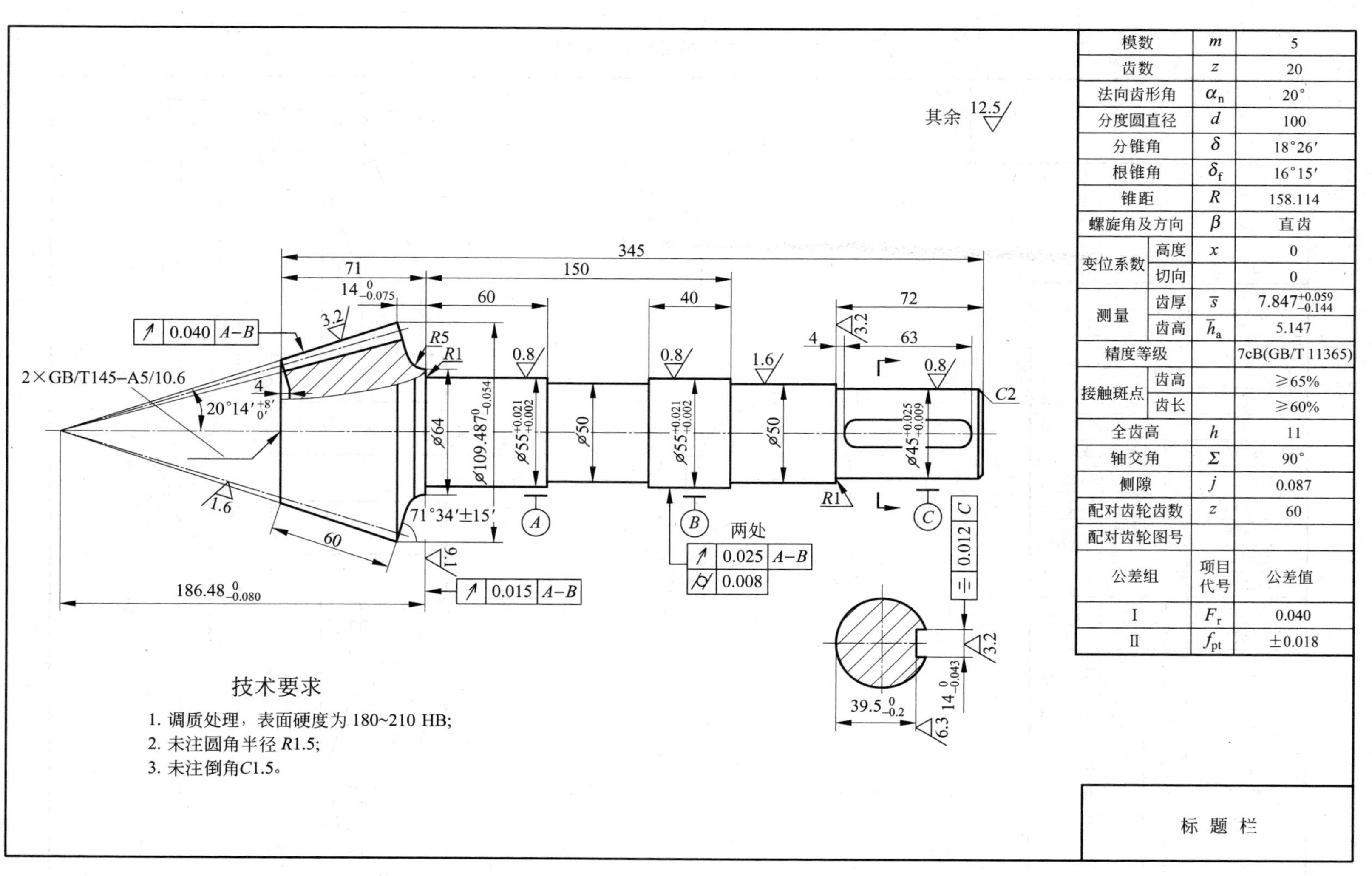

模数		m	5
齿数		z	20
法向齿形角		α_n	20°
分度圆直径		d	100
分锥角		δ	18°26′
根锥角		δ_f	16°15′
锥距		R	158.114
螺旋角及方向		β	直齿
变位系数	高度	x	0
	切向		0
测量	齿厚	$\bar{s}$	$7.847^{+0.059}_{-0.144}$
	齿高	$\bar{h}_a$	5.147
精度等级			7cB(GB/T 11365)
接触斑点	齿高		≥65%
	齿长		≥60%
全齿高		h	11
轴交角		Σ	90°
侧隙		j	0.087
配对齿轮齿数		z	60
配对齿轮图号			
公差组		项目代号	公差值
I		F_r	0.040
II		f_{pt}	±0.018

图 7.4　小圆锥齿轮零件工作图

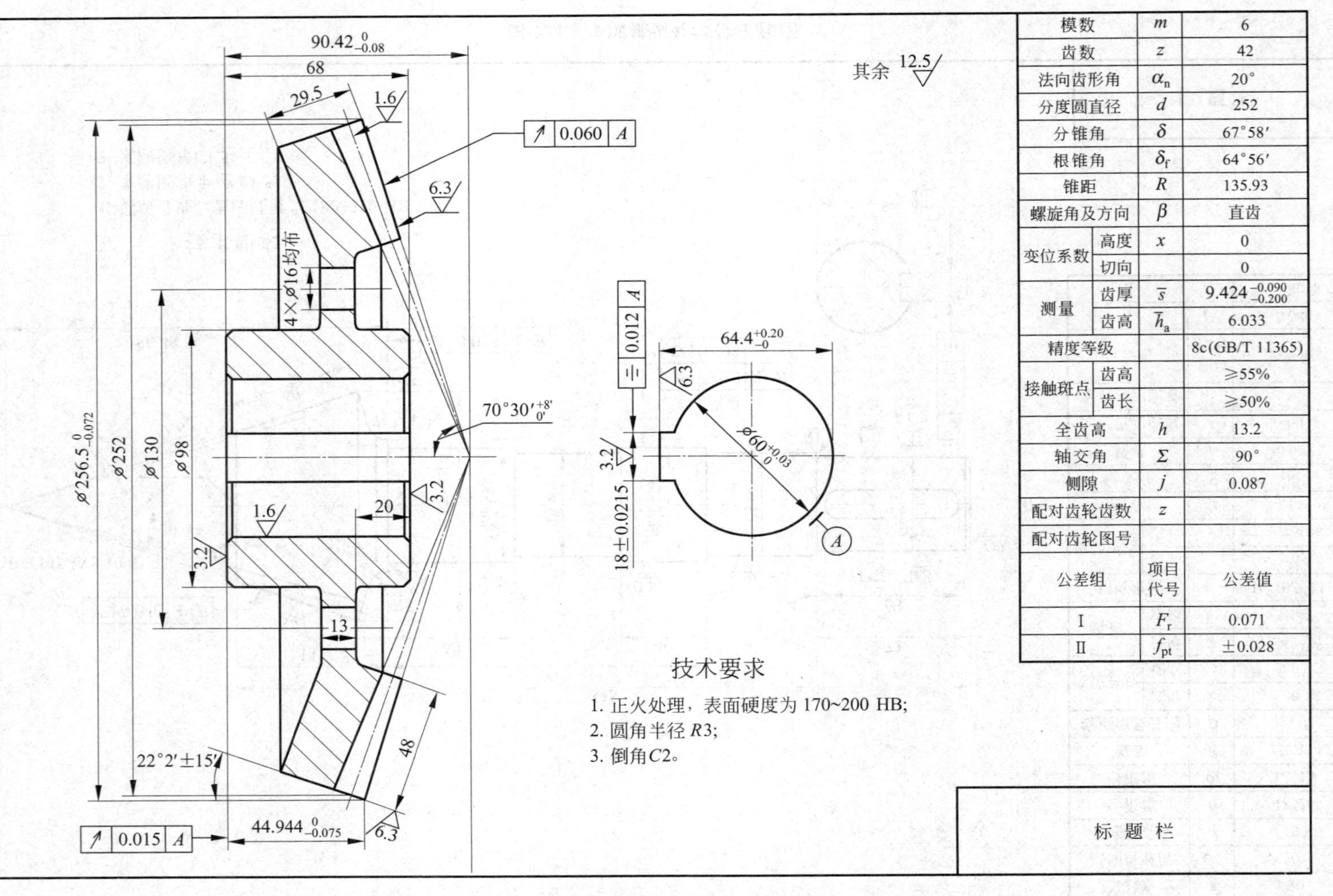

图 7.5　大圆锥齿轮零件工作图

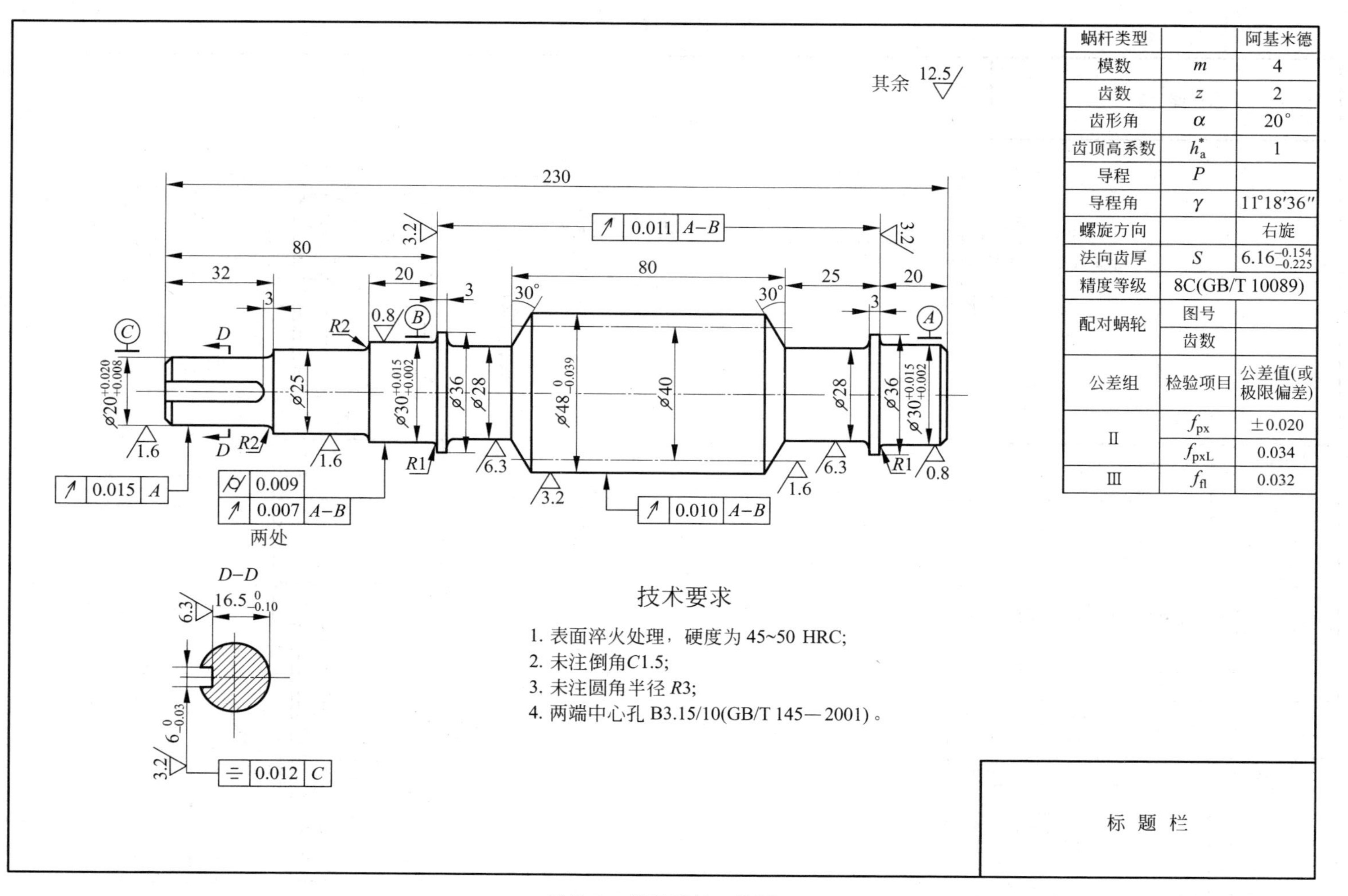
蜗杆类型 阿基米德
模数 m 4
齿数 z 2
齿形角 α 20°
齿顶高系数 h_a^* 1
导程 P
导程角 γ 11°18′36″
螺旋方向 右旋
法向齿厚 S $6.16^{-0.154}_{-0.225}$
精度等级 8C(GB/T 10089)
配对蜗轮 图号 齿数
公差组 检验项目 公差值(或极限偏差)
II f_{px} ±0.020
f_{pxL} 0.034
III f_{f1} 0.032
标 题 栏
其余 12.5
技术要求
1. 表面淬火处理，硬度为45~50 HRC;
2. 未注倒角C1.5;
3. 未注圆角半径R3;
4. 两端中心孔 B3.15/10(GB/T 145—2001)。
230
80
32
20
3
25
30°
$⌀20^{+0.020}_{+0.008}$
⌀25
$⌀30^{+0.015}_{+0.002}$
⌀36
⌀28
$⌀48^{0}_{-0.039}$
⌀40
R1
R2
0.011 A–B
0.010 A–B
0.015 A
0.009
0.007 A–B
两处
D–D
$16.5^{0}_{-0.10}$
$6^{0}_{-0.03}$
0.012 C
3.2
6.3
1.6
0.8

图 7.6　蜗杆零件工作图

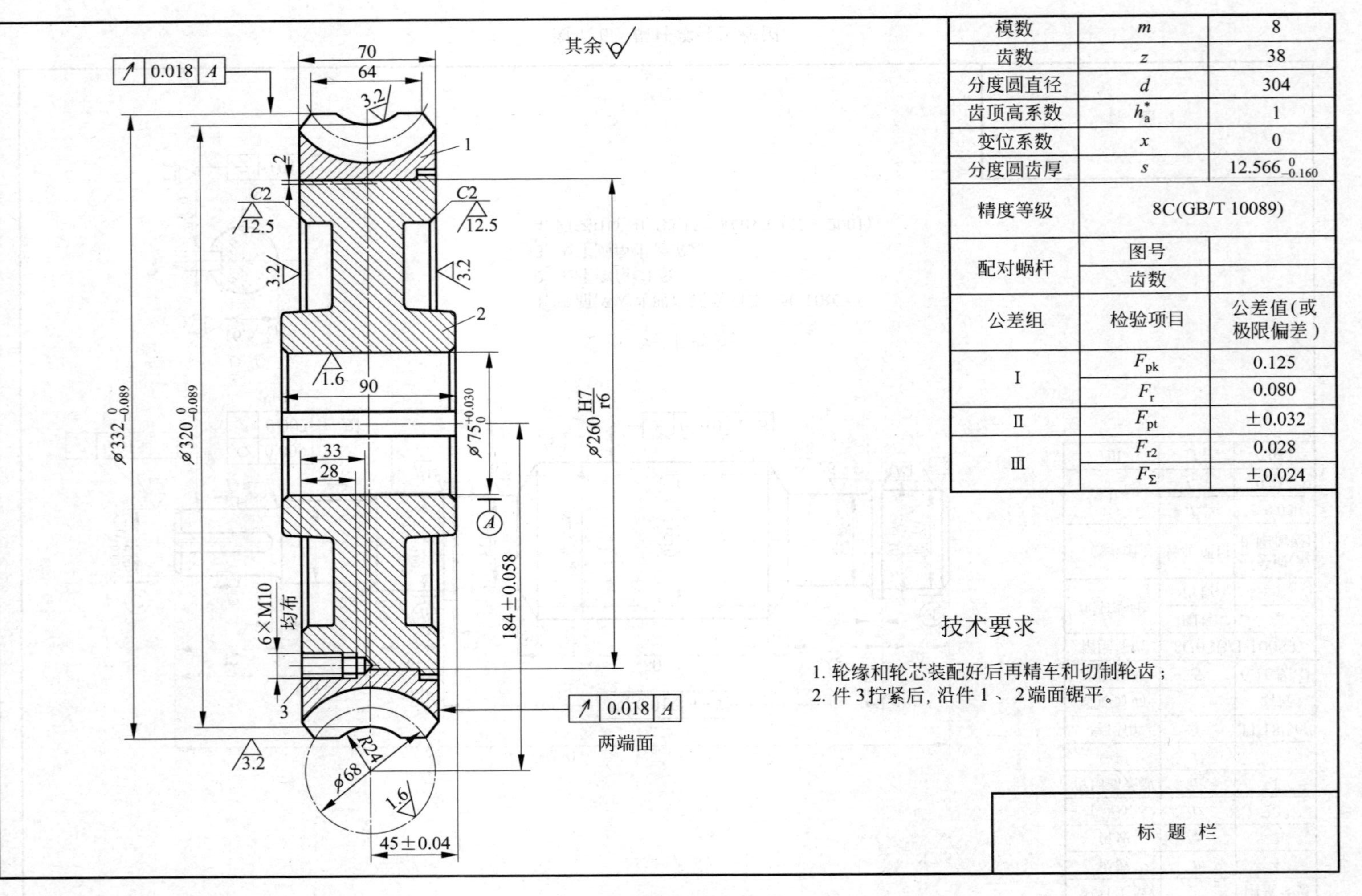

模数	m	8
齿数	z	38
分度圆直径	d	304
齿顶高系数	h_a^*	1
变位系数	x	0
分度圆齿厚	s	$12.566^{0}_{-0.160}$
精度等级	8C(GB/T 10089)	
配对蜗杆	图号	
	齿数	
公差组	检验项目	公差值(或极限偏差)
Ⅰ	F_{pk}	0.125
	F_r	0.080
Ⅱ	F_{pt}	±0.032
Ⅲ	F_{r2}	0.028
	F_{Σ}	±0.024

技术要求

1. 轮缘和轮芯装配好后再精车和切制轮齿；
2. 件 3拧紧后，沿件 1、2端面锯平。

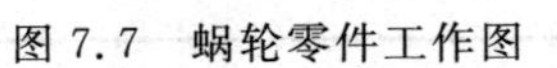
图 7.7 蜗轮零件工作图

极限偏差(轴承座孔中心线极限偏差比齿轮副小,是为了补偿轴承制造误差和配合间隙引起的轴线偏移)。

(3) 箱体的形位公差参照表 7.4 标注,箱体主要加工面的表面粗糙度 Ra 参照表 7.5 标注。

表 7.4　箱体的形位公差推荐标注项目

加工表面与标注项目	精度等级
箱体剖分面的平面度	7～8
轴承座孔的圆柱度	7(适用普通精度级轴承)
轴承座孔端面对孔中心线的垂直度	7～8
两轴承座孔的同轴度	6～7
轴承座孔轴线的平行度	6～7(要参考齿轮副轴线平行度公差 f_x、f_y)

表 7.5　箱体表面粗糙度 Ra 推荐值

加工表面	$Ra/\mu m$
箱体剖分面	3.2～1.6
定位销孔	1.6～0.8
轴承座孔(普通精度轴承)	3.2～1.6
轴承座孔外端面	3.2
其他配合表面	6.3～3.2
其他非配合表面	12.5～6.3

箱体类零件图上还要标明技术要求,一般包含以下项目:

(1) 对铸件质量的要求(如不允许有砂眼、渗漏现象);

(2) 对铸件进行时效处理、清砂、表面防护(如涂漆)的要求;

(3) 对未注明铸造斜度、圆角、倒角的说明;

(4) 箱盖与箱座配作加工的说明(如定位销孔、轴承座孔的加工);

(5) 其他必要的说明(如轴承座孔中心线的平行度或垂直度要求在图中未标注,可在技术要求中注明)。

图 7.8 是单级圆柱齿轮减速器箱座零件工作图,画出了除标题栏外的必要内容;图 7.9 是对应的箱盖零件工作图,画出了除标题栏外的必要内容。

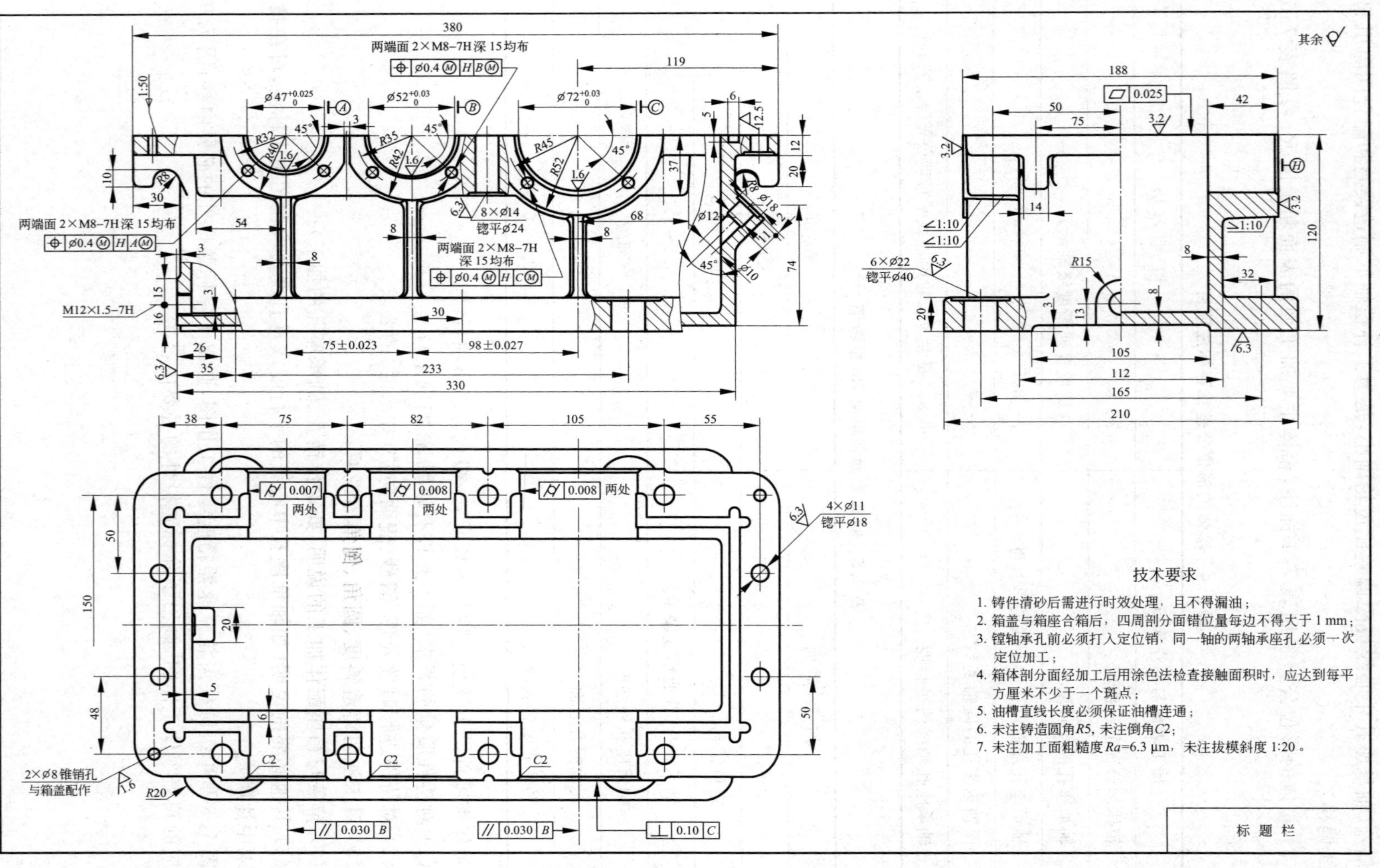

图 7.8　单级圆柱齿轮减速器箱座零件工作图

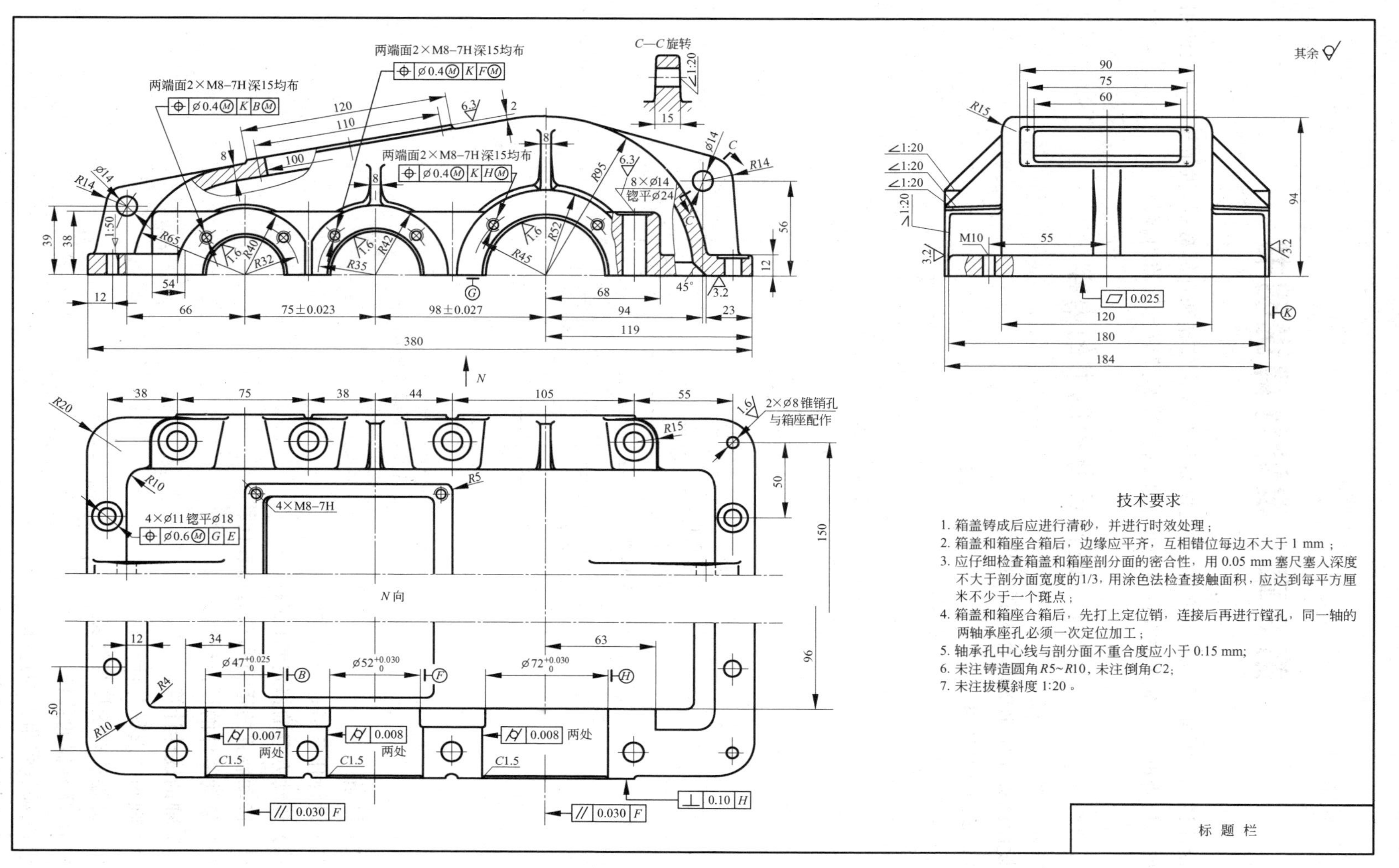

图 7.9　双级圆柱齿轮减速器箱盖零件工作图

第8章　设计计算说明书

设计说明书是重要的技术文件，它提供设计的理论依据和计算数据，供审核设计及使用设备的人员查阅。本章介绍设计计算说明书的格式及其应包括的内容。

8.1　设计计算说明书的内容

设计计算说明书的内容大致如下：

(1) 封面(见图8.1)；

(校徽)

(学校名称)

课程设计说明书

课程名称________________

题目名称________________

学生学院________________

专业班级________________

学　　号________________

学生姓名________________

指导教师________________

(日期)

图8.1　说明书封面参考格式

(2) 目录；

(3) 设计任务书；

(4) 传动方案的拟定和说明；

(5) 传动装置的运动和动力参数计算；

(6) 传动零件的设计计算；

(7) 轴的设计计算；

(8) 轴承的选择与计算；

(9) 键连接的选择与计算；

(10) 联轴器的选择；

(11) 减速器附件的选择；

(12) 润滑与密封方式选择、润滑剂选择；

(13) 设计小结(仅针对学生课程设计,分析设计的优缺点、改进意见,课程设计的体会等);

(14) 参考资料。

8.2　设计计算说明书的要求

设计计算说明书的要求如下:

(1) 论述清楚、逻辑清晰、文字简练、计算正确、书写工整;

(2) 按照统一的格式书写,采用同一格式的封面,装订成册;

(3) 相关内容如需要应附必要的插图或表格;

(4) 列举的公式和数据要注明来源(参考资料的编号、页码);

(5) 应按照内容组织,应有大小标题,便于阅读;

(6) 可分成两栏,左边撰写计算过程,右边列出主要参数(包括已知的和计算出来的),便于查阅;

(7) 计算过程叙述应层次分明,列出计算内容,写出计算公式,代入数据,得出计算结果,并写出结论,如"安全""强度足够""寿命满足要求"等。

说明书正文参考格式见表 8.1。

表 8.1　说明书正文参考格式

设计计算与说明	结　果
……	
4. 齿轮传动设计	
4.1　高速级齿轮传动设计	
1. 选择材料、精度及参数	
小齿轮:45 钢,调质,$HB_1=240$(参考文献编号,图表编号)	
大齿轮:45 钢,正火,$HB_2=190$	
精度等级:8 级(GB 10095—1988)	8 级精度
初选齿数:$Z_1=23, Z_2=72$	$Z_1=23$ $Z_2=72$
齿数比:$u=\frac{Z_2}{Z_1}=\frac{72}{23}=3.13$	$u=3.13$
2. 计算许用应力$[\sigma]_H$、$[\sigma]_F$ ⋮	$[\sigma]_H=\cdots$ $[\sigma]_F=\cdots$
3. 按照齿面接触强度确定齿轮尺寸 ⋮	$a=\cdots$ $d_1=\cdots$
4. 验算齿根弯曲强度 ⋮	$m=\cdots$

8.3　课程设计总结

图纸和计算说明书完成后,要对设计工作做出总结。通过总结进一步发现设计计算和图纸中存在的问题,进一步搞清楚尚未弄懂的、不甚了解的或未曾考虑到的问题,得到更大的收获。设计总结要以设计任务书为主要依据，检验自己设计的结果是否满足设计任务书的要求，客观分析自己设计内容的优缺点，可以从以下方面进行：

(1) 分析总体设计方案是否合理；

(2) 分析零部件结构设计是否合理，计算是否正确；

(3) 检查装配工作图设计是否存在错误，表达是否完整、规范、清楚；

(4) 检查零件工作图设计是否存在错误，表达是否完整、规范、清楚；

(5) 说明书计算是否存在错误，所做的分析有无依据；

(6) 对自己设计的结果所具有的特点和不足进行分析和评价。

在总结中要思考如下 3 方面问题：

(1) 是否巩固并拓宽了机械设计课程的知识？

(2) 是否掌握机械设计的一般规律和基本方法，培养了初步的机械设计的能力？

(3) 在课程设计过程中哪些技能得到了强化和提高？哪些还训练不足？

第 二 篇

基于 SolidWorks 的减速器设计范例

第9章　减速器零件的建模

本章将详细介绍减速器零件的三维模型的创建过程。

9.1　低速轴斜齿轮的建模

9.1.1　设计库里齿轮的调用

SolidWorks 软件中有标准设计库，里面有轴承、螺栓、螺母、键及动力传动等标准零件，只需将零件库插件载入，即可直接调用所需零件。

启动 SolidWorks 2014，选择菜单栏中【文件】/【新建】，弹出【新建 SolidWorks 文件】对话框(见图 9.1)，选择【装配体】按钮，然后单击【确定】按钮。在弹出的【开始装配体】属性管理器中(见图 9.2)单击“确定”按钮✓。

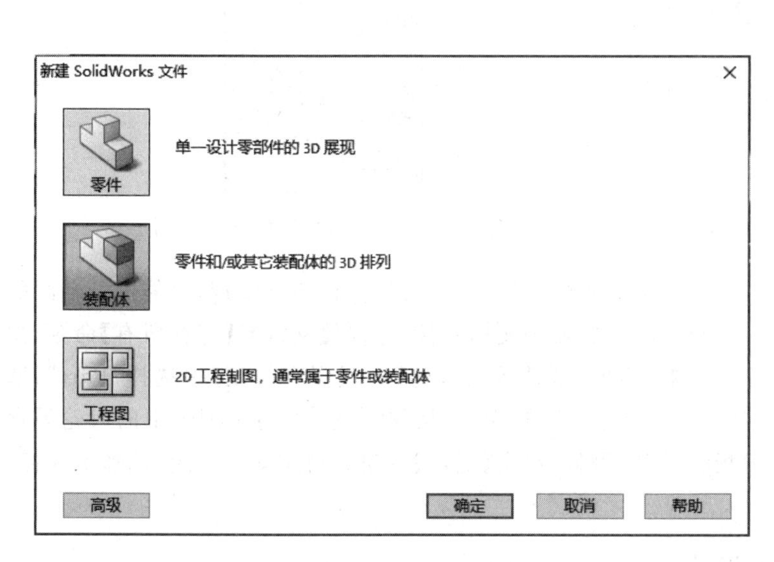

图 9.1　【新建 SolidWorks 文件】对话框

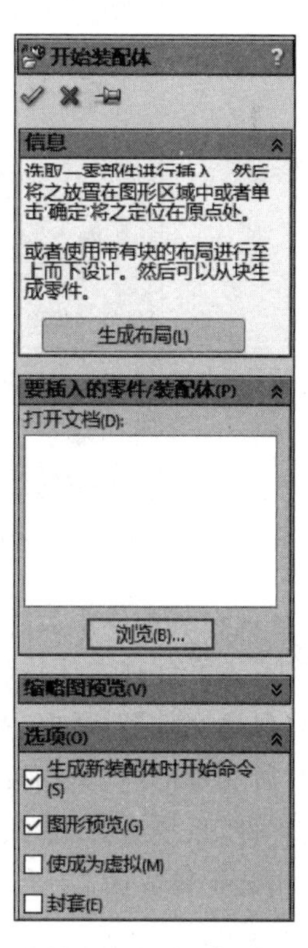

图 9.2　【开始装配体】属性管理器

在视图区右侧的任务窗格中单击“设计库”图标，再单击“工具库”图标 Toolbox，下面会显示【Toolbox 未插入】，单击【现在插入】按钮即可。拖动下拉工具条浏览到“国标”文件夹，然后双击，在弹出的窗口中浏览到“动力传动”文件夹并双击，最后在弹出的窗口中双击“齿轮”文件夹，将会弹出如图 9.3 所示的各种标准齿轮。拖动“螺旋齿轮”图标不放，将其拖动到视图区后放开鼠标，弹出【配置零部件】属性管理器，如图 9.4 所示。将模数设为 2.5mm，齿数设为 71，螺旋方向设为左手，螺旋角度设为 16.598，压力角设为 20，面宽(即齿宽)设为 55，毂样式设为类型 A，标称轴直径设为 42，键槽设为矩形(1)，显示齿设为 71。齿轮参数设置好后单击“确定”按钮✔，再单击【插入零部件】对话框中的“取消”按钮✖，完成齿轮的添加。

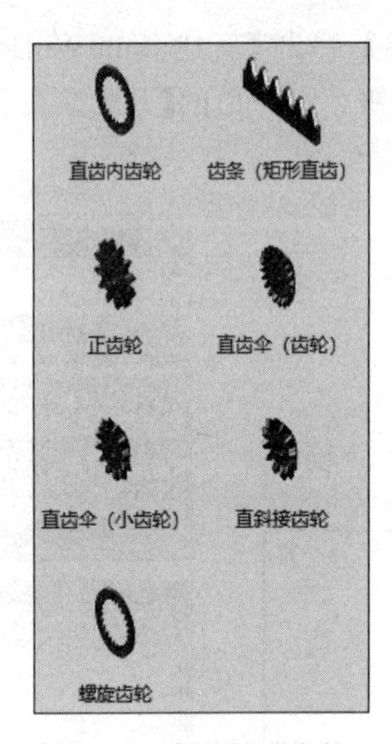

图 9.3 各种标准齿轮

图 9.4 【配置零部件】属性管理器

现在装配体中齿轮是一些面而非完整的实体，有些特征操作不能实现，只能进行动画的模拟，不能实现实体接触模拟，故需将其转换为实体零件。选择【文件】/【保存所有】命令，弹出【保存文件】对话框，在【文件名】中输入“低速轴斜齿轮”，在【保存类型】中选择“Part”，选中“所有零部件”单选按钮，如图 9.5 所示，单击“保存”按钮 保存(S) ，将装配体中的齿轮另存为零件，系统会弹出“默认模板无效”的警告，单击【确定】按钮。将装配体关闭，选择不保存，退出装配体界面。

9.1.2 齿轮的结构设计

(1) 打开保存好的齿轮零件，系统弹出【特征识别】对话框，单击【否】。选择【插入】/【参考几何体】/【基准轴】命令，弹出【基准轴】属性管理器，在视图区域中单击选择齿轮轴孔面(见图 9.6)，所选面出现在【选择】栏下“参考实体”右侧的显示框中，如图 9.7 所示，单击“确定”按钮✔，完成基准轴的创建。选择【视图】/【基准轴】命令，将创建的基准轴显示出来。

图 9.5 【保存文件】对话框

图 9.6 选择齿轮轴孔面

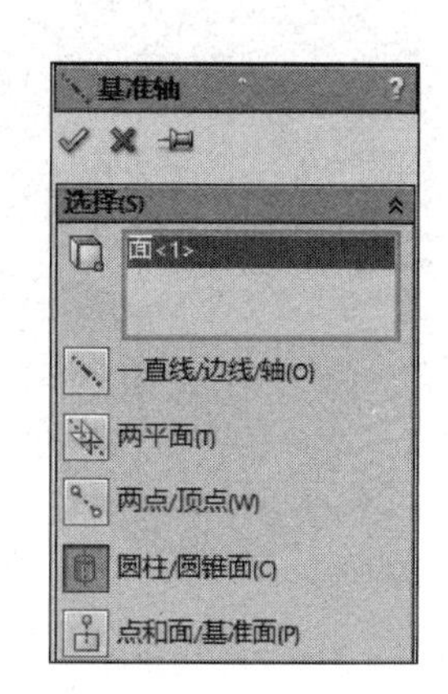

图 9.7 【基准轴】属性管理器

选择【插入】/【参考几何体】/【基准面】命令，弹出【基准面】管理器，在视图区域单击选择齿轮的右侧端面(见图 9.8)，所选端面出现在【第一参考】下面“参考实体”右侧的显示框中，在“偏移距离”输入框中输入 27.5mm，勾选【反转】选择框，如图 9.9 所示，单击“确定”按钮，完成基准面的创建。

(2) 选择【插入】/【切除】/【拉伸】命令，单击选择齿轮右侧端面，然后单击“视图定向”按钮，选择“正视于”按钮，进入草图绘制；在草图工具栏中单击“圆(R)”命令，移动鼠标到视图区域，在所选齿轮侧面上画两个同心圆，两圆圆心都与基准轴重合，单击“智能尺寸”命令，修改两圆的直径为 160mm 及 70mm(见图 9.10)，单击“确定”按钮退出草图。在弹出的【切除-拉伸】属性管理器中【方向 1】下面“终止条件”选择框中选给定深度，在“深度”输入框中输入 17.5mm，如图 9.11 所示，单击“确定”按钮，完成拉伸切除。

(3) 选择【插入】/【阵列/镜向】/【镜向】命令，弹出【镜向】属性管理器，在视图区域单击选择创建的基准面，所选面出现在“镜向面”右侧的显示框中；在视图区域单击选择拉伸切除特征，所选特征出现在【要镜向的特征】下面显示框中，如图 9.12 所示，单击“确定”按钮，完成齿轮另一侧腹板的拉伸切除。

(4) 选择【插入】/【特征】/【圆角】命令，弹出【圆角】属性管理器，在【圆角类型】选项中选恒定大小，在视图区域单击选择齿轮侧面的 5 条边线(见图 9.14)，所选边线出现在【圆角项目】下面的显示框中，【圆角参数】下面“半径”输入框中输入 2mm，如图 9.13 所示，单击“确定”按钮。

图 9.8　选择齿轮端面

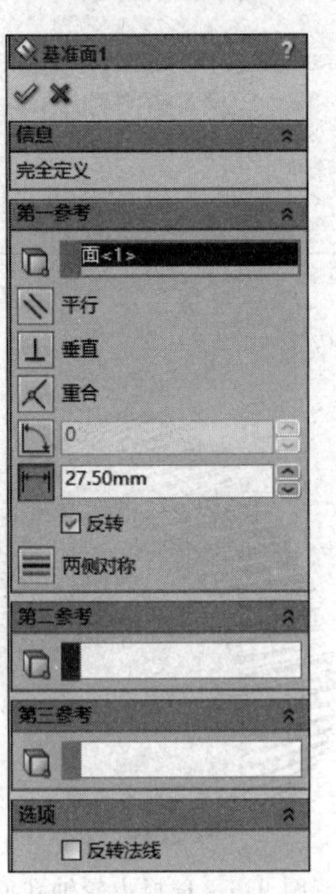

图 9.9　【基准面】属性管理器

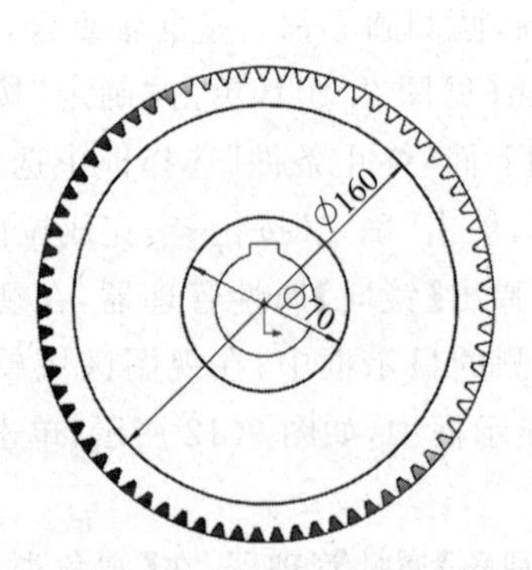

图 9.10　齿轮腹板切除的草图

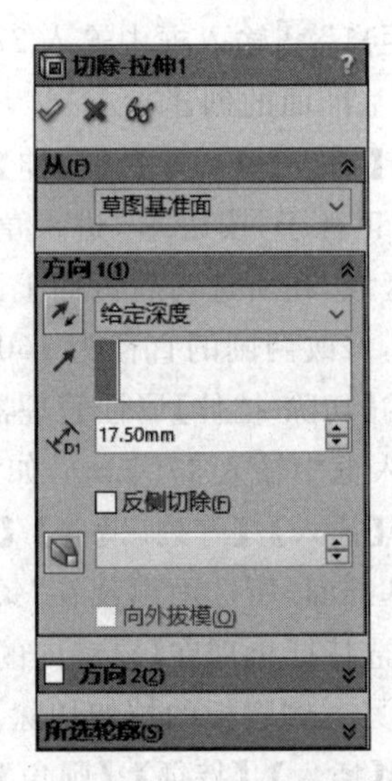

图 9.11　【切除-拉伸】属性管理器

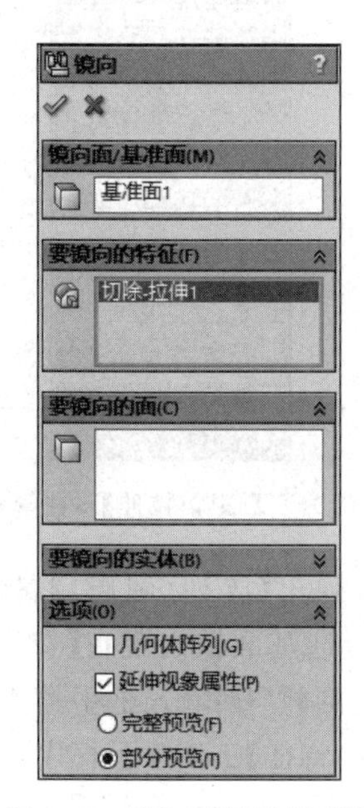

图 9.12　【镜向】属性管理器

图 9.13　【圆角】属性管理器

图 9.14　选择圆角的边线

重复刚才圆角命令,对齿轮另一侧面的 5 条边线作相同的圆角处理。

(5) 单击选择齿轮右侧腹板平面,然后单击“视图定向”按钮,选择“正视于”按钮,进入草图绘制;选择草图工具栏的“圆(R)”“直线(L)”命令,绘制如图 9.15 所示草图,然后选择【插入】/【切除】/【拉伸】命令,在弹出的【切除-拉伸】属性管理器中【方向 1】下面“终止条件”选择框中选择完全贯穿,如图 9.16 所示,单击“确定”按钮,完成拉伸切除。

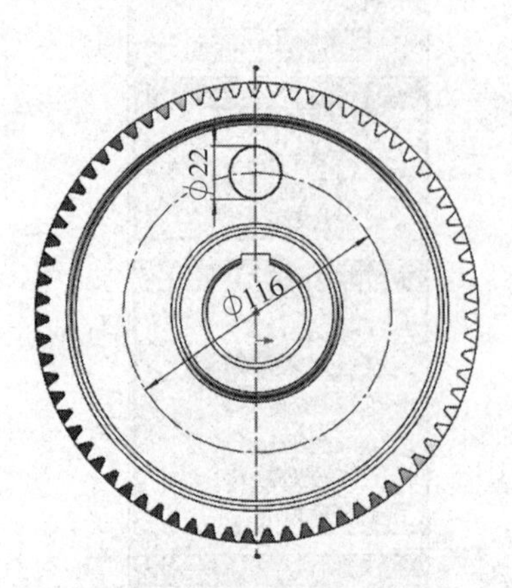

图 9.15　腹板孔切除的草图

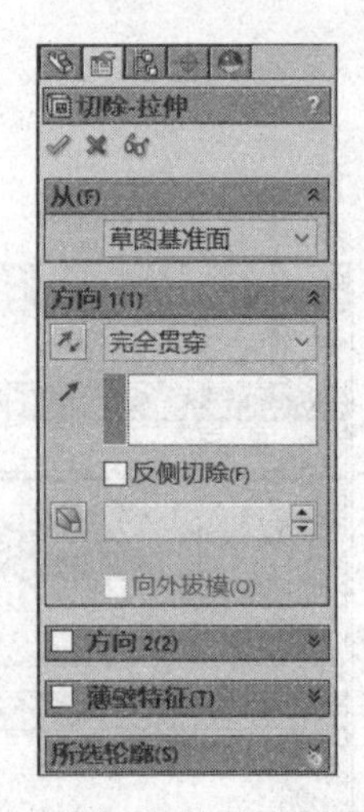

图 9.16　【切除-拉伸】属性管理器

(6) 选择【插入】/【阵列/镜向】/【圆周阵列】命令，弹出【阵列(圆周)】属性管理器，如图 9.17 所示，先在视图区域单击选择齿轮的基准轴，所选基准轴出现在【参数】下面"基准轴"显示框中，在"总角度"输入框中输入 360°，在"实例数"输入框中输入 4；再在视图区域单击选择要阵列的特征，所选特征出现在【要阵列的特征】下面显示框中，单击"确定"按钮，完成齿轮腹板上孔的拉伸切除。

最后完成的齿轮实体如图 9.18 所示。

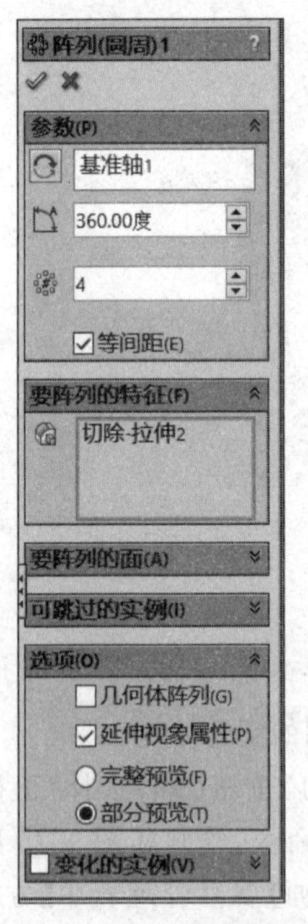

图 9.17　【阵列(圆周)】属性管理器

图 9.18　齿轮的实体模型

9.2　轴及齿轮轴的建模

9.2.1　低速轴的建模

启动 SolidWorks 2014，选择菜单栏中【文件】/【新建】，选择【零件】按钮，然后单击【确定】按钮，进入创建零件界面。

(1) 选择【插入】/【凸台】/【旋转】命令，在视图区域中单击选择前视基准面作绘图平面，进入草图绘制；绘制如图 9.19 所示草图：通过轴中心线的轴上半截面的封闭图形及一条点画线，点画线作为轴的旋转中心线，绘制完成单击“确定”按钮退出草图。

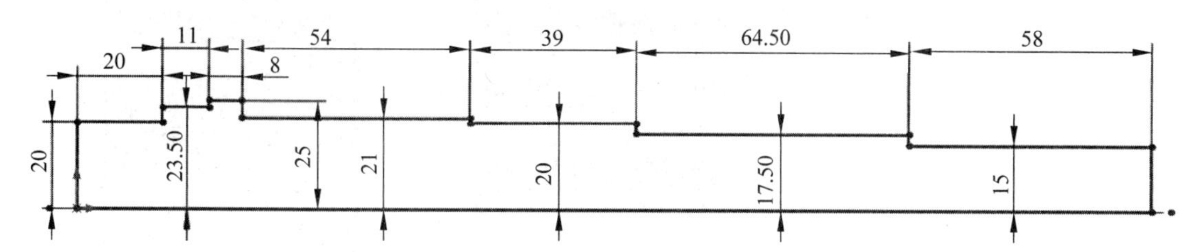

图 9.19　轴的结构草图

系统弹出【旋转】属性管理器，先在视图区域单击选择轴的中心线，所选中心线出现在【旋转轴】下面的显示框中，在【方向 1】下面“旋转类型”选给定深度，在“角度”输入框中输入 360°，如图 9.20 所示，单击“确定”按钮，完成轴的旋转实体创建。

(2) 选择【插入】/【参考几何体】/【基准面】命令，弹出【基准面】属性管理器，先在特征设计树中单击选择【上视基准面】，所选面出现在【第一参考】下面的显示框中，在“偏移距离”输入框中输入 21mm，如图 9.21 所示，单击“确定”按钮，完成基准面的创建。

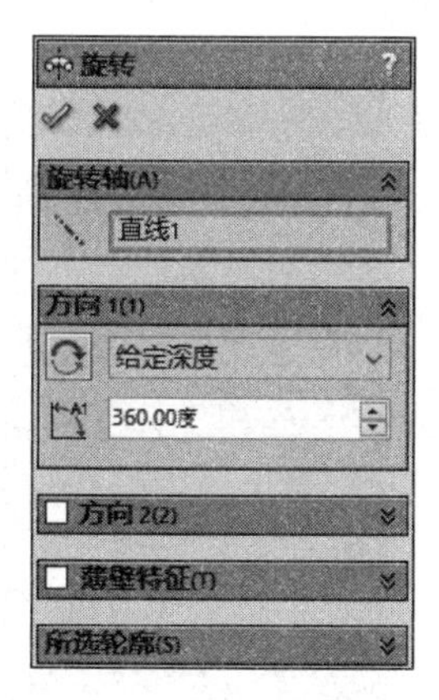

图 9.20　【旋转】属性管理器

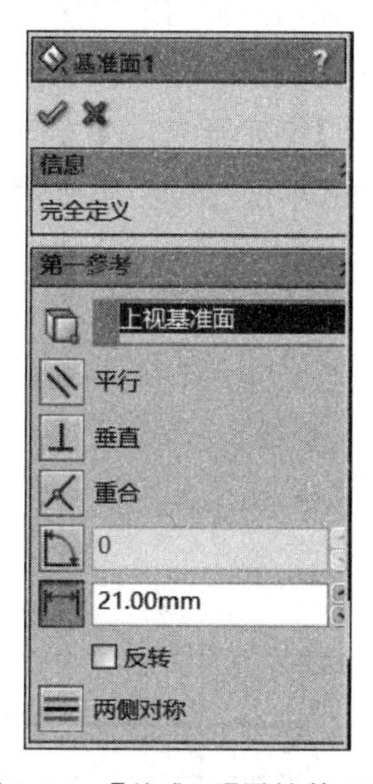

图 9.21　【基准面】属性管理器

然后单击“视图定向”按钮，选择“正视于”按钮，进入草图绘制；(在刚创建的基准面上)绘制如图 9.22 所示键槽草图,单击“退出草图”按钮,退出草图。选择【插入】/【切除】/【拉伸】命令,在弹出的【切除-拉伸】属性管理器中,在【方向 1】下面“终止条件”中选择给定深度,在“深度”中输入 5mm,见图 9.23,单击“确定”按钮,完成轴中间轴段键槽的切除。

(3) 选择【插入】/【参考几何体】/【基准面】命令,弹出【基准面】属性管理器,在特征设计树中单击选择【上视基准面】作为第一参考面,在偏移距离中输入 15mm,如图 9.24 所示,单击“确定”按钮,完成基准面的创建。

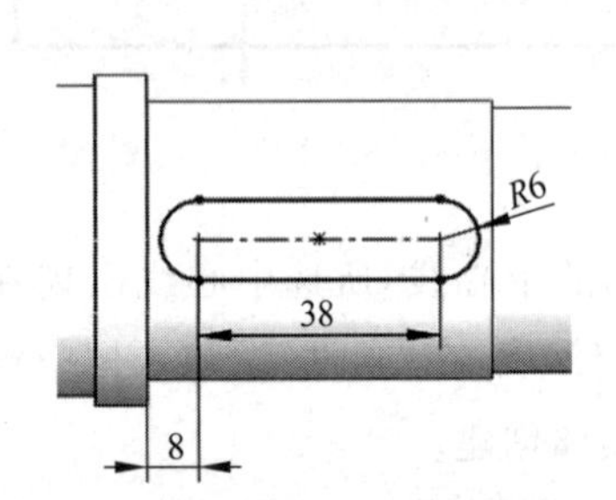

图 9.22　轴中间段键槽草图

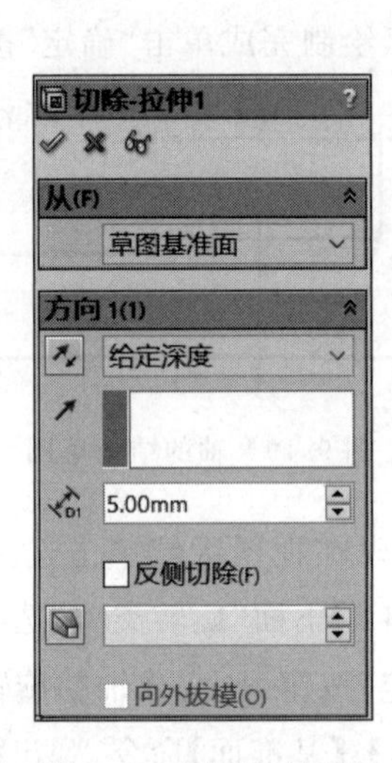

图 9.23　【切除-拉伸】属性管理器

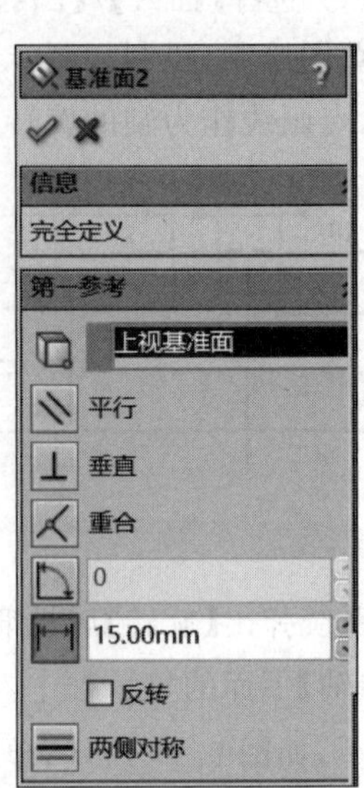

图 9.24　【基准面】属性管理器

然后单击“视图定向”按钮,选择“正视于”按钮,进入草图绘制;绘制如图 9.25 所示键槽草图,单击“退出草图”按钮,退出草图。选择【插入】/【切除】/【拉伸】命令,在弹出的【切除-拉伸】管理器中,在【方向 1】下面“终止条件”中选择给定深度,在深度中输入 4mm,见图 9.26,单击“确定”按钮,完成轴端键槽的切除。

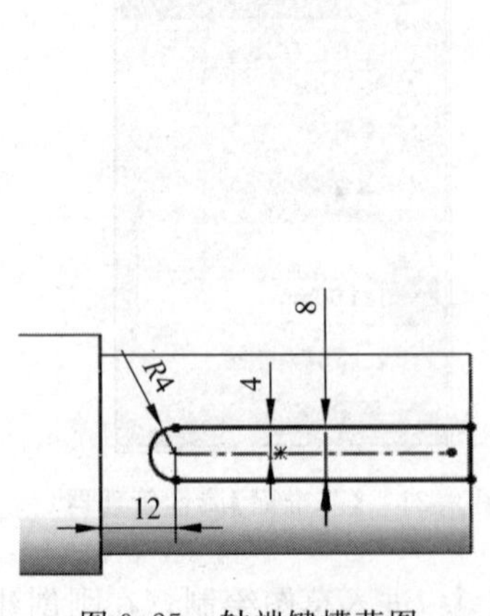

图 9.25　轴端键槽草图

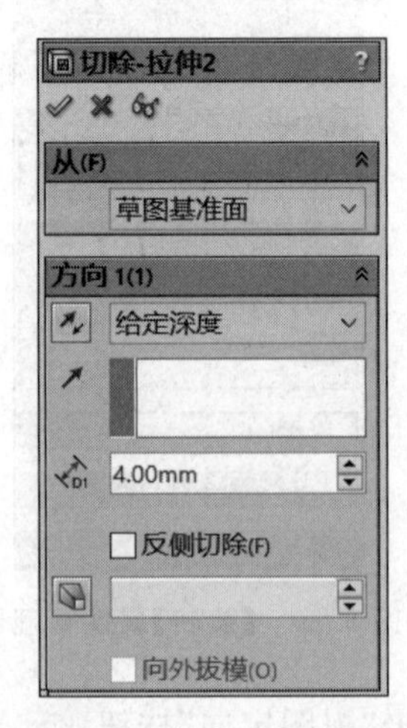

图 9.26　【切除-拉伸】属性管理器

(4) 选择【插入】/【特征】/【倒角】命令，弹出【倒角】属性管理器，先在视图区域单击选择轴两端的边线，所选边线出现在【倒角参数】下面的显示框中，单击选择【角度距离】单选项，在“距离”输入框中输入 2mm，在“角度”输入框中输入 45°，见图 9.27，单击“确定”按钮，完成轴的两端倒角。

低速轴的实体模型如图 9.28 所示。

图 9.27　【倒角】属性管理器

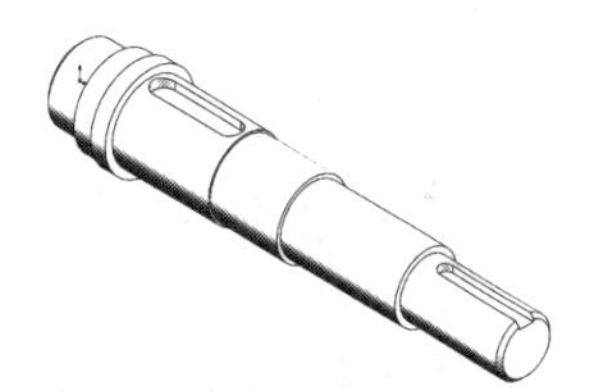

图 9.28　低速轴的实体模型

9.2.2　齿轮轴的建模

由于高速轴上的小齿轮直径较小，不适宜与轴分开制造，因此做成齿轮轴。齿轮轴的建模分成两部分，先调用设计库的零件生成小齿轮实体模型，再在此小齿轮实体基础上创建轴。

(1) 启动 SolidWorks 2014，选择【文件】/【新建】/【装配体】命令，然后单击【开始装配体】属性管理中的“确定”按钮。在视图区右侧的任务窗格中，单击“设计库”图标，再单击 Toolbox，下面会显示【Toolbox 未插入】，单击【现在插入】即可。拖动下拉工具条浏览到“国标”文件夹，然后双击，在弹出的窗口中浏览到“动力传动”文件夹并双击，最后在弹出的窗口中双击“齿轮”文件夹，将会弹出各种标准齿轮。左击“螺旋齿轮”图标不放，将其拖动到视图区后放开鼠标，弹出【配置零部件】属性管理器，如图 9.29 所示。将模数设为 2.5，齿数设为 21，螺旋方向设为右手，螺旋角度设为 16.598，压力角设为 20°，面宽(即齿宽)设为 60，毂样式设为类型 A，标称轴直径设为(齿轮轴孔)30，键槽设为无，显示齿设为 21。齿轮参数设置好后单击“确定”按钮，再单击【插入零部件】对话框中的“取消”按钮，完成齿轮的添加。

选择【文件】/【保存所有】命令，弹出【保存文件对话框】，在【文件名】中输入“高速轴斜齿轮”,在【保存类型】中选择“Part”,选中“所有零部件”单选按钮,单击“保存”按钮 保存(S) ,将装配体中的齿轮另存为零件,系统会弹出“默认模板无效”的警告,单击【确定】按钮。将装配体关闭,选择不保存,退出装配体界面。

(2) 打开保存好的高速轴斜齿轮零件,系统弹出【特征识别】对话框,单击【否】。选择【插入】/【参考几何体】/【基准轴】命令,弹出【基准轴】属性管理器,如图 9.30 所示,在视图区域中单击选择齿轮轴孔面,如图 9.31 所示,所选面出现在的【选择】下面“基准面”右侧的显示框中,单击“确定”按钮,完成基准轴的创建。选择【视图】/【基准轴】命令,将创建的基准轴显示出来。

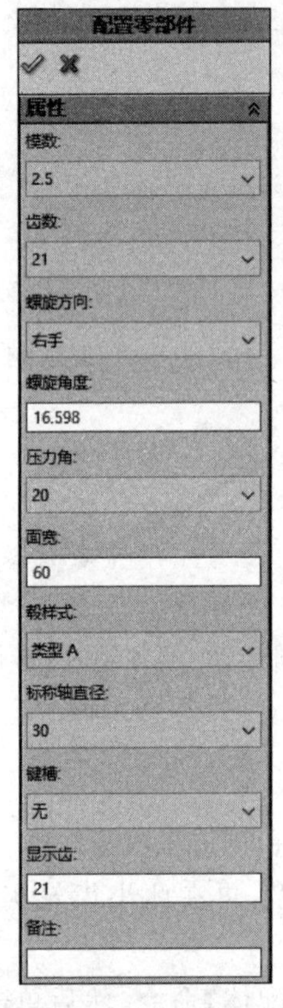

图 9.29　小齿轮的配置

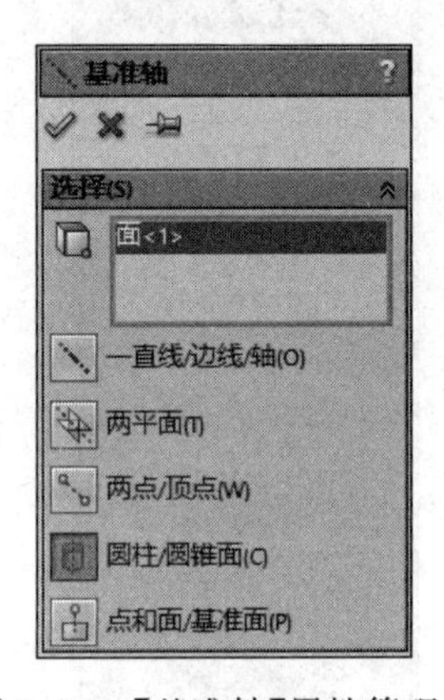

图 9.30　【基准轴】属性管理器

图 9.31　小齿轮的轴孔面

选择【插入】/【参考几何体】/【基准面】命令,弹出【基准面】属性管理器,如图 9.32 所示,在视图区域单击选择齿轮的左侧端面(见图 9.33),所选端面出现在【第一参考】下面的显示框中,在“偏移距离”右边输入框中输入 30mm,勾选【反转】选择框,单击“确定”按钮,完成基准面的创建。

(3) 创建轴的实体。

① 选择【插入】/【凸台】/【拉伸】命令,单击选择创建的基准面,然后单击“视图定向”按钮,选择“正视于”按钮,进入草图绘制;在草图工具栏中单击“圆(R)”命令,移动鼠标到视图区域,单击选择基准轴做圆心、画圆,单击“智能尺寸”命令,修改圆的直径为 30mm,单击“退出草图”按钮退出草图。弹出【凸台-拉伸】属性管理器,在【方向 1】下

面的“终止条件”选择框中选两侧对称，在“深度”中输入 60mm，如图 9.34 所示，拉伸结果的预览如图 9.35 所示，单击“确定”按钮，完成拉伸。

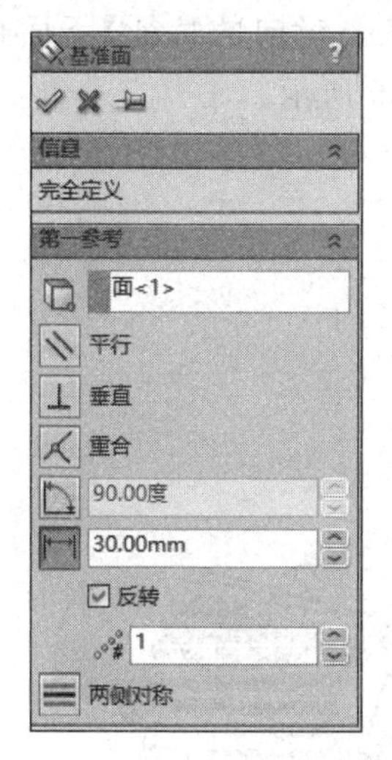

图 9.32　【基准面】属性管理器

图 9.34　【凸台-拉伸】属性管理器

图 9.33　小齿轮的左端面

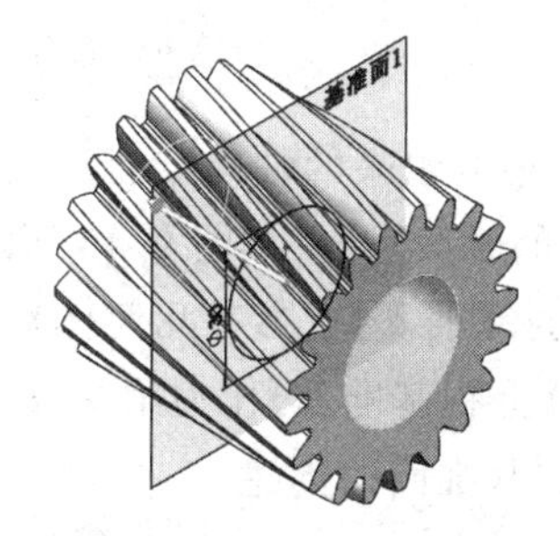

图 9.35　拉伸结果的预览

② 选择【插入】/【凸台】/【拉伸】命令，单击选择齿轮的左端面，然后单击“视图定向”按钮，选择“正视于”按钮，进入草图绘制；在草图工具栏中单击“圆(R)”命令，移动鼠标到视图区域，单击选择基准轴做圆心画圆，单击“智能尺寸”命令，修改圆的直径为 42mm，单击“退出草图”按钮退出草图。弹出【凸台-拉伸】属性管理器，在【方向 1】下面的“终止条件”选择框中选择给定深度，在深度中输入 11.5mm，单击“确定”按钮，完成拉伸，结果如图 9.36 所示。

③ 在这段拉伸生成的轴段端面，采用相同的方法拉伸生成一段直径为 35mm、长度为 23mm 的轴段，结果如图 9.37 所示。

图 9.36　轴段拉伸的结果 1

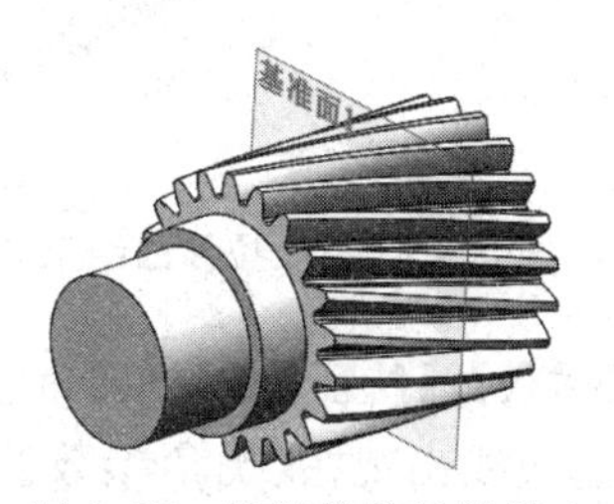

图 9.37　轴段拉伸的结果 2

④ 选择【插入】/【阵列/镜向】/【镜向】命令，弹出【镜向】属性管理器，在视图区域中单击选择已经创建的基准面作为镜向面，所选的基准面出现在“镜向面”右侧的显示框中；再在视图区域单击选择两个拉伸的特征，所选特征出现在【要镜向的特征】下面显示框，如图 9.38 所示，单击“确定”按钮，完成镜向，结果如图 9.39 所示。

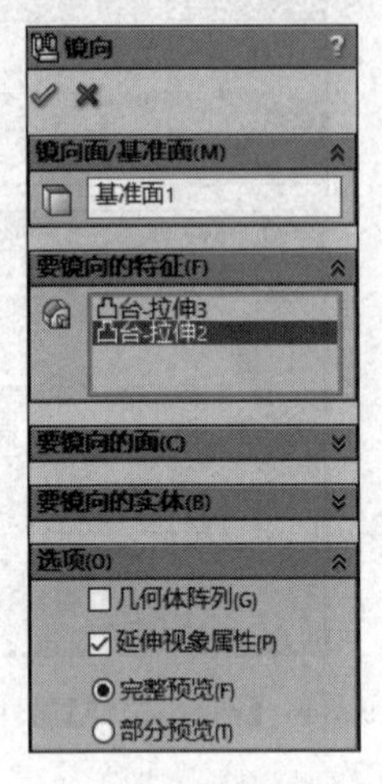

图 9.38 【镜向】属性管理器

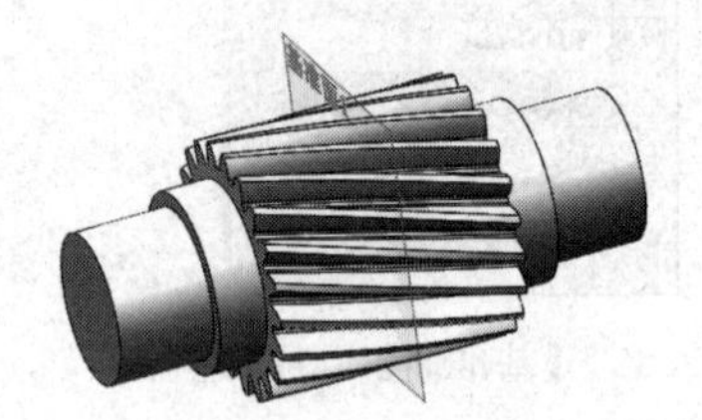

图 9.39 镜向的结果

⑤ 在镜向出来的轴段端面再顺序拉伸生成 ϕ30mm、长度 65.5mm 的轴段及 ϕ25mm、长度 55mm 的轴段，结果如图 9.40 所示。

⑥ 选择【插入】/【参考几何体】/【基准面】命令，弹出【基准面】管理器，在特征设计树中单击选择【上视基准面】作为第一参考面，在“偏移距离”中输入 12.5mm，单击“确定”按钮，完成基准面的创建。

然后单击“视图定向”按钮，选择“正视于”按钮，进入草图绘制；绘制如图 9.41 所示键槽草图，单击“退出草图”按钮退出草图。选择【插入】/【切除】/【拉伸】命令，弹出【切除-拉伸】属性管理器，在【方向 1】下面的“终止条件”选择框中选择给定深度，在“深度”中输入 4mm，单击“确定”按钮，完成键槽的切除。

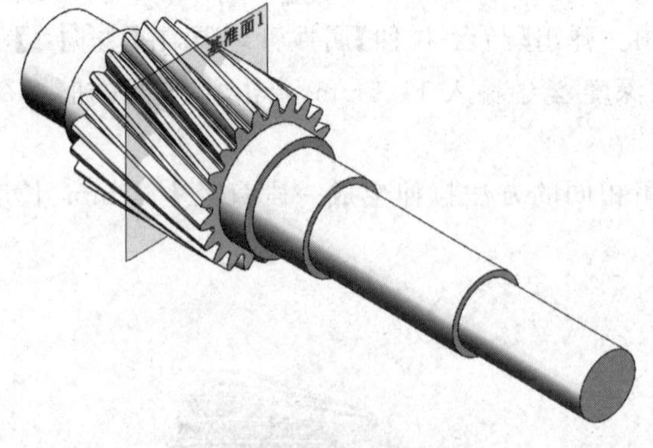

图 9.40 轴段拉伸的结果 3

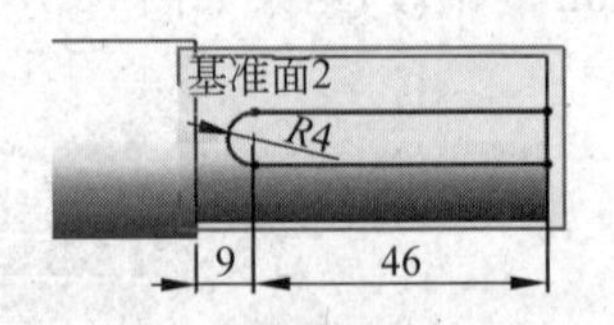

图 9.41 轴端键槽的草图

⑦ 选择【插入】/【特征】/【倒角】命令，弹出【倒角】管理器，先在视图区域单击选择轴两端的边线，所选边线出现在【倒角参数】下面的显示框中，单击选择【角度距离】单选项，“距

离”输入框中输入 2mm，“角度”输入框中输入 45°，单击“确定”按钮，完成轴的两端倒角。

高速轴的实体模型见图 9.42。

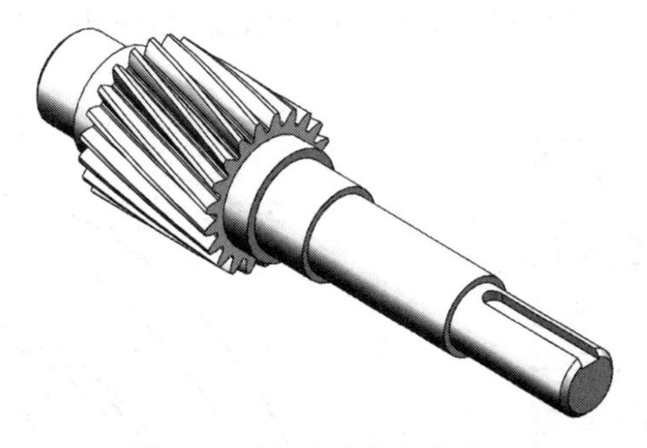

图 9.42　高速轴的实体模型

9.3　轴承盖、挡油盘及套筒的建模

启动 SolidWorks 2014，选择菜单栏中【文件】/【新建】，选择【零件】按钮，然后单击【确定】按钮，进入创建零件界面。

1. 低速轴轴承闷盖的建模

(1) 选择【插入】/【凸台】/【旋转】命令，在视图区域中单击选择【前视基准面】作为绘图平面，进入草图绘制；绘制如图 9.43 所示草图：通过轴承盖中心线的轴承盖上半截面的封闭图形及一条点画线，点画线作为旋转中心线，绘制完成后单击“确定”按钮退出草图。

弹出【旋转】属性管理器，先在视图区域单击选择中心线，所选中心线出现在【旋转轴】下面的显示框中，在【方向 1】下面“旋转类型”下拉框选择给定深度，在“角度”输入框中输入 360°，单击“确定”按钮，完成轴承盖的旋转实体创建。

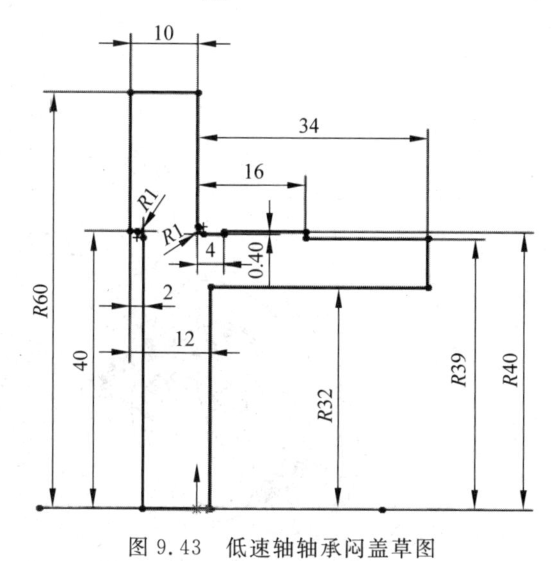

图 9.43　低速轴轴承闷盖草图

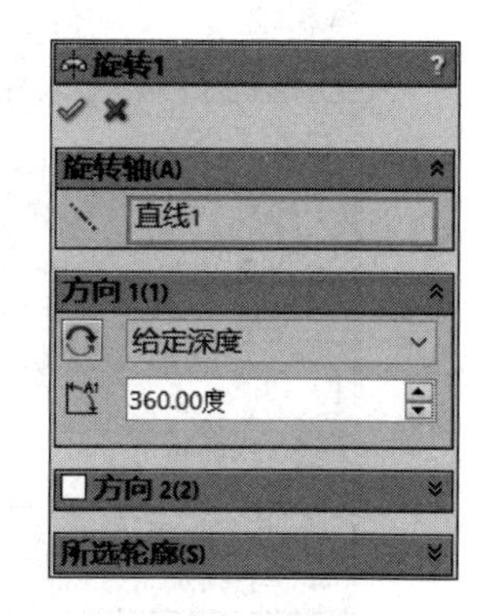

图 9.44　【旋转】属性管理器

(2) 选择【插入】/【特征】/【拔模】命令，弹出【拔模】属性管理器，如图 9.45 所示，在【拔模类型】选项中选择中性面，在“拔模角度”输入框中输入 5°；在视图区域单击选择轴承盖的端面，所选面出现在【中性面】下方的显示框中，再在视图区域单击选择轴承盖的内圆柱孔面(见图 9.46)，所选面出现在【拔模面】下方的显示框中，单击“确定”按钮，完成轴承盖的拔模。

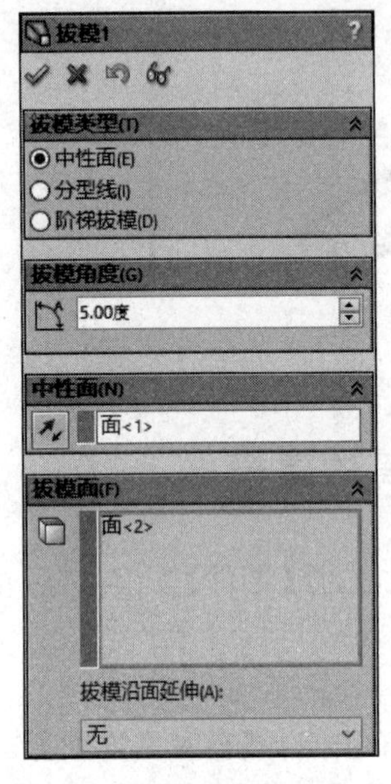

图 9.45 【拔模】属性管理器

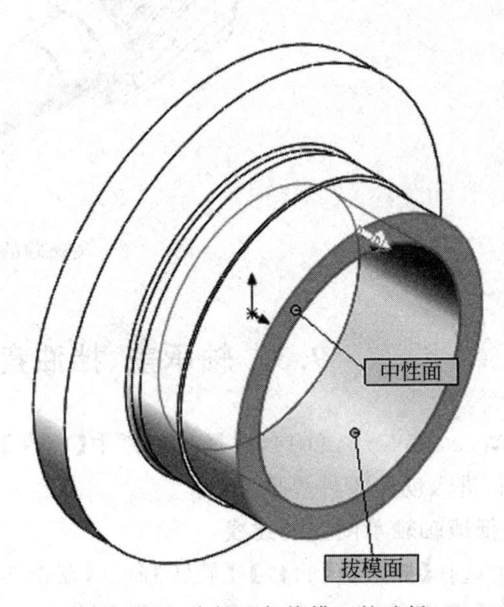

图 9.46 中性面与拔模面的选择

(3) 选择【插入】/【参考几何体】/【基准面】命令，弹出【基准面】属性管理器，如图 9.47 所示，在特征设计树中单击选择【上视基准面】(见图 9.48)，所选的面出现在【第一参考】下面的显示框中，单击“距离”按钮，其右边输入框中输入 39mm，单击“确定”按钮，完成基准面的创建。

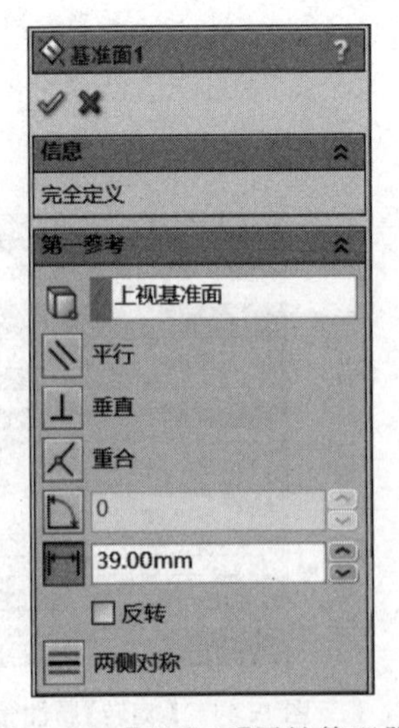

图 9.47 【基准面】属性管理器

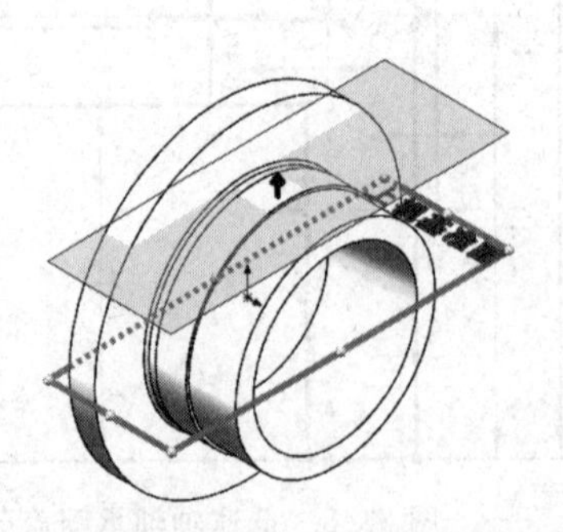

图 9.48 基准面创建的预览

然后单击“视图定向”按钮,选择“正视于”按钮,进入草图绘制;绘制如图 9.49 所示的切槽草图,再单击“确定”按钮,退出草图。选择【插入】/【切除】/【拉伸】命令,在弹出的【切除-拉伸】属性管理器中,在【方向 1】下面“终止条件”下拉框中选择成形到下一面,见图 9.50,单击“确定”按钮,完成切口的切除。

(4) 选择【插入】/【阵列/镜向】/【圆周阵列】命令,弹出【阵列(圆周)】属性管理器,如图 9.51 所示,先在视图区域单击选择轴承盖右侧端面边线(见图 9.52),所选边线出现在【参数】下面“阵列轴”显示框中,在“总角度”中输入 360°,在“实例数”中输入 4;再在视图区域(或特征设计树)中单击选择切除-拉伸特征,所选特征出现在【要阵列的特征】下面的显示框中,单击 “确定”按钮,完成切口的阵列。

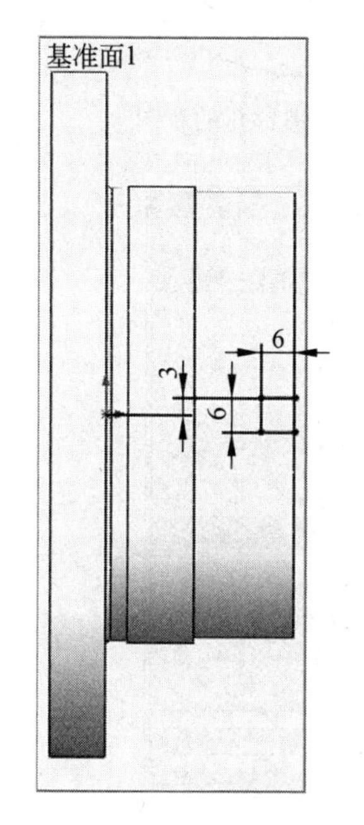

图 9.49　轴承盖切槽的草图

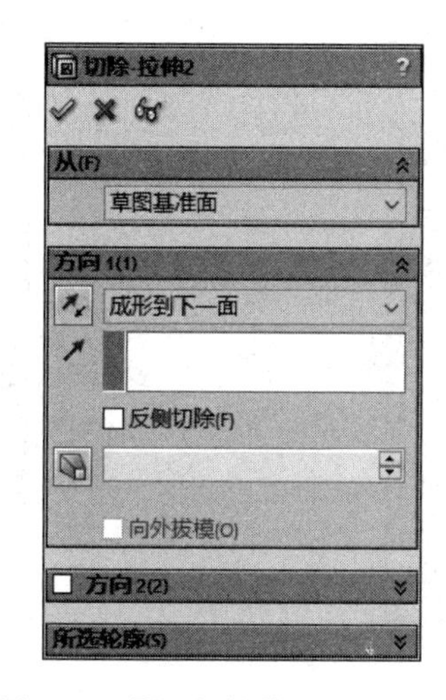

图 9.50　【切除-拉伸】属性管理器

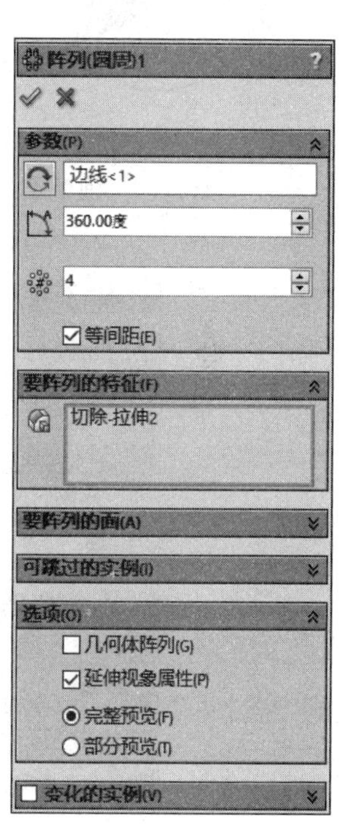

图 9.51　【阵列(圆周)】属性管理器

(5) 选择轴承盖的左侧端面,然后单击“视图定向”按钮,选择“正视于”按钮,进入草图绘制;绘制如图 9.53 所示草图,绘制完成后,单击“确定”按钮,退出草图。然后选择【插入】/【切除】/【拉伸】命令,在弹出的【切除-拉伸】属性管理器中,【方向 1】下面“终止条件”下拉框中选择成形到下一面,如图 9.54 所示,单击“确定”按钮,完成一个螺钉孔的切除。

再采用【插入】/【阵列/镜向】/【圆周阵列】的方法阵列出轴承盖凸缘上其他 3 个螺钉孔(步骤类似第(4)步)。

(6) 选择【插入】/【特征】/【圆角】命令,弹出【圆角】属性管理器,如图 9.55 所示,在视图区域中单击选择如图 9.56 所示边线,所选边线出现在“圆角项目”下方的显示框中,在【圆角参数】下面 “半径”中输入 2mm,再单击 “确定”按钮,完成内圆角。

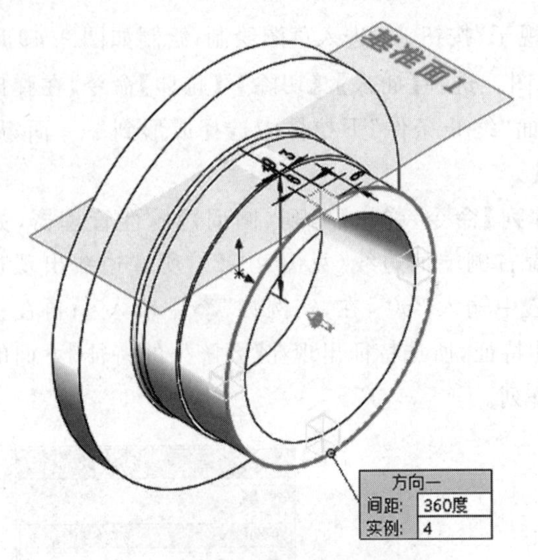

图 9.52　轴承盖右侧端面边线

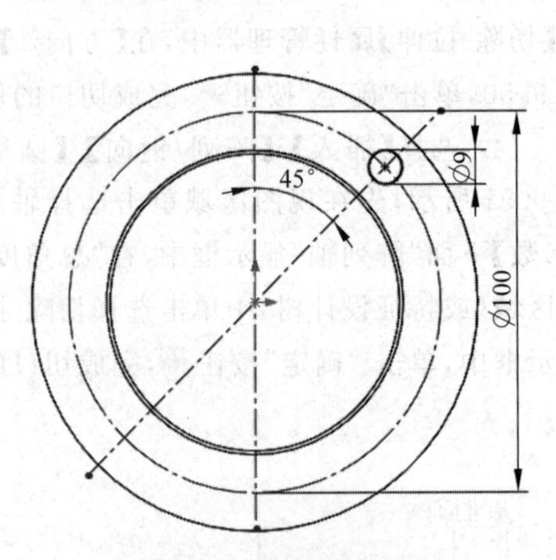

图 9.53　螺钉孔的草图

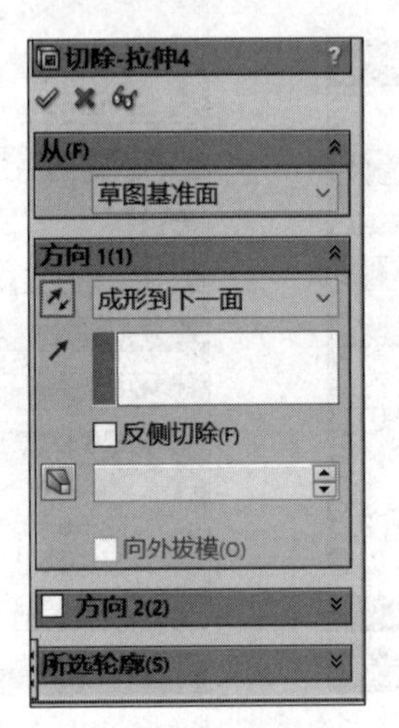

图 9.54　【切除-拉伸】属性管理器

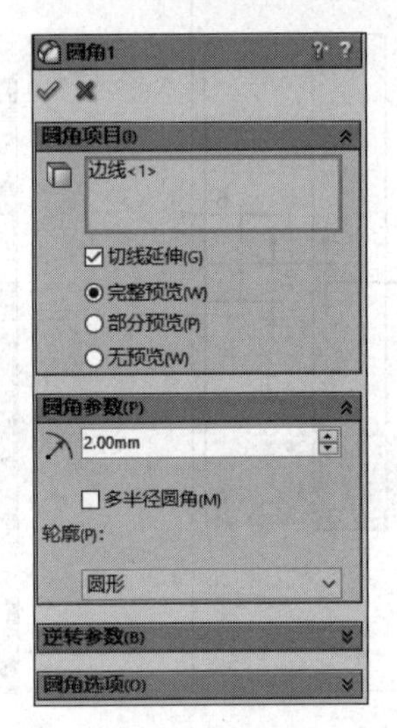

图 9.55　【圆角】属性管理器

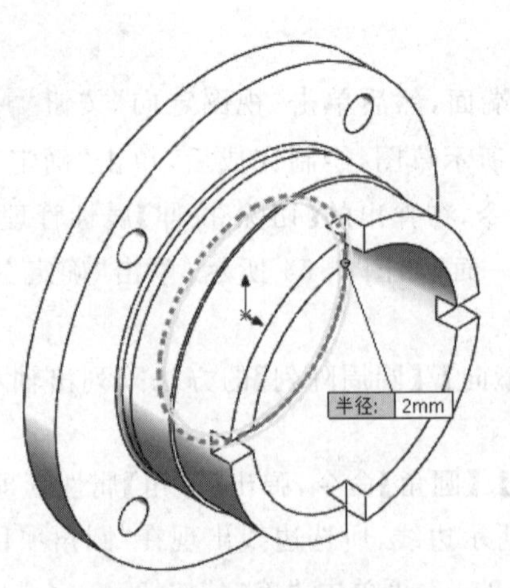

图 9.56　选择圆角的边线

(7) 选择【插入】/【特征】/【倒角】命令，弹出【倒角】属性管理器，如图 9.57 所示，在视图区域中单击选择如图 9.58 所示边线，所选边线出现在【倒角参数】下方"边线"的显示框中，单击选中【角度距离】单选框，在"距离"中输入 2mm，在"角度"中输入 45°，单击"确定"按钮，完成倒角处理。轴承盖的实体模型创建就完成了。

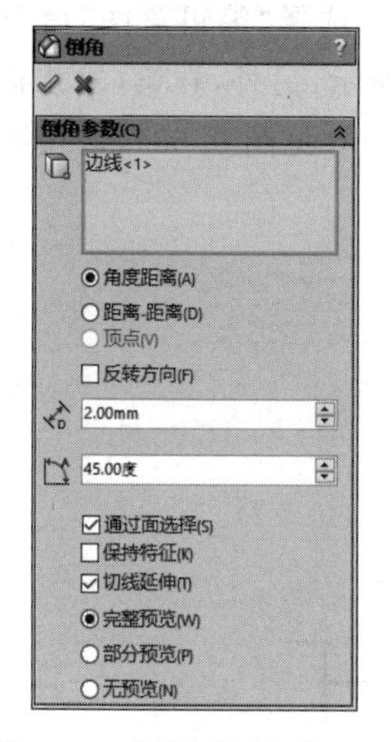

图 9.57　【倒角】属性管理器

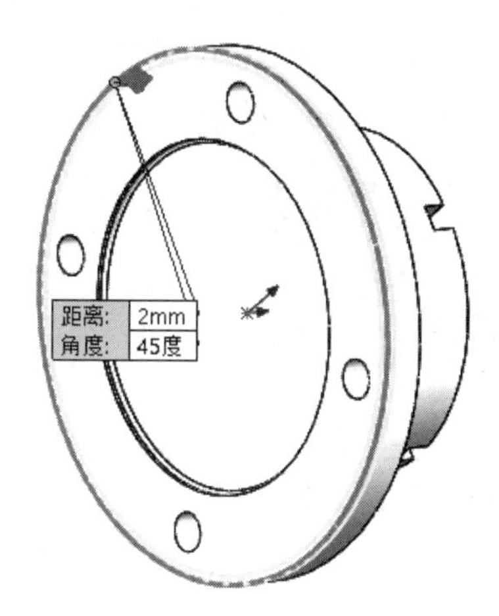

图 9.58　选择倒角的边线

2. 低速轴轴承透盖的建模

低速轴轴承透盖与闷盖结构相似，大部分尺寸相同，不同的是透盖中间开孔，还开有放置密封圈的沟槽。其建模步骤与轴承闷盖相同，只是在第一步生成旋转实体时绘制的草图不同，低速轴轴承透盖草图如图 9.59 所示，其他步骤都与轴承闷盖建模相同。

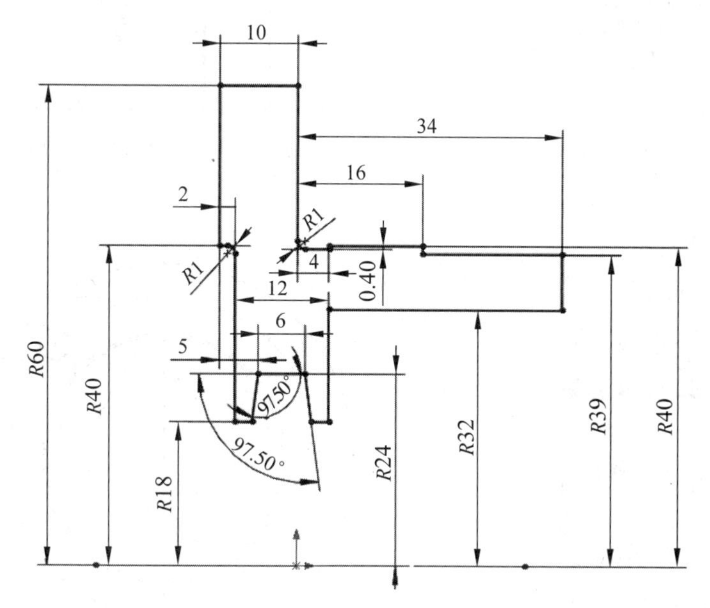

图 9.59　低速轴轴承透盖的草图

轴承透盖实体建模更快捷的方法：把已经生成的"低速轴轴承闷盖"三维实体文件复

制，再粘贴另存为“低速轴轴承透盖”，然后在 SolidWorks 软件里面打开“低速轴轴承透盖”文件，在特征设计树上右击【旋转】特征，在弹出的菜单中单击选择“编辑草图”命令(见图 9.60)，把草图修改成图 9.59 所示即可。

3. 高速轴轴承闷盖的建模

可以在低速轴轴承闷盖的基础上右击【旋转】特征，选择“编辑草图”命令，修改草图后快速生成实体。高速轴轴承闷盖的草图如图 9.61 所示；另外，在第(3)步插入基准面时，在【基准面】属性管理器中“距离”输入框中改为 35mm(见图 9.62)，以及第(5)步拉伸切除螺钉孔时，草图要按图 9.63 修改。

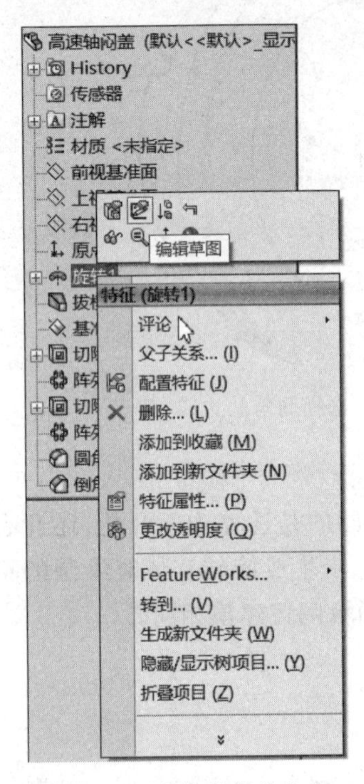

图 9.60　右键的菜单命令

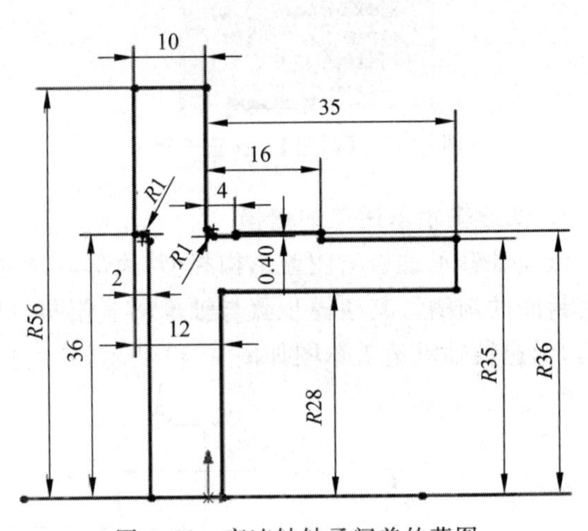

图 9.61　高速轴轴承闷盖的草图

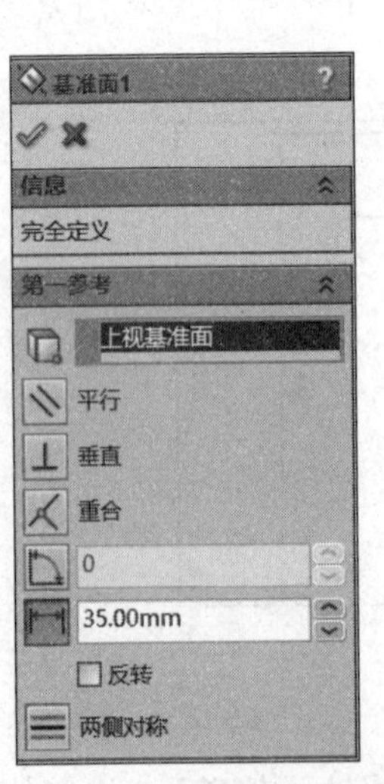

图 9.62　【基准面】属性管理器

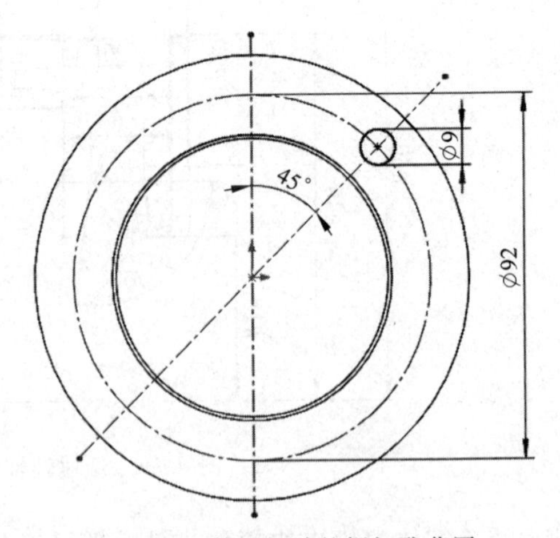

图 9.63　轴承闷盖的螺钉孔草图

4. 高速轴轴承透盖的建模

在高速轴轴承闷盖的基础上通过右击【旋转】特征，选择“编辑草图”命令，修改草图后快速生成实体。高速轴轴承透盖的草图如图 9.64 所示。

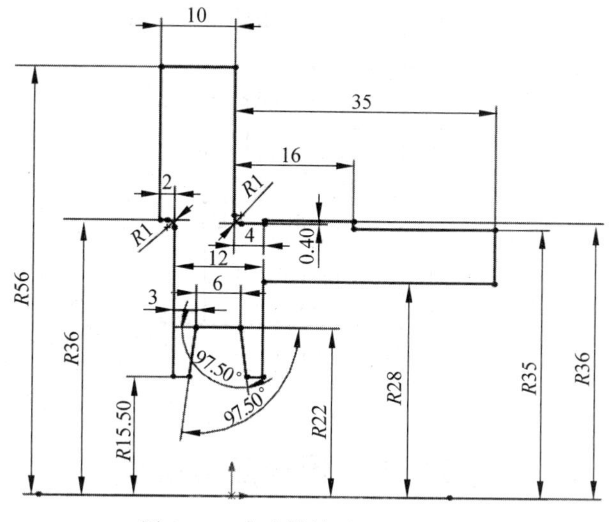

图 9.64 高速轴轴承透盖的草图

5. 高速轴挡油盘的建模

本减速器里轴承的润滑采用油润滑，利用箱体里面齿轮转动甩上来的油通过油沟导入润滑轴承，轴承与箱体内部之间不需要密封。但是由于高速轴的齿轮直径小于轴承外径，为防止斜齿轮啮合处轴线方向排油冲击轴承，因此，高速轴的轴承与箱体内壁之间需要装挡油盘，低速轴轴承处则不需要。

选择【插入】/【凸台】/【旋转】命令，再单击选择【前视基准面】做绘图平面，进入草图绘制；绘制如图 9.65 所示草图：通过挡油盘中心的上半截面的封闭图形及一条点画线，点画线作为旋转中心线，绘制完成后单击“确定”按钮退出草图。

弹出【旋转】属性管理器，先在视图区域单击选择中心线，所选中心线出现在【旋转轴】下面的显示框中，在【方向 1】下面“旋转类型”下拉框中选择给定深度，在“角度”输入框中输入 360°，如图 9.66 所示，单击“确定”按钮，完成轴承盖的旋转实体创建。

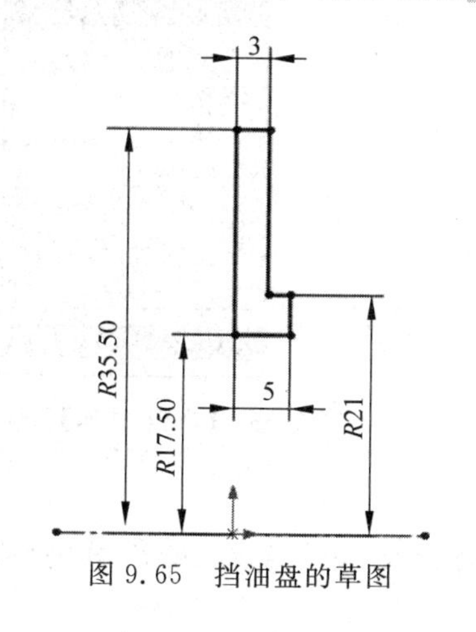

图 9.65 挡油盘的草图

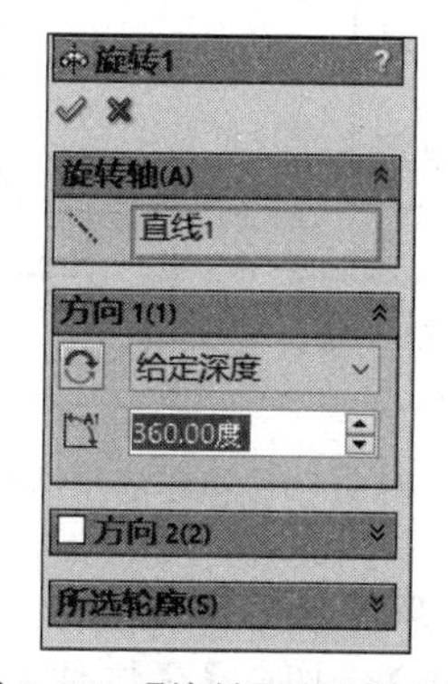

图 9.66 【旋转】属性管理器

6. 低速轴上套筒的建模

低速轴的套筒建模方法与挡油盘相同，绘制如图 9.67 所示草图，通过旋转特征生成实体模型。

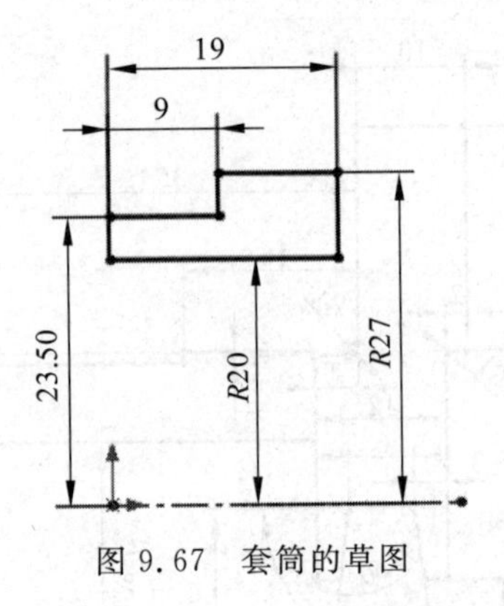

图 9.67　套筒的草图

9.4　减速器箱座的建模

启动 SolidWorks 2014，选择菜单栏中【文件】/【新建】命令，选择【零件】按钮，然后单击【确定】按钮，进入创建零件界面。

1. 箱座实体的拉伸

选择菜单【插入】/【凸台】/【拉伸】命令，在视图区域(或特征设计树)中单击【右视基准面】作为绘图平面，进入草图绘制；绘制如图 9.68 所示草图，然后单击"确定"按钮退出草图；弹出【凸台-拉伸】属性管理器，在【方向 1】下面"终止条件"下拉框中选择两侧对称，在"深度"右边输入框输入 325.00mm，如图 9.69 所示，单击"确定"按钮，完成箱座的拉伸实体。

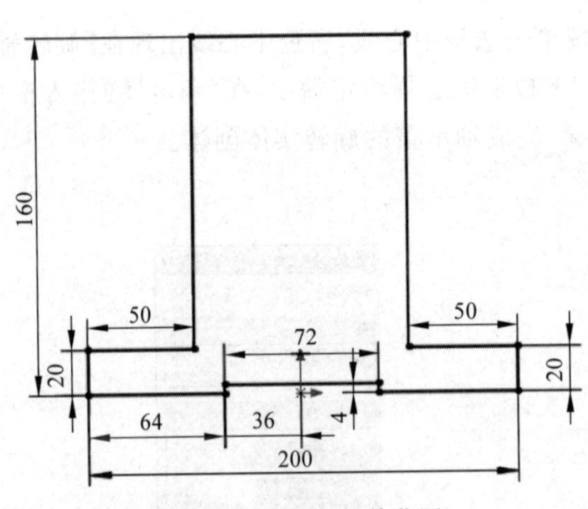

图 9.68　箱座的拉伸草图

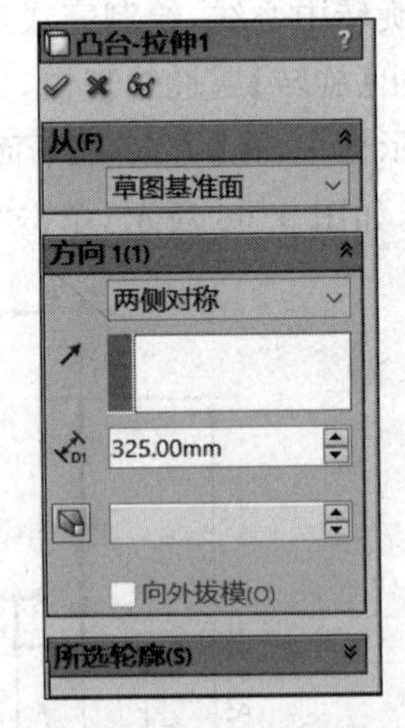

图 9.69　【凸台-拉伸】属性管理器

2. 切除生成箱座的壁厚

选择【插入】/【切除】/【拉伸】命令，单击选择箱座的上表面，然后单击"视图定向"

按钮，选择“正视于”按钮，进入草图绘制，绘制如图 9.70 所示草图；然后退出草图，弹出【切除-拉伸】属性管理器，在【方向】下面“终止条件”下拉框中选择给定深度，在“深度”右边输入框输入 148mm，如图 9.71 所示，单击“确定”按钮，完成箱座的拉伸切除。

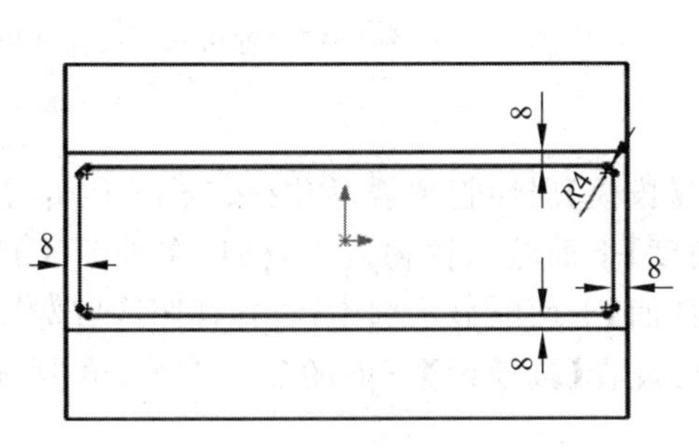

图 9.70 箱座的拉伸切除草图

图 9.71 【切除-拉伸】属性管理器

3. 箱座剖分面凸缘的拉伸

选择【插入】/【凸台】/【拉伸】命令，单击选择箱座的上表面作为绘图平面，然后单击“视图定向”按钮，选择“正视于”按钮，进入草图绘制；绘制如图 9.72 所示草图，然后退出草图；弹出【凸台-拉伸】属性管理器，在【方向 1】下面“终止条件”选择框中选择给定深度，在“深度”右边输入框输入 12mm，再单击“反向”按钮，把拉伸方向改成向下拉伸，单击“确定”按钮，完成箱座凸缘的拉伸，结果如图 9.73 所示。

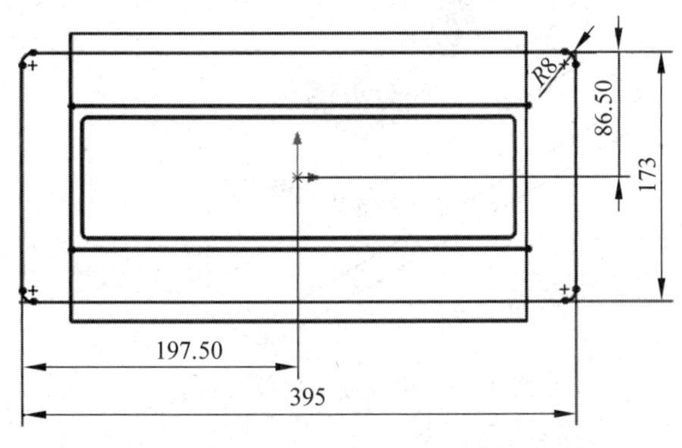

图 9.72 箱座剖分面凸缘的拉伸草图

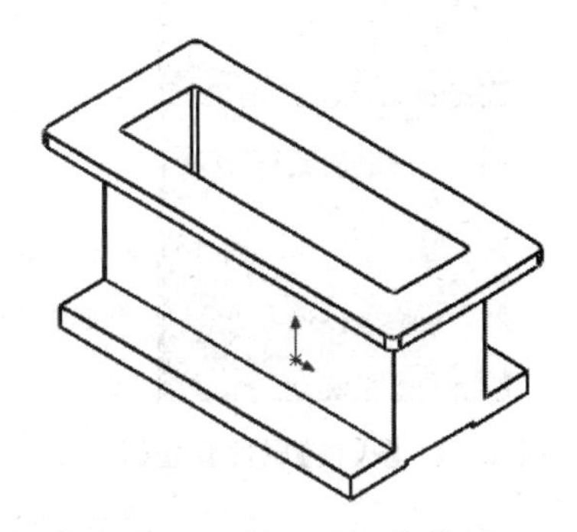

图 9.73 箱座的基体模型

4. 轴承座的拉伸

选择【插入】/【凸台】/【拉伸】命令，单击选择箱座外壁表面作为绘图平面，然后单击“视图定向”按钮，选择“正视于”按钮，进入草图绘制；绘制如图 9.74 所示草图，然后退出草图；弹出【凸台-拉伸】属性管理器，在【方向 1】下面“终止条件”选择框中选择给定深度，在“深度”右边输入框输入 47mm，结果如图 9.75 所示。

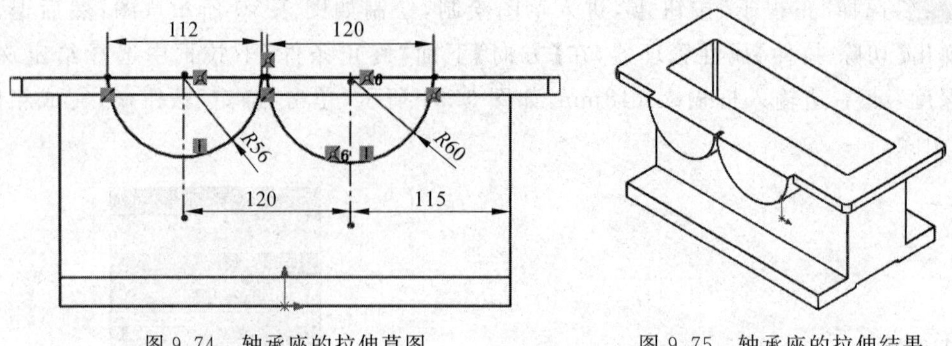

图 9.74　轴承座的拉伸草图　　图 9.75　轴承座的拉伸结果

5. 轴承座外圆柱面的拔模

选择【插入】/【特征】/【拔模】命令，弹出【拔模】属性管理器，如图 9.76 所示，单击【手工】按钮，在【拔模类型】选择中性面，在【拔模角度】下面输入框输入 5°，然后在视图区域单击选择轴承座端面为中性面，所选面出现在【中性面】下面的显示框中；再在视图区域选择两轴承座外圆柱面为拔模面(见图 9.77)，所选面出现在【拔模面】下面的显示框中，单击"确定"按钮，完成两轴承座外圆柱面的拔模。

图 9.76　【拔模】属性管理器

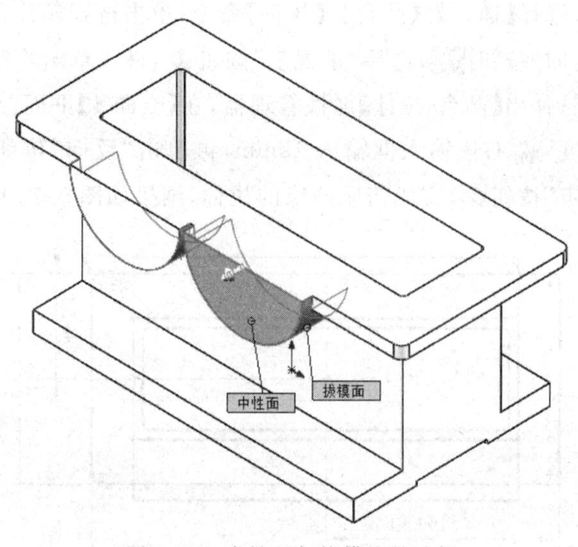

图 9.77　中性面与拔模面的选择

6. 镜向生成另一侧的两个轴承座

选择【插入】/【阵列/镜向】/【镜向】命令，弹出【镜向】属性管理器，在特征设计树中单击选择【前视基准面】，所选面出现在【镜向面】下面的显示框中；再在视图区域选择轴承座拉伸特征及拔模特征，所选特征出现在【要镜向的特征】下面的显示框中，如图 9.78 所示，单击"确定"按钮，完成轴承座的镜向。

7. 轴承座孔的切除

选择【插入】/【切除】/【拉伸】命令，单击轴承座的外端面，然后单击"视图定向"按钮,选择“正视于”按钮 ,进入草图绘制,开始绘制如图 9.79 所示草图。单击草图工具栏的 等距实体 命令,弹出【等距实体】属性管理器,先单击选择两轴承座端面外圆边线,然后按图 9.80 所示设置,再用“直线”命令给两半圆的端点分别连上线段,退出草图;弹出【切除-拉伸】属性管理器,在【方向 1】下面“终止条件”选择框中选择完全贯穿,单击“确定”按钮 ,完成轴承座孔的拉伸切除,结果如图 9.81 所示。

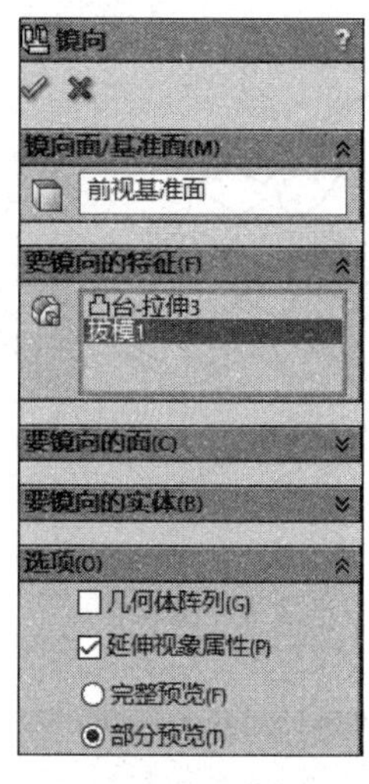

图 9.78　【镜向】属性管理器

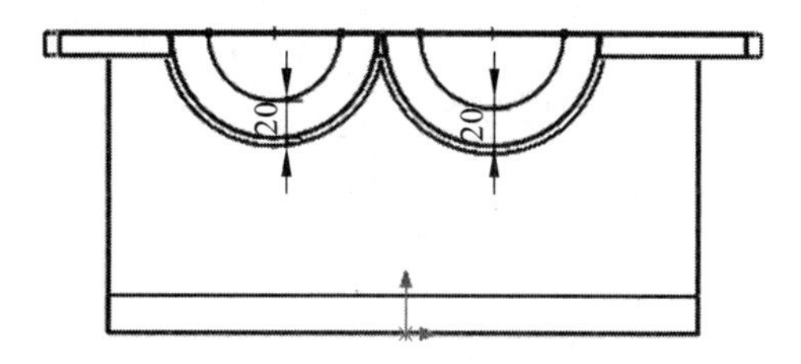

图 9.79　轴承座孔切除草图

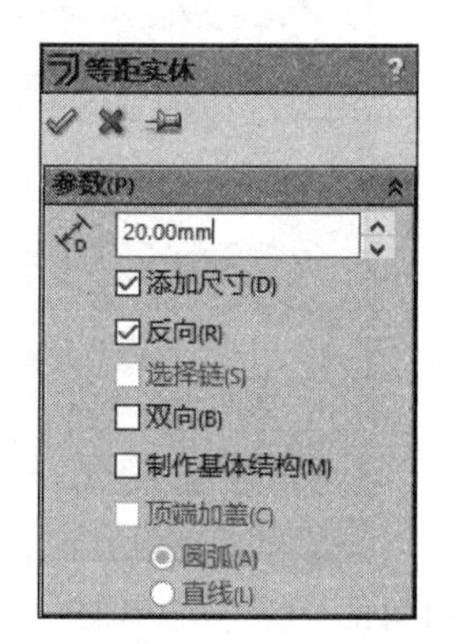

图 9.80　【等距实体】管理器

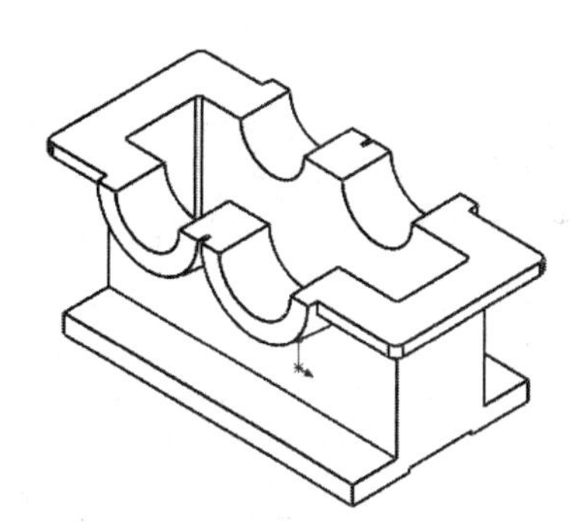

图 9.81　轴承座孔切除结果

8. 创建轴承座旁凸台的基准面

选择【插入】/【参考几何体】/【基准面】命令,弹出【基准面】属性管理器,在特征设计树中单击选择【前视基准面】,所选面出现在【第一参考】下面的显示框中;在“偏移距离” 右面的输入框中输入 84.5mm,如图 9.82 所示,单击“确定”按钮 ,完成基准面的创建,结果如图 9.83 所示。

9. 轴承座旁凸台的拉伸

选择【插入】/【凸台】/【拉伸】命令,单击创建的基准面作为绘图平面,然后单击“视图定向”按钮 ,选择“正视于”按钮 ,进入草图绘制;绘制如图 9.84 所示草图,然后退出草图;弹出【凸台-拉伸】属性管理器,在【方向 1】下面“终止条件”选择框中选择成形到下一面,再单击“反向”按钮，把拉伸方向改成向里拉伸，如图 9.85 所示，单击“确定”按钮，完成凸台的拉伸。

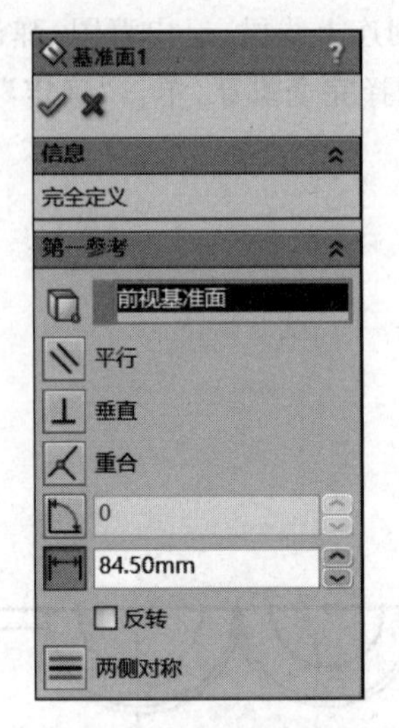

图 9.82 【基准面】属性管理器

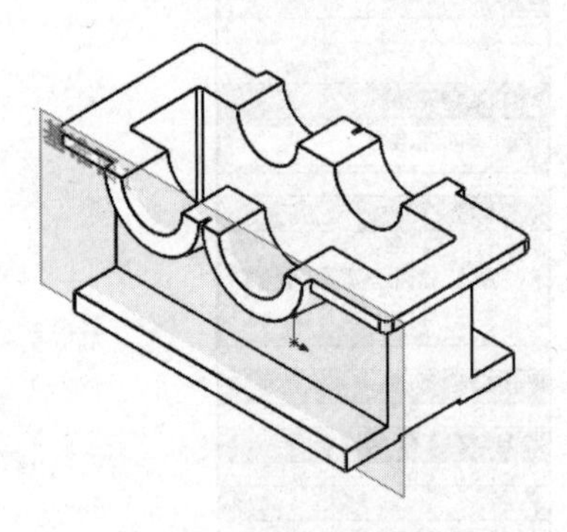

图 9.83 基准面生成结果

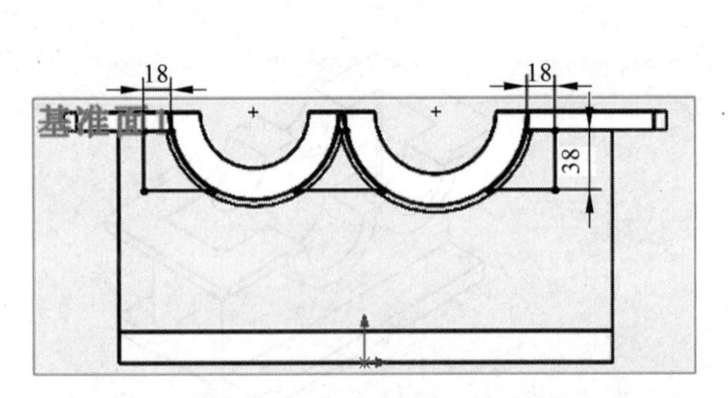

图 9.84 轴承座旁凸台的草图

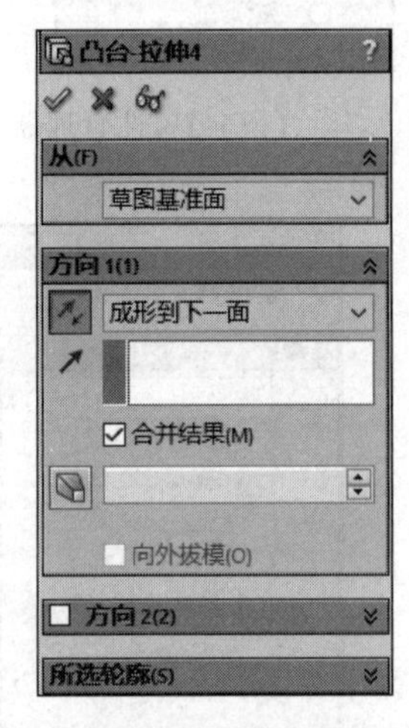

图 9.85 【凸台-拉伸】属性管理器

10. 轴承座旁凸台侧面的拔模

选择【插入】/【特征】/【拔模】命令，弹出【拔模】属性管理器，在【拔模类型】选项中选择中性面，在【拔模角度】下面输入框输入 3°，如图 9.86 所示；然后在视图区域单击选择轴承座旁凸台下表面为中性面，所选面出现在【中性面】下面的显示框中；再在视图区域选择两轴承座旁凸台左右两侧面为拔模面(见图 9.87)，所选面出现在【拔模面】下面的显示框中，单击“确定”按钮，完成两轴承座旁凸台左右侧面的拔模。

11. 轴承座旁凸台正面的拔模

用同样的方法对轴承座旁凸台正面进行拔模，拔模各项设置见图 9.88，中性面与拔模面的选择如图 9.89 所示。

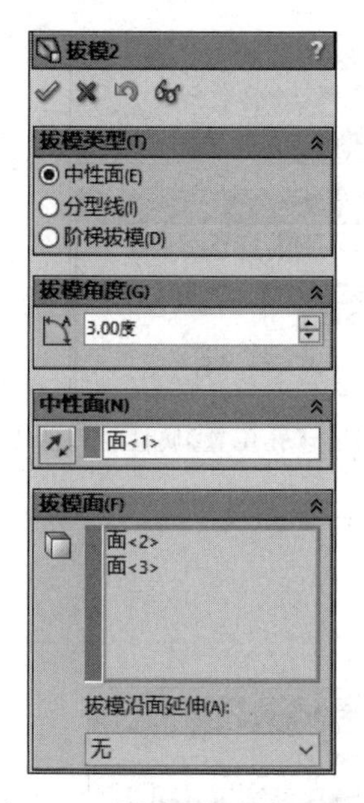

图 9.86 【拔模】属性管理器 1

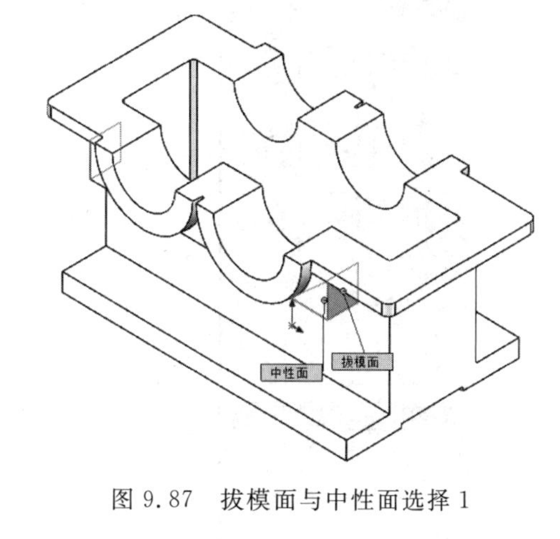

图 9.87 拔模面与中性面选择 1

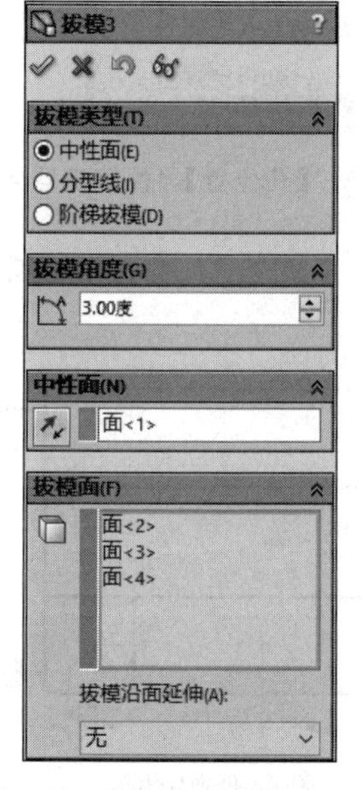

图 9.88 【拔模】属性管理器 2

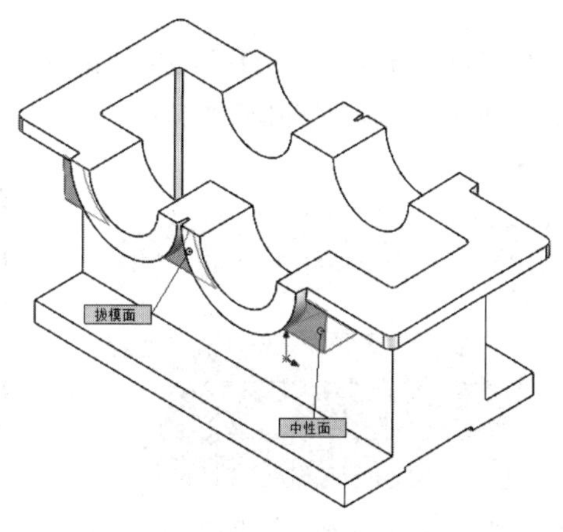

图 9.89 拔模面与中性面选择 2

12. 凸台上螺栓孔的创建

选择【插入】/【特征】/【孔】/【向导】命令，弹出【孔规格】属性管理器，在【孔类型】中选“柱形沉头孔”，在【标准】选择框中选 GB，【孔规格】大小选 M12，配合选正常；【终止条件】选择成形到下一面，如图 9.90 所示；然后单击位置按钮，弹出提示选择孔插入面的【孔位置】属性管理器(见图 9.91)，先在视图区域单击选择孔插入的平面(凸台的下表面)；此时弹出提示选择孔插入位置的【孔位置】属性管理器(见图 9.92)，再在视图区域单击选择孔插入的位置，可连续单击选择几个孔的位置(见图 9.93)，最后按【Esc】键结束孔的插入。

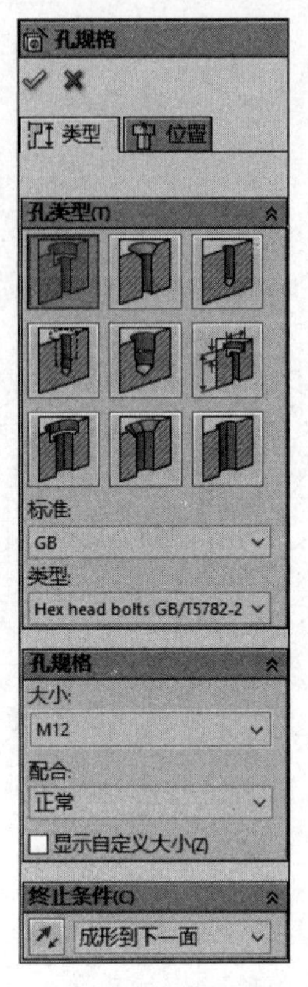

图 9.90　【孔规格】属性管理器

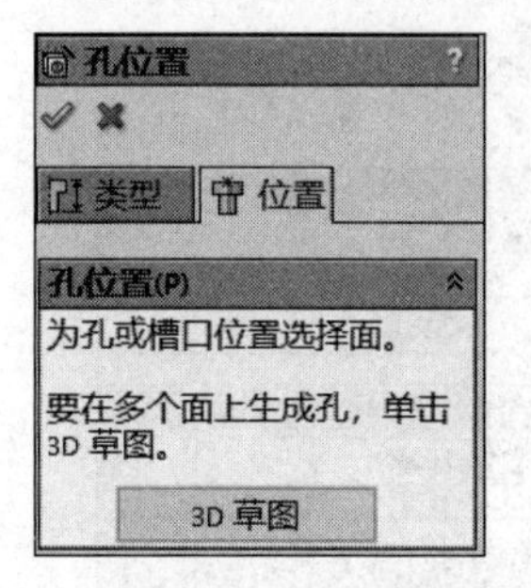

图 9.91　【孔位置】属性管理器 1

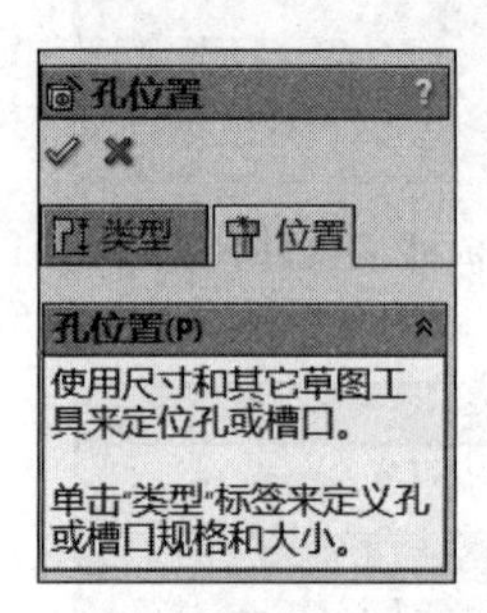

图 9.92　【孔位置】属性管理器 2

再单击“视图定向”按钮，选择“正视于”按钮，进入草图绘制，修改孔的定位尺寸如图 9.94 所示，再单击“确定”按钮。

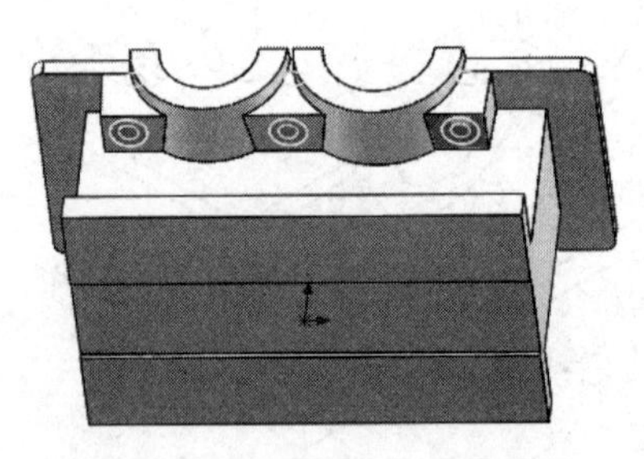

图 9.93　孔平面及位置的选择

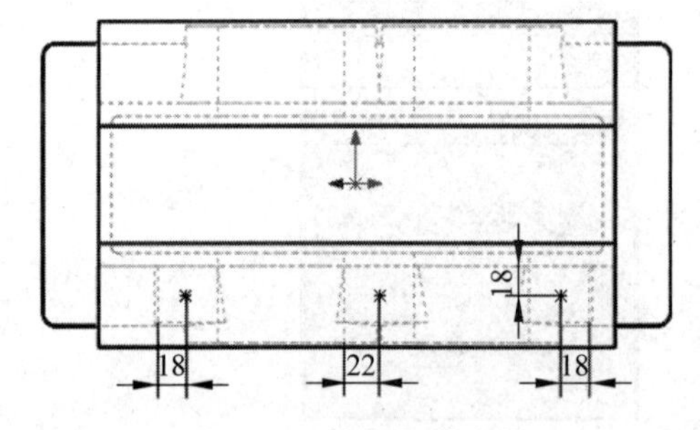

图 9.94　孔的准确定位

13. 镜向生成另一侧的凸台(包括两个拔模特征)及螺栓孔

选择【插入】/【阵列/镜向】/【镜向】命令，弹出【镜向】属性管理器，在特征设计树中单击选择【前视基准面】，所选面出现在【镜向面】下面的显示框中；再在视图区域单击选择轴承座旁凸台的拉伸特征、拔模特征及凸台上的柱形沉头孔，所选特征出现在【要镜向的特征】下面的显示框中，如图 9.95 所示；镜向结果的预览如图 9.96 所示，单击“确定”按钮，完成轴承座旁凸台的镜向。

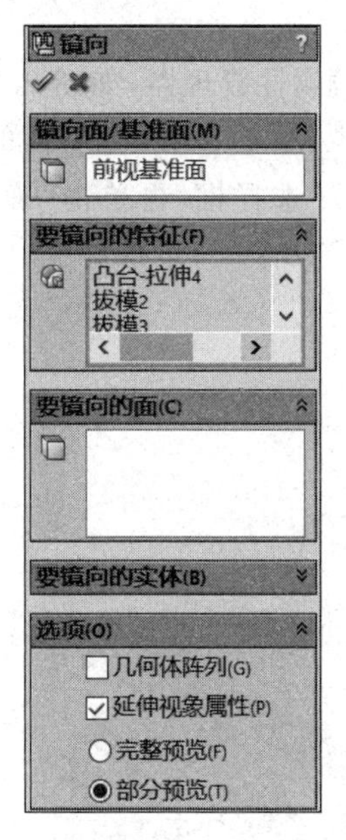

图 9.95　【镜向】属性管理器

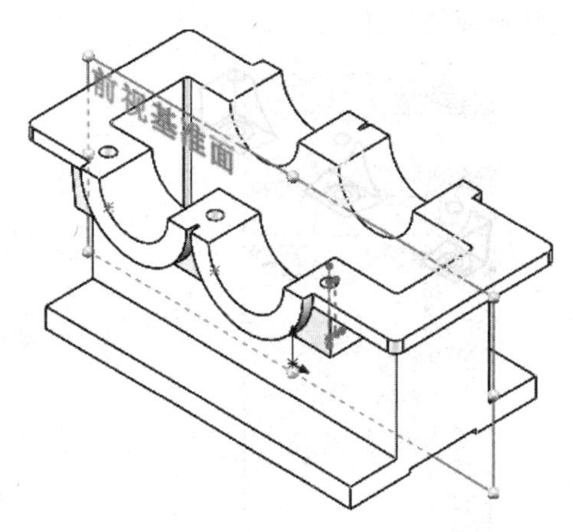

图 9.96　凸台镜向结果的预览

14. 创建凸台的圆角特征

选择【插入】/【特征】/【圆角】命令，弹出【圆角】属性管理器，如图 9.97 所示，单击选择【手工】按钮，在【圆角类型】选项中选恒定大小，在视图区域单击选择凸台的 4 条边线（见图 9.98），所选边线出现在【圆角项目】下面的显示框中，在【圆角参数】下面“半径”输入框中输入 18mm，单击“确定”按钮。

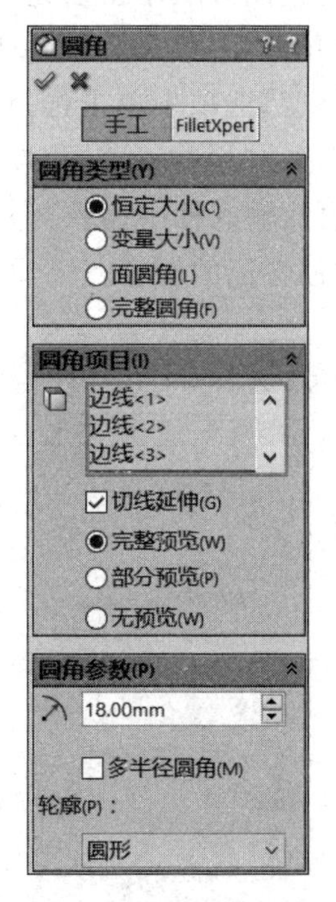

图 9.97　【圆角】属性管理器

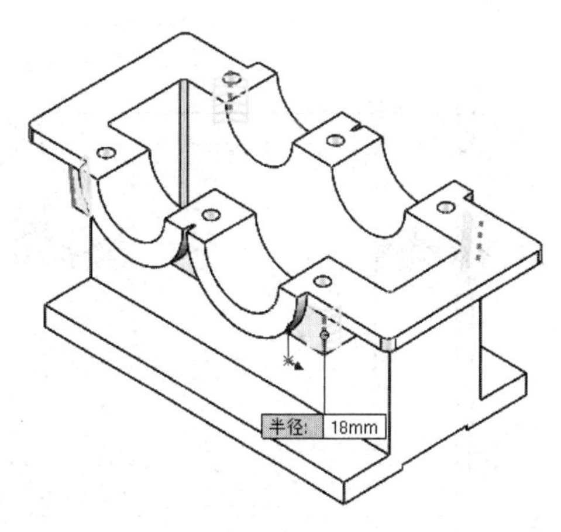

图 9.98　凸台圆角的边线选择

15. 创建轴承座筋板的基准面

选择【插入】/【参考几何体】/【基准面】命令，弹出【基准面】属性管理器，如图 9.99 所示，在视图区域单击选择箱座右侧外壁(见图 9.100)，所选面出现在【第一参考】下面的显示框中；在"偏移距离"右面的输入框中输入 115mm，勾选"反转"选择框，再单击"确定"按钮，完成基准面的创建。

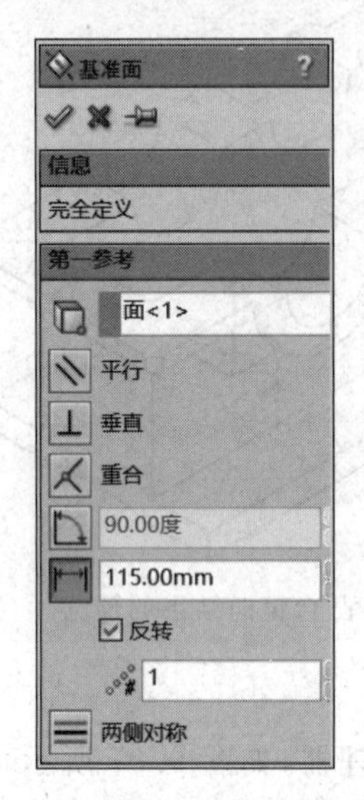

图 9.99　【基准面】属性管理器

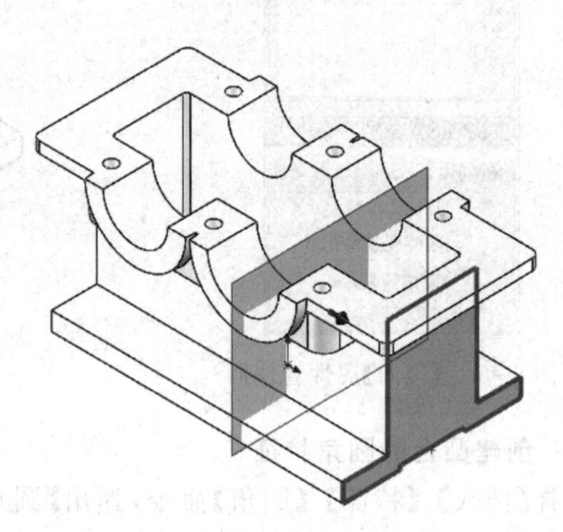

图 9.100　箱座右侧外壁面

16. 生成轴承座的加强筋

选择【插入】/【特征】/【筋】命令，弹出【筋】属性管理器，在视图区域单击创建的基准面 2，再单击"视图定向"按钮，选择"正视于"按钮，进入草图绘制，绘制如图 9.101 所示草图，然后退出草图；弹出【筋】属性管理器，在【参数】下面【厚度】选项中单击选择"两侧对称"按钮，在"筋厚度"右边输入框中输入 8mm，【拉伸方向】选"平行于草图"按钮，勾选"反转材料方向"选择框，单击打开"拔模开关"，在其右边的输入框中输入 3°，勾选"向外拔模"选择框，如图 9.101 所示，再单击"确定"按钮，完成筋特征的创建。

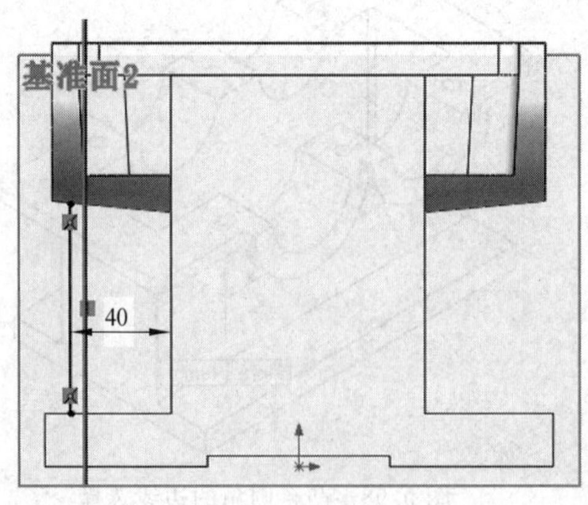

图 9.101　筋的草图

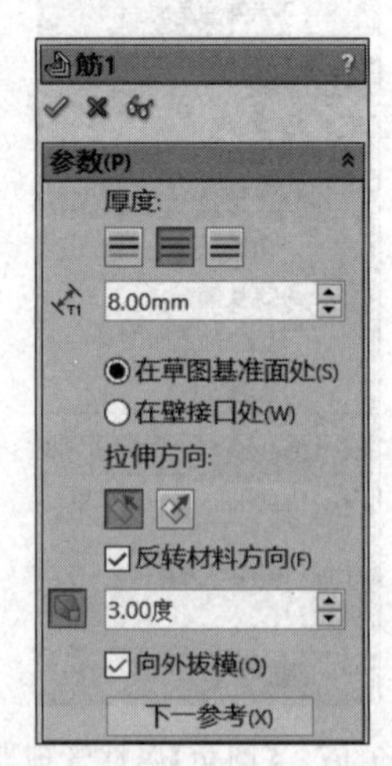

图 9.102　【筋】属性管理器

17. 创建另一轴承座筋板的基准面

选择【插入】/【参考几何体】/【基准面】命令，弹出【基准面】属性管理器，在视图区域单击选择基准面 2，所选面出现在【第一参考】下面的显示框中；在"偏移距离"右面的输入框中输入 120mm，勾选"反转"选择框，再单击"确定"按钮，完成基准面 3 的创建，如图 9.103 所示。

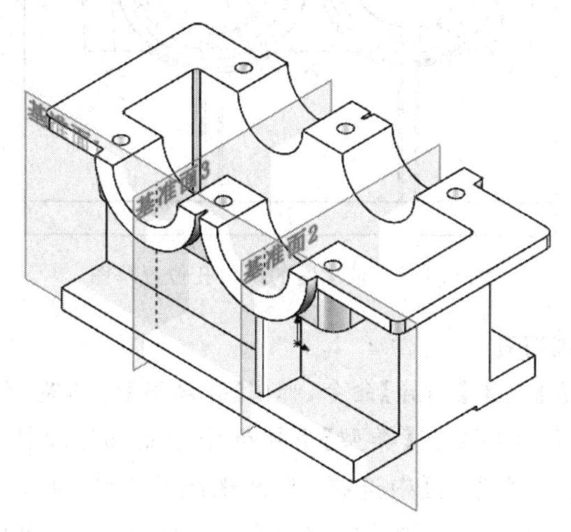

图 9.103 基准面 3 的创建

18. 生成另一轴承座的加强筋

在基准面 3 中按照"第 16 步"的方法，创建另一筋特征，结果如图 9.104 所示。

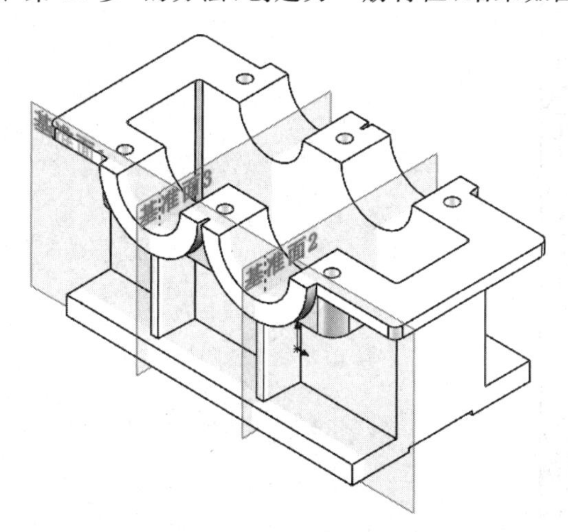

图 9.104 基准面 3 上筋的特征

19. 镜向生成另一侧的两轴承座加强筋

选择【插入】/【阵列/镜向】/【镜向】命令，弹出【镜向】属性管理器，在特征设计树中单击选择【前视基准面】，所选面出现在【镜向面】下面的显示框中；再在视图区域单击选择两个筋特征，所选特征出现在【要镜向的特征】下面的显示框中，单击"确定"按钮，完成轴承座加强筋的镜向。

20. 绘制轴承座的螺钉孔位置草图

单击选择轴承座端面作为绘图平面，单击"视图定向"按钮，选择"正视于"按钮，进入草图绘制，绘制如图 9.105 所示草图，然后单击“确定”按钮退出草图。

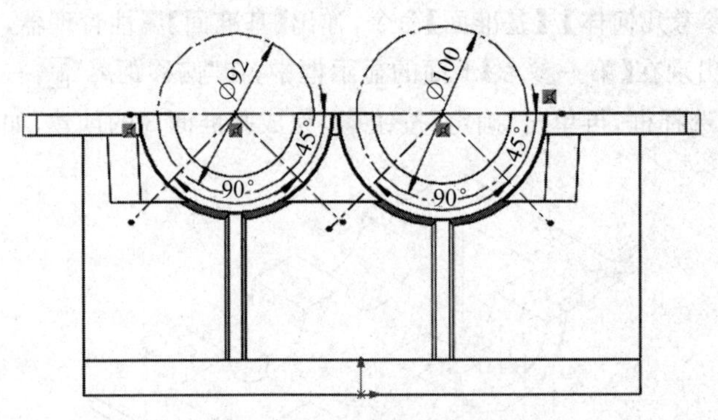

图 9.105　轴承座的螺钉孔位置草图

21. 生成轴承座的螺钉孔

选择【插入】/【特征】/【孔】/【向导】命令，弹出【孔规格】管理器，在【孔类型】中选“直螺纹孔”，在【标准】选择框中选 GB，在【类型】下拉框中选底部螺纹孔，【孔规格】大小选 M8，【终止条件】选给定深度，在【选项】中选择“装饰螺纹线”，如图 9.106 所示；然后单击位置按钮，先在视图区域单击选择轴承座端面作为孔所在的面，再单击上一步骤草图中点画线圆与中心线的四个交点作为孔所在的位置，如图 9.107 所示，再单击“确定”按钮。

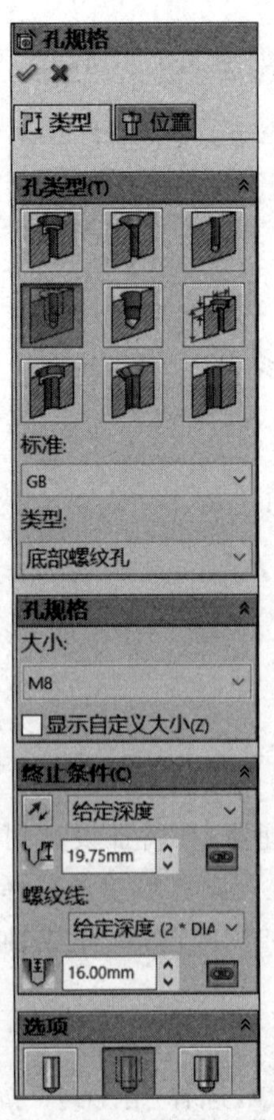

图 9.106　【孔规格】属性管理器

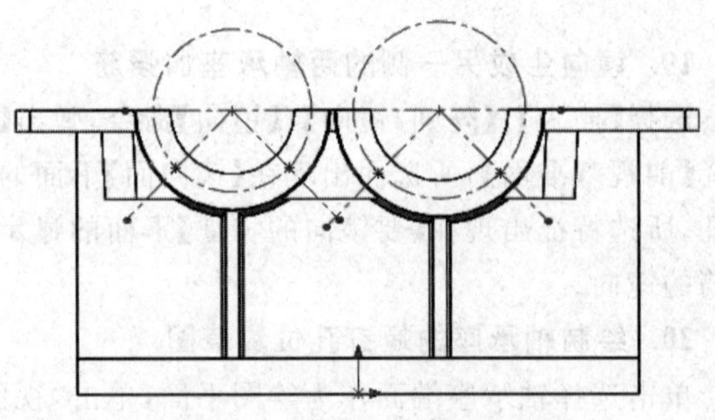

图 9.107　轴承座的螺钉孔位置

22. 镜向生成另一侧轴承座的螺钉孔

选择【插入】/【阵列/镜向】/【镜向】命令，弹出【镜向】属性管理器，在特征设计树中单击选择【前视基准面】，所选面出现在【镜向面】下面的显示框中；再在视图区域单击选择M8螺钉孔特征，所选特征出现在【要镜向的特征】下面的显示框中，单击"确定"按钮✓，完成螺钉孔的镜向。

23. 地脚螺栓孔的生成

选择【插入】/【特征】/【孔】/【简单直孔】命令，弹出【孔】信息管理器(见图9.108)，在视图区域单击底座凸缘表面适当位置作为孔的位置，弹出【孔】属性管理器，在【方向1】下面"终止条件"选择框中选择成形到下一面，在"孔直径"⌀输入框中输入20mm，如图9.109所示，再单击"确定"按钮✓，生成一个简单直孔。在屏幕左侧特征设计树中右击"孔"特征，在弹出的快捷菜单中选择"编辑草图"按钮，再单击【视图定向】按钮，选择【正视于】按钮，进入草图绘制，修改孔的定位尺寸，如图9.110所示，再单击"确定"按钮。

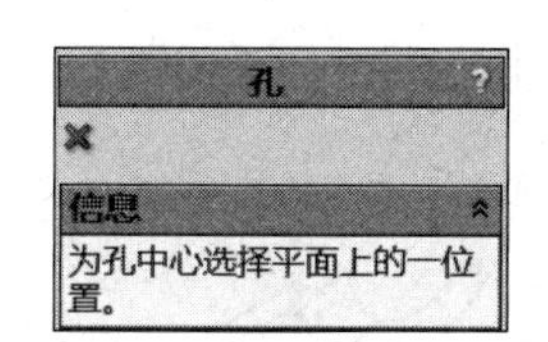

图9.108　【孔】信息管理器

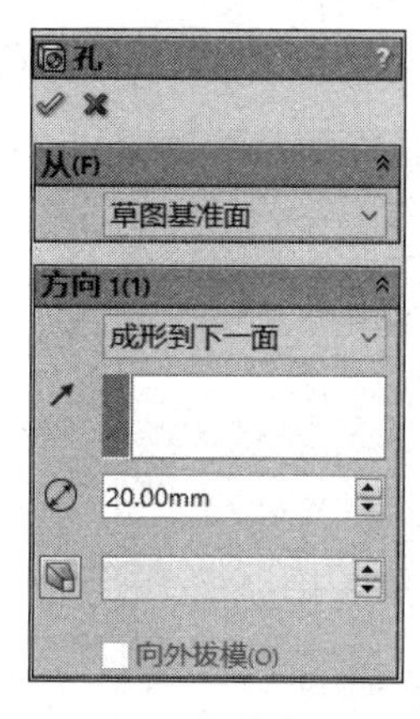

图9.109　【孔】属性管理器

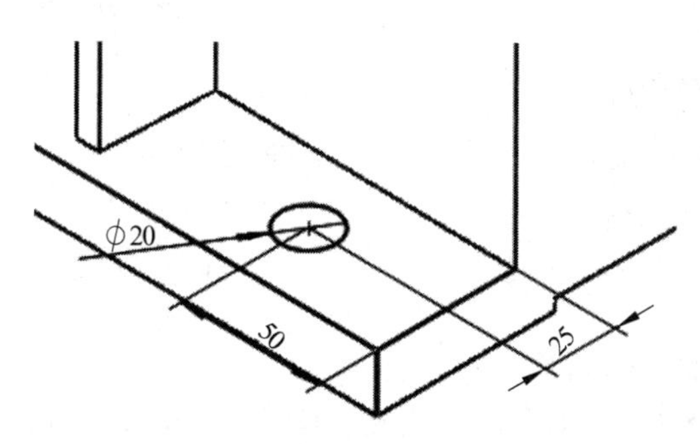

图9.110　地脚螺栓孔的位置

24. 地脚螺栓孔表面的沉孔

按上一步骤相同的方法生成一个ϕ45mm、深度为1mm、中心与ϕ20mm重合的孔，如图9.111所示。

25. 线性阵列生成其他的地脚螺栓孔

选择【插入】/【阵列/镜向】/【线性阵列】命令，弹出【阵列(线性)】属性管理器，如图9.112所示，先在视图区域单击选择底座凸缘的一条边线，所选边线出现在【方向1】下面

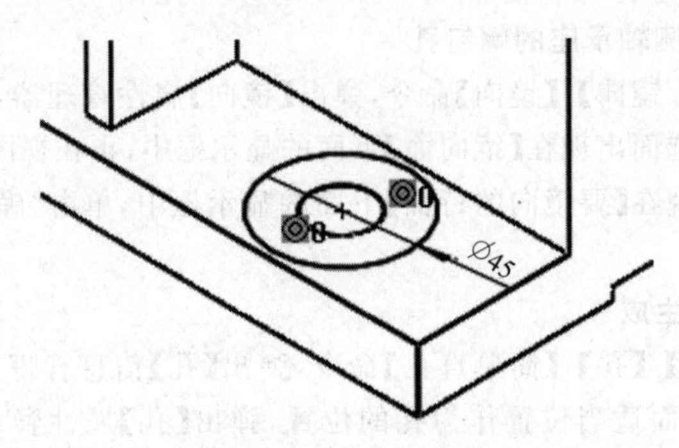

图 9.111　沉孔的位置

的显示框中，在“间距”右边输入框中输入 230mm，在“间距数”右边输入框中输入 2；再在视图区域单击选择箱座另一方向的边线(见图 9.113)，所选边线出现在【方向 2】下面的显示框中，在“间距”右边输入框中输入 150mm，在“间距数”右边输入框中输入 2，单击“确定”按钮，完成地脚螺栓孔的阵列。

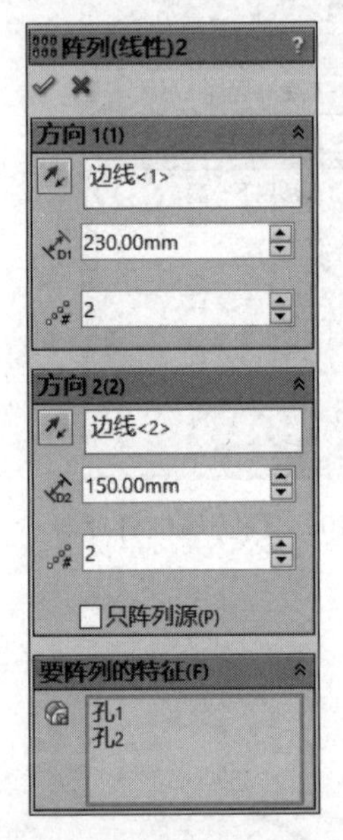

图 9.112　【阵列(线性)】属性管理器

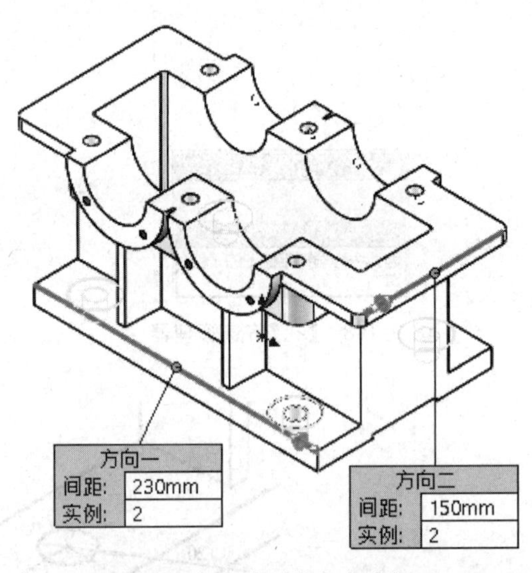

图 9.113　阵列的方向选择

26. 箱座剖分面上油沟的切除

选择【插入】/【切除】/【拉伸】命令，单击选择箱座剖分面凸缘的上表面，然后单击“视图定向”按钮，选择“正视于”按钮，进入草图绘制，绘制如图 9.114 所示的草图；然后退出草图，弹出【切除-拉伸】属性管理器，在【方向 1】下面“终止条件”选择框中选择给定深度，在“深度”右边输入框中输入 4mm，单击“确定”按钮，完成油沟的切除。

27. 拉伸生成一侧吊钩

选择【插入】/【凸台】/【拉伸】命令，在特征设计树中单击【前视基准面】作为绘图平面，然后单击“视图定向”按钮，选择“正视于”按钮，进入草图绘制；绘制如图 9.115 所示草图，然后退出草图；弹出【凸台-拉伸】属性管理器，在【方向 1】下面“终止条件”选择框中选择

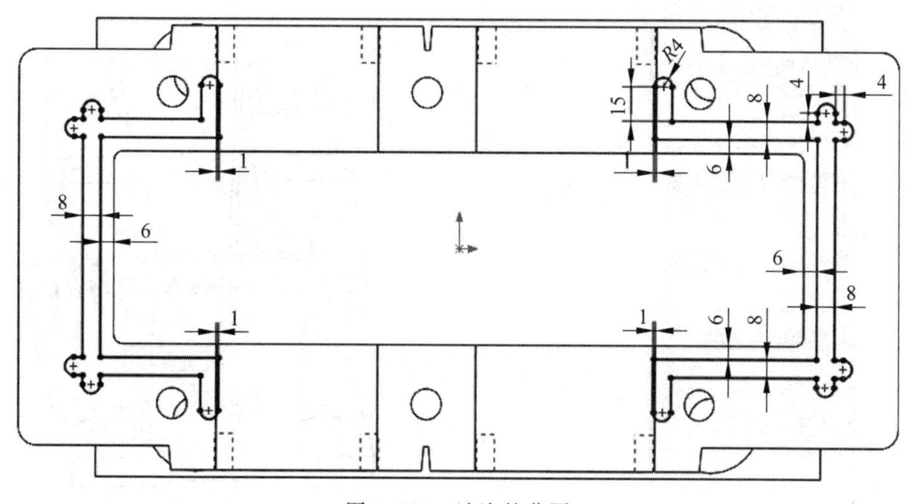

图 9.114 油沟的草图

两侧对称，在“深度”右边输入框中输入 16mm，如图 9.116 所示，单击“确定”按钮，完成一边吊钩的创建。

28. 镜向生成另一侧吊钩

选择【插入】/【阵列/镜向】/【镜向】命令，弹出【镜向】属性管理器，在特征设计树中单击选择【右视基准面】，所选面出现在【镜向面】下面的显示框中；再在视图区域单击选择吊钩特征，所选特征出现在【要镜向的特征】下面的显示框中，如图 9.117 所示，单击“确定”按钮，完成吊钩的镜向。

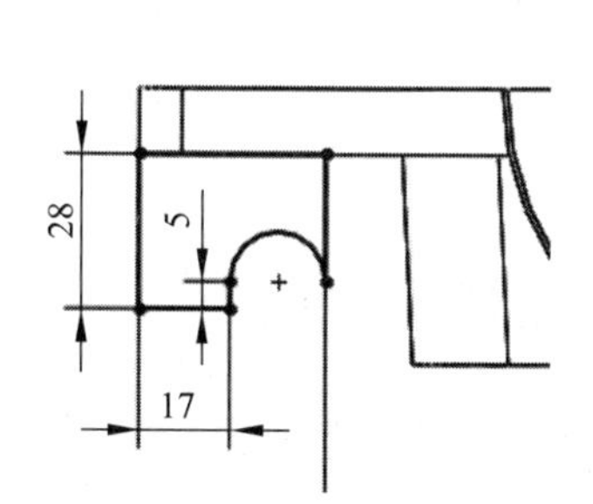

图 9.115 吊钩的草图

图 9.116 【凸台-拉伸】属性管理器

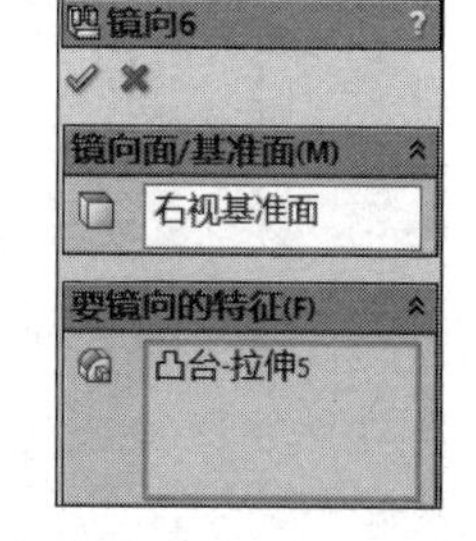

图 9.117 【镜向】属性管理器

29. 吊钩的拔模

选择【插入】/【特征】/【拔模】，弹出【拔模】属性管理器，【拔模类型】选择中性面，在【拔模角度】下面输入框中输入 3°，如图 9.118 所示；然后在视图区域单击选择吊钩左侧面为中性面，所选面出现在【中性面】下面的显示框中，再在视图区域选择吊钩前后两侧面为拔模面(见图 9.119)，所选面出现在【拔模面】下面的显示框中，单击“确定”按钮，完成吊钩前后侧面的拔模。用同样方法对另一侧吊钩进行拔模。

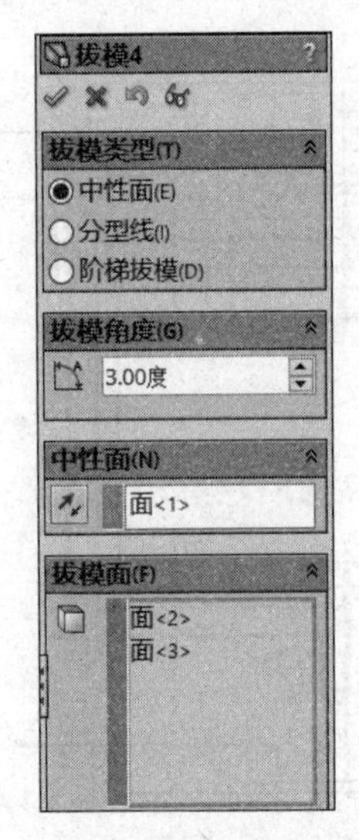

图 9.118 【拔模】属性管理器

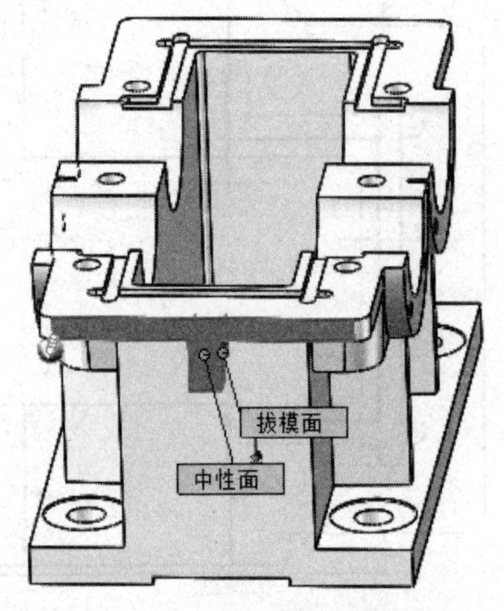

图 9.119 中性面与拔模面的选择

30. 生成箱座剖分面凸缘的螺栓孔

选择【插入】/【特征】/【孔】/【向导】命令，弹出【孔规格】属性管理器，在【孔类型】中选择“柱形沉头孔”，【标准】选择框中选 GB，【孔规格】中“大小”选择 M10，“配合”选正常；【终止条件】选择成形到下一面，如图 9.120 所示；然后单击位置按钮，在视图区域单击箱座剖分面凸缘的下表面作为孔所在的面，再选择适当位置单击作孔的位置，可连续单击确定几个孔的位置，然后按【Esc】键结束孔插入；再单击“视图定向”按钮，选择“正视于”按钮，进入草图绘制，修改孔的定位尺寸，如图 9.121 所示，最后再单击“确定”按钮。

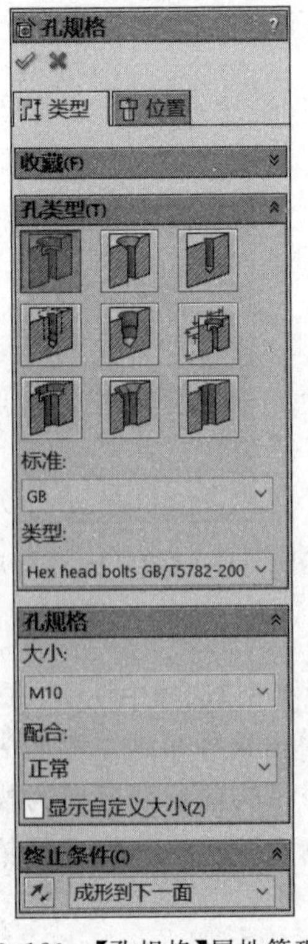

图 9.120 【孔规格】属性管理器

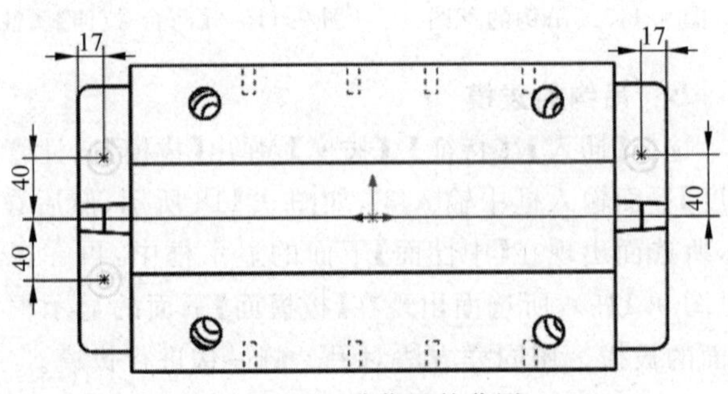

图 9.121 孔位置的草图

31. 生成底座凸缘的圆角特征

选择【插入】/【特征】/【圆角】命令，弹出【圆角】属性管理器，如图 9.122 所示，在【圆角类型】选项中选恒定大小，在视图区域单击选择底座凸缘的 4 条边线（见图 9.123），所选边线出现在【圆角项目】下面的显示框中，在【圆角参数】下面"半径"输入框中输入 18mm，单击"确定"按钮。

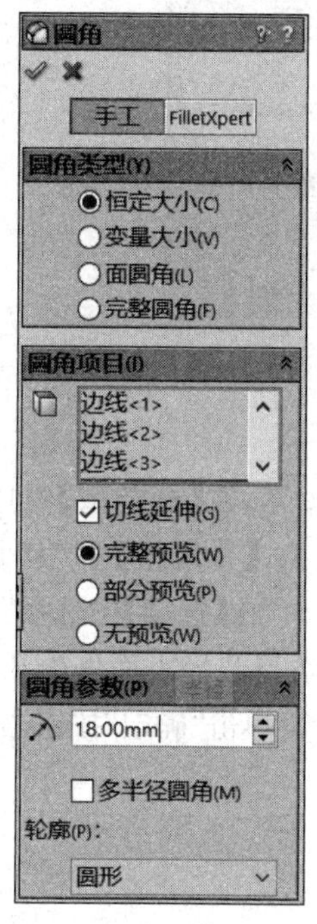

图 9.122　【圆角】属性管理器

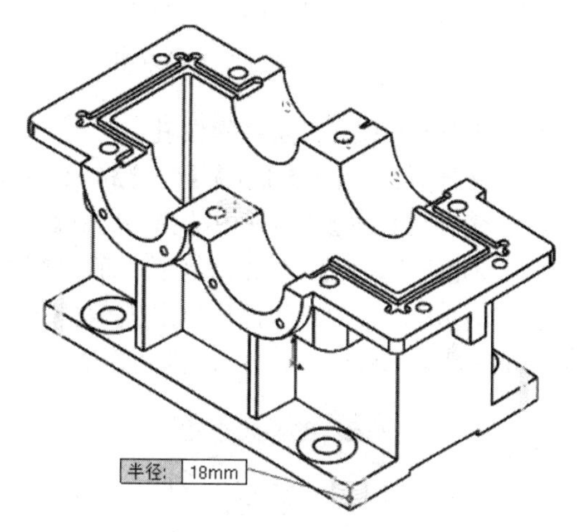

图 9.123　圆角的边线

32. 生成底座内壁的圆角特征

选择【插入】/【特征】/【圆角】命令，对箱座内壁边线进行圆角处理，圆角半径为 2mm，如图 9.124 所示。

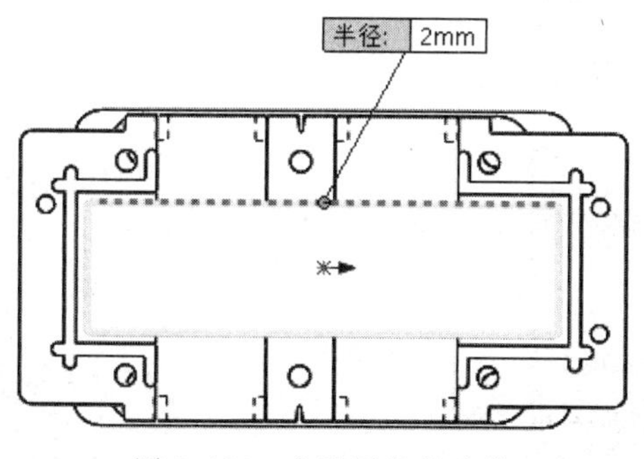

图 9.124　内壁圆角的边线

33. 拉伸生成安装油塞的凸台

选择【插入】/【凸台】/【拉伸】命令，单击箱体左侧外壁表面作为绘图平面，然后单击"视图定向"按钮，选择"正视于"按钮，进入草图绘制；绘制如图 9.125 所示草图，然后退出草图；弹出【凸台-拉伸】属性管理器，在【方向】下面"终止条件"选择框中选择给定深度，在"深度"右边输入框中输入 4mm，如图 9.126 所示，单击"确定"按钮。

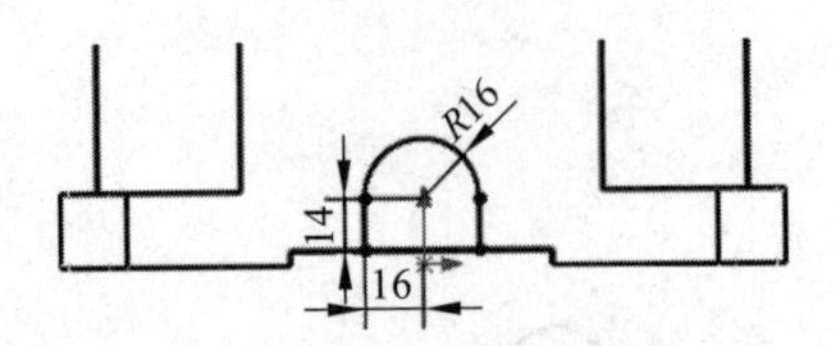

图 9.125　油塞凸台的草图

图 9.126　【凸台-拉伸】属性管理器

34. 创建箱座上的油塞螺纹孔

选择【插入】/【特征】/【孔】/【向导】命令，弹出【孔规格】属性管理器，在【孔类型】中选择“直螺纹孔”，在【标准】选择框中选择 GB，在【类型】选择框中选螺纹孔，【孔规格】中“大小”选择 M16×1.5，【终止条件】选择成形到下一面，“螺纹线”选择成形到下一面，在【选项】中选择“装饰螺纹线”，如图 9.127 所示；然后单击 位置 按钮，先在视图区域单击选择凸台表面作为孔所在的面，再单击凸台的圆弧中心作为孔所在位置，如图 9.128 所示，完成后再单击“确定”按钮。

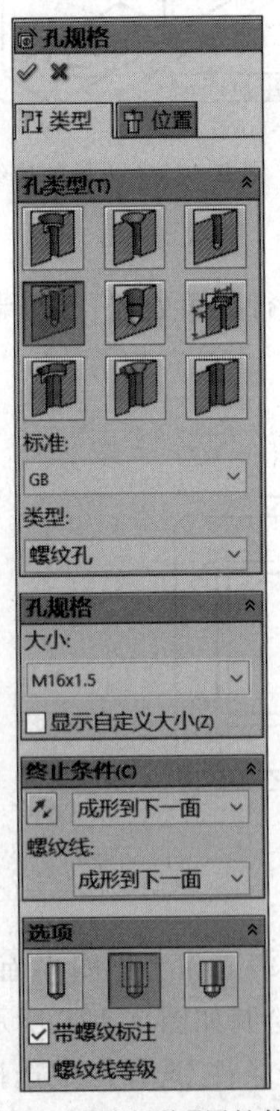

图 9.127　【孔规格】属性管理器

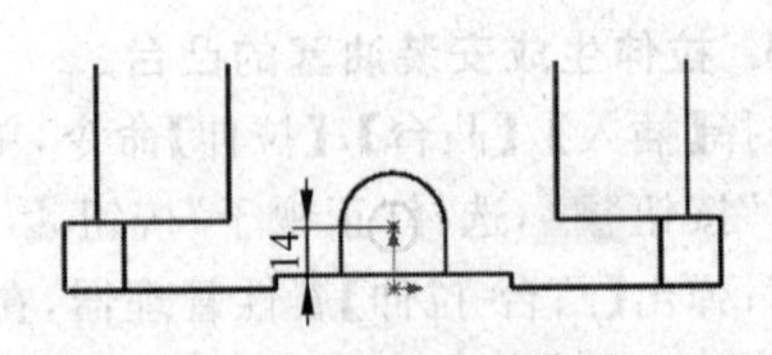

图 9.128　孔位置草图

35. 底座内壁表面排油凹槽的切除

选择【插入】/【切除】/【拉伸】命令，单击选择底座内壁的上表面，然后单击“视图定向”按钮，选择“正视于”按钮，进入草图绘制，绘制如图 9.129 所示草图；然后退出草图，弹出【切除-拉伸】属性管理器，在【方向 1】下面“终止条件”选择框中选择给定深度，在“深度”右边输入框中输入 2mm，如图 9.130 所示，单击“确定”按钮，完成排油凹槽的切除。

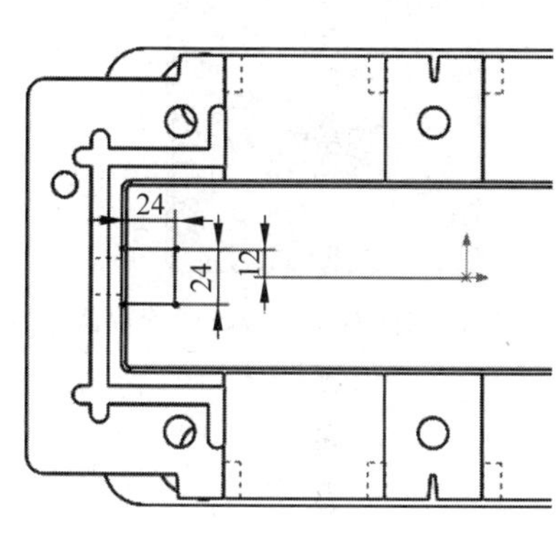

图 9.129　排油凹槽的草图

图 9.130　【切除-拉伸】属性管理器

36. 生成排油凹槽的圆角特征

选择【插入】/【特征】/【圆角】命令，弹出【圆角】属性管理器，在【圆角类型】选项中选恒定大小，在视图区域单击选择排油凹槽的 1 条边线（见图 9.131），所选边线出现在【圆角项目】下面的显示框中，在【圆角参数】下面“半径”输入框中输入 2mm，单击“确定”按钮。

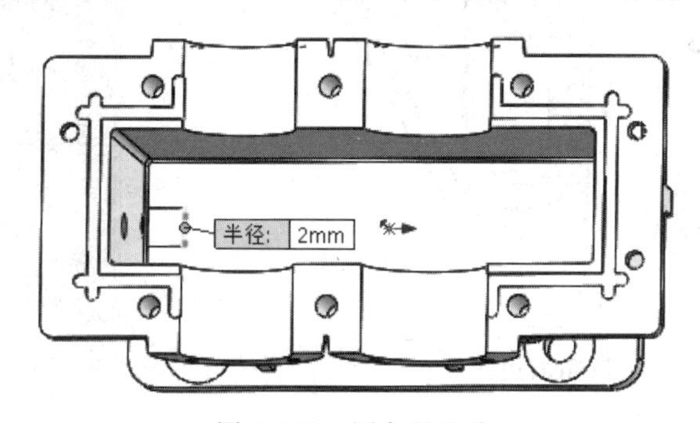

图 9.131　圆角的边线

37. 油标尺凸台的拉伸

选择【插入】/【凸台】/【拉伸】命令，在特征设计树中单击【前视基准面】作为绘图平面，然后单击“视图定向”按钮，选择“正视于”按钮，进入草图绘制；绘制如图 9.132 所示草图，然后退出草图；弹出【凸台-拉伸】属性管理器，在【方向 1】下面“终止条件”选择框中选择两侧对称，在“深度”右边输入框中输入 32mm，如图 9.133 所示，单击“确定”按钮。

38. 生成油标尺凸台的圆角特征

选择【插入】/【特征】/【圆角】命令，弹出【圆角】属性管理器，在视图区域单击选择油标尺凸台的 2 条边线（见图 9.134），所选边线出现在【圆角项目】下面的显示框中，在【圆角参数】

下面“半径”输入框中输入 16mm，如图 9.135 所示，单击“确定”按钮✓。

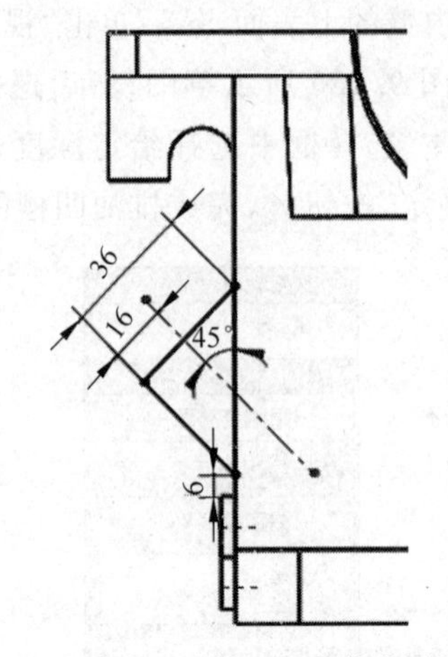

图 9.132 油标尺凸台的草图

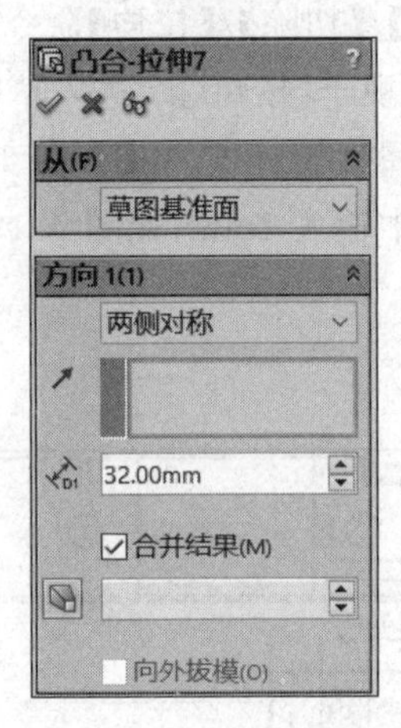

图 9.133 【凸台-拉伸】属性管理器

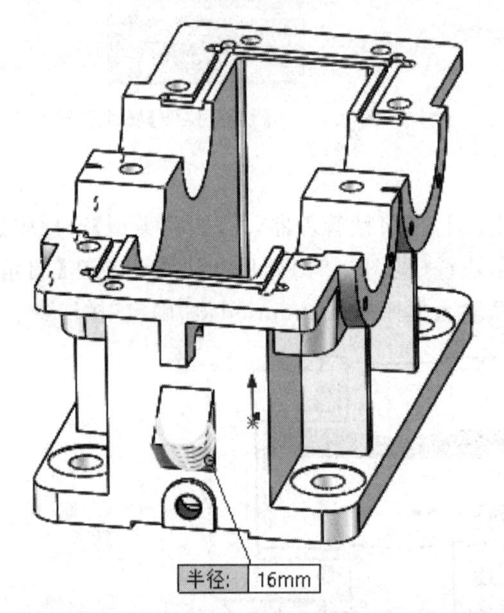

图 9.134 圆角的边线

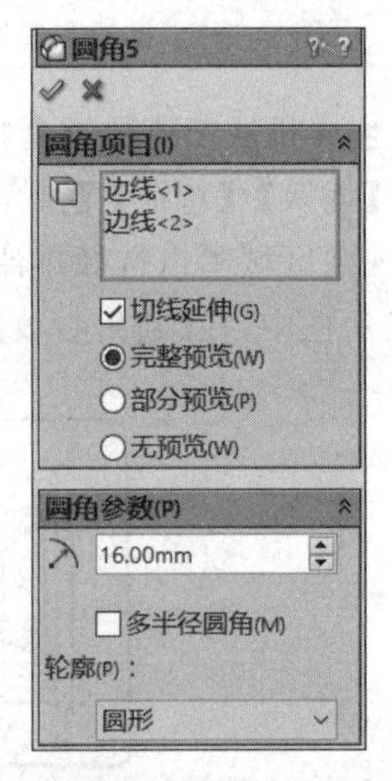

图 9.135 【圆角】管理器

39. 油标尺凸台表面的锪平

选择【插入】/【切除】/【拉伸切除】命令，单击选择凸台上表面，然后单击“视图定向”按钮，选择“正视于”按钮，进入草图绘制，绘制如图 9.136 所示的草图；然后退出草图，弹出【切除-拉伸】属性管理器，在【方向 1】下面“终止条件”选择框中选择给定深度，在“深度”右边输入框中输入 0.5mm，如图 9.137 所示，单击“确定”按钮✓，完成凸台表面的锪平。

40. 油标尺凸台上螺纹孔的创建

选择【插入】/【特征】/【孔】/【向导】命令，弹出【孔规格】属性管理器，在【孔类型】中选“直螺纹孔”，在【标准】选择框中选 GB，在【类型】下拉框中选螺纹孔，【孔规格】中“大小”选 M16，【终止条件】选给定深度，如图 9.138 所示；然后单击“位置”按钮，先在视图区域单击选择锪平的面作为孔所在平面，再单击选择 ϕ28 孔的中心作为螺纹孔所在位置，如图 9.139 所示，再按【Esc】键结束孔的插入，最后再单击"确定"按钮 。

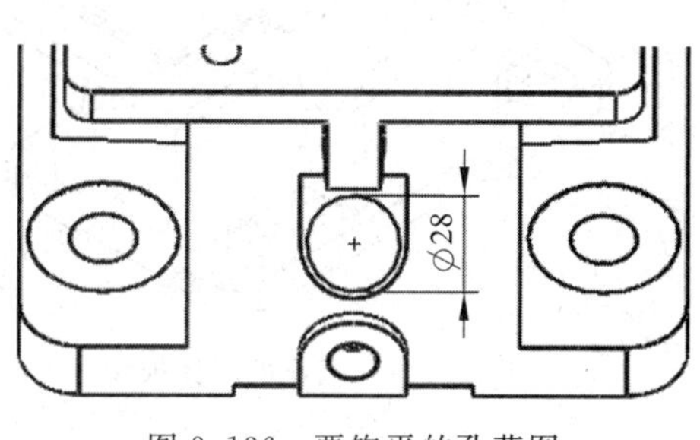

图 9.136　要锪平的孔草图

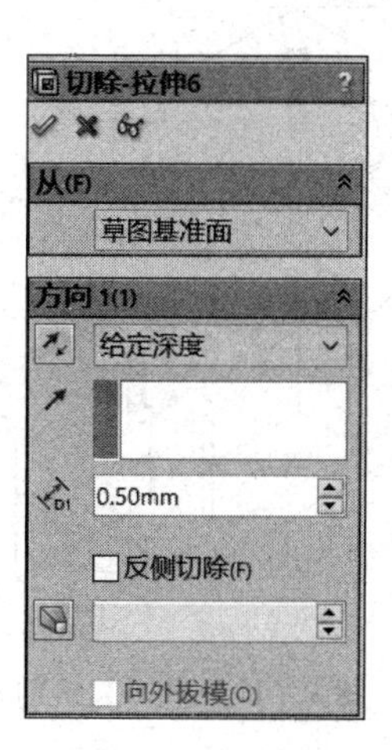

图 9.137　【切除-拉伸】属性管理器

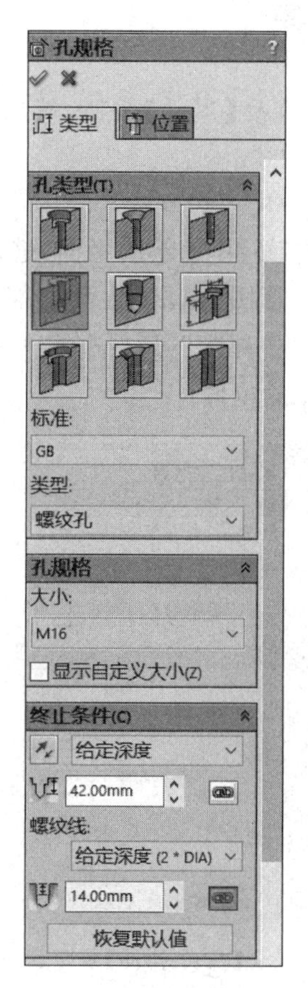

图 9.138　【孔规格】属性管理器

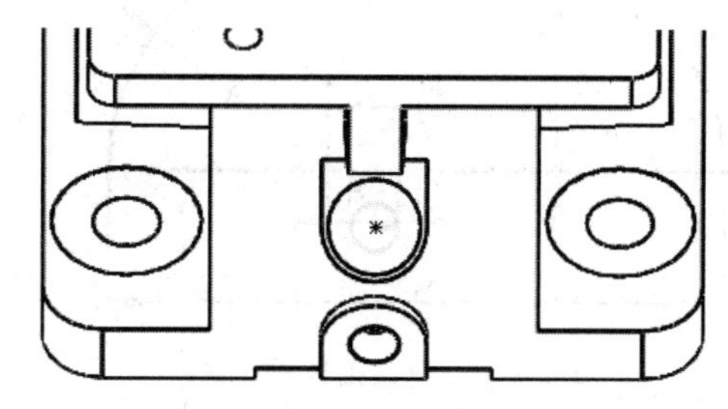

图 9.139　螺纹孔的位置

41. 生成吊钩上的圆角特征

选择【插入】/【特征】/【圆角】命令，对两侧吊钩的边线作圆角处理，圆角半径为 2mm，如

图 9.140 所示。最后,创建的箱座实体模型如图 9.141 所示。

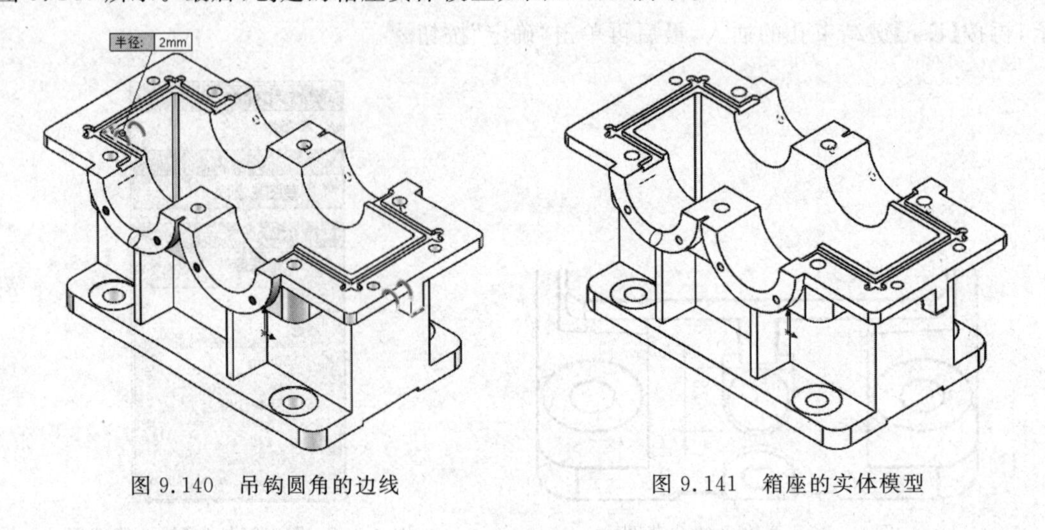

图 9.140　吊钩圆角的边线　　　　图 9.141　箱座的实体模型

9.5　减速器箱盖的建模

启动 SolidWorks 2014,选择菜单栏中【文件】/【新建】,选择【零件】按钮,然后单击【确定】,进入创建零件界面。

1. 箱盖主体的拉伸

选择【插入】/【凸台】/【拉伸】命令,再单击选择【前视基准面】作为绘图平面,进入草图绘制;绘制如图 9.142 所示草图,然后单击"确定"按钮,退出草图;弹出【凸台-拉伸】属性管理器,在【方向 1】下面"终止条件"选择框中选择两侧对称,在"深度"右边输入框中输入 100mm,如图 9.143 所示,单击"确定"按钮,完成箱盖主体的拉伸。

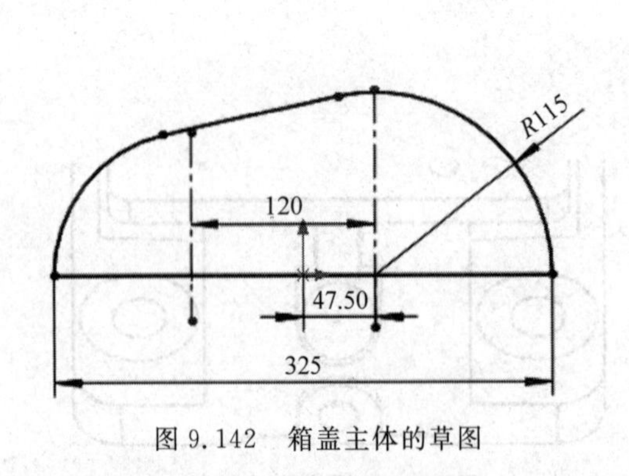

图 9.142　箱盖主体的草图

图 9.143　【凸台-拉伸】属性管理器

2. 箱盖凸缘的拉伸

选择【插入】/【凸台】/【拉伸】命令,单击选择箱盖的下表面作为绘图平面,然后单击"视图定向"按钮,选择"正视于"按钮,绘制如图 9.144 所示草图,然后单击"确定"按钮，退出草图；弹出【凸台-拉伸】属性管理器，在【方向 1】下面“终止条件”选择框中选择给定深度，在“深度”右边输入框中输入 12mm，再单击“反向”按钮，把拉伸方向改成向上拉伸，如图 9.145 所示，单击“确定”按钮，完成箱盖凸缘的拉伸，结果如 9.146 图所示。

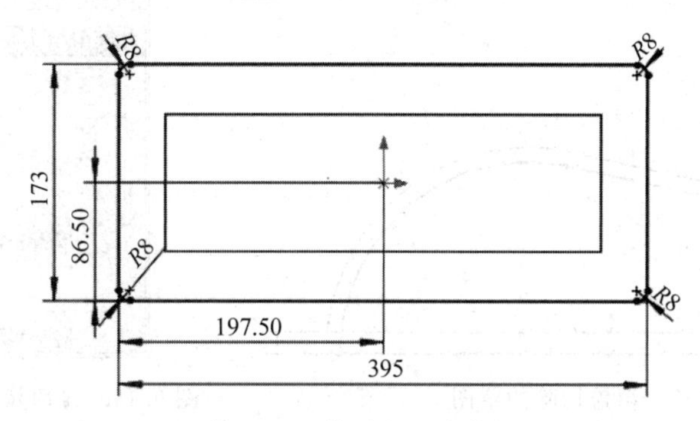

图 9.144　箱盖的凸缘草图

图 9.145　【凸台-拉伸】属性管理器

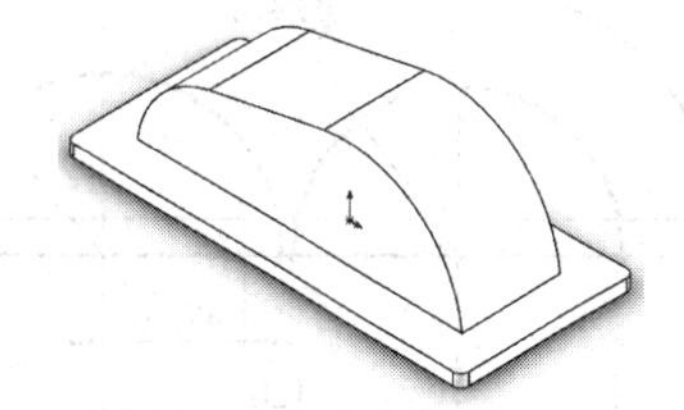

图 9.146　箱盖凸缘的拉伸结果

3. 切除生成箱盖壁厚

选择【插入】/【切除】/【拉伸】命令，在特征设计树中单击选择【前视基准面】，然后单击“视图定向”按钮，选择“正视于”按钮，进入草图绘制，绘制如图 9.147 所示草图；单击“确定”按钮，退出草图；弹出【切除-拉伸】属性管理器，在【方向 1】下面“终止条件”选择框中选择两侧对称，在“深度”右边输入框中输入 84mm，如图 9.148 所示，单击“确定”按钮，完成箱盖的切除-拉伸。

4. 轴承座的拉伸

选择【插入】/【凸台】/【拉伸】命令，再选择箱盖前外壁面作为绘图平面，然后单击“视图定向”按钮，选择“正视于”按钮，进入草图绘制；绘制如图 9.149 所示草图，然后单击“确定”按钮，退出草图；弹出【凸台-拉伸】管理器，在【方向 1】下面“终止条件”选择框中选择给定深度，在“深度”右边输入框中输入 47mm，如图 9.150 所示，单击“确定”按钮，完成轴承座实体的拉伸。

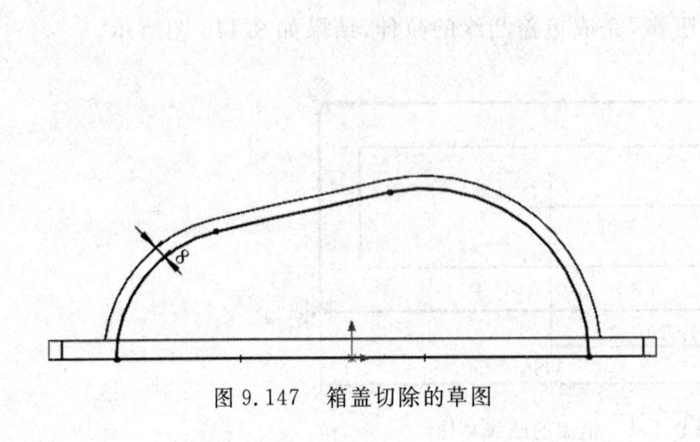

图 9.147　箱盖切除的草图

图 9.148　【切除-拉伸】属性管理器

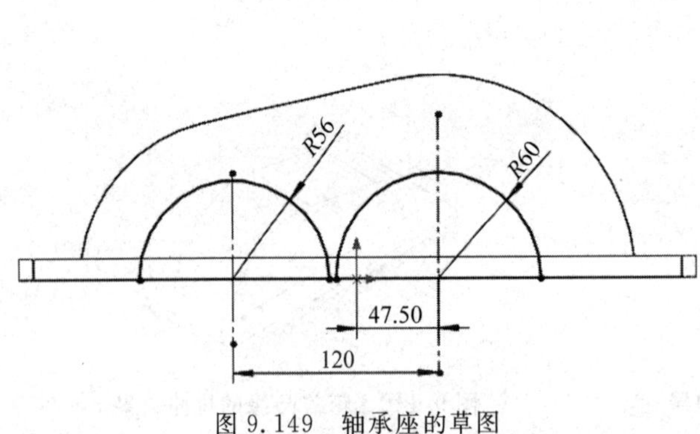

图 9.149　轴承座的草图

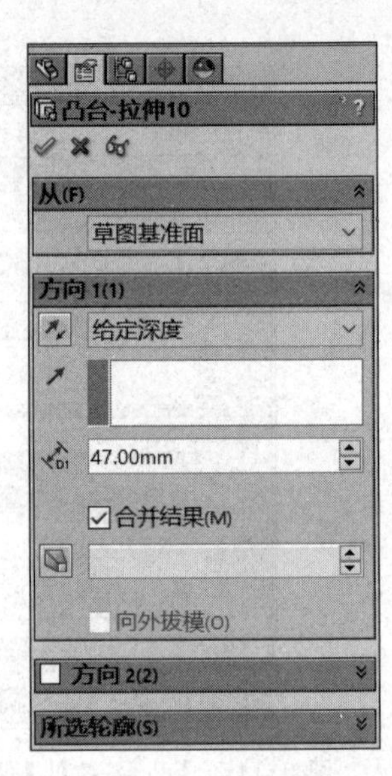

图 9.150　【凸台-拉伸】属性管理器

5. 轴承座外圆柱面的拔模

选择【插入】/【特征】/【拔模】命令，弹出【拔模】属性管理器，如图 9.151 所示，【拔模类型】选择中性面，在【拔模角度】下面输入框中输入 5°，然后在视图区域单击选择轴承座端面为中性面，所选面出现在【中性面】下面的显示框中；再在视图区域单击选择两轴承座外圆柱面为拔模面(见图 9.152)，所选面出现在【拔模面】下面的显示框中，单击“确定”按钮✔，完成两轴承座外圆柱面的拔模。

6. 镜向生成另一侧的两个轴承座

选择【插入】/【阵列/镜向】/【镜向】命令，弹出【镜向】属性管理器，在特征设计树中单击选择【前视基准面】，所选面出现在【镜向面】下面的显示框中；再在视图区域选择轴承座拉伸特征及拔模特征，所选特征出现在【要镜向的特征】下面的显示框中，如图 9.153 所示；镜向预览如图 9.154 所示，单击“确定”按钮✔，完成两轴承座镜向。

图 9.151　【拔模】属性管理器

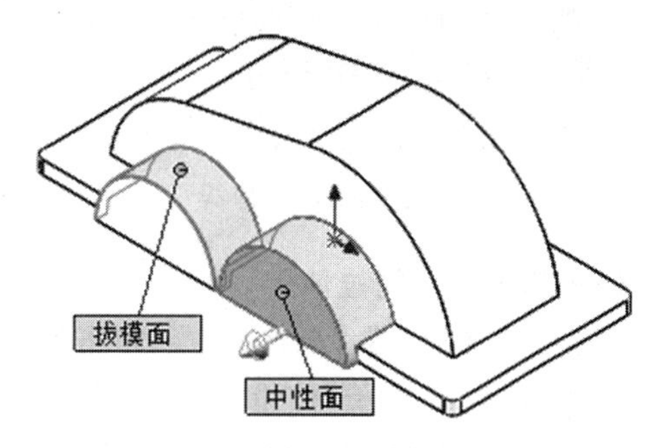

图 9.152　中性面与拔模面的选择

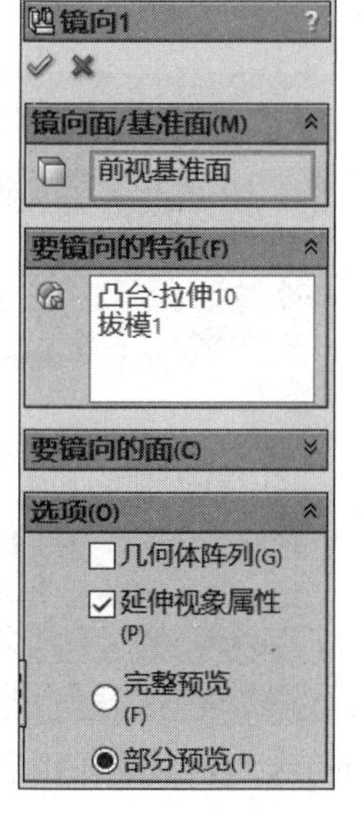

图 9.153　【镜向】属性管理器

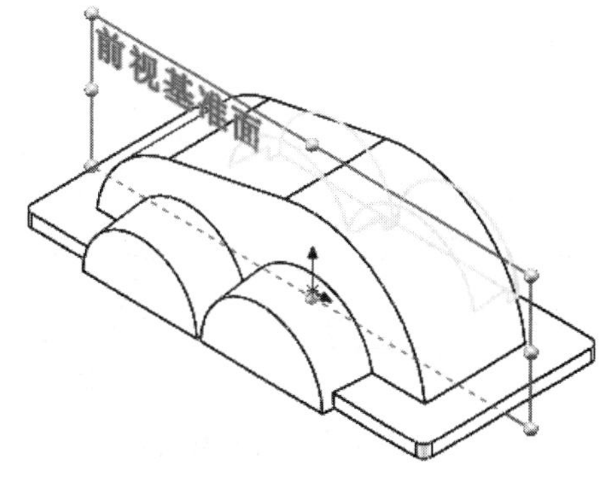

图 9.154　轴承座镜向的预览

7. 创建轴承座旁凸台的基准面

选择【插入】/【参考几何体】/【基准面】命令，弹出【基准面】属性管理器，在特征设计树中单击选择【前视基准面】，所选面出现在【第一参考】下面的显示框中；在“偏移距离”右面的输入框中输入 84.5mm，如图 9.155 所示，预览如图 9.156 所示，单击“确定”按钮，完成基准面的创建。

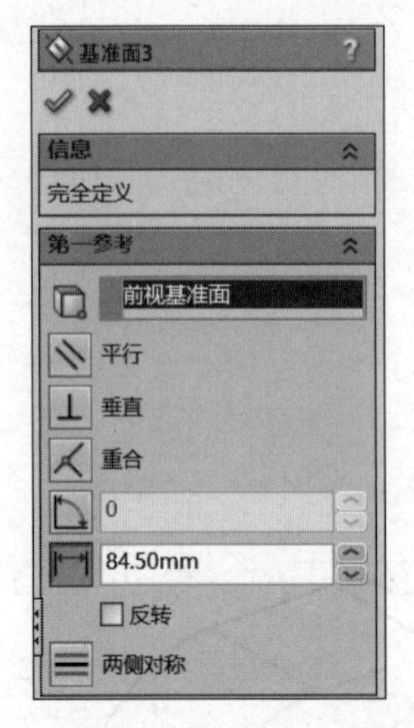

图 9.155 【基准面】属性管理器

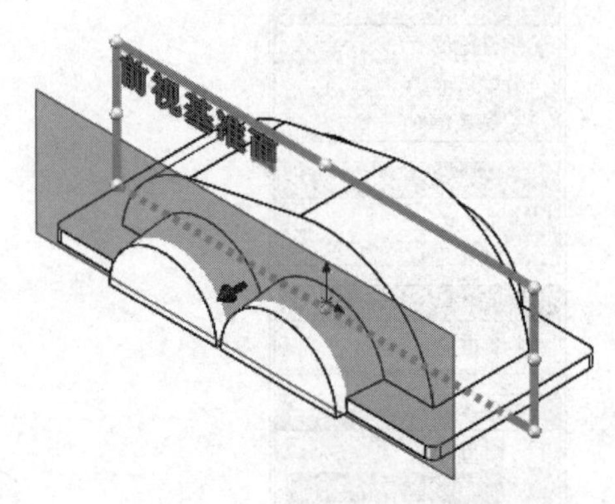

图 9.156 创建基准面的预览

8. 轴承座旁凸台的拉伸

选择【插入】/【凸台】/【拉伸】命令，单击创建的基准面作为绘图平面，然后单击“视图定向”按钮，选择“正视于”按钮，进入草图绘制；绘制如图 9.157 所示草图，然后退出草图；弹出【凸台-拉伸】管理器，在【方向 1】下面“终止条件”选择框中选择成形到下一面，再单击“反向”按钮，把拉伸方向改成向里拉伸，如图 9.158 所示，单击“确定”按钮，完成凸台的拉伸。

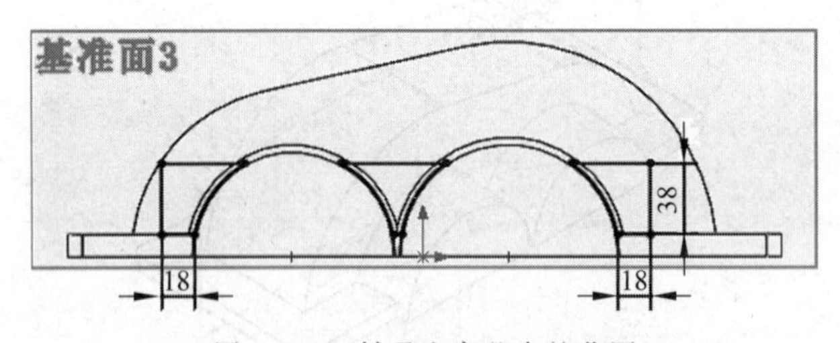

图 9.157 轴承座旁凸台的草图

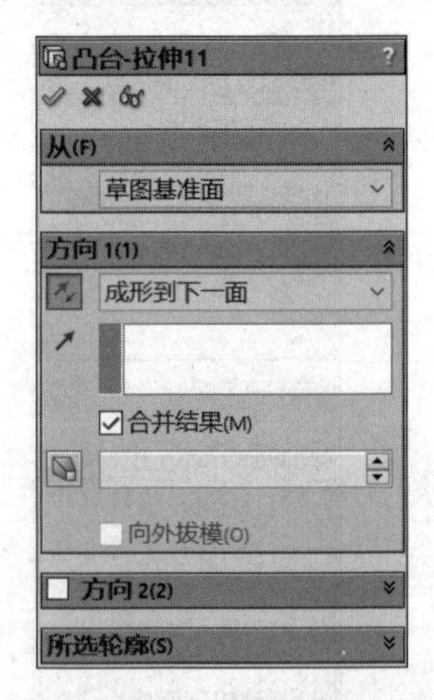

图 9.158 【凸台-拉伸】属性管理器

9. 轴承座旁凸台侧面的拔模

选择【插入】/【特征】/【拔模】命令，弹出【拔模】属性管理器，如图 9.159 所示，【拔模类型】选择中性面，【拔模角度】下面输入框输入 3°，然后在视图区域单击选择轴承座凸台上表面为中性面，所选面出现在【中性面】下面的显示框中；再在视图区域选择两轴承座凸台左右两侧面为拔模面(见图 9.160)，所选面出现在【拔模面】下面的显示框中，单击“确定”按钮，完成两轴承座旁凸台左右侧面的拔模。

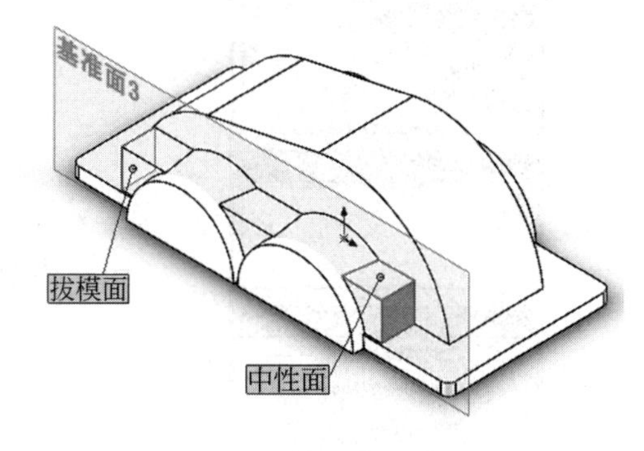

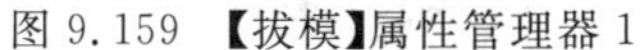
图 9.159　【拔模】属性管理器 1　　　图 9.160　中性面与拔模面的选择 1

10. 轴承座旁凸台前侧面的拔模

使用同样的方法对轴承座旁凸台前侧面进行拔模，【拔模】属性管理器设置如图 9.161 所示，中性面与拔模面的选择如图 9.162 所示。

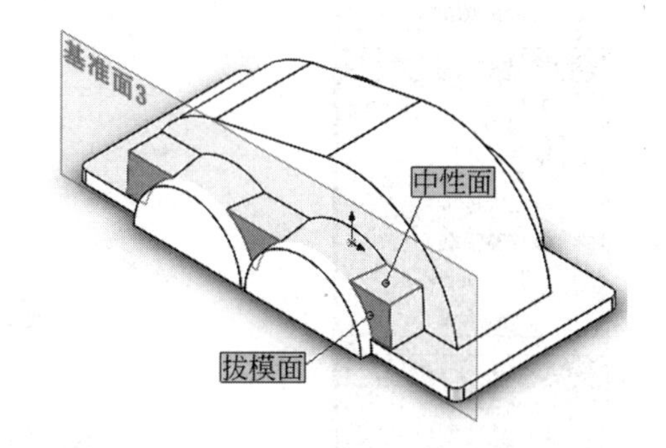

图 9.161　【拔模】属性管理器 2　　　图 9.162　中性面与拔模面的选择 2

11. 镜向生成另一侧的凸台及拔模特征

选择【插入】/【阵列/镜向】/【镜向】命令，弹出【镜向】属性管理器，在特征设计树中单击选择【前视基准面】，所选面出现在【镜向面】下面的显示框中；再在视图区域单击选择轴承座旁凸台拉伸特征及两个拔模特征，所选特征出现在【要镜向的特征】下面的显示框中，如图 9.163 所示，镜向预览如图 9.164 所示，单击"确定"按钮✔，完成轴承座旁凸台的镜向。

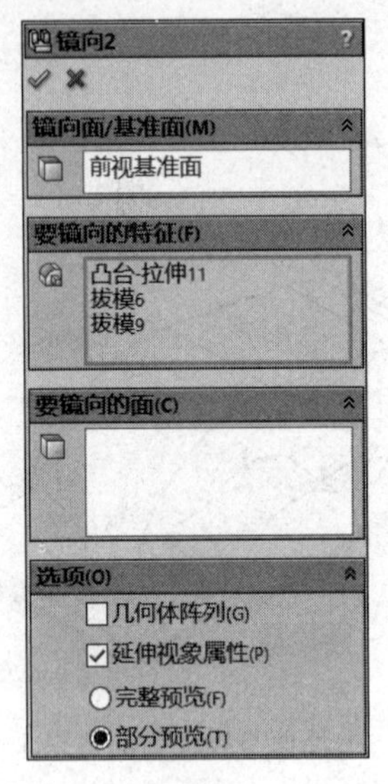

图 9.163 【镜向】属性管理器

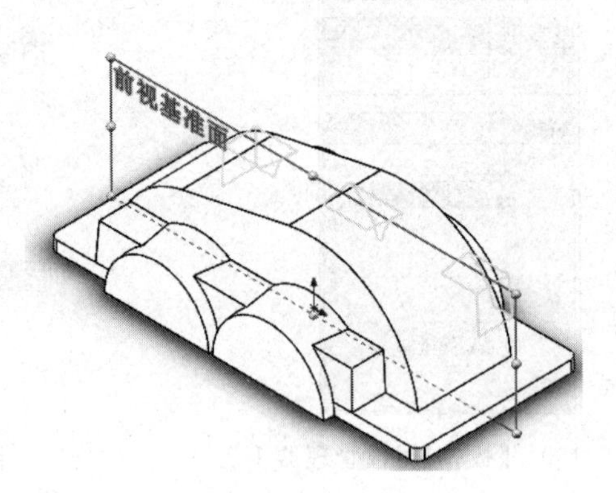

图 9.164 凸台镜向的预览

12. 创建凸台的圆角特征

选择【插入】/【特征】/【圆角】命令，弹出【圆角】属性管理器，如图 9.165 所示，在【圆角类型】选项中选恒定大小，在视图区域单击选择凸台的 4 条边线(见图 9.166)，所选边线出现在【圆角项目】下面的显示框中，在【圆角参数】下面"半径"输入框中输入 18mm，单击"确定"按钮✔。

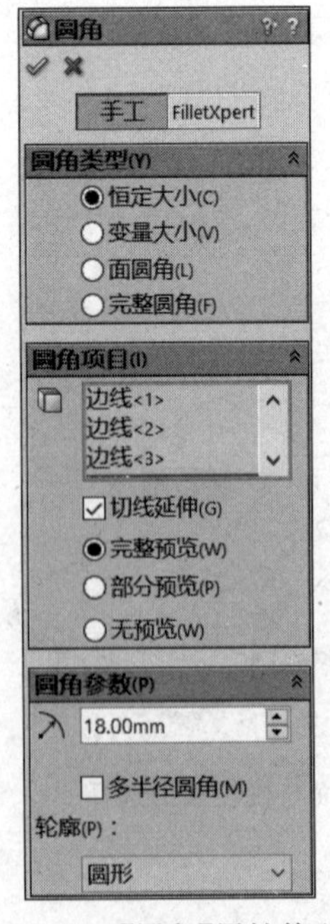

图 9.165 【圆角】属性管理器

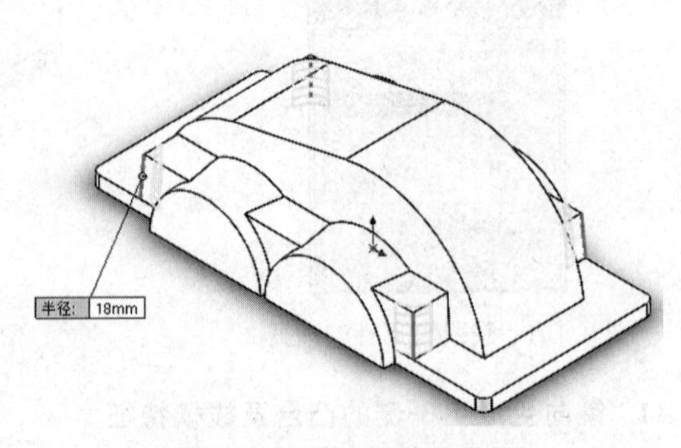

图 9.166 圆角边线的选择

13. 轴承座孔的切除

选择【插入】/【切除】/【拉伸】命令，单击轴承座的外端面，然后单击“视图定向”按钮，选择“正视于”按钮，进入草图绘制；绘制如图 9.167 所示草图，然后退出草图，弹出【切除-拉伸】属性管理器，在【方向 1】下面“终止条件”选择框中选择完全贯穿，如图 9.168 所示，单击“确定”按钮，完成轴承座孔的拉伸切除，结果如图 9.169 所示。

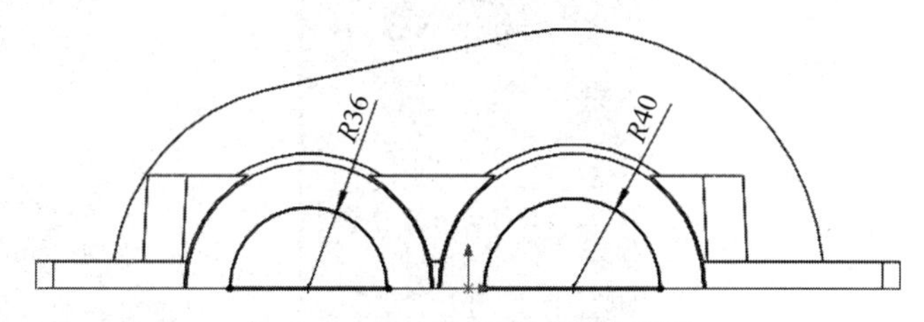

图 9.167　轴承座孔切除的草图

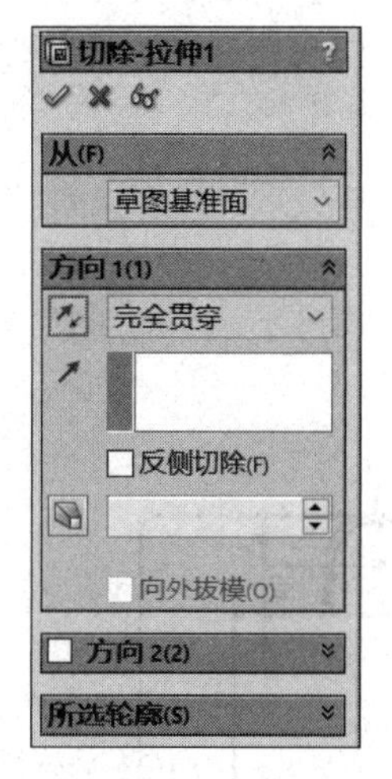

图 9.168　【切除-拉伸】属性管理器

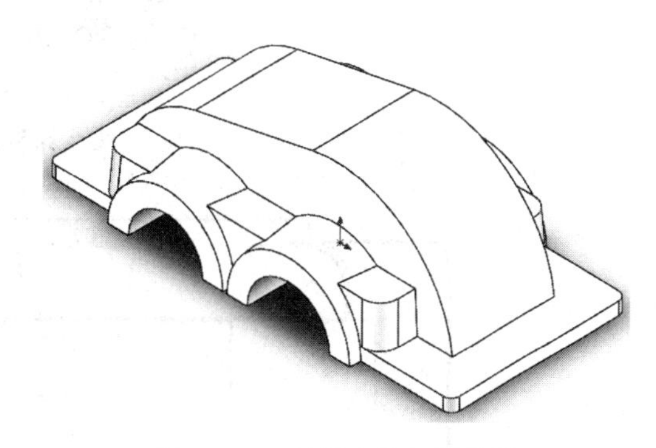

图 9.169　轴承座孔切除结果

14. 凸台上螺栓孔的创建

选择【插入】/【特征】/【孔】/【向导】命令，弹出【孔规格】属性管理器，在【孔类型】中选“柱形沉头孔”，在【标准】选择框中选择 GB，【孔规格】中“大小”选择 M12，“配合”选择正常，【终止条件】选完全贯穿，如图 9.170 所示；然后单击位置按钮，在视图区域单击选择孔所在的面（凸台的上表面），再单击确定孔所在位置（凸台上表面合适的位置），可连续单击确定几个孔的位置，按【Esc】键结束孔的插入；再单击“视图定向”按钮，选择“正视于”按钮，进入草图绘制，修改孔的定位尺寸，如图 9.171 所示，完成后再单击“确定”按钮。

15. 绘制轴承座的螺钉孔位置草图

单击选择轴承座端面作为绘图平面，在草图工具栏中单击“草图绘制”按钮，然后单击“视图定向”按钮，选择“正视于”按钮，进入草图绘制；绘制如图 9.172 所示草图，其中，图(b)隐藏了箱盖实体的轮廓线，(a)图则不隐藏，再单击“确定”按钮，退出草图。

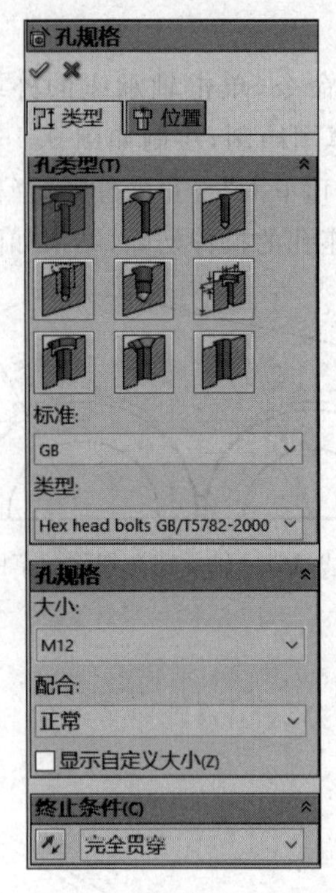

图 9.170 【孔规格】属性管理器

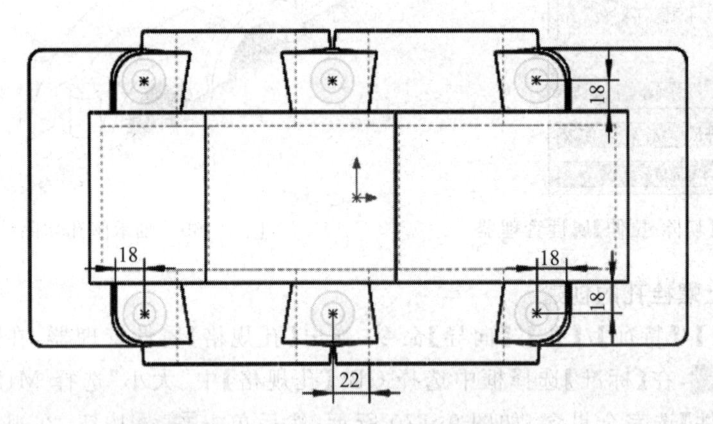

图 9.171 螺栓孔位置的草图

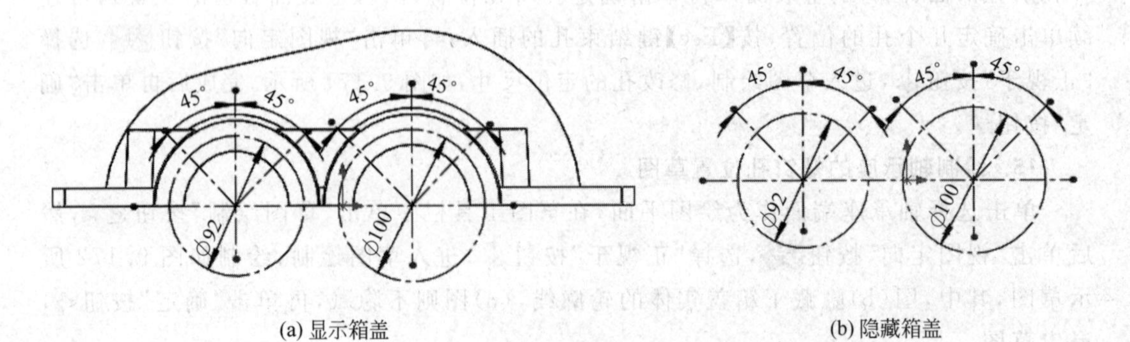

(a) 显示箱盖

(b) 隐藏箱盖

图 9.172 轴承座螺钉孔位置的草图

16. 生成轴承座的螺钉孔

选择【插入】/【特征】/【孔】/【向导】命令，弹出【孔规格】属性管理器，在【孔类型】中选“直螺纹孔”，在【标准】选择框中选 GB，在【类型】选择框中选底部螺纹孔，【孔规格】大小选 M8，【终止条件】选给定深度，在【选项】中选择“装饰螺纹线”，如图 9.173 所示；然后单击位置按钮，先在视图区域单击选择轴承座端面作为孔所在的面，再单击上一步骤草图中点画线圆与中心线的四个交点作为孔所在位置，如图 9.174 所示，完成后再单击“确定”按钮。

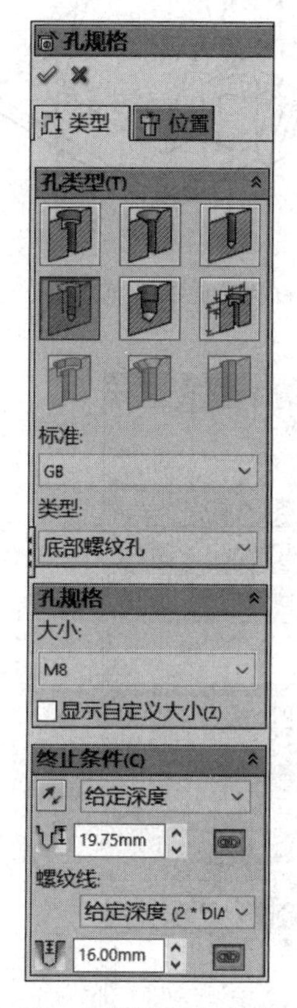

图 9.173　【孔规格】属性管理器

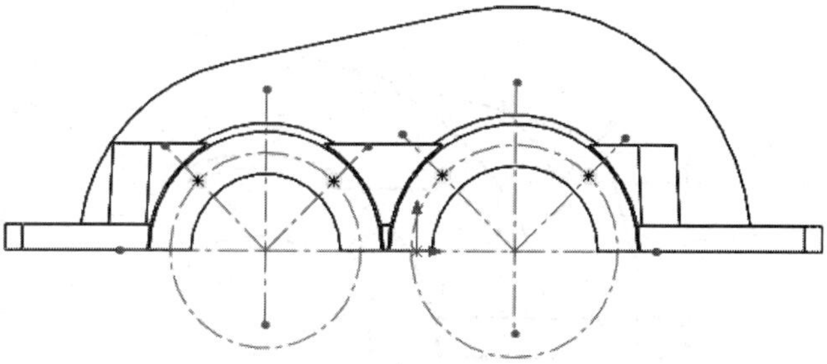

图 9.174　螺钉孔位置的草图

17. 镜向生成另一侧轴承座的螺钉孔

选择【插入】/【阵列/镜向】/【镜向】命令，弹出【镜向】属性管理器，如图 9.175 所示，在特征设计树中单击选择【前视基准面】，所选面出现在【镜向面】下面的显示框中；再在视图区域单击选择 M8 螺纹孔特征，所选特征出现在【要镜向的特征】下面的显示框中，镜向预览如图 9.176 所示，单击“确定”按钮，完成螺纹孔的镜向。

18. 吊耳的拉伸

选择【插入】/【凸台】/【拉伸】命令，在特征设计树中单击选择【前视基准面】，然后单击“视图定向”按钮，选择“正视于”按钮，进入草图绘制；绘制如图 9.177 所示草图，然后退出草图；弹出【凸台-拉伸】属性管理器，在【方向 1】下面“终止条件”选择框中选择两侧对称，在“深度”右边输入框中输入 16mm，如图 9.178 所示，单击“确定”按钮，完成一侧吊耳的创建。

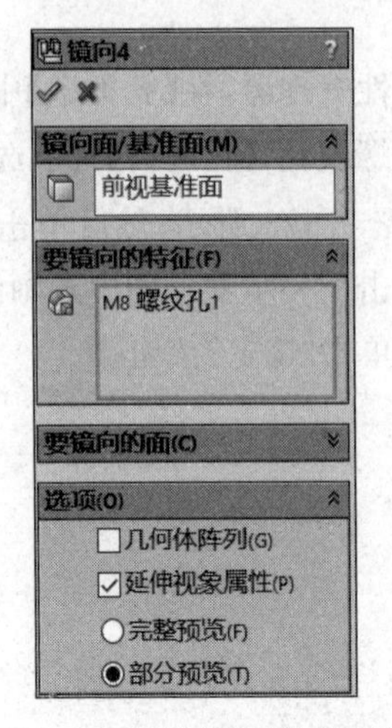

图 9.175　【镜向】属性管理器

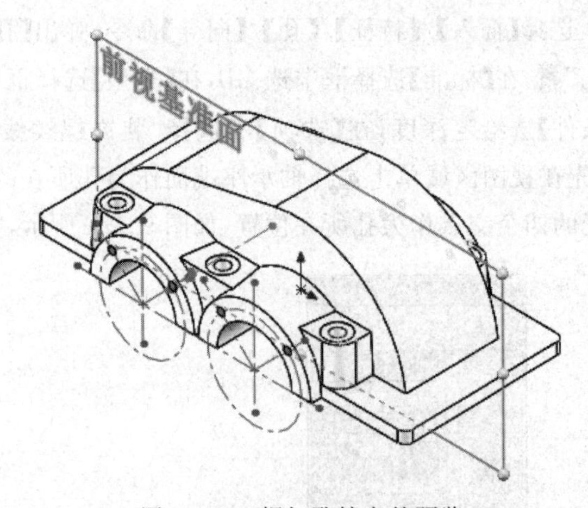

图 9.176　螺钉孔镜向的预览

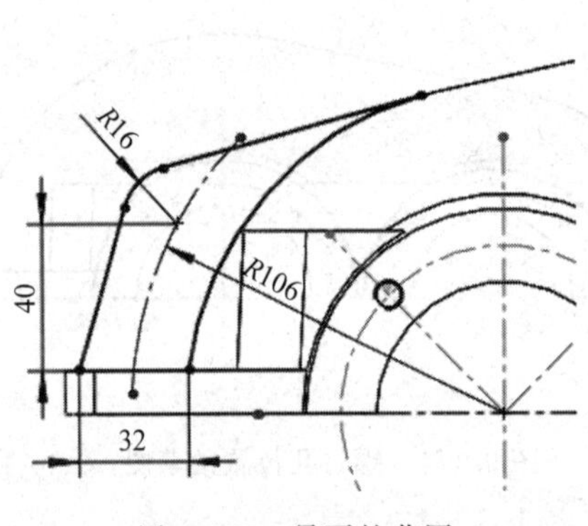

图 9.177　吊耳的草图

图 9.178　【凸台-拉伸】属性管理器

19. 吊耳孔的切除

选择【插入】/【切除】/【拉伸】命令，单击选择吊耳的前侧面，然后单击“视图定向”按钮，选择“正视于”按钮，进入草图绘制；绘制如图 9.179 所示草图，然后退出草图；弹出【切除-拉伸】属性管理器，在【方向 1】下面“终止条件”选择框中选择成形到下一面，如图 9.180 所示，单击“确定”按钮，完成吊耳孔的拉伸切除。

20. 吊耳的拔模

选择【插入】/【特征】/【拔模】命令，弹出【拔模】属性管理器，在【拔模类型】选项中选择中性面，在【拔模角度】下面输入框输入 3°，如图 9.181 所示；然后在视图区域单击选择吊耳左面为中性面，所选面出现在【中性面】下面的显示框中；再在视图区域单击选择吊耳前后两侧面作为拔模面（见图 9.182），所选面出现在【拔模面】下面的显示框中，单击“确定”按钮，完成吊耳前后侧面的拔模。

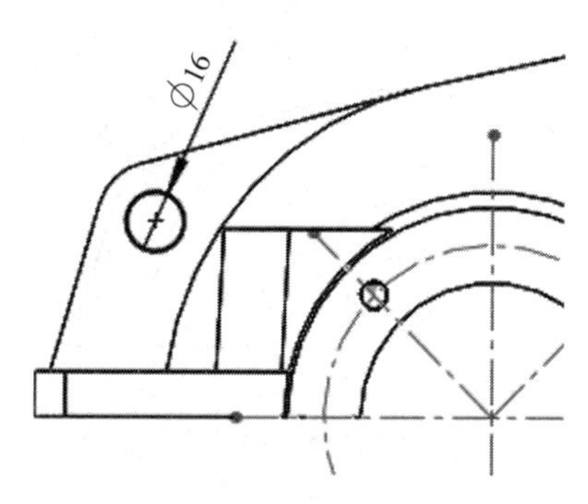

图 9.179　吊耳孔的草图

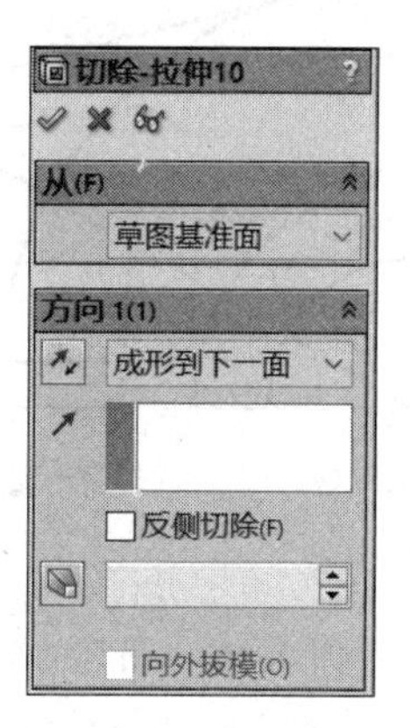

图 9.180　【切除-拉伸】属性管理器

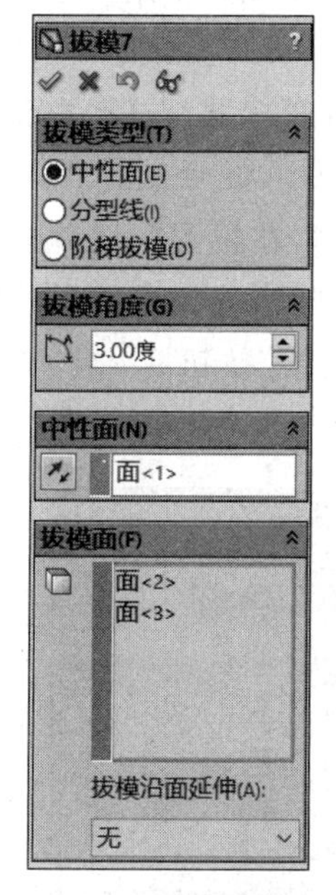

图 9.181　【拔模】属性管理器

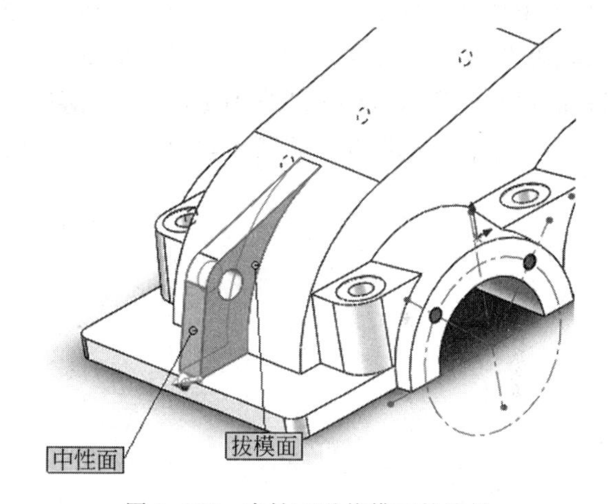

图 9.182　中性面及拔模面的选择

21. 另一侧吊耳的拉伸

选择【插入】/【凸台】/【拉伸】命令，在特征设计树中单击选择【前视基准面】作为绘图平面，然后单击“视图定向”按钮，选择“正视于”按钮，进入草图绘制；绘制如图 9.183 所示草图，然后退出草图；弹出【凸台-拉伸】属性管理器，在【方向 1】下面“终止条件”选择框中选择两侧对称，在“深度”右边输入框中输入 16mm，单击“确定”按钮，完成另一边吊耳的创建。

22. 另一侧吊耳孔的切除

选择【插入】/【切除】/【拉伸】命令，单击选择吊耳的前侧面，然后单击“视图定向”按钮，选择“正视于”按钮，进入草图绘制；绘制如图 9.184 所示草图，然后退出草图；弹出【切除-拉伸】属性管理器，在【方向 1】下面“终止条件”选择框中选择成形到下一面，单击“确定”按钮，完成吊耳孔的拉伸切除。

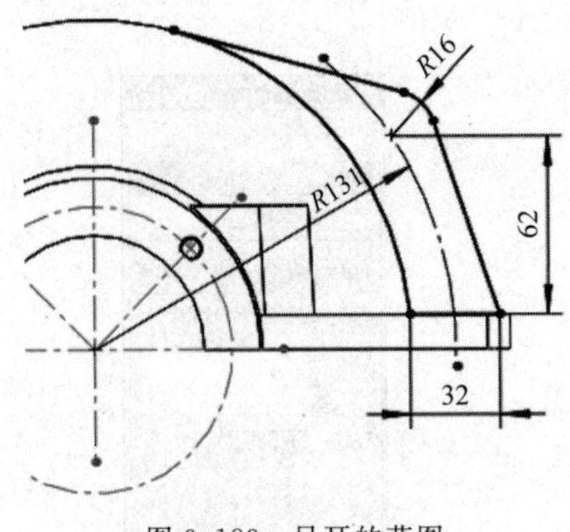

图 9.183 吊耳的草图

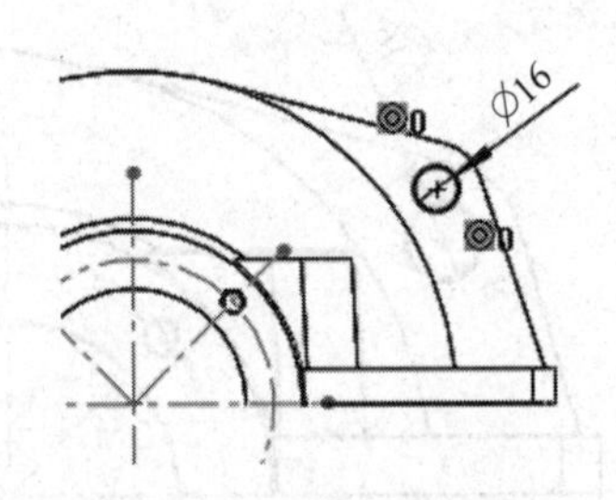

图 9.184 吊耳孔的草图

23. 另一侧吊耳的拔模

参照第 20 步的方法对另一侧吊耳前后侧面进行拔模,如图 9.185 所示。

24. 生成箱盖剖分面凸缘的螺栓孔

选择【插入】/【特征】/【孔】/【向导】命令,弹出【孔规格】属性管理器,在【孔类型】中选"柱形沉头孔",在【标准】选择框中选 GB,【孔规格】中大小选 M10,配合选正常,在【终止条件】下拉框中选完全贯穿,如图 9.186 所示;然后单击"位置"按钮,在视图区域单击箱盖凸缘的上表面作为孔所在的面,再单击确定孔所在位置,可连续单击确定几个孔的位置,按【Esc】键结束孔的插入;再单击"视图定向"按钮,选择"正视于"按钮,进入草图绘制;修改孔的定位尺寸,如图 9.187 所示,再单击"确定"按钮。

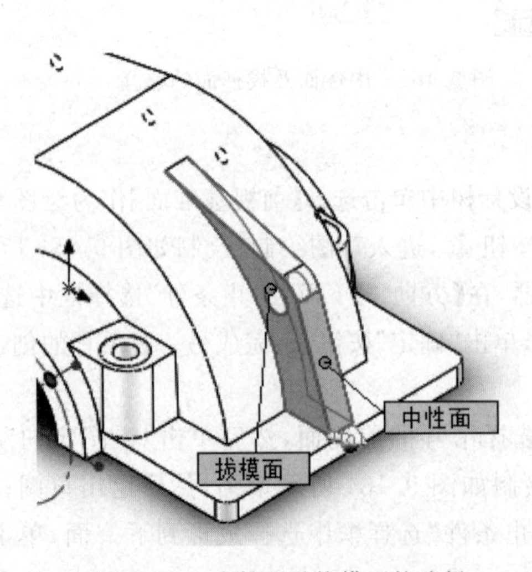

图 9.185 中性面及拔模面的选择

图 9.186 【孔规格】属性管理器

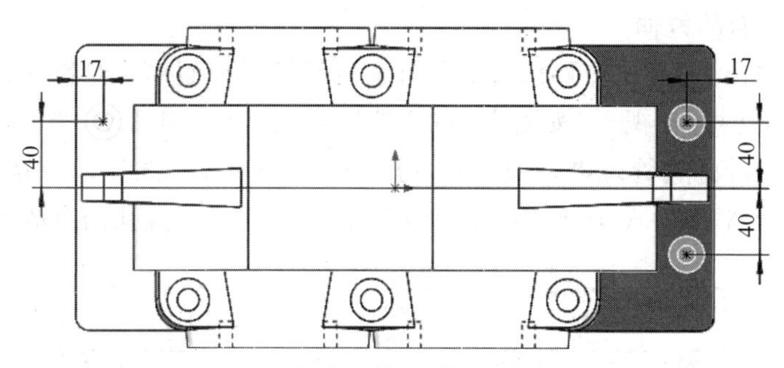

图 9.187 螺栓孔位置的草图

25. 生成箱盖剖分面凸缘的启盖螺钉孔

选择【插入】/【特征】/【孔】/【向导】命令，弹出【孔规格】属性管理器，在【孔类型】中选"直螺纹孔"，在【标准】选择框中选 GB，在【类型】选择框中选螺纹孔，【孔规格】大小选 M10，在【终止条件】下拉框中选完全贯穿，在【选项】中选择装饰螺纹线，如图 9.188 所示；然后单击位置按钮，先在视图区域单击选择箱盖凸缘上表面作为孔所在的面，再单击确定孔所在位置；然后单击"视图定向"按钮，选择"正视于"按钮，进入草图绘制；修改孔的定位尺寸，如图 9.189 所示，完成后再单击"确定"按钮。

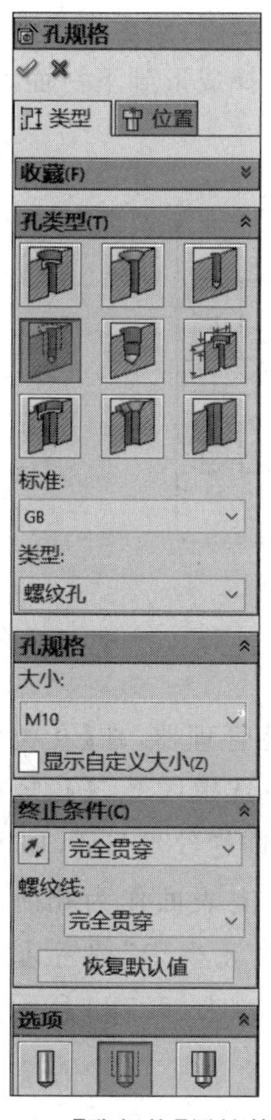

图 9.188 【孔规格】属性管理器

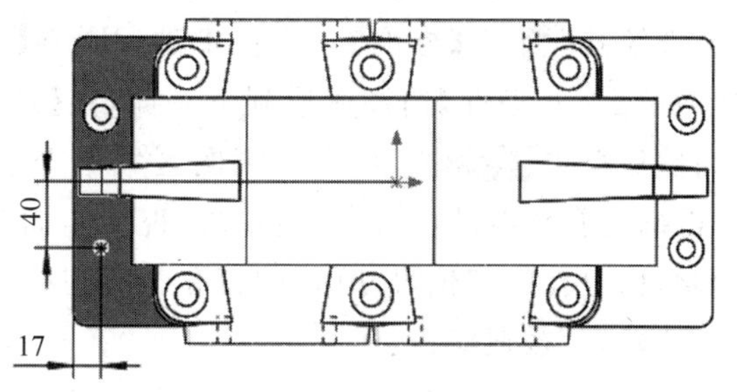

图 9.189 孔位置的草图

26. 窥视孔凸台的拉伸

选择【插入】/【凸台】/【拉伸】命令，单击箱盖顶部倾斜平面作为绘图平面，然后单击“视图定向”按钮，选择“正视于”按钮，进入草图绘制；绘制如图 9.190 所示草图，然后退出草图；弹出【凸台-拉伸】管理器，在【方向 1】下面“终止条件”选择框中选择给定深度，在“深度”右边输入框中输入 4mm，单击“确定”按钮，完成窥视孔凸台的创建。

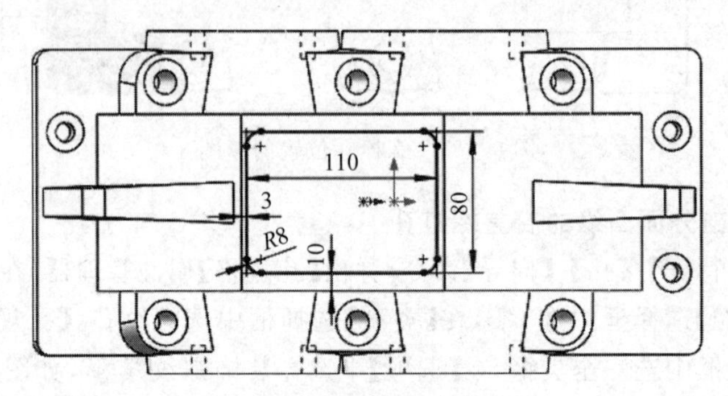

图 9.190　窥视孔凸台的草图

27. 窥视孔的切除

选择【插入】/【切除】/【拉伸】命令，单击窥视孔凸台的上表面，然后单击“视图定向”按钮，选择“正视于”按钮，进入草图绘制；绘制如图 9.191 所示草图，然后退出草图；弹出【切除-拉伸】属性管理器，在【方向 1】下面“终止条件”选择框中选择成形到下一面，单击“确定”按钮，完成窥视孔的拉伸切除。

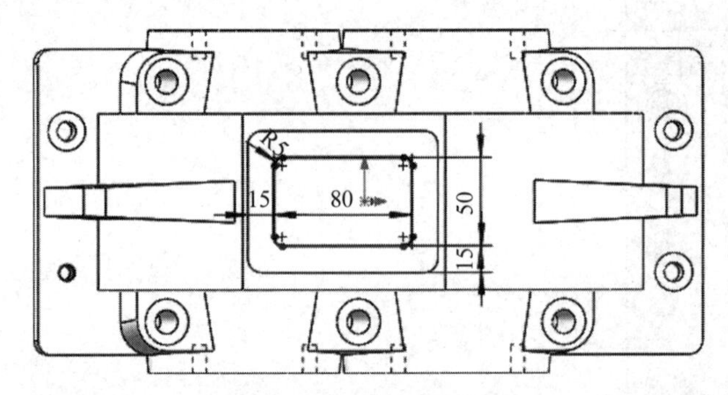

图 9.191　窥视孔的草图

28. 生成窥视孔凸台的螺纹孔

选择【插入】/【特征】/【孔】/【向导】命令，弹出【孔规格】属性管理器，在【孔类型】中选择“直螺纹孔”，在【标准】选择框中选 GB，在【类型】选择框中选螺纹孔，【孔规格】大小选择 M6，【终止条件】选择成形到下一面，在【选项】中选择“装饰螺纹线”，如图 9.192 所示；然后单击位置按钮，先在视图区域单击选择窥视孔凸台上表面作为孔所在的面，再单击确定孔所在的位置，然后单击“视图定向”按钮，选择“正视于”按钮，进入草图绘制，修改孔的定位尺寸（使螺钉孔与窥视孔凸台圆角同心），如图 9.193 所示，完成后再单击“确定”按钮。

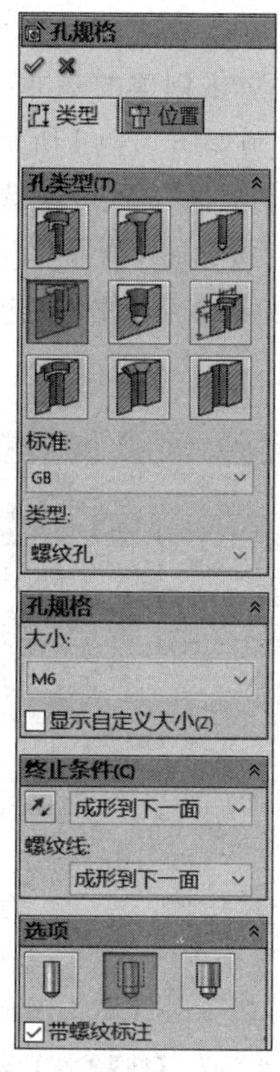

图 9.192　【孔规格】属性管理器

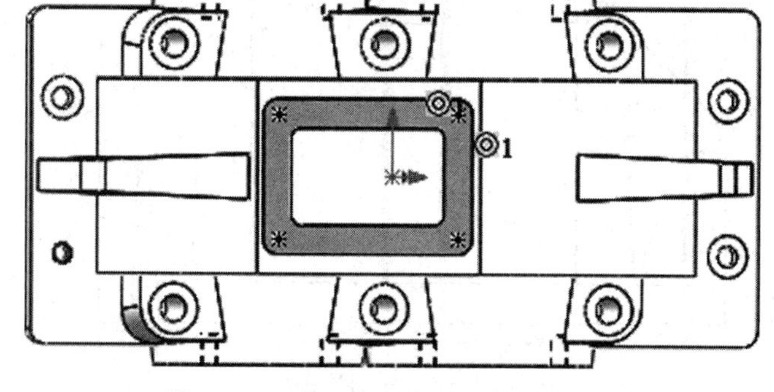

图 9.193　窥视孔凸台上螺钉孔的位置

29. 创建轴承座筋板的基准面

选择【插入】/【参考几何体】/【基准面】命令，弹出【基准面】属性管理器，在特征设计树中单击选择【右视基准面】，所选面出现在【第一参考】下面的显示框中；在"偏移距离"右面的输入框中输入 47.5mm，如图 9.194 所示，预览如图 9.195 所示，单击"确定"按钮，完成基准面的创建。

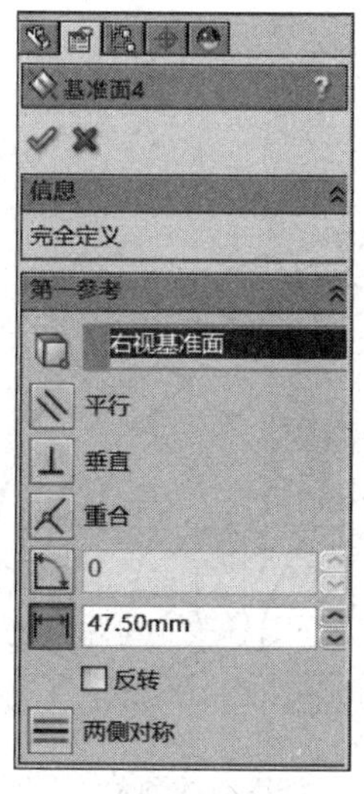

图 9.194　【基准面】属性管理器

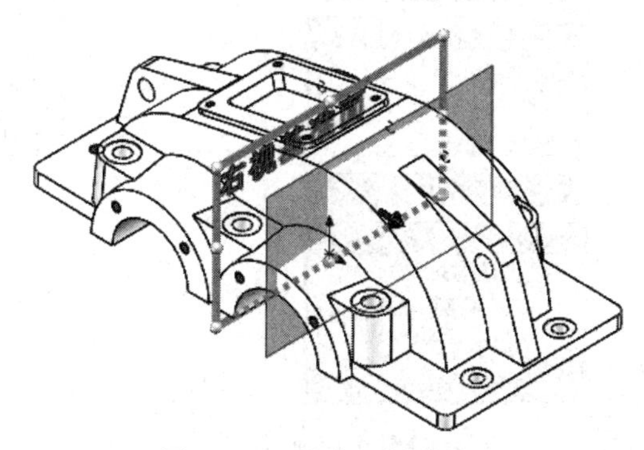

图 9.195　基准面创建预览

30. 生成轴承座的加强筋

选择【插入】/【特征】/【筋】命令，在视图区域（或特征设计树）中单击创建的基准面 4，再单击“视图定向”按钮，选择“正视于”按钮，进入草图绘制；绘制如图 9.196 所示草图，然后退出草图；在弹出的【筋】属性管理器中，在【参数】栏“厚度”中选择“两侧”选项，在【筋厚度】右边输入框中输入 8mm，【拉伸方向】选择“平行于草图”按钮，单击打开“拔模开关”，然后在其右边的输入框中输入 3°，勾选“向外拔模”选择框，最后单击“确定”按钮，完成筋特征的创建。

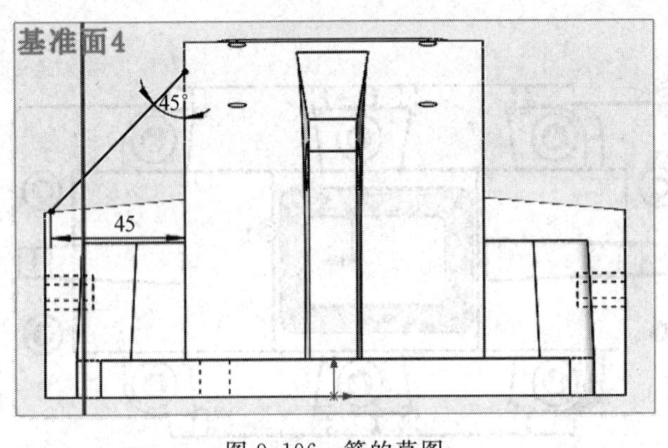

图 9.196　筋的草图

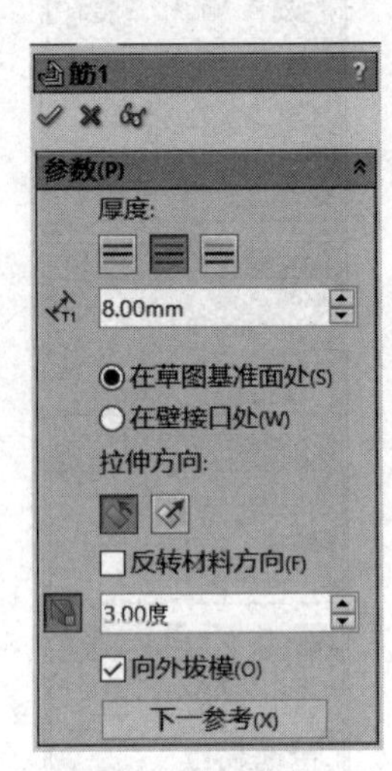

图 9.197　【筋】属性管理器

31. 镜向生成另一侧的轴承座加强筋

选择【插入】/【阵列/镜向】/【镜向】，弹出【镜向】属性管理器，在特征设计树中单击选择【前视基准面】，所选面出现在【镜向面】下面的显示框中；再在视图区域单击选择筋特征，所选特征出现在【要镜向的特征】下面的显示框中，如图 9.198、图 9.199 所示，单击“确定”按钮，完成轴承座上筋的镜向。

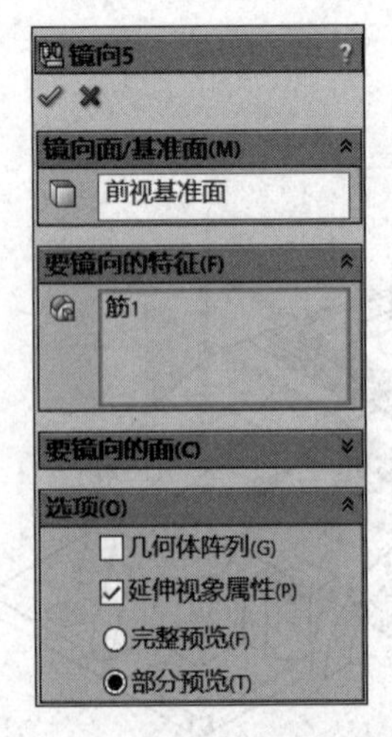

图 9.198　【镜向】属性管理器

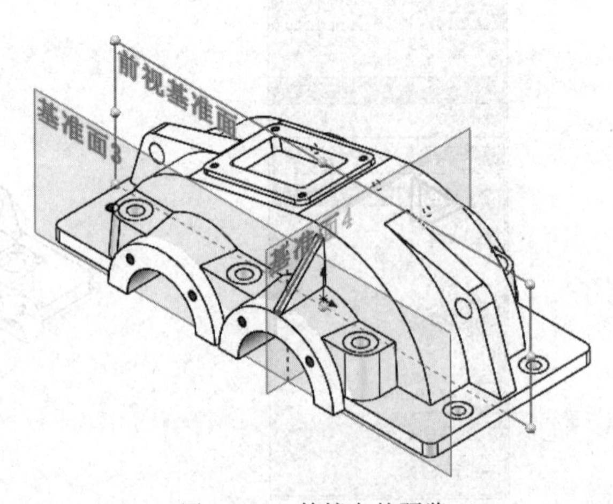

图 9.199　筋镜向的预览

32. 生成箱盖剖分面上内壁的倒角

选择【插入】/【特征】/【倒角】，弹出【倒角】属性管理器，如图 9.200 所示，在视图区域单击选择箱盖内壁的 6 段边线(见图 9.201)，所选边线出现在【倒角参数】下面的显示框中，单击选择“角度距离”，在“距离”后面输入框中输入 10mm，在“角度”后面输入框中输入 45°，单击“确定”按钮。

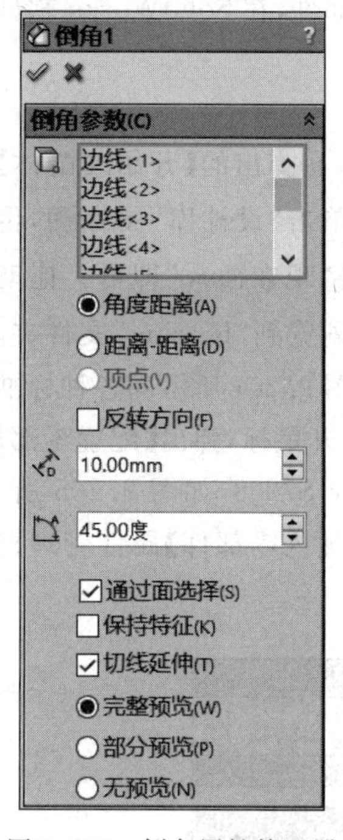

图 9.200　倒角属性管理器

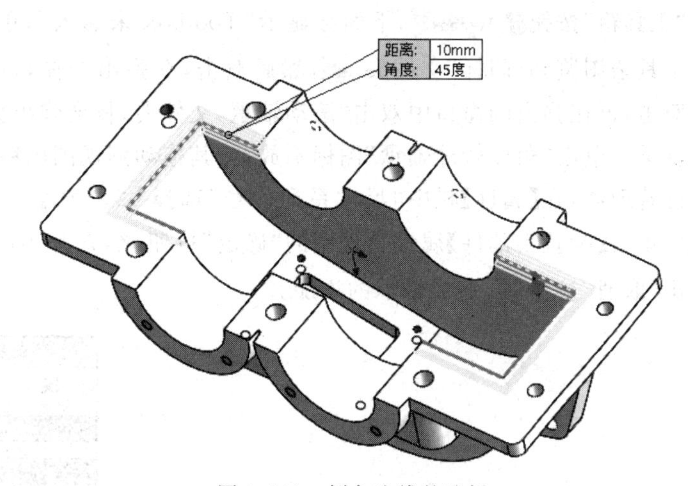

图 9.201　倒角边线的选择

33. 生成窥视孔凸台与箱体连接处的圆角

对窥视孔凸台与箱体外壁连接处的边线进行圆角处理，圆角半径 2mm，如图 9.202 所示。

最后完成的箱盖模型如图 9.203 所示。

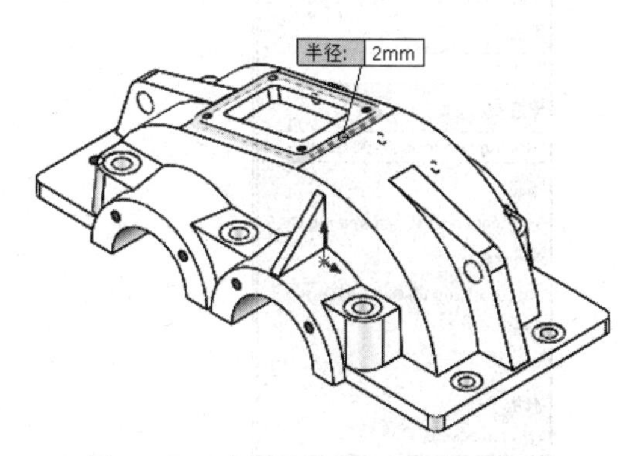

图 9.202　窥视孔凸台边线的圆角预览

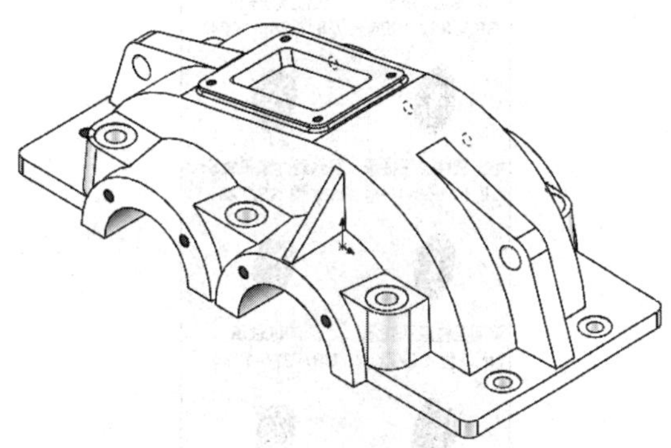

图 9.203　箱盖的实体模型

9.6　标准件及减速器附件的建模

本节介绍滚动轴承、螺栓、螺母、弹性垫圈、螺钉及圆锥销等标准件的三维实体模型的创建,这些标准件的三维模型创建都可以从 SolidWorks 软件中的标准设计库直接调用。减速器附件如油塞、油标尺、通气螺塞及起盖螺钉等有螺纹标准的零部件,在 SolidWorks 软件的标准设计库中是没有的,需要由自己创建。

1. 滚动轴承的建模

启动 SolidWorks 2014,选择【文件】/【新建】/【装配体】命令,在弹出的【开始装配体】属性管理器中单击"确定"按钮✔。在视图区右侧的任务窗格中,单击"设计库"图标,再单击"工具箱"按钮 Toolbox ,下面会显示"Toolbox 未插入",单击"现在插入"即可。拖动下拉工具条浏览到"国标"文件夹,然后双击,在弹出的窗口中浏览到"bearing"文件夹并双击,再在弹出的窗口中双击"滚动轴承"文件夹,将会弹出如图 9.204 所示的各种标准滚动轴承。单击"角接触球轴承"图标不放,将其拖动到视图区后放开鼠标,弹出【配置零部件】属性管理器,在【属性】栏中"尺寸系列代号"选择 02,"大小"选择 S7208,如图 9.205 所示。然后单击【配置零部件】属性管理中的"确定"按钮✔,在弹出的【插入零部件】属性管理器中单击"取消"按钮✖,完成轴承的添加。

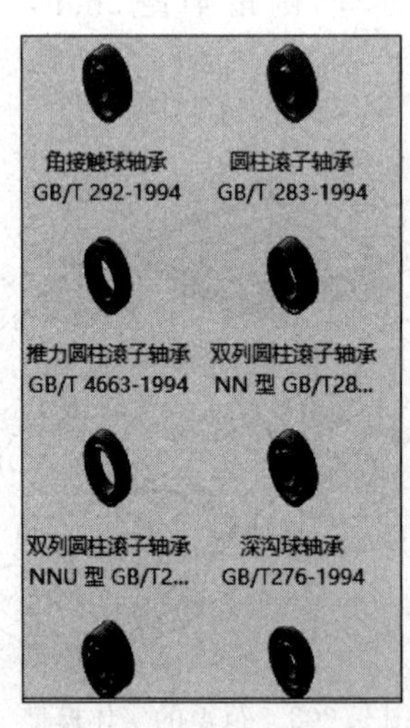

图 9.204　各种滚动轴承

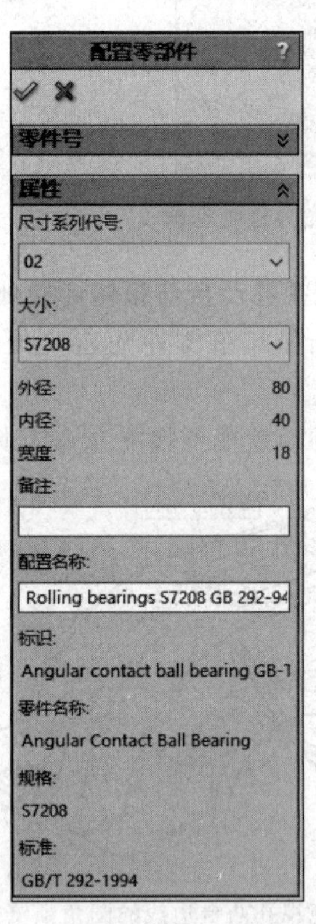

图 9.205　【配置零部件】属性管理器

选择【文件】/【保存所有】命令,系统会弹出"您想在保存前重建文档吗?"的对话框,单击重建并保存文档。在弹出保存的文件对话框中，在【文件名】输入栏中输入“低速轴轴承”，在【保存类型】中选择“Part”，选中“所有零部件”单选按钮，如图 9.206 所示，单击“保存”按钮 保存(S) ，将装配体中的轴承另存为零件，系统会弹出“默认模板无效”的警告，单击【确定】按钮。将装配体关闭，选择不保存，退出装配体界面。

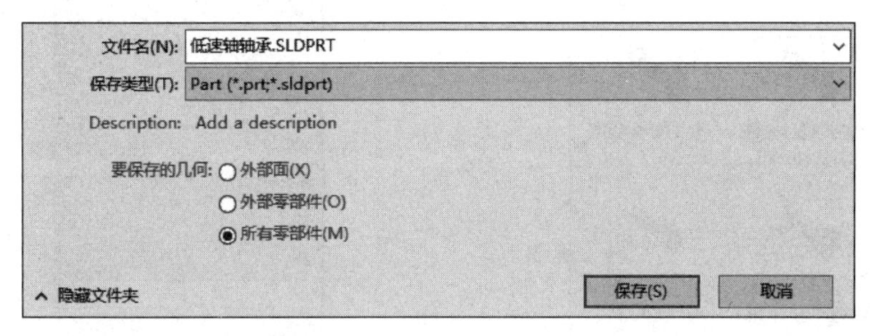

图 9.206　保存文件对话框

可以使用同样的方法创建高速轴轴承，不同的只是在【配置零部件】属性管理器中，“大小”选 S7207，再以“高速轴轴承”作零件名称保存零件。

2. 六角头螺栓的建模

选择【文件】/【新建】/【装配体】命令，从“工具箱” Toolbox 里找到“国标”文件夹，然后双击，在弹出的窗口中浏览到“bolts and studs”文件夹并双击，在弹出的窗口中双击“六角头螺栓”文件夹，将会弹出如图 9.207 所示的各种标准六角头螺栓。单击“六角头螺栓” Hex head bolts GB/T5782-2000 图标不放，将其拖动到视图区后放开鼠标，弹出【配置零部件】属性管理器，如图 9.208 所示。在【属性】栏中“大小”选 M12，“长度”选 120mm，“螺纹线显示”选装饰，然后单击【配置零部件】属性管理中的“确定”按钮，在弹出的【插入零部件】管理器中单击“取消”按钮，完成六角头螺栓的创建；将文件以“六角头螺栓 M12”命名，保存为零件。

可以同样的方法创建相同类型的公称直径 10mm、长度 45mm 的六角头螺栓。

3. 六角螺母的建模

选择【文件】/【新建】/【装配体】命令，从“工具箱” Toolbox 里找到“国标”文件夹，然后双击，在弹出的窗口中浏览到“螺母”文件夹并双击，在弹出的窗口中双击“六角螺母”文件夹，将会弹出如图 9.209 所示的各种标准六角螺母。单击“2 型六角螺母 GB/T 6175—2000”图标不放，将其拖动到视图区后放开鼠标，弹出【配置零部件】属性管理器，在【属性】栏中“大小”选 M12，“类型”选 Normal Style，“螺纹线显示”选装饰，如图 9.210 所示，然后单击【配置零部件】中的“确定”按钮，在弹出的【插入零部件】管理器中单击“取消”按钮，完成六角螺母的添加；将文件以“六角螺母 M12”命名，保存为零件。

4. 弹簧垫圈的建模

选择【文件】/【新建】/【装配体】命令，从“工具箱” Toolbox 里找到“国标”文件夹，然后双击，在弹出的窗口中浏览到“垫圈和挡圈”文件夹并双击，在弹出的窗口中双击“弹簧螺垫”文件夹，将会弹出如图 9.211 所示的各种标准弹簧垫圈。左击“标准型弹簧垫圈”图标不放，将其拖动到视图区后放开鼠标，弹出【配置零部件】属性管理器，在【属性】栏中“大小”选 12，如图 9.212 所示。然后单击【配置零部件】中的“确定”按钮，在弹出的【插入零部件】管理器中单击“取消”按钮，完成弹簧垫圈的添加；将文件以“弹簧垫圈 12”命名，保存为零件。

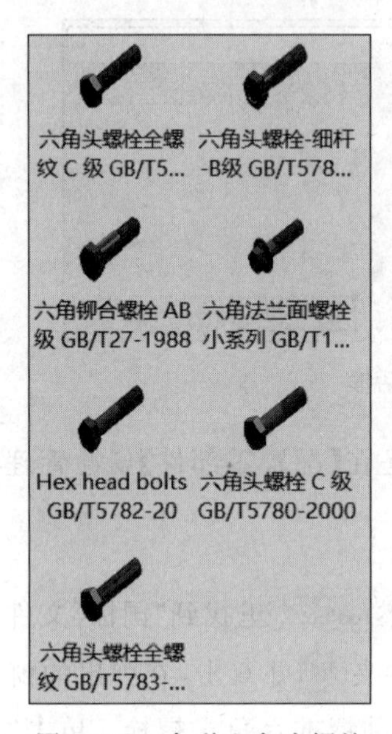

图 9.207　各种六角头螺栓

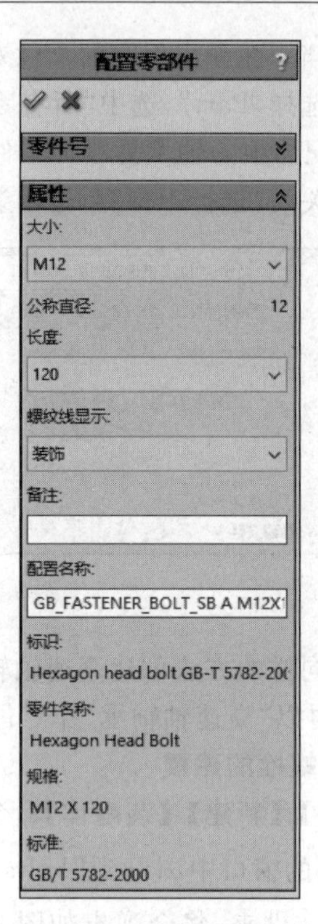

图 9.208　【配置零部件】属性管理器

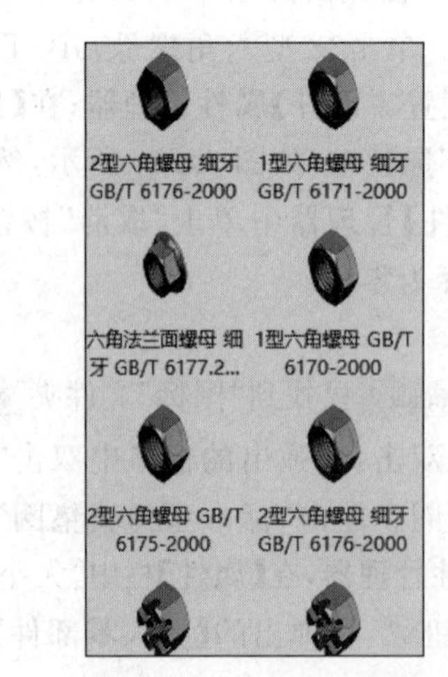

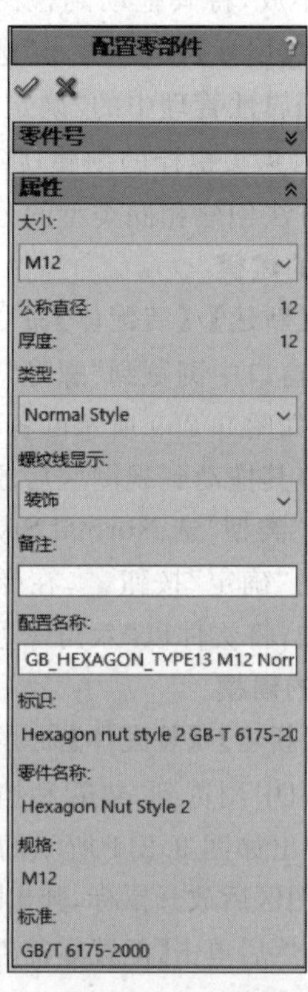

图 9.209　各种六角螺母　　　　图 9.210　【配置零部件】属性管理器

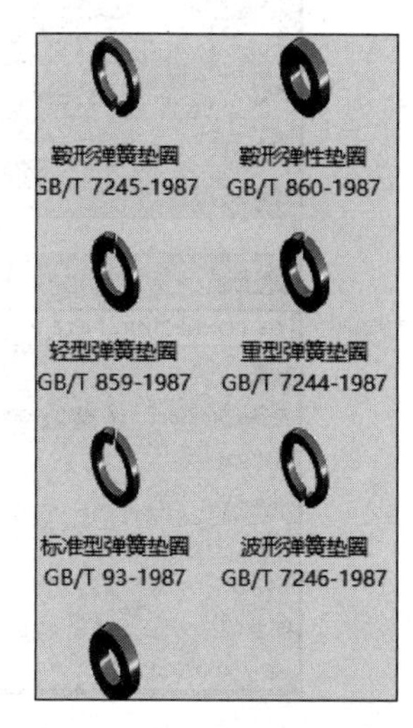

图 9.211　各种弹簧垫圈

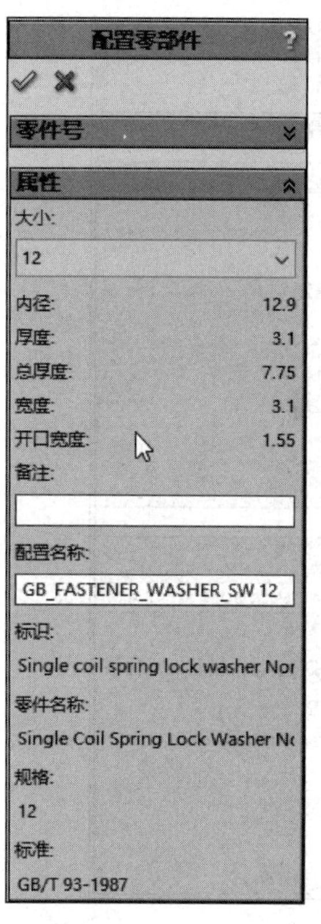

图 9.212　【配置零部件】属性管理器

5. 六角头螺钉的建模

选择【文件】/【新建】/【装配体】命令，从“工具箱” Toolbox 找到“国标”文件夹，然后双击，在弹出的窗口中浏览到“bolts and studs”文件夹并双击，在弹出的窗口中双击“六角头螺栓”文件夹，将会弹出如图 9.207 所示的各种标准六角头螺栓。单击“六角头螺栓全螺纹 GB/T 5783—2000”图标不放，将其拖动到视图区后放开鼠标，弹出【配置零部件】属性管理器，在【属性】栏中“大小”选择 M8，“长度”选择 25，“螺旋线显示”选装饰，如图 9.213 所示；然后单击【配置零部件】属性管理中的“确定”按钮，在弹出的【插入零部件】管理器中单击“取消”按钮，完成六角头螺钉的创建；将文件以“六角头螺钉 M8”命名，保存为零件。

6. 圆锥销的建模

选择【文件】/【新建】/【装配体】命令，从“工具箱” Toolbox 找到“国标”文件夹，然后双击，在弹出的窗口中浏览到“销和键”文件夹并双击，在弹出的窗口中双击“锥销”文件夹，将会弹出如图 9.214 所示的各种标准圆锥销。单击“圆锥销”图标不放，将其拖动到视图区后放开鼠标，弹出【配置零部件】属性管理器，在【属性】栏中“大小”选 M8，“长度”选 35，“类型”选 A，如图 9.215 所示；然后单击【配置零部件】属性管理中的“确定”按钮，在弹出的【插入零部件】管理器中单击“取消”按钮，完成销钉的创建；将文件以“圆锥销 8”命名，保存为零件。

图 9.213　【配置零部件】属性管理器

图 9.214　各种圆锥销

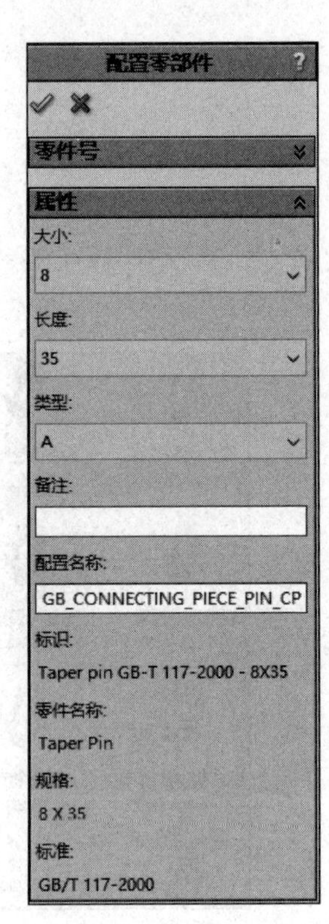

图 9.215　【配置零部件】属性管理器

7. 油塞的建模

选择菜单【文件】/【新建】,选择【零件】按钮,然后单击【确定】,进入创建零件界面。

(1) 选择【插入】/【凸台】/【旋转】,在视图区域中单击选择前视基准面作为绘图平面,进入草图绘制;绘制如图 9.216 所示草图:通过油塞中心线的横截面的封闭图形及一条点画线,点画线用作油塞的旋转中心线,绘制完成单击“确定”按钮,退出草图。

系统弹出【旋转】属性管理器,先在视图区域单击选择中心线,所选中心线出现在【旋转轴】下面的显示框中,在【方向 1】下面“旋转类型”中选择给定深度,在“角度”输入框中输入 360°,如图 9.217 所示,单击“确定”按钮,完成油塞的旋转实体创建。

(2) 选择菜单【插入】/【凸台】/【拉伸】,在视图区域中单击旋转生成的凸缘表面作为绘图平面,然后单击“视图定向”按钮,选择“正视于”按钮,进入草图绘制;绘制如图 9.218 所示草图,然后单击“确认”按钮,退出草图;弹出【凸台-拉伸】属性管理器,在【方向 1】下面“终止条件”下拉框中选给定深度,在“深度”右边输入框中输入 8mm,如图 9.219 所示,单击“确定”按钮,完成油塞的六角头拉伸。

(3) 选择菜单【视图】/【临时轴】命令,则在油塞上显示出临时轴线,如图 9.220 所示。

(4) 选择菜单【插入】/【切除】/【旋转】,在【特征设计树】中单击前视基准面作为绘图平面,然后单击“视图定向”按钮,选择“正视于”按钮,进入草图绘制;绘制如图 9.221 所示草图,单击“确定”按钮,退出草图。弹出【切除-旋转】属性管理器,先在视图区域单击选择油塞的临时轴,所选轴线出现在【旋转轴】下面的显示框中,在【方向 1】下面“旋转类型”中选择给定深度，在“角度”输入框中输入 360°，如图 9.222 所示，单击“确定”按钮，完成油塞的六角头圆角的旋转切除。

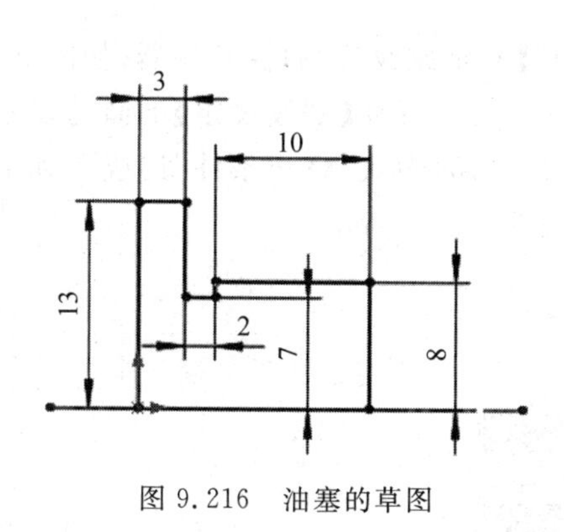

图 9.216　油塞的草图

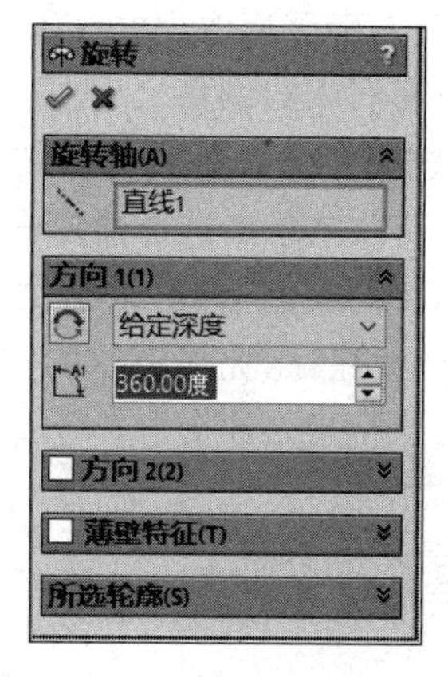

图 9.217　【旋转】属性管理器

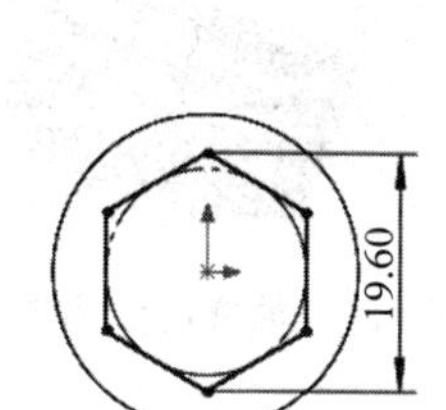

图 9.218　油塞六角头的草图

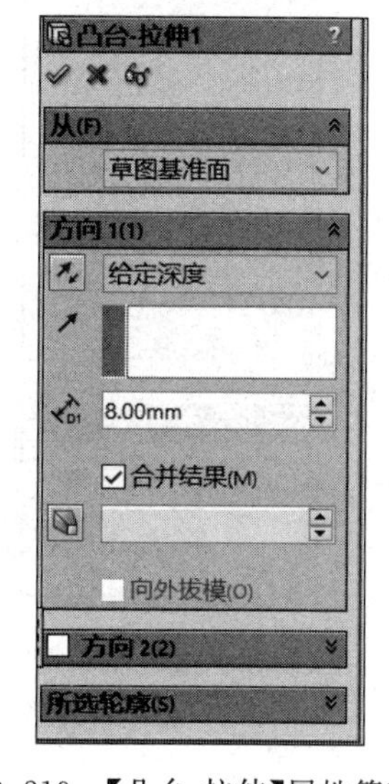

图 9.219　【凸台-拉伸】属性管理器

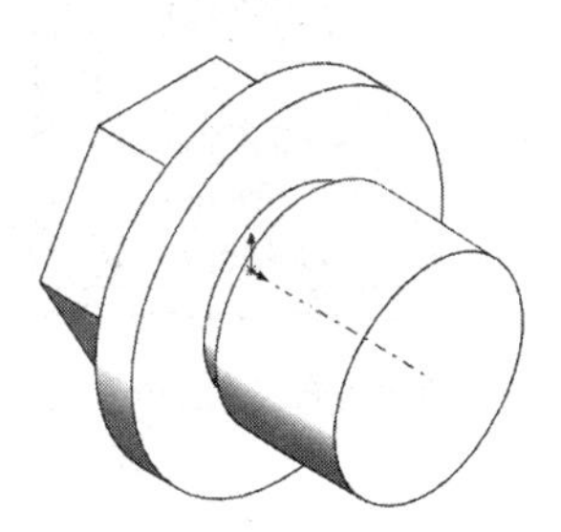

图 9.220　油塞的轴线

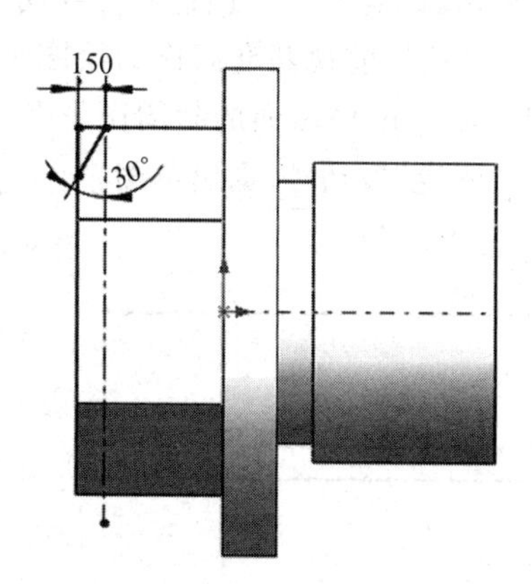

图 9.221　油塞六角头圆角的草图

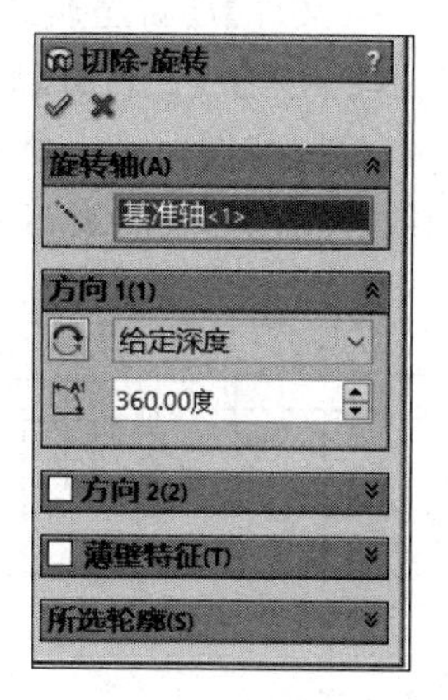

图 9.222　【切除-旋转】属性管理器

(5) 选择【插入】/【特征】/【倒角】，弹出【倒角】属性管理器，先在视图区域单击选择油塞右端的边线，所选边线出现在【倒角参数】下面的显示框中，单击选择【角度距离】单选项，在“距离”输入框中输入 1mm，在“角度”输入框中输入 45°，见图 9.223，单击“确定”按钮，完成油塞右端的倒角。

(6) 选择【插入】/【注解】/【装饰螺纹线】，弹出【装饰螺纹线】属性管理器，如图 9.224 所示，先在视图区域单击选择油塞右端的边线，所选边线出现在【螺纹设定】下面的显示框中，“标准”选 GB，“类型”选机械螺纹，“大小”选 M16×1.5，螺纹“终止条件”选成形到下一面，单击“确定”按钮，完成螺塞的实体模型创建，如图 9.225 所示。

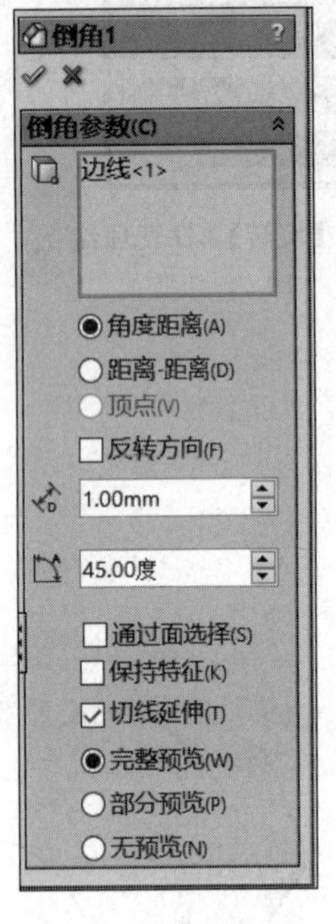

图 9.223 【倒角】属性管理器

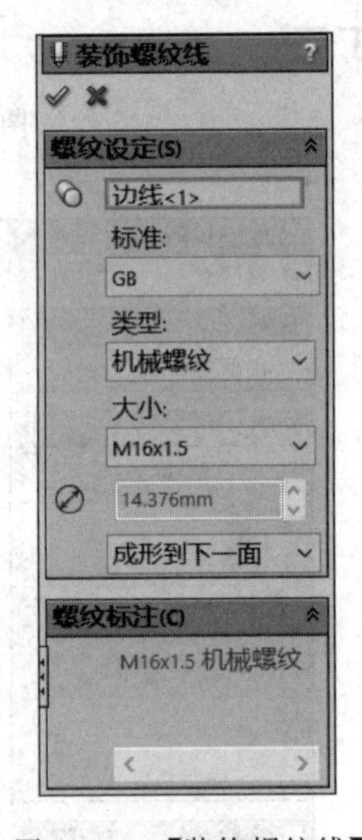

图 9.224 【装饰螺纹线】属性管理器

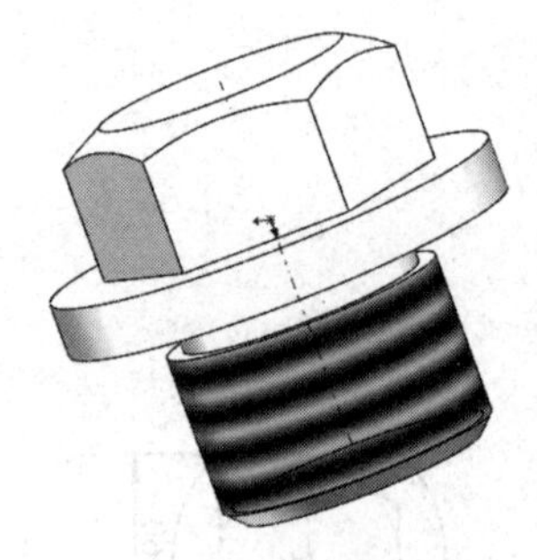

图 9.225 油塞的实体模型

8. 油标尺的建模

选择菜单【文件】/【新建】，选择【零件】按钮，然后单击【确定】，进入创建零件界面。

(1) 选择【插入】/【凸台】/【旋转】，在视图区域中单击选择前视基准面作为绘图平面，进入草图绘制；绘制如图 9.226 所示草图：通过油标尺中心线的横截面的封闭图形及一条点画线，点画线用作油标尺的旋转中心线，绘制完成单击“确定”按钮，退出草图。

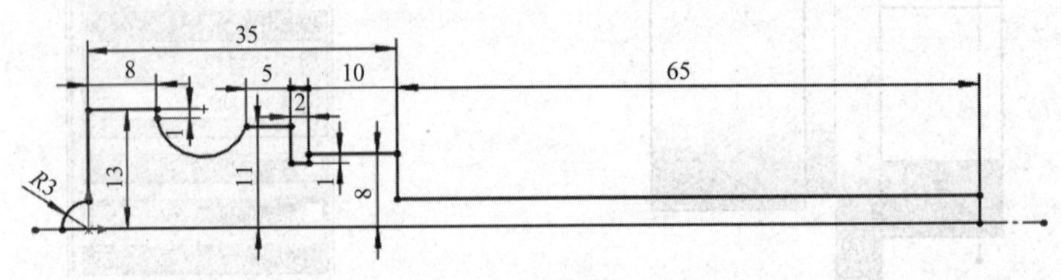

图 9.226 油标尺的草图

系统弹出【旋转】属性管理器，先在视图区域单击选择中心线，所选中心线出现在【旋转轴】下面的显示框中，在【方向 1】下面“旋转类型”中选给定深度，在“角度”输入框中输入 360°，如图 9.227 所示，单击“确定”按钮，完成油标尺的旋转实体创建。

(2) 选择【插入】/【特征】/【倒角】，弹出【倒角】属性管理器，先在视图区域单击选择油标尺的 3 条边线，如图 2.228 所示；所选边线出现在【倒角参数】下面的显示框中，单击选择【角度距离】单选项，在“距离”输入框中输入 1mm，在“角度”输入框中输入 45°，见图 9.229，单击“确定”按钮，完成油标尺的倒角。

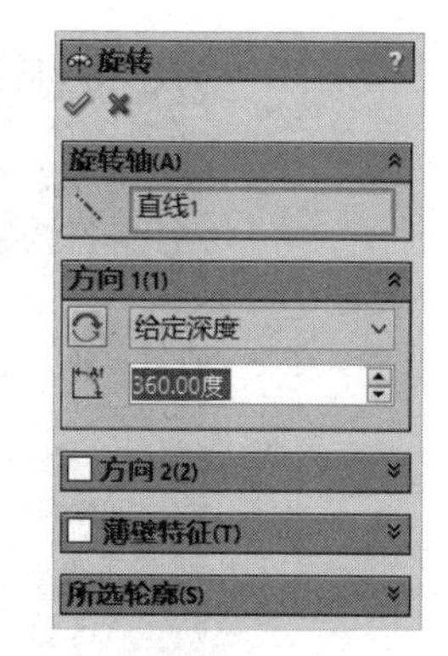

图 9.227　【旋转】属性管理器

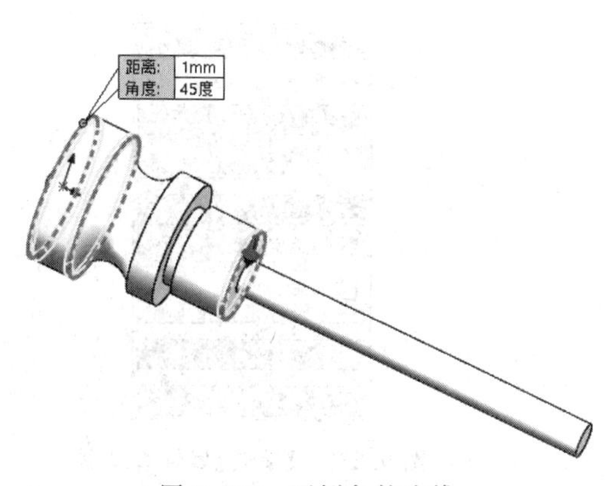

图 9.228　要倒角的边线

图 9.229　【倒角】属性管理器

(3) 选择【插入】/【注解】/【装饰螺纹线】，弹出【装饰螺纹线】属性管理器，如图 9.230 所示，先在视图区域单击选择油标尺 $\phi16$ 段右端的边线，所选边线出现在【螺纹设定】下面的显示框中，“标准”选 GB，“类型”选机械螺纹，“大小”选 M16，螺纹“终止条件”选成形到下一面，单击“确定”按钮，完成油标尺实体模型的创建，如图 9.231 所示。

9. 通气螺塞的建模

选择菜单【文件】/【新建】，选择【零件】按钮，然后单击【确定】，进入创建零件界面。

(1) 选择【插入】/【凸台】/【旋转】，在视图区域中单击选择前视基准面作为绘图平面，进入草图绘制；绘制如图 9.232 所示草图：通过通气螺塞中心线的横截面的封闭图形及一条点画线，点画线用作通气螺塞的旋转中心线，绘制完成单击“确定”按钮，退出草图。

系统弹出【旋转】属性管理器，先在视图区域单击选择中心线，所选中心线出现在【旋转轴】下面的显示框中，在【方向 1】下面“旋转类型”中选给定深度，在“角度”输入框中输入 360°，如图 9.233 所示，单击“确定”按钮，完成通气螺塞的旋转实体创建。

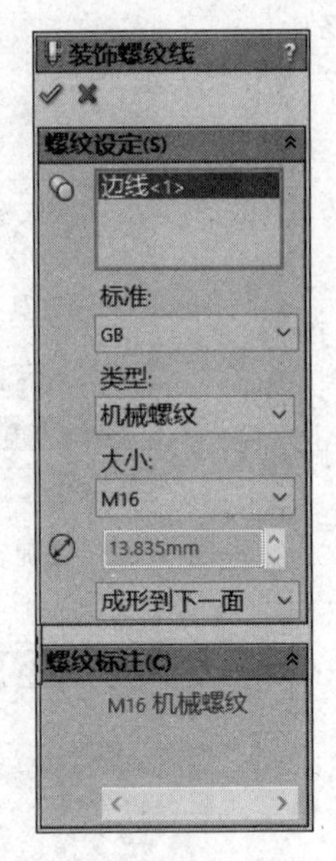

图 9.230 【装饰螺纹线】属性管理器

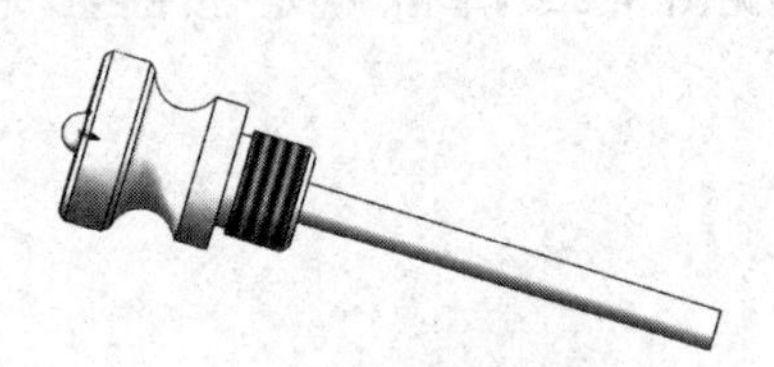

图 9.231 油标尺的实体模型

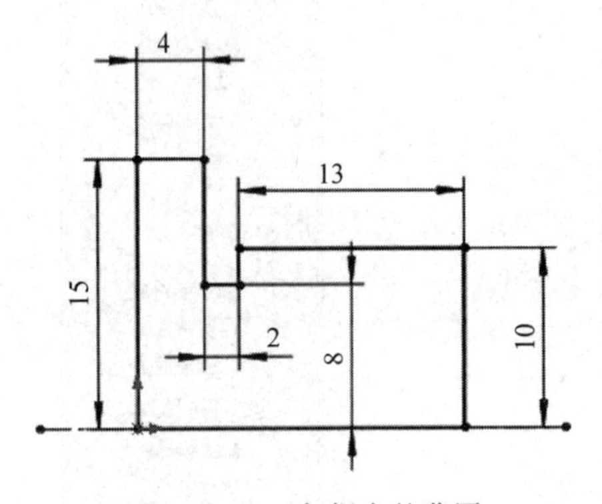

图 9.232 通气螺塞的草图

图 9.233 【旋转】属性管理器

(2) 选择菜单【插入】/【凸台】/【拉伸】,在视图区域中单击旋转生成的凸缘表面作为绘图平面,然后单击“视图定向”按钮,选择“正视于”按钮,进入草图绘制;绘制如图 9.234 所示草图,然后单击“确定”按钮,退出草图;弹出【凸台-拉伸】属性管理器,在【方向 1】下面“终止条件”下拉框中选给定深度,在“深度”右边输入框中输入 9mm,单击“确定”按钮,完成通气螺塞的六角头拉伸。

(3) 选择菜单【视图】/【临时轴】命令,则在油塞上显示出临时轴线,如图 9.235 所示。

(4) 选择菜单【插入】/【切除】/【旋转】,在【特征设计树】中单击前视基准面作为绘图平面,然后单击“视图定向”按钮,选择“正视于”按钮,进入草图绘制;绘制如图 9.236 所示草图,单击“确定”按钮,退出草图。弹出【切除-旋转】属性管理器,先在视图区域单击选择通气螺塞的临时轴,所选轴线出现在【旋转轴】下面的显示框中,在【方向 1】下面“旋转类型”中选择给定深度,在“角度”输入框中输入 360°,单击“确定”按钮,完成油塞的六角头圆角的旋转切除。

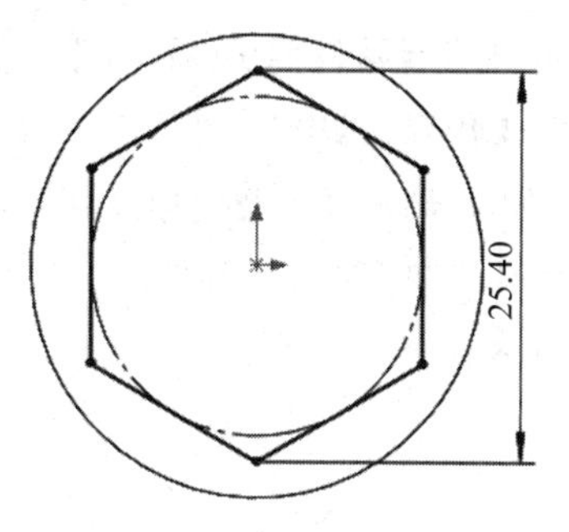

图 9.234　油塞六角头的草图

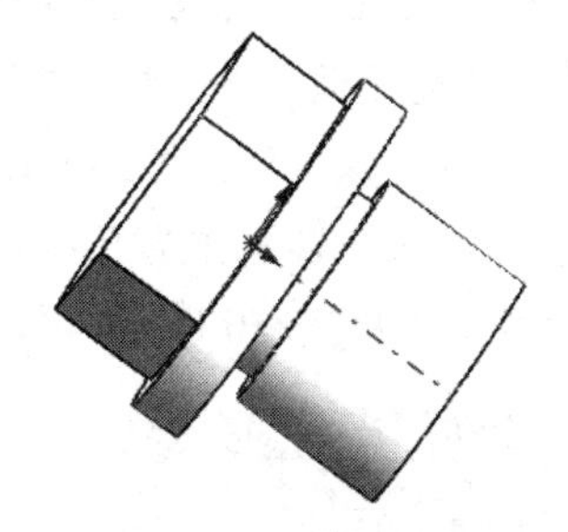

图 9.235　通气螺塞的临时轴

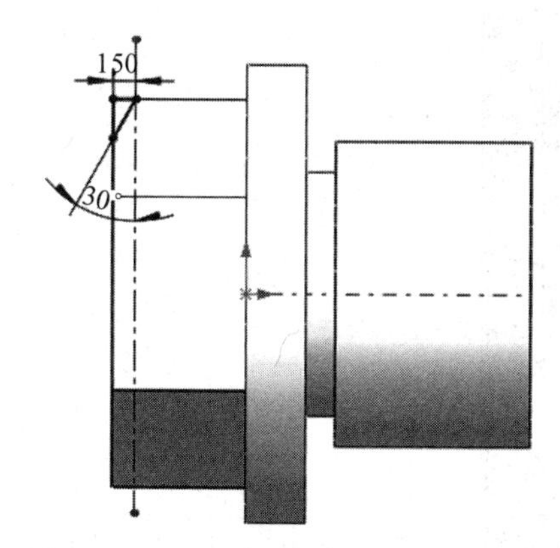

图 9.236　通气螺塞六角头圆角的草图

(5) 选择【插入】/【特征】/【倒角】，弹出【倒角】属性管理器，先在视图区域单击选择通气螺塞右端的边线，所选边线出现在【倒角参数】下面的显示框中，单击选择【角度距离】单选项，在“距离”输入框中输入 1mm，在“角度”输入框中输入 45°，单击“确定”按钮，完成通气螺塞右端的倒角。

(6) 选择【插入】/【注解】/【装饰螺纹线】，弹出【装饰螺纹线】属性管理器，如图 9.237 所示，先在视图区域单击选择通气螺塞右端的边线，所选边线出现在【螺纹设定】下面的显示框中，“标准”选 GB，“类型”选机械螺纹，“大小”选 M20×1.5，螺纹“终止条件”选成形到下一面，单击“确定”按钮，结果如图 9.238 所示。

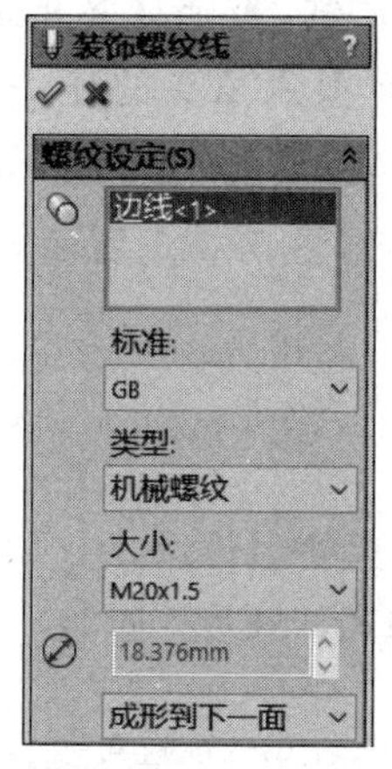

图 9.237　【装饰螺纹线】属性管理器

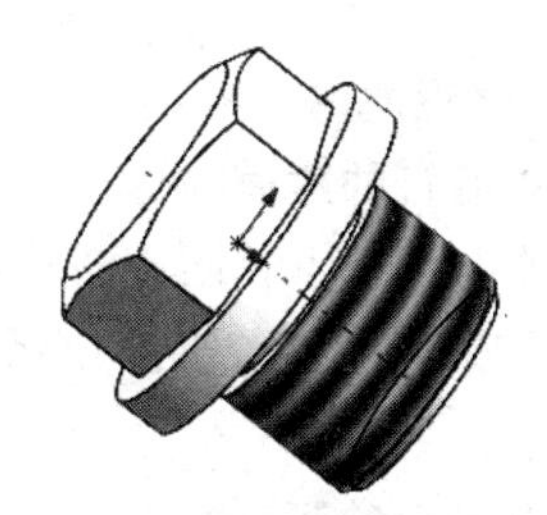

图 9.238　通气螺塞的装饰螺纹线

(7) 选择【插入】/【特征】/【孔】/【向导】，弹出【孔规格】属性管理器，在【孔类型】中选"孔"，在"标准"选择框中选 GB，"类型"选钻孔大小；【孔规格】中"大小"选 $\phi6$；【终止条件】选择给定深度，"盲孔深度"输入 23mm，如图 9.239 所示；然后单击位置按钮，先在视图区域单击选择通气螺塞右端面作为孔所在的面，再单击圆截面中心(与临时轴线重合的点)作为孔所在的位置，如图 9.240 所示，再单击"确定"按钮。

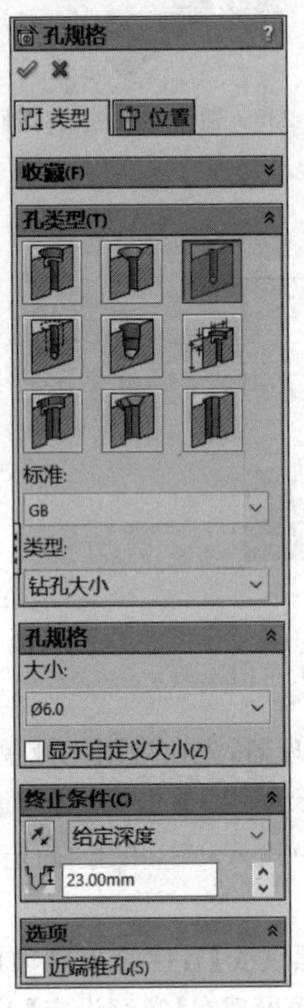

图 9.239　孔规格属性管理器

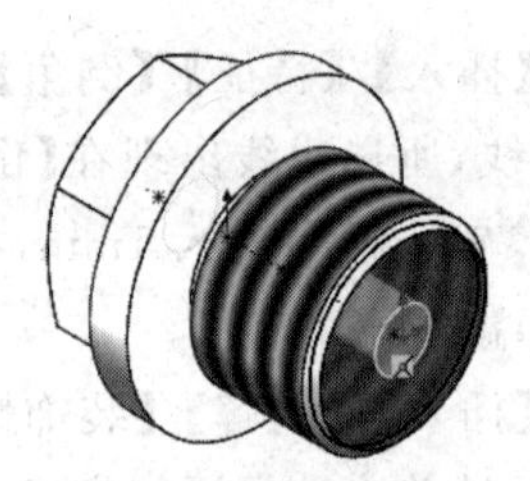

图 9.240　通气螺塞端面的孔位置

(8) 选择【插入】/【特征】/【孔】/【向导】，弹出【孔规格】属性管理器，在【孔类型】中选"孔"，"标准"选 GB，"类型"选钻孔大小；【孔规格】中"大小"选 $\phi6$；【终止条件】选择完全贯穿；然后单击位置按钮，先在视图区域单击选择通气螺塞六角头的任一平面作为孔所在的面，再在此平面适当位置单击作为孔所在的位置，然后单击"视图定向"按钮，选择"正视于"按钮，进入草图绘制，修改孔的定位尺寸，如图 9.241 所示，再单击"确定"按钮。

最后，通气螺塞的实体模型如图 9.242 所示。

10. 起盖螺钉的建模

(1) 与本节第 5 点相同方法从设计库里调出"六角头螺栓全螺纹 GB/T 5783—2000"，弹出【配置零部件】属性管理器，在【属性】栏中"大小"选 M10，"长度"选 20，其他设置相同，保存为零件。

(2) 打开保存的起盖螺钉文件，在螺钉端面拉伸生成一段 $\phi7$、长度 4mm 的圆柱体。

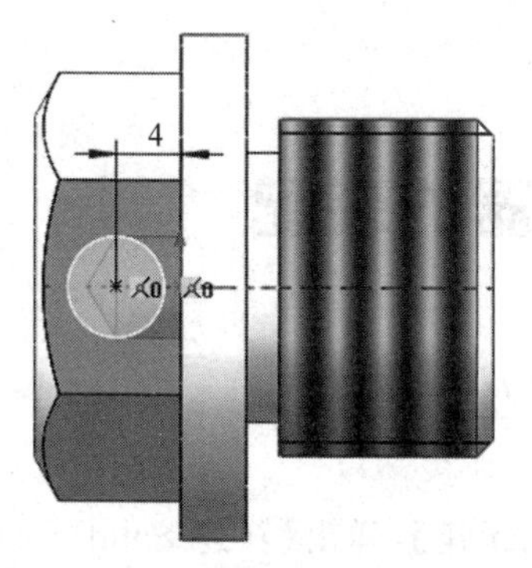

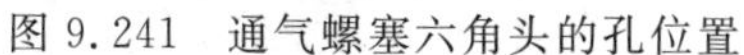

图 9.241　通气螺塞六角头的孔位置

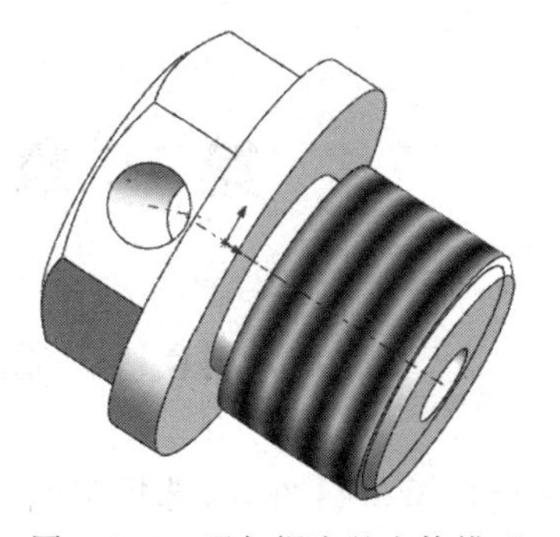

图 9.242　通气螺塞的实体模型

(3) 对拉伸生成的圆柱体端面进行圆角处理，选择圆柱体端面边线作圆角边线，如图 9.243 所示；在【圆角】属性管理器中设置圆角半径 2mm，轮廓选圆形，如图 9.244 所示，再单击“确定”按钮✔。

生成的起盖螺钉实体模型如图 9.245 所示。

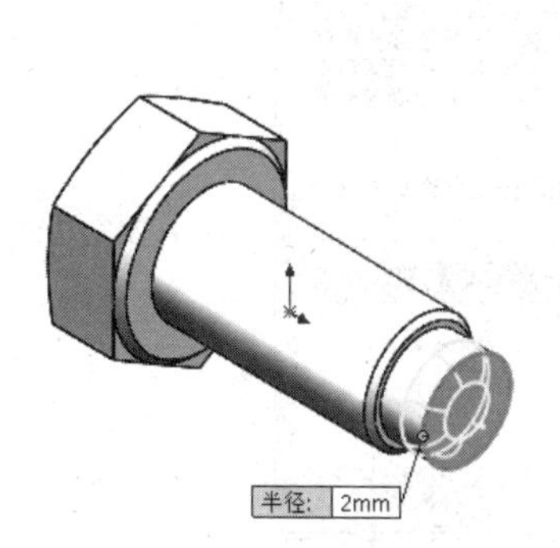

图 9.243　要圆角的边线

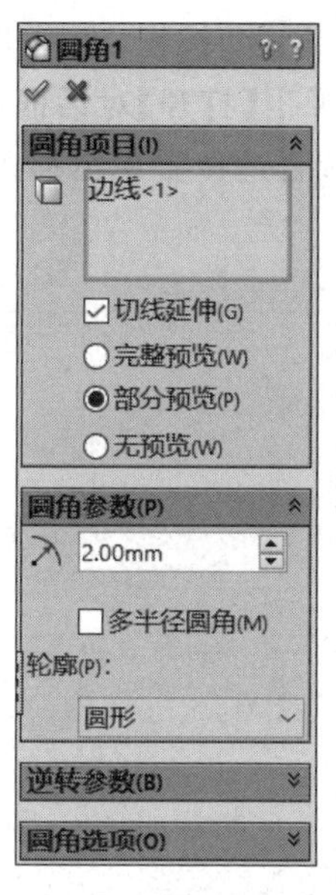

图 9.244　【圆角】属性管理器

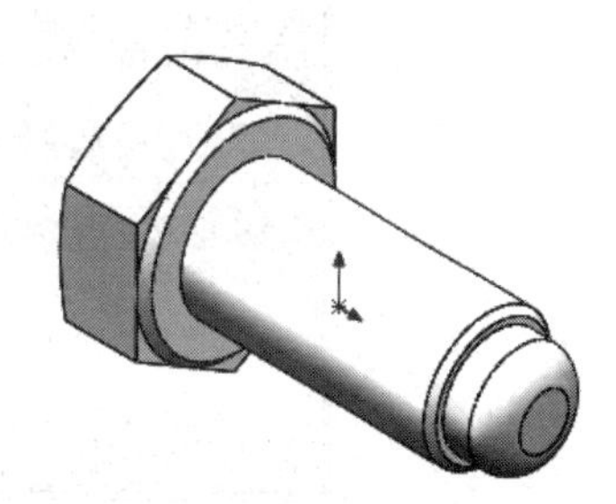

图 9.245　起盖螺钉的实体模型

第10章　减速器的装配

10.1　高速轴装配体的建模

启动 SolidWorks 2014，选择菜单栏中【文件】/【新建】，弹出【新建 SolidWorks 文件】对话框，选择【装配体】按钮，然后单击【确定】。

1. 插入高速轴

在弹出的【开始装配体】属性管理器中单击“浏览”按钮 浏览(B)... （见图 10.1），弹出【打开】对话框，在文件夹中找到“高速齿轮轴”零件，然后单击“打开”按钮，在视图区域任选位置单击插入高速轴。

2. 插入并安装挡油盘

单击装配体命令管理器中 插入零部件 按钮，在弹出的【插入零部件】属性管理器中单击“浏览”按钮 浏览(B)... （见图 10.2），弹出【打开】对话框，在文件夹中找到“高速轴挡油盘”零件，然后单击“打开”按钮，在视图区域合适位置单击插入挡油盘。

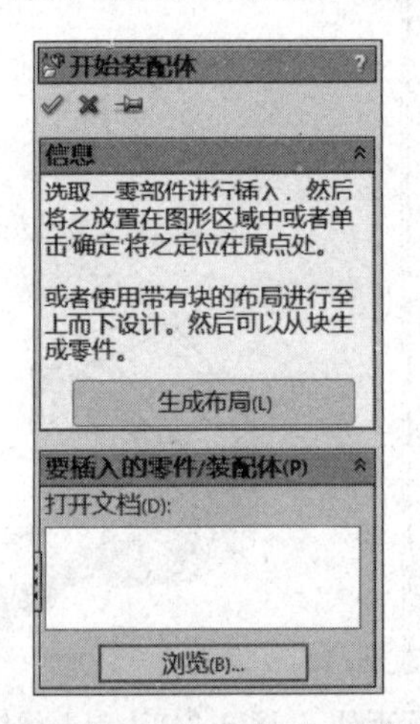

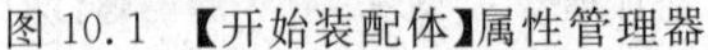
图 10.1　【开始装配体】属性管理器

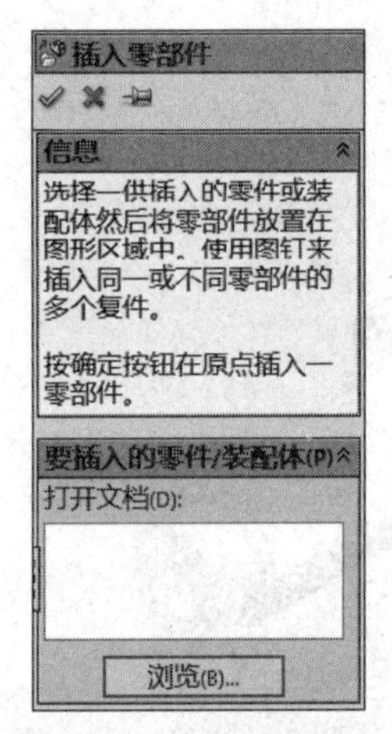

图 10.2　【插入零部件】属性管理器

为了便于装配，可先通过单击装配体命令管理器中“移动零部件”按钮和“旋转零部件”按钮来调整挡油盘的位置，将挡油盘放置在轴的左侧，挡油盘直径较大一侧朝向轴。

单击 配合 按钮，弹出【配合】属性管理器，在视图区域中选择高速轴左端轴段的圆柱面及挡油盘的圆柱孔，如图 10.3 所示，所选面将出现在【配合选择】中“要配合的实体”右侧的显示框中，在【标准配合】中选择“同轴心”按钮 同轴心(N)，如图 10.4 所示，单击“确定”按钮，定义了轴与挡油盘的轴线重合。系统自动又弹出【配合】属性管理器，在视图区域选择挡油盘的右端面及轴左侧第一个轴肩端面，如图 10.5 所示，所选面将出现在【配合选择】中“要配合的实体”右侧的显示框中，在【标准配合】中选择“重合”按钮 重合(C)，如图 10.6 所示，单击“确定”按钮，完成挡油盘的安装。

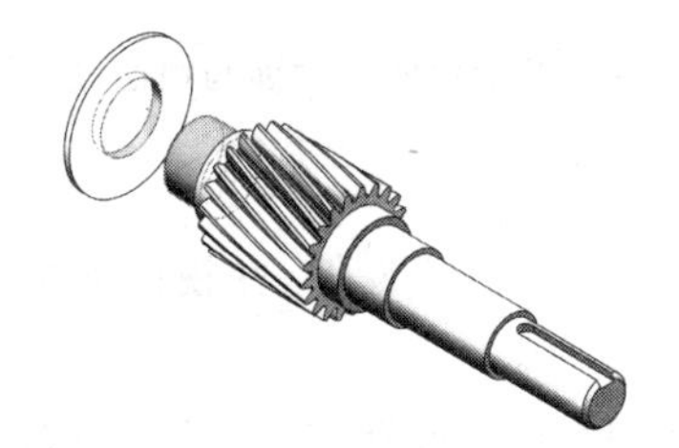

图 10.3　轴段的圆柱面与挡油盘孔的选择

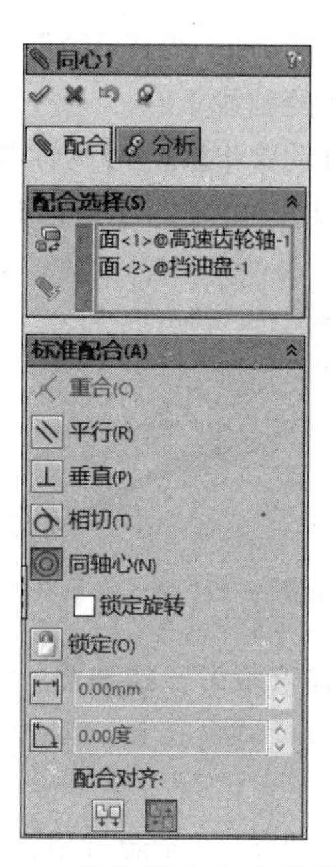

图 10.4　【配合】属性管理器(同心)

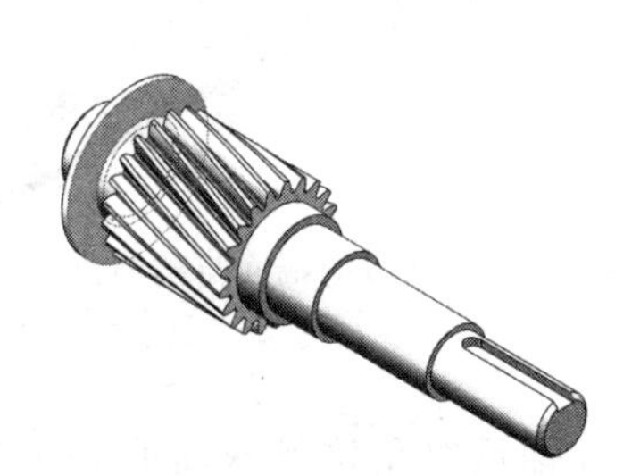

图 10.5　轴段端面与挡油盘左侧面的选择

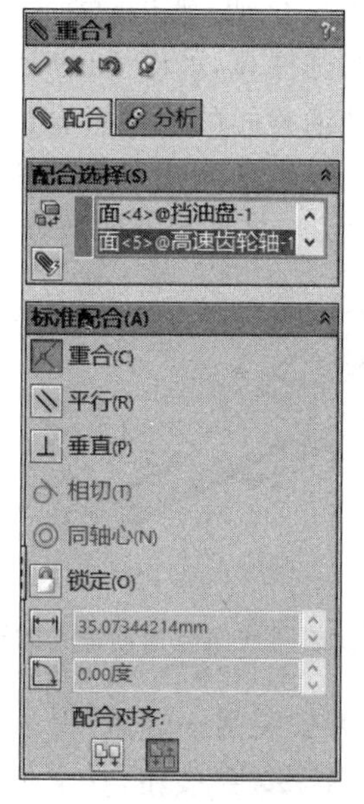

图 10.6　【配合】属性管理器(重合)

3. 插入并安装轴承

单击命令管理器中 插入零部件 按钮，在弹出的【插入零部件】属性管理器中单击“浏览”按钮 浏览(B)... ，弹出【打开】对话框，在文件夹中找到“高速轴轴承”(角接触球轴承 7207)零件，然后单击“打开”按钮，在视图区域合适位置单击插入高速轴轴承。

为了便于装配，可先通过单击命令管理器中“移动零部件”按钮和“旋转零部件”按钮来调整轴承的位置，将角接触球轴承放置在轴的左侧，轴承外圈薄的一边朝向轴。

单击 配合 按钮，弹出【配合】属性管理器，在视图区域中选择高速轴左端轴段的圆柱面及轴承孔的圆柱面，见图 10.7，在【标准配合】中选择“同轴心”，单击“确定”按钮✓，定义了轴与轴承间的轴线重合。

系统又自动弹出【配合】属性管理器，在视图区域中选择轴承内圈的右端面及挡油盘的左端面，见图 10.8，在【标准配合】中选择“重合”，单击“确定”按钮✓，完成左边轴承的装配。

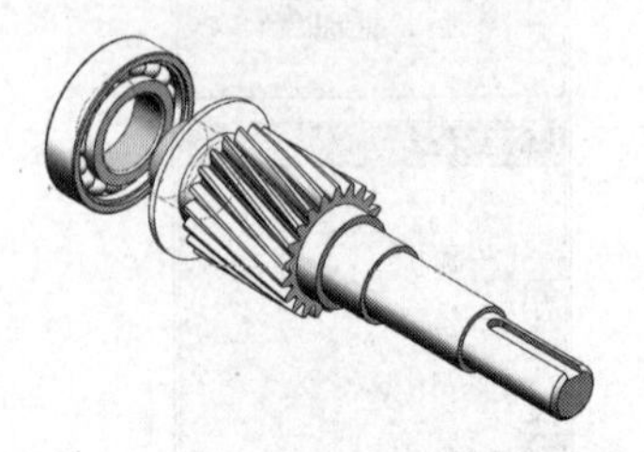

图 10.7　轴段的圆柱面与轴承孔的选择

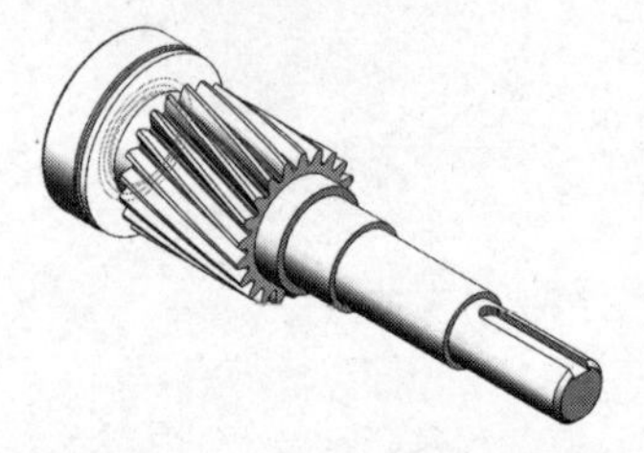

图 10.8　轴承内圈右端面与挡油盘左端面的选择

4. 插入并安装另一挡油盘

单击 插入零部件 按钮，在文件夹中找到“高速轴挡油盘”零件，在视图区域合适位置单击插入挡油盘。

为了便于装配，可先通过单击“移动零部件”按钮和“旋转零部件”按钮来调整挡油盘的位置，将挡油盘放置在轴的右侧，挡油盘直径较大一侧朝向轴。

单击 配合 按钮，弹出【配合】属性管理器，在视图区域中选择高速轴中间轴段的圆柱面及挡油盘的圆柱孔，如图 10.9 所示，在【标准配合】中选择“同轴心”，单击“确定”按钮✓，定义了轴与挡油盘间的轴线重合。系统自动又弹出【配合】属性管理器，在视图区域选择挡油盘的左端面及轴中间轴段轴肩的端面，如图 10.10 所示，在【标准配合】中选择“重合”，单击“确定”按钮✓，完成右边挡油盘的安装。

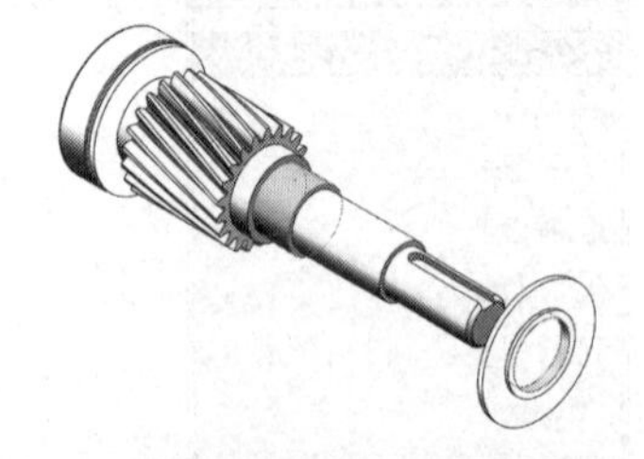

图 10.9　轴段的圆柱面与挡油盘孔的选择

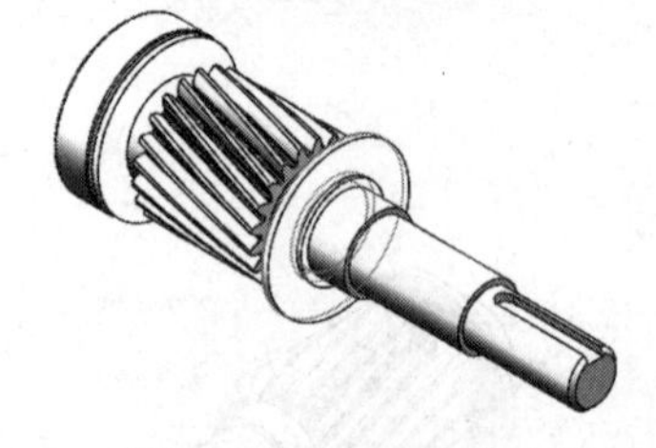

图 10.10　轴段的端面与挡油盘左端面的选择

5. 插入并安装另一轴承

单击 插入零部件 按钮，在文件夹中找到“高速轴轴承”(角接触球轴承 7207)零件，在视图区域合适位置单击插入高速轴轴承。

为了便于装配，可先通过单击“移动零部件”按钮和“旋转零部件”按钮来调整轴承的位置，将角接触球轴承放置在轴的右侧，轴承外圈薄的一边朝向轴。

单击 配合 按钮，弹出【配合】属性管理器，在视图区域中选择高速轴中间轴段的圆柱面及轴承孔的圆柱面，如图 10.11 所示，在【标准配合】中选择“同轴心”，单击“确定”按钮✓，定义了轴与轴承间的轴线重合。系统又自动弹出【配合】属性管理器，在视图区域选择挡油盘的右端面及轴承内圈的左端面，如图 10.12 所示，在【标准配合】中选择“重合”，单击“确定”按钮✓，完成右轴承的安装。

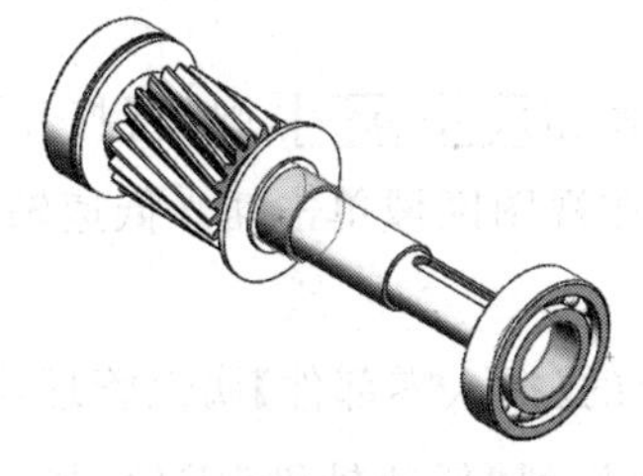

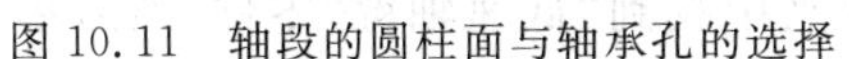

图 10.11 轴段的圆柱面与轴承孔的选择

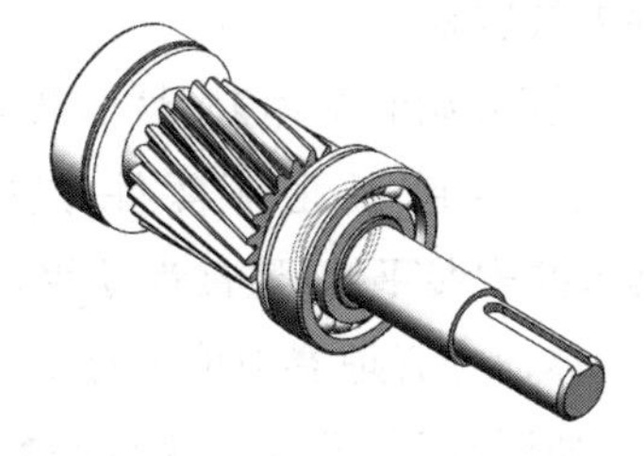

图 10.12 轴承内圈的左端面与挡油盘右端面的选择

6. 插入并安装平键

单击 插入零部件 按钮，在文件夹中找到“键 C8×50”零件，在视图区域合适位置单击插入键。

为了便于装配，可先通过单击“移动零部件”按钮和“旋转零部件”按钮来调整轴承的位置，将键放置在轴的右侧，半圆头的一端朝向轴。

单击 配合 按钮，弹出【配合】属性管理器，在视图区域中选择轴端键槽的底面及键的下表面，如图 10.13 所示，在【标准配合】中选择“重合”，单击“确定”按钮，定义了轴键槽的底面与键的底面的重合；系统又自动弹出【配合】属性管理器，在视图区域选择轴端键槽的一个侧面及键的一个侧面，如图 10.14 所示，在【标准配合】中选择“重合”，单击“确定”按钮；系统又自动弹出【配合】属性管理器，在视图区域选择轴端键槽的半圆柱面及键的半圆柱面，如图 10.15 所示，在【标准配合】中选择“重合”，单击“确定”按钮，完成轴端键的安装。

最后，完成高速轴的装配体如图 10.16 所示。

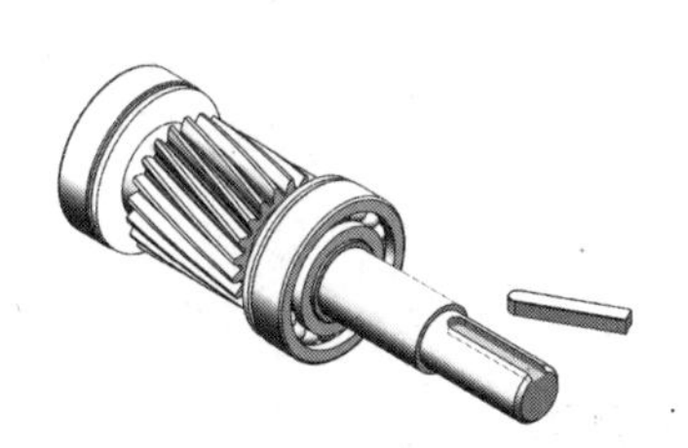

图 10.13 轴键槽的底面与键底面的选择

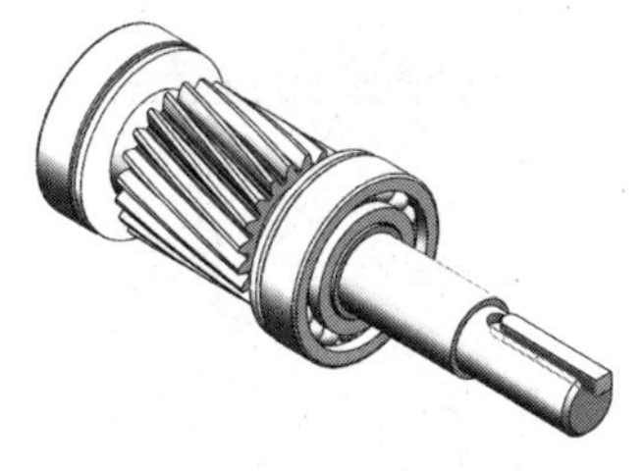

图 10.14 轴键槽的侧面与键侧面的选择

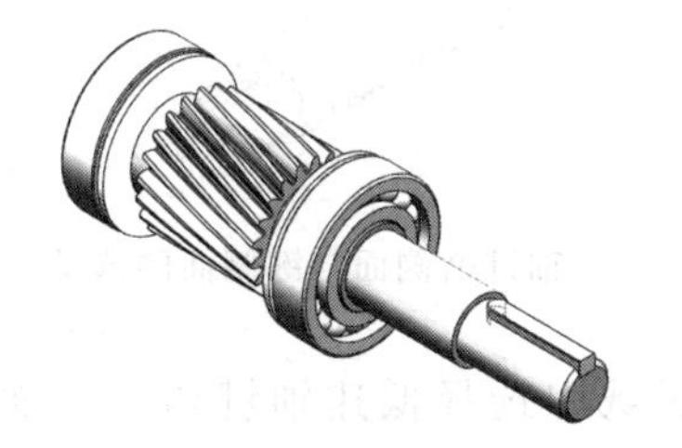

图 10.15 轴键槽的端面与键端面的选择

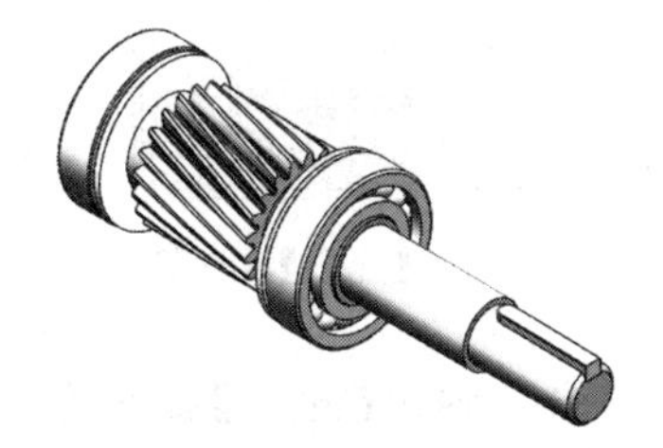

图 10.16 高速轴的装配体

10.2 低速轴装配体的建模

启动 SolidWorks 2014，选择菜单栏中【文件】/【新建】，弹出【新建 SolidWorks 文件】对话框，选择【装配体】按钮，然后单击【确定】。

1. 插入低速轴

在弹出的【开始装配体】属性管理器中的单击“浏览”按钮 浏览(B)... ，弹出【打开】对话框，在文件夹中找到“低速轴”零件，然后单击“打开”按钮，在视图区域单击插入低速轴。

2. 插入并安装平键(连接齿轮用)

在装配体命令管理器中单击 插入零部件 按钮，在弹出的【插入零部件】属性管理器中单击“浏览”按钮 浏览(B)... ，弹出【打开】对话框，在文件夹中找到“低速轴键”零件，然后单击“打开”按钮，在视图区域合适位置单击插入低速轴斜齿轮与轴连接的键。

为了便于装配，可先通过单击装配体命令管理器中“移动零部件”按钮和“旋转零部件”按钮来调整键的位置。

在装配体命令管理器中单击 配合 按钮，或选择菜单【插入】/【配合】，弹出【配合】属性管理器，如图 10.17 所示，在视图区域中选择低速轴键槽侧面及键的一个侧面(见图 10.18)，所选实体将出现在【配合选择】中“要配合的实体”右侧的显示框中，在【标准配合】中选择“重合”，单击“确定”按钮，定义了键与轴键槽间的一个重合面。

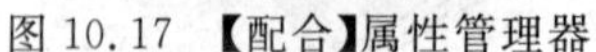
图 10.17　【配合】属性管理器

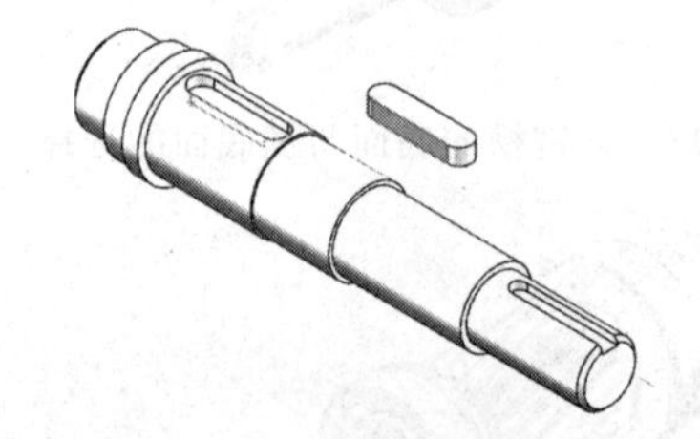
图 10.18　轴键槽侧面与键侧面的选择

系统又自动弹出【配合】属性管理器，在视图区域中选择低速轴键槽的底面及键的底面(见图 10.19)，所选实体将出现在【配合选择】中“要配合的实体”右侧的显示框中，在【标准配合】中选择“重合”，单击“确定”按钮，定义了键与轴键槽间的另一个重合面。

系统又自动弹出【配合】属性管理器，在视图区域中选择低速轴键槽的一端半圆柱面及键的一端半圆柱面(见图 10.20)，在【标准配合】中选择“重合”，单击“确定”按钮，这时键自动进入轴上键槽对应位置，键与轴装配完毕。

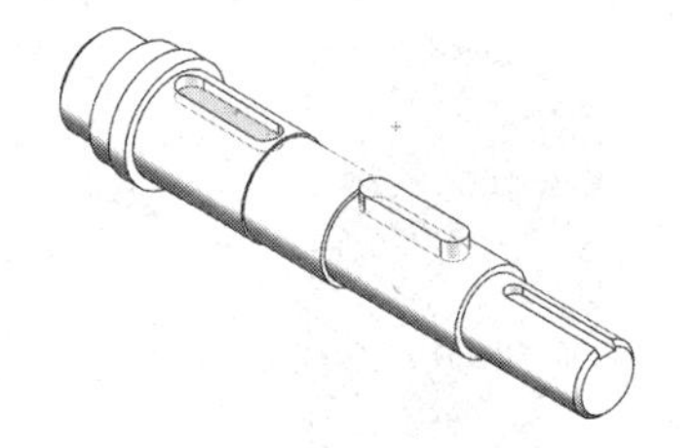

图 10.19　轴键槽底面与键底面的选择

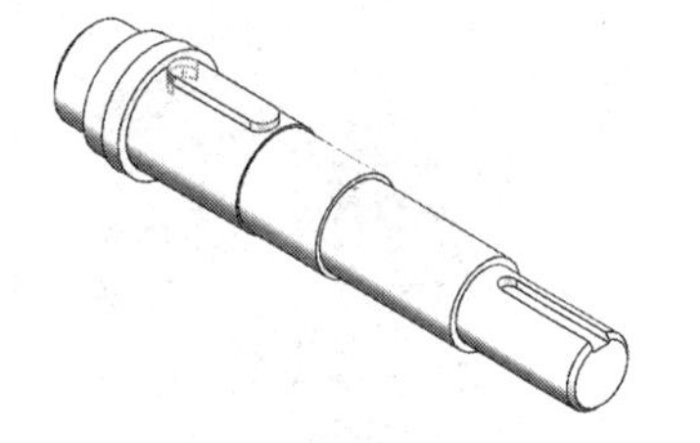

图 10.20　轴键槽端面与键端面的选择

3. 插入并安装齿轮

在装配体命令管理器中单击 插入零部件 按钮，在弹出的【插入零部件】属性管理器中单击“浏览”按钮 浏览(B)... ，弹出【打开】对话框，在文件夹中找到“低速轴斜齿轮”零件，然后单击“打开”按钮，在视图区域单击插入低速轴斜齿轮。

选择【插入】/【配合】命令，弹出【配合】属性管理器，如图 10.21 所示，在视图区域中选择低速轴上安装键的轴段圆柱面及齿轮孔的圆柱面(见图 10.22)，所选实体将出现在【配合选择】中“要配合的实体”右侧的显示框中，在【标准配合】中选择“同轴心”，单击“确定”按钮，定义了轴与齿轮间的轴线重合。

图 10.21　【配合】属性管理器

图 10.22　轴段的圆柱面与齿轮孔面的选择

系统又弹出【配合】属性管理器，在视图区域中选择齿轮键槽侧面及键的一个侧面，如图 10.23 所示，在【标准配合】中选择“重合”，单击“确定”按钮。

系统又弹出【配合】属性管理器，在视图区域中选择齿轮轮毂的左侧端面及轴环的右侧端面，如图 10.24 所示，在【标准配合】中选择“重合”，单击“确定”按钮，这时齿轮自动安装到轴上相应位置，完成齿轮的装配。

图 10.23　齿轮键槽侧面与键侧面的选择

图 10.24　轴环端面与轮毂端面的选择

4. 插入并安装滚动轴承

单击 插入零部件 按钮，在弹出的【插入零部件】属性管理器中单击“浏览”按钮 浏览(B)... ，弹出【打开】对话框，在文件夹中找到“低速轴轴承”(角接触球轴承 7208)零件，然后单击“打开”按钮，在视图区域合适位置单击插入低速轴轴承。

为了便于装配，可先通过单击装配体命令管理器中“移动零部件”按钮和“旋转零部件”按钮来调整轴承的位置，将角接触球轴承放置在轴的左侧，轴承外圈薄的一边朝向轴。

单击 配合 按钮，弹出【配合】属性管理器，在视图区域选择低速轴左端轴段的圆柱面及轴承内孔的圆柱面(见图 10.25)，在【标准配合】中选择“同轴心”，单击“确定”按钮，定义了轴与轴承间的轴线重合。

系统又自动弹出【配合】属性管理器，在视图区域中选择轴承内圈的右侧面及轴左侧第一个轴肩端面(见图 10.26)，在【标准配合】中选中“重合”，单击“确定”按钮，完成左轴承的装配。

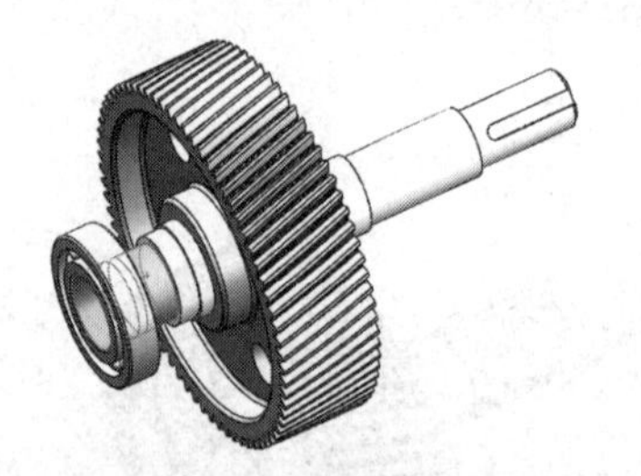

图 10.25　轴段的圆柱面与轴承孔的选择

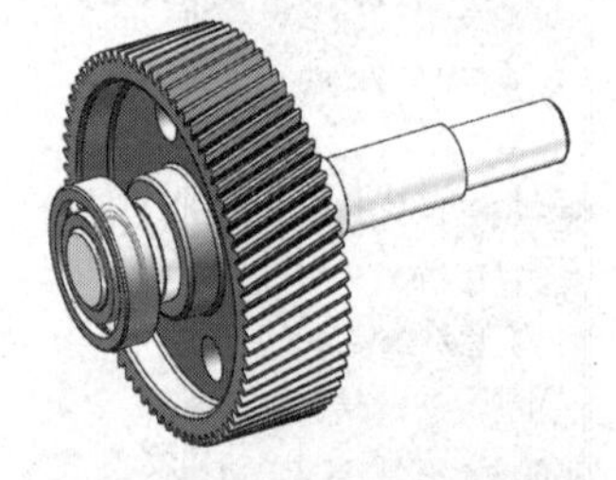

图 10.26　轴段端面与轴承内圈端面的选择

5. 插入并安装套筒

单击 插入零部件 按钮，在弹出的【插入零部件】属性管理器中单击“浏览”按钮 浏览(B)... ，弹出【打开】对话框，在文件夹中找到“低速轴套筒”零件，然后单击“打开”按钮，在视图区域合适位置单击插入套筒。

为了便于装配，可先通过单击装配体命令管理器中“移动零部件”按钮和“旋转零部件”按钮来调整套筒的位置，将套筒放置在轴的右侧，套筒直径较大一侧朝向轴。

单击 配合 按钮，弹出【配合】属性管理器，在视图区域中选择低速轴中间轴段的圆柱面及套筒孔的圆柱面，如图 10.27 所示，在【标准配合】中选择“同轴心”，单击“确定”按钮，定义了轴与套筒间的轴线重合。

系统又自动弹出【配合】属性管理器，在视图区域中选择齿轮轮毂的右端面及套筒的左端面，如图10.28所示，在【标准配合】中选择“重合”，单击“确定”按钮，完成套筒的安装。

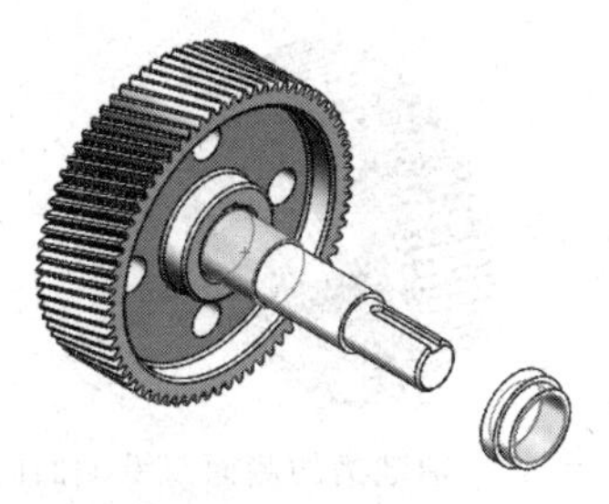

图10.27　轴段的圆柱面与套筒孔的选择

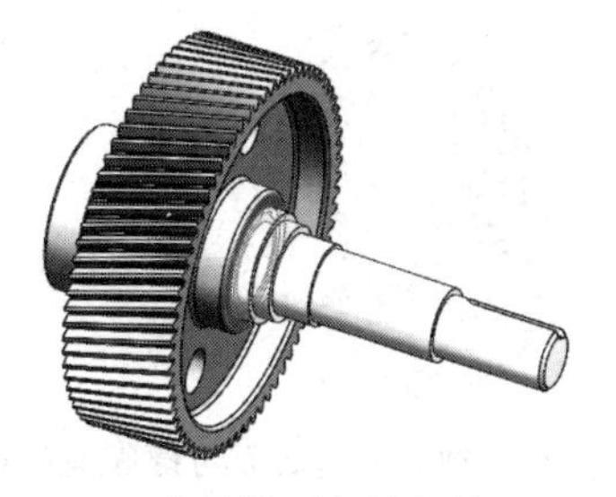

图10.28　套筒端面与轮毂端面的选择

6. 插入并安装另一滚动轴承

单击"插入零部件"按钮，在弹出的【插入零部件】属性管理器中单击“浏览”按钮"浏览(B)..."，弹出【打开】对话框，在文件夹中找到“低速轴轴承”（角接触球轴承7208）零件，然后单击“打开”按钮，在视图区域合适位置单击插入低速轴轴承。

为了便于装配，可先通过单击装配体命令管理器中“移动零部件”按钮和“旋转零部件”按钮来调整轴承的位置，将角接触球轴承放置在轴的右侧，轴承外圈薄的一边朝向轴。

单击"配合"按钮，弹出【配合】属性管理器，在视图区域中选择低速轴中间轴段的圆柱面及轴承内孔的圆柱面，如图10.29所示，在【标准配合】中选择“同轴心”，单击“确定”按钮，定义了轴与轴承间的轴线重合。

系统自动又弹出【配合】管理器，在视图区域中选择套筒的右端面及轴承内圈的左端面，如图10.30所示，在【标准配合】中选择“重合”，单击“确定”按钮，完成右轴承的安装。

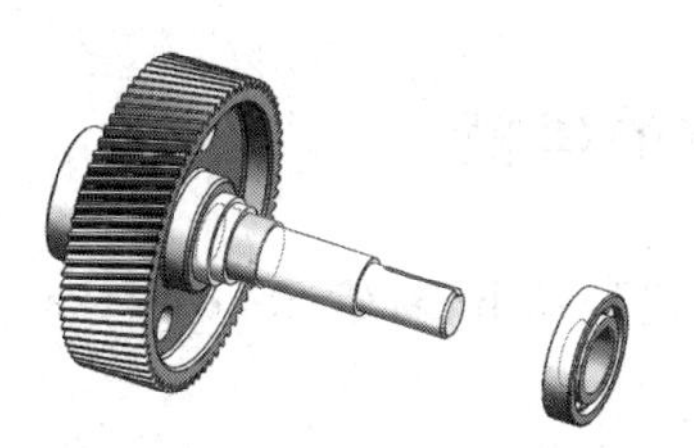

图10.29　轴段的圆柱面与轴承孔的选择

图10.30　套筒端面与轴承内圈端面的选择

7. 插入并安装轴端的平键

单击"插入零部件"按钮，在弹出的【插入零部件】属性管理器中单击“浏览”按钮"浏览(B)..."，弹出【打开】对话框，在文件夹中找到“键C8×50”零件，然后单击“打开”按钮，在视图区域单击插入高速轴轴承。

为了便于装配，可先通过单击“移动零部件”按钮和“旋转零部件”按钮来调整轴承的位置，将键放置在轴的右侧，半圆头的一端朝向轴。

单击"配合"按钮，弹出【配合】属性管理器，在视图区域中选择轴端键槽的底面及键的下表面，如图10.31所示，在【标准配合】中选择“重合”，单击“确定”按钮，定义了轴键槽底面与键的底面的重合。

系统自动又弹出【配合】属性管理器，在视图区域选择轴端键槽的一个侧面及键的一侧面，在【标准配合】中选择"重合"，如图 10.32 所示，单击"确定"按钮。

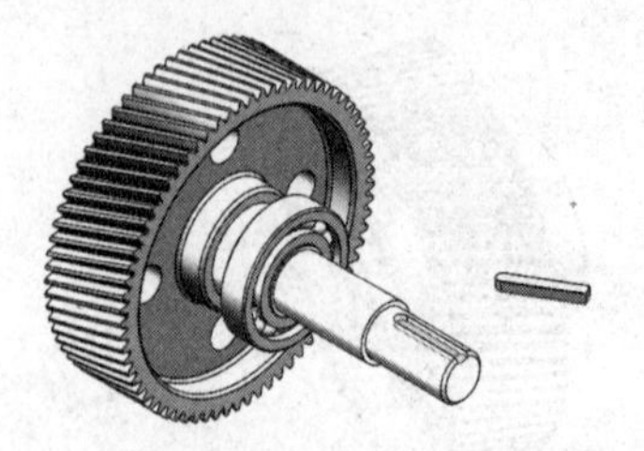

图 10.31　轴键槽的底面与键底面的选择

图 10.32　轴键槽的侧面与键侧面的选择

系统自动又弹出【配合】属性管理器，在视图区域选择轴端键槽的半圆柱面及键的半圆柱面，如图 10.33 所示，在【标准配合】中选择"重合"，单击"确定"按钮，完成轴端键的安装。

最后完成的低速轴装配体如图 10.34 所示。

图 10.33　轴键槽的端面与键端面的选择

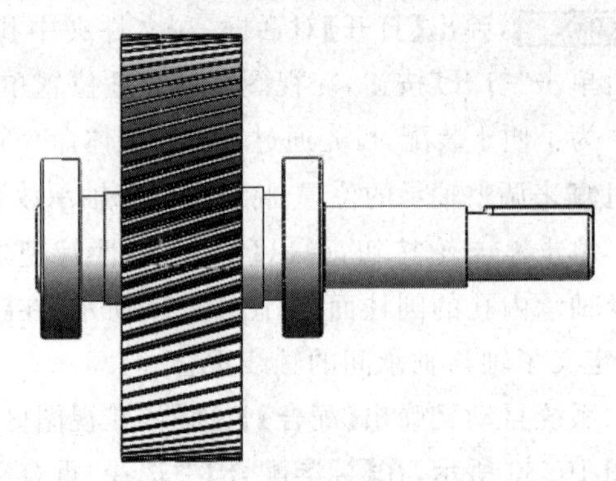

图 10.34　低速轴的装配体

10.3　减速器装配体的建模

启动 SolidWorks 2014，选择菜单栏中【文件】/【新建】，弹出【新建 SolidWorks 文件】对话框，选择【装配体】按钮，然后单击【确定】。

1. 插入箱座

在弹出的【开始装配体】属性管理器中的单击"浏览"按钮 浏览(B)... ，弹出【打开】对话框，在文件夹中找到"减速器箱座"零件，然后单击"打开"按钮，在视图区域单击插入箱座。

2. 安装油塞及封油垫圈

在装配体工具栏中单击 插入零部件 按钮，在弹出的【插入零部件】属性管理器中单击"浏览"按钮 浏览(B)... ，弹出【打开】对话框，在文件夹中找到"油塞"零件，然后单击"打开"按钮，在视图区域合适位置单击插入油塞。

为了便于装配，可先通过单击装配体工具栏中"移动零部件"按钮和"旋转零部件"按钮来调整油塞的位置。

单击 插入零部件 按钮，在弹出的【插入零部件】属性管理器中单击"浏览"按钮 浏览(B)... ，弹出【打开】对话框，在文件夹中找到"油塞封油垫"零件，然后单击"打开"按钮，在视图区域合适位置单击插入油塞封油垫。

在装配体命令管理器中单击 配合 按钮，或选择菜单【插入】/【配合】，弹出【配合】属性管理器，在视图区域中选择油塞的圆柱面及封油垫的圆柱孔面（见图 10.35），所选实体出现在【配合选择】中“要装配的实体” 右侧的显示框中，在【标准配合】中选择“同轴心”，如图 10.36 所示，单击“确定”按钮；系统又弹出【配合】属性管理器，在视图区域中选择油塞凸缘右端面及封油垫左端面，如图 10.37 所示，在【标准配合】中选择“重合”，单击“确定”按钮，则封油垫安装到油塞上。

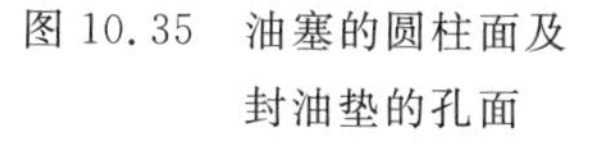

图 10.35　油塞的圆柱面及封油垫的孔面

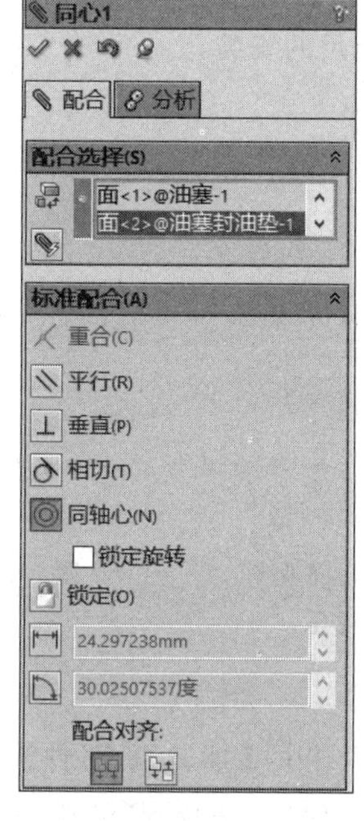

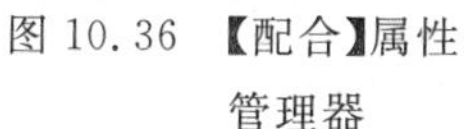

图 10.36　【配合】属性管理器

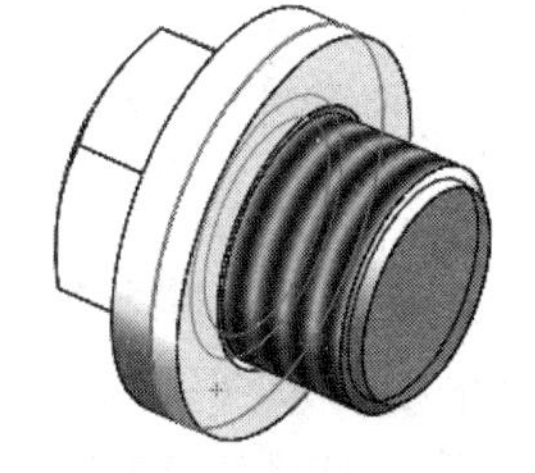

图 10.37　油塞凸缘端面及封油垫的端面

系统又弹出【配合】属性管理器，在视图区域中选择油塞的圆柱面及箱座下方的油塞螺纹孔，如图 10.38 所示，在【标准配合】中选择“同轴心”，单击“确定”按钮；系统又弹出【配合】属性管理器，在视图区域中选择封油垫圈右端面及箱座油塞凸台端面，如图 10.39 所示，在【标准配合】中选择“重合”，单击“确定”按钮，则油塞安装到箱座上。

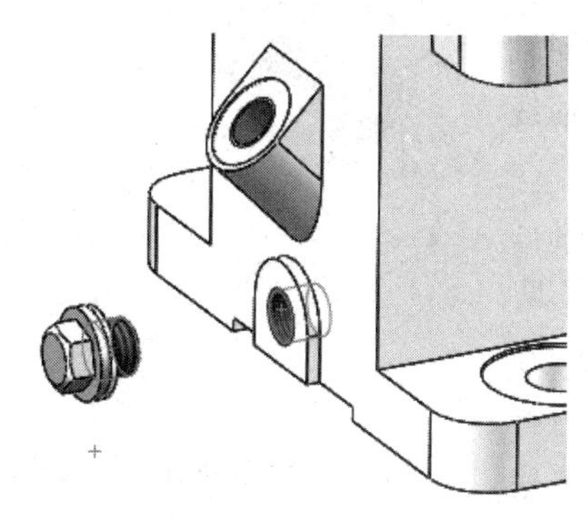

图 10.38　油塞的圆柱面及箱座油塞螺纹孔

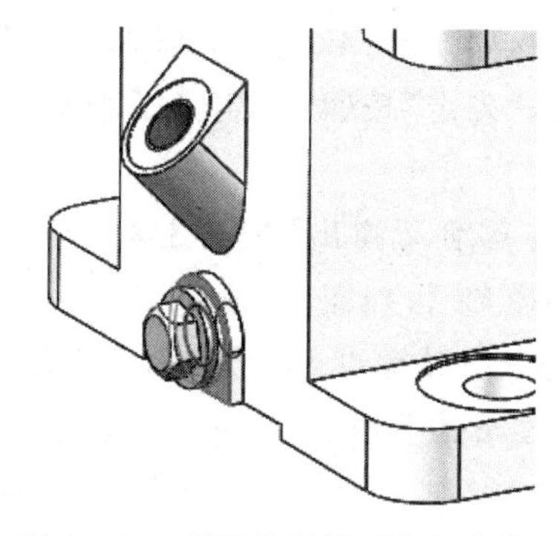

图 10.39　封油垫的端面及凸台端面

3. 安装游标尺组合件

单击 插入零部件 按钮，在弹出的【插入零部件】属性管理器中单击“浏览”按钮 浏览(B)... ，弹出【打开】对话框，在文件夹中找到“油标尺”组合件，然后单击“打开”按钮，在视图区域合适位置单击插入油标尺。

单击 配合 按钮，弹出【配合】属性管理器，在视图区域中选择油标尺的圆柱螺纹面及箱座的油标尺螺纹孔，如图 10.40 所示，在【标准配合】中选择“同轴心”，单击“确定”按钮 ✓，定义了油标尺与孔的轴线重合。系统又弹出【配合】属性管理器，在视图区域中选择箱座油标尺凸台沉孔表面及油标尺凸缘下端面，如图 10.41 所示，在【标准配合】中选择“重合”，单击“确定”按钮 ✓，完成油标尺的安装。

图 10.40　油标尺螺纹圆柱面及箱座油标尺螺纹孔

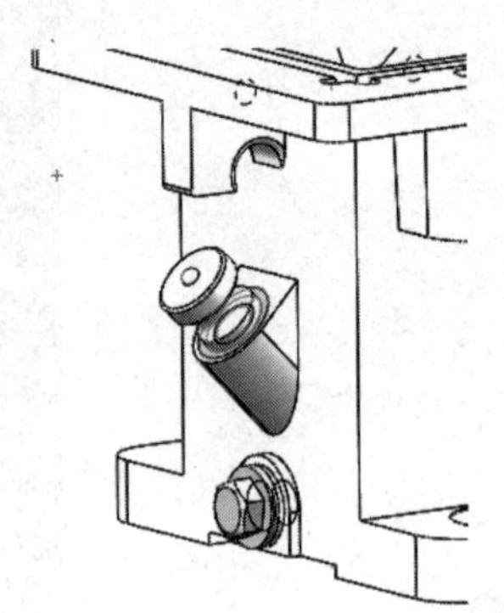

图 10.41　油标尺凸缘端面及凸台沉孔表面

4. 安装高速轴装配体

单击 插入零部件 按钮，在弹出的【插入零部件】属性管理器中单击“浏览”按钮 浏览(B)... ，弹出【打开】对话框，在文件夹中找到“高速轴装配体”，然后单击“打开”按钮，在视图区域适当位置单击插入高速轴装配体。

为了便于装配，可先通过单击装配体工具栏中“移动零部件”按钮和“旋转零部件”按钮调整高速轴装配体的位置，将高速轴装配体放置在箱座的左侧，大致平行于轴承座孔轴线，轴的外伸段向里。

单击 配合 按钮，弹出【配合】属性管理器，在视图区域选择高速轴左端轴承外圈的圆柱面及箱座轴承孔的圆柱面，如图 10.42 所示，在【标准配合】中选择“同轴心”，单击“确定”按钮 ✓，定义了轴承与座孔间的轴线重合。

系统自动又弹出【配合】属性管理器，在视图区域中选择轴上挡油盘右端面及箱座内壁面（见图 10.43），在【标准配合】中单击“距离”按钮，在其右边输入框中输入 0.5mm，勾选“反转尺寸”选择框，如图 10.44 所示，单击“确定”按钮 ✓，完成高速轴装配体的装配。

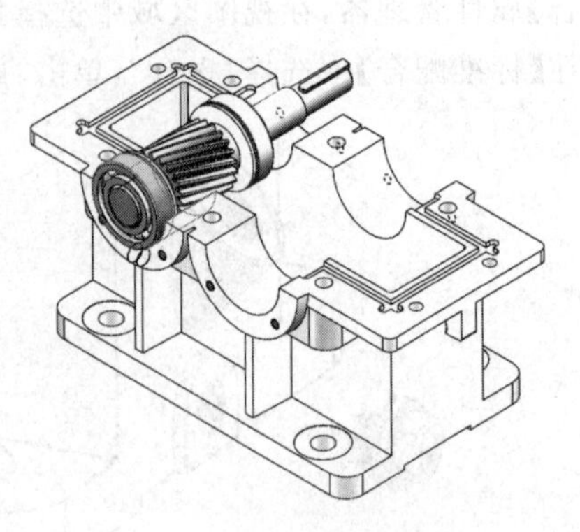

图 10.42　轴承外圈的圆柱面及箱座轴承孔

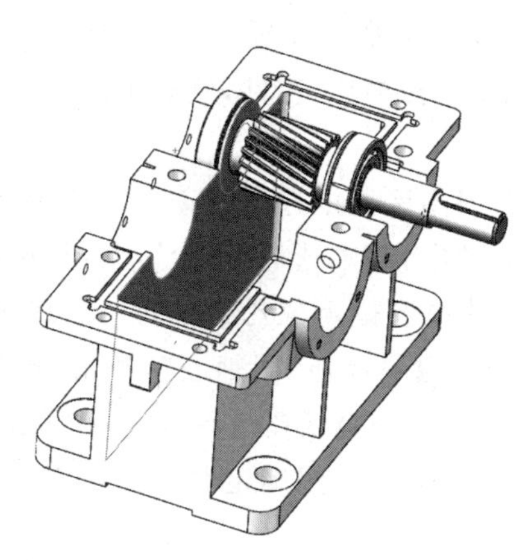

图 10.43　挡油盘的端面及箱座内壁表面

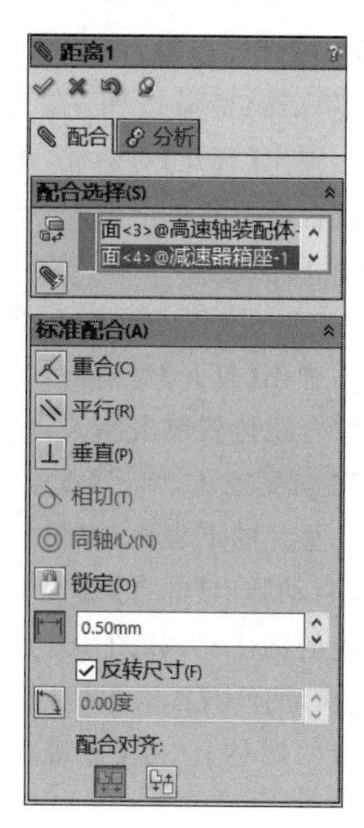

图 10.44　【配合】属性管理器

5. 安装低速轴装配体

单击 插入零部件 按钮，在弹出的【插入零部件】属性管理器中单击“浏览”按钮 浏览(B)... ，弹出【打开】对话框，在文件夹中找到“低速轴装配体”部件，然后单击“打开”按钮，在视图区域合适位置单击插入低速轴装配体。

为了便于装配，可先通过单击装配体工具栏中“移动零部件”按钮和“旋转零部件”按钮来调整低速轴装配体的位置，将低速轴装配体放置在箱座的右侧，大致平行于轴承座孔轴线，轴的外伸段向外。

单击 配合 按钮，弹出【配合】属性管理器，在视图区域选择低速轴上左端轴承外圈的圆柱面及箱座的轴承孔，见图 10.45，在【标准配合】中选择“同轴心”，单击“确定”按钮，定义了轴承与轴承座孔间的轴线重合。

系统自动又弹出【配合】属性管理器，在视图区域中选择低速轴上左端轴承的内端面及高速轴上左端轴承的内端面，见图 10.46，在【标准配合】中选择“重合”，单击“确定”按钮，完成低速轴装配体的安装。

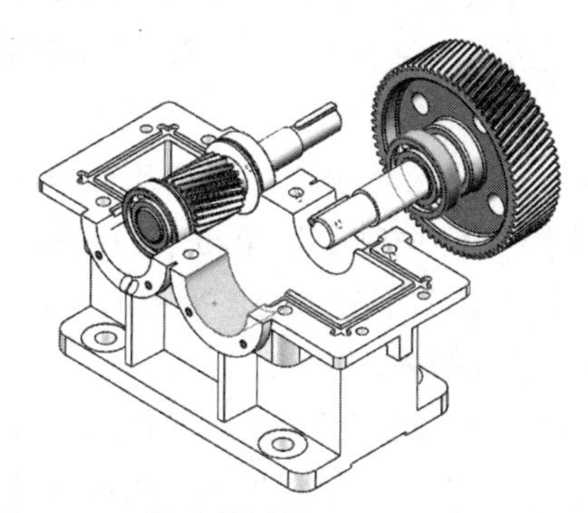

图 10.45　轴承外圈的圆柱面及箱座轴承孔

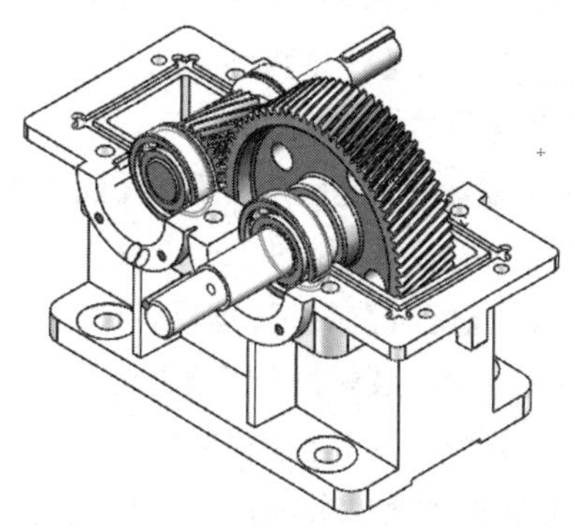

图 10.46　高速轴轴承端面及低速轴轴承端面

6. 插入减速器箱盖

单击 插入零部件 按钮，在弹出的【插入零部件】属性管理器中单击“浏览”按钮 浏览(B)... ，弹出【打开】对话框，在文件夹中找到“减速器箱盖”零件，然后单击“打开”按钮，在视图区域合适位置单击插入。

7. 安装窥视孔垫片

单击 插入零部件 按钮，在弹出的【插入零部件】属性管理器中单击“浏览”按钮 浏览(B)... ，弹出【打开】对话框，在文件夹中找到“窥视孔垫片”零件，然后单击“打开”按钮，在视图区域合适位置单击插入。

单击 配合 按钮，弹出【配合】属性管理器，在视图区域中选择箱盖上部窥视孔凸台表面及窥视孔垫片的下表面，如图 10.47 所示，在【标准配合】中选择“重合”，单击“确定”按钮 ✓；系统又自动弹出【配合】属性管理器，在视图区域中选择窥视孔凸台的一个螺纹孔及垫片对应位置的圆柱孔，如图 10.48 所示，在【标准配合】中选择“同轴心”，单击“确定” ✓ 按钮；系统又自动弹出【配合】属性管理器，在视图区域中选择窥视孔凸台的另一个螺纹孔及垫片对应位置的圆柱孔，在【标准配合】中选择“同轴心”，单击“确定”按钮 ✓，完成垫片的安装。

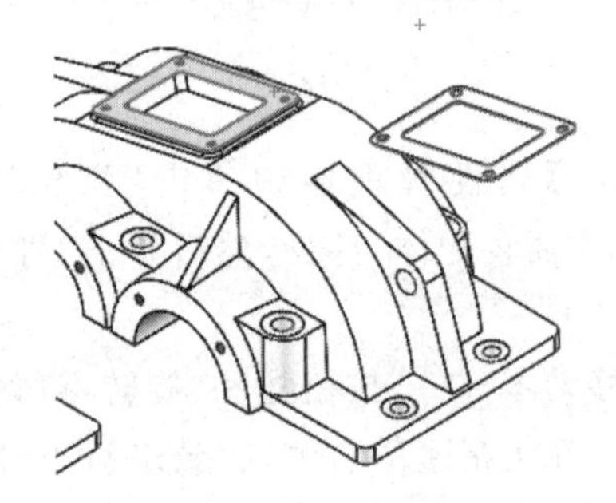

图 10.47　窥视孔凸台表面及垫片下表面

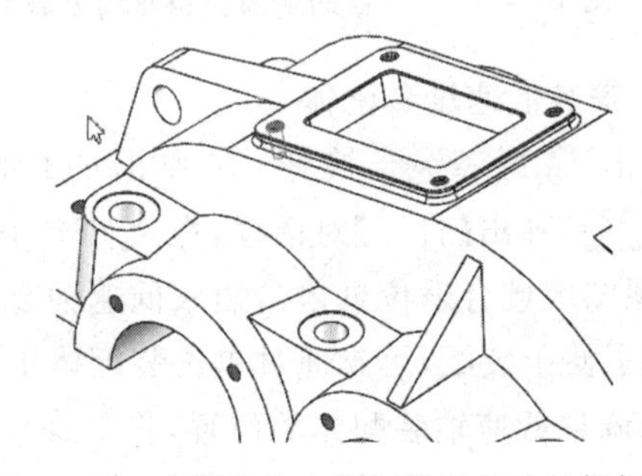

图 10.48　窥视孔凸台螺钉孔及垫片的螺钉孔

8. 安装窥视孔盖(组合件)

1) 窥视孔盖(组合件)的创建

单击 插入零部件 按钮，在弹出的【插入零部件】属性管理器中单击“浏览”按钮 浏览(B)... ，弹出【打开】对话框，在文件夹中找到“窥视孔盖 1”零件，然后单击“打开”按钮，在视图区域单击插入“窥视孔盖 1”零件。

单击 插入零部件 按钮，在弹出的【插入零部件】属性管理器中单击“浏览”按钮 浏览(B)... ，弹出【打开】对话框，在文件夹中找到“连接板”零件，然后单击“打开”按钮，在视图区域合适位置单击“连接板”。

单击 配合 按钮，系统弹出【配合】属性管理器，在视图区域中选择窥视孔盖中间的孔及连接板的螺纹孔，如图 10.49 所示，在【标准配合】中选择“同轴心”，单击“确定”按钮 ✓；系统又弹出【配合】属性管理器，在视图区域中选择窥视孔盖的下表面及连接板的上表面，如图 10.50 所示，在【标准配合】中选择“重合”，单击“确定”按钮 ✓。

单击装配体工具栏中“装配体特征”按钮，选择“焊缝”命令，弹出【焊缝】属性管理器，先在视图区域单击选择连接板上与窥视孔盖接触处的边线，如图 10.51 所示，所选边线出现在【焊缝】属性管理器里【设定】栏下面的“焊接选择”显示框中，在“焊缝大小”右边输入框中输入 1mm，如图 10.52 所示，单击“确定”按钮，完成窥视孔盖(组合件)的创建。

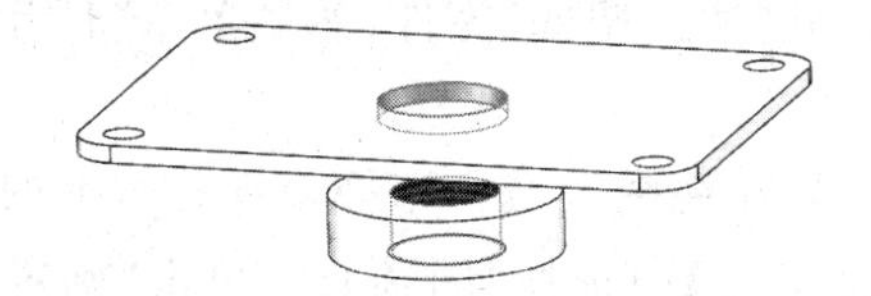

图 10.49　窥视孔盖的孔与连接板的螺纹孔

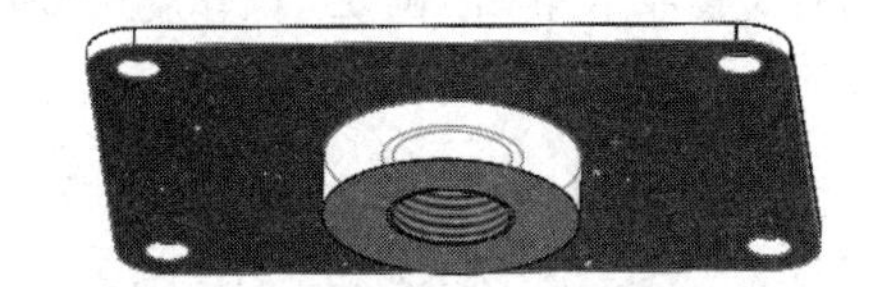

图 10.50　窥视孔盖的下表面与连接板的上表面

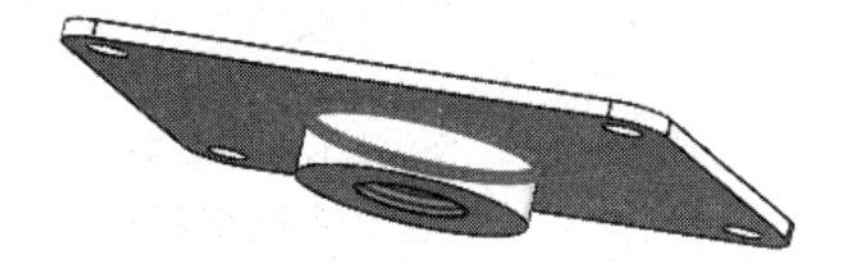

图 10.51　焊缝的选择

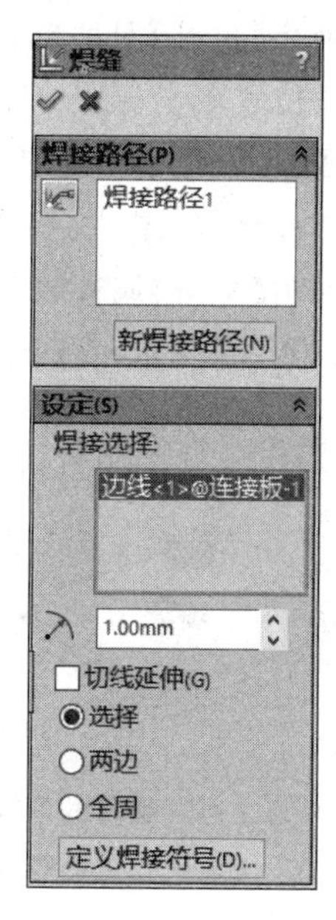

图 10.52　【焊缝】属性管理器

2) 安装窥视孔盖(组合件)

单击 配合 按钮，弹出【配合】属性管理器，在视图区域中选择窥视孔垫片的上表面及窥视孔盖的下表面，如图 10.53 所示，在【标准配合】中选择“重合”，单击“确定”按钮；系统自动又弹出【配合】属性管理器，在视图区域中选择窥视孔凸台的一个螺纹孔及窥视孔盖对应位置的圆柱孔，如图 10.54 所示，在【标准配合】中选择“同轴心”，单击“确定”按钮；系统又自动弹出【配合】属性管理器，在视图区域中选择窥视孔凸台的另一个螺纹孔及窥视孔盖对应位置的圆柱孔，在【标准配合】中选择“同轴心”，单击“确定”按钮，完成窥视孔盖的安装。

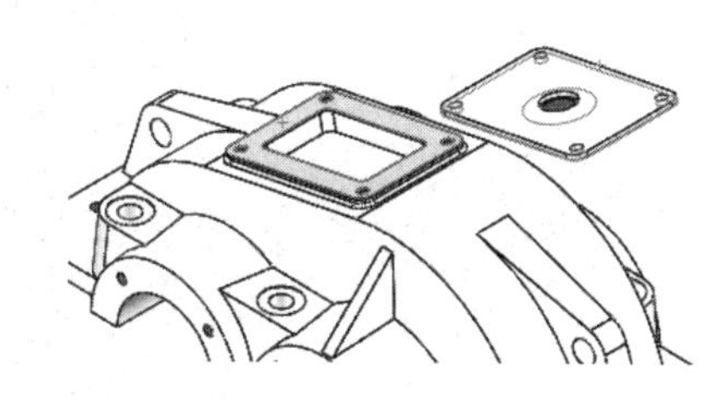

图 10.53　窥视孔垫片上表面及窥视孔盖下表面

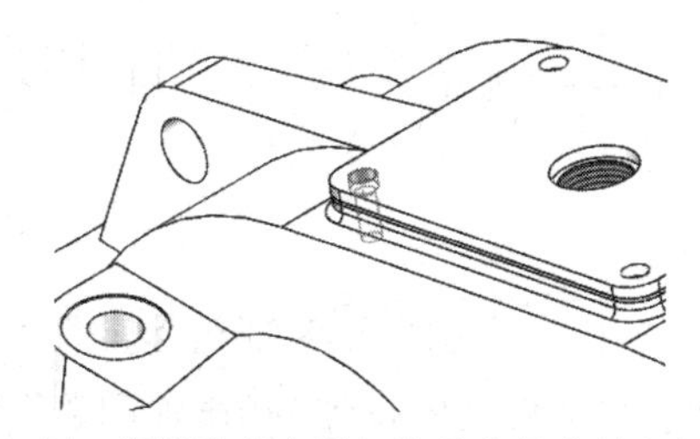

图 10.54　窥视孔凸台螺钉孔及窥视孔盖的螺钉孔

9. 安装通气螺塞

单击 插入零部件 按钮，在弹出的【插入零部件】属性管理器中单击“浏览”按钮 浏览(B)... ，弹出【打开】对话框，在文件夹中找到“通气螺塞”零件，然后单击“打开”按钮，在视图区域合适位置单击。

单击 配合 按钮，弹出【配合】属性管理器，在视图区域中选择窥视孔盖上的螺纹孔及通气螺塞的圆柱面，如图 10.55 所示，在【标准配合】中选择“同轴心”，单击“确定”按钮；系统又自动弹出【配合】属性管理器，在视图区域选中窥视孔盖的上表面及通气螺塞凸缘的下表面，如图 10.56 所示，在【标准配合】中选择“重合”，单击“确定”按钮，完成通气螺塞的安装。

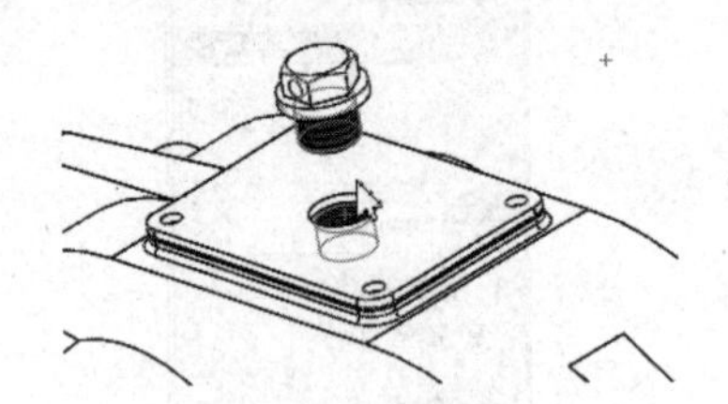

图 10.55 通气螺塞的圆柱面及窥视孔盖的螺纹孔

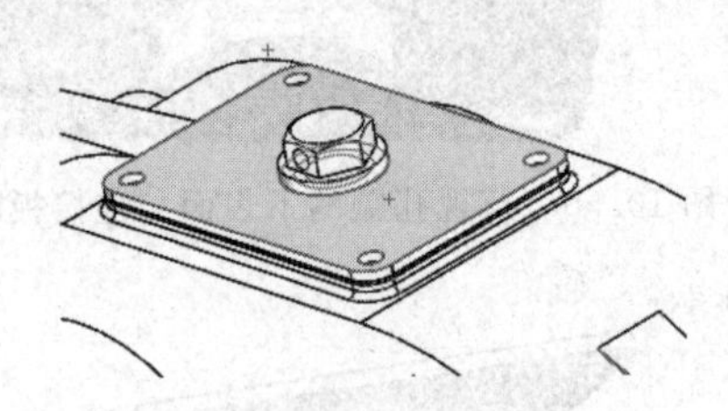

图 10.56 窥视孔盖的上表面及通气螺塞凸缘下表面

10. 减速器箱盖的安装

单击 配合 按钮，弹出【配合】属性管理器，在视图区域中选择箱座凸缘上表面及箱盖凸缘下表面，如图 10.57 所示，在【标准配合】中选择“重合”，单击“确定”按钮；系统自动弹出【配合】属性管理器，在视图区域中选择箱座轴承座旁的一个圆柱孔及箱盖轴承座对应位置的圆柱孔，如图 10.58 所示，在【标准配合】中选择“同轴心”，单击“确定”按钮，完成箱盖的安装。

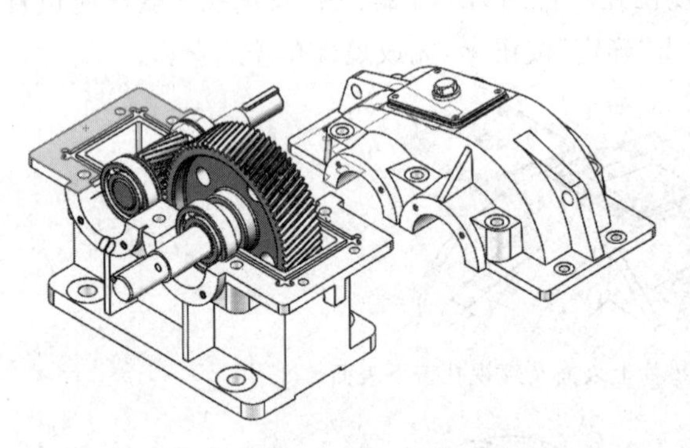

图 10.57 窥视孔盖的上表面及通气螺塞凸缘下表面

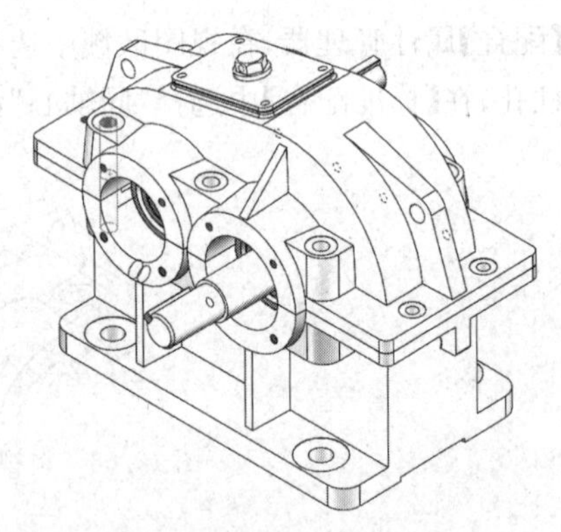

图 10.58 箱座轴承座旁圆柱孔及箱盖轴承座旁圆柱孔

11. 轴承盖及其垫片的安装

单击 插入零部件 按钮，在弹出的【插入零部件】属性管理器中单击“浏览”按钮 浏览(B)... ，弹出【打开】对话框，在文件夹中找到“高速轴闷盖”零件，然后单击“打开”按钮，在视图区域合适位置单击。

为了便于装配，可先通过单击装配体工具栏中“移动零部件”按钮和“旋转零部件”按钮来调整高速轴承盖的位置。

单击 插入零部件 按钮，在弹出的【插入零部件】属性管理器中单击“浏览”按钮 浏览(B)... ，弹出【打开】对话框，在文件夹中找到“高速轴轴承盖垫片”零件，然后单击“打开”按钮，在视图区域合适位置单击。

单击 配合 按钮，弹出【配合】属性管理器，在视图区域中选择轴承盖上外圆柱面及垫片的圆柱孔面，如图 10.59 所示，在【标准配合】中选择“同轴心”，单击“确定”按钮；系统又自动弹出【配合】属性管理器，在视图区域中选择轴承盖凸缘的一个圆柱孔及垫片的一个圆柱孔，如图 10.60 所示，在【标准配合】中选择“同轴心”，单击“确定”按钮；系统又自动弹出【配合】属性管理器，在视图区域选择轴承盖凸缘的内端面及垫片的左侧面，如图 10.61 所示，在【标准配合】中选择“重合”，单击“确定”按钮，完成垫片的安装。

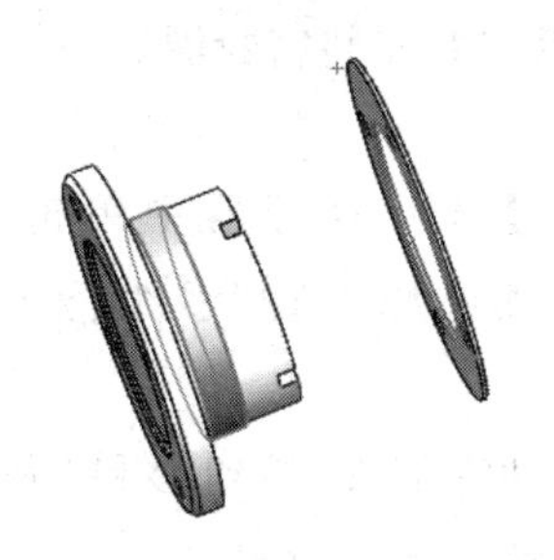

图 10.59　轴承盖外圆柱面及垫片的圆柱孔面

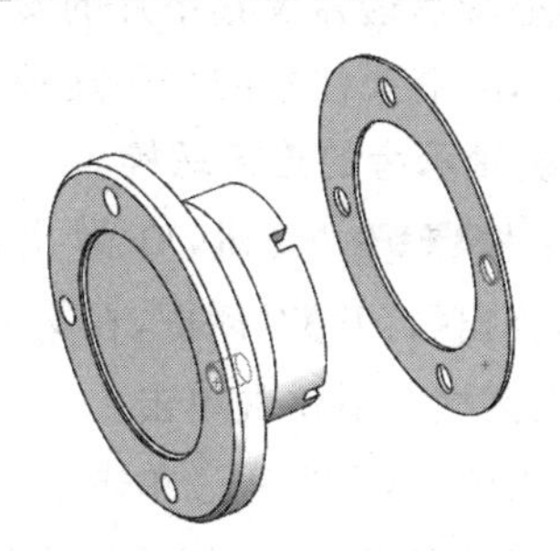

图 10.60　轴承盖螺钉孔及垫片的螺钉孔

单击 配合 按钮，弹出【配合】属性管理器，在视图区域中选择轴承盖外圆柱面及箱座轴承座孔圆柱面，如图 10.62 所示，在【标准配合】中选择“同轴心”，单击“确定”按钮；系统又自动弹出【配合】属性管理器，在视图区域选择轴承盖凸缘的一个圆柱孔及箱盖上的一个螺纹孔，如图 10.63 所示，在【标准配合】中选择“同轴心”，单击“确定”按钮；系统又自动弹出【配合】属性管理器，在视图区域选择垫片的右端面及箱座的轴承座外端面，如图 10.64 所示，在【标准配合】中选择“重合”，单击“确定”按钮，完成轴承盖的安装。

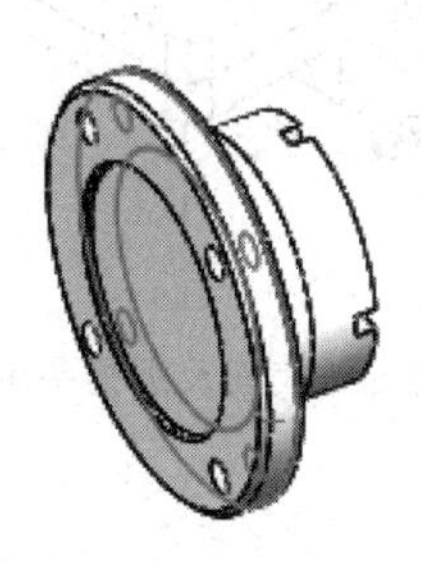

图 10.61　轴承盖凸缘内端面及垫片的左侧面

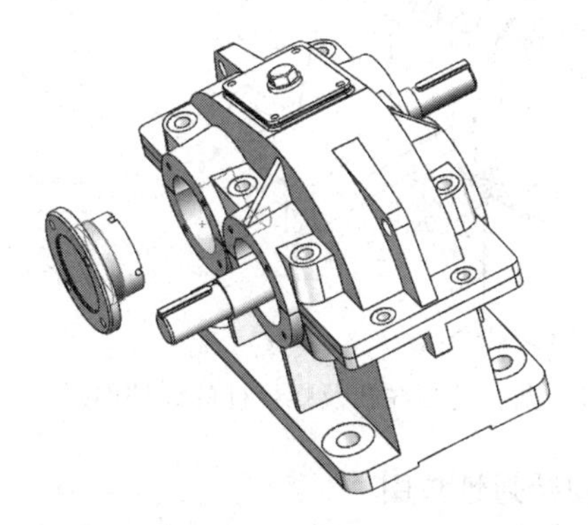

图 10.62　轴承盖的外圆柱面及箱座的轴承座孔圆柱面

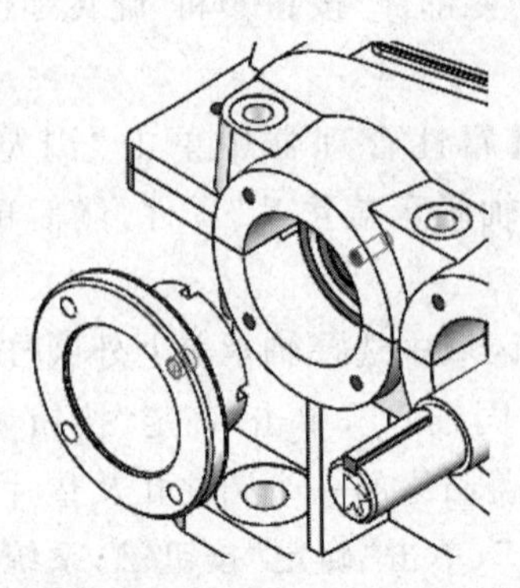

图 10.63　轴承盖的螺钉孔及箱盖的螺钉孔

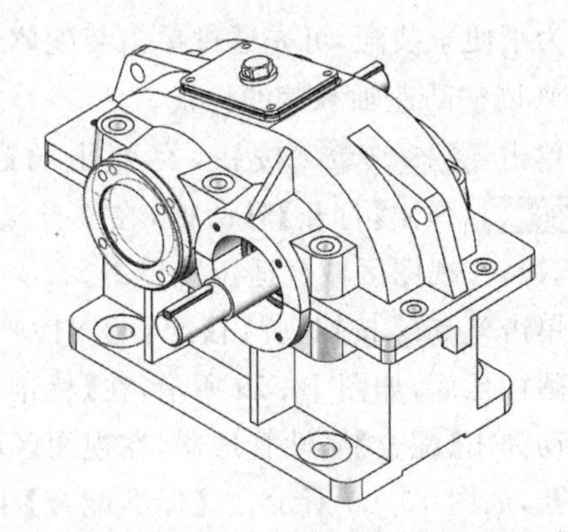

图 10.64　垫片的右端面及箱盖轴承座外端面

高速轴上轴承透盖及其垫片的安装、低速轴两端的轴承盖的安装方法与高速轴闷盖相同,就不再赘述,需要注意的是高速轴、低速轴的透盖里需要安装密封圈。

12. 安装轴承旁的连接螺栓

单击 插入零部件 按钮,在弹出的【插入零部件】属性管理器中单击"浏览"按钮 浏览(B)... ,弹出【打开】对话框,在文件夹中找到"六角头螺栓 M12"零件,然后单击"打开"按钮,在视图区域合适位置单击。

为了便于装配,可先通过单击装配体工具栏中"移动零部件"按钮和"旋转零部件"按钮来调整螺栓的位置,使螺栓轴线处于接近垂直、螺栓头朝上放置。

单击 配合 按钮,弹出【配合】属性管理器,在视图区域中选择轴承座旁凸台的圆柱孔及螺栓杆的圆柱面,如图 10.65 所示,在【标准配合】中选择"同轴心",单击"确定"按钮;系统又自动弹出【配合】管理器,在视图区域选择箱盖轴承座旁凸台的沉孔表面及螺栓头的下表面,如图 10.66 所示,在【标准配合】中选择"重合",单击"确定"按钮。

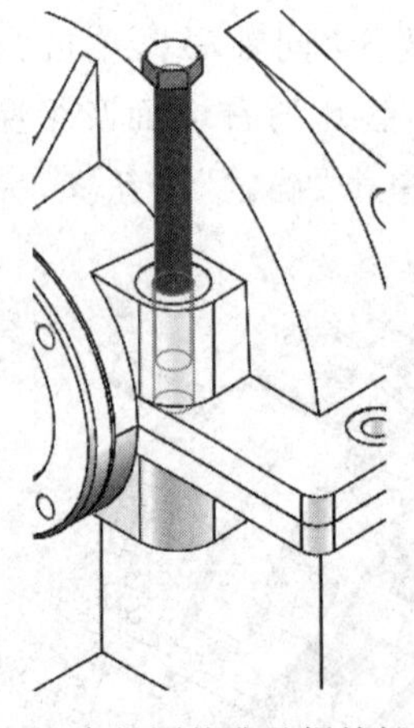

图 10.65　凸台的圆柱孔及螺栓杆的圆柱面

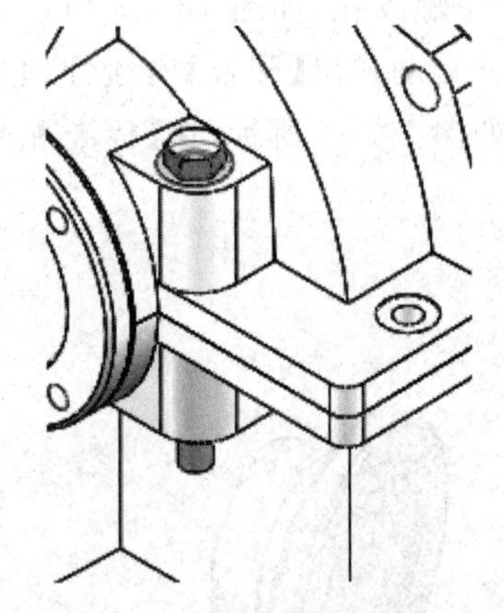

图 10.66　凸台的沉孔表面及螺栓头的下表面

13. 安装弹性垫圈

单击 插入零部件 按钮,在弹出的【插入零部件】属性管理器中单击"浏览"按钮 浏览(B)... ,弹出【打开】对话框,在文件夹中找到"弹性垫圈 12"零件,然后单击"打开"按钮,在视图区域合适位置单击。

为了便于装配，可先通过单击装配体工具栏中“移动零部件”按钮和“旋转零部件”按钮来调整垫圈的位置，使弹性垫圈轴线处于接近垂直，开口处朝前放置。

单击配合按钮，弹出【配合】属性管理器，在视图区域中选择弹性垫圈的孔及螺栓杆的圆柱面，如图10.67所示，在【标准配合】中选择“同轴心”，单击“确定”按钮；系统又自动弹出【配合】管理器，在视图区域选择箱座轴承座旁凸台的沉孔表面及弹性垫圈的上表面，如图10.68所示，在【标准配合】中选择“重合”，单击“确定”按钮。

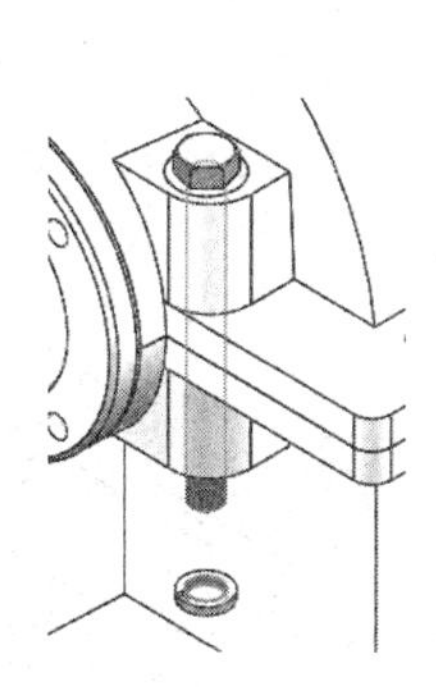

图10.67 弹性垫圈的孔及螺栓杆的圆柱面

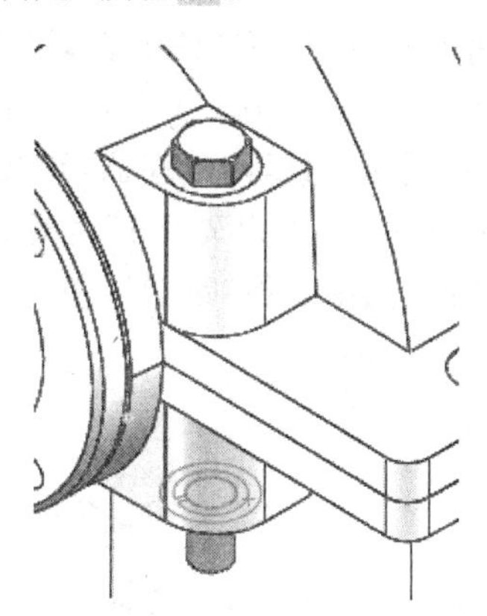

图10.68 凸台的沉孔表面及弹性垫圈的上表面

14. 安装螺母

单击插入零部件按钮，在弹出的【插入零部件】属性管理器中单击“浏览”按钮浏览(B)...，弹出【打开】对话框，在文件夹中找到“螺母M12”零件，然后单击“打开”按钮，在视图区域合适位置单击。

为了便于装配，可先通过单击装配体工具栏中“移动零部件”按钮和“旋转零部件”按钮来调整螺母的位置，使螺母轴线处于接近垂直位置。

单击配合按钮，弹出【配合】属性管理器，在视图区域中选择螺栓杆的圆柱面及螺母的螺纹孔，如图10.69所示，在【标准配合】中选择“同轴心”，单击“确定”按钮；系统又自动弹出【配合】管理器，在视图区域选中弹性垫圈的下表面及螺母的上表面，如图10.70所示，在【标准配合】中选择“重合”，单击“确定”按钮。

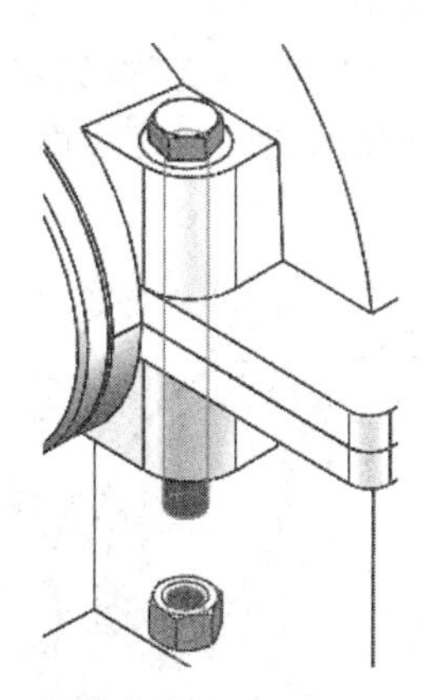

图10.69 螺栓杆的圆柱面及螺母的螺纹孔

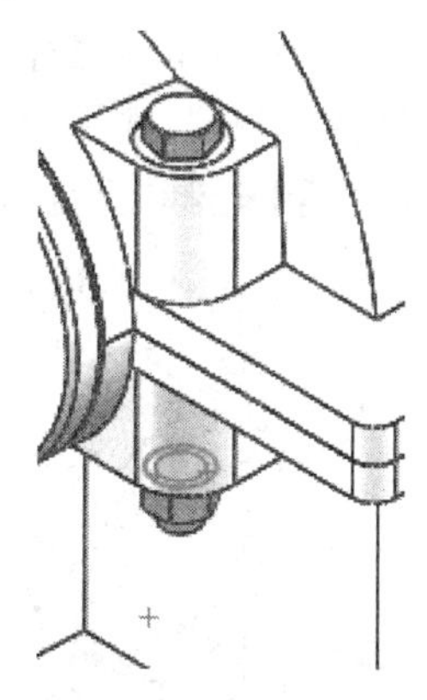

图10.70 弹性垫圈的下表面及螺母的上表面

箱座与箱盖凸缘的连接螺栓 M10、弹性垫圈 10 及螺母 M10 参照上面的方法安装。

15. 启盖螺钉的安装

单击"插入零部件"按钮，在弹出的【插入零部件】属性管理器中单击"浏览"按钮"浏览(B)..."，弹出【打开】对话框，在文件夹中找到"启盖螺钉"零件，然后单击"打开"按钮，在视图区域合适位置单击。

为了便于装配，可先通过单击装配体工具栏中"移动零部件"按钮和"旋转零部件"按钮来调整螺钉的位置，使螺钉轴线处于接近垂直、螺钉头朝上放置。

单击"配合"按钮，弹出【配合】属性管理器，在视图区域中选择启盖螺钉的圆柱面及箱盖相应的螺纹孔，如图 10.71 所示，在【标准配合】中选择"同轴心"，单击"确定"按钮；系统又自动弹出【配合】属性管理器，在视图区域选择启盖螺钉的下端面及箱座凸缘表面(为了选到箱座凸缘表面，可以先把箱盖暂时隐藏起来，配合完成后再恢复显示)，如图 10.72 所示，在【标准配合】中选择"重合"，单击"确定"按钮。

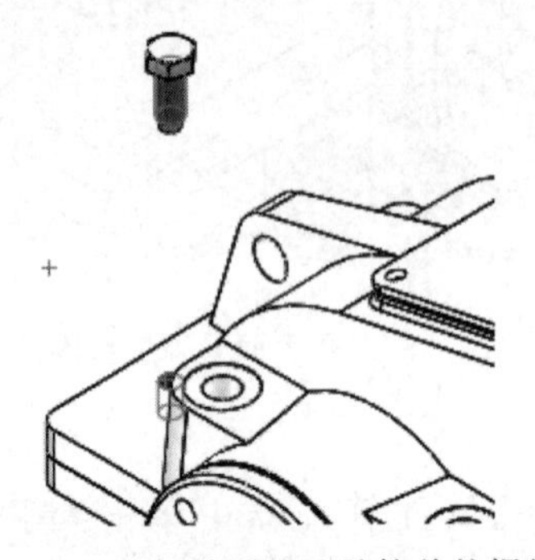

图 10.71 螺钉的圆柱面及箱盖的螺纹孔

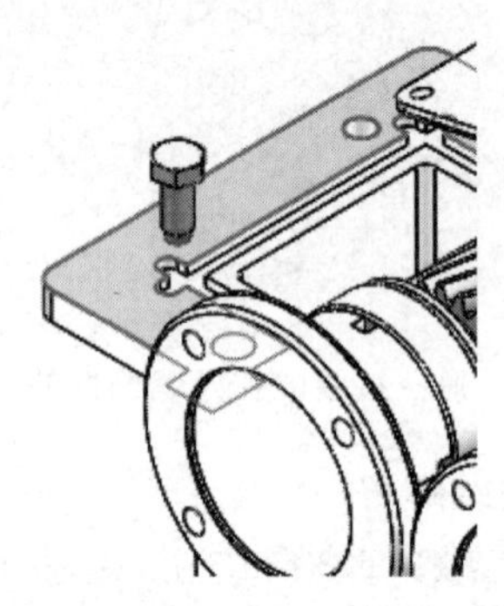

图 10.72 螺钉的下端面及箱座凸缘的表面

16. 安装固定轴承盖的螺钉

单击"插入零部件"按钮，在弹出的【插入零部件】属性管理器中单击"浏览"按钮"浏览(B)..."，弹出【打开】对话框，在文件夹中找到"六角头螺钉 M8"零件，然后单击"打开"按钮，在视图区域合适位置单击。

为了便于装配，可先通过单击装配体工具栏中"移动零部件"按钮和"旋转零部件"按钮来调整螺钉的位置，使螺钉轴线处于接近水平、螺钉头朝外放置。

单击"配合"按钮，弹出【配合】属性管理器，在视图区域中选择螺钉的圆柱面及轴承盖的螺纹孔，如图 10.73 所示，在【标准配合】中选择"同轴心"，单击"确定"按钮；系统又自动弹出【配合】属性管理器，在视图区域选中螺钉头的端面及轴承盖的凸缘表面，如图 10.74 所示，在【标准配合】中选择"重合"，单击"确定"按钮。

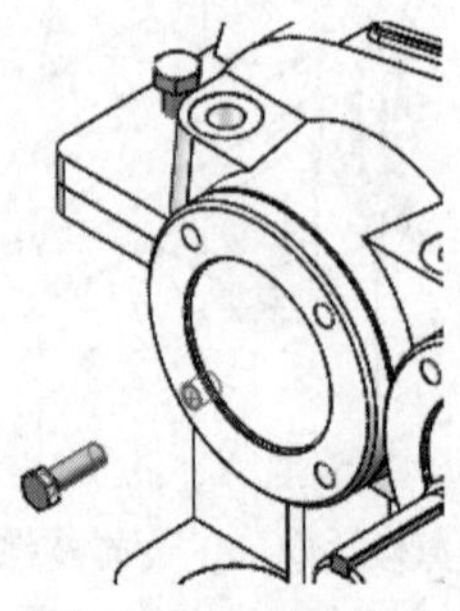

图 10.73 螺钉的圆柱面及轴承盖的螺钉孔

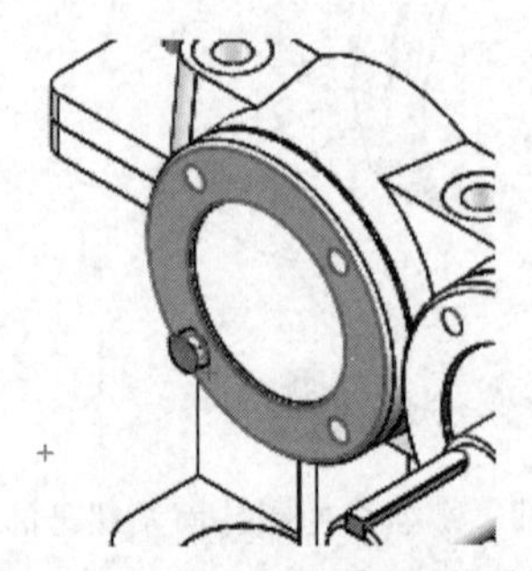

图 10.74 轴承盖凸缘表面及螺钉头的端面

17. 安装固定窥视孔盖的螺钉

单击 插入零部件 按钮，在弹出的【插入零部件】属性管理器中单击“浏览”按钮 浏览(B)... ，弹出【打开】对话框，在文件夹中找到“六角头螺钉 M6”零件，然后单击“打开”按钮，在视图区域合适位置单击。

为了便于装配，可先通过单击装配体工具栏中“移动零部件”按钮和“旋转零部件”按钮来调整螺钉的位置，使螺钉轴线处于接近垂直、螺钉头朝上放置。

单击 配合 按钮，弹出【配合】属性管理器，在视图区域中选择螺钉的外圆柱面及窥视孔盖的螺钉孔面，如图 10.75 所示，在【标准配合】中选择“同轴心”，单击“确定”按钮；系统又自动弹出【配合】属性管理器，在视图区域选中螺钉头的下表面及窥视孔盖的上表面，如图 10.76 所示，在【标准配合】中选择“重合”，单击“确定”按钮。

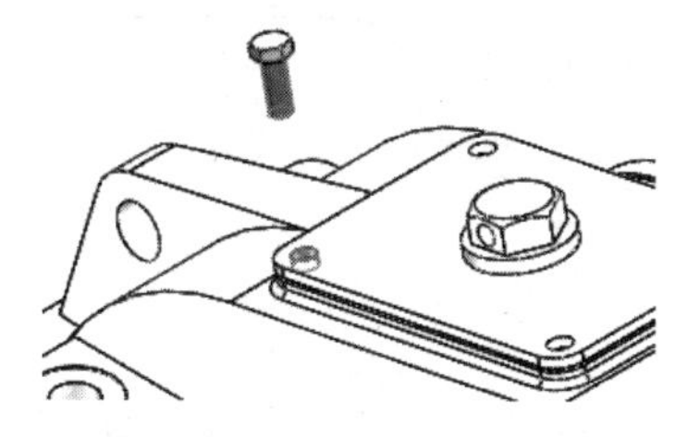

图 10.75　螺钉的外圆柱面及窥视孔盖的螺钉孔面

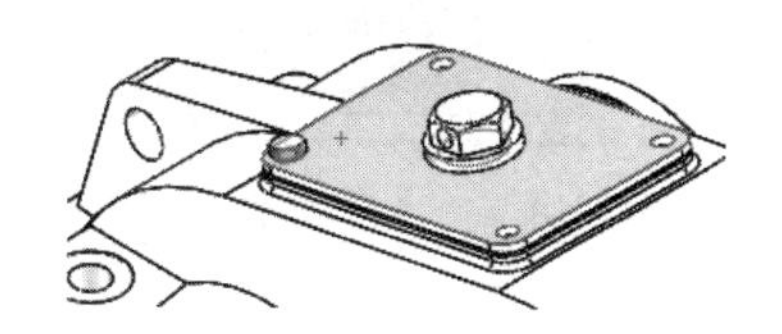

图 10.76　螺钉的下表面及窥视孔盖的上表面

18. 箱座与箱盖配作圆锥销孔

单击装配体工具栏中“装配体特征”按钮，弹出下拉菜单，如图 10.77 所示，单击选择“简单直孔”，弹出【孔】信息管理器，在绘图区域单击箱座凸缘下表面适当位置作为孔所在的面(见图 10.78)，弹出【孔】属性管理器，在【方向】下面“终止条件”选择框中选给定深度，在“距离” 右边输入框中输入 24mm，在“孔直径”输入框中输入 8.2mm，单击“拔模开关”按钮，在其右边输入框中输入 1.1°，勾选“向外拔模”选择框，在【特征范围】下面选“所有零部件”选项，如图 10.79 所示，再单击“确定”按钮，生成一个圆锥孔。

图 10.77　装配体特征的下拉菜单

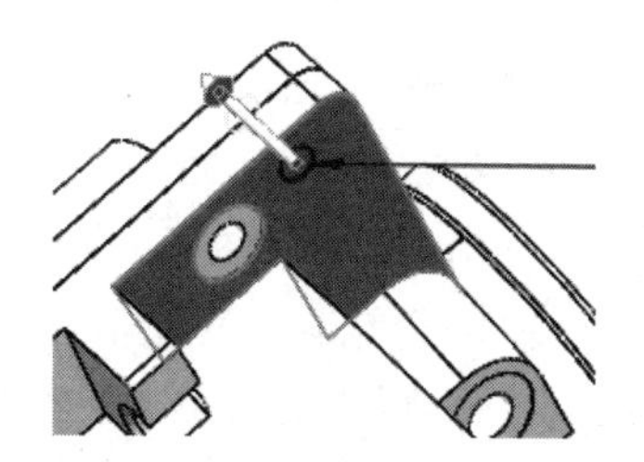

图 10.78　圆锥销孔所在的面

在屏幕左侧特征设计树中右击【简单直孔】特征，在弹出的菜单中单击“编辑草图”按钮，再单击“视图定向”按钮，选择“正视于”按钮，进入草图绘制，修改孔的定位尺寸，如图 10.80 所示，再单击“确定”按钮。

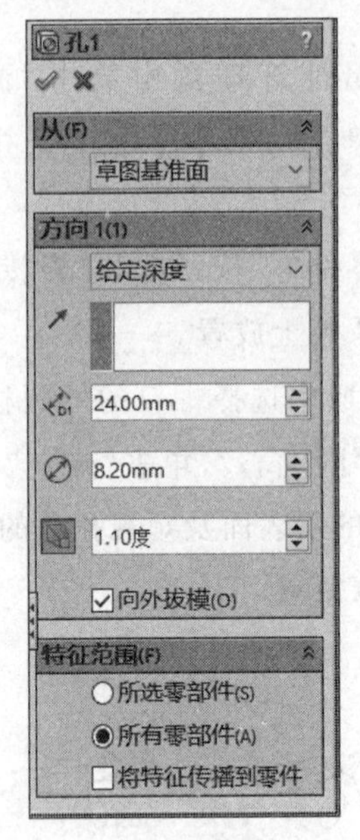

图 10.79 【孔】属性管理器

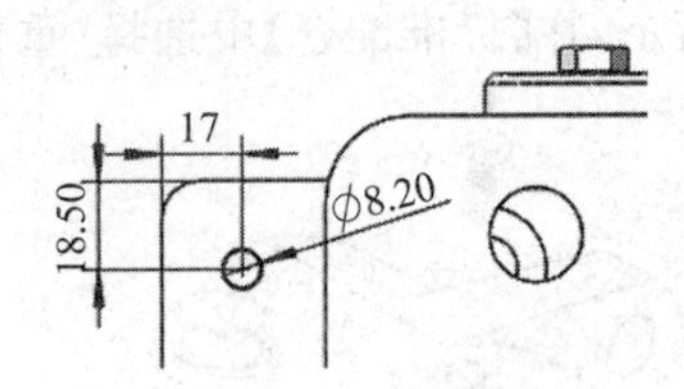

图 10.80 圆锥孔 1 的位置

选择箱座对角的另一位置，重复以上步骤生成另一圆锥孔，位置如图 10.81 所示；生成的两个圆锥销孔分布如图 10.82 所示。

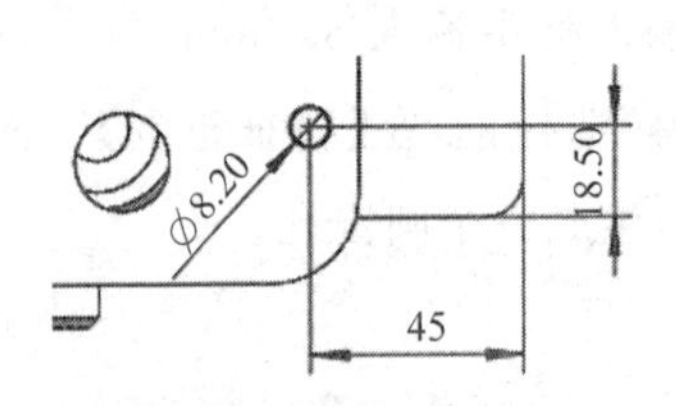

图 10.81 圆锥孔 2 的位置

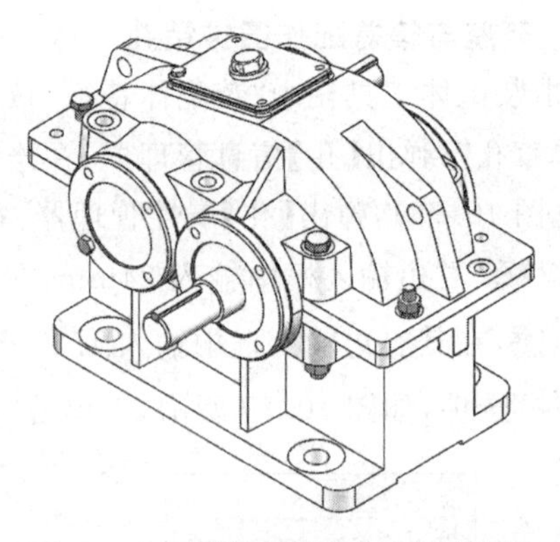

图 10.82 配作圆锥销孔后的减速器

19. 安装圆锥销

单击"插入零部件"按钮，在弹出的【插入零部件】属性管理器中单击"浏览"按钮"浏览(B)..."，弹出【打开】对话框，在文件夹中找到"圆锥销 8335"零件，然后单击"打开"按钮，在绘图区域合适位置单击。

为了便于装配，可先通过单击装配体工具栏中"移动零部件"按钮和"旋转零部件"按钮来调整销钉的位置，使圆锥销轴线处于接近垂直、大头朝上放置。

单击"配合"按钮，弹出【配合】属性管理器，在视图区域中选中圆锥销的圆锥面及箱体的圆锥孔面，如图 10.83 所示，在【标准配合】中选择"同轴心"，单击"确定"按钮；系统又自动弹出【配合】属性管理器，在视图区域选择箱盖圆锥孔上边线及圆锥销的圆锥面，如图 10.84 所示，在【标准配合】中选择"重合"，单击"确定"按钮。

装配完成后的减速器如图 10.85 所示。

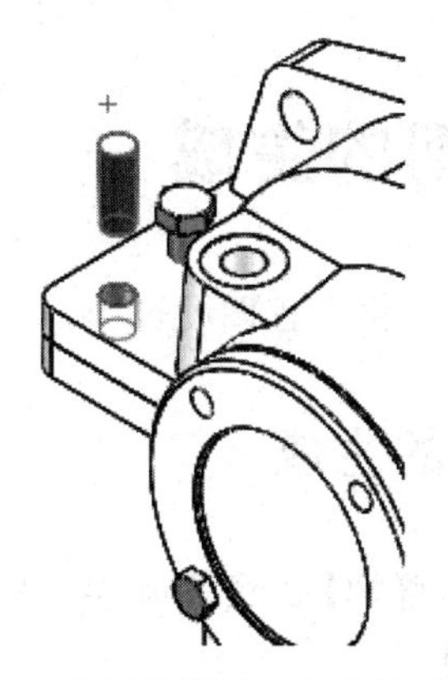

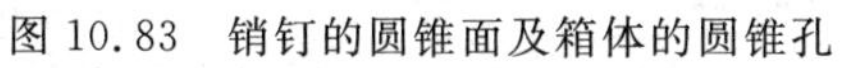

图 10.83　销钉的圆锥面及箱体的圆锥孔

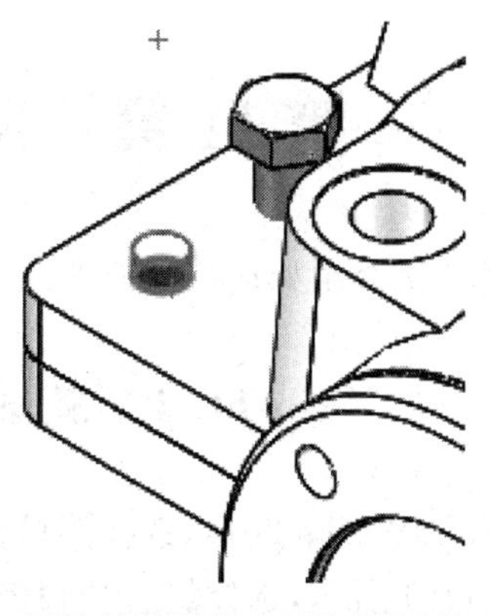

图 10.84　圆锥销的圆锥面及箱体的圆锥孔上边线

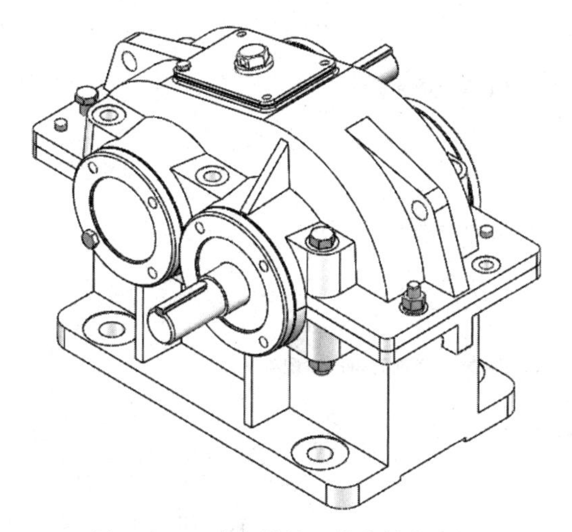

图 10.85　减速器的三维实体装配图

第11章　减速器工程图的生成

本章将详细介绍如何从减速器的三维装配图模型生成二维工程图的过程。

11.1　减速器工程图视图的生成

启动 SolidWorks 2014，选择菜单栏中【文件】/【新建】，弹出【新建 SolidWorks 文件】对话框，如图 11.1 所示，选择【工程图】按钮，然后单击【确定】。

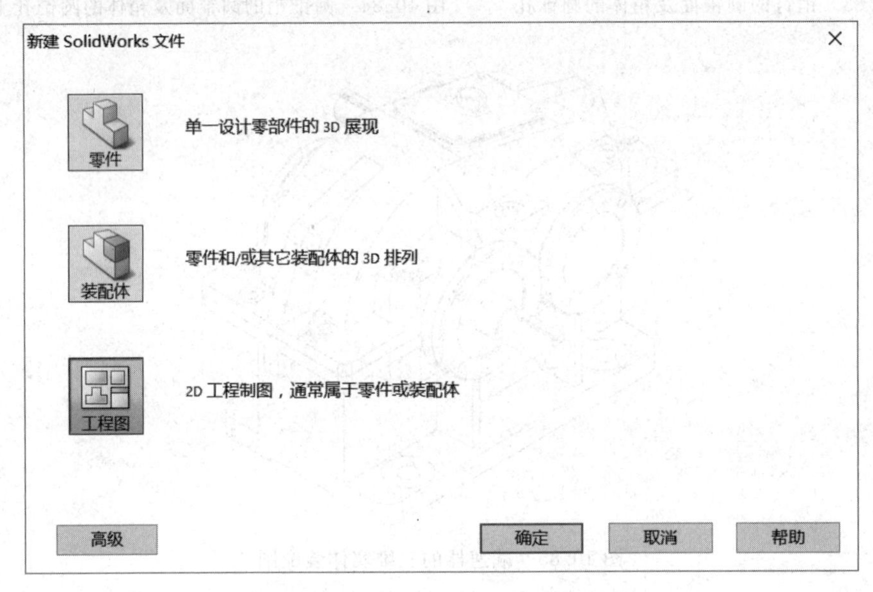

图 11.1　【新建 SolidWorks 文件】对话框

1. 设置图纸属性

系统弹出【模型视图】属性管理器，如图 11.2 所示，单击"取消"按钮，关闭【模型视图】属性管理器。在特征设计树上右击"图纸"，弹出如图 11.3 所示快捷菜单，单击 属性...(G) 按钮，弹出【图纸属性】对话框，在对话框中设定【比例】为 1∶2，选择【标准图纸大小】单选项，在列表框中单击选择 A1(GB)，如图 11.4 所示，最后单击【确定】按钮。

2. 插入标准三视图

单击【工程图】工具栏(如图 11.5 所示)中"标准三视图"按钮，弹出【标准三视图】属性管理器，如图 11.6 所示，单击"浏览"按钮 浏览(B)... ，弹出【打开】对话框，在文件夹中找到"减速器装配体"，然后单击【打开】按钮，在图纸上自动插入减速器的标准三视图，如图 11.7 所示。

视图上显示了装配图上各个零件的坐标原点，非常杂乱，可以通过单击菜单【视图】/【原点】，隐藏各个零件的坐标原点，结果如图 11.8 所示。

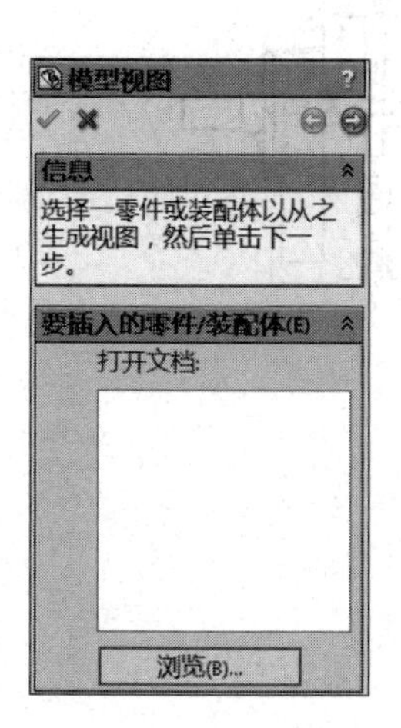

图 11.2 【模型视图】属性管理器

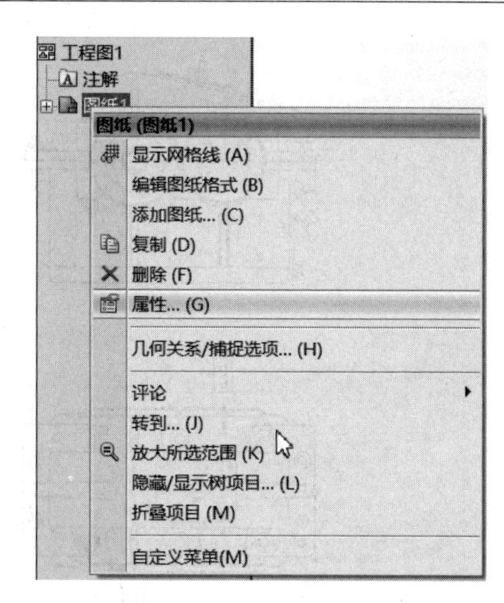

图 11.3 选择图纸属性

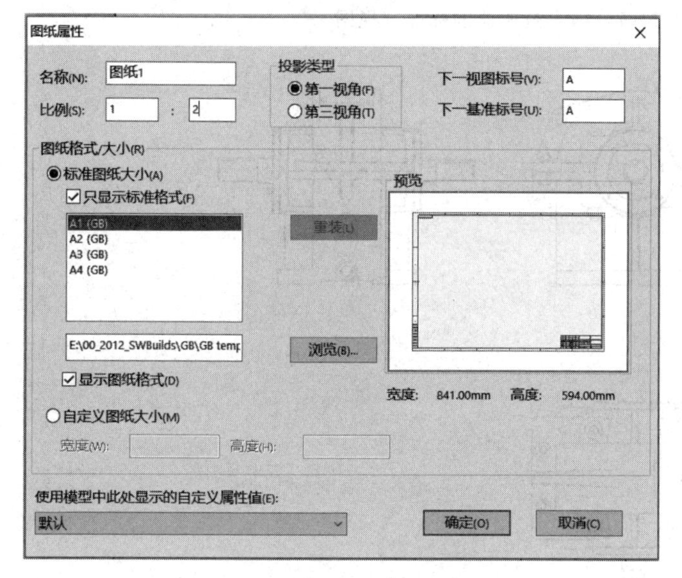

图 11.4 【图纸属性】对话框

图 11.5 【工程图】工具栏

图 11.6 【标准三视图】属性管理器

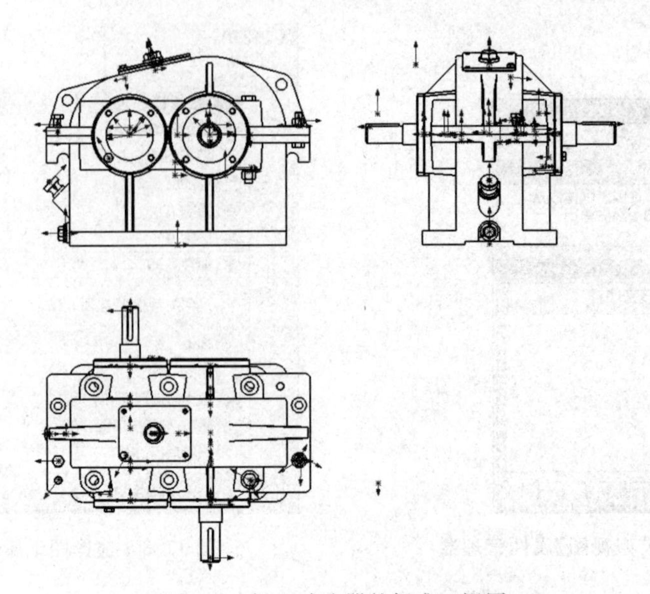

图 11.7　插入减速器的标准三视图

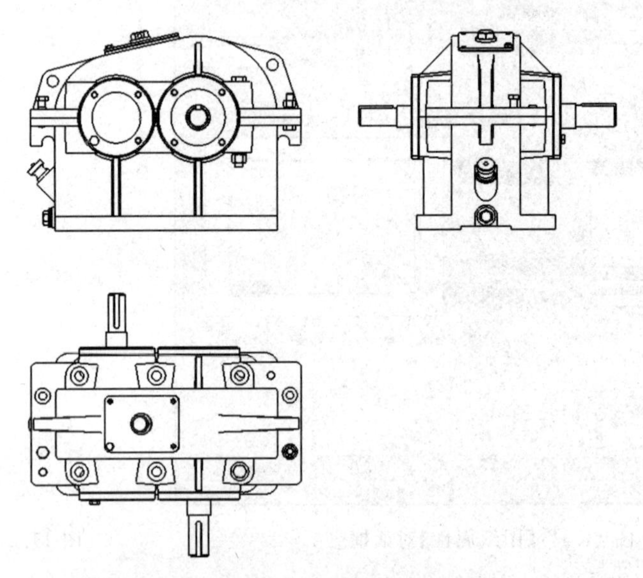

图 11.8　隐藏坐标原点的标准三视图

3. 俯视图的“断开的剖视图”的生成

单击【草图】工具栏中的“样条曲线”按钮，光标变成带样条曲线的笔状，移动光标到俯视图区域，多次单击并移动鼠标绘制一条封闭的样条曲线，如图 11.9 所示；再单击【工程图】工具栏中“断开的剖视图”按钮，弹出【剖面视图】对话框，先勾选“自动打剖面线”“不包括扣件”“显示排除的扣件”选项；再在工程图上单击选择高速轴、低速轴，所选零件出现在【不包括零部件】下面的显示框中，如图 11.10 所示，单击【确定】按钮。

此时，系统弹出【断开的剖视图】属性管理器，先在工程图上单击选择低速轴（或高速轴）轴端的边线，如图 11.11 所示；所选边线出现在【深度】栏的显示框中，如图 11.12 所示，再单击“确定”按钮，生成如图 11.13 所示断开的剖视图。

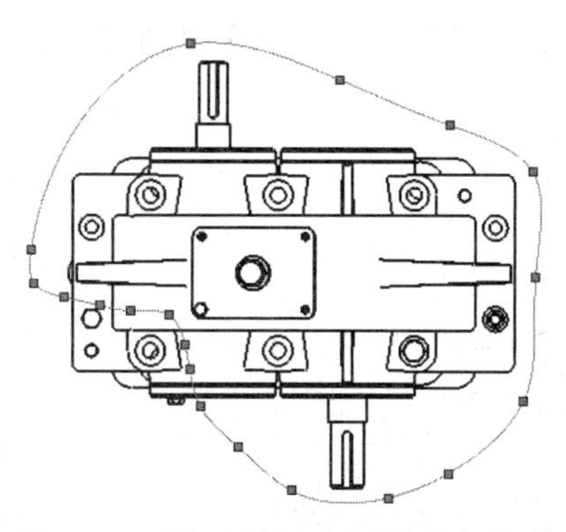

图 11.9　俯视图剖面视图的样条曲线

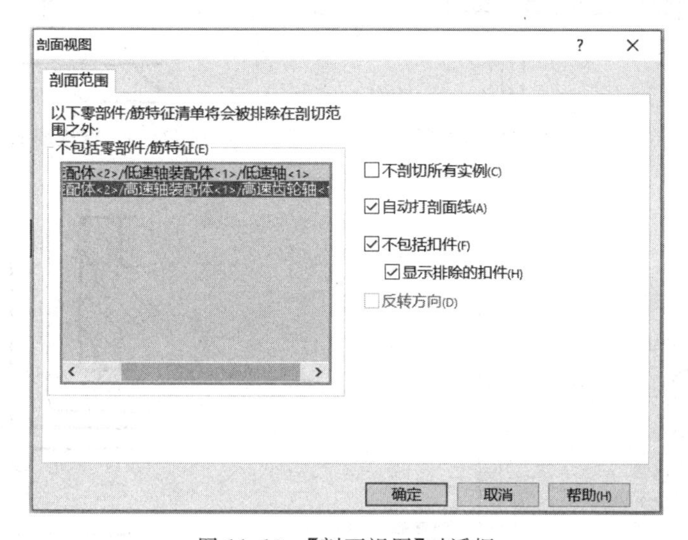

图 11.10　【剖面视图】对话框

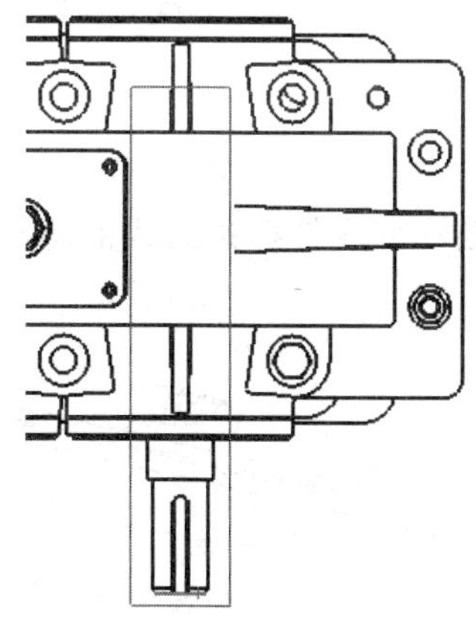

图 11.11　低速轴轴端边线的选择

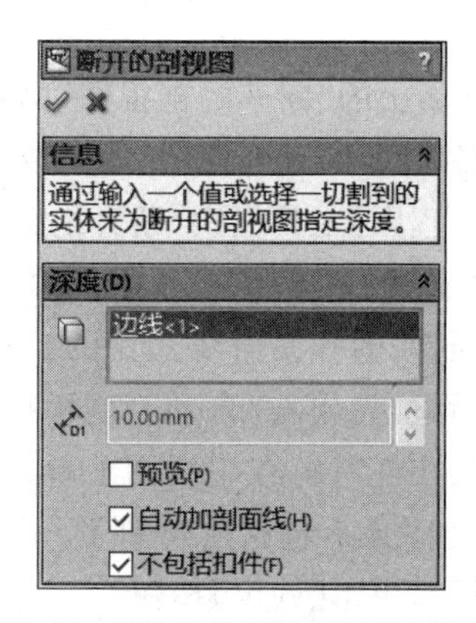

图 11.12　【断开的剖视图】属性管理器

移动光标到俯视图中右边 M10 螺母处，如图 11.14 所示，右击，出现图 11.15 所示快捷菜单，选择【零部件】/【显示/隐藏】/【隐藏零部件】，则在俯视图中 M10 螺母不显示出来，如图 11.16 所示。

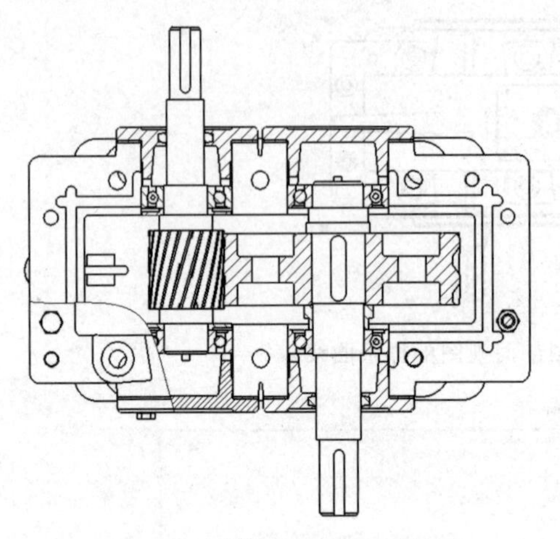

图 11.13　俯视图的断开剖视图

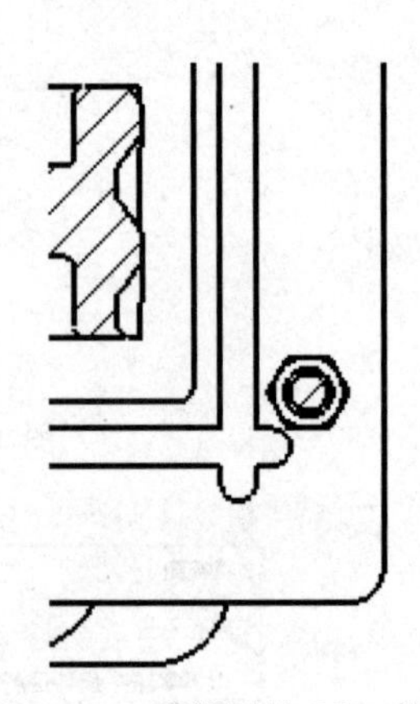

图 11.14　俯视图的 M10 螺母

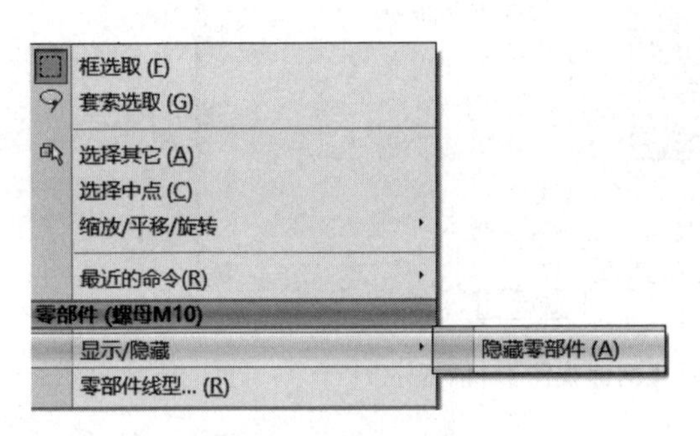

图 11.15　右键快捷菜单

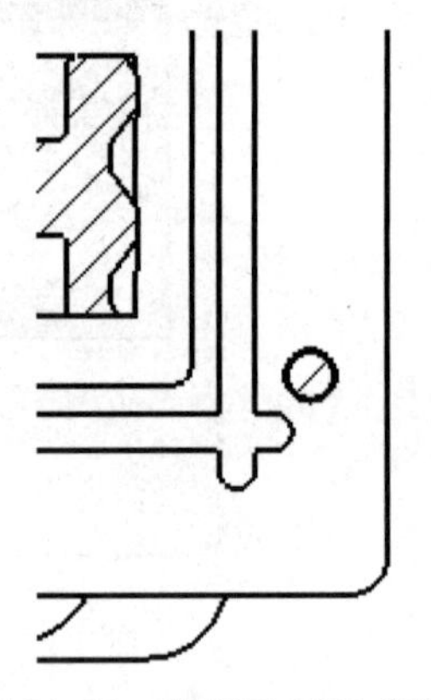

图 11.16　隐藏了 M10 螺母

4. 主视图上的“断开的剖视图”的生成

1）窥视孔的“断开剖视图”的生成

单击【工程图】工具栏中“断开的剖视图”按钮，光标变成带样条曲线的笔状，移动光标到主视图区域，在窥视孔盖附近多次单击并移动鼠标绘制一条封闭的样条曲线，如图 11.17 所示，弹出【剖面视图】对话框，先勾选“自动打剖面线”“不包括扣件”“显示排除的扣件”；再在主视图上单击选择通气螺塞，所选零件出现在【不包括零部件】下面的显示框中，如图 11.18 所示，单击【确定】按钮。

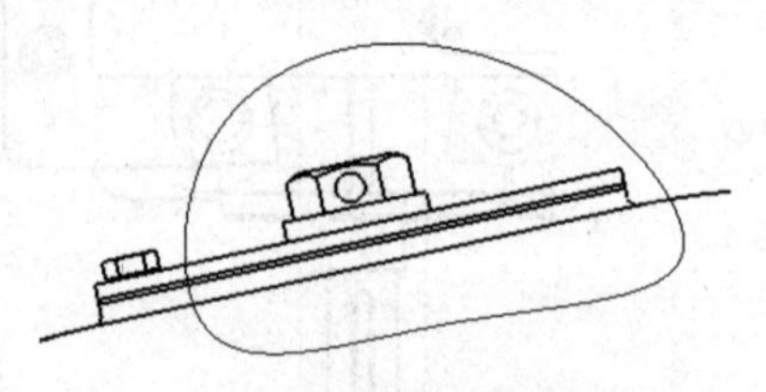

图 11.17　窥视孔盖的样条曲线

系统弹出【断开的剖视图】属性管理器，在主视图上单击选择通气螺塞顶部的边线（见图 11.19），所选边线出现在【深度】栏的显示框中，如图 11.20 所示，再单击“确定”按钮，生成如图 11.21 所示断开的剖视图。

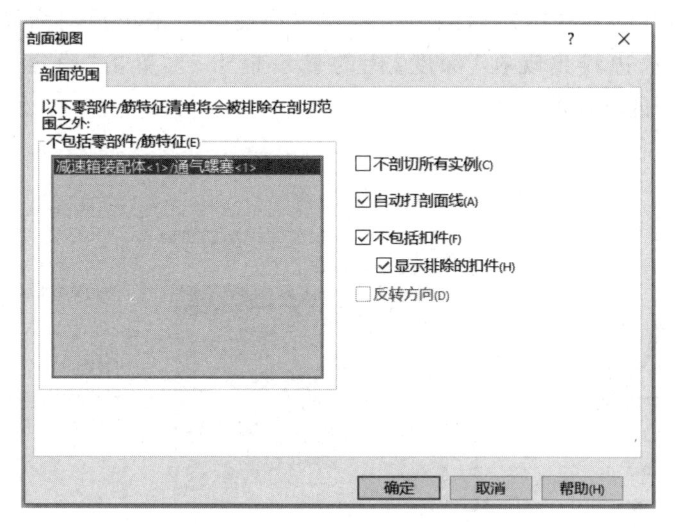

图 11.18　【剖面视图】对话框

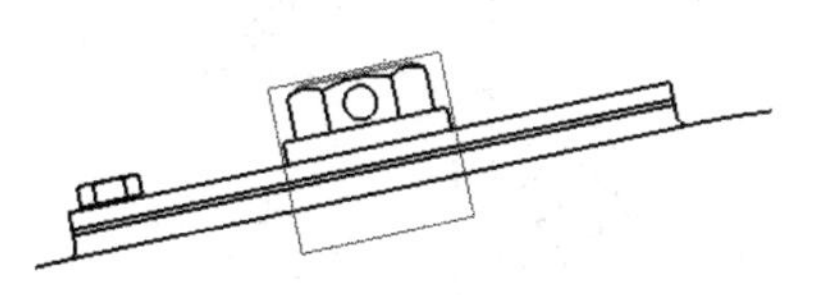

图 11.19　通气螺塞顶部边线的选择

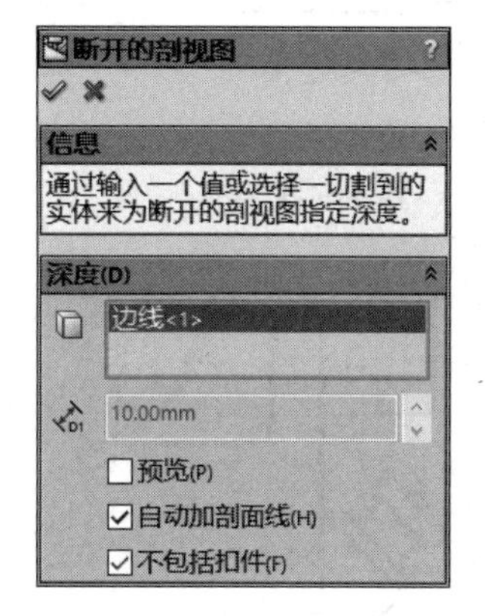

图 11.20　【断开的剖视图】属性管理器

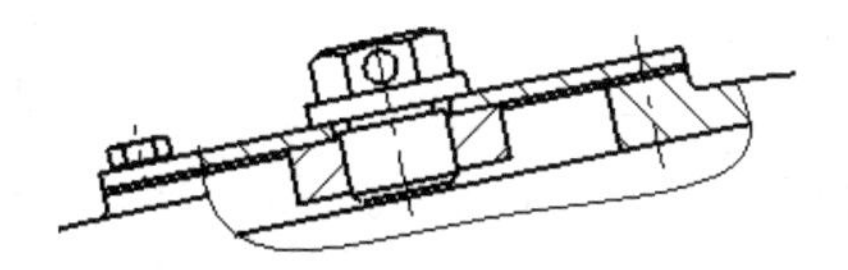

图 11.21　窥视孔的断开剖视图

注：由于 SolidWorks 软件里零件的螺纹是用装饰螺纹线表示的，不是真实的螺纹，因此图 11.21 里通气螺塞上的螺纹没有表示出来，下面剖视图有螺纹的零件，其上的螺纹同样没有表示出来。

2）油标尺及油塞的断开剖视图的生成

单击【草图】工具栏中的“样条曲线”按钮，光标变成带样条曲线的笔状，移动光标到主视图区域，在油标尺及油塞位置附近绘制一条封闭的样条曲线，如图 11.22 所示；单击【工程图】工具栏中“断开的剖视图”按钮，弹出【剖面视图】对话框，先勾选“自动打剖面线”“不包括扣件”“显示排除的扣件”；再在主视图上单击选择油标尺及油塞，所选零件出现在【不包括零部件】下面的显示框中，如图 11.23 所示，单击【确定】按钮。

系统弹出【断开的剖视图】属性管理器,在主视图上单击选择油标尺头部的边线,如图 11.24 所示,所选边线出现在【深度】栏的显示框中,再单击“确定”按钮,生成如图 11.25 所示断开的剖视图。

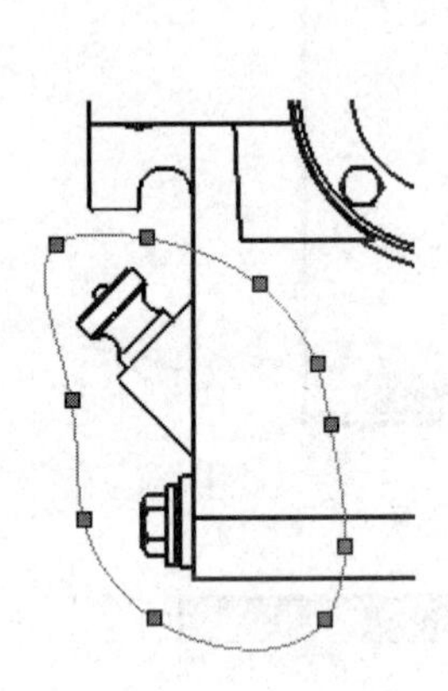

图 11.22 窥视孔盖的样条曲线

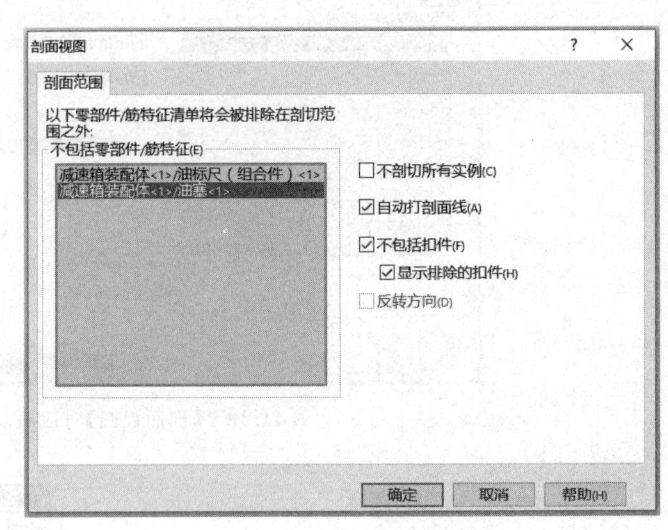

图 11.23 【剖面视图】对话框

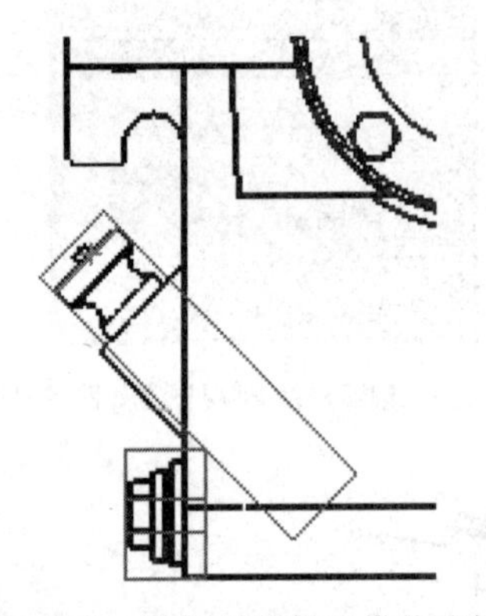

图 11.24 油标尺顶部边线的选择

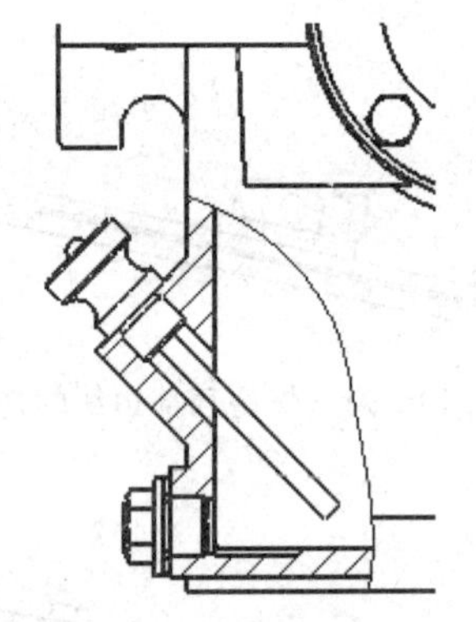

图 11.25 油标尺与油塞的断开剖视图

3) 箱座及箱盖凸缘螺栓连接的断开剖视图的生成

单击【草图】工具栏中的“样条曲线”按钮,光标变成带样条曲线的笔状,移动光标到主视图区域,在箱盖与箱座螺栓连接附近绘制一条封闭的样条曲线,如图 11.26 所示;单击【工程图】工具栏中“断开的剖视图”按钮,弹出【剖面视图】对话框,先勾选“自动打剖面线”“不包括扣件”“显示排除的扣件”;再在主视图上单击选择螺母 M10、六角头螺栓 M10 及弹性垫圈 10,所选零件出现在【不包括零部件】下面的显示框中,如图 11.27 所示,单击【确定】按钮。

系统弹出【断开的剖视图】属性管理器,在主视图上单击选择螺栓末端的边线,如图 11.28 所示,所选边线出现在【深度】下面的显示框中,再单击“确定”按钮,生成如图 11.29 所示断开的剖视图。

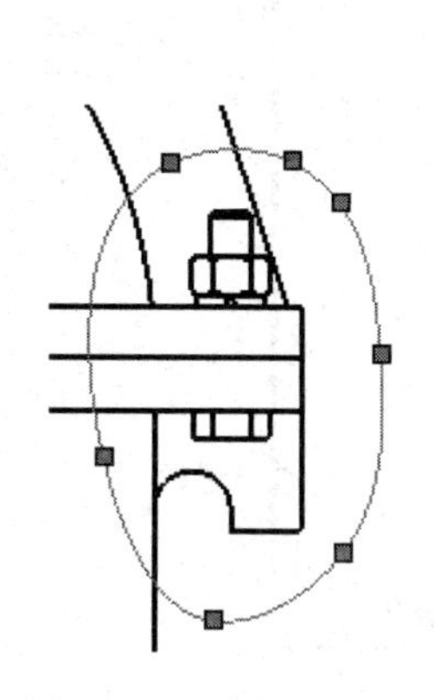
图 11.26　窥视孔盖的样条曲线

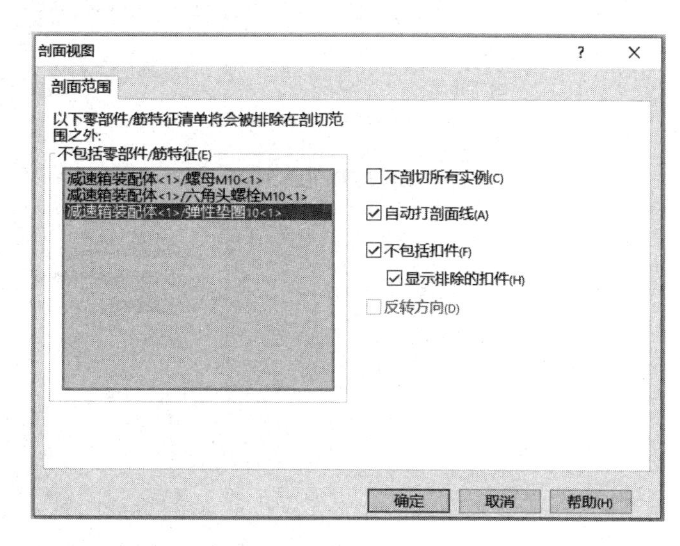

图 11.27　【剖面视图】对话框

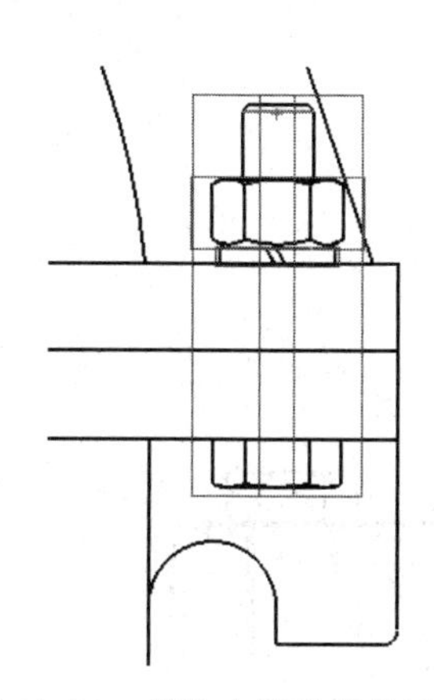
图 11.28　螺栓末端边线的选择

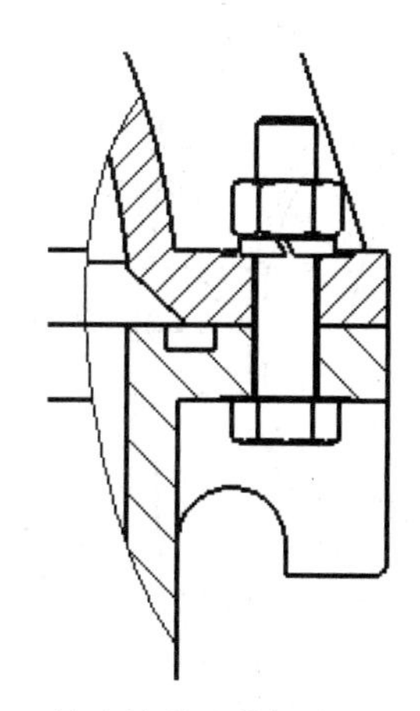
图 11.29　箱座箱盖连接螺栓的断开剖视图

4）轴承旁凸台螺栓连接的断开剖视图的生成

单击【草图】工具栏中的“样条曲线”按钮，光标变成带样条曲线的笔状，移动光标到主视图区域，在轴承座旁凸台螺栓连接上部绘制一条封闭的样条曲线，如图 11.30 所示；单击【工程图】工具栏中“断开的剖视图”按钮，弹出【剖面视图】对话框，先勾选“自动打剖面线”“不包括扣件”“显示排除的扣件”；再在主视图上单击选择此螺栓，所选零件出现在【不包括零部件】下面的显示框中，如图 11.31 所示，单击【确定】按钮。

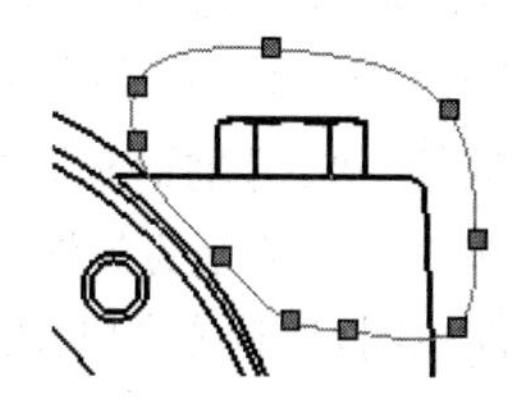
图 11.30　螺栓连接上部的样条曲线

系统弹出【断开的剖视图】属性管理器，在主视图上单击选择此螺栓末端的边线，如图 11.32 所示，所选边线出现在【深度】栏的显示框中，再单击“确定”按钮，生成如图 11.33 所示断开的剖视图。

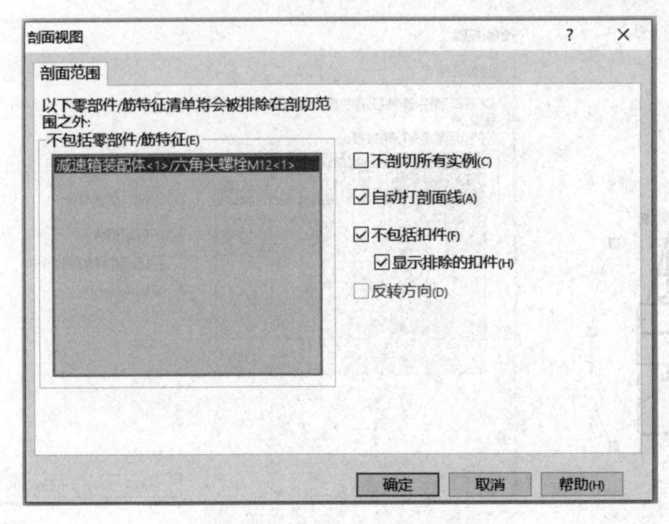

图 11.31　【剖面视图】对话框

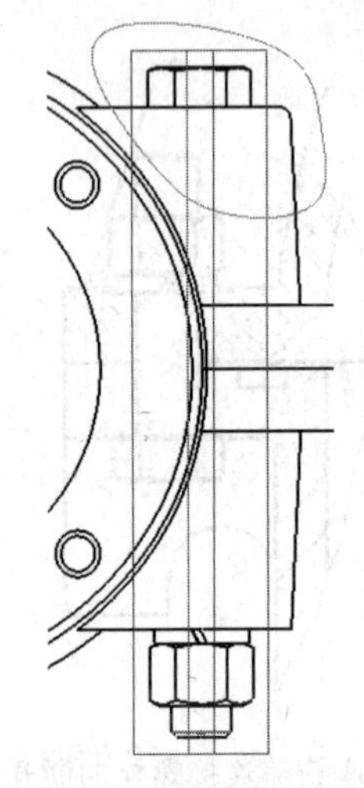

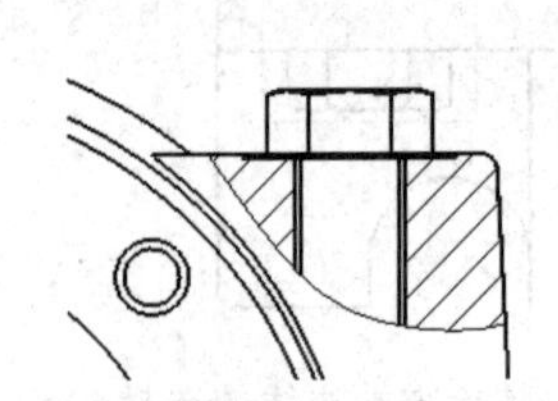

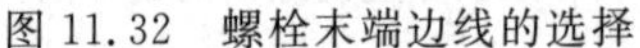

图 11.32　螺栓末端边线的选择　　　　图 11.33　箱座箱盖螺栓连接的断开剖视图

单击【草图】工具栏中的"样条曲线"按钮，鼠标变成带样条曲线的笔状，移动鼠标到主视图区域，在轴承座旁凸台螺栓连接下部绘制一条封闭的样条曲线，如图 11.34 所示；单击【工程图】工具栏中"断开的剖视图"按钮，弹出【剖面视图】对话框，先勾选"自动打剖面线""不包括扣件""显示排除的扣件"；再在主视图上单击选择此螺栓、螺母及弹性垫圈，所选零件出现在【不包括零部件】下面的显示框中，如图 11.35 所示，单击【确定】按钮。

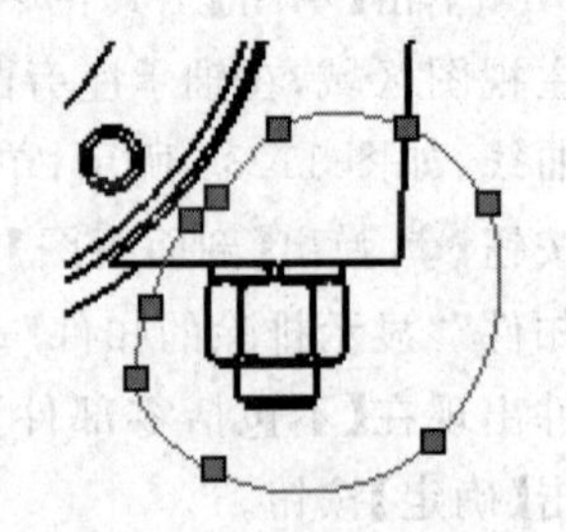

图 11.34　螺栓连接下部的样条曲线

系统弹出【断开的剖视图】属性管理器，在主视图上单击选择此螺栓末端的边线，如图 11.36 所示，所选边线出现在【深度】栏的显示框中，再单击"确定"按钮，生成如图 11.37 所示断开的剖视图。

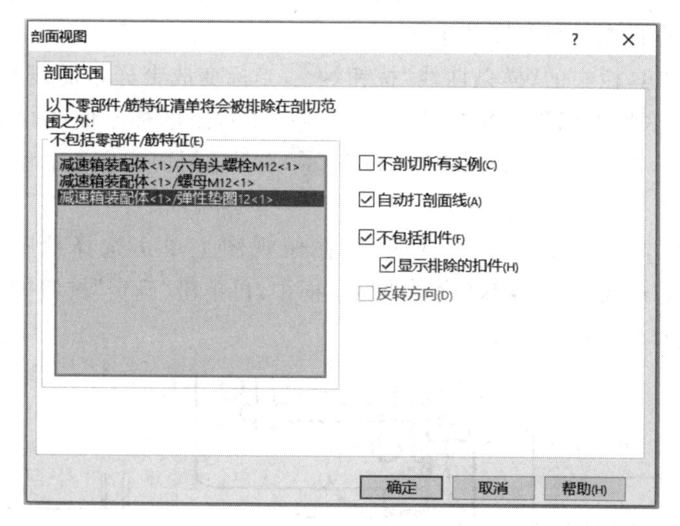

图 11.35　【剖面视图】对话框

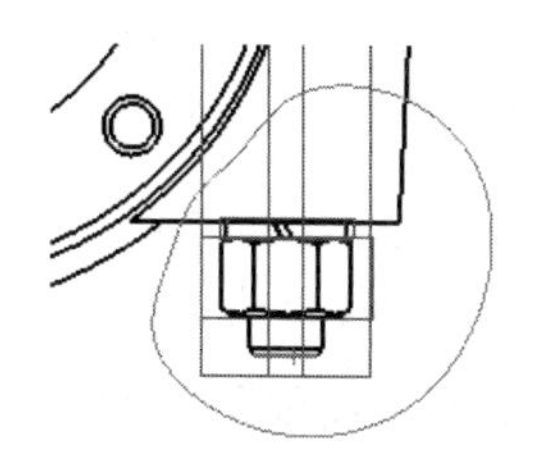

图 11.36　螺栓末端边线的选择

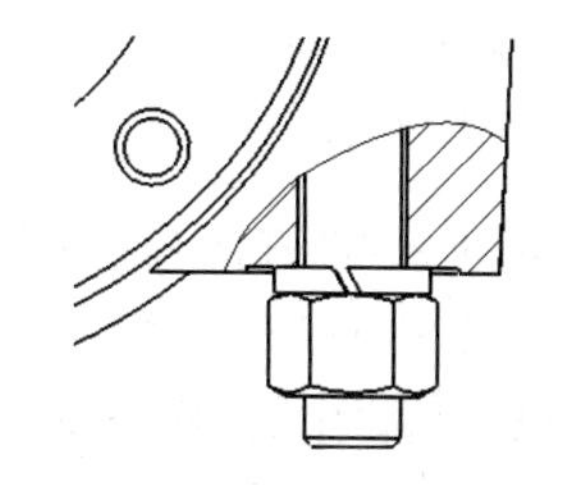

图 11.37　箱座箱盖螺栓连接的断开剖视图

5）起盖螺钉的断开剖视图的生成

单击【草图】工具栏中的“样条曲线”按钮，光标变成带样条曲线的笔状，移动鼠标到主视图区域，在起盖螺钉附近绘制一条封闭的样条曲线，如图 11.38 所示；单击【工程图】工具栏中“断开的剖视图”按钮，弹出【剖面视图】对话框，先勾选“自动打剖面线”“不包括扣件”“显示排除的扣件”；再在主视图上单击选择起盖螺钉，所选零件出现在【不包括零部件】下面的显示框中，单击【确定】按钮。

系统弹出【断开的剖视图】属性管理器，在主视图上单击选择此螺钉头部的边线，如图 11.39 所示，所选边线出现在【深度】栏的显示框中，单击“确定”按钮，生成如图 11.40 所示断开的剖视图。

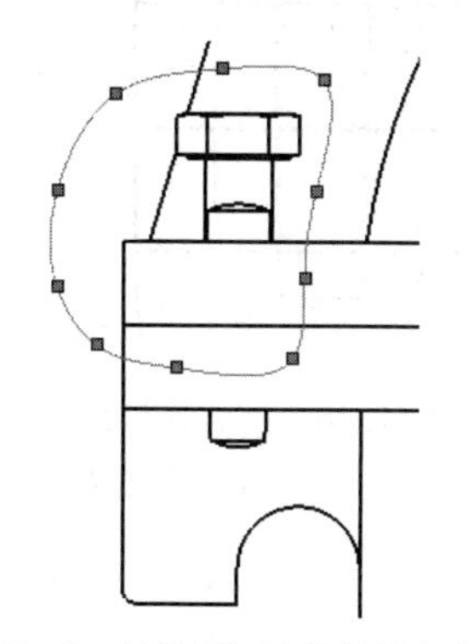

图 11.38　起盖螺钉连接的样条曲线

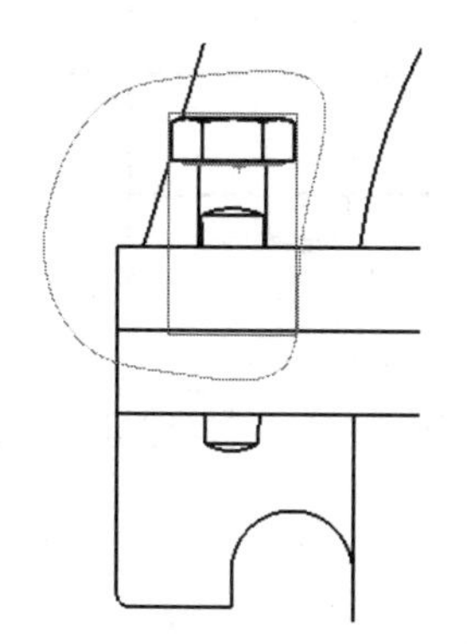

图 11.39　螺钉头边线的选择

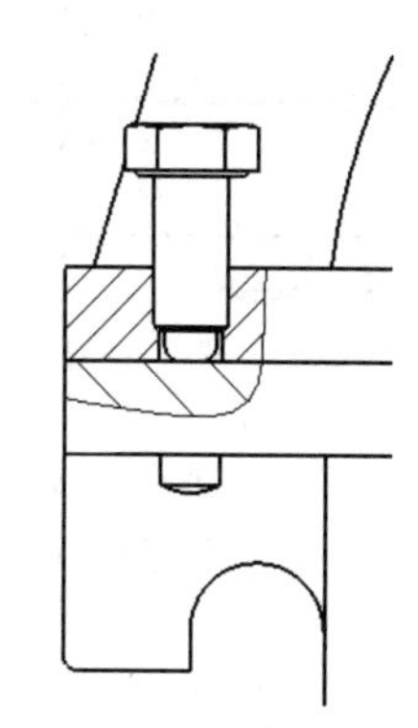

图 11.40　起盖螺钉连接的断开剖视图

6）地脚螺栓孔的断开剖视图的生成

单击【草图】工具栏中的“样条曲线”按钮，光标变成带样条曲线的笔状，移动鼠标到主视图区域，在底座凸缘地脚螺栓孔附近绘制一条封闭的样条曲线，如图 11.41 所示；单击【工程图】工具栏中“断开的剖视图”按钮，弹出【剖面视图】对话框，直接单击【确定】按钮。

系统弹出【断开的剖视图】属性管理器，在俯视图上单击选择地脚螺栓孔边线，如图 11.42 所示，所选边线出现在【深度】栏的显示框中，再单击“确定”按钮，生成如图 11.43 所示断开的剖视图。

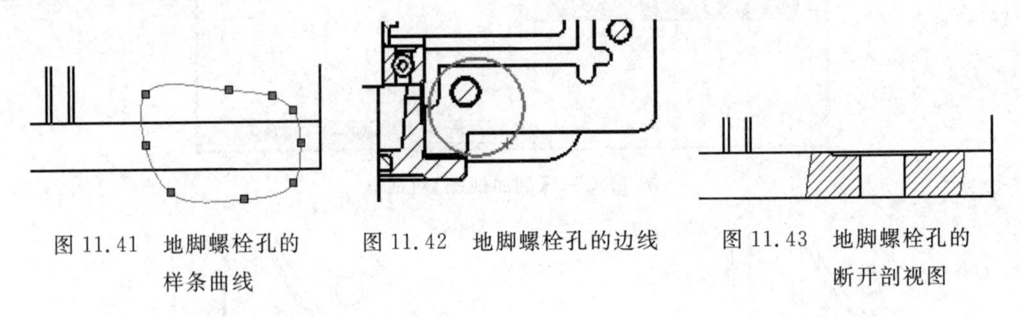

图 11.41　地脚螺栓孔的样条曲线　　图 11.42　地脚螺栓孔的边线　　图 11.43　地脚螺栓孔的断开剖视图

5. 左侧视图上的“断开的剖视图”的生成

左侧视图上只有销钉连接需要剖开，因此，这里就介绍销钉的断开剖视图的生成。

单击【草图】工具栏中的“样条曲线”按钮，光标变成带样条曲线的笔状，移动光标到左侧视图区域，在销钉连接附近绘制一条封闭的样条曲线，如图 11.44 所示；单击【工程图】工具栏中“断开的剖视图”按钮，弹出【剖面视图】对话框，先勾选“自动打剖面线”“不包括扣件”“显示排除的扣件”；再在左侧视图上单击选择此销钉，所选零件出现在【不包括零部件】下面的显示框中，单击【确定】按钮。

系统弹出【断开的剖视图】属性管理器，在左侧视图上单击选择此销钉大端的边线，如图 11.45 所示，所选边线出现在【深度】栏的显示框中，再单击“确定”按钮，生成如图 11.46 所示断开的剖视图。

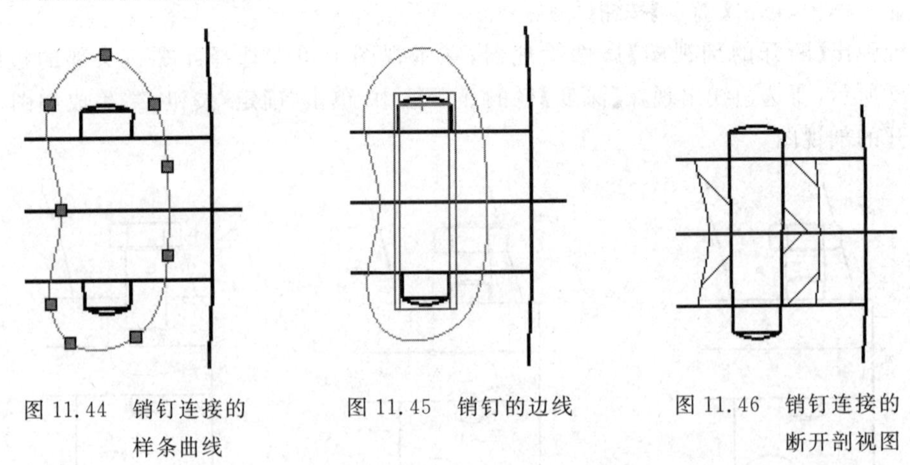

图 11.44　销钉连接的样条曲线　　图 11.45　销钉的边线　　图 11.46　销钉连接的断开剖视图

11.2　工程图标注尺寸及添加注释

1. 给各个视图添加中心线及中心符号线

选择菜单【插入】/【注解】/【中心线】，弹出【中心线】属性管理器，勾选【自动插入】下面的“选择视图”，如图 11.47 所示，然后移动鼠标单击选择要插入中心线的视图，系统自动插入中心线；由于是自动插入，会产生一些不必要显示的中心线，因此，单击选择不必要显示的中心线，按【Delete】键删除。

选择菜单【插入】/【注解】/【中心符号线】，弹出【中心符号线】属性管理器，【手工插入选项】中系统默认选择“单一中心符号线”按钮；勾选“槽口中心符号线”选项，【槽口中心符号线】选择“槽口端点”按钮及“圆弧槽口端点”按钮，如图 11.48 所示；移动鼠标到视图中，单击选择要插入中心符号线的圆、槽口及圆弧等，最后单击【确定】按钮结束添加。

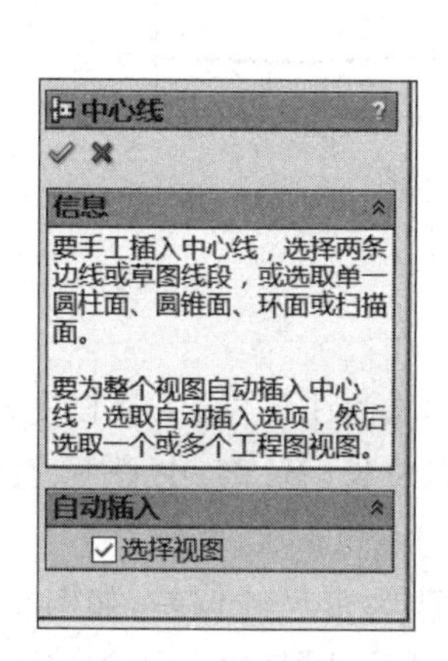

图 11.47　【中心线】属性管理器

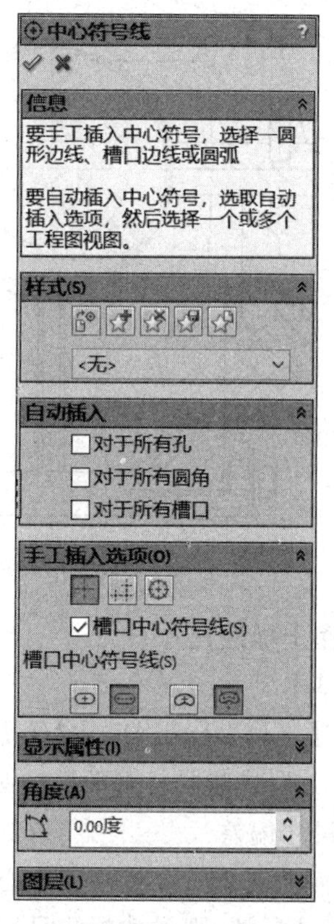

图 11.48　【中心符号线】属性管理器

系统默认插入中心符号线角度为 0°，如图 11.49 所示螺钉头部中心符号线，当需要改变中心符号线角度时，可以先单击选择此中心符号线，弹出【中心符号线】属性管理器，在【角度】下面输入框中输入需要的角度，如 45°，见图 11.50，再单击“确定”按钮，更改后的中心符号线如图 11.51 所示。

完成了必要的断开剖视图以及添加中心线、中心符号线后，减速器结构的主视图如图 11.52 所示。

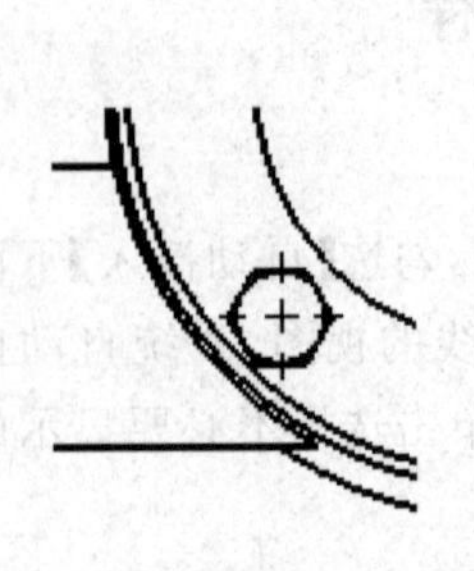

图 11.49　0°的中心符号线

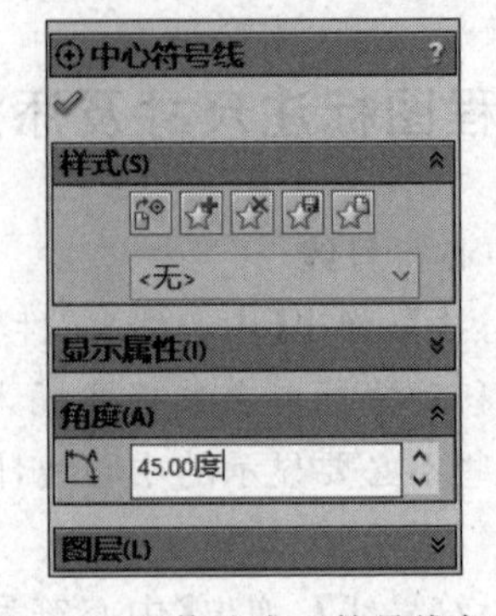

图 11.50　修改中心符号线角度

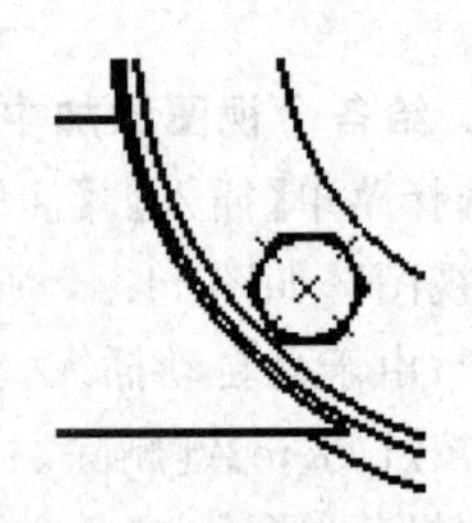

图 11.51　45°的中心线符号线

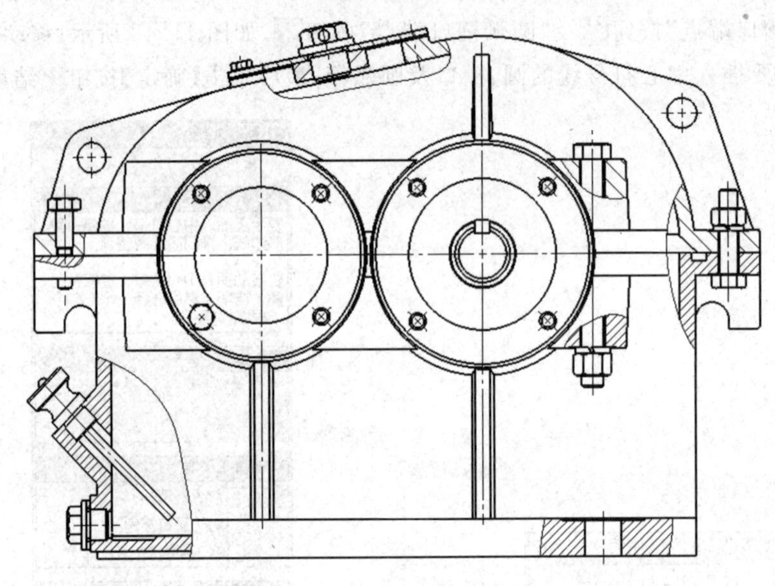

图 11.52　减速器结构的主视图

2. 工程图上标注尺寸

1）标注基本尺寸

选择菜单【工具】/【标注尺寸】/【智能尺寸】，或者单击【标注尺寸】工具栏中的智能尺寸按钮，手工为减速器装配图标注必要的基本尺寸，如总长、宽、高、中心距、直径等。

2）标注尺寸偏差

例如，如何把图 11.53 标注的中心距基本尺寸 120 改为带尺寸偏差，如图 11.54 所示。单击选择该尺寸标注，则尺寸标注呈亮色显示，同时弹出【尺寸】属性管理器，单击【公差/精度】下面的"公差类型"下拉框，单击选择对称，在"最大变量"+右边输入框中输入 0.027mm，在"单位精度"后面下拉框中选.123，如图 11.55 所示，再单击"确定"按钮，则尺寸标注显示为图 11.54 所示的带尺寸偏差。

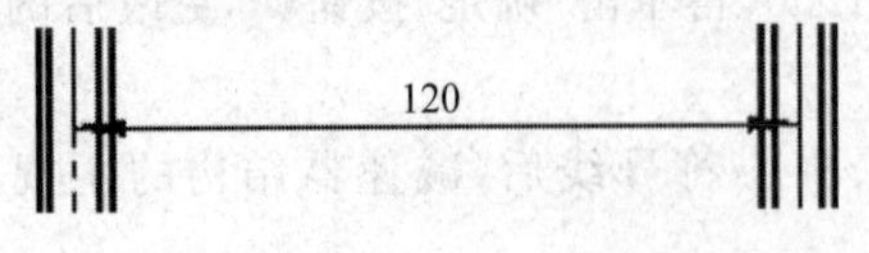

图 11.53　基本尺寸的标注

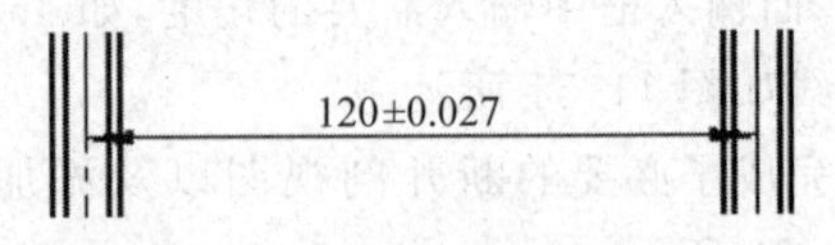

图 11.54　带尺寸偏差的标注

3）标注配合公差

（1）轴与齿轮的配合公差标注。

单击选择齿轮与轴的配合尺寸（见图 11.56），则尺寸标注呈亮色显示，同时弹出【尺寸】属性管理器，单击【公差/精度】下面的“公差类型”下拉框，选择套合，“分类”右边下拉框中选用户定义，“孔套合”右边下拉框中选 H7，“轴套合”右边下拉框中选 m6，单击选择“线性显示”按钮，如图 11.57 所示，再单击“确定”按钮，则尺寸标注显示为图 11.58 所示样式。

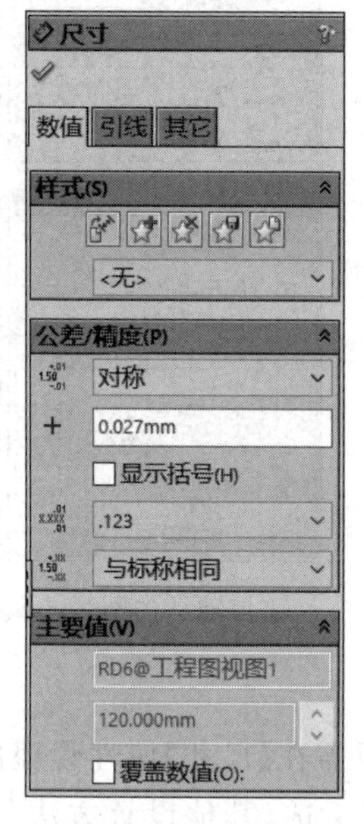

图 11.55　【尺寸】属性管理器 1

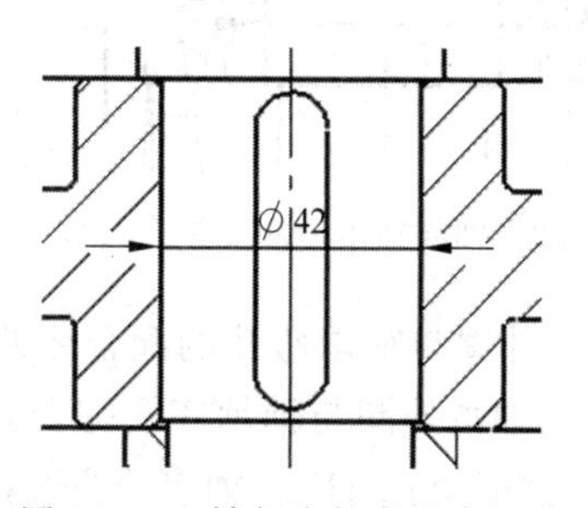

图 11.56　轴与齿轮的配合尺寸

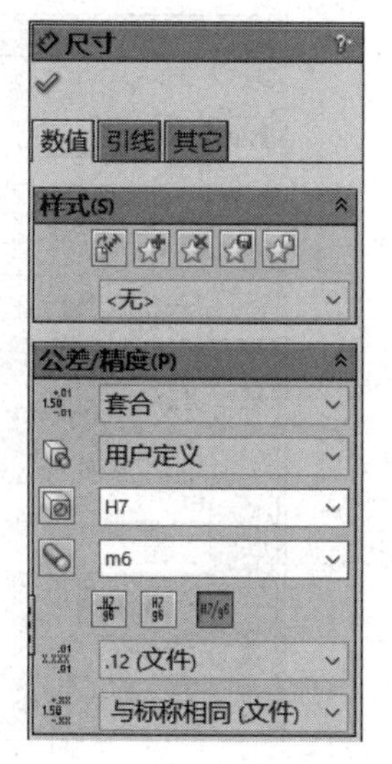

图 11.57　【尺寸】属性管理器 2

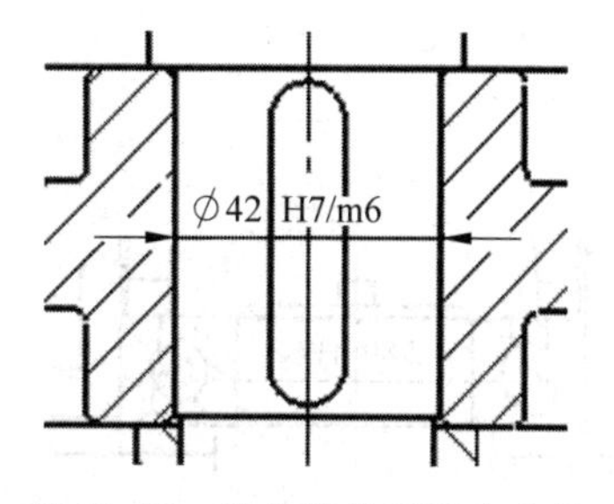

图 11.58　轴与齿轮的配合公差

（2）轴与轴承内圈的配合公差标注。

单击选择轴与轴承内圈的配合尺寸（见图 11.59），则尺寸标注呈亮色显示，同时弹出

【尺寸】属性管理器，单击【公差/精度】栏下面的“公差类型”下拉框，选择套合，在“分类”右边下拉框中选用户定义，“孔套合”右边下拉框中不选，在“轴套合”右边下拉框中选 k6，单击选择“线性显示”按钮，如图 11.60 所示，再单击“确定”按钮，则尺寸标注显示为图 11.61 所示样式。

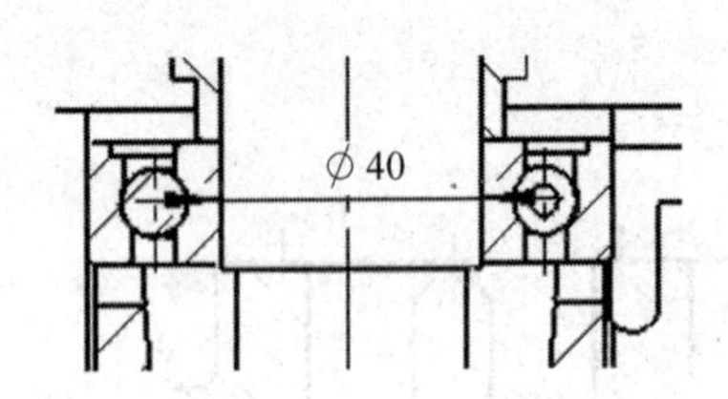

图 11.59　轴与轴承内圈的配合尺寸

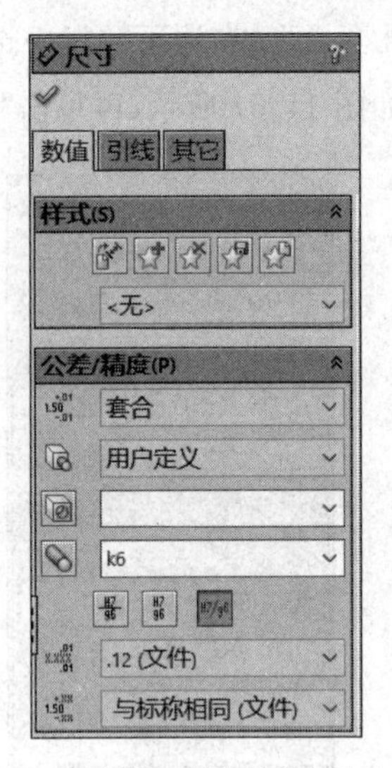

图 11.60　轴与轴承内圈尺寸属性管理器

(3) 轴承外圈与轴承座孔的配合公差标注。

图 11.62 轴承外圈与轴承座孔配合公差的标注，只需在【尺寸】属性管理器中：在“孔套合”右边下拉框中选 H7，“轴套合”右边下拉框中不选，其他设置方法与上面相同，如图 11.63 所示。

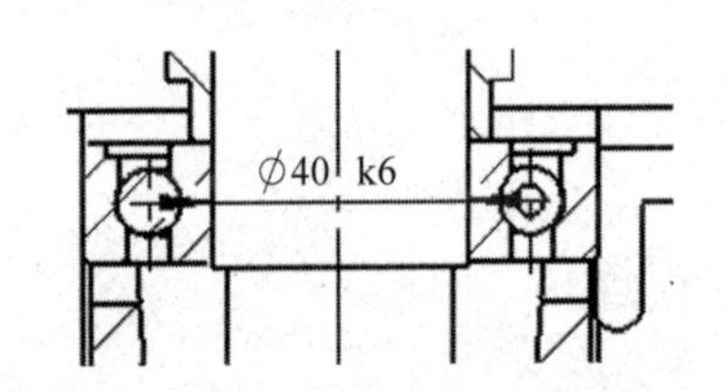

图 11.61　轴与轴承内圈的配合公差

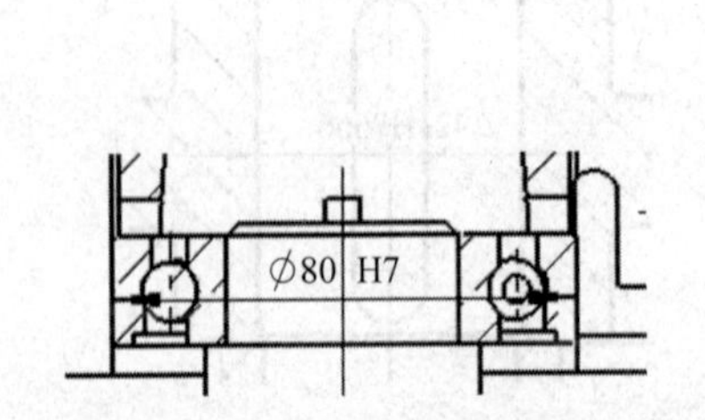

图 11.62　轴承外圈与座孔的配合公差

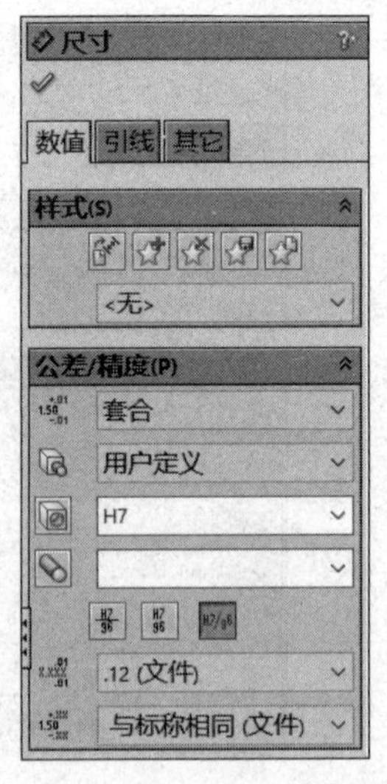

图 11.63　轴承外圈与座孔尺寸属性管理器

3. 插入零件序号

选择菜单【插入】/【注解】/【零件序号】，或单击【注解】工具栏中的零件序号按钮，弹出【零件序号】属性管理器，移动光标到工程图上某个零件后单击出现引线再拖动鼠标到合适位置单击，给一个零件插入序号，重复以上步骤，给各个零件都插入序号。

系统里给每个零件插入的序号是根据装配体生成时各零部件插入的先后顺序编号的，这不符合我们国家制图标准的要求，制图标准要求每个视图里零件序号要按顺时针或逆时针方向依次编号，因此要对序号进行修改。

步骤如下：单击选择某个零件序号，弹出【零件序号】属性管理器，单击其中【零件序号文字】下面的下拉框，从下拉菜单里选自定义属性，如图 11.64 所示；然后移动光标到视图上，双击要修改的序号文字，出现文字修改框，在框中输入所需要的序号，如图 11.65 所示，然后将光标移到文字修改框外单击，结束修改。重复以上步骤，完成零件序号的修改。

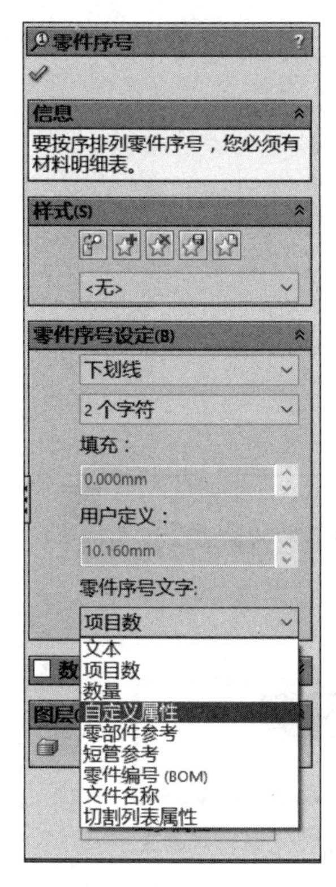

图 11.64　【零件序号】属性管理器

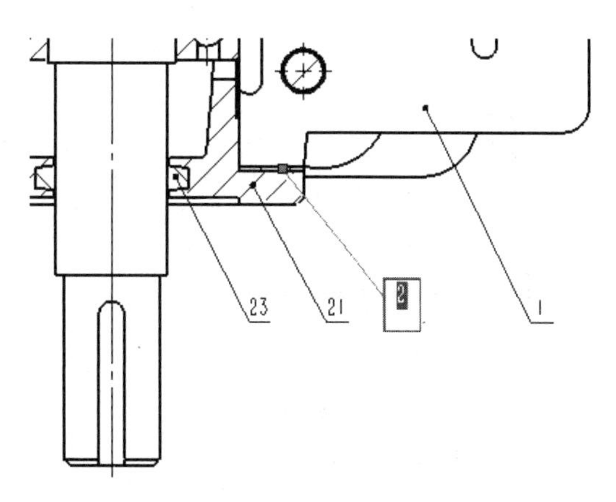

图 11.65　修改零件序号

4. 给工程图添加注释

工程图上的技术要求等文字可以通过添加注释来完成。单击【注解】工具栏中的“注释”按钮 **A**，或者选择【插入】/【注解】/【注释】菜单命令，弹出【注释】属性管理器，如图 11.66 所示；移动光标，在绘图区空白处单击，出现文字输入框，同时弹出【格式化】工具栏，如图 11.67 所示；在文字输入框中输入文字，形成如图 11.68 所示注释。移动光标到文字输入框边框，光标变成箭头时按住左键拖动鼠标可以改变文字输入框的大小。

需要编辑修改注释文字的字体、字号、字高等格式时，可用双击选中要修改的文字，此时文字呈反色显示，如图 11.69 所示，再移动光标到【格式化】工具栏中做相应的设定。

图 11.66 【注释】属性管理器

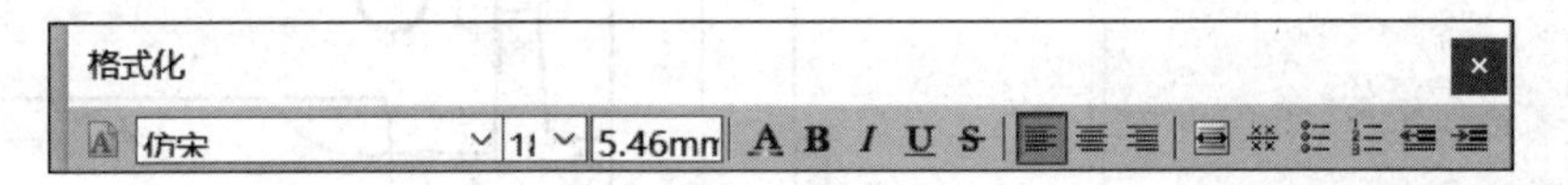

图 11.67 【格式化】工具栏

图 11.68 文字输入框

图 11.69 编辑修改文字

5. 技术特性表格的生成

选择菜单【插入】/【表格】/【总表】命令，弹出【表格】属性管理器，在【表格大小】栏中设置列数为 3，行数为 2，如图 11.70 所示，单击“确定”按钮；移动光标到图纸合适位置单击插入表格；再双击表格中的单元格，就可以输入文字，如图 11.71 所示。

6. 添加材料明细表

1）插入表格

单击【注解】工具栏的【表格】按钮，弹出下拉菜单，选择【材料明细表】命令，或者选择菜单【插入】/【表格】/【材料明细表】命令；弹出【材料明细表】属性管理器，然后单击选择主视图，再在【表格位置】栏中勾选“附加到定位点”，【材料明细表类型】下面单击选择“仅限零件”选项，如图 11.72 所示，单击“确定”按钮，生成如图 11.73 所示明细表。

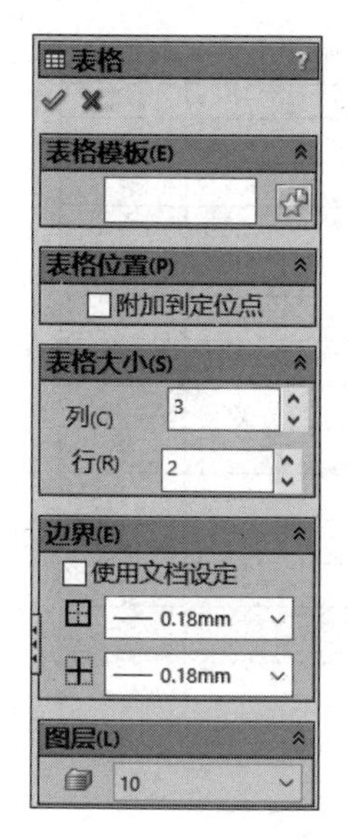

图 11.70 【表格】属性管理器

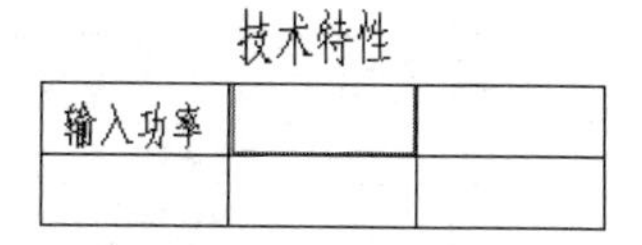

技术特性

输入功率		

图 11.71　表格的生成

图 11.72 【材料明细表】属性管理器

项目号	零件号	说明	数量
1	减速器箱座		1
2	调整垫片		1
3	油塞封油垫		1
4	油标尺（组合件）		1
5	高速齿轮轴		1
6	高速轴角接触球轴承		2
7	挡油盘		2
8	键C8x50		2
9	低速轴		1
10	低速轴斜齿轮		1
11	低速轴键		1
12	低速轴轴承		2
13	低速轴套筒		1
14	减速器箱盖		1
15	窥视孔垫片		1
16	通气螺塞		1

图 11.73　位于图纸外的材料明细表

生成的材料明细表在图纸外，需要稍加改动。将光标移动到刚生成的表格，便可出现如图 11.74 所示边框。

单击边框左上角的图标，弹出【材料明细表】属性管理器，如图 11.75 所示，单击【表格位置】选项组中“右下”按钮，单击“确定”按钮，表格即移动到和图纸外边框对齐。

将光标移动到此表格任意位置单击，弹出【表格工具】工具栏，如图 11.76 所示，单击“表格标题在上”按钮，便可更改为表格标题在下，如图 11.77 所示。

2）修改表格的列数

光标移至表格中任意单元格，右击，弹出快捷菜单，选择【插入】/【左列】，在选中的列左边增加一列；同样方法可把表格列数增加到需要的列数。

A	B	C	D
项目号	零件号	说明	数量
1	减速器箱座		1
2	调整垫片		1
3	油塞封油垫		1
4	油标尺（组合件）		1
5	高速齿轮轴		1
6	高速轴角接触球轴承		2
7	挡油盘		2
8	键C8x50		2
9	低速轴		1
10	低速轴斜齿轮		1
11	低速轴键		1
12	低速轴轴承		2

图 11.74　选中的材料明细表

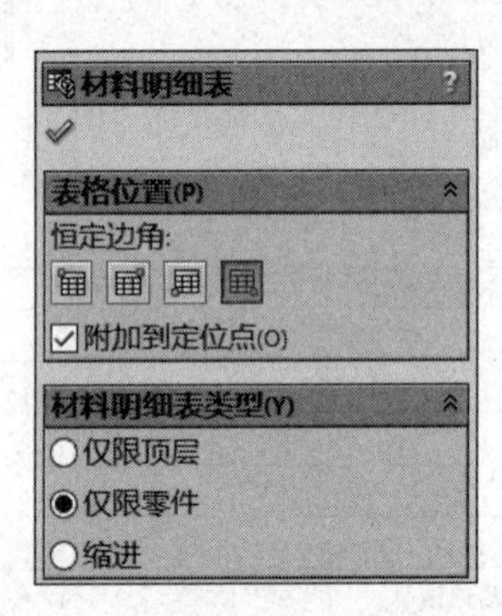

图 11.75　【材料明细表】属性管理器

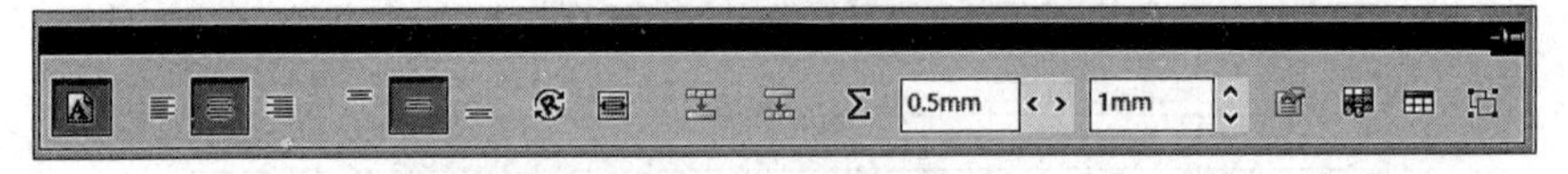

图 11.76　【表格工具】工具栏

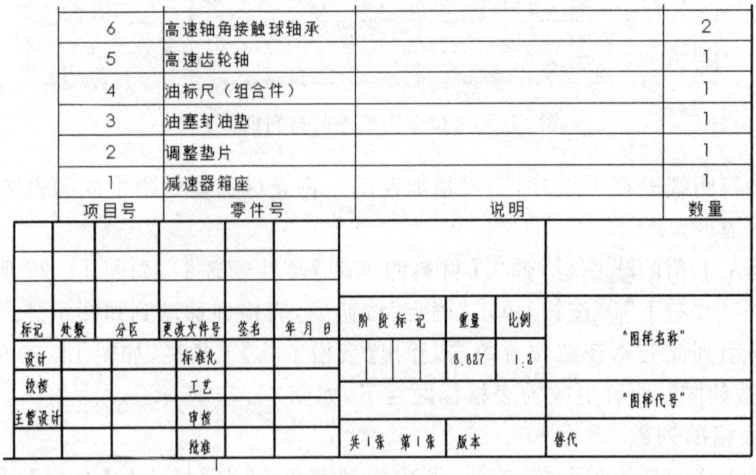

6	高速轴角接触球轴承		2
5	高速齿轮轴		1
4	油标尺（组合件）		1
3	油塞封油垫		1
2	调整垫片		1
1	减速器箱座		1
项目号	零件号	说明	数量

标记	处数	分区	更改文件号	签名	年 月 日	阶 段 标 记	重量	比例	"图样名称"
设计			标准化				8.627	1:2	
校核			工艺						"图样代号"
主管设计			审核						
			批准			共1张　第1张	版本		替代

图 11.77　标题在下的表格

图 11.78　增加表格的列

3）列宽设定

右击要更改的列，在弹出快捷菜单中选择【格式化】/【列宽】菜单命令，如图 11.79 所示，弹出【列宽】对话框，输入所需数值，如图 11.80 所示，再单击【确定】按钮。

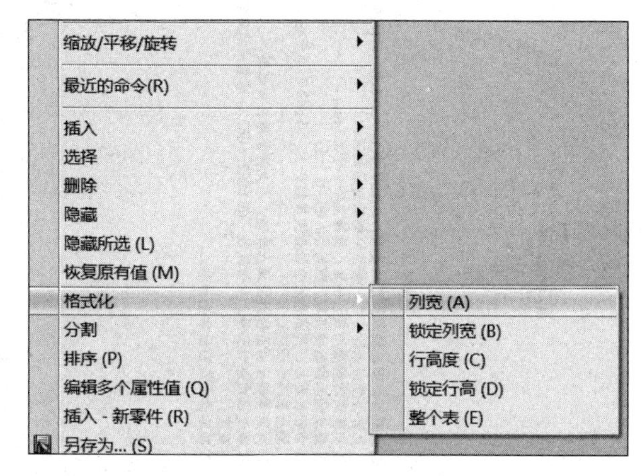

图 11.79　设定列宽

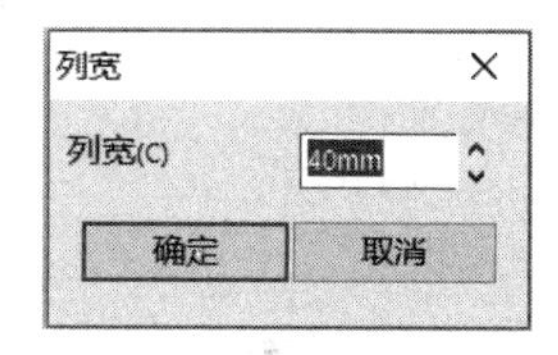

图 11.80　【列宽】对话框

4）修改表格中文字

单击表格中表头文字，出现文字输入框，在其中编辑修改文字。

单击表格中系统自动生成的零件名称时，弹出图 11.81 所示保持或断开连接对话框，单击【Break Link】按钮，断开连接，消除原来文字，重新输入。

把明细表序号中零件名称改成与视图中零件序号相对应的。

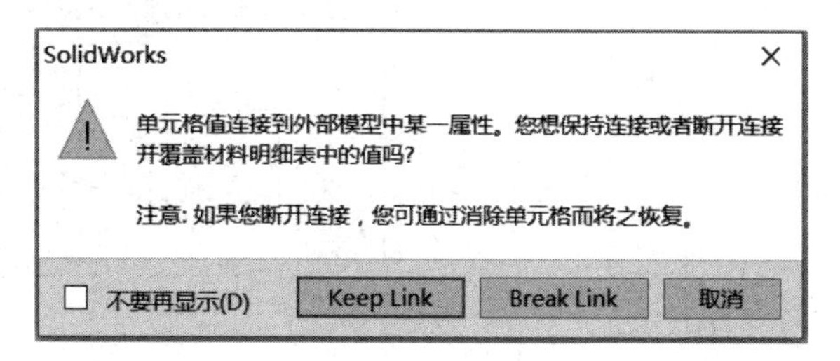

图 11.81　【保持或断开连接】对话框

最后完成的减速器装配体的工程图如图 11.82 所示。

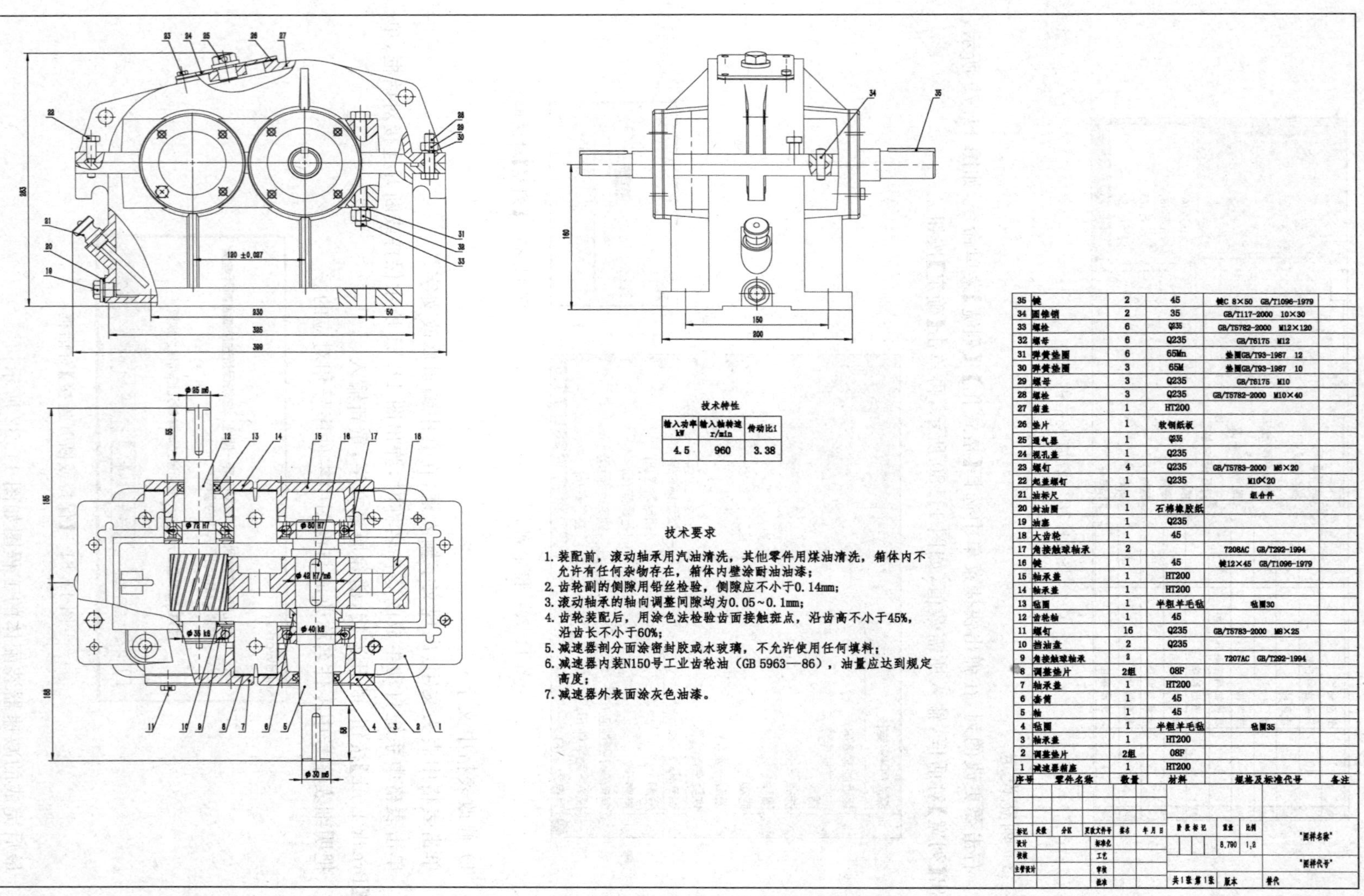

序号	零件名称	数量	材料	规格及标准代号	备注
35	键	2	45	键C 8×50 GB/T1096-1979	
34	圆锥销	2	35	GB/T117-2000 10×30	
33	螺栓	6	Q235	GB/T5782-2000 M12×120	
32	螺母	6	Q235	GB/T6175 M12	
31	弹簧垫圈	6	65Mn	垫圈GB/T93-1987 12	
30	弹簧垫圈	3	65M	垫圈GB/T93-1987 10	
29	螺母	3	Q235	GB/T6175 M10	
28	螺栓	3	Q235	GB/T5782-2000 M10×40	
27	箱盖	1	HT200		
26	垫片	1	软钢纸板		
25	通气器	1	Q235		
24	视孔盖	1	Q235		
23	螺钉	4	Q235	GB/T5783-2000 M6×20	
22	起盖螺钉	1	Q235	M10×20	
21	油标尺	1		组合件	
20	封油圈	1	石棉橡胶纸		
19	油塞	1	Q235		
18	大齿轮	1	45		
17	角接触球轴承	2		7208AC GB/T292-1994	
16	键	1	45	键12×45 GB/T1096-1979	
15	轴承盖	1	HT200		
14	轴承盖	1	HT200		
13	毡圈	1	半粗羊毛毡	毡圈30	
12	齿轮轴	1	45		
11	螺钉	16	Q235	GB/T5783-2000 M8×25	
10	挡油盘	2	Q235		
9	角接触球轴承	2		7207AC GB/T292-1994	
8	调整垫片	2组	08F		
7	轴承盖	1	HT200		
6	套筒	1	45		
5	轴	1	45		
4	毡圈	1	半粗羊毛毡	毡圈35	
3	轴承盖	1	HT200		
2	调整垫片	2组	08F		
1	减速器箱座	1	HT200		

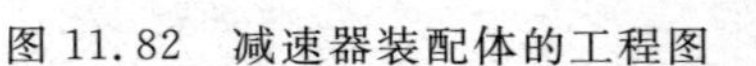
图 11.82　减速器装配体的工程图

11.3　SolidWorks 工程图转换为 AutoCAD 格式

SolidWorks 生成的减速器二维工程图中，齿轮轮廓是由三维实体投影而来的，与我们国家制图标准中齿轮的简化表示方式不同；还有 SolidWorks 零件的螺纹采用螺纹装饰线表示，不是真实的螺纹，在工程图上没有表示出螺纹，这也不符合我国制图标准的螺纹的画法。而且，SolidWorks 的工程图是与三维实体图连接在一起的，在工程图中对零件所做的任何修改都会自动改变该零件的三维模型的结构，反之亦然。为了使得二维工程图符合国家制图标准，需要把 SolidWorks 的二维工程图转换为 AutoCAD(.dwg)格式，再在 AutoCAD 里对工程图进行修改。

如果我们把打开的 SolidWorks 工程图，直接点击“另存为”，选择 dwg 格式保存后，用 AutoCAD 打开，一般文字会出现乱码。为了避免出现这种情况，需要先进行一些设置。

(1) 打开工程图，单击【工具】/【选项】，再单击【文档属性】选项，选择绘图标准下的“注解”，查看右侧显示的字体名称，如图 11.83 所示。这就是我们当前使用的字体“汉仪长仿宋体”，当然也可以根据自己的需要改成其他字体，但一定要记住字体名称。

“注解”下面“尺寸”“表格”“视图”等的字体也需一一确认并记下字体名称。

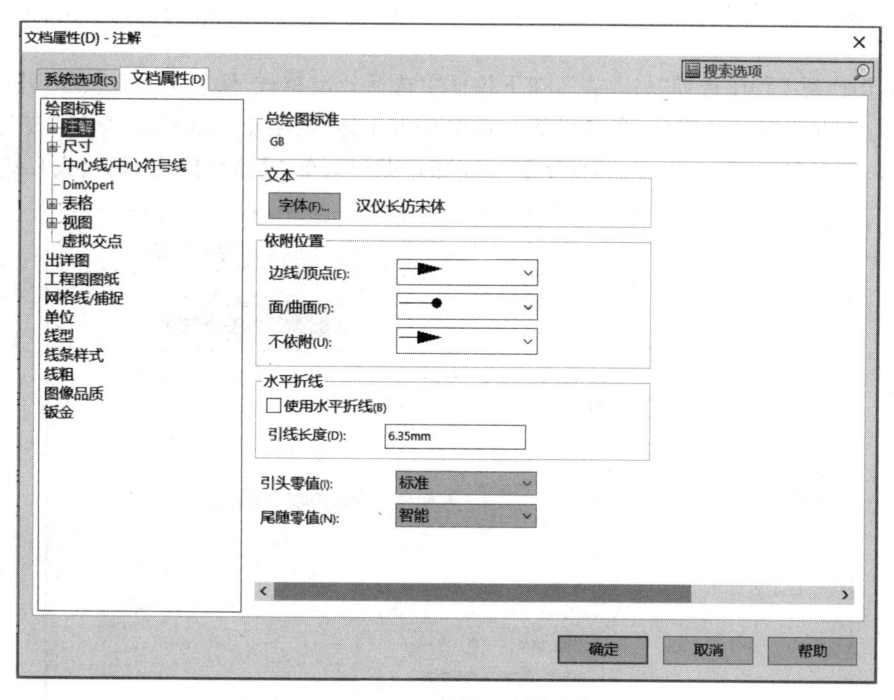

图 11.83　【文档属性】对话框

(2) 打开 SolidWorks 软件安装目录下的 data 文件夹，路径：\SolidWorks Corp\SolidWorks\data，找到 drawfontmap.txt 文件双击打开。

如图 11.84 所示，这是 SolidWorks 与 CAD 的字体映射文件，共三列，每列之间用空格隔开。左起第一列为 CAD 中字体的名称，第二列为对应的 SolidWorks 中的名称，第三列为字体缩放比例。

(3) 把自己要使用的字体名称加进去,以便转换时 CAD 能正常识别。

在最后一行下面加上一行,如图 11.85 所示把“汉仪长仿宋体”加上,比例暂时设置为 0.95,不合适后续可以调整。如果还使用了其他字体需要照此格式一并加上,保存此文件。

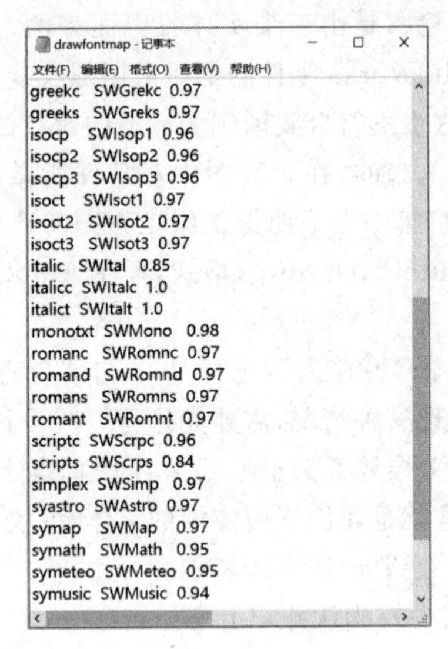

图 11.84　drawfontmap 记事本

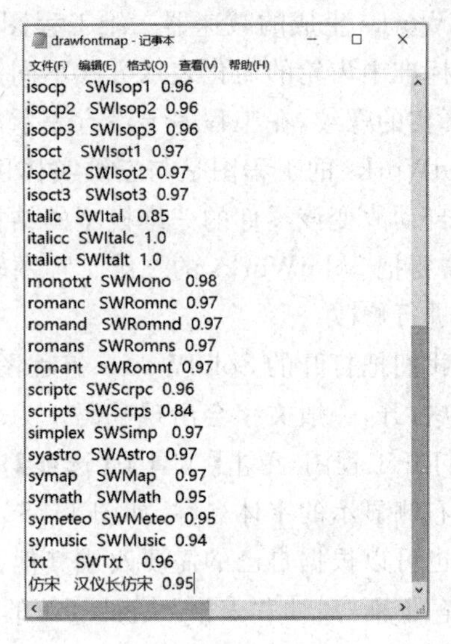

图 11.85　修改后的 drawfontmap 记事本

(4) 切换到工程图选择“另存为”,在下拉框中选择 dwg 格式,然后不要直接单击【保存】按钮,先单击下方的“选项”按钮,在弹出的对话框中将字体“仅限于 AutoCAD 标准”改为“TrueType ”,如图 11.86 所示,然后单击【确定】按钮,关闭对话框;单击【保存】按钮,转换成 CAD 文件。

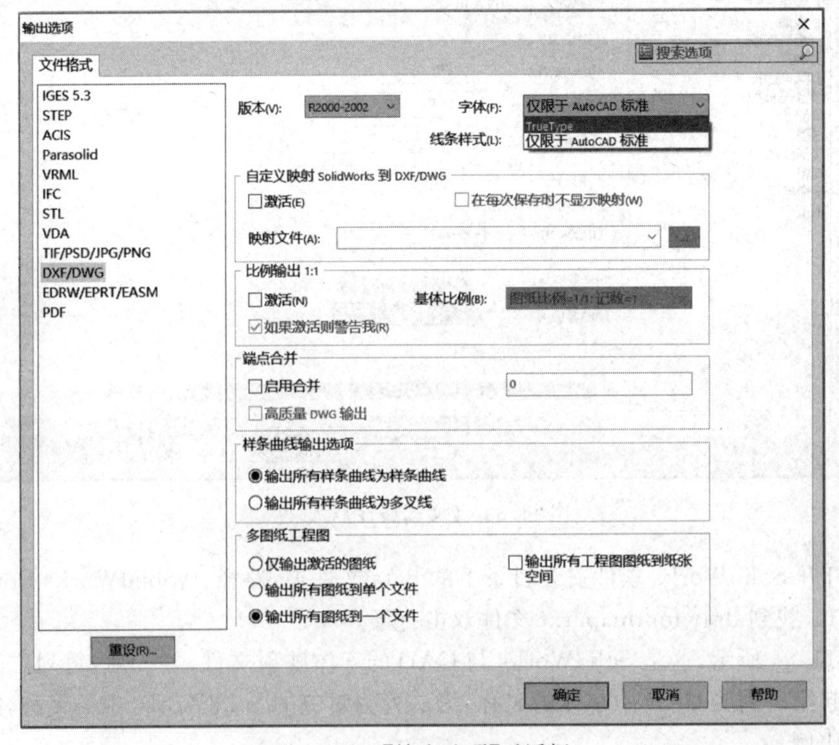

图 11.86　【输出选项】对话框

(5) 再打开转换完成的 CAD 文件，字体已经完全正常显示了，稍微调整一下位置就可以了，比例不合适的话可以修改 drawfontmap. txt 文件中的缩放系数。

至此，用 SolidWorks 设计软件实现减速器从零件的建模、装配体的建立至生成装配体工程图的整个过程就完成了。最后，把由 SolidWorks 转换过来的 AutoCAD 格式的工程图修改为符合国家制图标准的表示方式，这个修改的具体过程就不在这里叙述了。

第 三 篇

课程设计常用规范

第12章　常用工程材料

12.1　金属材料

表12.1　灰铸铁(摘自GB/T 9439—1988)

牌　号	铸件壁厚/mm		最小抗拉强度 σ_b/MPa	硬度 HBS	应用举例
	大于	至			
HT100	2.5	10	130	110～166	盖、外罩、油盘、手轮、手把、支架等
	10	20	100	93～140	
	20	30	90	87～131	
	30	50	80	82～122	
HT150	2.5	10	175	137～205	端盖、轴承盖、轴承座、阀壳、管子及管路附件手轮、一般机床底座、床身及其他复杂零件、滑座、工作台等
	10	20	145	119～179	
	20	30	130	110～166	
	30	50	120	141～157	
HT200	2.5	10	220	157～236	汽缸、齿轮、底架、机体、飞轮、齿条、衬筒、一般机床铸有导轨的床身及中等压力(8 MPa以下)油缸、液压泵和阀的壳体等
	10	20	195	148～222	
	20	30	170	134～200	
	30	50	160	128～192	
HT250	4.0	10	270	175～262	阀体、油缸、汽缸、联轴器、机体、齿轮、齿轮箱体、飞轮、衬筒、凸轮、轴承座等
	10	20	240	164～246	
	20	30	220	157～236	
	30	50	200	150～225	
HT300	10	20	290	182～272	齿轮、凸轮、车床卡盘、剪床、压力机的机身、导板、重负荷机床铸有导轨的床身
	20	30	250	168～251	
	30	50	230	161～241	

注：灰铸铁的硬度，系由以下经验式计算：当 $\sigma_b \geq 196$ MPa时，HBS＝RH$(100+0.438\sigma_b)$；当 $\sigma_b < 196$ MPa时，HBS＝RH$(44+0.724\sigma_b)$。RH一般取0.80～1.20。

表 12.2 球墨铸铁(摘自 GB/T 1348—1988)

<table>
<tr><th rowspan="2">牌 号</th><th>抗拉强度
σ_b/MPa</th><th>屈服强度
$\sigma_{0.2}$/MPa</th><th>延伸率
δ/%</th><th rowspan="2">硬度
HBS</th><th rowspan="2">应 用 举 例</th></tr>
<tr><th colspan="3">最小值</th></tr>
<tr><td>QT400-18</td><td>400</td><td>250</td><td>18</td><td>130～180</td><td rowspan="2">减速箱体、齿轮、轮毂、拨叉、阀门、阀盖、高低压汽缸、吊耳等</td></tr>
<tr><td>QT400-15</td><td>400</td><td>250</td><td>15</td><td>130～180</td></tr>
<tr><td>QT450-10</td><td>450</td><td>310</td><td>10</td><td>160～210</td><td rowspan="2">油泵齿轮、车辆轴瓦、减速器箱体、齿轮、轴承座、阀门体、千斤顶底座等</td></tr>
<tr><td>QT500-7</td><td>500</td><td>320</td><td>7</td><td>170～230</td></tr>
<tr><td>QT600-3</td><td>600</td><td>370</td><td>3</td><td>190～270</td><td rowspan="2">齿轮轴、曲轴、凸轮轴、机床主轴、缸体、连杆、小负荷齿轮等</td></tr>
<tr><td>QT700-2</td><td>700</td><td>420</td><td>2</td><td>225～305</td></tr>
</table>

表 12.3 一般工程用铸造碳钢(摘自 GB/T 11352—1989)

<table>
<tr><th rowspan="4">牌号</th><th colspan="5">元素最高含量/%</th><th rowspan="4">铸件
厚度
/mm</th><th colspan="6">室温下试样力学性能(最小值)</th><th rowspan="4">特性和用途</th></tr>
<tr><th rowspan="3">C</th><th rowspan="3">Si</th><th rowspan="3">Mn</th><th rowspan="3">S</th><th rowspan="3">P</th><th>σ_s 或
$\sigma_{0.2}$</th><th>σ_b</th><th rowspan="3">δ/%</th><th colspan="3">根据合同选择</th></tr>
<tr><th colspan="2" rowspan="2">/MPa</th><th rowspan="2">ψ/%</th><th colspan="2">冲击性能</th></tr>
<tr><th>A_{kv}/J</th><th>a_{kU}
/(J/cm^2)</th></tr>
<tr><td>ZG200-400</td><td>0.20</td><td rowspan="3">0.50</td><td>0.80</td><td colspan="2" rowspan="4">0.04</td><td rowspan="4"><100</td><td>200</td><td>400</td><td>25</td><td>40</td><td>30</td><td>60</td><td>有良好的塑性、韧性和焊接性,用于受力不大、要求韧性的各种形状的机件,如机座、变速箱壳等</td></tr>
<tr><td>ZG230-450</td><td>0.30</td><td rowspan="3">0.90</td><td>230</td><td>450</td><td>22</td><td>32</td><td>25</td><td>45</td><td>有一定的强度和较好的塑性、韧性,焊接性良好,可切削性尚好,用于受力不大、要求韧性的零件,如机座、机盖、箱体、底板、阀体、锤轮、工作温度在 450℃以下的管路附件等</td></tr>
<tr><td>ZG270-500</td><td>0.40</td><td>270</td><td>500</td><td>18</td><td>25</td><td>22</td><td>35</td><td>有较高的强度和较好的塑性,铸造性良好,焊接性尚可,可切削性好,用于各种形状的机件,如飞轮、轧钢机架、蒸汽锤、桩锤、联轴器、连杆、箱体、曲拐、水压机工作缸、横梁等</td></tr>
<tr><td>ZG310-570</td><td>0.5</td><td>0.60</td><td>310</td><td>570</td><td>15</td><td>21</td><td>15</td><td>30</td><td>强度和切削性良好,塑性、韧性较低,硬度和耐磨性较高,焊接性差、流动性好,裂纹敏感性较大,用于负荷较大的零件,各种形状的机件,如联轴器、轮、汽缸、齿轮、齿轮圈、棘轮及重负荷机架等</td></tr>
</table>

续表

牌号	元素最高含量/%					铸件厚度/mm	室温下试样力学性能(最小值)						特性和用途
	C	Si	Mn	S	P		σ_s 或 $\sigma_{0.2}$ /MPa	σ_b /MPa	δ/%	根据合同选择 ψ/%	冲击性能 A_{kV}/J	冲击性能 a_{kU}/(J/cm²)	
ZG340-640	0.6	0.60	0.90	0.04		<100	340	640	10	18	10	20	有高的强度、硬度和耐磨性,切削性一般,焊接性差,流动性好,裂纹敏感性较大,用于起重运输机中齿轮、棘轮、联轴器及重要的机件等

注:1. 对上限每减少0.01%的碳,允许增加0.04%的锰。对ZG200-400锰最高至1.00%,其余4个牌号锰最高至1.20%。

2. 当铸件厚度超过100 mm时,表中规定的$\sigma_{0.2}$屈服强度仅供设计参考。

3. 当需从经过热处理的铸件上切取或从代表铸件的大型试块上取样时,性能指标由供需双方商定。

4. 表中力学性能为试块铸态的力学性能。

5. 本标准适用于在砂型铸造或导热性与砂型相当铸型铸造的一般工程用铸造碳钢件。对用其他铸型的一般工程用铸造碳钢件,也可参照使用。

6. 当需方无特殊要求时,热处理工艺由制造厂决定,常用的热处理工艺为下列之一:

退火——加热超过A_{c3},炉冷;正火——加热超过A_{c3},空冷;正火+回火——加热超过A_{c3},空冷+加热低于A_{c1};淬火+回火——加热超过A_{c3},快冷+加热低于A_{c1}。

表12.4 铸造铜合金(摘自GB/T 1176—1987)

牌号	合金名称(或代号)	铸造方法	力学性能(最小值) 抗拉强度 σ_b /MPa	屈服强度 $\sigma_{0.2}$ /MPa	延伸率 δ_5/%	硬度HBS	应用举例
ZCuSn5Pb5Zn5	5-5-5 锡青铜	S,J Li,La	200 250	90 100*	13	590* 635*	轴瓦、衬套、缸套及蜗轮等
ZCuSn10P1	10-1 锡青铜	S J Li La	220 310 330 360	130 170 170* 170*	3 2 4 6	785* 885* 885* 885*	高负荷(20 MPa以下)和高滑动速度(8 m/s)下工作的耐磨件,如连杆、衬套、轴瓦、蜗轮等
ZCuAl10Fe3	10-3 铝青铜	S J Li,La	490 540 540	180 200 200	13 15 15	980* 1080* 1080*	要求强度高、耐磨、耐蚀的零件,如轴套、螺母、蜗轮、齿轮等
ZCuAl10Fe3Mn2	10-3-2 铝青铜	S J	490 540		15 20	1080 1175	
ZCuZn38	38黄铜	S J	295		30	590 685	法兰、阀座、螺母等
ZCuZn40Pb2	40-2 铅黄铜	S J	220 280	120	15 20	785* 885*	一般用途的耐磨、耐蚀件,如轴套、齿轮等
ZCuZn38Mn2Pb2	38-2-2 锰黄铜	S J	245 345		10 18	685 785	套筒、衬套、轴瓦、滑块等

注:1. 铸造方法代号:S—砂型铸造;J—金属型铸造;Li—离心铸造;La—连续铸造。

2. 布氏硬度试验力的单位为N。

3. 有*者为参考值。

表 12.5 碳素结构钢(摘自 GB/T 700—1988)

牌号	力学性能：屈服强度 σ_s 或 $\sigma_{0.2}$/MPa，材料厚度(直径)/mm，最小值						力学性能		应用举例
	≤16	>16~40	>40~60	>60~100	>100~150	>150	抗拉强度 σ_b/MPa	延伸率 δ_5/%(不小于)	
Q215	215	205	195	185	175	165	335~410	31	普通金属构件、拉杆、心轴、垫圈、凸轮等
Q235	235	225	215	205	195	185	375~460	26	普通金属构件、吊钩、拉杆、套、螺栓、螺母、楔、盖、焊接件等
Q255	255	245	235	225	215	205	410~510	24	
Q275	275	265	255	245	235	225	490~610	20	轴、轴销、螺栓等强度较高零件

注：延伸率为材料厚度(或直径)小于等于 16 mm 时的性能，按 σ_s 栏尺寸分段，每一段的 δ_5 值应降低一个值。

表 12.6 合金结构钢(摘自 GB/T 3077—1988)

牌号	热处理类型	截面尺寸/mm	力学性能(最小值) σ_b/MPa	σ_s/MPa	δ_5/%	ψ/%	A_K/J	硬度 HBS	应用举例
20Mn2	淬火、回火	15	785	590	10	40	47	187	渗碳小齿轮、小轴、链板等
35SiMn	淬火、回火	25	885	735	15	45	47	229	韧性高，可代替 40Cr，用于轴、轮、紧固件等
	调质	≤100	800	520	15	45	60	229~286	
		>100~300	750	450	14	35	50	217~269	
		>300~400	700	400	13	30	45	217~255	
40Cr	淬火	25	1000	800	9	45	60	207	齿轮、轴、曲轴、连杆、螺栓等，用途很广
	调质	≤100	750	550	15	45	50	241~286	
		>100~300	700	500	14	45	40	241~286	
		>300~500	650	450	10	30	30	229~269	
20Cr	淬火、回火	15	835	540	10	40	47	179	重要的渗碳零件、齿轮轴、蜗杆、凸轮等
38CrMoAl	淬火、回火	30	980	835	14	50	71	229	主轴、镗杆、蜗杆、滚子、检验规、汽缸套等
20CrMnTi	淬火、回火	15	1080	835	10	45	55	217	中载和重载的齿轮轴、齿圈、滑动轴承支撑的主轴、蜗杆等，用途很广
	渗碳							HRC 56~62	

表 12.7　优质碳素结构钢(摘自 GB/T 699—1999)

牌号	推荐热处理/℃			试件毛坯尺寸/mm	力学性能					钢材交货状态硬度 HBS		应用举例
	正火	淬火	回火		抗拉强度 σ_b	屈服强度 σ_s	延伸率 δ_5	收缩率 ψ	冲击吸收功 A_K/J	未热处理	退火钢	
					/MPa		/%					
					不小于		不小于		不小于	不大于		
08F	930			25	295	175	35	60		131		垫片、垫圈、管材、摩擦片
20	910			25	410	245	25	55		156		杠杆、轴套、螺钉、吊钩等
35	870	850	600	25	530	315	20	45	55	197		连杆、圆盘、轴销、轴等
40	860	840	600	25	570	335	19	45	47	217	187	齿轮、链轮、轴、键、销、轧辊、曲柄销、活塞杆、圆盘等
45	850	840	600	25	600	355	16	40	39	229	197	
50	830	830	600	25	630	375	14	40	31	241	207	齿轮、轧辊、轴、圆盘等
60	810			25	675	400	12	35		255	229	轧辊、弹簧、凸轮、轴等
40Mn	860	840	600	25	590	355	17	45	47	229	207	轴、曲轴、连杆、螺栓、螺母等
50Mn	830	830	600	25	645	390	13	40	31	255	217	齿轮、轴、凸轮、摩擦盘等
65Mn	810			25	735	430	9	30		285	229	弹簧、弹簧垫圈等

表 12.8　常用轧制钢板尺寸规格(摘自 GB/T 708—1988,GB/T 709—1988)　　mm

公称厚度	类别	尺寸
公称厚度	冷轧 GB 708—1988	0.20　0.25　0.30　0.35　0.40　0.45　0.55　0.60　0.65　0.70　0.75　0.80　0.90
		1.0　1.1　1.2　1.3　1.4　1.5　1.6　1.7　1.8　2.0　2.2　2.5　2.8
		3.0　3.2　3.5　3.8　3.9　4.0　4.2　4.5　4.8　5.0
	热轧 GB 709—1988	0.50　0.55　0.60　0.65　0.70　0.75　0.80　0.90　1.0　1.2　1.3　1.4　1.5　1.6　1.8
		2.0　2.2　2.5　2.8　3.0　3.2　3.5　3.8　3.9　4.0　4.5　5　6　7　8
		9　10　11　12　13　14　15　16　17　18　19　20　21　22　25
		26　28　30　32　34　36　38　40　42　45　48　50　52　55　～110(5 进位)
		120　125　130　140　150　160　165　170　180　185　190　195　200

注:钢板宽度为 50 mm 或 10 mm 的倍数,但不小于 600 mm。钢板长度为 100 mm 或 50 mm 的倍数,当厚度小于等于 4 mm 时,长度不小于 1.2 mm;厚度大于 4 mm 时,长度大于等于 2 m。

12.2 其他材料

表 12.9　工程塑料

品种		力学性能							热性能				应用举例
		抗拉强度/MPa	抗压强度/MPa	抗弯强度/MPa	延伸率/%	冲击值/(kJ/m²)	弹性模量/×10³ MPa	硬度 HRR	熔点/℃	马丁耐热/℃	脆化温度/℃	线胀系数/×10⁻⁵ ℃	
尼龙6	干态	55	88.2	98	150	带缺口 3	0.254	114	215～223	40～50	−20～−30	7.9～8.7	机械强度和耐磨性优良，广泛用作机械、化工及电气零件。如轴承、齿轮、凸轮、蜗轮、螺钉、螺母、垫圈等。尼龙粉喷涂于零件表面，可提高耐磨性和密封性
	含水	72～76.4	58.2	68.8	250	＞53.4	0.813	85					
尼龙66	干态	46	117	98～107.8	60	3.8	0.313～0.323	118	265	50～60	−25～−30	9.1～10	
	含水	81.3	88.2		200	13.5	0.137	100					
MC尼龙（无填充）		90	105	156	20	无缺口 0.520～0.624	3.6（拉伸）	HBS 21.3		55		8.3	强度特高。用于制造大型齿轮、蜗轮、轴套、滚动轴承保持架、导轨、大型阀门密封面等
聚甲醛（POM）		69（屈服）	125	96	15	带缺口 0.0076	2.9（弯曲）	HBS 17.2		60～64		8.1～10.0（当温度在0～40℃时）	有良好的摩擦、磨损性能，干摩擦性能更优。可制造轴承、齿轮、凸轮、滚轮、辊子、垫圈、垫片等
聚碳酸酯（PC）		65～69	82～86	104	100	带缺口 0.064～0.075	2.2～2.5（拉伸）	HBS 9.7～10.4	220～230	110～130	−100	6～7	有高的冲击韧性和优异的尺寸稳定性。可制作齿轮、蜗轮、蜗杆、齿条、凸轮、心轴、轴承、滑轮、铰链、传动链、螺栓、螺母、垫圈、铆钉、泵叶轮等

注：尼龙 6 和尼龙 66 由于吸水性很大，因此其各项性能差别很大。

表 12.10　软钢纸板（摘自 GB/T 2200—1996）

<table>
<tr><th colspan="2">纸板规划/mm</th><th rowspan="2">密度/(g/cm³) A、B类</th><th colspan="5">技术性能</th><th colspan="2">用途</th></tr>
<tr><th>长度×宽度</th><th>厚度</th><th colspan="3">项目</th><th>A类</th><th>B类</th><th>A类</th><th>B类</th></tr>
<tr><td rowspan="4">920×650
650×490
650×400
400×300
按订货合同规定</td><td rowspan="4">0.5～0.8
0.9～2.0
2.1～3.0</td><td rowspan="4">1.1～1.4</td><td rowspan="2">抗张强度/(kN/m²)≥</td><td rowspan="2">厚度/mm</td><td>0.5～1</td><td>3×10⁴</td><td>2.5×10⁴</td><td rowspan="4">供飞机发动机制作密封连接处的垫片及其他部件用</td><td rowspan="4">供汽车、拖拉机的发动机及其他内燃机制作密封垫片和其他部件用</td></tr>
<tr><td>1.1～3</td><td>3×10⁴</td><td>3×10⁴</td></tr>
<tr><td colspan="3">抗压强度/MPa</td><td>≥160</td><td>—</td></tr>
<tr><td colspan="3">水分/%</td><td>4～8</td><td>4～8</td></tr>
</table>

第 13 章　常用数据与标准

13.1　工程图常用规范

表 13.1　图纸幅面及格式(摘自 GB/T 14689—1993)　mm

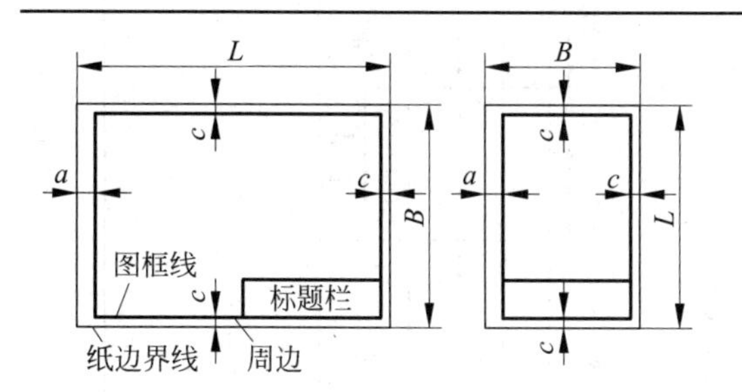

需要装订的图样

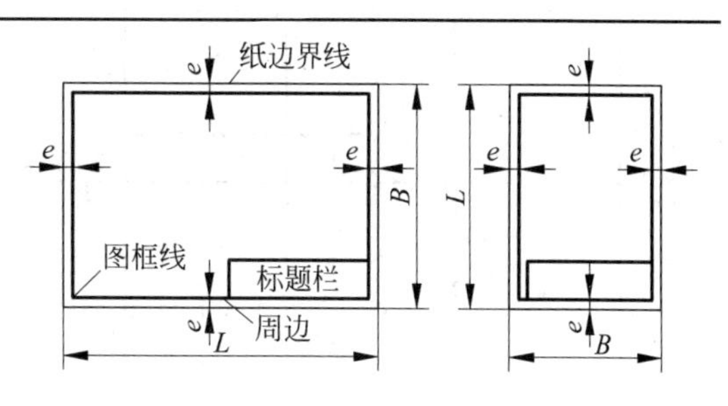

不需要装订的图样

基本幅面					
第一选择					
幅面代号	A0	A1	A2	A3	A4
B×*L*	841×1189	594×841	420×594	297×420	210×297
e	20		10		
c	10			5	
a	25				

加长幅面					
第二选择		第三选择			
幅面代号	*B*×*L*	幅面代号	*B*×*L*	幅面代号	*B*×*L*
A3×3	420×891	A0×2	1189×1682	A3×5	420×1486
A3×4	420×1189	A0×3	1189×2523	A3×6	420×1783
A4×3	297×630	A1×3	841×1783	A3×7	420×2080
A4×4	297×841	A1×4	841×2378	A4×6	297×1261
A4×5	297×1051	A2×3	594×1261	A4×7	297×1471
		A2×4	594×1682	A4×8	297×1682
		A2×5	594×2102	A4×9	297×1892

注：1. 绘制技术图样时，应优先采用基本幅面。必要时，也允许选用第二选择的加长幅面或第三选择的加长幅面。
2. 加长幅面的图框尺寸，按所选用的基本幅面大一号的图框尺寸确定。例如 A2×3 的图框尺寸，按 A1 的图框尺寸确定，即 *e* 为 20(或 *c* 为 10)；而 A3×4 的图框尺寸，按 A2 的图框尺寸确定，即 *e* 为 10(或 *c* 为 10)。

表 13.2　比例(摘自 GB/T 14690—1993)

原值比例	1∶1	应用说明
缩小比例	1∶2　1∶5　1∶10 1∶2×10^n　1∶5×10^n　1∶1×10^n (1∶1.5)(1∶2.5)(1∶3)(1∶4)(1∶6) (1∶1.5×10^n)(1∶2.5×10^n) (1∶3×10^n)(1∶4×10^n) (1∶6×10^n)	绘制同一机件的各个视图时，应尽可能采用相同的比例，使绘图和看图都很方便 比例应标注在标题栏的比例栏内，必要时，可在视图名称的下方或右侧标注比例，如： $\frac{\text{I}}{2:1}$　$\frac{A\text{向}}{1:10}$　$\frac{B—B}{2.5:1}$　$\frac{\text{墙板位置图}}{1:100}$　$\frac{\text{平面图}}{1:50}$

注：1. 绘制同一机件的一组视图时应采用同一比例，当需要用不同比例绘制某个视图时，应当另行标注。
2. 当图形中孔的直径或薄板厚度等于或小于 2 mm，斜度和锥度较小时，可不按比例而夸大绘制。
3. *n* 为正整数。
4. 必要时允许选取括号内比例。

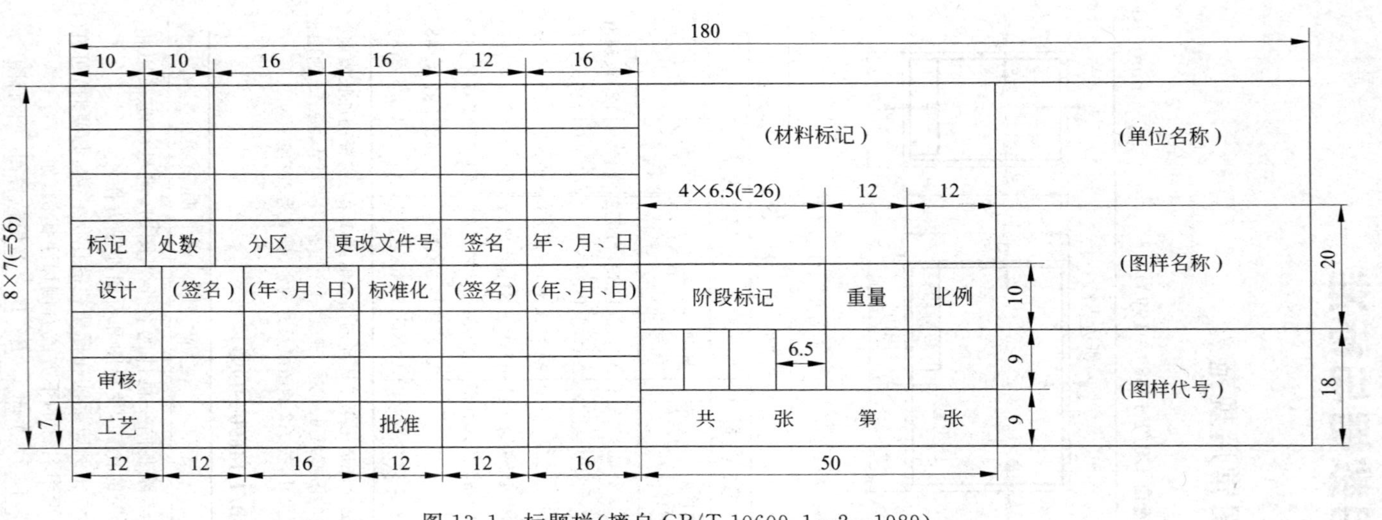

图 13.1　标题栏(摘自 GB/T 10609.1～2—1989)

标题栏中的主框图线型为粗实线 b，横竖格线型为细实线约 $b/3$。

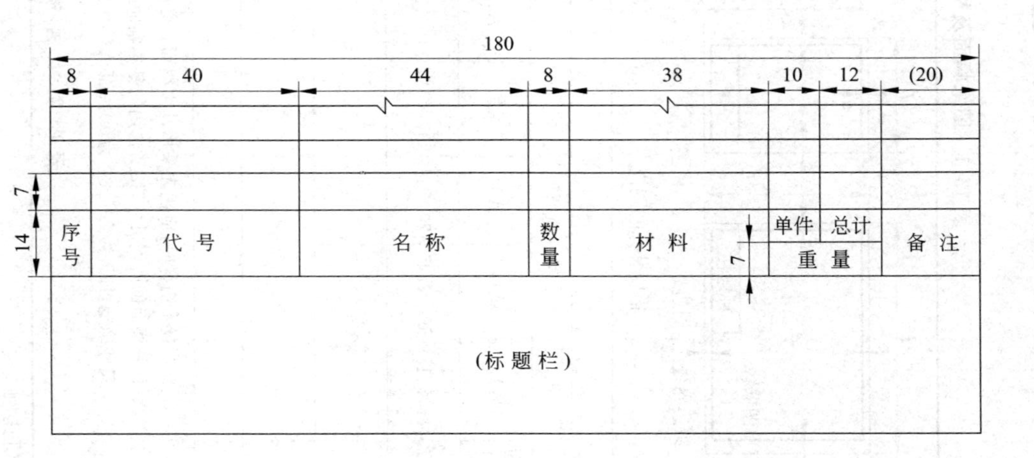

图 13.2　明细栏

表 13.3　标准尺寸(直径、长度和高度等)(摘自 GB/T 2822—2002)　mm

R			Ra		
R10	R20	R40	Ra10	Ra20	Ra40
1.00	1.00		1.0	1.0	
	1.12			1.1	
1.25	1.25		1.2	1.2	
	1.40			1.4	
1.60	1.60		1.6	1.6	
	1.80			1.8	
2.00	2.00		2.0	2.0	
	2.24			2.2	
2.50	2.50		2.5	2.5	
	2.80			2.8	
3.15	3.15		3.0	3.0	
	3.55			3.5	
4.00	4.00		4.0	4.0	
	4.50			4.5	
5.00	5.00		5.0	5.0	
	5.60			5.5	
6.30	6.30		6.0	6.0	
	7.10			7.0	
8.00	8.00		8.0	8.0	
	9.00			9.0	
10.00	10.00		10.0	10.0	
	11.2			11	
12.5	12.5	12.5	12	12	12
		13.2			13
	14.0	14.0		14	14
		15.0			15
16.0	16.0	16.0	16	16	16
		17.0			17
	18.0	18.0		18	18
		19.0			19
20.0	20.0	20.0	20	20	20
		21.2			21
	22.4	22.4		22	22
		23.6			24
25.0	25.0	25.0	25	25	25
		26.5			26
	28.0	28.0		28	28
		30.0			30
31.5	31.5	31.5	32	32	32
		33.5			34
	35.5	35.5		36	36
		37.5			38
40.0	40.0	40.0	40	40	40
		42.5			42
	45.0	45.0		45	45
		47.5			48
50.0	50.0	50.0	50	50	50
		53.0			53
	56.0	56.0		56	56
		60.0			60
63.0	63.0	63.0	63	63	63

R			Ra		
R10	R20	R40	Ra10	Ra20	Ra40
		67.0			67
	71.0	71.0		71	71
		75.0			75
80.0	80.0	80.0	80	80	80
		85.0			85
	90.0	90.0		90	90
		95.0			95
100.0	100.0	100.0	100	100	100
		106			105
	112	112		110	110
		118			120
125	125	125	125	125	125
		132			130
	140	140		140	140
		150			150
160	160	160	160	160	160
		170			170
	180	180		180	180
		190			190
200	200	200	200	200	200
		212			210
	224	224		220	220
		236			240
250	250	250	250	250	250
		265			260
	280	280		280	280
		300			300
315	315	315	320	320	320
		335			340
	355	355		360	360
		375			380
400	400	400	400	400	400
		425			420
	450	450		450	450
		475			480
500	500	500	500	500	500
		530			530
	560	560		560	560
		600			600
630	630	630	630	630	630
		670			670
	710	710		710	710
		750			750
800	800	800	800	800	800
		850			850
	900	900		900	900
		950			950
1000	1000	1000	1000	1000	1000

注：1. “标准尺寸”为直径、长度、高度等系列尺寸。

2. 标准中 0.01～1.0 mm 以及大于 1000 mm 的尺寸，此表未列出。

3. 选择尺寸时，优先选用 *R* 系列，按照 *R*10、*R*20、*R*40 顺序。如必须将数值圆整，可选择相应的 *Ra* 系列，应按照 *Ra*10、*Ra*20、*Ra*40 顺序选择。

表 13.4　中心孔表示法(GB/T 4459.5—1999)

		要　　求	符　　号	表示法示例	说　　明
完工零件上是否保留	中心孔的规定符号	在完工的零件上要求保留中心孔	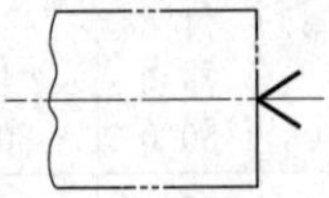	 GB/T 4459.5—B2.5/8	采用 B 型中心孔 d=2.5 mm, D_1=8 mm 在完工的零件上要求保留
		在完工的零件上可以保留中心孔	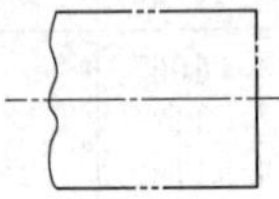	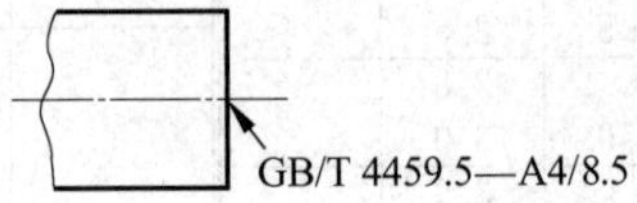 GB/T 4459.5—A4/8.5	采用 A 型中心孔 d=4 mm, D_1=8.5 mm 在完工的零件上是否保留都可以
		在完工的零件上不允许保留中心孔	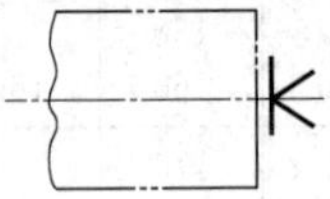	 GB/T 4459.5—A1.6/3.35	采用 A 型中心孔 d=1.6 mm, D_1=3.35 mm 在完工的零件上不允许保留

中心孔在图上表示法

规定表示法

对于已经有相应标准规定的中心孔,在图样中可不绘制其详细结构,只需在零件轴端面绘制出对中心孔要求的符号,随后标注出其相应标记。中心孔的规定表示法示例见上表。

如需指明中心孔标记中的标准编号时,也可按图(a)、(b)的方法标注。

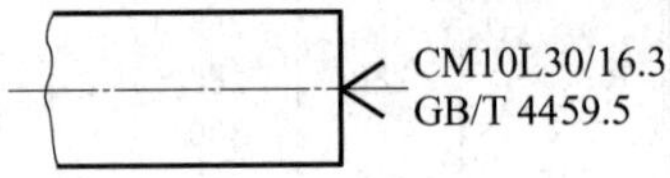

CM10L30/16.3
GB/T 4459.5

(a)

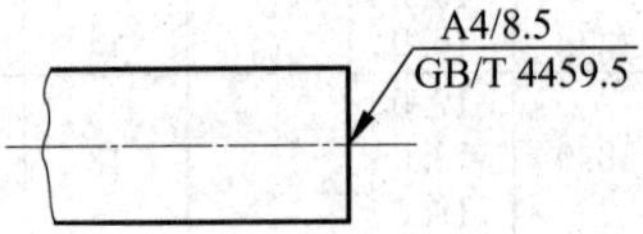

A4/8.5
GB/T 4459.5

(b)

以中心孔的轴线为基准时,基准代号可按图(c)、(d)的方法标注。中心孔工作表面的粗糙度应在引出线上标出,如图(c)、(d)所示。

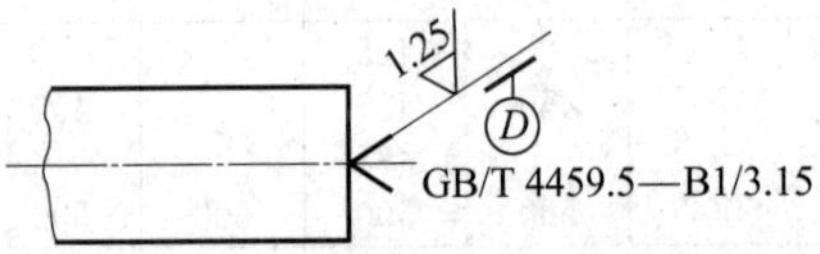

1.25
D
GB/T 4459.5—B1/3.15

(c)

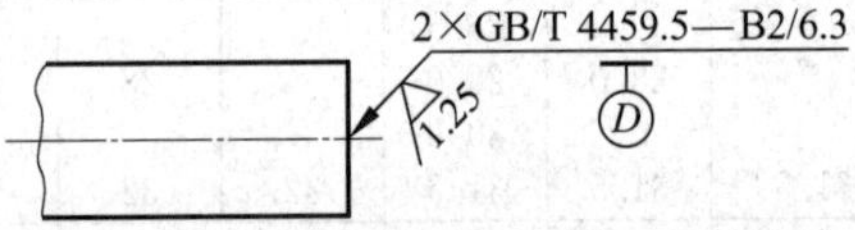

2×GB/T 4459.5—B2/6.3
1.25
D

(d)

简化表示法

在不致引起误解时,可省略标记中的标准编号,如图(e)所示。

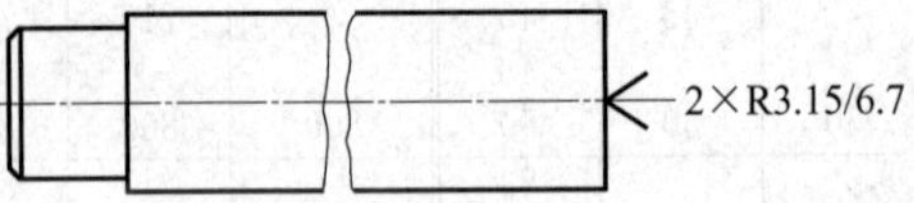

2×R3.15/6.7

(e)

如同一轴的两端中心孔相同,可只在其一端标出,但应注出其数量,见图(d)和图(e)。

注:4 种标准中心孔(R 型、A 型、B 型及 C 型)的标记说明见表 13.10。

表 13.5　滚动轴承的特征画法和规定画法(GB/T 4459.7—1998)

特征画法		规定画法	
在剖视图中,如需较形象地表示滚动轴承的结构特征时,可采用表中所示在矩形线框内画出其结构特征要素符号的方法表示		必要时,在滚动轴承的产品图样中可采用表中的规定画法绘制。规定画法一般绘制在轴的一侧,另一侧按通用画法绘制	
		球轴承	滚子轴承
球和滚子轴承	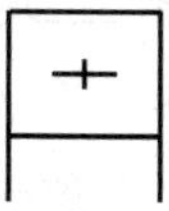	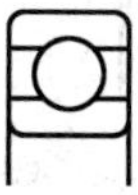 GB/T 276	 GB/T 283
	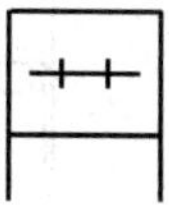	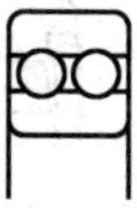	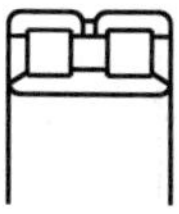 GB/T 285
	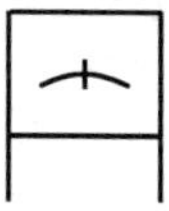		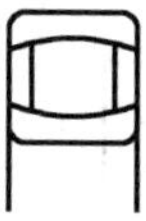
		 GB/T 281	 GB/T 288
		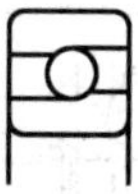 GB/T 292	 GB/T 297
	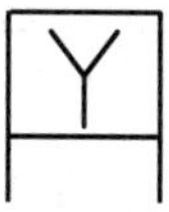	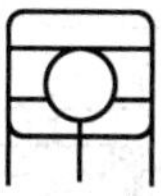 GB/T 294 (三点接触)	
	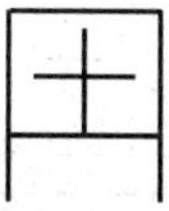	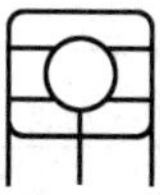 GB/T 294 (四点接触)	
	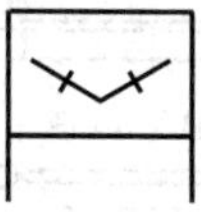	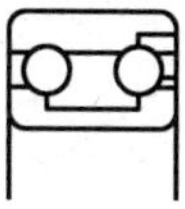 GB/T 296	
	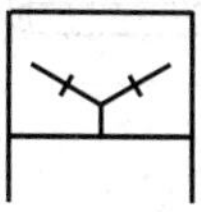		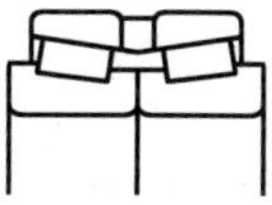 GB/T 299
	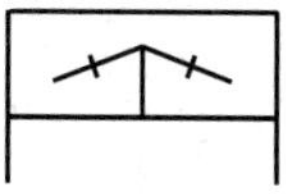		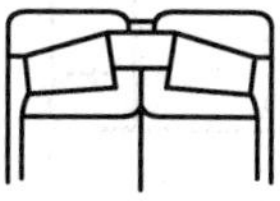

续表

	特征画法	规定画法		
滚针轴承	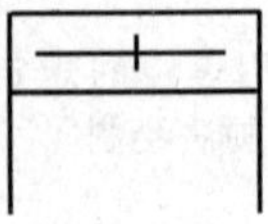	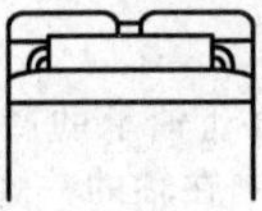 GB/T 5801 JB/T 3588	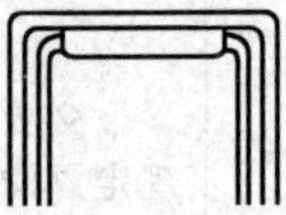 GB/T 290	 JB/T 7918
	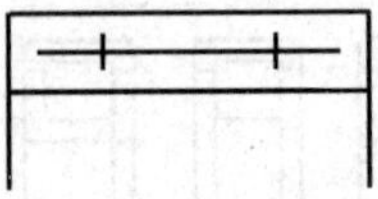	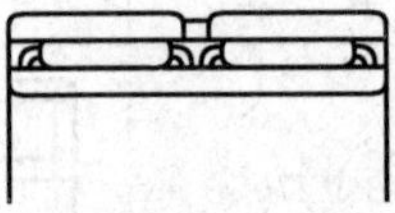 GB/T 5801	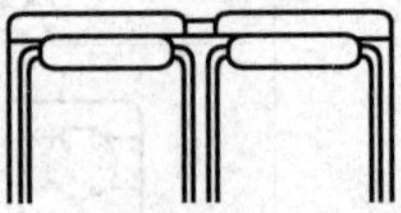 GB/T 5801	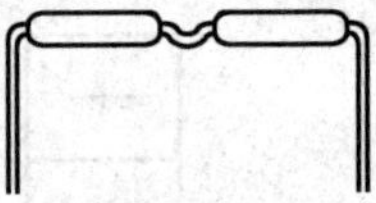 JB/T 7918
	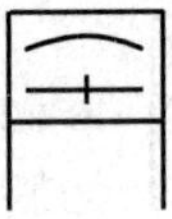	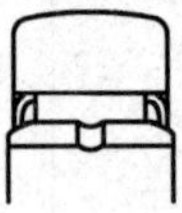	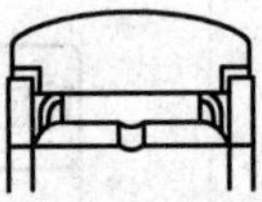 GB/T 6445.1	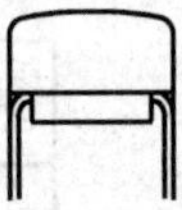
滚针和球或滚子组合	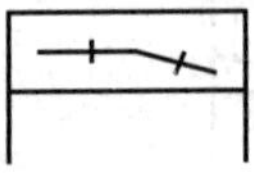	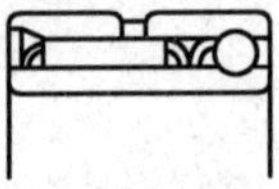 JB 3123		
	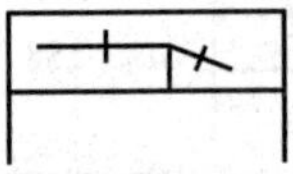	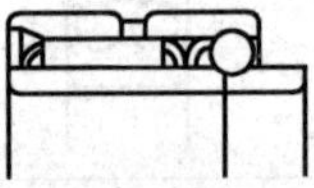 JB 3123		
	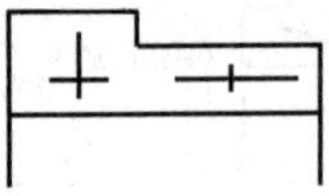	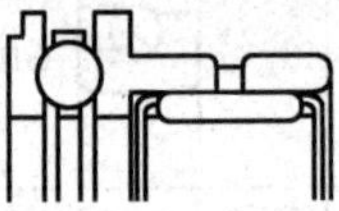 JB 3122		
	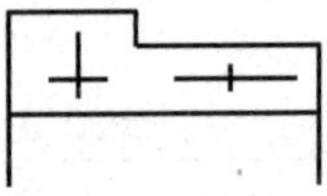	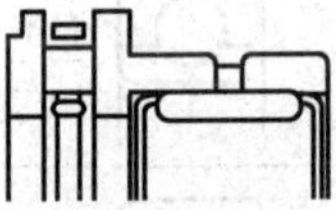 GB/T 16643		
推力轴承		球轴承	滚子轴承	
	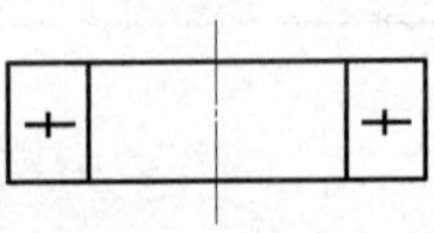	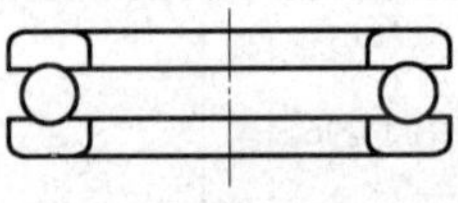 GB/T 301	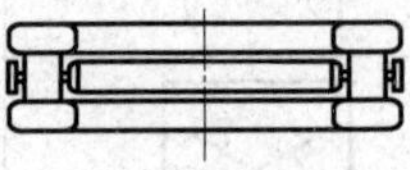 GB/T 4663  JB/T 7915 	
	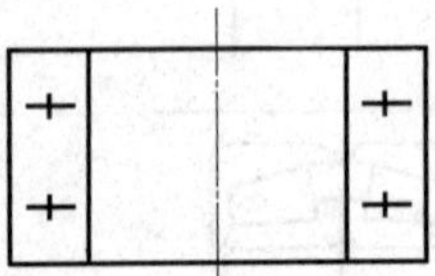	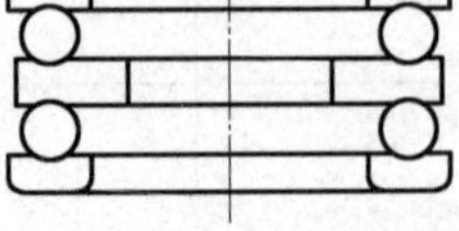 GB/T 301		

续表

	特征画法	规定画法	
		球轴承	滚子轴承
推力轴承	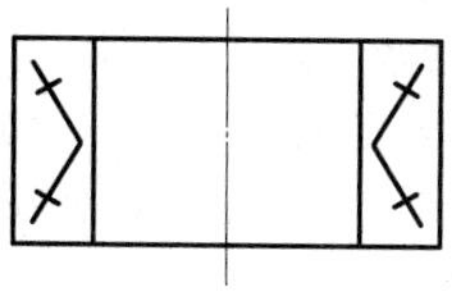	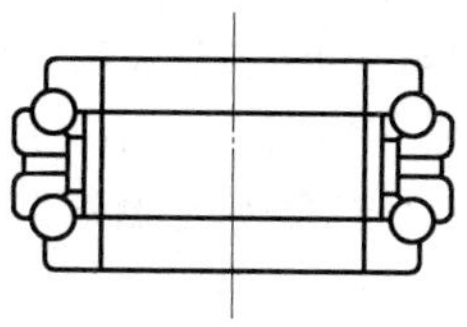 JB/T 6362	
	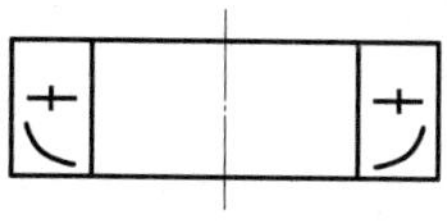	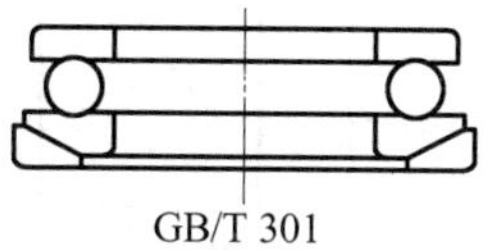 GB/T 301	
	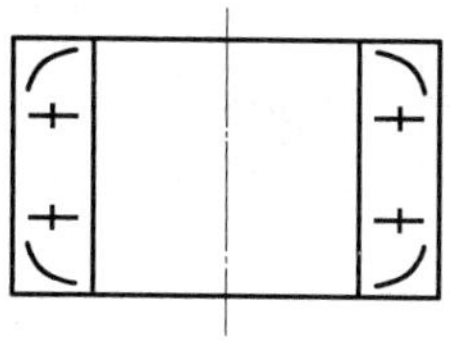	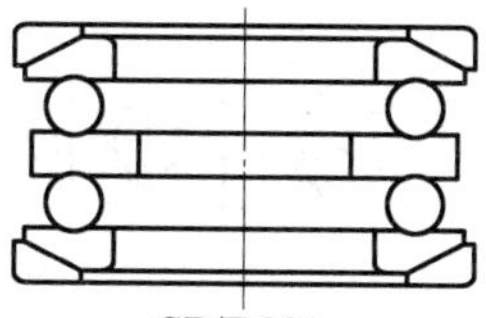 GB/T 301	
	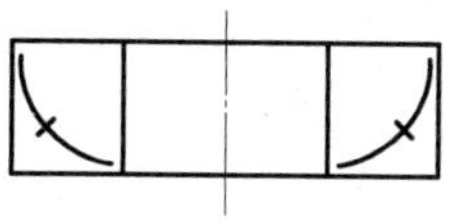		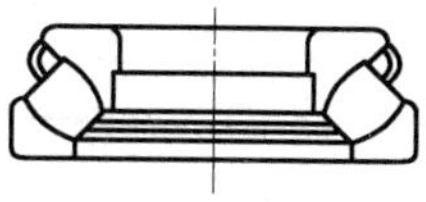 GB/T 5859
实例	装配图中滚动轴承表示法的实例 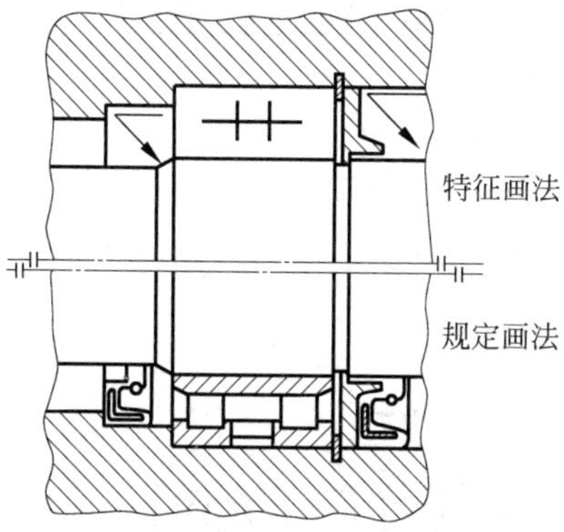 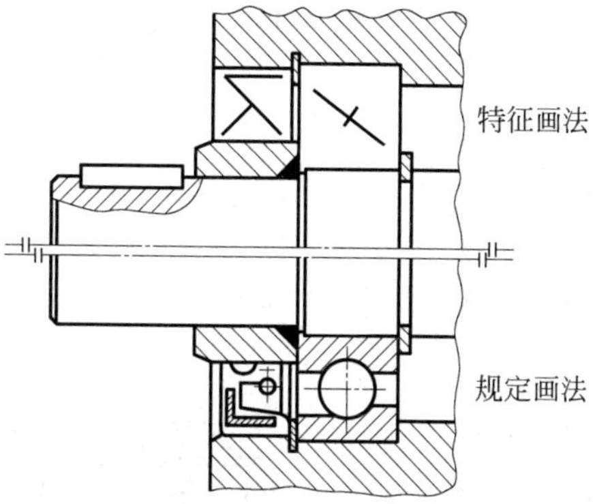 特征画法 规定画法 特征画法 规定画法		

表 13.6　螺纹画法(GB/T 4459.1—1995)

螺纹零件	螺纹的牙顶用粗实线表示,牙底用细实线表示,在螺杆的倒角或倒圆部分也应画出。在垂直于螺纹轴线的投影面的视图中,表示牙底的细实线圆只画约 3/4 圈,此时轴或孔上的倒角省略不画。完整螺纹的终止界线(简称螺纹终止线)用粗实线表示。当需要表示螺纹收尾时,螺尾部分的牙底用与轴线成 30°的细实线绘制。不可见螺纹的所有图线按虚线绘制。无论是外螺纹或内螺纹,在剖视或剖面图中剖面线都必须画到粗实线,绘制不穿通的螺孔时,一般应将钻孔深度与螺纹部分的深度分别画出。 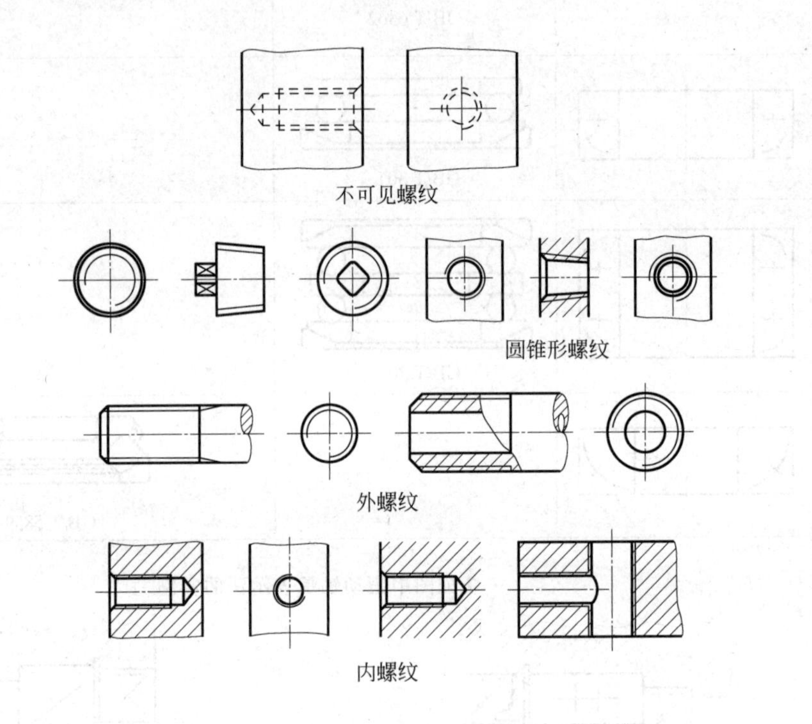 不可见螺纹 圆锥形螺纹 外螺纹 内螺纹
螺纹连接	以剖视图表示内外螺纹的连接时,其旋合部分应按外螺纹的画法绘制,其余部分仍按各自的画法表示。 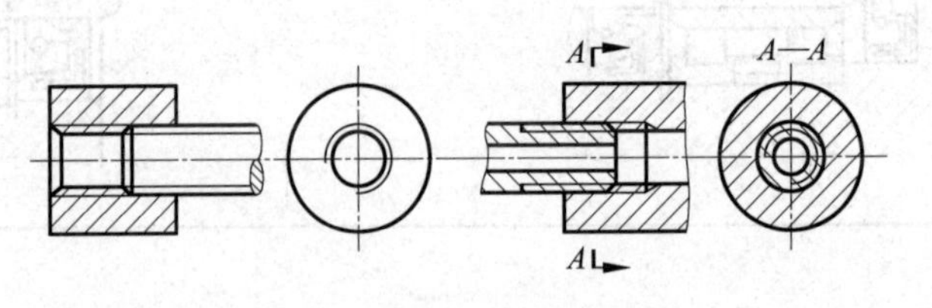

续表

螺纹紧固件装配	在装配图中，当剖切平面通过螺杆的轴线时，对于螺柱、螺栓、螺母及垫圈等均按未剖切绘制(图(a))，也可采用简化画法(图(b))。内六角螺钉可按图(c)绘制，螺钉头部的一字槽、十字槽可按图(d)、(e)绘制。在装配图中，对于不穿通的螺纹孔，可以不画出钻孔深度，仅按螺纹部分的深度(不包括螺尾)画出(图(b)、(c)、(d))。 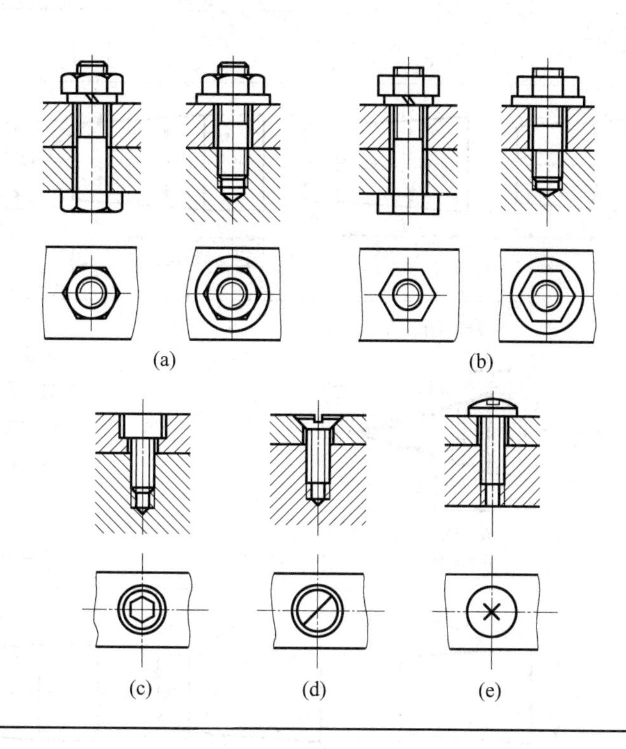 (a)　(b)　(c)　(d)　(e)

表 13.7　螺纹标注方法(GB/T 4459.1—1995)

螺纹种类		螺纹代号	公称直径	螺距	导程	线数	旋向	公差带代号	旋合长度代号	标记示例	附注
标准普通螺纹	粗牙	M	10				右	6H	L	M10-6H-L	普通螺纹粗牙不注螺距，中等旋合长度不标 N(以下同)。短、长旋合长度分别用字母 S、L 表示。右旋不标注
	细牙		16	1.5			LH(左)	5g6g	S	M16×1.5LH-5g6g-S	

表 13.8 圆锥的尺寸和公差标注法(GB/T 15754—1995)

特征参数及字母符号		锥度 C	圆锥角 α	最大圆锥直径 D	最小圆锥直径 d	给定横截面处圆锥直径 d_x	圆锥长度 L	总长 L'	给定横截面的长度 L_x
尺寸标注	优先方法	1∶5 1/5	35°						
	可选方法	0.2∶1 20%	0.6 rad						

圆锥尺寸注法

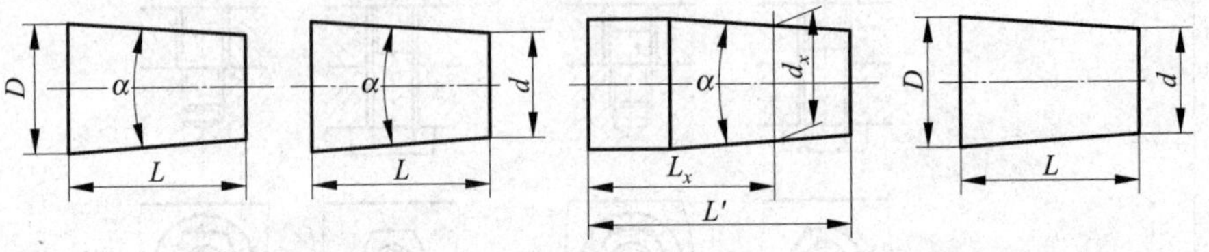

D α L α d L α d_x L_x L' D d L

锥度图形符号

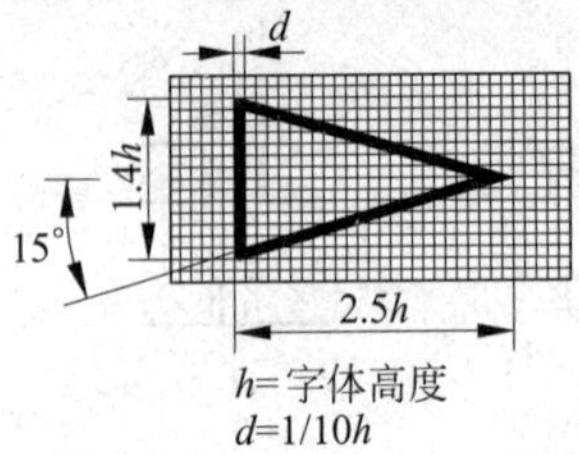

锥度图形符号

d 1.4h 15° 2.5h

h=字体高度

d=1/10h

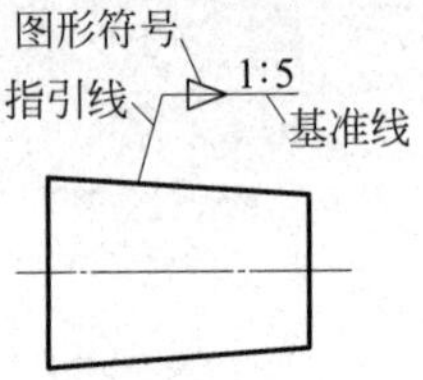

图形符号的配置

图形符号

指引线

1:5

基准线

锥度标注方法

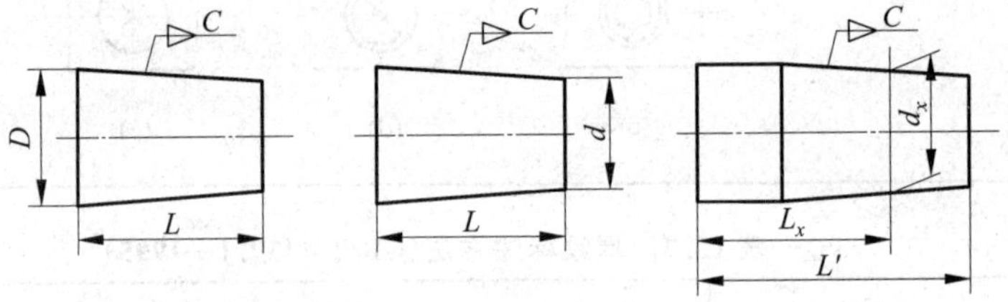

C D L C d L C d_x L_x L'

当所标注的锥度是标准圆锥系列之一(尤其是莫氏锥度或米制锥度,见 GB/T 1443)时,可用标准系列号和相应的标记表示如下图。

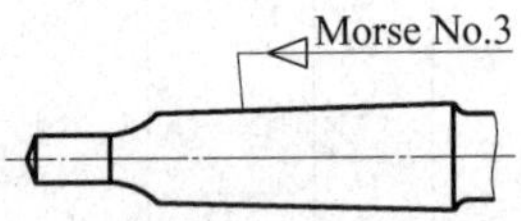

Morse No.3

圆锥的公差注法

给定圆锥角的圆锥公差注法		给定锥度的圆锥公差注法	
图样上标注	说明	图样上标注	说明
t D α	t D α	C t D	t C D

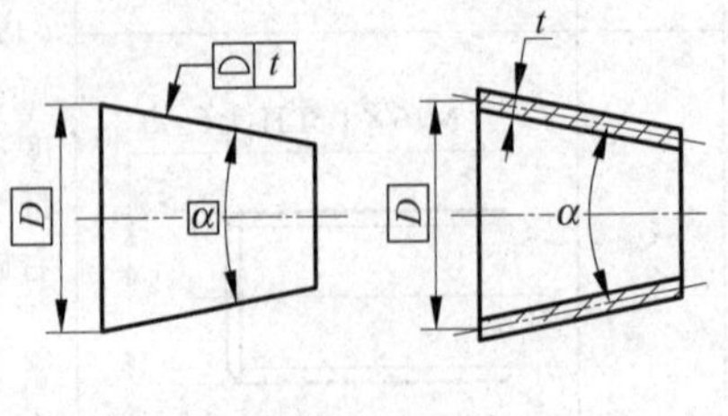

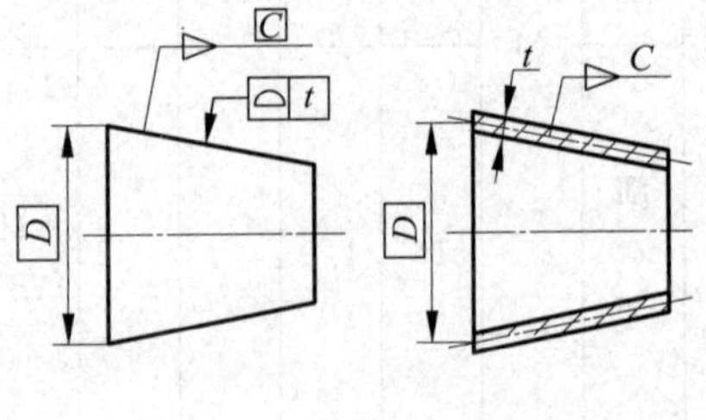

13.2　一般零件的倒圆与倒角

表 13.9　零件的倒圆与倒角(摘自 GB/T 6403.4—1986)　　mm

直径 d	>10~18	>18~30	>30~50		>50~80	>80~120	>120~180
R 和 C	0.8	1.0	1.2	1.6	2.0	2.5	3.0
C_1	1.2	1.6	1.6	2.0	2.5	3.0	4.0

注：1. 与滚动轴承相配合的轴及轴承座孔处的圆角半径参见 15.2 节滚动轴承表中的安装尺寸 r_a。
2. α 一般采用 45°,也可采用 30°或 60°。
3. C_1 的数值不属于 GB 6403.4—1986,仅供参考。

13.3　轴类零件的结构尺寸

表 13.10　60°中心孔(摘自 GB/T 145—2001)　　mm

A 型不带护锥的中心孔

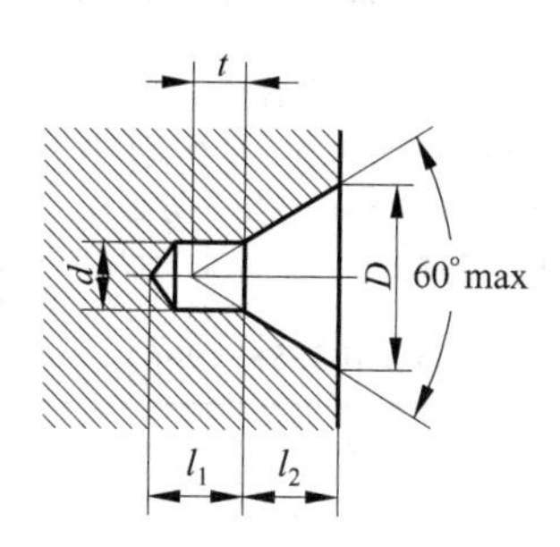

B 型带护锥的中心孔

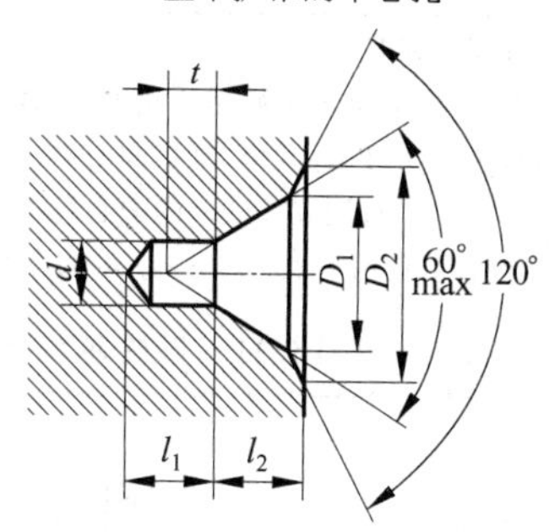

C 型带螺纹的中心孔

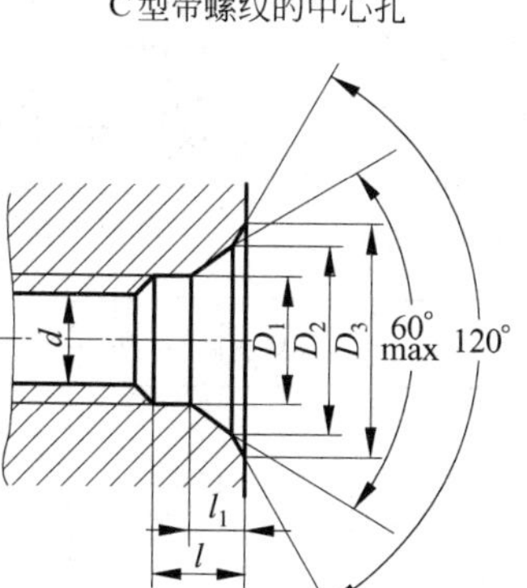

R 型弧形中心孔

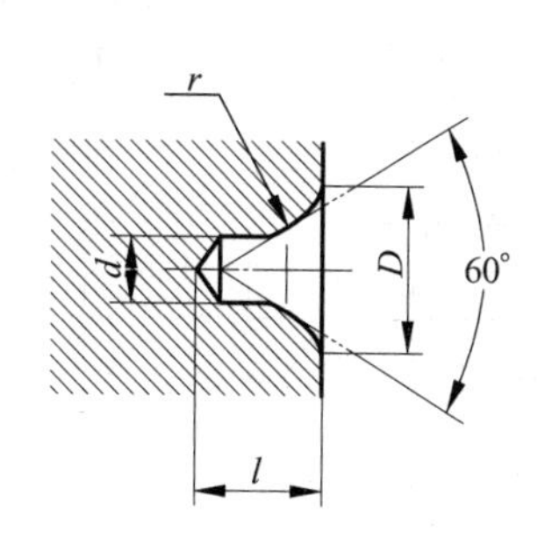

续表

d	D		D_1	D_2	l_1		t（参考）		l_{min}	r		d	D_1	D_2	D_3	l	l_1（参考）
										max	min						
A、B、R型	A型	R型	B型		A型	B型	A型	B型	R型			C型					
(0.50)	1.06	—	—	—	0.48	—	0.5	—	—	—	—	M3	3.2	5.3	5.8	2.6	1.8
(0.63)	1.32	—	—	—	0.60	—	0.6	—	—	—	—	M4	4.3	6.7	7.4	3.2	2.1
(0.80)	1.70	—	—	—	0.73	—	0.7	—	—	—	—	M5	5.3	8.1	8.8	4.0	2.4
1.00	2.12	2.12	2.12	3.15	0.97	1.27	0.9		2.3	3.15	2.50	M6	6.4	9.6	10.5	5.0	2.8
(1.25)	2.65	2.65	2.65	4.00	1.21	1.60	1.1		2.8	4.00	3.15	M8	8.4	12.2	13.2	6.0	3.3
1.60	3.35	3.35	3.35	5.00	1.52	1.99	1.4		3.5	5.00	4.00	M10	10.5	14.9	16.3	7.5	3.8
2.00	4.25	4.25	4.25	6.30	1.95	2.54	1.8		4.4	6.30	5.00	M12	13.0	18.1	19.8	9.5	4.4
2.50	5.30	5.30	5.30	8.00	2.42	3.20	2.2		5.5	8.00	6.30	M16	17.0	23.0	25.3	12.0	5.2
3.15	6.70	6.70	6.70	10.00	3.07	4.03	2.8		7.0	10.00	8.00	M20	21.0	28.4	31.3	15.0	6.4
4.00	8.50	8.50	8.50	12.50	3.90	5.05	3.5		8.9	12.50	10.00	M24	26.0	34.2	38.0	18.0	8.0
(5.00)	10.60	10.60	10.60	16.00	4.85	6.41	4.4		11.2	16.00	12.50						
6.30	13.20	13.20	13.20	18.00	5.98	7.36	5.5		14.0	20.00	16.00						
(8.00)	17.00	17.00	17.00	22.40	7.79	9.36	7.0		17.9	25.00	20.00						
10.00	21.20	21.20	21.20	28.00	9.70	11.66	8.7		22.5	31.50	25.00						

注：1. 括号内尺寸尽量不用。

2. A、B型中尺寸 l_1 取决于中心钻的长度，即使中心孔重磨后再使用，此值不应小于 t 值。

3. A型同时列出了 D 和 l_2 尺寸，B型同时列出了 D_2 和 l_2 尺寸，制造厂可分别任选其中一个尺寸。

4. 零件质量≤120 kg，选用 d≤2.00 的中心孔；零件质量 120～500 kg，选用 d 为 2.50～3.15 mm 的中心孔；零件质量 500～1000 kg，选用 D 为 3.15～5.00 的中心孔；零件质量 1000～2000 kg，选用 D 为 5.00～8.00 的中心孔。

表 13.11 砂轮越程槽（摘自 GB/T 6403.5—1986） mm

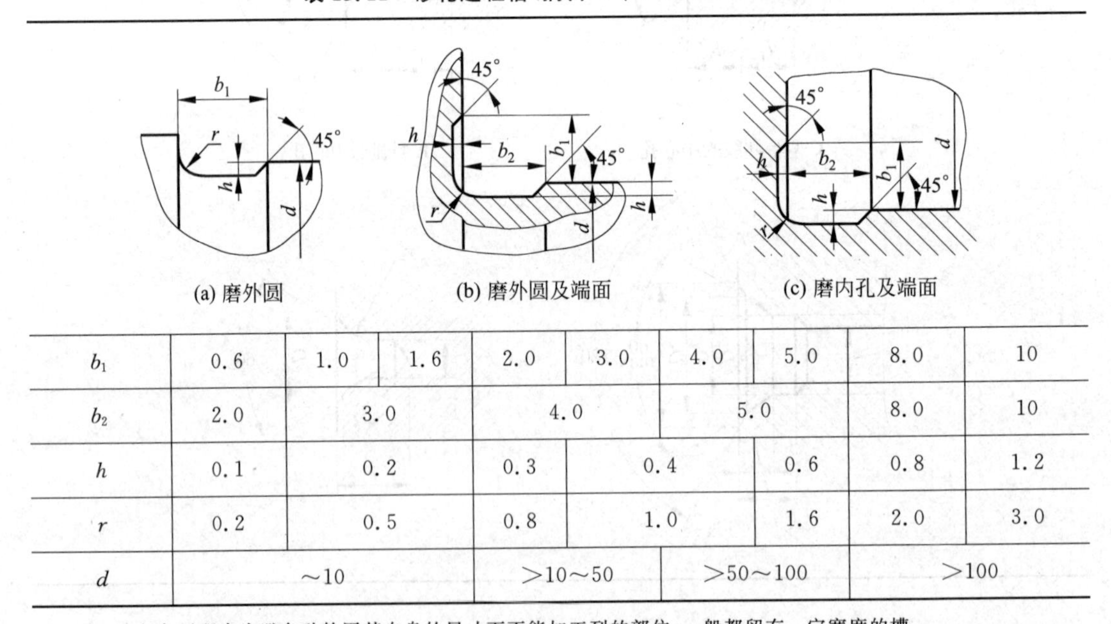

(a) 磨外圆　(b) 磨外圆及端面　(c) 磨内孔及端面

b_1	0.6	1.0	1.6	2.0	3.0	4.0	5.0	8.0	10
b_2	2.0	3.0		4.0		5.0		8.0	10
h	0.1	0.2		0.3	0.4		0.6	0.8	1.2
r	0.2	0.5		0.8	1.0		1.6	2.0	3.0
d	～10			＞10～50		＞50～100		＞100	

注：在机加过程中为避免砂轮因其自身的尺寸而不能加工到的部位，一般都留有一定宽度的槽。

13.4　铸造零件的结构要素

表 13.12　最小壁厚

mm

铸造方法	铸件尺寸	铸钢	灰铸铁	球墨铸铁	可锻铸铁	铝合金	镁合金	铜合金	高锰钢
砂型	～200×200	6～8	5～6	6	4～5	3		3～5	20（最大壁厚不超过 125）
	＞200×200～500×500	10～12	6～10	12	5～8	4	3	6～8	
	＞500×500	18～25	15～20			5～7			
金属型	～70×70	5	4		2.5～3.5	2～3		3	
	＞70×70～150×150		5		3.5～4.5	4	2.5	4～5	
	＞150×150	10	6			5		6～8	

注：1. 一般铸造条件下，各种灰铸铁的最小允许壁厚：HT100，HT150，δ＝4～6 mm；HT200，δ＝6～8 mm；HT250，δ＝8～15 mm；HT300，HT350，δ＝15 mm；

2. 如有特殊需要，在改善铸造条件下，灰铸铁最小壁厚可达 3 mm，可锻铸铁可小于 3 mm。

表 13.13　铸造斜度

斜度 $b:h$	角度 β	使用范围
1∶5	11°30′	h＜25 mm 时钢和铁的铸件
1∶10 1∶20	5°30′ 3°	h 在 25～500 mm 时钢和铁的铸件
1∶50	1°	h＞500 mm 时钢和铁的铸件
1∶100	30′	有色金属铸件

注：当设计不同壁厚的铸件时，在转折点处的斜角最大增到 30°～45°(参见表中下图)。

表 13.14　法兰铸造过渡斜度(摘自 JB/ZQ 4254—1997)

mm

适用于减速器、机盖联接管、汽缸及其他各种机件联接法兰等铸件的过渡部分尺寸

铸铁和铸钢件的壁厚 δ	K	h	R
10～15	3	15	5
＞15～20	4	20	5
＞20～25	5	25	5
＞25～30	6	30	8
＞30～35	7	35	8
＞35～40	8	40	10
＞40～45	9	45	10
＞45～50	10	50	10
＞50～55	11	55	10
＞55～60	12	60	15
＞60～65	13	65	15
＞65～70	14	70	15
＞70～75	15	75	15

表 13.15　加强筋

中部的筋		两边的筋	
$H \leqslant 5A$ $a = 0.8A$ （铸件内部的筋与外壁厚应为 $a \approx 0.6A$）	$S = 1.25A$ $r = 0.5A$ $r_1 = 0.25A$ $R = 1.5A$	$H \leqslant 5A$ $a = A$ $S = 1.25A$	$r = 0.3A$ $r_1 = 0.25A$

筋的布置与形状

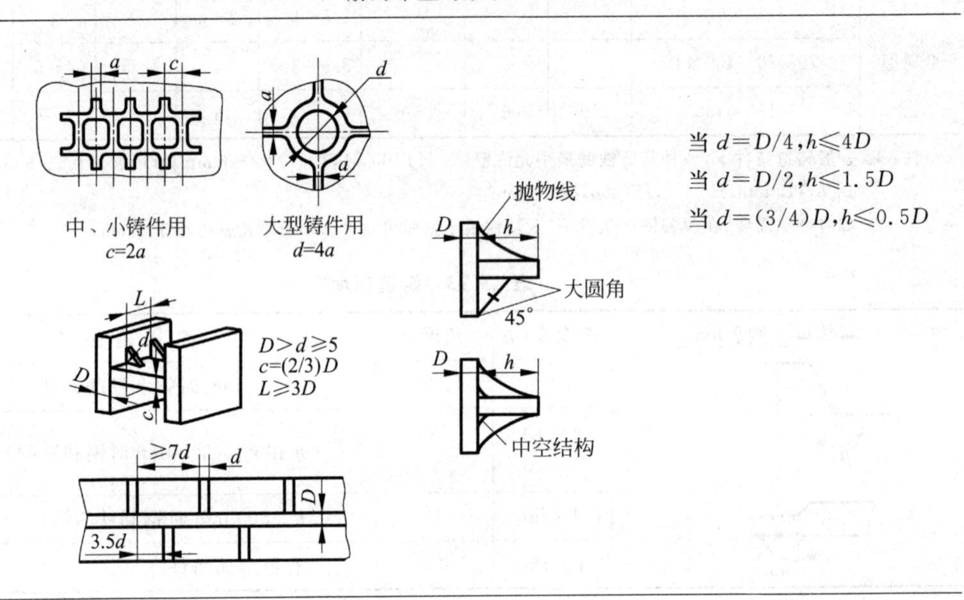

带有筋的截面的铸件尺寸比例

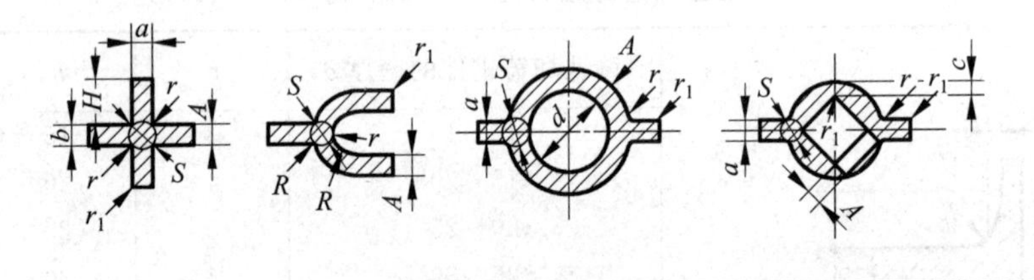

表中尺寸为 A 的倍数

断面	H	a	b	c	R	r	r_1	S
十字形	3	0.6	0.6	—	—	0.3	0.25	1.25
叉形	—	—	—	—	1.5	0.5	0.25	1.25
环形附筋	—	0.8	—	—	—	0.5	0.25	1.25
同上，但为方孔	—	1.0	—	0.5	—	0.25	0.25	1.25

表 13.16　铸造内圆角及过渡尺寸(摘自 JB/ZQ 4255—1997)

	$\frac{a+b}{2}$	内圆角 α											
$a \approx b$ $R_1=R+a$		<50°		51°~75°		76°~105°		106°~135°		136°~165°		>165°	
		钢	铁	钢	铁	钢	铁	钢	铁	钢	铁	钢	铁
		过渡尺寸 R/mm											
	≤8	4	4	4	4	6	4	8	6	16	10	20	16
	9~12	4	4	4	4	6	6	10	8	16	12	25	20
	13~16	4	4	6	4	8	6	12	10	20	16	30	25
	17~20	6	4	8	6	10	8	16	12	25	20	40	30
	21~27	6	6	10	8	12	10	20	16	30	25	50	40
	28~35	8	6	12	10	16	12	25	20	40	30	60	50
	36~45	10	8	16	12	20	16	30	25	50	40	80	60
$b<0.8a$ $R_1=R+b+c$	c 和 h 值/mm	b/a		<0.4		0.5~0.65		0.66~0.8			>0.8		
		$\approx c$		$0.7(a-b)$		$0.8(a-b)$		$a-b$					
		$\approx h$	钢	$8c$									
			铁	$9c$									

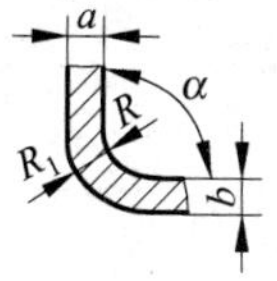

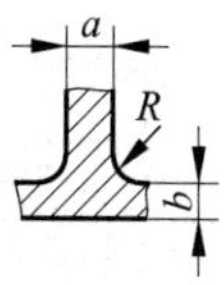

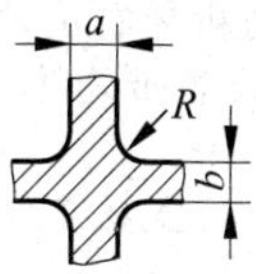

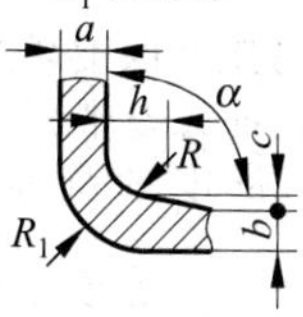

注：对于锰钢件应比表中数值增大 1.5 倍。

表 13.17　铸造外圆角(摘自 JB/ZQ 4256—1997)

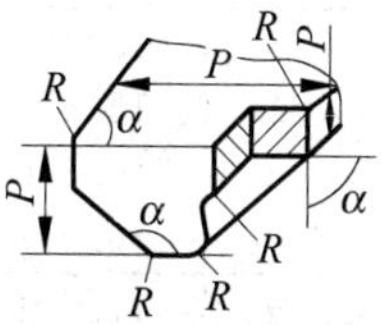

	表面的最小边尺寸 P/mm	过渡尺寸 R/mm					
		外圆角 α					
		<50°	51°~75°	76°~105°	106°~135°	136°~165°	>165°
	≤25	2	2	2	4	6	8
	>25~60	2	4	4	6	10	16
	>60~160	4	4	6	8	16	25
	>160~250	4	6	8	12	20	30
	>250~400	6	8	10	16	25	40
	>400~600	6	8	12	20	30	50

注：如果铸件按上表可选出许多不同的圆角 R 时，应尽量减少或只取一适当的 R 值以求统一。

第14章 常用连接、定位与紧固零件

14.1 螺纹结构要素

表14.1 普通螺纹的基本尺寸(摘自GB/T 196—1981) mm

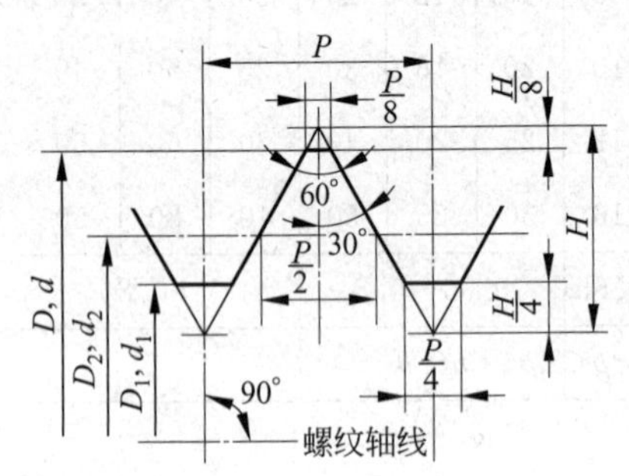

$H=0.866P$；

$d_2=d-0.6495P$；

$d_1=d-1.0825P$；

D、d 为内、外螺纹大径；

D_2、d_2 为内、外螺纹中径；

D_1、d_1 为内、外螺纹小径；

P 为螺距

标记示例：

公称直径20的粗牙右旋内螺纹，大径和中径的公差带均为6H的标记：M20-6H；

同规格的外螺纹、公差带为6g的标记：M20-6g；

上述规格的螺纹副的标记：M20-6H/6g；

公称直径20、螺距2的细牙左旋外螺纹，中径大径的公差带分别为5g、6g，短旋合长度的标记：M20×2左-5g6g-S

公称直径 D,d		螺距 P	中径 D_2 或 d_2	小径 D_1 或 d_1	公称直径 D,d		螺距 P	中径 D_2 或 d_2	小径 D_1 或 d_1
第一系列	第二系列				第一系列	第二系列			
6		1 0.75 (0.5)	5.350 5.513 5.675	4.917 5.188 5.459	16		2 1.5 1	14.701 15.026 15.350	13.835 14.376 14.917
8		1.25 1 0.75	7.188 7.350 7.513	6.647 6.917 7.188		18	2.5 2 1.5 1	16.376 16.701 17.026 17.350	15.294 15.835 16.376 16.917
10		1.5 1.25 1 0.75	9.026 9.188 9.350 9.513	8.376 8.647 8.917 9.188	20		2.5 2 1.5 1	18.376 18.701 19.026 19.350	17.294 17.835 18.376 18.917
12		1.75 1.5 1.25 1	10.863 11.026 11.188 11.350	10.106 10.376 10.674 10.917		22	2.5 2 1.5 1	20.376 20.701 21.026 21.350	19.294 19.835 20.376 20.917
	14	2 1.5 1	12.701 13.026 13.350	11.835 12.376 12.917	24		3 2 1.5 1	22.051 22.701 23.026 23.350	20.752 21.835 22.376 22.917

续表

公称直径 D,d 第一系列	公称直径 D,d 第二系列	螺距 P	中径 D_2 或 d_2	小径 D_1 或 d_1
	27	3	25.051	23.752
		2	25.701	24.835
		1.5	26.026	25.376
		1	26.350	25.917
30		3.5	27.727	26.211
		2	28.701	27.835
		1.5	29.026	28.376
		1	29.350	28.917
	33	3.5	30.727	29.211
		2	31.701	30.835
		1.5	32.026	31.376
36		4	33.402	31.670
		3	34.051	32.752
		2	34.701	33.835
		1.5	35.026	34.376
	39	4	36.402	34.670
		3	37.051	35.752
		2	37.701	36.835
		1.5	38.026	37.376

公称直径 D,d 第一系列	公称直径 D,d 第二系列	螺距 P	中径 D_2 或 d_2	小径 D_1 或 d_1
42		4.5	39.077	37.129
		3	40.051	38.752
		2	40.701	39.835
		1.5	41.026	40.376
	45	4.5	42.077	40.129
		3	43.051	41.752
		2	43.701	42.835
		1.5	44.026	43.376
48		5	44.752	42.587
		3	46.051	44.752
		2	46.701	45.835
		1.5	47.026	46.376
	52	5	48.752	46.587
		3	50.051	48.752
		2	50.701	49.835
		1.5	51.026	50.376
56		5.5	52.428	50.046
		4	53.402	51.670
		3	54.051	52.752
		2	54.701	53.835
		1.5	55.026	54.376

注：1. “螺距 P”栏中的第一个数值为粗牙螺距，其余为细牙螺距。

2. 优先选用第一系列，其次是第二系列，括号内的尺寸尽可能不采用。

3. 旋合长度：S 为短旋合长度；N 为中等旋合长度（不标注）；L 为长旋合长度，一般情况下应采用中等旋合长度。

表 14.2　粗牙螺栓、螺钉的拧入深度及螺孔尺寸　　mm

螺纹直径 d	钻孔直径 d_0	钢和青铜 h	钢和青铜 H	钢和青铜 H_1	钢和青铜 H_2	铸铁 h	铸铁 H	铸铁 H_1	铸铁 H_2
6	5	8	6	8	12	12	10	12	16
8	6.7	10	8	10.5	16	15	12	15	20
10	8.5	12	10	13	19	18	15	18	24
12	10.2	15	12	16	24	22	18	22	30
16	14	20	16	20	28	26	22	26	34
20	17.4	24	20	25	36	32	28	34	45
24	20.9	30	24	30	42	42	35	40	55
30	26.4	36	30	38	52	48	42	50	65
36	32	42	36	45	60	55	50	58	75

注：h 为内螺纹通孔长度；H 为盲孔拧入深度；H_1 为攻丝深度；H_2 为钻孔深度。

表 14.3　紧固件通孔及沉孔（摘自 GB/T 5277—1985，GB/T 152.2～152.4—1988）　　mm

螺栓或螺钉直径 d		6	8	10	12	14	16	18	20	22	24	27	30	36
通孔直径 d_1 GB 5277—1985	精装配	6.4	8.4	10.5	13	15	17	19	21	23	25	28	31	37
	中等装配	6.6	9	11	13.5	15.5	17.5	20	22	24	26	30	33	39
	粗装配	7	10	12	14.5	16.5	18.5	21	24	26	28	32	35	42
六角头螺栓和六角螺母用沉孔 GB 152.4—1988	d_2	13	18	22	26	30	33	36	40	43	48	53	61	55
	d_3	—	—	—	16	18	20	22	24	26	28	33	36	42
	t	锪平为止												
圆柱头螺栓（钉）用沉孔 GB 152.3—1988	d_2	11	15	18	20	24	26	—	33	—	40	—	48	57
	d_3	—	—	—	16	18	20	—	24	—	28	—	36	42
	t GB 70—85	6.8	9	11	13	15	17.5	—	21.5	—	25.5	—	32	38
	t GB 65—85	4.7	6	7	8	9	10.5	—	12.5	—	—	—	—	—
沉头螺钉用沉孔 GB 152.2—1988 ($90^{\circ}{}^{-2^{\circ}}_{-4^{\circ}}$)	d_2	12.8	17.6	20.3	24.4	28.4	32.4	—	40.4	—	—	—	—	—
	$t\approx$	3.3	4.6	5	6	7	8	—	10	—	—	—	—	—

注：三种沉孔的 d_1 尺寸与中等装配的通孔直径相同。

表 14.4　普通螺纹余留长度、钻孔余留深度、螺栓突出螺母的末端长度（摘自 JB/ZQ 4247—1997）　　mm

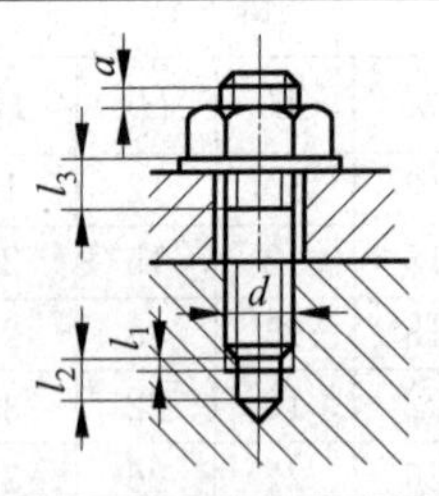

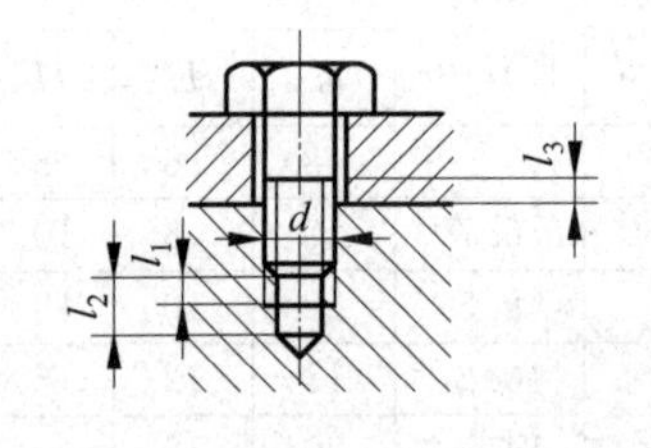

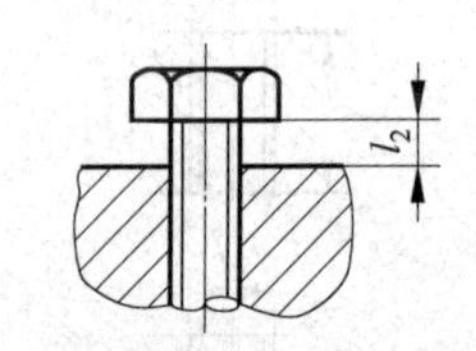

螺距 P	螺纹直径 d		余留长度			末端长度 a
	粗牙	细牙	内螺纹 l_1	钻孔 l_2	外螺纹 l_3	
0.5	3	5	1	4	2	1～2
0.7	4	6	1.5	5	2.5	2～3
0.75				6		
0.8	5					

续表

螺距 P	螺纹直径 d		余留长度			末端长度 a
	粗　牙	细　牙	内螺纹 l_1	钻孔 l_2	外螺纹 l_3	
1	6	8,10,14,16,18	2	7	3.5	2.5～4
1.25	8	12	2.5	9	4	
1.5	10	14,16,18,20,22,24,27,30,33	3	10	4.5	3.5～5
1.75	12		3.5	13	5.5	
2	14,16	24,27,30,33,36,39,45,48,52	4	14	6	4.5～6.5
2.5	18,20,22		5	17	7	
3	24,27	36,39,42,45,48,56,60,64,72,76	6	20	8	5.5～8
3.5	30		7	23	9	
4	36	56,60,64,68,72,76	8	26	10	7～11
4.5	42		9	30	11	
5	48		10	33	13	10～15
5.5	56		11	36	16	
6	64,72,76		12	40	18	

表 14.5　普通螺纹收尾、肩距、退刀槽、倒角(摘自 GB/T 3—1997)　　mm

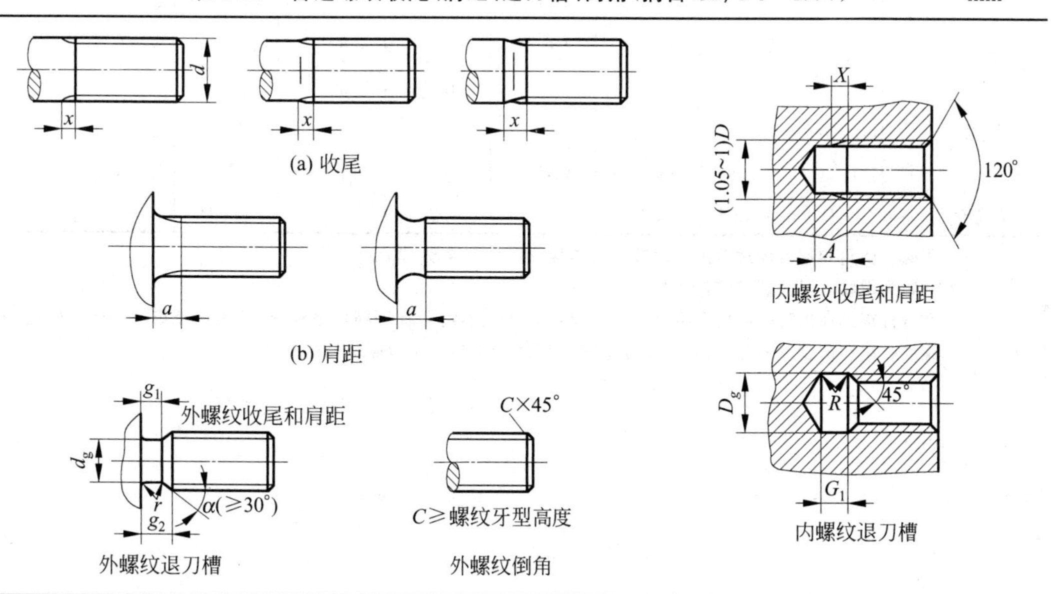

续表

外螺纹的收尾、肩距和退刀槽									
螺距 P	收尾 x (max)		肩距 a (max)			退刀槽			
	一般	短的	一般	长的	短的	g_1(min)	g_2(max)	d_g	$r\approx$
0.2	0.5	0.25	0.6	0.8	0.4				
0.25	0.6	0.3	0.75	1	0.5	0.4	0.75	$d-0.4$	0.12
0.3	0.75	0.4	0.9	1.2	0.6	0.5	0.9	$d-0.5$	0.16
0.35	0.9	0.45	1.05	1.4	0.7	0.6	1.05	$d-0.6$	0.16
0.4	1	0.5	1.2	1.6	0.8	0.6	1.2	$d-0.7$	0.2
0.45	1.1	0.6	1.35	1.8	0.9	0.7	1.35	$d-0.7$	0.2
0.5	1.25	0.7	1.5	2	1	0.8	1.5	$d-0.8$	0.2
0.6	1.5	0.75	1.8	2.4	1.2	0.9	1.8	$d-1$	0.4
0.7	1.75	0.9	2.1	2.8	1.4	1.1	2.1	$d-1.1$	0.4
0.75	1.9	1	2.25	3	1.5	1.2	2.25	$d-1.2$	0.4
0.8	2	1	2.4	3.2	1.6	1.3	2.4	$d-1.3$	0.4
1	2.5	1.25	3	4	2	1.6	3	$d-1.6$	0.6
1.25	3.2	1.6	4	5	2.5	2	3.75	$d-2$	0.6
1.5	3.8	1.9	4.5	6	3	2.5	4.5	$d-2.3$	0.8
1.75	4.3	2.2	5.3	7	3.5	3	5.25	$d-2.6$	1
2	5	2.5	6	8	4	3.4	6	$d-3$	1
2.5	6.3	3.2	7.5	10	5	4.4	7.5	$d-3.6$	1.2
3	7.5	3.8	9	12	6	5.2	9	$d-4.4$	1.6
3.5	9	4.5	10.5	14	7	6.2	10.5	$d-5$	1.6
4	10	5	12	16	8	7	12	$d-5.7$	2
4.5	11	5.5	13.5	18	9	8	13.5	$d-6.4$	2.5
5	12.5	6.3	15	20	10	9	15	$d-7$	2.5
5.5	14	7	16.5	22	11	11	17.5	$d-7.7$	3.2
6	15	7.5	18	24	12	11	18	$d-8.3$	3.2
参考值	$\approx 2.5P$	$\approx 1.25P$	$\approx 3P$	$=4P$	$=2P$	—	$\approx 3P$	—	—

注：1. 外螺纹倒角和退刀槽过渡角一般按 45°；内螺纹倒角一般按 120°。

2. 肩距为螺纹收尾加螺纹空白总长。

3. 在进行螺纹加工时一般需要给出一较深槽以便刀具的收刀、保证螺纹畅通，倒角为避免螺纹端面产生毛刺，螺纹收尾在螺纹不能加工通畅时、有一段提刀加工的螺纹，d 为螺纹公称直径。

内螺纹的收尾、肩距和退刀槽

螺距 P	收尾 X (max)		肩距 A (max)		退刀槽			
					G_1		D_g	$R\approx$
	一般	短的	一般	长的	一般	短的		
0.25	1	0.5	1.5	2			$D+0.3$	
0.3	1.2	0.6	1.8	2.4				
0.35	1.4	0.7	2.2	2.8				
0.4	1.6	0.8	2.5	3.2				
0.45	1.8	0.9	2.8	3.6				
0.5	2	1	3	4	2	1		0.2
0.6	2.4	1.2	3.2	4.8	2.4	1.2		0.3
0.7	2.8	1.4	3.5	5.6	2.8	1.4		0.4
0.75	3	1.5	3.8	6	3	1.5		0.4
0.8	3.2	1.6	4	6.4	3.2	1.6		0.4
1	4	2	5	8	4	2	$D+0.5$	0.5
1.25	5	2.5	6	10	5	2.5		0.6
1.5	6	3	7	12	6	3		0.8
1.75	7	3.5	9	14	7	3.5		0.9
2	8	4	10	16	8	4		1
2.5	10	5	12	18	10	5		1.2
3	12	6	14	22	12	6		1.5
3.5	14	7	16	24	14	7		1.8
4	16	8	18	26	16	8		2
4.5	18	9	21	29	18	9		2.2
5	20	10	23	32	20	10		2.5
5.5	22	11	25	35	22	11		2.8
6	24	12	28	38	24	12		3
参考值	$=4P$	$=2P$	$\approx(6\sim5)P$	$\approx(8\sim6.5)P$	$=4P$	$=2P$	—	$\approx0.5P$

注：1. 应优先选用“一般”长度的收尾和肩距；容屑需要较大空间时可选用“长”肩距，结构受限制时可选用“短”收尾。

2. “短”退刀槽仅在结构受限制时采用。

3. D_g 公差为 H13。

4. D 为螺纹公称直径代号。

14.2　螺纹紧固件

表 14.6　六角头螺栓(C 级)

mm

六角头螺栓 C 级(GB/T 5780—2000)　　六角头螺栓全螺纹 C 级(GB/T 5781—2000)

标记示例:螺纹规格 d=M12,公称长度 l=80 mm,性能等级为 4.8 级,不经表面处理,C 级的六角头螺栓的标记:螺栓 GB/T 5780 M12×80

螺纹规格 d		M5	M6	M8	M10	M12	(M14)	M16	(M18)	M20	(M22)	M24	(M27)	M30	M36
s(公称)		8	10	13	16	18	21	24	27	30	34	36	41	46	55
k(公称)		3.5	4	5.3	6.4	7.5	8.8	10	11.5	12.5	14	15	17	18.7	22.5
r(min)		0.2	0.25	0.4		0.6				0.8			1		
e(min)		8.6	10.9	14.2	17.6	19.9	22.8	26.2	29.6	33	37.3	39.6	45.2	50.9	60.8
a(max)		2.4	3	4	4.5	5.3	6		7.5				9	10.5	12
d_w(min)		6.7	8.7	11.5	14.5	16.5	19.2	22	24.9	27.7	31.4	33.3	38	42.8	51.1
b(参考)	l≤125	16	18	22	26	30	34	38	42	46	50	54	60	66	78
	125<l≤200	—	—	28	32	36	40	44	48	52	56	60	66	72	84
	l>200	—	—	—	—	—	53	57	61	65	69	73	79	85	97
l(公称) GB/T 5780—2000		25~50	30~60	40~80	45~100	55~120	60~140	65~160	80~180	80~200	90~220	100~240	110~260	120~300	140~360
全螺纹长度 l GB/T 5781—2000		10~50	12~60	16~80	20~100	25~120	30~140	35~160	35~180	40~200	45~220	50~240	55~280	60~300	70~360
100 mm 长的质量≈/kg		0.013	0.020	0.037	0.063	0.090	0.127	0.172	0.223	0.282	0.359	0.424	0.566	0.721	1.100
l 系列(公称)		10,12,16,20,25,30,35,40,45,50,55,60,65,70,80,90,100,110,120,130,140,150,160,180,200,220,240,260,280,300,320,340,360,380,400,420,440,460,480,500													

技术条件		材料	性能等级	表面处理	产品等级
技术条件	GB/T 5780　螺纹公差:8 g	材料:钢	性能等级:d≤39,3.6,4.6,4.8;d>39,按协议	表面处理:不经处理,电镀,非电解锌粉覆盖	产品等级:C
	GB/T 5781　螺纹公差:8 g				

注:螺栓的产品等级分为 A、B、C 三级,其中 A 级最精确,C 级最不精确,A 级用于重要装配精度高及受较大冲击和变载的场合。尽量不用括号内的规格。

表 14.7　六角头螺栓(A、B 级)

mm

六角头螺栓(GB/T 5782—2000)

六角头螺栓全螺纹(GB/T 5783—2000)

六角头螺杆带孔螺栓 A 和 B 级(GB/T 31.1—1988)

六角头头部带孔螺栓 A 和 B 级(GB/T 32.1—1988)

六角头头部带槽螺栓 A 和 B 级(GB/T 29.1—1988)

其余的型式与尺寸按 GB/T 5782—2000 的规定

其余的型式与尺寸按 GB/T 5783—2000 的规定

其余的型式与尺寸按 GB/T 5782—2000 的规定。标记示例：螺纹规格 $d=$ M12,公称长度 $l=80$ mm,性能等级为 8.8 级,不经表面处理,A 级的六角头螺杆带孔螺栓的标记：螺栓 GB/T 31.1 M12×80

标记示例：螺纹规格 $d=$M12,公称长度 $l=80$ mm,性能等级为 8.8 级,表面氧化,A 级的六角头螺栓：螺栓 GB/T 5782 M12×80

螺纹规格 d	M1.6	M2	M2.5	M3	M4	M5	M6	M8	M10	M12	(M14)	M16	(M18)	M20	(M22)	M24	(M27)	M30	M36
s(公称)	3.2	4	5	5.5	7	8	10	13	16	18	21	24	27	30	34	36	41	46	55
k(公称)	1.1	1.4	1.7	2	2.8	3.5	4	5.3	6.4	7.5	8.8	10	11.5	12.5	14	15	17	18.7	22.5
r(min)	0.1				0.2		0.25	0.4		0.6				0.8			1		
e(min) A	3.41	4.32	5.45	6.01	7.66	8.79	11.05	14.38	17.77	20.03	23.36	26.75	30.14	33.53	37.72	39.98	—	—	—
B	3.28	4.18	5.31	5.88	7.50	8.63	10.89	14.20	17.59	19.85	22.78	26.17	29.56	32.95	37.29	39.55	45.2	50.85	60.79
d_W(min) A	2.27	3.07	4.07	4.57	5.88	6.88	8.88	11.63	14.63	16.63	19.64	22.49	25.34	28.19	31.71	33.61	—	—	—
B	2.3	2.95	3.95	4.45	5.74	6.74	8.74	11.47	14.47	16.47	19.15	22	24.85	27.7	31.35	33.25	38	42.75	51.11

续表

螺纹规格 d		M1.6	M2	M2.5	M3	M4	M5	M6	M8	M10	M12	(M14)	M16	(M18)	M20	(M22)	M24	(M27)	M30	M36
b（参考）	$l \leqslant 125$	9	10	11	12	14	16	18	22	26	30	34	38	42	46	50	54	60	66	—
	$125 < l \leqslant 200$	15	16	17	18	20	22	24	28	32	36	40	44	48	52	56	60	66	72	84
	$l > 200$	28	29	30	31	33	35	37	41	45	49	53	57	61	65	69	73	79	85	97
a		—	—	—	1.5	2.1	2.4	3	3.75	4.5	5.25	6		7.5			9		10.5	12
h		—	—	—	0.8	1.2		1.6	2	2.5	3	—	—	—	—	—	—	—	—	—
t		—	—	—	0.7	1	1.2	1.4	1.9	2.4	3	—	—	—	—	—	—	—	—	—
d_1		—	—	—	—	—	—	1.6	2.0	2.5	3.2		4			5			6.3	
$h \approx$		—	—	—	—	—	—	2.0	2.6	3.2	3.7	4.4	5.0	5.7	6.2	7.0	7.5	8.5	9.3	11.2
L_h		—	—	—	—	—	—	27～57	31～76	36～96	40～115	45～135	49～154	54～174	59～194	63～213	73～233	82～292	81～291	100～290
l		12～16	16～20	16～25	20～30	25～40	25～50	30～60	40(35)～80	45(40)～100	50(45)～120	60(50)～140	65(55)～160	70(60)～180	80(65)～200	90(70)～220	80(90)～240	100～260(90～300)	110(90)～300	140～360(110～300)
全螺纹长度 l		2～16	4～20	5～25	6～30	8～40	10～50	12～60	16～80	20～100	25～120	30～140	30～150	35～180	40～150	45～200	50～150	55～200	60～200	70～200
100 mm 的质量/kg						0.008	0.013	0.020	0.037	0.066	0.094	0.132	0.178	0.229	0.289	0.366	0.431	0.569	0.722	1.099
l 系列		2,3,4,5,6,8,10,12,16,20,25,30,35,40,45,50,55,60,65,70,80,90,100,110,120,130,140,150,160,180,200,220,240,260,280,300,320,340,360,380,400,420,440,460,480,500																		

技术条件	材料		钢	不锈钢	有色金属	螺纹公差：6 g	产品等级：A,B
	性能等级	GB/T 5782	$3 \leqslant d \leqslant 39$：5.6,8.8,10.9 $3 \leqslant d \leqslant 16$：9.8	$d \leqslant 24$：A2-70,A4-70 $24 < d \leqslant 39$：A2-50,A4-50	CU2,CU3,AL4		
		GB/T 5783	$d < 3$ 和 $d > 39$：按协议	$d > 39$：按协议			
	表面处理		氧化	简单处理	简单处理		

注：括号内的尺寸较少使用。

表 14.8　六角头铰制孔螺栓(A 级和 B 级)(摘自 GB/T 27—1988)　　mm

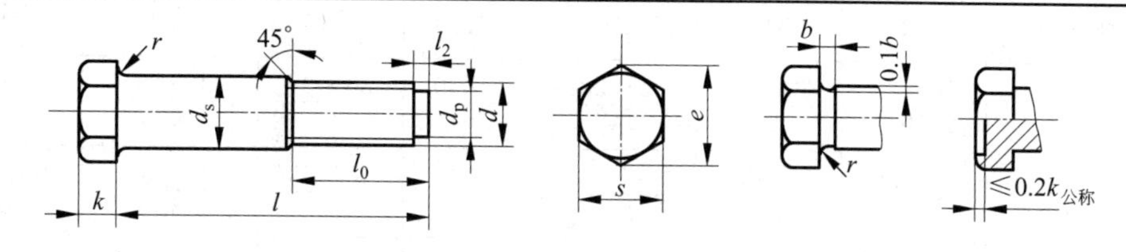

允许制造的形式

标记示例：螺纹规格 d=M12，d_s 尺寸按表规定，公称长度 l=80，性能等级 8.8 级，表面氧化 A 级的六角头铰制孔用螺栓的标记：螺栓 GB 27 M12×80，当 d_s 按 m6 制造时，标记为：螺栓 GB 27 M12×m6×80

螺纹规格 d	d_s (max) (h9)	s (max)	k (公称)	r (min)	d_p	l_2	e(min)		b	l 范围	l_0	l 系列
							A	B				
M6	7	10	4	0.25	4	1.5	11.05	10.89	2.5	25～65	12	25,(28),30,(32),35,(38),40,45,50,(55),60,(65),70,(75),80,85,90,(95),100～260(10 进位)
M8	9	13	5	0.4	5.5	1.5	14.38	14.20		25～80	15	
M10	11	16	6	0.4	7	2	17.77	17.59		30～120	18	
M12	13	18	7	0.6	8.5	2	20.03	19.85		35～180	22	
M16	17	24	9	0.6	12	3	26.75	26.17	3.5	45～200	28	
M20	21	30	11	0.8	15	4	33.53	32.95		55～200	32	
M24	25	36	13	0.8	18	4	39.98	39.55	5	65～200	38	
M30	32	46	17	1.1	23	5	—	50.85		80～230	50	
M36	38	55	20	1.1	28	6	—	60.79		90～300	55	

表 14.9　双头螺柱(摘自 GB/T 897～899—1988)　　mm

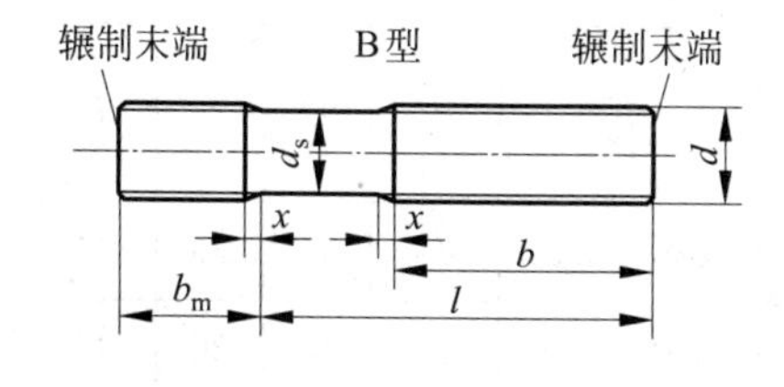

标记示例：

两端均为粗牙普通螺纹，d=10，l=50，性能等级为 4.8 级，不经表面处理，B 型，b_m=2d 双头螺柱的标记：

螺柱 GB/T 900 M10×50

注：1. d_s≈螺纹中径，$d_{smax}=d$，$x_{max}=1.5P$；

2. 材料为 Q235、35 号钢；

3. $b_m=d$(一般用于钢对钢)；

$b_m=(1.25～1.5)d$(一般用于钢对铸铁)

螺纹规格 d		M6	M8	M10	M12	M16	M20	M36
b_m (公称)	GB 897—1988	6	8	10	12	16	20	36
	GB 898—1988	8	10	12	15	20	25	45
	GB 899—1988	10	12	15	18	24	30	54
d_s(min)		≈螺纹中径						

续表

螺纹规格 d		M6	M8	M10	M12	M16	M20	M36
$\frac{l}{b}$(公称)		$\frac{20\sim22}{10}$	$\frac{20\sim22}{12}$	$\frac{25\sim28}{14}$	$\frac{25\sim30}{16}$	$\frac{30\sim38}{20}$	$\frac{35\sim40}{25}$	$\frac{65\sim75}{45}$
		$\frac{25\sim30}{14}$	$\frac{25\sim30}{16}$	$\frac{30\sim38}{16}$	$\frac{32\sim40}{20}$	$\frac{40\sim55}{30}$	$\frac{45\sim65}{35}$	$\frac{80\sim110}{60}$
		$\frac{32\sim75}{18}$	$\frac{32\sim90}{22}$	$\frac{40\sim120}{26}$	$\frac{45\sim120}{30}$	$\frac{60\sim120}{38}$	$\frac{70\sim120}{46}$	$\frac{120}{78}$
				$\frac{130}{32}$	$\frac{130\sim180}{36}$	$\frac{130\sim200}{14}$	$\frac{130\sim200}{52}$	$\frac{130\sim200}{84}$
								$\frac{210\sim300}{97}$
l	范围	20～75	20～90	25～130	25～180	30～200	35～200	65～300
	系列	12,16,20～100(5进位),100～200(10进位),280,300						

表 14.10　地脚螺栓(摘自 GB/T 799—1988)　　mm

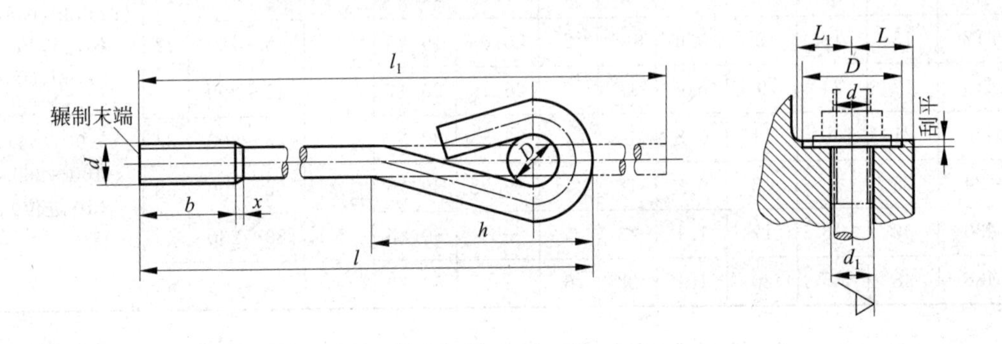

标记示例：

d=20,l=400,性能等级为3.6级,不经表面处理的地脚螺栓的标记：螺栓 GB/T 799 M20×400

d	b max	b min	D	h	l_1	x(max)	l	d_1	D	L	L_1
M16	50	44	20	93	l+72	5	220～500	20	45	25	22
M20	58	52	30	127	l+110	6.3	300～600	25	48	30	25
M24	68	60	30	139	l+110	7.5	300～800	30	60	35	30
M30	80	72	45	192	l+165	8.8	400～1000	40	85	50	50
l系列	80,120,160,220,300,400,500,600,800,1000							注：根据结构和工艺要求,必要时尺寸 L 及 L_1 可以变动			
技术条件	材料	力学性能等级		螺纹公差	产品等级	表面处理					
	Q235,35,45	3.6		8g	C	(1)不处理；(2)氧化；(3)镀锌					

表 14.11　螺钉规格　　　　mm

十字槽盘头螺钉（GB/T 818—2000）

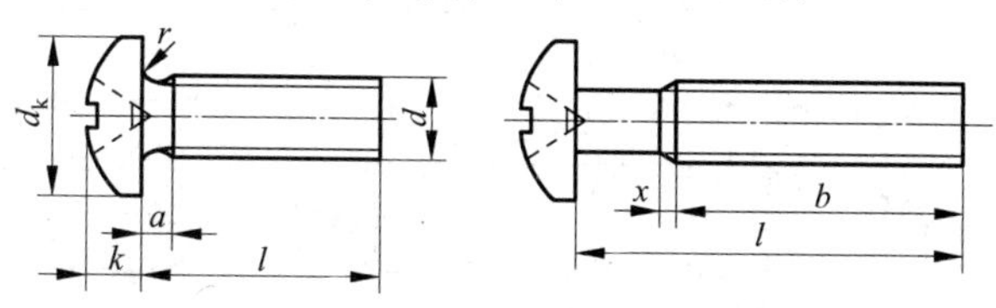

十字槽沉头螺钉（GB/T 819.1—2000）

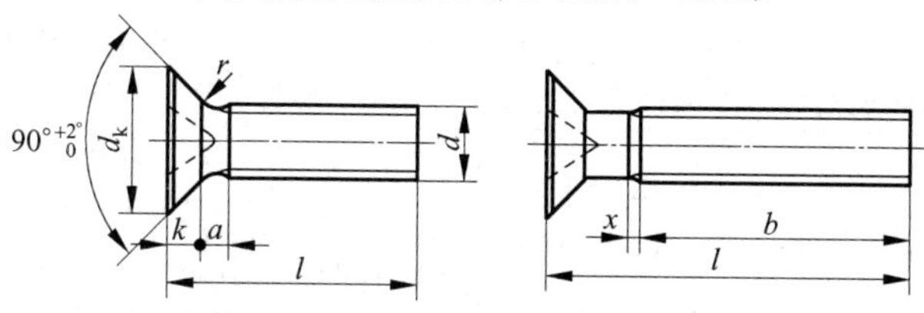

十字槽半沉头螺钉（GB/T 820—2000）

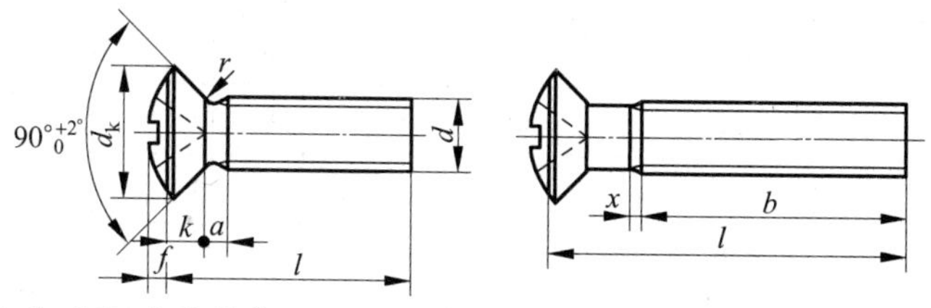

标记示例：螺纹规格 d=M5，公称长度 l=20 mm，性能等级为 4.8 级，不经表面处理的 H 型十字槽盘头螺钉的标记：螺钉　GB/T 818 M5×20

螺纹规格 d		M1.6	M2	M2.5	M3	(M3.5)	M4	M5	M6	M8	M10
a(max)		0.7	0.8	0.9	1	1.2	1.4	1.6	2	2.5	3
b(min)		25				38					
x(max)		0.9	1	1.1	1.25	1.5	1.75	2	2.5	3.2	3.8
商品规格长度 l		3～16	3～20	3～25	4～30	5～30	5～40	6～45	8～60	10～60	12～60
GB/T 818	d_k(max)	3.2	4	5	5.6	7	8	9.5	12	16	20
	k(max)	1.3	1.6	2.1	2.4	2.6	3.1	3.7	4.6	6	7.5
	r(min)	0.1					0.2		0.25	0.4	
	全螺纹长度 b	3～25			4～25	5～40		6～40	8～40	10～40	12～40
GB/T 819.1—2000 GB/T 820—2000	d_k(max)	3	3.8	4.7	5.5	7.3	8.4	9.3	11.3	15.8	18.3
	f≈	0.4	0.5	0.6	0.7	0.8	1	1.2	1.4	2	2.3
	k(max)	1	1.2	1.5	1.65	2.35	2.7		3.3	4.65	5
	r(max)	0.4	0.5	0.6	0.8	0.9	1	1.3	1.5	2	2.5
	全螺纹长度 b	3～30			4～30	5～45		6～45	8～45	10～45	12～45
l 系列		3,4,5,6,8,10,12,(14),16,20,25,30,35,40,45,50,(55),60									

技术条件	材料	钢	不锈钢	有色金属	螺纹公差：6 g	产品等级：A
	性能等级	4.8	A2-50、A2-70	CU2、CU3、AL4		
	表面处理	不经处理	简单处理	简单处理		

注：GB/T 819.1—2000 仅有钢制，4.8 级螺钉。

表 14.12　紧定螺钉(摘自 GB/T 71—1985,GB/T 73—1985,GB/T 75—1985)　　mm

开槽锥端紧定螺钉 (GB/T 71—1985)	开槽平端紧定螺钉 (GB/T 73—1985)	开槽长圆柱端紧定螺钉 (GB/T 75—1985)

标记示例：螺纹规格 d=M5,公称长度 l=12,性能等级为 14H,表面氧化的开槽锥端紧定螺钉的标记：螺钉 GB 71 M5×12;相同规格的另外两种螺钉的标记分别为：螺钉 GB 73 M5×12,螺钉 GB 75 M5×12

螺纹规格 d	螺距 P	n(公称)	t(max)	d_t(max)	d_p(max)	z(max)	长度 l		制成 120°的短螺钉 l		l 系列(公称)
							GB 71.75—1985	GB 73—1985	GB 73—1985	GB 75—1985	
M4	0.7	0.6	1.42	0.4	2.5	2.25	6~20	5~20	4	6	4,5,6 8,10,12 16,20,25 30,35,40 45,50,60
M5	0.8	0.8	1.63	0.5	3.5	2.75	8~25	6~25	5	8	
M6	1	1	2	1.5	4	3.25	8~30	8~30	6	8.10	
M8	1.25	1.2	2.5	2	5.5	4.3	10~40	8~40	6	10.12	
M10	1.5	1.6	3	2.5	7	5.3	12~50	10~50	8	12.16	

技术条件	材　料	力学性能等级	螺纹公差	公差产品等级	表面处理
	Q235,15,35,45	14H,22H	6 g	A	氧化或镀锌钝化

表 14.13　六角螺母(摘自 GB/T 6175—2000)　　mm

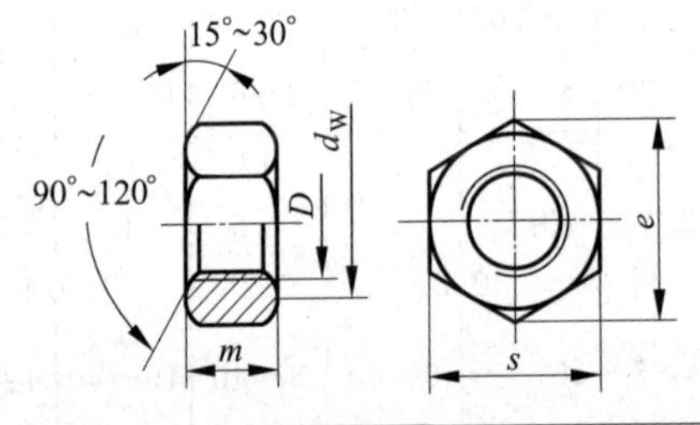

标记示例：

螺纹规格 D=M16,性能等级为 9 级,不经表面处理,A 级的 2 型六角螺母的标记：

螺母 GB/T 6175 M16

螺纹规格 D	M5	M6	M8	M10	M12	(M14)	M16	M20	M24	M30	M36
e(min)	8.8	11.1	14.4	17.8	20.1	23.4	26.8	33	39.6	50.9	60.8
s(max)	8	10	13	16	18	21	24	30	36	46	55
m(max)	5.1	5.7	7.5	9.3	12	14.1	16.4	20.3	23.9	28.6	34.7
d_W(min)	6.9	8.9	11.6	14.6	16.6	19.6	22.5	27.7	33.2	30.0	36.0
每 1000 个的重量(≈)/kg	1.14	2.15	4.68	8.83	13.31	20.92	32.29	57.95	99.35	207.1	356.9

技术条件	材　料	性能等级	螺纹公差	表面处理：氧化;电镀技术要求 GB/T 5267;非电解锌粉覆盖层技术要求按 ISO 10683；如需其他表面镀层或表面处理,应有供需双方协议
	钢	9,12	6H	

注：A 级用于 D≤16 mm;B 级用于 D>16 mm。

表 14.14　六角细牙螺母(摘自 GB/T 6176—2000)　　mm

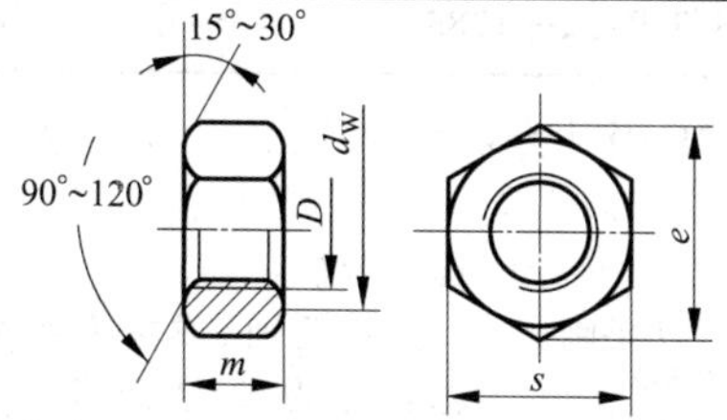

标记示例：

螺纹规格 D=M16×1.5，性能等级为 10 级，不经表面处理，A 级的 2 型六角螺母标记：

螺母 GB/T 6176 M16×1.5

螺纹规格 $D\times P$	M8×1	M10×1	M12×1.5	(M14×1.5)	M16×1.5	M20×1.5	M24×2	M30×2	M36×3
	—	(M10×1.25)	(M12×1.25)	—	—	(M20×2)	—	—	—
e(min)	14.4	17.8	20	23.4	26.8	33	39.6	50.9	60.8
s(max)	13	16	18	21	24	30	36	46	55
m(max)	7.5	9.3	12	14.1	16.4	20.3	23.9	28.6	34.7
d_W(min)	11.63	14.63	16.63	19.64	22.49	27.7	33.25	42.75	51.11
每 1000 个的重量(≈)/kg	4.68	8.83	13.31	20.92	32.29	57.95	99.35	207.1	356.9

技术条件	材　料	性能等级	螺纹公差	表面处理
	钢	D≤M16：8，12 D≤M39：10	6H	表面处理：氧化；电镀技术要求 GB/T 5267；非电解锌粉覆盖层技术要求按 ISO 10683；如需其他表面镀层或表面处理，应有供需双方协议

注：1. A 级用于 D≤16 mm；B 级用于 D>16 mm。
2. 非优选的螺纹规格还有 M18×1.5，M22×1.5，M27×2，M33×2。

表 14.15　圆螺母(摘自 GB/T 812—1988)　　mm

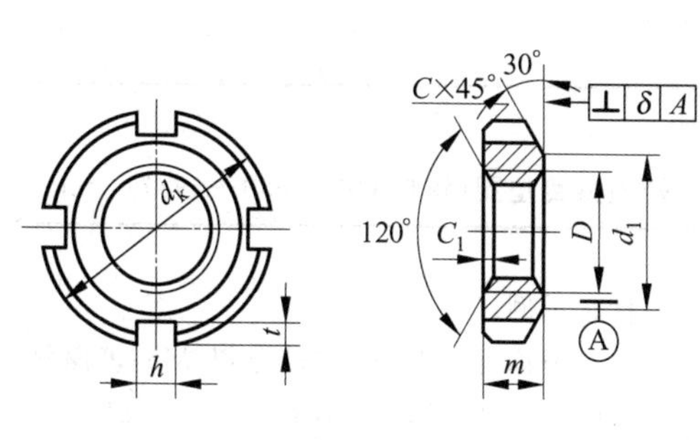

标记示例：

螺纹规格 $D\times P$=M18×1.5，材料 45 钢，槽或全部热处理后硬度为 35～45 HRC，表面氧化的圆螺母的标记：

螺母 GB/T 812 M18×1.5

螺纹规格 $D\times P$	d_k	d_1	m	h/min	t/min	C	C_1
M18×1.5	32	24	8	5	2.5	0.5	0.5
M20×1.5	35	27					
M22×1.5	38	30	10				
M24×1.5	42	34				1	
M25×1.5*							
M27×1.5	45	37					
M30×1.5	48	40					
M33×1.5	52	43		6	3		
M35×1.5*							
M36×1.5	55	46					
M39×1.5	58	49				1.5	
M40×1.5*							
M42×1.5	62	53					
M45×1.5	68	59					
M48×1.5	72	61	12	8	3.5		
M50×1.5*							
M52×1.5	78	67					
M55×2*							
M56×2	85	74					1
M60×2	90	79					
M64×2	95	84					
M65×2*							

注：1. 表中带 * 者仅用于滚动轴承锁紧装置。
2. 材料为 45 钢。

表 14.16　小垫圈—A 级(摘自 GB/T 848—1985),平垫圈—A 级(摘自 GB/T 97.1—1985),平垫圈—倒角型—A 级(摘自 GB/T 97.2—1985)　　mm

小垫圈—A 级(GB/T 848—1985)
平垫圈—A 级(GB/T 97.1—1985)

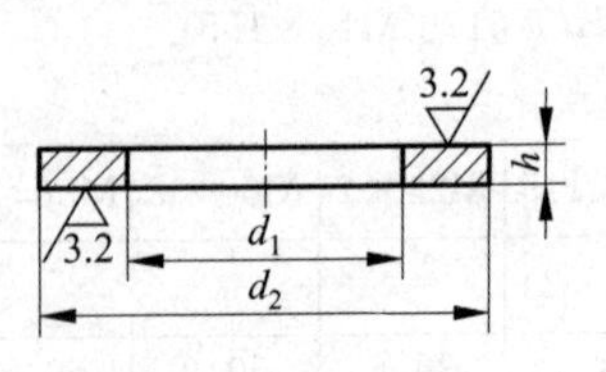

平垫圈—倒角型—A 级(GB/T 97.2—1985)

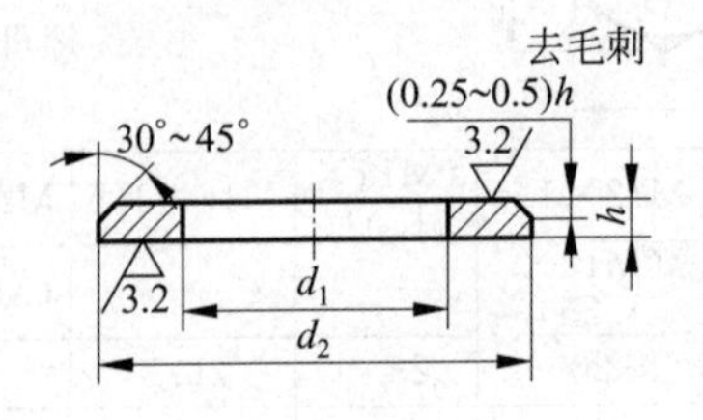

标记示例:

小系列(或标准系列),公称直径为 8,性能等级为 140 HV,不经表面处理的小垫圈(或平垫圈,或倒角型平垫圈)的标记:

垫圈 GB/T 848 8—140HV
(或垫圈 GB/T 97.1 8—140HV)

公称直径(螺纹规格)		5	6	8	10	12	14	16	20	24	30	36
d_1	GB 848—1985 GB 97.1—1985 GB 97.2—1985	5.3	6.4	8.4	10.5	13	15	17	21	25	31	37
d_2	GB 848—1985	9	11	15	18	20	24	28	34	39	50	60
	GB 97.1—1985 GB 97.2—1985	10	12	16	20	24	28	30	37	44	56	66
h	GB 848—1985	1	1.6	1.6	1.6	2	2.5	2.5	3	4	4	5
	GB 97.1—1985 GB 97.2—1985	1	1.6	1.6	2	2.5	2.5	3	3	4	4	5

注:材料为 Q215,Q235。

表 14.17　标准型弹簧垫圈(摘自 GB/T 93—1987),轻型弹簧垫圈(摘自 GB/T 859—1987)　mm

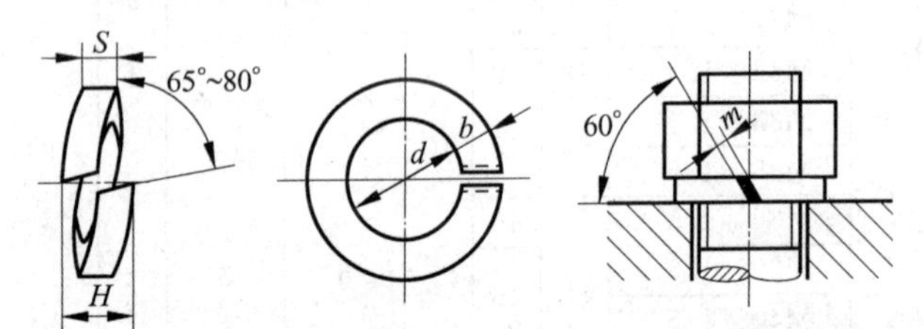

标记示例:

公称直径为 16,材料为 65 Mn,表面氧化的标准型(或轻型)弹簧垫圈的标记:

垫圈 GB/T 93 16(或垫圈 GB/T 859 16)

公称直径(螺纹规格)			6	8	10	12	16	20	24	30	36
d(min)			6.1	8.1	10.2	12.2	16.2	20.2	24.5	30.5	36.5
GB 93—1987	S(b)		1.6	2.1	2.6	3.1	4.1	5	6	7.5	9
	H	min	3.2	4.2	5.2	6.2	8.2	10	12	15	18
		max	4	5.25	6.5	7.75	10.25	12.5	15	18.75	22.5
	$m\leqslant$		0.8	1.05	1.3	1.55	2.05	2.5	3	3.75	4.5
d(min)			6.1	8.1	10.2	12.2	16.2	20.2	24.5	30.5	

续表

<table>
<tr><th colspan="3">公称直径(螺纹规格)</th><th>6</th><th>8</th><th>10</th><th>12</th><th>16</th><th>20</th><th>24</th><th>30</th><th>36</th></tr>
<tr><td rowspan="5">GB 859—1987</td><td colspan="2">S</td><td>1.3</td><td>1.6</td><td>2</td><td>2.5</td><td>3.2</td><td>4</td><td>5</td><td>6</td><td></td></tr>
<tr><td colspan="2">b</td><td>2</td><td>2.5</td><td>3</td><td>3.5</td><td>4.5</td><td>5.5</td><td>7</td><td>9</td><td></td></tr>
<tr><td rowspan="2">H</td><td>min</td><td>2.6</td><td>3.2</td><td>4</td><td>5</td><td>6.4</td><td>8</td><td>10</td><td>12</td><td></td></tr>
<tr><td>max</td><td>3.25</td><td>4</td><td>5</td><td>6.25</td><td>8</td><td>10</td><td>12.5</td><td>15</td><td></td></tr>
<tr><td colspan="2">$m\leqslant$</td><td>0.65</td><td>0.8</td><td></td><td>1.25</td><td>1.6</td><td>2</td><td>2.5</td><td>3</td><td></td></tr>
</table>

注：材料为 65Mn。

表 14.18 圆螺母用止动垫圈(摘自 GB/T 858—1988) mm

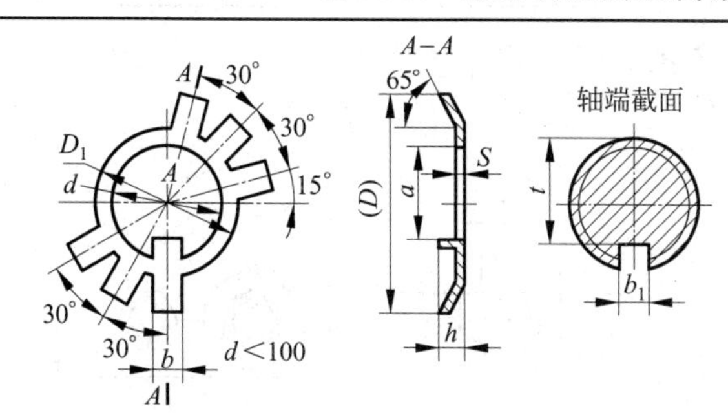

标记示例：

规格为 18，材料 Q235-A，经退火，表面氧化的圆螺母用止动垫圈的标记：

垫圈 GB 858 18

<table>
<tr><th rowspan="2">规格(螺纹大径)</th><th rowspan="2">d</th><th rowspan="2">D(参考)</th><th rowspan="2">D_1</th><th rowspan="2">S</th><th rowspan="2">h</th><th rowspan="2">b</th><th rowspan="2">a</th><th colspan="2">轴 端</th></tr>
<tr><th>b_1</th><th>t</th></tr>
<tr><td>18</td><td>18.5</td><td>35</td><td>24</td><td rowspan="7">1</td><td rowspan="5">4</td><td rowspan="7">4.8</td><td>15</td><td rowspan="7">5</td><td>14</td></tr>
<tr><td>20</td><td>20.5</td><td>38</td><td>27</td><td>17</td><td>16</td></tr>
<tr><td>22</td><td>22.5</td><td>42</td><td>30</td><td>19</td><td>18</td></tr>
<tr><td>24</td><td>24.5</td><td rowspan="2">45</td><td rowspan="2">34</td><td>21</td><td>20</td></tr>
<tr><td>25*</td><td>25.5</td><td>22</td><td>—</td></tr>
<tr><td>27</td><td>27.5</td><td>48</td><td>37</td><td rowspan="11">5</td><td>24</td><td>23</td></tr>
<tr><td>30</td><td>30.5</td><td>52</td><td>40</td><td>27</td><td>26</td></tr>
<tr><td>33</td><td>33.5</td><td rowspan="2">56</td><td rowspan="2">43</td><td rowspan="15">1.5</td><td rowspan="7">5.7</td><td>30</td><td rowspan="7">6</td><td>29</td></tr>
<tr><td>35*</td><td>35.5</td><td>32</td><td>—</td></tr>
<tr><td>36</td><td>36.5</td><td>60</td><td>46</td><td>33</td><td>32</td></tr>
<tr><td>39</td><td>39.5</td><td rowspan="2">62</td><td rowspan="2">49</td><td>36</td><td>35</td></tr>
<tr><td>40*</td><td>40.5</td><td>37</td><td>—</td></tr>
<tr><td>42</td><td>42.5</td><td>66</td><td>53</td><td>39</td><td>38</td></tr>
<tr><td>45</td><td>45.5</td><td>72</td><td>59</td><td>42</td><td>41</td></tr>
<tr><td>48</td><td>48.5</td><td rowspan="2">76</td><td rowspan="2">61</td><td rowspan="8">7.7</td><td>45</td><td rowspan="8">8</td><td>44</td></tr>
<tr><td>50*</td><td>50.5</td><td>47</td><td>—</td></tr>
<tr><td>52</td><td>52.5</td><td rowspan="2">82</td><td rowspan="2">67</td><td rowspan="6">6</td><td>49</td><td>48</td></tr>
<tr><td>55*</td><td>56</td><td>52</td><td>—</td></tr>
<tr><td>56</td><td>57</td><td>90</td><td>74</td><td>53</td><td>52</td></tr>
<tr><td>60</td><td>61</td><td>94</td><td>79</td><td>57</td><td>56</td></tr>
<tr><td>64</td><td>65</td><td rowspan="2">100</td><td rowspan="2">84</td><td>61</td><td>60</td></tr>
<tr><td>65*</td><td>66</td><td>62</td><td>—</td></tr>
</table>

注：1. 表中带 * 者仅用于滚动轴承锁紧装置。

2. 材料：Q215-A，Q235-A，10，15 钢。

14.3 扳手空间

表 14.19 扳手空间(JB/ZQ 4005—1997) mm

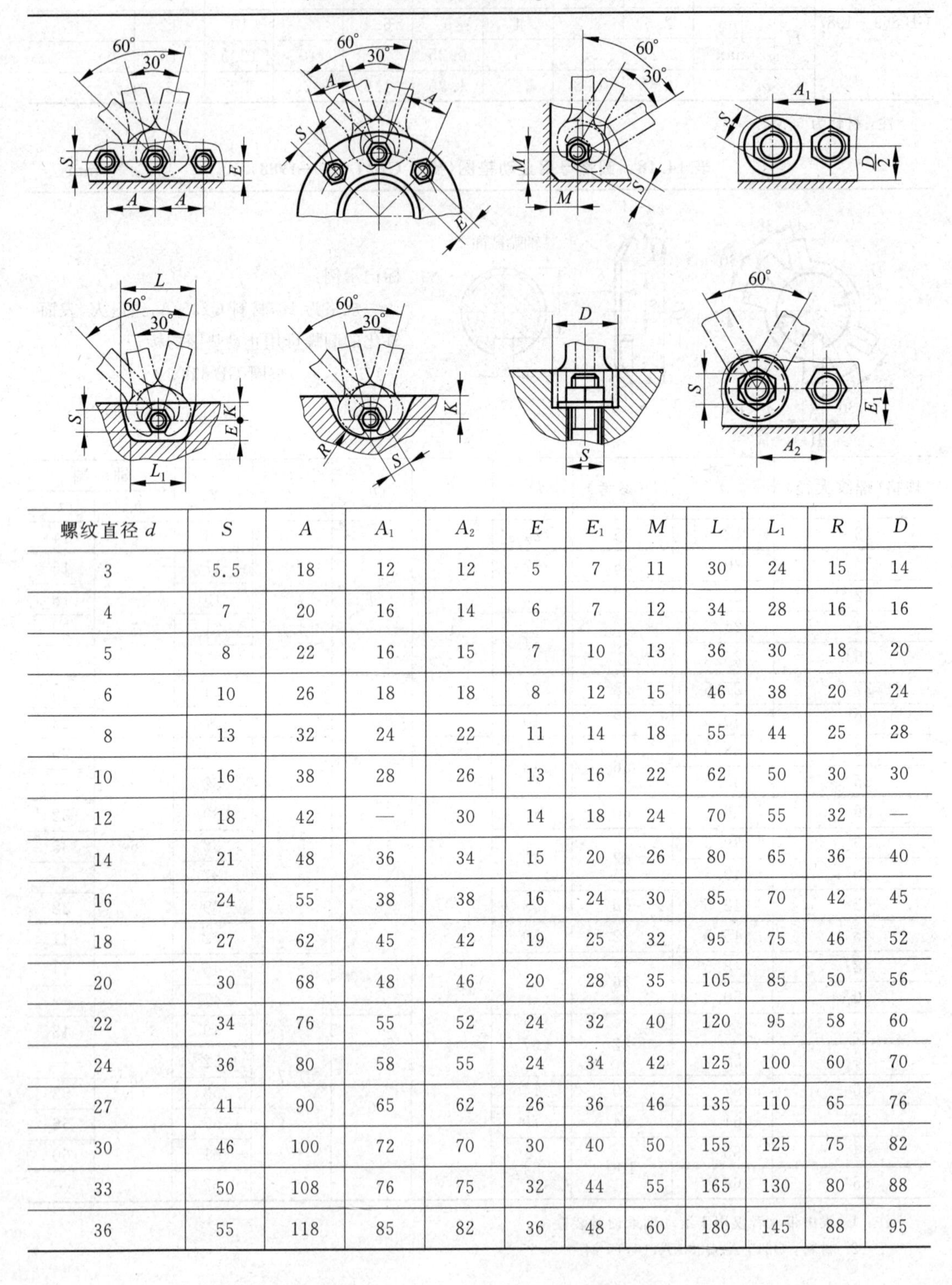

螺纹直径 d	S	A	A_1	A_2	E	E_1	M	L	L_1	R	D
3	5.5	18	12	12	5	7	11	30	24	15	14
4	7	20	16	14	6	7	12	34	28	16	16
5	8	22	16	15	7	10	13	36	30	18	20
6	10	26	18	18	8	12	15	46	38	20	24
8	13	32	24	22	11	14	18	55	44	25	28
10	16	38	28	26	13	16	22	62	50	30	30
12	18	42	—	30	14	18	24	70	55	32	—
14	21	48	36	34	15	20	26	80	65	36	40
16	24	55	38	38	16	24	30	85	70	42	45
18	27	62	45	42	19	25	32	95	75	46	52
20	30	68	48	46	20	28	35	105	85	50	56
22	34	76	55	52	24	32	40	120	95	58	60
24	36	80	58	55	24	34	42	125	100	60	70
27	41	90	65	62	26	36	46	135	110	65	76
30	46	100	72	70	30	40	50	155	125	75	82
33	50	108	76	75	32	44	55	165	130	80	88
36	55	118	85	82	36	48	60	180	145	88	95

14.4　挡　　圈

表 14.20　轴端挡圈(摘自 GB/T 891—1986,GB/T 892—1986)　　　　mm

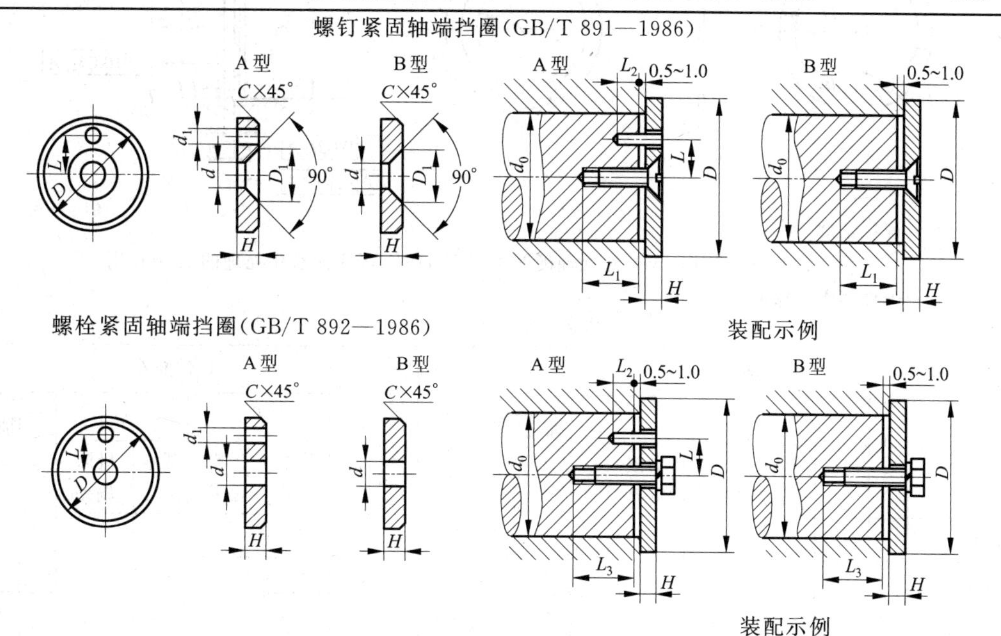

标记示例：公称直径 D=45,材料 Q235-A,不经表面处理的 A 型螺栓紧固轴端挡圈的标记：挡圈 GB/T 892 45 按 B 型制造时,应加标记 B：挡圈 GB/T 892 B45

轴径 d_0 ≤	公称直径 D	H	L	d	d_1	C	圆柱销	螺钉紧固轴端挡圈		螺栓紧固轴端挡圈		安装尺寸		
							GB 119—1986(推荐)	D_1	螺钉(推荐) GB 819—1985	螺栓(推荐) GB 5783—1986	垫圈(推荐) GB 93—1987	L_1	L_2	L_3
14	20	4	—	5.5	2.1	0.5	A2×10	11	M5×12	M5×16	5	14	6	16
16	22													
18	25													
20	28		7.5											
22	30													
25	32	5	10	6.6	3.2	1	A3×12	13	M6×16	M6×20	6	18	7	20
28	35													
30	38													
32	40		12											
35	45													
40	50													
45	55	6	16	9	4.2	1.5	A4×14	17	M8×20	M8×25	8	22	8	24
50	60													
55	65													
60	70		20											
65	75													
70	80													
75	90	8	25	13	5.2	2	A5×16	25	M12×25	M12×30	12	26	10	28

注：1. 当挡圈装在带螺纹孔的轴端时,紧固用螺栓(钉)允许加长。
2. 表中装配示例不属本标准内容,仅供参考。
3. 材料为 Q235,35,45 等。

表 14.21 孔用弹性挡圈—A 型(摘自 GB/T 893.1—1986) mm

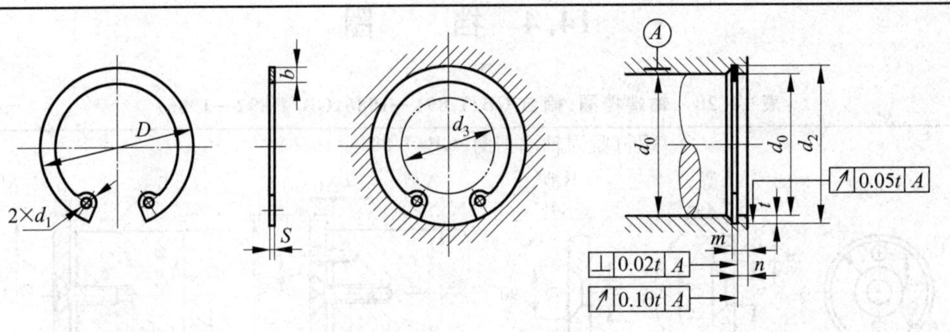

标记示例：

孔径 $d_0=50$、材料 65Mn、热处理硬度 44～51 HRC、经表面氧化处理的 A 型孔用弹性挡圈的标记：

挡圈 GB 893.1 50

孔径 d_0	挡圈			沟槽(推荐)					允许套入轴径	孔径 d_0	挡圈			沟槽(推荐)					允许套入轴径
	D	S	b ≈	d_2 基本尺寸	d_2 极限偏差	m 基本尺寸	m 极限偏差	n ≥	d_3 ≤		D	S	b ≈	d_2 基本尺寸	d_2 极限偏差	m 基本尺寸	m 极限偏差	n ≥	d_3 ≤
32	34.4	1.2	3.2	33.7	+0.25 0	1.3	+0.14 0	2.6	20	75	79.5	2.5	6.3	78	+0.30 0	2.7	+0.14 0	4.5	56
34	36.5	1.5	3.6	35.7		1.7			22	78	82.5			81	+0.35 0				60
35	37.8			37				3	23	80	85.5		6.8	83.5				5.3	63
36	38.8			38					24	82	87.5			85.5					65
37	39.8			39					25	85	90.5			88.5					68
38	40.8			40					26	88	93.5		7.3	91.5					70
40	43.5		4	42.5				3.8	27	90	95.5			93.5					72
42	45.5			44.5					29	92	97.5		7.7	95.5					73
45	48.5		4.7	47.5					31	95	100.5			98.5					75
47	50.5			49.5					32	98	103.5			101.5					78
48	51.5			50.5	+0.30 0				33	100	105.5			103.5					80
50	54.2	2		53		2.2		4.5	36	102	108	3	8.1	106	+0.54 0	3.2	+0.18 0	6	82
52	56.2			55					38	105	112			109					83
55	59.2			58					40	108	115		8.8	112					86
56	60.2		5.2	59					41	110	117			114					88
58	62.2			61					43	112	119		9.3	116					89
60	64.2			63					44	115	122			119					90
62	66.2			65					45	120	127			124	+0.63 0				95
63	67.2			66					46	125	132		10	129					100
65	69.2	2.5		68		2.7			48	130	137		10.7	134					105
68	72.5		5.7	71					50	135	142			139					110
70	74.5			73					53	140	147			144					115
72	76.5			75					55	145	152		10.9	149					118

注：1. 挡圈尺寸 d_1：当 $32\leqslant d_0\leqslant 40$ 时，$d_1=2.5$；当 $42\leqslant d_0\leqslant 100$ 时，$d_1=3$；当 $102\leqslant d_0\leqslant 145$ 时，$d_1=4$。

2. 材料：65Mn，60Si2MnA。

3. 热处理硬度：当 $d_0\leqslant 48$ 时，HRC=47～54；当 $d_0>48$ 时，HRC=44～51。

表 14.22　轴用弹性挡圈—A 型(摘自 GB/T 894.1—1986)　　mm

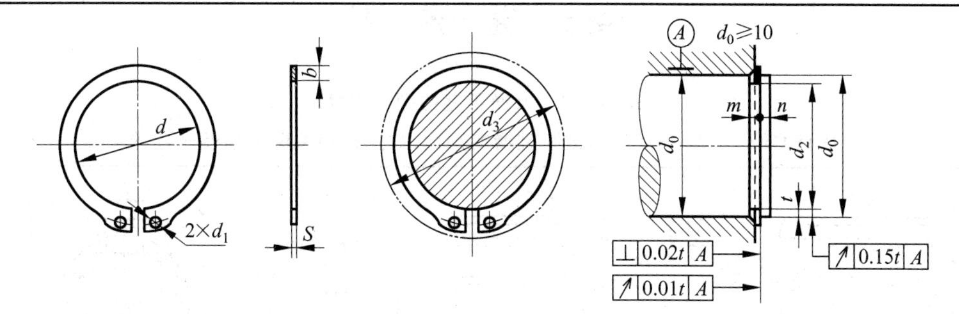

标记示例：

轴径 $d_0=50$，材料 65 Mn，热处理硬度 44～51 HRC，经表面氧化处理的 A 型轴用弹性挡圈的标记：

挡圈　GB/T 894.1　50

轴径 d_0	挡圈			沟槽(推荐)					允许套入孔径 d_3 ≥
	d	S	b ≈	d_2		m		n ≥	
				基本尺寸	极限偏差	基本尺寸	极限偏差		
14	12.9	1	1.88	13.4	0 −0.11	1.1	+0.14 0	0.9	22
15	13.8		2.00	14.3				1.1	23.2
16	14.7		2.32	15.2				1.2	24.4
17	15.7		2.48	16.2					25.6
18	16.5			17				1.5	27
19	17.5			18					28
20	18.5		2.68	19	0 −0.13				29
21	19.5			20					31
22	20.5			21					32
24	22.2	1.2	3.32	22.9	0 −0.21	1.3		1.7	34
25	23.2			23.9					35
26	24.2			24.9					36
28	25.9		3.60	26.6				2.1	38.4
29	26.9		3.72	27.6					39.8
30	27.9			28.6					42
32	29.6		3.92	30.3	0 −0.25			2.6	44
34	31.5	1.5	4.32	32.3		1.7			46
35	32.2		4.52	33				3	48
36	33.2			34					49
37	34.2			35					50
38	35.2		5.0	36					51
40	36.5			37.5				3.8	53
42	38.5			39.5					56

轴径 d_0	挡圈			沟槽(推荐)					允许套入孔径 d_3 ≥
	d	S	b ≈	d_2		m		n ≥	
				基本尺寸	极限偏差	基本尺寸	极限偏差		
45	41.5	1.5	5.0	42.5	0 −0.25	1.7	+0.14 0	3.8	59.4
48	44.5			45.5					62.8
50	45.8	2	5.48	47		2.2		4.5	64.8
52	47.8			49					67
55	50.8			52	0 −0.30				70.4
56	51.8		6.12	53					71.7
58	53.8			55					73.6
60	55.8			57					75.8
62	57.8			59					79
63	58.8	2.5		60		2.7			79.6
65	60.8			62					81.6
68	63.5		6.32	65					85
70	65.5			67					87.2
72	67.5			69					89.4
75	70.5			72					92.8
78	73.5			75					96.2
80	74.5		7.0	76.5				5.3	98.2
82	76.5			78.5					101
85	79.5			81.5	0 −0.35				104
88	82.5			84.5					107.3
90	84.5		7.6	86.5					110
95	89.5		9.2	91.5					115
100	94.5			96.5					121

注：1. 挡圈尺寸 d_1：当 $14\leqslant d_0\leqslant18$ 时，$d_1=1.7$；当 $19\leqslant d_0\leqslant30$ 时，$d_1=2$；当 $32\leqslant d_0\leqslant40$ 时，$d_1=2.5$，当 $42\leqslant d_0\leqslant100$ 时，$d_1=3$。

2. 材料：65Mn，60Si2MnA。

3. 热处理硬度：$d_0\leqslant48$ 时，HRC=47～54；当 $d_0>48$ 时，HRC=44～51。

14.5 键 连 接

表 14.23 普通平键的型式尺寸

（摘自 GB/T 1096—1979），键和键槽的剖面尺寸（摘自 GB/T 1095—1979）　　mm

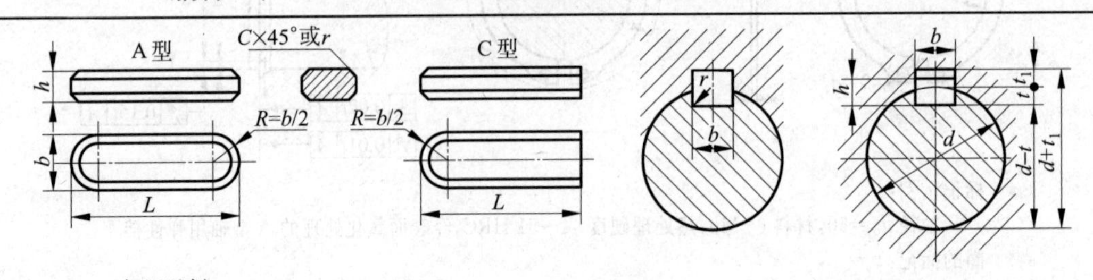

标记示例：

$b=16,h=10,L=100$ 的圆头普通平键（A 型）的标记：键 16×100GB/T 1096

$b=16,h=10,L=100$ 的单圆头普通平键（C 型）的标记：键 C16×100GB/T 1096

<table>
<tr><th>轴</th><th>键</th><th colspan="12">键槽</th></tr>
<tr><th rowspan="4">公称直径
d</th><th rowspan="4">公称尺寸
b×h</th><th colspan="7">宽度 b</th><th colspan="4">深度</th><th colspan="2" rowspan="3">半径
r</th></tr>
<tr><th rowspan="3">公称尺寸
b</th><th colspan="6">极限偏差</th><th colspan="2" rowspan="2">轴 t</th><th colspan="2" rowspan="2">毂 t_1</th></tr>
<tr><th colspan="2">较松键连接</th><th colspan="2">一般键连接</th><th>较紧键连接</th></tr>
<tr><th>轴 H9</th><th>毂 D10</th><th>轴 N9</th><th>毂 Js9</th><th>轴和毂 P9</th><th>公称尺寸</th><th>极限偏差</th><th>公称尺寸</th><th>极限偏差</th><th>min</th><th>max</th></tr>
<tr><td>自 6~8</td><td>2×2</td><td>2</td><td rowspan="2">+0.025
0</td><td rowspan="2">+0.060
+0.020</td><td rowspan="2">−0.004
−0.029</td><td rowspan="2">±0.0125</td><td rowspan="2">−0.006
−0.031</td><td>1.2</td><td rowspan="5">+0.1
0</td><td>1</td><td rowspan="5">+0.1
0</td><td rowspan="3">0.08</td><td rowspan="3">0.16</td></tr>
<tr><td>>8~10</td><td>3×3</td><td>3</td><td>1.8</td><td>1.4</td></tr>
<tr><td>>10~12</td><td>4×4</td><td>4</td><td rowspan="3">+0.030
0</td><td rowspan="3">+0.078
+0.030</td><td rowspan="3">0
−0.030</td><td rowspan="3">±0.015</td><td rowspan="3">−0.012
−0.042</td><td>2.5</td><td>1.8</td></tr>
<tr><td>>12~17</td><td>5×5</td><td>5</td><td>3.0</td><td>2.3</td><td rowspan="3">0.16</td><td rowspan="3">0.25</td></tr>
<tr><td>>17~22</td><td>6×6</td><td>6</td><td>3.5</td><td>2.8</td></tr>
<tr><td>>22~30</td><td>8×7</td><td>8</td><td rowspan="2">+0.036
0</td><td rowspan="2">+0.098
+0.040</td><td rowspan="2">0
−0.036</td><td rowspan="2">±0.018</td><td rowspan="2">−0.015
−0.051</td><td>4.0</td><td rowspan="10">+0.2
0</td><td>3.3</td><td rowspan="10">+0.2
0</td></tr>
<tr><td>>30~38</td><td>10×8</td><td>10</td><td>5.0</td><td>3.3</td><td rowspan="5">0.25</td><td rowspan="5">0.40</td></tr>
<tr><td>>38~44</td><td>12×8</td><td>12</td><td rowspan="4">+0.043
0</td><td rowspan="4">+0.120
+0.050</td><td rowspan="4">0
−0.043</td><td rowspan="4">±0.0215</td><td rowspan="4">−0.018
−0.061</td><td>5.0</td><td>3.3</td></tr>
<tr><td>>44~50</td><td>14×9</td><td>14</td><td>5.5</td><td>3.8</td></tr>
<tr><td>>50~58</td><td>16×10</td><td>16</td><td>6.0</td><td>4.3</td></tr>
<tr><td>>58~65</td><td>18×11</td><td>18</td><td>7.0</td><td>4.4</td></tr>
<tr><td>>65~75</td><td>20×12</td><td>20</td><td rowspan="4">+0.052
0</td><td rowspan="4">+0.149
+0.065</td><td rowspan="4">0
−0.052</td><td rowspan="4">±0.026</td><td rowspan="4">−0.022
−0.074</td><td>7.5</td><td>4.9</td><td rowspan="4">0.40</td><td rowspan="4">0.60</td></tr>
<tr><td>>75~85</td><td>22×14</td><td>22</td><td>9.0</td><td>5.4</td></tr>
<tr><td>>85~95</td><td>25×14</td><td>25</td><td>9.0</td><td>5.4</td></tr>
<tr><td>>95~110</td><td>28×16</td><td>28</td><td>10.0</td><td>6.4</td></tr>
<tr><td>键的长度系列</td><td colspan="13">6,8,10,12,14,16,18,20,22,25,28,32,36,40,45,50,56,63,70,80,90,100,110,125,140,160,180,200,220,250,280,320,360</td></tr>
</table>

注：1. 在工作图中，轴槽深用 t 或 $(d-t)$ 标注，轮毂槽深用 $(d+t_1)$ 标注。

2. $(d-t)$ 和 $(d+t_1)$ 两组组合尺寸的极限偏差按相应的 t 和 t_1 极限偏差选取，但 $(d-t)$ 极限偏差值应取负号（−）。

3. 键尺寸的极限偏差：b 为 h9，h 为 h11，L 为 h14。

4. 轴槽及轮毂槽对轴及轮毂轴线的对称度公差见表 20.10，一般在 7~9 级选取。

5. 锥形轴与轮毂采用普通平键联接时，键的公称尺寸 $b\times h$ 按锥形轴与轮毂配合部分的平均直径作为公称直径来选取。

6. 平键的材料通常为 45 钢。

表 14.24　半圆键的型式和尺寸(摘自 GB/T 1099—1979),半圆键和键槽的剖面尺寸(摘自 GB/T 1098—1979)　mm

标记示例：半圆链,b=6 mm,h=10 mm,d_1=25 mm 的标记：键　6×10×25　GB/T 1099

轴径 d		键	键槽										键极限偏差			$L\approx$	C		每 1000 件的重量(≈)/kg
键传递扭矩	键定位用	公称尺寸 $b\times h\times d_1$	宽度 b 公称尺寸	宽度 b 极限偏差 一般键联接 轴 N9	宽度 b 极限偏差 一般键联接 毂 JS9	宽度 b 极限偏差 较紧键联接 轴和毂 P9	深度 轴 t 公称尺寸	深度 轴 t 极限偏差	深度 毂 t_1 公称尺寸	深度 毂 t_1 极限偏差	半径 r 最小	半径 r 最大	键宽 b (h9)	高度 h (h11)	直径 d_1 (h12)		最小	最大	
自 3~4	自 3~4	1.0×1.4×4	1.0	−0.004 −0.029	±0.012	−0.006 −0.031	1.0	+0.1 0	0.6	+0.1 0	0.08	0.16	0 −0.025	0 −0.060	0 −0.120	3.9	0.16	0.25	0.031
>4~5	>4~6	1.5×2.6×7	1.5				2.0		0.8						0 −0.150	6.8			0.153
>5~6	>6~8	2.0×2.6×7	2.0				1.8		1.0							6.8			0.204
>6~7	>8~10	2.0×3.7×10	2.0				2.9		1.0					0 −0.075		9.7			0.414
>7~8	>10~12	2.5×3.7×10	2.5				2.7		1.2							9.7			0.518
>8~10	>12~15	3.0×5.0×13	3.0				3.8	+0.2 0	1.4						0 −0.180	12.7			1.10
>10~12	>15~18	3.0×6.5×16	3.0				5.3		1.4		0.16	0.25		0 −0.090		15.7			1.80
>12~14	>18~20	4.0×6.5×16	4.0	0 −0.030	±0.015	−0.012 −0.042	5.0		1.8				0 −0.030			15.7	0.25	0.40	2.40
>14~16	>20~22	4.0×7.5×19	4.0				6.0		1.8						0 −0.210	18.6			3.27
>16~18	>22~25	5.0×6.5×16	5.0				4.5		2.3						0 −0.180	15.7			3.01

续表

轴径 d		键	键槽											键极限偏差			$L\approx$	C		每1000件的重量(≈)/kg
			宽度 b				深度				半径 r									
				极限偏差			轴 t		毂 t_1											
				一般键联接		较紧键联接														
键传递扭矩	键定位用	公称尺寸 $b\times h\times d_1$	公称尺寸	轴 N9	毂 JS9	轴和毂 P9	公称尺寸	极限偏差	公称尺寸	极限偏差	最小	最大	键宽 b (h9)	高度 h (h11)	直径 d_1 (h12)		最小	最大	
>18～20	>25～28	5.0×7.5×19	5.0	0 −0.030	±0.015	−0.012 −0.042	5.5	+0.2 0	2.3	+0.1 0	0.16	0.25	0 −0.030	0 −0.090	0 −0.210	18.6	0.25	0.40	4.09
>20～22	>28～32	5.0×9.0×22	5.0				7.0		2.3							21.6			5.73
>22～25	>32～36	6.0×9.0×22	6.0				6.5	+0.3 0	2.8							21.6			6.88
>25～28	>36～40	6.0×10.0×25	6.0				7.5		2.8	+0.2 0						24.5			8.64
>28～32	40	8.0×11.0×28	8.0	0 −0.036	±0.018	−0.015 −0.051	8.0		3.3		0.25	0.40	0 −0.036	0 −0.110		27.4	0.40	0.60	14.1
>32～38	—	10.0×13.0×32	10.0				10.0		3.3						0 −0.250	31.4			19.3

注：1. 键槽表面粗糙度一般按如下的规定：轴槽、轮毂槽宽度两侧面粗糙度 Ra 值推荐为 1.6～3.2 μm，轴槽底面、轮毂槽底面的表面粗糙度 Ra 值为 6.3 μm。

2. 键槽的对称度公差：为便于装配，轴槽及轮毂槽对轴及轮毂轴心的对称度公差根据不同要求，一般可按 GB/T 1184—1996 中附表对称度公差 7～9 级选取。键槽（轴槽及轮毂槽）的对称度公差的公称尺寸是指键宽 b。

3. 表中 $(d-t)$ 和 $(d+t_1)$ 两组组合尺寸的极限偏差按相应的 t 和 t_1 的极限偏差选取，但 $(d-t)$ 的极限偏差值应取负号（−）。

4. 在工作图中，轴槽深用 t 或 $(d-t)$ 标注，轮毂槽深用 $(d+t_1)$ 标注。

表 14.25　矩形花键基本尺寸系列及公差(摘自 GB/T 1144—1987)　　mm

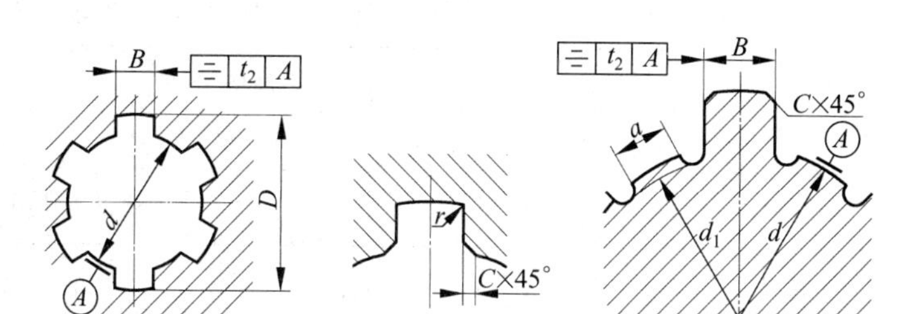

标记示例：

花键，$N=6$，$d=23\ \dfrac{\mathrm{H7}}{\mathrm{f7}}$，$D=26\ \dfrac{\mathrm{H10}}{\mathrm{a11}}$，$B=6\ \dfrac{\mathrm{H11}}{\mathrm{d10}}$的标记：

花键副：$6\times23\ \dfrac{\mathrm{H7}}{\mathrm{f7}}\times26\ \dfrac{\mathrm{H10}}{\mathrm{a11}}\times6\ \dfrac{\mathrm{H11}}{\mathrm{d10}}$　GB/T 1144

内花键：6×23H7×26H10×6H11　GB/T 1144

外花键：6×23f7×26a11×6d10　GB/T 1144

注：N—键数；D—大径；B—键宽

<table>
<tr><th rowspan="3">小径 d</th><th colspan="5">轻　系　列</th><th colspan="5">中　系　列</th></tr>
<tr><th rowspan="2">规格
N×d×D×B</th><th rowspan="2">C</th><th rowspan="2">r</th><th colspan="2">参　考</th><th rowspan="2">规格
N×d×D×B</th><th rowspan="2">C</th><th rowspan="2">r</th><th colspan="2">参　考</th></tr>
<tr><th>$d_{1\min}$</th><th>$a_{\min}$</th><th>$d_{1\min}$</th><th>$a_{\min}$</th></tr>
<tr><td>18</td><td rowspan="2"></td><td rowspan="2"></td><td rowspan="2"></td><td rowspan="2"></td><td rowspan="2"></td><td>6×18×22×5</td><td rowspan="3">0.3</td><td rowspan="3">0.2</td><td>16.6</td><td>1.0</td></tr>
<tr><td>21</td><td>6×21×25×5</td><td>19.5</td><td>2.0</td></tr>
<tr><td>23</td><td>6×23×26×6</td><td>0.2</td><td>0.1</td><td>22</td><td>3.5</td><td>6×23×28×6</td><td>21.2</td><td>1.2</td></tr>
<tr><td>26</td><td>6×26×30×6</td><td rowspan="6">0.3</td><td rowspan="6">0.2</td><td>24.5</td><td>3.8</td><td>6×26×32×6</td><td rowspan="5">0.4</td><td rowspan="5">0.3</td><td>23.6</td><td>1.2</td></tr>
<tr><td>28</td><td>6×28×32×7</td><td>26.6</td><td>4.0</td><td>6×28×34×7</td><td>25.3</td><td>1.4</td></tr>
<tr><td>32</td><td>8×32×36×6</td><td>30.3</td><td>2.7</td><td>8×32×38×6</td><td>29.4</td><td>1.0</td></tr>
<tr><td>36</td><td>8×36×40×7</td><td>34.4</td><td>3.5</td><td>8×36×42×7</td><td>33.4</td><td>1.0</td></tr>
<tr><td>42</td><td>8×42×46×8</td><td>40.5</td><td>5.0</td><td>8×42×48×8</td><td>39.4</td><td>2.5</td></tr>
<tr><td>46</td><td>8×46×50×9</td><td>44.6</td><td>5.7</td><td>8×46×54×9</td><td rowspan="3">0.5</td><td rowspan="3">0.4</td><td>42.6</td><td>1.4</td></tr>
<tr><td>52</td><td>8×52×58×10</td><td rowspan="6">0.4</td><td rowspan="6">0.3</td><td>49.6</td><td>4.8</td><td>8×52×60×10</td><td>48.6</td><td>2.5</td></tr>
<tr><td>56</td><td>8×56×62×10</td><td>53.5</td><td>6.5</td><td>8×56×65×10</td><td>52.0</td><td>2.5</td></tr>
<tr><td>62</td><td>8×62×68×12</td><td>59.7</td><td>7.3</td><td>8×62×72×12</td><td rowspan="4">0.6</td><td rowspan="4">0.5</td><td>57.7</td><td>2.4</td></tr>
<tr><td>72</td><td>10×72×78×12</td><td>69.6</td><td>5.4</td><td>10×72×82×12</td><td>67.4</td><td>1.0</td></tr>
<tr><td>82</td><td>10×82×88×12</td><td>79.3</td><td>8.5</td><td>10×82×92×12</td><td>77.0</td><td>2.9</td></tr>
<tr><td>92</td><td>10×92×98×14</td><td>89.6</td><td>9.9</td><td>10×92×102×14</td><td>87.3</td><td>4.5</td></tr>
</table>

续表

<table>
<tr><td rowspan="3">小径 r</td><td colspan="5">轻 系 列</td><td colspan="6">中 系 列</td></tr>
<tr><td rowspan="2">规格
$N\times d\times D\times B$</td><td rowspan="2">$C$</td><td rowspan="2">$r$</td><td colspan="2">参 考</td><td colspan="2" rowspan="2">规格
$N\times d\times D\times B$</td><td rowspan="2">$C$</td><td rowspan="2">$r$</td><td colspan="2">参 考</td></tr>
<tr><td>$d_{1\min}$</td><td>$a_{\min}$</td><td>$d_{1\min}$</td><td>$a_{\min}$</td></tr>
<tr><td></td><td colspan="2">配合面</td><td colspan="3">一般用</td><td colspan="6">精密传动用</td></tr>
<tr><td rowspan="4">内花键尺寸公差带</td><td colspan="2">小径 d</td><td colspan="3">H7</td><td colspan="3">H5</td><td colspan="3">H6</td></tr>
<tr><td colspan="2">大径 D</td><td colspan="3">H10</td><td colspan="6">H10</td></tr>
<tr><td rowspan="2">槽宽 B</td><td>拉削后不热处理</td><td colspan="3">H9</td><td colspan="6" rowspan="2">H7(需要控制键侧配合间隙时)
H9(一般情况下)</td></tr>
<tr><td>拉削后热处理</td><td colspan="3">H11</td></tr>
<tr><td rowspan="3">外花键尺寸公差带</td><td colspan="2">小径 d</td><td>f7</td><td>g7</td><td>h7</td><td>f5</td><td>g5</td><td>h5</td><td>f6</td><td>g6</td><td>h6</td></tr>
<tr><td colspan="2">大径 D</td><td colspan="3">a11</td><td colspan="6">a11</td></tr>
<tr><td colspan="2">键宽 B</td><td>d10</td><td>f9</td><td>h10</td><td>d8</td><td>f7</td><td>h8</td><td>d8</td><td>f7</td><td>d8</td></tr>
<tr><td colspan="3">装配型式</td><td>滑动</td><td>紧滑动</td><td>固定</td><td>滑动</td><td>紧滑动</td><td>固定</td><td>滑动</td><td>紧滑动</td><td>固定</td></tr>
<tr><td rowspan="3">键(槽)宽的对称度公差 t_2</td><td rowspan="3">键(槽)宽 B</td><td>3.5～6</td><td colspan="3">0.012</td><td colspan="6">0.008</td></tr>
<tr><td>7～10</td><td colspan="3">0.015</td><td colspan="6">0.009</td></tr>
<tr><td>12～18</td><td colspan="3">0.018</td><td colspan="6">0.011</td></tr>
<tr><td rowspan="3">位置度公差 t_1</td><td rowspan="3">键(槽)宽 B</td><td>3.5～6</td><td colspan="9">0.015</td></tr>
<tr><td>7～10</td><td colspan="9">0.020</td></tr>
<tr><td>12～18</td><td colspan="9">0.025</td></tr>
</table>

14.6 销 连 接

表 14.26　圆柱销(不淬硬钢和奥氏体不锈钢)(摘自 GB/T 119.1—2000)、圆柱销(淬硬钢和马氏体不锈钢)(摘自 GB/T 119.2—2000)　mm

末端形状由制造者确定

允许倒圆或凹穴

标记示例:

公称直径 d=6 mm,公差为 m6,公称长度 l=30 mm,材料为钢,不经淬火,不经表面处理的圆柱销的标记:销　GB/T 119.1　6m6×30

公称直径 d=6 mm,公差为 m6,公称长度 l=30 mm,材料为 A1 组奥氏体不锈钢,表面简单处理的圆柱销的标记:销　GB/T 119.1　6m6×30—A1

标记示例:

公称直径 d=6 mm,公差为 m6,公称长度 l=30 mm,材料为钢,普通淬火(A 型),表面氧化处理的圆柱销的标记:销　GB/T 119.2　6×30

公称直径 d=6 mm,公差为 m6,公称长度 l=30 mm,材料为 C1 组马氏体不锈钢,表面简单处理的圆柱销的标记:销　GB/T 119.2　6×30—C1

	d m6/h18	0.6	0.8	1	1.2	1.5	2	2.5	3	4	5	6	8	10	12	16	20	25	30	40	50
	c≈	0.12	0.16	0.2	0.25	0.3	0.35	0.4	0.5	0.63	0.8	1.2	1.6	2	2.5	3	3.5	4	5	6.3	8
	商品规格 l	2~6	2~8	4~10	4~12	4~16	6~20	6~24	8~30	8~40	10~50	12~60	14~80	18~95	22~140	26~180	35~200	50~200	60~200	80~200	95~200
	1 m 长的重量(≈)/kg	0.002	0.004	0.006	—	0.014	0.024	0.037	0.054	0.097	0.147	0.221	0.395	0.611	0.887	1.57	2.42	3.83	5.52	9.64	15.2
	l 系列	2,3,4,5,6,8,10,12,14,16,18,20,22,24,26,28,30,32,35,40,45,50,55,60,65,70,75,80,85,90,95,100,120,140,160,180,200																			
技术条件	材料	GB/T 119.1　钢:奥氏体不锈钢 A1。GB/T119.2　钢:A 型,普通淬火;B 型,表面淬火;马氏体不锈钢 C1																			
	表面粗糙度	GB/T 119.1　公差　m6:Ra≤0.8 μm;h8:Ra≤1.6 μm。GB/T 119.2　Ra≤0.8 μm																			
	表面处理	(1) 钢:不经处理,氧化,磷化,镀锌钝化。(2) 不锈钢:简单处理。(3) 其他表面镀层或表面处理,应由供需双方协议。(4) 所有公差仅适用于涂、镀前的公差																			

注:1. d 的其他公差由供需双方协议。

2. GB/T 119.2—2000　d 的尺寸范围为 1~20 mm。

3. 公称长度大于 200 mm(GB/T 119.1—2000)和大于 100 mm(GB/T 119.2—2000),按 20 mm 递增。

表 14.27　圆锥销(摘自 GB/T 117—2000)

mm

A 型(磨削)：锥面表面粗糙度 $Ra=0.8\ \mu m$

B 型(切削或冷镦)：锥面表面粗糙度 $Ra=3.2\ \mu m$

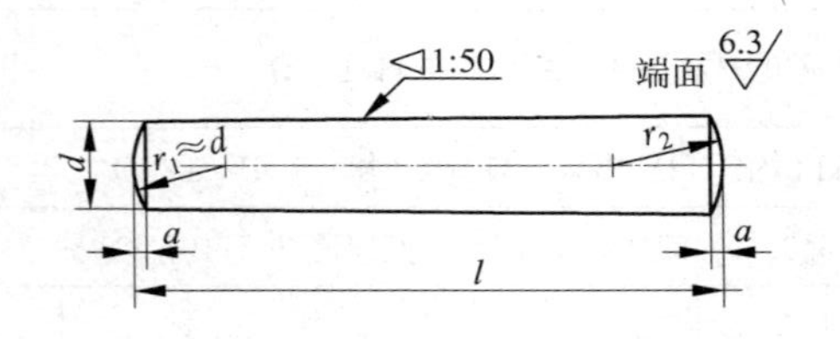

$$r_2=\frac{a}{2}+d+\frac{(0.02l)^2}{8a}$$

标记示例：

公称直径 $d=6$ mm，公称长度 $l=30$ mm，材料为 35 钢，热处理硬度 28～38 HRC，表面氧化处理 A 型圆锥销的标记：销　GB/T 117　6×30

	d h10	0.6	0.8	1	1.2	1.5	2	2.5	3	4	5	6	8	10	12	16	20	25	30	40	50
	$a\approx$	0.08	0.1	0.12	0.16	0.2	0.25	0.3	0.4	0.5	0.63	0.8	1	1.2	1.6	2	2.5	3	4	5	6.3
	商品规格 l	4～8	5～12	6～16	6～20	8～24	10～35	10～35	12～45	14～55	18～60	22～90	22～120	26～160	32～180	40～200	45～200	50～200	55～200	60～200	65～200
	1 m 长的重量≈/kg	0.003	0.005	0.007	—	0.015	0.027	0.04	0.062	0.11	0.16	0.30	0.50	0.74	1.03	1.77	2.66	4.09	5.85	10.1	15.7
	l 系列	2,3,4,5,6,8,10,12,14,16,18,20,22,24,26,28,30,32,35,40,45,50,55,60,65,70,75,80,85,90,95,100,120,140,160,180,200																			
技术条件	材料	易切钢：Y12、Y15；碳素钢：35、45；合金钢：30CrMnSiA；不锈钢：1Cr13、2Cr13、Cr17Ni2、0Cr18Ni9Ti																			
	表面处理	(1) 钢：不经处理，氧化，磷化，镀锌钝化。(2) 不锈钢：简单处理。(3) 其他表面镀层或表面处理，由供需双方协议。(4) 所有公差仅适用于涂、镀前的公差																			

注：1. d 的其他公差，如 a11、c11、f8 由供需双方协议。

2. 公称长度大于 200 mm，按 20 mm 递增。

表 14.28　开口销(摘自 GB/T 91—2000)　　　mm

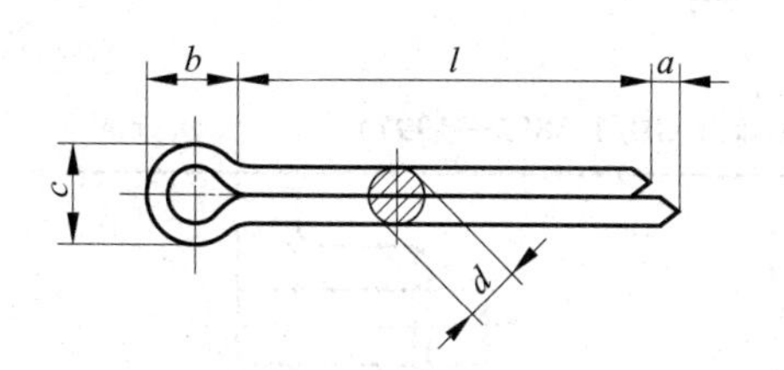

允许制造的形式

标记示例：

公称规格为 5 mm，公称长度 l=50 mm，材料为 Q215 或 Q235，不经表面处理的开口销的标记：

销　GB/T 91　5×50

公称规格	0.6	0.8	1	1.2	1.6	2	2.5	3.2	4	5	6.3	8	10	13	16	20
d max	0.5	0.7	0.9	1.0	1.4	1.8	2.3	2.9	3.7	4.6	5.9	7.5	9.5	12.4	15.4	19.3
d min	0.4	0.6	0.8	0.9	1.3	1.7	2.1	2.7	3.5	4.4	5.7	7.3	9.3	12.1	15.1	19.0
a(max)	1.6	1.6	1.6	2.5	2.5	2.5	2.5	3.2	4	4	4	4	6.3	6.3	6.3	6.3
b ≈	2	2.4	3	3	3.2	4	5	6.4	8	10	12.6	16	20	26	32	40
c(max)	1	1.4	1.8	2	2.8	3.6	4.6	5.8	7.4	9.2	11.8	15	19	24.8	30.8	38.5
商品规格 l	4～12	5～16	6～20	8～25	8～32	10～40	12～50	14～63	18～80	22～100	32～125	40～160	45～200	71～250	112～280	160～280
使用的直径 螺栓 >	—	2.5	3.5	4.5	5.5	7	9	11	14	20	27	39	56	80	120	170
使用的直径 螺栓 ≤	2.5	3.5	4.5	5.5	7	9	11	14	20	27	39	56	80	120	170	—
使用的直径 U形销 >	—	2	3	4	5	6	8	9	12	17	23	29	44	69	110	160
使用的直径 U形销 ≤	2	3	4	5	6	8	9	12	17	23	29	44	69	110	160	—
100 mm 长的重量≈/kg	0.0004	0.0004	0.0007		0.0016	0.0033	0.005	0.0054	0.010	0.017	0.023	0.041				

l 系列	4,5,6,8,10,12,14,16,18,20,22,25,28,32,36,40,45,50,56,63,71,80,90,100,112,125,140,160,180,200,224,250,280
材　料	(1)碳素钢：Q215,Q235；(2)铜合金：H63；(3)不锈钢：1Cr17Ni7,0Cr18Ni9Ti；(4)其他材料由供需双方协议
表面处理	钢：不经处理，镀锌钝化，磷化。铜和不锈钢：简单处理。其他表面镀层或表面处理由供需双方协议
工作质量	(1)眼圈应尽可能制成圆形；(2)开口销两脚的横截面应为圆形，但允许开口销两脚平面与圆周交接处有圆角 $r=(0.05\sim0.1)d_{max}$；(3)开口销两脚的间隙和两脚的错移量，应不大于开口销公称规格与 d_{max} 的差值；(4)开口销允许制成开口的(两脚内平面的夹角)：公称规格≤1.6 时，$\alpha\leqslant8°$；2～6.3 时，$\alpha\leqslant4°$；≥8 时，$\alpha\leqslant2°$

注：1. 公称规格等于开口销孔直径。对销孔直径推荐的公差：公称规格≤1.2：H13；公称规格>1.2：H14。根据供需双方协议，允许采用公称规格为 3 mm、6 mm 和 12 mm 的开口销。

2. 用于铁道和在 U 形销中开口销承受交变横向力的场合，推荐使用的开口销规格，应较本表规定的规格加大一档。

14.7 联　轴　器

表 14.29　联轴器轴孔和联结型式与尺寸(摘自 GB/T 3852—1997)　　mm

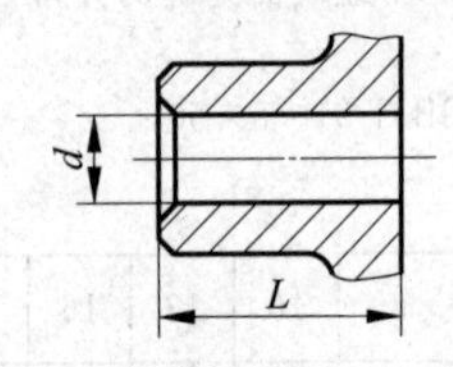

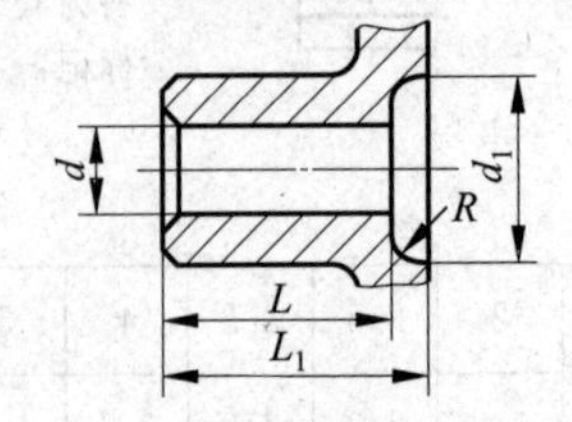

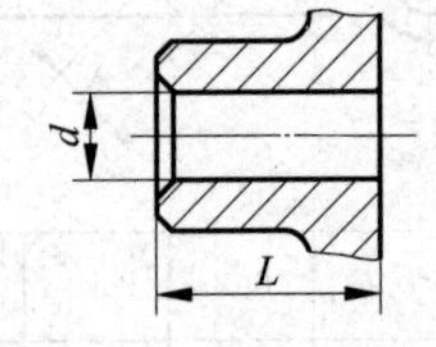

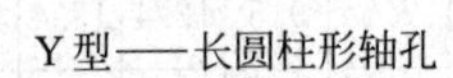

Y型——长圆柱形轴孔　　J型——有沉孔的短圆柱形轴孔　　J_1型——无沉孔的短圆柱形轴孔

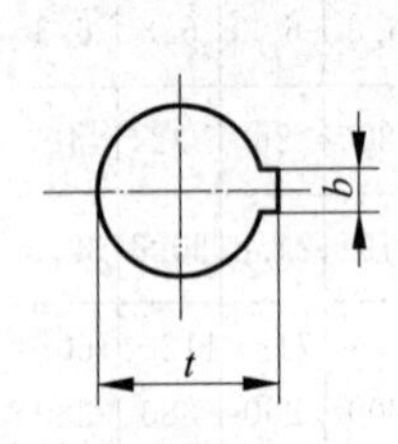

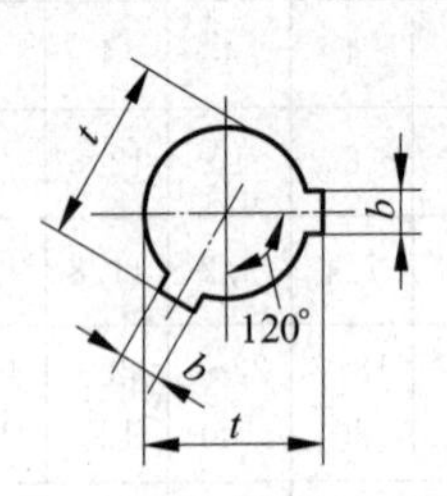

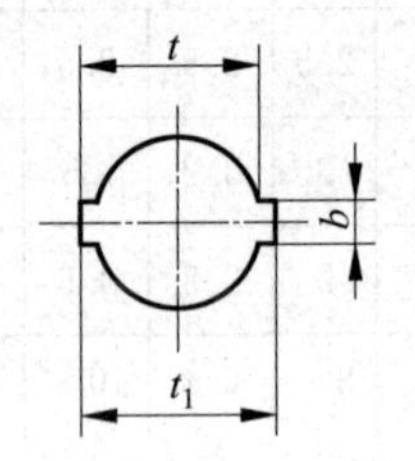

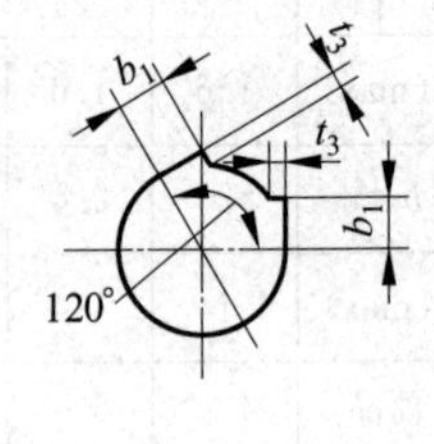

A型——平键单键槽　B型——120°布置平键双键槽　B_1型——180°布置平键双键槽　D型——普通切向键键槽

直径 d		长度			沉孔尺寸		A型,B型,B_1型键槽						B型键槽	D型键槽		
		L		L_1	d_1	R	b		t		t_1		T	t_3		b_1
公称尺寸	极限偏差 H7	Y型	J_1、J型	J型			公称尺寸	极限偏差 P9	公称尺寸	极限偏差	公称尺寸	极限偏差	位置度公差	公称尺寸	极限偏差	
6	+0.012 0	18	—				2	−0.006 −0.031	7.0	+0.1 0	8.0	+0.2 0	—	—	—	—
7	+0.015 0								8.0		9.0					
8		22							9.0		10.0					
9				—	—	—	3		10.4		11.8					
10		25	22						11.4		12.8					
11	+0.018 0						4	−0.012 −0.042	12.8		14.6					
12		32	27						13.8		15.6					
14							5		16.3		18.6					
16		42	30	42					18.3		20.6		0.03			
18							6		20.8		23.6					
19	+0.021 0				38	1.5			21.8		24.6					
20		52	38	52					22.8		25.6					
22									24.8		27.6					

续表

直径 d		长度			沉孔尺寸		A 型，B 型，B_1 型键槽						B 型键槽	D 型键槽		
公称尺寸	极限偏差 H7	L		L_1	d_1	R	b		t		t_1		T	t_3		b_1
		Y 型	J_1、J 型	J 型			公称尺寸	极限偏差 P9	公称尺寸	极限偏差	公称尺寸	极限偏差	位置度公差	公称尺寸	极限偏差	
24	+0.021 0	52	38	52	38	1.5	8	−0.015 −0.051	27.3	+0.2 0	30.6	+0.4 0	0.04	—	—	—
25		62	44	62	48				28.3		31.6					
28									31.3		34.6					
30		82	60	82	55				33.3		36.6					
32	+0.025 0					2	10		35.3		38.6					
35									38.3		41.6					
38					65				41.3		44.6					
40		112	84	112			12	−0.018 −0.061	43.3		46.6		0.05			
42									45.3		48.6					
45					80		14		48.8		52.6					
48									51.8		55.6					
50					95				53.8		57.6					
55	+0.030 0					2.5	16		59.3		63.6					
56									60.3		64.6					
60		142	107	142	105		18		64.4		68.8			7	0 −0.2	19.3
63									67.4		71.8					19.8
65									69.4		73.8					20.1
70					120		20	−0.022 −0.074	74.9		79.8		0.06			21.0
71									75.9		80.8			8		22.4
75									79.9		84.8					23.2

表 14.30 凸缘联轴器(摘自 GB/T 5843—1986)

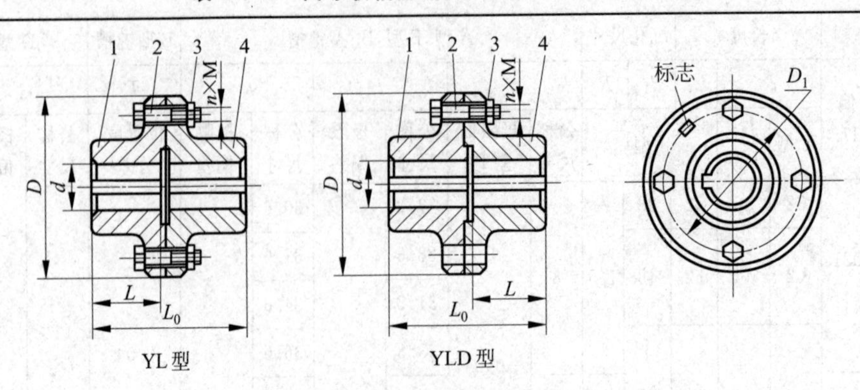

标记示例：YL3 联轴器$\frac{J30\times 60}{J_1B28\times 44}$GB/T 5843

主动端：J 型轴孔，A 型键槽，$d=30$ mm，$L=60$ mm

从动端：J_1 型轴孔，B 型键槽，$d=28$ mm，$L=44$ mm

1、4—半联轴器，材料为 HT200、35 钢等；

2—螺栓，材料为 Q235、35 钢等；

3—尼龙锁紧螺母，材料为尼龙 6

型号	公称扭矩 T_n /N·m	许用转速 [n]/(r/min)		轴孔直径 d(H7)/mm	轴孔长度 L/mm		L_0/mm		D	D_1	螺栓		转动惯量 /(kg·m²)	质量/kg
		铁	钢		Y 型	J、J_1 型	Y 型	J、J_1 型	/mm		数量	直径		
YL3 YLD3	25	6400	10 000	14	32	27	68	58	90	69	3 3*	M8	0.006	1.99
				16,18,19	42	30	88	64						
				20,22,(24)	52	38	108	80						
				(25)	62	44	128	92						
YL4 YLD4	40	5700	9500	18,19	42	30	88	64	100	80			0.009	2.47
				20,22,24	52	38	108	80						
				25,(28)	62	44	128	92						
YL5 YLD5	63	5500	9000	22,24	52	38	108	80	105	85	4 4*	M8	0.013	3.19
				25,28	62	44	128	92						
				30,(32)	82	60	168	124						
YL6 YLD6	100	5200	8000	24	52	38	108	80	110	90			0.017	3.99
				25,28	62	44	128	92						
				30,32,(35)	82	60	168	124						
YL7 YLD7	160	4800	7600	28	62	44	128	92	120	95	4 3*	M10	0.029	5.66
				30,32,35,38	82	60	168	124						
				(40)	112	82	228	172						
YL8 YLD8	250	4300	7000	32,35,38	82	60	169	125	130	105			0.043	7.29
				40,42,(45)	112	84	229	173						

续表

型号	公称扭矩 T_n /N·m	许用转速 [n]/(r/min)		轴孔直径 d(H7)/mm	轴孔长度 L/mm		L_0/mm		D	D_1	螺栓		转动惯量/(kg·m²)	质量/kg
		铁	钢		Y 型	J、J_1 型	Y 型	J、J_1 型	/mm		数量	直径		
YL9 YLD9	400	4100	6800	38	82	60	169	125	140	115	6 3*	M10	0.064	9.53
				40,42,45,48,(50)	112	84	229	173						
YL10 YLD10	630	3600	6000	45,48,50,55,(56)					160	130	6 4*	M12	0.112	12.46
				(60)	142	107	289	219						
YL11 YLD11	1000	3200	5300	50,55,56	112	84	229	173	180	150	8 4*		0.205	17.97
				60,63,65,70	142	107	289	219						
YL12 YLD12	1600	2900	4700	60,63,65,70,71,75					200	170	12 6*		0.443	30.62
				(80)	172	132	349	269					0.463	29.52
YL13 YLD13	2500	2600	4300	70,71,75	142	107	289	219	220	185	8 6*	M16	0.646	35.58
				80,85,(90)	172	132	349	269						

注：1. 本联轴器刚性好，传递扭矩大，适用于两轴对中精度良好的一般轴系传动。
2. 括号内的轴孔直径仅用于钢制联轴器。
3. 带 * 号的螺栓数量用于铰制孔用螺栓。

表 14.31　弹性套柱联轴器(摘自 GB/T 4323—1984)

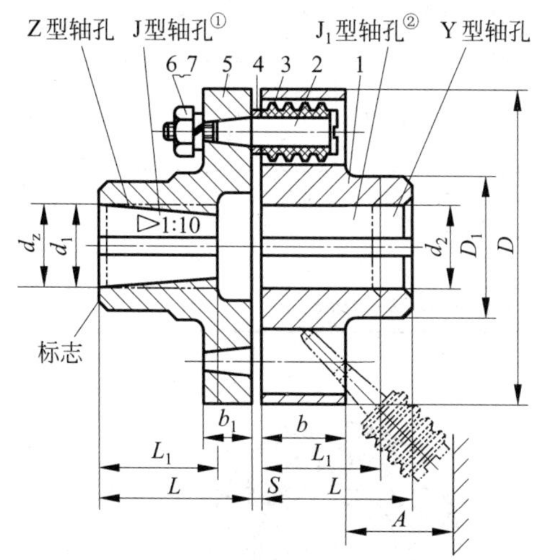

标记示例：

例 1：TL6 联轴器 40×112GB/T 4323

主动端：$d_1=40$ mm，Y 型轴孔，$L=112$ mm，A 型键槽；

从动端：$d_2=40$ mm，Y 型轴孔，$L=112$ mm，A 型键槽。

例 2：TL3 联轴器 $\frac{ZC16\times30}{JB18\times30}$GB/T 4323

主动端：$d_z=16$ mm，Z 型轴孔，$L=30$ mm，C 型键槽；

从动端：$d_2=18$ mm，J 型轴孔，$L=30$ mm，B 型键槽。

1、5—半联轴器，材料为 HT200、35 钢等；

2—柱销，材料为 35 钢等；

3—弹性套，材料为橡胶；

4—挡圈，材料为 Q235 钢等；

6—螺母，材料为 Q235、35 钢等；

7—垫圈，材料为 65Mn

① J 型轴孔的指引线到双点画线为止，不要穿越双点画线，但必须到达双点画线。

② J_1 型轴孔的指引线要延伸穿越实线。

续表

型号	公称扭矩 T_n /N·m	许用转速 $[n]$/(r/min) 铁	钢	轴孔直径 d_1,d_2,d_z /mm	轴孔长度/mm Y型 L	J,J_1,Z型 L_1	L	D /mm	D_1	b	S	A	转动惯量 /(kg·m²)	许用补偿量 径向 /mm	角向 $\Delta\alpha$
TL2	16	5500	7600	12,14	32	20	42	80	30	16	3	18	0.001		
				16,(18),(19)	42	30									
TL3	31.5	4700	6300	16,18,19				95	35				0.002	0.2	
				20,(22)	52	38	52			23	4	35			1°30′
TL4	63	4200	5700	20,22,24				106	42				0.004		
				(25),(28)	62	44	62								
TL5	125	3600	4600	25,28				130	56				0.011		
				30,32,(35)	82	60	82								
TL6	250	3300	3800	32,35,38				160	71	38	5	45	0.026	0.3	
				40,(42)											
TL7	500	2800	3600	40,42,45,(48)	112	84	112	190	80				0.06		
TL8	710	2400	3000	45,48,50,55,(56)				224	95				0.13		
				(60),(63)	142	107	142			48	6	65			1°00′
TL9	1000	2100	2850	50,55,56	112	84	112	250	110				0.20	0.4	
				60,63,(65),(70),(71)	142	107	142								
TL10	2000	1700	2300	63,65,70,71,75				315	150	58	8	80	0.64		
				80,85,(90),(95)	172	132	172								
TL11	4000	1350	1800	80,85,90,95				400	190	73	10	100	2.06	0.5	0°30′
				100,110	212	167	212								

注：1. 本联轴器能补偿两轴间不大的相对位移，且具有一定的弹性和缓冲性能。工作温度为－20～＋70℃。一般用于高速级中、小功率轴系的传动，可用于经常正反转、起动频繁的场合。

2. 括号内的轴孔直径仅适用于钢制联轴器。

表 14.32　梅花形弹性联轴器(摘自 GB/T 5272—1985)

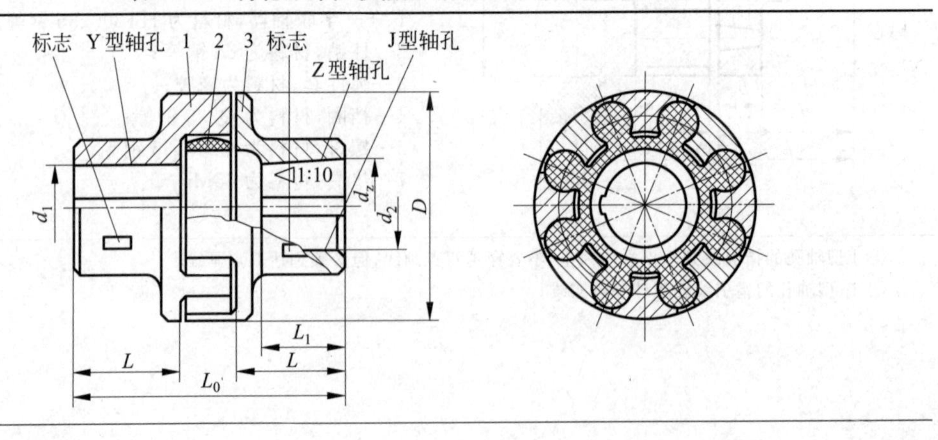

续表

标记示例：ML3 型联轴器$\frac{\text{ZA30}\times 60}{\text{YB25}\times 62}$MT3a GB/T 5272

主动端：Z 型轴孔，A 型键槽，轴孔直径 $d_1=30$ mm，轴孔长度 $L_1=60$ mm；

从动端：Y 型轴孔，B 型键槽，轴孔直径 $d_2=25$ mm，轴孔长度 $L=62$ mm，MT3 型弹性件硬度为 a。

1、3—半联轴器，材料为 ZG45Ⅱ、ZG35Ⅱ、HT200；

2—梅花形弹性体，材料为聚酯型聚氨酯

型号	公称扭矩 T_n/N·m 弹性件硬度 HA a ≥75	b ≥85	c ≥94	许用转速 $[n]$/(r/min) 铁(钢)	轴孔直径 d_1,d_2,d_z/mm	轴孔长度/mm L Y 型	L_1 J、Z 型	L_0/mm	D/mm	弹性件型号	转动惯量/kg·m²	许用补偿量 轴向/mm	径向/mm	角向 $\Delta\alpha$
ML3	90	140	280	6700 (9000)	22,24	52	38	128	85	MT3—a—b—c	0.178	2.0	0.8	2°
					25,28	62	44	148						
					30,32,35,38	82	60	188						
ML4	140	250	400	5500 (7300)	25,28	62	44	151	105	MT4—a—b—c	0.412	2.5		
					30,32,35,38	82	60	191						
					40,42	112	84	251						
ML5	250	400	800	4600 (6100)	30,32,35,38	82	60	197	125	MT5—a—b—c	0.73	3	1.0	1.5°
					40,42,45,48	112	84	257						
ML6	400	630	1120	4000 (5300)	35*,38*	82	60	203	145	MT6—a—b—c	1.85			
					40*,42*,45,48,50,55	112	84	263						
ML7	710	1120	2240	3400 (4500)	45*,48*,50,55	112	84	265	170	MT7—a—b—c	3.88	3.5		
					60,63,65	142	107	325						
ML8	1120	1800	3550	2900 (3800)	50*,55*	112	84	272	200	MT8—a—b—c	9.22	4	1.5	
					60,63,65,70,71,75	142	107	332						
ML9	1800	2800	5600	2500 3300	60*,63*,65*,70,71,75	142	107	334	230	MT9—a—b—c	18.95	4.5		1°
					80,85,90,95	172	132	394						
ML10	2800	4500	9000	2200 (2900)	70*,71*,75*	142	107	344	260	MT10—a—b—c	39.68	5.0		
					80*,85,90,95	172	132	404						
					100,110	212	167	484						
ML11	4000	6300	12 500	1900 (2500)	80*,85*,90*,95*	172	132	411	300	MT11—a—b—c	73.43		1.8	
					100,110,120	212	167	491						

注：1. 本联轴器补偿两轴的位移量较大，有一定的弹性和缓冲性，工作温度为 −35～+80℃。常用于中、小功率的水平和垂直轴系传动，由于安装时需轴向移动两半联轴器，不适宜用于大型设备上。

2. 带 * 号轴孔直径可用于 Z 型轴孔。

3. 表中 a，b，c 为弹性件硬度代号。

第 15 章 滚动轴承

15.1 有关标准的说明

1997 年发布的 GB/T 271—1997《滚动轴承分类》采用国际通用的代号方法。新标准的轴承代号由前置代号、基本代号、后置代号三部分构成，而基本代号又由类型代号、尺寸系列代号、内径代号组成。例如 6204，其所表示的意义为：6—类型代号；2—尺寸系列(02)代号；04—内径代号。轴承的基本代号中的类型代号见表 15.1。

表 15.1 轴承的类型代号(摘自 GB/T 271—1997)

类型代号	0	1	2	3	4	5	6	7	8	N	U	QJ
滚动轴承名称	双列角接触球轴承	调心球轴承	调心滚子轴承和推力调心滚子轴承	圆锥滚子轴承	双列深沟球轴承	推力球轴承	深沟球轴承	角接触球轴承	推力圆柱滚子轴承	圆柱滚子轴承	外球面球轴承	四点接触球轴承

15.2 常用的滚动轴承

表 15.2 深沟球轴承(摘自 GB/T 272—1994)

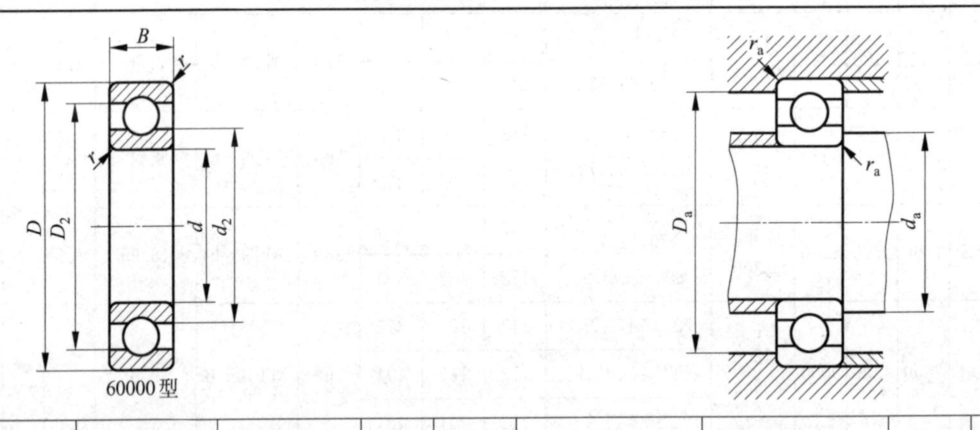

基本尺寸/mm			基本额定载荷/kN		极限转速/(r/min)		重量/kg	轴承代号	其他尺寸/mm			安装尺寸/mm			球径/mm	球数
d	D	B	C_r	C_{0r}	脂	油	W (≈)	60000 型	d_2 (≈)	D_2 (≈)	r (min)	d_a (min)	D_a (max)	r_a (max)	D_W	Z
15	24	5	2.10	1.30	22 000	30 000	0.005	61802	17.6	21.4	0.3	17	22	0.3	2.381	14
	28	7	4.30	2.30	20 000	26 000	0.012	61902	18.3	24.7	0.3	17.4	26	0.3	3.969	10
	32	8	5.60	2.80	19 000	24 000	0.023	16002	20.2	26.8	0.3	17.4	29.6	0.3	4.762	9
	32	9	5.58	2.85	19 000	24 000	0.031	6002	20.4	26.6	0.3	17.4	29.6	0.3	4.762	9

续表

基本尺寸/mm			基本额定载荷/kN		极限转速/(r/min)		重量/kg	轴承代号	其他尺寸/mm			安装尺寸/mm			球径/mm	球数
d	D	B	C_r	C_{0r}	脂	油	W (≈)	60000型	d_2 (≈)	D_2 (≈)	r (min)	d_a (min)	D_a (max)	r_a (max)	D_W	Z
15	35	11	7.65	3.72	18 000	22 000	0.045	6202	21.6	29.4	0.6	20.0	32	0.6	5.953	8
	42	13	11.5	5.42	16 000	20 000	0.080	6302	24.3	34.7	1	21.0	37	1	7.938	7
17	26	5	2.20	1.5	20 000	28 000	0.007	61803	19.6	23.4	0.3	19	24	0.3	2.381	16
	30	7	4.60	2.6	19 000	24 000	0.014	61903	20.3	26.7	0.3	19.4	28	0.3	3.969	11
	35	8	6.00	3.3	18 000	22 000	0.028	16003	22.7	29.3	0.3	19.4	32.6	0.3	4.762	10
	35	10	6.00	3.25	17 000	21 000	0.040	6003	22.9	29.1	0.3	19.4	32.6	0.3	4.762	10
	40	12	9.58	4.78	16 000	20 000	0.064	6203	24.6	33.4	0.6	22.0	36	0.6	6.747	8
	47	14	13.5	6.58	15 000	18 000	0.109	6303	26.8	38.2	1	23.0	41.0	1	8.731	7
	62	17	22.7	10.8	11 000	15 000	0.268	6403	31.9	47.1	1.1	24.0	55.0	1	12.7	6
20	32	7	3.50	2.20	180 00	24 000	0.015	61804	23.5	28.6	0.3	22.4	30	0.3	3.175	14
	37	9	6.40	3.70	17 000	22 000	0.031	61904	25.2	31.8	0.3	22.4	34.6	0.3	4.762	11
	42	8	7.90	4.50	16 000	19 000	0.052	16004	27.1	34.9	0.3	22.4	39.6	0.3	5.556	10
	42	12	9.38	5.02	16 000	19 000	0.068	6004	26.9	35.1	0.6	25.0	38	0.6	6.35	9
	47	14	12.8	6.65	14 000	18 000	0.103	6204	29.3	39.7	1	26.0	42	1	7.938	8
	52	15	15.8	7.88	13 000	16 000	0.142	6304	29.8	42.2	1.1	27.0	45.0	1	9.525	7
	72	19	31.0	15.2	9500	13 000	0.400	6404	38.0	56.1	1.1	27.0	65.0	1	15.081	6
25	37	7	4.3	2.90	16 000	20 000	0.017	61805	28.2	33.8	0.3	27.4	35	0.3	3.500	15
	42	9	7.0	4.50	14 000	18 000	0.038	61905	30.2	36.8	0.3	27.4	40	0.3	4.762	13
	47	8	8.8	5.60	13 000	17 000	0.059	16005	33.1	40.9	0.3	27.4	44.6	0.3	5.556	12
	47	12	10.0	5.85	13 000	17 000	0.078	6005	31.9	40.1	0.6	30	43	0.6	6.35	10
	52	15	14.0	7.88	12 000	15 000	0.127	6205	33.8	44.2	1	31	47	1	7.938	9
	62	17	22.2	11.5	10 000	14 000	0.219	6305	36.0	51.0	1.1	32	55	1	11.5	7
	80	21	38.2	19.2	8500	11 000	0.529	6405	42.3	62.7	1.5	34	71	1.5	17	6
30	42	7	4.70	3.60	13 000	17 000	0.019	61806	33.2	38.8	0.3	32.4	40	0.3	3.500	18
	47	9	7.20	5.00	12 000	16 000	0.043	61906	35.2	41.8	0.3	32.4	44.6	0.3	4.762	14
	55	9	11.2	7.40	11 000	14 000	0.084	16006	38.1	47.0	0.3	32.4	52.6	0.3	6.350	12
	55	13	13.2	8.30	11 000	14 000	0.113	6006	38.4	47.7	1	36	50.0	1	7.144	11
	62	16	19.5	11.5	9500	13 000	0.200	6206	40.8	52.2	1	36	56	1	9.525	9
	72	19	27.0	15.2	9000	11000	0.349	6306	44.8	59.2	1.1	37	65	1	12	8
	90	23	47.5	24.5	8000	10 000	0.710	6406	48.6	71.4	1.5	39	81	1.5	19.06	6
35	47	7	4.90	4.00	11 000	15 000	0.023	61807	38.2	43.8	0.3	37.4	45	0.3	3.500	20
	55	10	9.50	6.80	10 000	13 000	0.078	61907	41.1	48.9	0.6	40	51	0.6	5.556	14
	62	9	12.2	8.80	9500	12 000	0.107	16007	44.6	53.5	0.3	37.4	59.6	0.3	6.350	14
	62	14	16.2	10.5	9500	12 000	0.148	6007	43.3	53.7	1	41	56	1	8	11

续表

基本尺寸/mm			基本额定载荷/kN		极限转速/(r/min)		重量/kg	轴承代号	其他尺寸/mm			安装尺寸/mm			球径/mm	球数
d	D	B	C_r	C_{0r}	脂	油	W (≈)	60000 型	d_2 (≈)	D_2 (≈)	r (min)	d_a (min)	D_a (max)	r_a (max)	D_W	Z
35	72	17	25.5	15.2	8500	11 000	0.288	6207	46.8	60.2	1.1	42	65	1	11.112	9
	80	21	33.4	19.2	8000	9500	0.455	6307	50.4	66.6	1.5	44	71	1.5	13.494	8
	100	25	56.8	29.5	6700	8500	0.926	6407	54.9	80.1	1.5	44	91	1.5	21	6
40	52	7	5.10	4.40	10 000	13 000	0.026	61808	43.2	48.8	0.3	42.4	50	0.3	3.500	22
	62	12	13.7	9.90	9500	12 000	0.103	61908	46.3	55.7	0.6	45	58	0.6	6.747	14
	68	9	12.6	9.60	9000	11 000	0.125	16008	49.6	58.5	0.3	42.4	65.6	0.3	6.350	15
	68	15	17.0	11.8	9000	11 000	0.185	6008	48.8	59.2	1	46	62	1	8	12
	80	18	29.5	18.0	8000	10 000	0.368	6208	52.8	67.2	1.1	47	73	1	12	9
	90	23	40.8	24.0	7000	8500	0.639	6308	56.5	74.6	1.5	49	81	1.5	15.081	8
	110	27	65.5	37.5	6300	8000	1.221	6408	63.9	89.1	2	50	100	2	21	7
45	58	7	6.40	5.60	9000	12 000	0.030	61809	48.3	54.7	0.3	47.4	56	0.3	3.969	22
	68	12	14.1	10.90	8500	11 000	0.123	61909	51.8	61.2	0.6	50	63	0.6	6.747	15
	75	10	15.6	12.2	8000	10 000	0.155	16009	55.0	65.0	0.6	50	70	0.6	7.144	15
	75	16	21.0	14.8	8000	10 000	0.230	6009	54.2	65.9	1	51	69	1	9	12
	85	19	31.5	20.5	7000	9000	0.416	6209	58.8	73.2	1.1	52	78	1	12	10
	100	25	52.8	31.8	6300	7500	0.837	6309	63.0	84.0	1.5	54	91	1.5	17.462	8
	120	29	77.5	45.5	5600	7000	1.520	6409	70.7	98.3	2	55	110	2	23	7
50	65	7	6.6	6.1	8500	10 000	0.043	61810	54.3	60.7	0.3	52.4	62.6	0.3	3.969	24
	72	12	14.5	11.7	8000	9500	0.122	61910	56.3	65.7	0.6	55	68	0.6	6.747	16
	80	10	16.1	13.1	8000	9500	0.166	16010	60.0	70.0	0.6	55	75	0.6	7.144	16
	80	16	22.0	16.2	7000	9000	0.250	6010	59.2	70.9	1	56	74	1	9	13
	90	20	35.0	23.2	6700	8500	0.463	6210	62.4	77.6	1.1	57	83	1	12.7	10
	110	27	61.8	38.0	6000	7000	1.082	6310	69.1	91.9	2	60	100	2	19.05	8
	130	31	92.2	55.2	5300	6300	1.855	6410	77.3	107.8	2.1	62	118	2.1	25.4	7
55	72	9	9.1	8.4	8000	9500	0.070	61811	60.2	66.9	0.3	57.4	69.6	0.3	4.762	23
	80	13	15.9	13.2	7500	9000	0.170	61911	62.9	72.2	1	61	75	1	7.144	16
	90	11	19.4	16.2	7000	8500	0.207	16011	67.3	77.7	0.6	60	85	0.6	7.938	16
	90	18	30.2	21.8	7000	8500	0.362	6011	65.4	79.7	1.1	62	83	1	11	12
	100	21	43.2	29.2	6000	7500	0.603	6211	68.9	86.1	1.5	64	91	1.5	14.288	10
	120	29	71.5	44.8	5600	6700	1.367	6311	76.1	100.9	2	65	110	2	20.638	8
	140	33	100	62.5	4800	6000	2.316	6411	82.8	115.2	2.1	67	128	2.1	26.988	7
60	78	10	9.1	8.7	7000	8500	0.093	61812	66.2	72.9	0.3	62.4	75.6	0.3	4.762	24
	85	13	16.4	14.2	6700	8000	0.181	61912	67.9	77.2	1	66	80	1	7.144	17
	95	11	19.9	17.5	6300	7500	0.224	16012	72.3	82.7	0.6	65	90	0.6	7.938	17

续表

基本尺寸/mm			基本额定载荷/kN		极限转速/(r/min)		重量/kg	轴承代号	其他尺寸/mm			安装尺寸/mm			球径/mm	球数
d	D	B	C_r	C_{0r}	脂	油	W (≈)	60000型	d_2 (≈)	D_2 (≈)	r (min)	d_a (min)	D_a (max)	r_a (max)	D_W	Z
60	95	18	31.5	24.2	6300	7500	0.385	6012	71.4	85.7	1.1	67	89	1	11	13
	110	22	47.8	32.8	5600	7000	0.789	6212	76.0	94.1	1.5	69	101	1.5	15.081	10
	130	31	81.8	51.8	5000	6000	1.710	6312	81.7	108.4	2.1	72	118	2.1	22.225	8
	150	35	109	70.0	4500	5600	2.811	6412	87.9	122.2	2.1	72	138	2.1	28.575	7
65	85	10	11.9	11.5	6700	8000	0.13	61813	71.1	78.9	0.6	69	81	0.6	5.556	23
	90	13	17.4	16.0	6300	7500	0.196	61913	72.9	82.2	1	71	85	1	7.144	19
	100	11	20.5	18.6	6000	7000	0.241	16013	77.3	87.7	0.6	70	95	0.6	7.938	18
	100	18	32.0	24.8	6000	7000	0.410	6013	75.3	89.7	1.1	72	93	1	11.112	13
	120	23	57.2	40.0	5000	6300	0.990	6213	82.5	102.5	1.5	74	111	1.5	16.669	10
	140	33	93.8	60.5	4500	5300	2.100	6313	88.1	116.9	2.1	77	128	2.1	24	8
	160	37	118	78.5	4300	5300	3.342	6413	94.5	130.6	2.1	77	148	2.1	30.162	7
70	90	10	12.1	11.9	6300	7500	0.138	61814	76.1	83.9	0.6	74	86	0.6	5.556	24
	100	16	23.7	21.1	6000	7000	0.336	61914	79.3	90.7	1	76	95	1	8.731	17
	110	13	27.9	25.0	5600	6700	0.386	16014	83.8	96.2	0.6	75	105	0.6	9.525	17
	110	20	38.5	30.5	5600	6700	0.575	6014	82.0	98.0	1.1	77	103	1	12.303	13
	125	24	60.8	45.0	4800	6000	1.084	6214	89.0	109.0	1.5	79	116	1.5	16.669	11
	150	35	105	68.0	4300	5000	2.550	6314	94.8	125.3	2.1	82	138	2.1	25.4	8
	180	42	140	99.5	3800	4500	4.896	6414	105.6	146.4	3	84	166	2.5	34	7
75	95	10	12.5	12.8	6000	7000	0.147	61815	81.1	88.9	0.6	79	91	0.6	5.556	26
	105	16	24.3	22.5	5600	6700	0.355	61915	84.3	95.7	1	81	100	1	8.731	18
	115	13	28.7	26.8	5300	6300	0.411	16015	88.8	101.2	0.6	80	110	0.6	9.525	18
	115	20	40.2	33.2	5300	6300	0.603	6015	88.0	104.0	1.1	82	108	1	12.303	14
	130	25	66.0	49.5	4500	5600	1.171	6215	94.0	115.0	1.5	84	121	1.5	17.462	11
	160	37	113	76.8	4000	4800	3.050	6315	101.3	133.7	2.1	87	148	2.1	26.988	8
	190	45	154	115	3600	4300	5.739	6415	112.1	155.9	3	89	176	2.5	36.512	7
80	100	10	12.7	13.3	5600	6700	0.155	61816	86.1	93.9	0.6	84	96	0.6	5.556	27
	110	16	24.9	23.9	5300	6300	0.375	61916	89.3	100.7	1	86	105	1	8.731	19
	125	14	33.1	31.4	5000	6000	0.539	16016	95.8	109.2	0.6	85	120	0.6	10.319	18
	125	22	47.5	39.8	5000	6000	0.821	6016	95.2	112.8	1.1	87	118	1	13.494	14
	140	26	71.5	54.2	4300	5300	1.448	6216	100.0	122.0	2	90	130	2	18.256	11
	170	39	123	86.5	3800	4500	3.610	6316	107.9	142.2	2.1	92	158	2.1	28.575	8
	200	48	163	125	3400	4000	6.752	6416	117.1	162.9	3	94	186	2.5	38.1	7

表 15.3　调心球轴承（摘自 GB/T 281—1994）

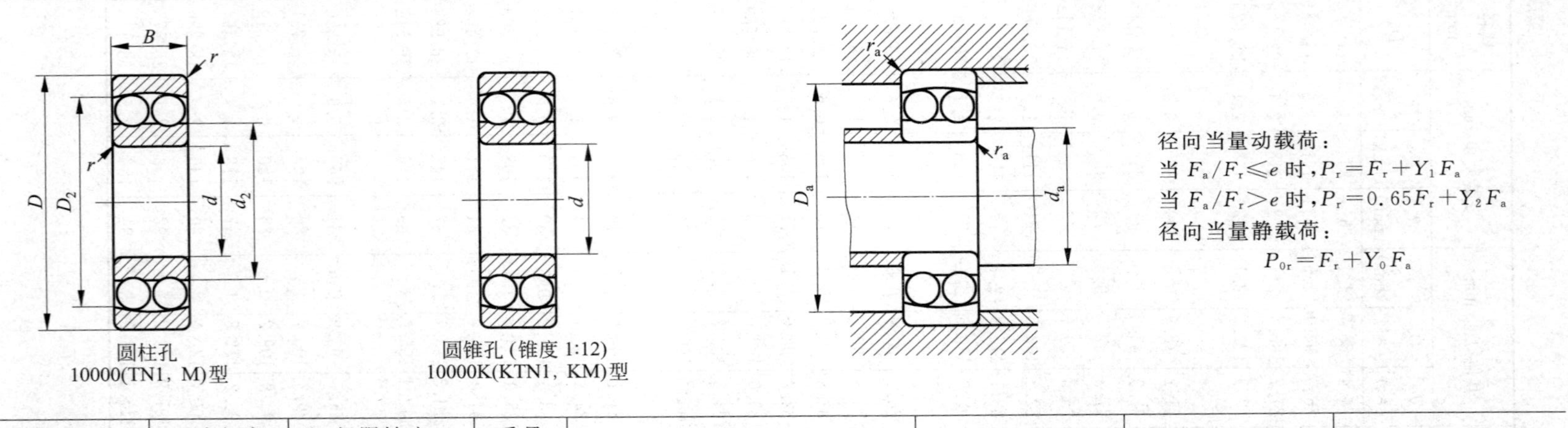

圆柱孔
10000(TN1，M)型

圆锥孔（锥度 1:12）
10000K(KTN1，KM)型

径向当量动载荷：

当 $F_a/F_r \leqslant e$ 时，$P_r = F_r + Y_1 F_a$

当 $F_a/F_r > e$ 时，$P_r = 0.65F_r + Y_2 F_a$

径向当量静载荷：

$$P_{0r} = F_r + Y_0 F_a$$

基本尺寸/mm			基本额定载荷/kN		极限转速/(r/min)		重量/kg	轴承代号		其他尺寸/mm			安装尺寸/mm			计算系数			
d	D	B	C_r	C_{0r}	脂	油	W (≈)	圆柱孔 10000(TN1，M)型	圆锥孔 10000 K(KTN1，KM)型	d_2	D_2	r (min)	d_a (max)	D_a (max)	r_a (max)	e	Y_1	Y_2	Y_0
15	35	11	7.48	1.75	18 000	22 000	0.051	1202	1202 K	20.9	29.9	0.6	20	30	0.6	0.33	1.9	3.0	2.0
	35	11	7.40	1.70	18 000	22 000	0.051	1202 TN1	1202 KTN1	21.0	29.0	0.6	20	30	0.6	0.30	2.1	3.2	2.2
	35	14	7.65	1.80	18 000	22 000	0.06	2202	2202 K	20.8	30.4	0.6	20	30	0.6	0.50	1.3	2.0	1.3
	35	14	8.70	2.00	18 000	22 000	0.066	2202 TN1	—	20.5	28.6	0.6	20	30	0.6	0.39	1.6	2.5	1.7
	42	13	9.50	2.28	16 000	20 000	0.1	1302	1302 K	23.6	34.1	1	21	36	1	0.33	1.9	2.9	2.0
	42	13	10.8	2.60	16 000	20 000	0.097	1302 TN1	—	23.9	33.7	1	21	36	1	0.31	2.0	3.1	2.1
	42	17	12.0	2.88	14 000	18 000	0.11	2302	2302 K	23.2	35.2	1	21	36	1	0.51	1.2	1.9	1.3
	42	17	11.8	2.90	14 000	18 000	0.126	2302 TN1	—	23.9	33.5	1	21	36	1	0.46	1.4	2.1	1.4
17	40	12	7.90	2.02	16 000	20 000	0.076	1203	1203 K	24.2	33.7	0.6	22	35	0.6	0.31	2.0	3.2	2.1
	40	12	8.90	2.20	16 000	20 000	0.075	1203 TN1	1203 KTN1	24.1	32.8	0.6	22	35	0.6	0.30	2.1	3.2	2.2

续表

基本尺寸/mm			基本额定载荷/kN		极限转速/(r/min)		重量/kg	轴承代号		其他尺寸/mm			安装尺寸/mm			计算系数			
d	D	B	C_r	C_{0r}	脂	油	W (≈)	圆柱孔 10000(TN1，M)型	圆锥孔 10000 K(KTN1，KM)型	d_2	D_2	r (min)	d_a (max)	D_a (max)	r_a (max)	e	Y_1	Y_2	Y_0
17	40	16	9.00	2.45	16 000	20 000	0.09	2203	2203 K	23.5	34.3	0.6	22	35	0.6	0.50	1.2	1.9	1.3
	40	16	10.5	2.50	16 000	20 000	0.098	2203 TN1	—	23.6	33.1	0.6	22	35	0.6	0.40	1.6	2.4	1.6
	47	14	12.5	3.18	14 000	17 000	0.14	1303	1303 K	26.4	38.3	1	23	41	1	0.33	1.9	3.0	2.0
	47	14	12.8	3.40	14 000	17 000	0.131	1303 TN1	—	28.9	39.5	1	23	41	1	0.30	2.1	3.2	2.2
	47	19	14.5	3.58	13 000	16 000	0.17	2303	2303 K	25.8	39.4	1	23	41	1	0.52	1.2	1.9	1.3
	47	19	14.5	3.60	13 000	16 000	0.175	2303 TN1	—	26.5	37.5	1	23	41	1	0.50	1.3	1.9	1.3
20	47	14	9.95	2.65	14 000	17 000	0.12	1204	1204 K	28.9	39.1	1	26	41	1	0.27	2.3	3.6	2.4
	47	14	12.8	3.40	14 000	17 000	0.12	1204 TN1	1204 KTN1	29.2	39.6	1	26	41	1	0.30	2.1	3.2	2.2
	47	18	12.5	3.28	14 000	17 000	0.15	2204	2204 K	28.0	40.4	1	26	41	1	0.48	1.3	2.0	1.4
	47	18	16.8	4.20	14 000	17 000	0.152	2204 TN1	2204 KTN1	27.4	39.3	1	26	41	1	0.40	1.6	2.4	1.6
	52	15	12.5	3.38	12 000	15 000	0.17	1304	1304 K	31.3	43.6	1.1	27	45	1	0.29	2.2	3.4	2.3
	52	15	14.2	4.00	12 000	15 000	0.169	1304 TN1	1304 KTN1	32.4	43.4	1.1	27	45	1	0.28	2.2	3.4	2.3
	52	21	17.8	4.75	11 000	14 000	0.22	2304	2304 K	28.8	43.7	1.1	27	45	1	0.51	1.2	1.9	1.3
	52	21	18.2	4.70	11 000	14 000	0.238	2304 TN1	2304 KTN1	29.5	40.9	1.1	27	45	1	0.44	1.4	2.2	1.5
25	52	15	12.0	3.30	12 000	14 000	0.14	1205	1205 K	33.1	44.9	1	31	46	1	0.27	2.3	3.6	2.4
	52	15	14.2	4.00	12 000	14 000	0.148	1205 TN1	1205 KTN1	33.3	44.2	1	31	46	1	0.28	2.3	3.5	2.4
	52	18	12.5	3.40	12 000	14 000	0.19	2205	2205 K	33.0	44.7	1	31	46	1	0.41	1.5	2.3	1.5
	52	18	16.8	4.40	12 000	14 000	0.17	2205 TN1	2205 KTN1	32.6	44.6	1	31	46	1	0.33	1.9	3.0	2.0
	62	17	17.8	5.05	10 000	13 000	0.26	1305	1305 K	37.8	52.5	1.1	32	55	1	0.27	2.3	3.5	2.4
	62	17	18.8	5.50	10 000	13 000	0.272	1305 TN1	1305 KTN1	37.3	50.3	1.1	32	55	1	0.28	2.2	3.5	2.3
	62	24	24.5	6.48	9500	12 000	0.35	2305	2305 K	35.2	52.5	1.1	32	55	1	0.47	1.3	2.1	1.4
	62	24	24.5	6.50	9500	12 000	0.375	2305 TN1	2305 KTN1	36.1	50.0	1.1	32	55	1	0.41	1.5	2.3	1.6

续表

基本尺寸/mm			基本额定载荷/kN		极限转速/(r/min)		重量/kg	轴承代号		其他尺寸/mm			安装尺寸/mm			计算系数			
d	D	B	C_r	C_{0r}	脂	油	W (≈)	圆柱孔 10000(TN1,M)型	圆锥孔 10000 K(KTN1,KM)型	d_2	D_2	r (min)	d_a (max)	D_a (max)	r_a (max)	e	Y_1	Y_2	Y_0
30	62	16	15.8	4.70	10 000	12 000	0.23	1206	1206 K	40.1	53.2	1	36	56	1	0.24	2.6	4.0	2.7
	62	16	15.5	4.70	10 000	12 000	0.228	1206 TN1	1206 KTN1	40.0	51.7	1	36	56	1	0.25	2.5	3.9	2.7
	62	20	15.2	4.60	10 000	12 000	0.26	2206	2206 K	40.0	53.0	1	36	56	1	0.39	1.6	2.4	1.7
	62	20	23.8	6.60	10 000	12 000	0.275	2206 TN1	2206 KTN1	38.8	53.4	1	36	56	1	0.33	1.9	3.0	2.0
	72	19	21.5	6.28	8500	11 000	0.4	1306	1306 K	44.9	60.9	1.1	37	65	1	0.26	2.4	3.8	2.6
	72	19	21.2	6.30	8500	11 000	0.399	1306 TN1	1306 KTN1	44.9	59.0	1.1	37	65	1	0.25	2.5	3.9	2.6
	72	27	31.5	8.68	8000	10 000	0.5	2306	2306 K	41.7	60.9	1.1	37	65	1	0.44	1.4	2.2	1.5
	72	27	31.5	8.70	8 000	10 000	0.556	2306 TN1	2306 KTN1	41.9	58.5	1.1	37	65	1	0.43	1.5	2.3	1.5
35	72	17	15.8	5.08	8500	10 000	0.32	1207	1207 K	47.5	60.7	1.1	42	65	1	0.23	2.7	4.2	2.9
	72	17	18.8	5.90	8500	10000	0.328	1207 TN1	1207 KTN1	47.1	60.2	1.1	42	65	1	0.23	2.7	4.2	2.9
	72	23	21.8	6.65	8500	10 000	0.44	2207	2207 K	46.0	62.2	1.1	42	65	1	0.38	1.7	2.6	1.8
	72	23	30.5	8.70	8500	10 000	0.425	2207 TN1	2207 KTN1	45.1	61.9	1.1	42	65	1	0.31	2.0	3.1	2.1
	80	21	25.0	7.95	7500	9500	0.54	1307	1307 K	51.5	69.5	1.5	44	71	1.5	0.25	2.6	4.0	2.7
	80	21	26.2	8.50	7500	9500	0.534	1307 TN1	1307 KTN1	51.7	67.1	1.5	44	71	1.5	0.25	2.5	3.9	2.6
	80	31	39.2	11.0	7100	9000	0.68	2307	2307 K	46.5	68.4	1.5	44	71	1.5	0.46	1.4	2.1	1.4
	80	31	39.5	11.2	7100	9000	0.763	2307 TN1	2307 KTN1	47.7	66.6	1.5	44	71	1.5	0.39	1.6	2.5	1.7
40	80	18	19.2	6.40	7500	9000	0.41	1208	1208 K	53.6	68.8	1.1	47	73	1	0.22	2.9	4.4	3.0
	80	18	20.0	6.90	7500	9000	0.43	1208 TN1	1208 KTN1	53.6	66.7	1.1	47	73	1	0.22	2.9	4.5	3.0
	80	23	22.5	7.38	7500	9000	0.53	2208	2208 K	52.4	68.8	1.1	47	73	1	0.24	1.9	2.9	2.0
	80	23	31.8	10.2	7500	9000	0.523	2208 TN1	2208 KTN1	52.1	69.3	1.1	47	73	1	0.29	2.2	3.4	2.3
	90	23	29.5	9.50	6700	8500	0.71	1308	1308 K	57.5	76.8	1.5	49	81	1.5	0.24	2.6	4.0	2.7
	90	23	33.7	11.3	6700	8500	0.723	1308 TN1	1308 KTN1	60.6	78.7	1.5	49	81	1.5	0.24	2.6	4.1	2.8

续表

基本尺寸/mm			基本额定载荷/kN		极限转速/(r/min)		重量/kg	轴承代号		其他尺寸/mm			安装尺寸/mm			计算系数			
d	D	B	C_r	C_{0r}	脂	油	W (≈)	圆柱孔 10000(TN1,M)型	圆锥孔 10000 K(KTN1,KM)型	d_2	D_2	r (min)	d_a (max)	D_a (max)	r_a (max)	e	Y_1	Y_2	Y_0
40	90	33	44.8	13.2	6300	8000	0.93	2308	2308 K	53.5	76.8	1.5	49	81	1.5	0.43	1.5	2.3	1.5
	90	33	54.0	15.8	6300	8000	1.013	2308 TN1	2308 KTN1	53.4	76.2	1.5	49	81	1.5	0.40	1.6	2.5	1.7
45	85	19	21.8	7.32	7100	8500	0.49	1209	1209 K	57.3	73.7	1.1	52	78	1	0.21	2.9	4.6	3.1
	85	19	23.5	8.30	7100	8500	0.489	1209 TN1	1209 KTN1	57.4	71.7	1.1	52	78	1	0.22	2.9	4.5	3.0
	85	23	23.2	8.00	7100	8500	0.55	2209	2209 K	57.5	74.1	1.1	52	78	1	0.31	2.1	3.2	2.2
	85	23	32.5	10.5	7100	8500	0.574	2209 TN1	2209 KTN1	55.3	72.4	1.1	52	78	1	0.26	2.4	3.8	2.5
	100	25	38.0	12.8	6000	7500	0.96	1309	1309 K	63.7	85.7	1.5	54	91	1.5	0.25	2.5	3.9	2.6
	100	25	38.8	13.5	6000	7500	0.978	1309 TN1	1309 KTN1	67.7	87.0	1.5	54	91	1.5	0.23	2.7	4.2	2.8
	100	36	55.0	16.2	5600	7100	1.25	2309	2309 K	60.2	86.0	1.5	54	91	1.5	0.42	1.5	2.3	1.6
	100	36	63.8	19.2	5600	7100	1.351	2309 TN1	2309 KTN1	60.0	85.0	1.5	54	91	1.5	0.37	1.7	2.6	1.8
50	90	20	22.8	8.08	6300	8000	0.54	1210	1210 K	62.3	78.7	1.1	57	83	1	0.20	3.1	4.8	3.3
	90	20	26.5	9.50	6300	8000	0.55	1210 TN1	1210 KTN1	62.3	77.5	1.1	57	83	1	0.21	3.0	4.6	3.1
	90	23	23.2	8.45	6300	8000	0.68	2210	2210 K	62.5	79.3	1.1	57	83	1	0.29	2.2	3.4	2.3
	90	23	33.5	11.2	6300	8000	0.596	2210 TN1	2210 KTN1	61.3	79.3	1.1	57	83	1	0.24	2.7	4.1	2.8
	110	27	43.2	14.2	5600	6700	1.21	1310	1310 K	70.1	95.0	2	60	100	2	0.24	2.7	4.1	2.8
	110	27	43.8	15.2	5600	6700	1.301	1310 TN1	1310 KTN1	70.3	90.6	2	60	100	2	0.24	2.7	4.1	2.8
	110	40	64.5	19.8	5000	6300	1.64	2310	2310 K	65.8	94.4	2	60	100	2	0.43	1.5	2.3	1.6
	110	40	64.8	20.2	5000	6300	1.839	2310 TN1	2310 KTN1	67.7	91.4	2	60	100	2	0.34	1.9	2.9	2.0

表 15.4　角接触球轴承(摘自 GB/T 292—1994)

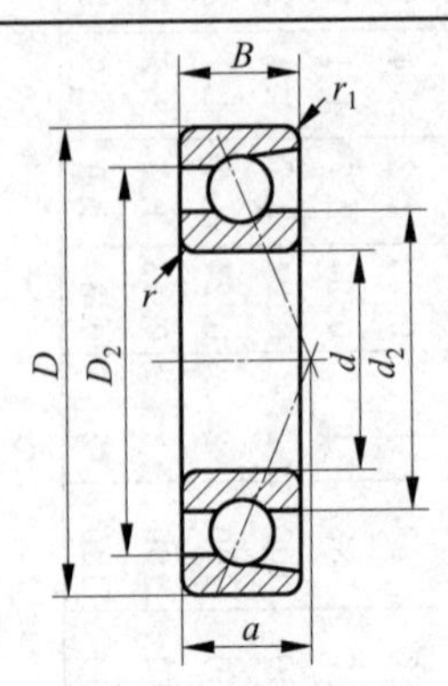

70000C(AC)型

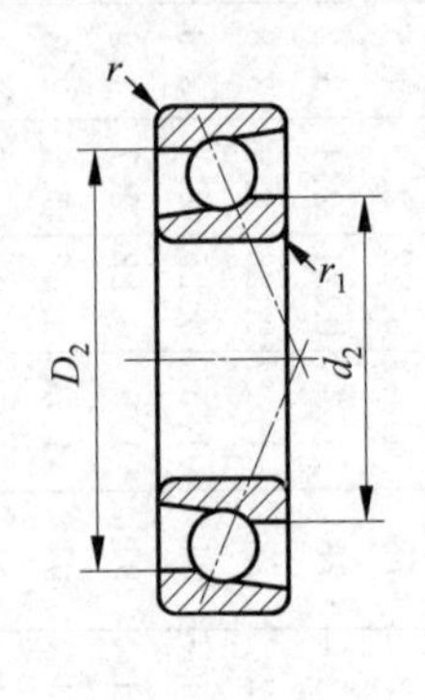

70000B型

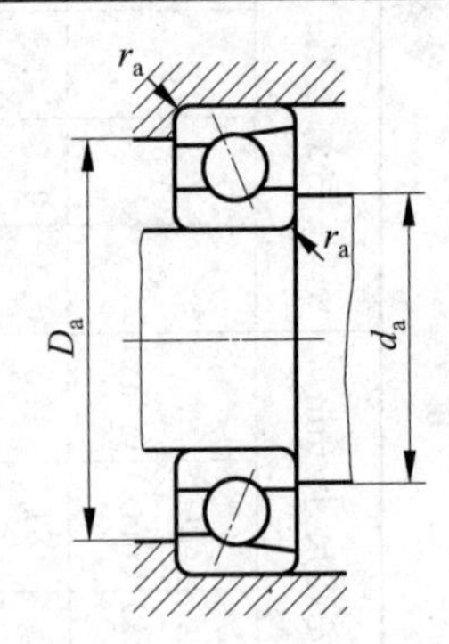

基本尺寸/mm			基本额定载荷/kN		极限转速/(r/min)		重量/kg	轴承代号	其他尺寸/mm					安装尺寸/mm		
d	D	B	C_r	C_{0r}	脂	油	W (≈)	70000 C (AC,B)型	d_2 (≈)	D_2 (≈)	a	r (min)	r_1 (min)	d_a (min)	D_a (max)	r_a (max)
15	32	9	6.25	3.42	17 000	24 000	0.028	7002 C	20.4	26.6	7.6	0.3	0.15	17.4	29.6	0.3
	32	9	5.95	3.25	17 000	24 000	0.028	7002AC	20.4	26.6	10	0.3	0.15	17.4	29.6	0.3
	35	11	8.68	4.62	16 000	22 000	0.043	7202 C	21.6	29.4	8.9	0.6	0.15	20	30	0.6
	35	11	8.35	4.40	16 000	22 000	0.043	7202 AC	21.6	29.4	11.4	0.6	0.15	20	30	0.6
17	35	10	6.60	3.85	16 000	22 000	0.036	7003 C	22.9	29.1	8.5	0.3	0.15	19.4	32.6	0.3
	35	10	6.30	3.68	16 000	22 000	0.036	7003 AC	22.9	29.1	11.1	0.3	0.15	19.4	32.6	0.3
	40	12	10.8	5.95	15 000	20 000	0.062	7203 C	24.6	33.4	9.9	0.6	0.3	22	35	0.6
	40	12	10.5	5.65	15 000	20 000	0.062	7203 AC	24.6	33.4	12.8	0.6	0.3	22	35	0.6
20	42	12	10.5	6.08	14 000	19 000	0.064	7004 C	26.9	35.1	10.2	0.6	0.15	25	37	0.6
	42	12	10.0	5.78	14 000	19 000	0.064	7004 AC	26.9	35.1	13.2	0.6	0.15	25	37	0.6
	47	14	14.5	8.22	13 000	18 000	0.1	7204 C	29.3	39.7	11.5	1	0.3	26	41	1
	47	14	14.0	7.82	13 000	18 000	0.1	7204 AC	29.3	39.7	14.9	1	0.3	26	41	1
	47	14	14.0	7.85	13 000	18 000	0.11	7204 B	30.5	37	21.1	1	0.3	26	41	1
25	47	12	11.5	7.45	12 000	17 000	0.074	7005 C	31.9	40.1	10.8	0.6	0.15	30	42	0.6
	47	12	11.2	7.08	12 000	17 000	0.074	7005 AC	31.9	40.1	14.4	0.6	0.15	30	42	0.6
	52	15	16.5	10.5	11 000	16 000	0.12	7205 C	33.8	44.2	12.7	1	0.3	31	46	1
	52	15	15.8	9.88	11 000	16 000	0.12	7205 AC	33.8	44.2	16.4	1	0.3	31	46	1
	52	15	15.8	9.45	9500	14 000	0.13	7205 B	35.4	42.1	23.7	1	0.3	31	46	1
	62	17	26.2	15.2	8500	12 000	0.3	7305 B	39.2	48.4	26.8	1.1	0.6	32	55	1
30	55	13	15.2	10.2	9500	14 000	0.11	7006 C	38.4	47.7	12.2	1	0.3	36	49	1
	55	13	14.5	9.85	9500	14 000	0.11	7006 AC	38.4	47.7	16.4	1	0.3	36	49	1
	62	16	23.0	15.0	9000	13 000	0.19	7206 C	40.8	52.2	14.2	1	0.3	36	56	1
	62	16	22.0	14.2	9000	13 000	0.19	7206 AC	40.8	52.2	18.7	1	0.3	36	56	1
	62	16	20.5	13.8	8500	12 000	0.21	7206 B	42.8	50.1	27.4	1	0.3	36	56	1
	72	19	31.0	19.2	7500	10 000	0.37	7306 B	46.5	56.2	31.1	1.1	0.6	37	65	1

续表

基本尺寸/mm			基本额定载荷/kN		极限转速/(r/min)		重量/kg	轴承代号	其他尺寸/mm					安装尺寸/mm		
d	D	B	C_r	C_{0r}	脂	油	W (≈)	70000 C (AC,B)型	d_2 (≈)	D_2 (≈)	a	r (min)	r_1 (min)	d_a (min)	D_a (max)	r_a (max)
35	62	14	19.5	14.2	8500	12 000	0.15	7007 C	43.3	53.7	13.5	1	0.3	41	56	1
	62	14	18.5	13.5	8500	12 000	0.15	7007 AC	43.3	53.7	18.3	1	0.3	41	56	1
	72	17	30.5	20.0	8000	11 000	0.28	7207 C	46.8	60.2	15.7	1.1	0.6	42	65	1
	72	17	29.0	19.2	8000	11 000	0.28	7207 AC	46.8	60.2	21	1.1	0.6	42	65	1
	72	17	27.0	18.8	7500	10 000	0.3	7207 B	49.5	58.1	30.9	1.1	0.6	42	65	1
	80	21	38.2	24.5	7000	9500	0.51	7307 B	52.4	63.4	34.6	1.5	0.6	44	71	1.5
40	68	15	20.0	15.2	8000	11 000	0.18	7008 C	48.8	59.2	14.7	1	0.3	46	62	1
	68	15	19.0	14.5	8000	11 000	0.18	7008 AC	48.8	59.2	20.1	1	0.3	46	62	1
	80	18	36.8	25.8	7500	10 000	0.37	7208 C	52.8	67.2	17	1.1	0.6	47	73	1
	80	18	35.2	24.5	7500	10 000	0.37	7208 AC	52.8	67.2	23	1.1	0.6	47	73	1
	80	18	32.5	23.5	6700	9000	0.39	7208 B	56.4	65.7	34.5	1.1	0.6	47	73	1
	90	23	46.2	30.5	6300	8500	0.67	7308 B	59.3	71.5	38.8	1.5	0.6	49	81	1.5
	110	27	67.0	47.5	6000	8000	1.4	7408 B	64.6	85.4	38.7	2	1	50	100	2
45	75	16	25.8	20.5	7500	10 000	0.23	7009 C	54.2	65.9	16	1	0.3	51	69	1
	75	16	25.8	19.5	7500	10 000	0.23	7009 AC	54.2	65.9	21.9	1	0.3	51	69	1
	85	19	38.5	28.5	6700	9000	0.41	7209 C	58.8	73.2	18.2	1.1	0.6	52	78	1
	85	19	36.8	27.2	6700	9000	0.41	7209 AC	58.8	73.2	24.7	1.1	0.6	52	78	1
	85	19	36.0	26.2	6300	8500	0.44	7209 B	60.5	70.2	36.8	1.1	0.6	52	78	1
	100	25	59.5	39.8	6000	8000	0.9	7309 B	66	80	42.0	1.5	0.6	54	91	1.5
50	80	16	26.5	22.0	6700	9000	0.25	7010 C	59.2	70.9	16.7	1	0.3	56	74	1
	80	16	25.2	21.0	6700	9000	0.25	7010 AC	59.2	70.9	23.2	1	0.3	56	74	1
	90	20	42.8	32.0	6300	8500	0.46	7210 C	62.4	77.7	19.4	1.1	0.6	57	83	1
	90	20	40.8	30.5	6300	8500	0.46	7210 AC	62.4	77.7	26.3	1.1	0.6	57	83	1
	90	20	37.5	29.0	5600	7500	0.49	7210 B	65.5	75.2	39.4	1.1	0.6	57	83	1
	110	27	68.2	48.0	5000	6700	1.15	7310 B	74.2	88.8	47.5	2	1	60	100	2
	130	31	95.2	64.2	5000	6700	2.08	7410 B	77.6	102.4	46.2	2.1	1.1	62	118	2.1
55	90	18	37.2	30.5	6000	8000	0.38	7011 C	65.4	79.7	18.7	1.1	0.6	62	83	1
	90	18	35.2	29.2	6000	8000	0.38	7011 AC	65.4	79.7	25.9	1.1	0.6	62	83	1
	100	21	52.8	40.5	5600	7500	0.61	7211 C	68.9	86.1	20.9	1.5	0.6	64	91	1.5
	100	21	50.5	38.5	5600	7500	0.61	7211 AC	68.9	86.1	28.6	1.5	0.6	64	91	1.5
	100	21	46.2	36.0	5300	7000	0.65	7211 B	72.4	83.4	43	1.5	0.6	64	91	1.5
	120	29	78.8	56.5	4500	6000	1.45	7311 B	80.5	96.3	51.4	2	1	65	110	2

续表

基本尺寸/mm			基本额定载荷/kN		极限转速/(r/min)		重量/kg	轴承代号	其他尺寸/mm					安装尺寸/mm		
d	D	B	C_r	C_{0r}	脂	油	W (≈)	70000 C (AC,B)型	d_2 (≈)	D_2 (≈)	a	r (min)	r_1 (min)	d_a (min)	D_a (max)	r_a (max)
60	95	18	38.2	32.8	5600	7500	0.4	7012 C	71.4	85.7	19.4	1.1	0.6	67	88	1
	95	18	36.2	31.5	5600	7500	0.4	7012 AC	71.4	85.7	27.1	1.1	0.6	67	88	1
	110	22	61.0	48.5	5300	7000	0.8	7212 C	76	94.1	22.4	1.5	0.6	69	101	1.5
	110	22	58.2	46.2	5300	7000	0.8	7212 AC	76	94.1	30.8	1.5	0.6	69	101	1.5
	110	22	56.0	44.5	4800	6300	0.84	7212 B	79.3	91.5	46.7	1.5	0.6	69	101	1.5
	130	31	90.0	66.3	4300	5600	1.85	7312 B	87.1	104.2	55.4	2.1	1.1	72	118	2.1
	150	35	118	85.5	4300	5600	3.56	7412 B	91.4	118.6	55.7	2.1	1.1	72	138	2.1
65	100	18	40.0	35.5	5300	7000	0.43	7013 C	75.3	89.8	20.1	1.1	0.6	72	93	1
	100	18	38.0	33.8	5300	7000	0.43	7013 AC	75.3	89.8	28.2	1.1	0.6	72	93	1
	120	23	69.8	55.2	4800	6300	1	7213 C	82.5	102.5	24.2	1.5	0.6	74	111	1.5
	120	23	66.5	52.5	4800	6300	1	7213 AC	82.5	102.5	33.5	1.5	0.6	74	111	1.5
	120	23	62.5	53.2	4300	5600	1.05	7213 B	88.4	101.2	51.1	1.5	0.6	74	111	1.5
	140	33	102	77.8	4000	5300	2.25	7313 B	93.9	112.4	59.5	2.1	1.1	77	128	2.1
70	110	20	48.2	43.5	5000	6700	0.6	7014 C	82	98	22.1	1.1	0.6	77	103	1
	110	20	45.8	41.5	5000	6700	0.6	7014 AC	82	98	30.9	1.1	0.6	77	103	1
	125	24	70.2	60.0	4500	6700	1.1	7214 C	89	109	25.3	1.5	0.6	79	116	1.5
	125	24	69.2	57.5	4500	6700	1.1	7214 AC	89	109	35.1	1.5	0.6	79	116	1.5
	125	24	70.2	57.2	4300	5600	1.15	7214 B	91.1	104.9	52.9	1.5	0.6	79	116	1.5
	150	35	115	87.2	3600	4800	2.75	7314 B	100.9	120.5	63.7	2.1	1.1	82	138	2.1
75	115	20	49.5	46.5	4800	6300	0.63	7015 C	88	104	22.7	1.1	0.6	82	108	1
	115	20	46.8	44.2	4800	6300	0.63	7015 AC	88	104	32.2	1.1	0.6	82	108	1
	130	25	79.2	65.8	4300	5600	1.2	7215 C	94	115	26.4	1.5	0.6	84	121	1.5
	130	25	75.2	63.0	4300	5600	1.2	7215 AC	94	115	36.6	1.5	0.6	84	121	1.5
	130	25	72.8	62.0	4000	5300	1.3	7215 B	96.1	109.9	55.5	1.5	0.6	84	121	1.5
	160	37	125	98.5	3400	4500	3.3	7315 B	107.9	128.6	68.4	2.1	1.1	87	148	2.1
80	125	22	58.5	55.8	4500	6000	0.85	7016 C	95.2	112.8	24.7	1.1	0.6	87	118	1
	125	22	55.5	53.2	4500	6000	0.85	7016 AC	95.2	112.8	34.9	1.1	0.6	87	118	1
	140	26	89.5	78.2	4000	5300	1.45	7216 C	100	122	27.7	2	1	90	130	2
	140	26	85.0	74.5	4000	5300	1.45	7216 AC	100	122	38.9	2	1	90	130	2
	140	26	80.2	69.5	3600	4800	1.55	7216 B	103.2	117.8	59.2	2	1	90	130	2
	170	39	135	110	3600	4800	3.9	7316 B	114.8	136.8	71.9	2.1	1.1	92	158	2.1

表 15.5 圆柱滚子轴承(摘自 GB/T 283—1994)

基本尺寸/mm				基本额定载荷/kN		极限转速/(r/min)		重量/kg	轴承代号			其他尺寸/mm				安装尺寸/mm						
d	D	B	F_w	C_r	C_{0r}	脂	油	W (≈)	NU 型	NJ 型	NUP 型	d_2	D_2	r (min)	r_1 (min)	d_a (max)	d_a (min)	d_b (min)	d_c (min)	D_a (max)	r_a (max)	r_b (max)
15	35	11	19.3	7.98	5.5	15 000	19 000	—	NU 202	NJ 202	—	22	26.4	0.6	0.3	—	17	21	23	31	0.6	0.3
17	40	12	22.9	9.12	7.0	14 000	18 000	—	NU 203	NJ 203	NUP 203	25.5	30.9	0.6	0.3	—	19	24	27	36	0.6	0.3
	47	14	27	12.8	10.8	13 000	17 000	0.147	NU 303	NJ 303	—	—	—	1	0.6	—	21	27	30	42	1	0.6
20	42	12	25.5	10.5	9.2	13 000	17 000	0.09	NU 1004	—	—	—	—	0.6	0.3	—	22	27	—	38	0.6	0.3
	47	14	26.5	25.8	24.0	12 000	16 000	0.117	NU 204 E	NJ 204 E	NUP 204 E	29.7	38.5	1	0.6	26	24	29	32	42	1	0.6
	47	18	26.5	30.8	30.0	12 000	16 000	0.149	NU 2204 E	NJ 2204 E	NUP 2204 E	29.7	38.5	1	0.6	26	24	29	32	42	1	0.6
	52	15	27.5	29.0	25.5	11 000	15 000	0.155	NU 304 E	NJ 304 E	NUP 304 E	31.2	42.3	1.1	0.6	27	24	30	33	45.5	1	0.6
	52	21	27.5	39.2	37.5	10 000	14 000	0.216	NU 2304 E	NJ 2304 E	NUP 2304 E	29.7	38.5	1.1	0.6	27	24	30	33	45.5	1	0.6
25	47	12	30.5	11.0	10.2	11 000	15 000	0.1	NU 1005	—	—	—	38.8	0.6	0.3	30	27	32	—	43	0.6	0.3
	52	15	31.5	27.5	26.8	11 000	14 000	0.14	NU205 E	NJ 205 E	NUP 205 E	34.7	43.5	1	0.6	31	29	34	37	47	1	0.6

续表

基本尺寸/mm				基本额定载荷/kN		极限转速/(r/min)		重量/kg	轴承代号			其他尺寸/mm				安装尺寸/mm						
d	D	B	F_W	C_r	C_{0r}	脂	油	W (≈)	NU 型	NJ 型	NUP 型	d_2	D_2	r (min)	r_1 (min)	d_a (max)	d_a (min)	d_b (min)	d_c (min)	D_a (max)	r_a (max)	r_b (max)
25	52	18	31.5	32.8	33.8	11 000	14 000	0.168	NU 2205 E	NJ 2205 E	NUP 2205 E	34.7	43.5	1	0.6	31	29	34	37	47	1	0.6
	62	17	34	38.5	35.8	9000	12 000	0.251	NU 305 E	NJ 305 E	NUP 305 E	38.1	50.4	1.1	1.1	33	31.5	37	40	55.5	1	1
	62	24	34	53.2	54.5	9000	12 000	0.355	NU 2305 E	NJ 2305 E	NUP 2305 E	38.1	50.4	1.1	1.1	33	31.5	37	40	55.5	1	1
30	55	13	36.5	13.0	12.8	9500	12 000	0.12	NU 1006	—	—	—	45.6	1	0.6	35	34	38	—	50	1	0.6
	62	16	37.5	36.0	35.5	8500	11 000	0.214	NU 206 E	NJ 206 E	NUP 206 E	41.3	52.3	1	0.6	37	34	40	44	57	1	0.6
	62	20	37.5	45.5	48.0	8500	11 000	0.268	NU 2206 E	NJ 2206 E	NUP 2206 E	41.3	52.3	1	0.6	37	34	40	44	57	1	0.6
	72	19	40.5	49.2	48.2	8000	10 000	0.377	NU 306 E	NJ 306 E	NUP 306 E	45	58.6	1.1	1.1	40	36.5	44	48	65.5	1	1
	72	27	40.5	70.0	75.5	8000	10 000	0.538	NU 2306 E	NJ 2306 E	NUP 2306 E	45	58.6	1.1	1.1	40	36.5	44	48	65.5	1	1
	90	23	45	57.2	53.0	7000	9000	0.73	NU 406	NJ 406	NUP 406	50.5	65.8	1.5	1.5	44	38	47	52	82	1.5	1.5
35	62	14	42	19.5	18.8	8500	11 000	0.16	NU 1007	—	—	—	54.5	1	0.6	41	39	44	—	57	1	0.6
	72	17	44	46.5	48.0	7500	9500	0.311	NU 207 E	NJ 207 E	NUP 207 E	48.3	60.5	1.1	0.6	43	39	46	50	65.5	1	0.6
	72	23	44	57.5	63.0	7500	9500	0.414	NU 2207 E	NJ 2207 E	NUP 2207 E	48.3	60.5	1.1	0.6	43	39	46	50	65.5	1	0.6
	80	21	46.2	62.0	63.2	7000	9000	0.501	NU 307 E	NJ 307 E	NUP 307 E	51.1	66.3	1.5	1.1	45	41.5	48	53	72	1.5	1
	80	31	46.2	87.5	98.2	7000	9000	0.738	NU 2307 E	NJ 2307 E	NUP 2307 E	51.1	66.3	1.5	1.1	45	41.5	48	53	72	1.5	1
	100	25	53	70.8	68.2	6000	7500	0.94	NU 407	NJ 407	NUP 407	59	75.3	1.5	1.5	52	43	55	61	92	1.5	1.5
40	68	15	47	21.2	22.0	7500	9500	0.22	NU 1008	NJ 1008	—	—	57.6	1	0.6	46	44	49	—	63	1	0.6
	80	18	49.5	51.5	53.0	7000	9000	0.394	NU 208 E	NJ 208 E	NUP 208 E	54.2	67.6	1.1	1.1	49	46.5	52	56	73.5	1	1
	80	23	49.5	67.5	75.2	7000	9000	0.507	NU 2208 E	NJ 2208 E	NUP 2208E	54.2	67.6	1.1	1.1	49	46.5	52	56	73.5	1	1
	90	23	52	76.8	77.8	6300	8000	0.68	NU 308 E	NJ 308	NUP 308 E	57.7	75.4	1.5	1.5	51	48	55	60	82	1.5	1.5
	90	33	52	105	118	6300	8000	0.974	NU 2308 E	NJ 2308 E	NUP 2308 E	57.7	75.4	1.5	1.5	51	48	55	60	82	1.5	1.5
	110	27	58	90.5	89.8	5600	7000	1.25	NU 408	NJ 408	NUP 408	64.8	83.3	2	2	57	49	60	67	101	2	2

续表

基本尺寸/mm				基本额定载荷/kN		极限转速/(r/min)		重量/kg	轴承代号			其他尺寸/mm				安装尺寸/mm						
d	D	B	F_W	C_r	C_{0r}	脂	油	W (≈)	NU型	NJ型	NUP型	d_2	D_2	r (min)	r_1 (min)	d_a (max)	d_a (min)	d_b (min)	d_c (min)	D_a (max)	r_a (max)	r_b (max)
45	75	16	52.5	23.2	23.8	6500	8500	0.26	NU 1009	NJ 1009	—	—	63.9	1	0.6	52	49	54	—	70	1	0.6
	85	19	54.5	58.5	63.8	6300	8000	0.45	NU 209 E	NJ 209 E	NUP 209 E	59.2	72.6	1.1	1.1	54	51.5	57	61	78.5	1	1
	85	23	54.5	71.0	82.0	6300	8000	0.55	NU 2209 E	NJ 2209 E	NUP 2209 E	59.2	72.6	1.1	1.1	54	51.5	57	61	78.5	1	1
	100	25	58.5	93.0	98.0	5600	7000	0.93	NU 309 E	NJ 309 E	NUP 309 E	64.7	83.6	1.5	1.5	57	53	60	66	92	1.5	1.5
	100	36	58.5	130	152	5600	7000	1.34	NU 2309 E	NJ 2309 E	NUP 2309 E	64.7	83.6	1.5	1.5	57	53	60	66	92	1.5	1.5
	120	29	64.5	102	100	5000	6300	1.8	NU 409	NJ 409	NUP 409	71.8	91.4	2	2	63	54	66	74	111	2	2
50	80	16	57.5	25.0	27.5	6300	8000	—	NU 1010	NJ 1010	—	—	68.9	1	0.6	57	54	59	—	75	1	0.6
	90	20	59.5	61.2	69.2	6000	7500	0.505	NU 210 E	NJ 210 E	NUP 210 E	64.2	77.6	1.1	1.1	58	56.5	62	67	83.5	1	1
	90	23	59.5	74.2	88.8	6000	7500	0.59	NU 2210 E	NJ 2210 E	NUP 2210 E	64.2	77.6	1.1	1.1	58	56.5	62	67	83.5	1	1
	110	27	65	105	112	5300	6700	1.2	NU 310 E	NJ 310 E	NUP 310 E	71.2	91.7	2	2	63	59	67	73	101	2	2
	110	40	65	155	185	5300	6700	1.79	NU 2310 E	NJ 2310 E	NUP 2310 E	71.2	91.7	2	2	63	59	67	73	101	2	2
	130	31	70.8	120	120	4800	6000	2.3	NU 410	NJ 410	NUP 410	78.8	101	2.1	2.1	69	61	73	81	119	2.1	2.1

表 15.6　圆锥滚子轴承(摘自 GB/T 297—1994)

径向当量动载荷：
　当 $F_a/F_r \leqslant e$ 时，$P_r = F_r$
　当 $F_a/F_r > e$ 时，$P_r = 0.4F_r + YF_a$
径向当量静载荷：
　$P_{0r} = 0.5F_r + Y_0F_a$
　若 $P_{0r} < F_r$ 取 $P_{0r} = F_r$
附加轴向力
　$S \approx F_r/(2Y)$
最小径向载荷 $F_{min} = 0.02C_r$

基本尺寸/mm					基本额定载荷/kN		极限转速/(r/min)		重量/kg	计算系数			轴承代号	其他尺寸/mm			安装尺寸/mm								
d	D	T	B	C	C_r	C_{0r}	脂	油	W (≈)	e	Y	Y_0	30000 型	a (≈)	r (min)	r_1 (min)	d_a (min)	d_b (max)	D_a (min)	D_a (max)	D_b (min)	a_1 (min)	a_2 (min)	r_a (max)	r_b (max)
15	42	14.25	13	11	22.8	21.5	9000	12 000	0.094	0.29	2.1	1.2	30302	9.6	1	1	21	22	36	36	38	2	3.5	1	1
17	40	13.25	12	11	20.8	21.8	9000	12 000	0.079	0.35	1.7	1	30203	9.9	1	1	23	23	34	34	37	2	2.5	1	1
	47	15.25	14	12	28.2	27.2	8500	11 000	0.129	0.29	2.1	1.2	30303	10.4	1	1	23	25	40	41	43	3	3.5	1	1
	47	20.25	19	16	35.2	36.2	8500	11 000	0.173	0.29	2.1	1.2	32303	12.3	1	1	23	24	39	41	43	3	4.5	1	1
20	37	12	12	9	13.2	17.5	9500	13 000	0.056	0.32	1.9	1	32904	8.2	0.3	0.3	—	—	—	—	—	—	—	0.3	0.3
	42	15	15	12	25.0	28.2	8500	11 000	0.095	0.37	1.6	0.9	32004	10.3	0.6	0.6	25	25	36	37	39	3	3	0.6	0.6
	47	15.25	14	12	28.2	30.5	8000	10 000	0.126	0.35	1.7	1	30204	11.2	1	1	26	27	40	41	43	2	3.5	1	1
	52	16.25	15	13	33.0	33.2	7500	9500	0.165	0.3	2	1.1	30304	11.1	1.5	1.5	27	28	44	45	48	3	3.5	1.5	1.5
	52	22.25	21	18	42.8	46.2	7500	9500	0.230	0.3	2	1.1	32304	13.6	1.5	1.5	27	26	43	45	48	3	4.5	1.5	1.5

续表

基本尺寸/mm					基本额定载荷/kN		极限转速/(r/min)		重量/kg	计算系数			轴承代号	其他尺寸/mm			安装尺寸/mm								
d	D	T	B	C	C_r	C_{0r}	脂	油	W (≈)	e	Y	Y_0	30000型	a (≈)	r (min)	r_1 (min)	d_a (min)	d_b (max)	D_a (min)	D_a (max)	D_b (min)	a_1 (min)	a_2 (min)	r_a (max)	r_b (max)
22	40	12	12	9	15.0	20.0	8500	11 000	0.065	0.32	1.9	1	329/22	8.5	0.3	0.3	—	—	—	—	—	—	—	0.3	0.3
	44	15	15	11.5	26.0	30.2	8000	10 000	0.100	0.40	1.5	0.8	320/22	10.8	0.6	0.6	27	27	38	39	41	3	3.5	0.6	0.6
25	42	12	12	9	16.0	21.0	6300	10 000	0.064	0.32	1.9	1	32905	8.7	0.3	0.3	—	—	—	—	—	—	—	0.3	0.3
	47	15	15	11.5	28.0	34.0	7500	9500	0.11	0.43	1.4	0.8	32005	11.6	0.6	0.6	30	30	40	42	44	3	3.5	0.6	0.6
	47	17	17	14	32.5	42.5	7500	9500	0.129	0.29	2.1	1.1	33005	11.1	0.6	0.6	30	30	40	42	45	3	3	0.6	0.6
	52	16.25	15	13	32.2	37.0	7000	9000	0.154	0.37	1.6	0.9	30205	12.5	1	1	31	31	44	46	48	2	3.5	1	1
	52	22	22	18	47.0	55.8	7000	9000	0.216	0.35	1.7	0.9	33205	14.0	1	1	31	30	43	46	49	4	4	1	1
	62	18.25	17	15	46.8	48.0	6300	8000	0.263	0.3	2	1.1	30305	13.0	1.5	1.5	32	34	54	55	58	3	3.5	1.5	1.5
	62	18.25	17	13	40.5	46.0	6300	8000	0.262	0.83	0.7	0.4	31305	20.1	1.5	1.5	32	31	47	55	59	3	5.5	1.5	1.5
	62	25.25	24	20	61.5	68.8	6300	8000	0.368	0.3	2	1.1	32305	15.9	1.5	1.5	32	32	52	55	58	3	5.5	1.5	1.5
28	45	12	12	9	16.8	22.8	7500	9500	0.069	0.32	1.9	1	329/28	9.0	0.3	0.3	—	—	—	—	—	—	—	0.3	0.3
	52	16	16	12	31.5	40.5	6700	8500	0.142	0.43	1.4	0.8	320/28	12.6	1	1	34	33	45	46	49	3	4	1	1
	58	24	24	19	58.0	68.2	6300	8000	0.286	0.34	1.8	1.0	332/28	15.0	1	1	34	33	49	52	55	4	5	1	1
30	47	12	12	9	17.0	23.2	7000	9000	0.072	0.32	1.9	1	32906	9.2	0.3	0.3	—	—	—	—	—	—	—	0.3	0.3
	55	17	16	14	27.8	35.5	6300	8000	0.16	0.26	2.3	1.3	32006 X2	12.0	1	1	—	—	—	—	—	3	5	—	—
	55	17	17	13	35.8	46.8	6300	8000	0.170	0.43	1.4	0.8	32006	13.3	1	1	36	35	48	49	52	3	4	1	1
	55	20	20	16	43.8	58.8	6300	8000	0.201	0.29	2.1	1.1	33006	12.8	1	1	36	35	48	49	52	3	4	1	1
	62	17.25	16	14	43.2	50.5	6000	7500	0.231	0.37	1.6	0.9	30206	13.8	1	1	36	37	53	56	58	2	3.5	1	1
	62	21.25	20	17	51.8	63.8	6000	7500	0.287	0.37	1.6	0.9	32206	15.6	1	1	36	36	52	56	58	3	4.5	1	1
	62	25	25	19.5	63.8	75.5	6000	7500	0.342	0.34	1.8	1	33206	15.7	1	1	36	36	53	56	59	5	5.5	1	1
	72	20.75	19	16	59.0	63.0	5600	7000	0.387	0.31	1.9	1.1	30306	15.3	1.5	1.5	37	40	62	65	66	3	5	1.5	1.5
	72	20.75	19	14	52.5	60.5	5600	7000	0.392	0.83	0.7	0.4	31306	23.1	1.5	1.5	37	37	55	65	68	3	7	1.5	1.5
	72	28.75	27	23	81.5	96.5	5600	7000	0.562	0.31	1.9	1.1	32306	18.9	1.5	1.5	37	38	59	65	66	4	6	1.5	1.5

续表

基本尺寸/mm					基本额定载荷/kN		极限转速/(r/min)		重量/kg	计算系数			轴承代号	其他尺寸/mm			安装尺寸/mm								
d	D	T	B	C	C_r	C_{0r}	脂	油	W (≈)	e	Y	Y_0	30000 型	a (≈)	r (min)	r_1 (min)	d_a (min)	d_b (max)	D_a (min)	D_a (max)	D_b (min)	a_1 (min)	a_2 (min)	r_a (max)	r_b (max)
32	52	14	14	10	23.8	32.5	6300	8000	0.106	0.32	1.9	1	329/32	10.2	0.6	0.6	37	37	46	47	49	3	4	0.6	0.6
	58	17	17	13	36.5	49.2	6000	7500	0.187	0.45	1.3	0.7	320/32	14.0	1	1	38	38	50	52	55	3	4	1	1
	65	26	26	20.5	68.8	82.2	5600	7000	0.385	0.35	1.7	1	332/32	16.6	1	1	38	38	55	59	62	5	5.5	1	1
35	55	14	14	11.5	25.8	34.8	6000	7500	0.114	0.29	2.1	1.1	32907	10.1	0.6	0.6	40	40	49	50	52	3	2.5	0.6	0.6
	62	18	17	15	33.8	47.2	5600	7000	0.21	0.29	2.1	1.1	32007 X2	14.0	1	1	—	—	—	—	—	3	5	1	1
	62	18	18	14	43.2	59.2	5600	7000	0.224	0.44	1.4	0.8	32007	15.1	1	1	41	40	54	56	59	4	4	1	1
	62	21	21	17	46.8	63.2	5600	7000	0.254	0.31	2	1.1	33007	13.5	1	1	41	41	54	56	59	3	4	1	1
	72	18.25	17	15	54.2	63.5	5300	6700	0.331	0.37	1.6	0.9	30207	15.3	1.5	1.5	42	44	62	65	67	3	3.5	1.5	1.5
	72	24.25	23	19	70.5	89.5	5300	6700	0.445	0.37	1.6	0.9	32207	17.9	1.5	1.5	42	42	61	65	68	3	5.5	1.5	1.5
	72	28	28	22	82.5	102	5300	6700	0.515	0.35	1.7	0.9	33207	18.2	1.5	1.5	42	42	61	65	68	5	6	1.5	1.5
	80	22.75	21	18	75.2	82.5	5000	6300	0.515	0.31	1.9	1.1	30307	16.8	2	1.5	44	45	70	71	74	3	5	2	1.5
	80	22.75	21	15	65.8	76.8	5000	6300	0.514	0.83	0.7	0.4	31307	25.8	2	1.5	44	42	62	71	76	4	8	2	1.5
	80	32.75	31	25	99.0	118	5000	6300	0.763	0.31	1.9	1.1	32307	20.4	2	1.5	44	43	66	71	74	4	8.5	2	1.5
40	62	15	14	12	21.2	28.2	5600	7000	0.14	0.28	2.1	1.2	32908 X2	12.0	0.6	0.6	—	—	—	—	—	3	5	0.6	0.6
	62	15	15	12	31.5	46.0	5600	7000	0.155	0.29	2.1	1.1	32908	11.1	0.6	0.6	45	45	55	57	59	3	3	0.6	0.6
	68	19	18	16	39.8	55.2	5300	6700	0.27	0.3	2	1.1	32008 X2	15.0	1	1	—	—	—	—	—	3	5	1	1
	68	19	19	14.5	51.8	71.0	5300	6700	0.267	0.38	1.6	0.9	32008	14.9	1	1	46	46	60	62	65	4	4.5	1	1
	68	22	22	18	60.2	79.5	5300	6700	0.306	0.28	2.1	1.2	33008	14.5	1	1	46	46	60	62	64	3	4	1	1
	75	26	26	20.5	84.8	110	5000	6300	0.496	0.36	1.7	0.9	33108	18.0	1.5	1.5	47	47	65	68	71	4	5.5	1.5	1.5
	80	19.75	18	16	63.0	74.0	5000	6300	0.422	0.37	1.6	0.9	30208	16.9	1.5	1.5	47	49	69	73	75	3	4	1.5	1.5
	80	24.75	23	19	77.8	77.2	5000	6300	0.532	0.37	1.6	0.9	32208	18.9	1.5	1.5	47	48	68	73	75	3	6	1.5	1.5
	80	32	32	25	105	135	5000	6300	0.715	0.36	1.7	0.9	33208	20.8	1.5	1.5	47	47	67	73	76	5	7	1.5	1.5
	90	25.25	23	20	90.8	108	4500	5600	0.747	0.35	1.7	1	30308	19.5	2	1.5	49	52	77	81	84	3	5.5	2	1.5
	90	25.25	23	17	81.5	96.5	4500	5600	0.727	0.83	0.7	0.4	31308	29.0	2	1.5	49	48	71	81	87	4	8.5	2	1.5

续表

基本尺寸/mm					基本额定载荷/kN		极限转速/(r/min)		重量/kg	计算系数			轴承代号	其他尺寸/mm			安装尺寸/mm								
d	D	T	B	C	C_r	C_{0r}	脂	油	W (≈)	e	Y	Y_0	30000 型	a (≈)	r (min)	r_1 (min)	d_a (min)	d_b (max)	D_a (min)	D_a (max)	D_b (min)	a_1 (min)	a_2 (min)	r_a (max)	r_b (max)
40	90	35.25	33	27	115	148	4500	5600	1.04	0.35	1.7	1	32308	23.3	2	1.5	49	49	73	81	83	4	8.5	2	1.5
45	68	15	14	12	22.2	32.8	5300	6700	—	0.31	1.9	1.1	32909 X2	13.0	0.6	0.6	—	—	—	—	—	3	5	0.6	0.6
	68	15	15	12	32.0	48.5	5300	6700	0.180	0.32	1.7	1	32909	12.2	0.6	0.6	50	50	61	63	65	3	3	0.6	0.6
	75	20	19	16	44.5	62.5	5000	6300	0.32	0.3	2	1.1	32009 X2	16.0	1	1	—	—	—	—	—	4	6	1	1
	75	20	20	15.5	58.5	81.5	5000	6300	0.337	0.39	1.5	0.8	32009	16.5	1	1	51	51	67	69	72	4	4.5	1	1
	75	24	24	19	72.5	100	5000	6300	0.398	0.32	1.9	1	33009	15.9	1	1	51	51	67	69	72	4	5	1	1
	80	26	26	20.5	87.0	118	4500	5600	0.535	0.38	1.6	1	33109	19.1	1.5	1.5	52	52	69	73	77	4	5.5	1.5	1.5
	85	20.75	19	16	67.8	83.5	4500	5600	0.474	0.4	1.5	0.8	30209	18.6	1.5	1.5	52	53	74	78	80	3	5	1.5	1.5
	85	24.75	23	19	80.8	105	4500	5600	0.573	0.4	1.5	0.8	32209	20.1	1.5	1.5	52	53	73	78	81	3	6	1.5	1.5
	85	32	32	25	110	145	4500	5600	0.771	0.39	1.5	0.9	33209	21.9	1.5	1.5	52	52	72	78	81	5	7	1.5	1.5
	100	27.25	25	22	108	130	4000	5000	0.984	0.35	1.7	1	30309	21.3	2	1.5	54	59	86	91	94	3	5.5	2	1.5
	100	27.25	25	18	95.5	115	4000	5000	0.944	0.83	0.7	0.4	31309	31.7	2	1.5	54	54	79	91	96	4	9.5	2.0	1.5
	100	38.25	36	30	145	188	4000	5000	1.40	0.35	1.7	1	32309	25.6	2	1.5	54	56	82	91	93	4	8.5	2.0	1.5
50	72	15	14	12	22.2	32.8	5000	6300	0.7	0.35	1.7	0.9	32910 X2	15.0	0.6	0.6	—	—	—	—	—	3	5	0.6	0.6
	72	15	15	12	36.8	56.0	5000	6300	0.181	0.34	1.8	1	32910	13.0	0.6	0.6	55	55	64	67	69	3	3	0.6	0.6
	80	20	19	16	45.8	66.2	4500	5600	0.31	0.32	1.9	1	32010 X2	17.0	1	1	—	—	—	—	—	4	6	1	1
	80	20	20	15.5	61.0	89.0	4500	5600	0.366	0.42	1.4	0.8	32010	17.8	1	1	56	56	72	74	77	4	4.5	1	1
	80	24	24	19	76.8	110	4500	5600	0.433	0.32	1.9	1	33010	17.0	1	1	56	56	72	74	76	4	5	1	1
	85	26	26	20	89.2	125	4300	5300	0.572	0.41	1.5	0.8	33110	20.4	1.5	1.5	57	56	74	78	82	4	6	1.5	1.5
	90	21.75	20	17	73.2	92.0	4300	5300	0.529	0.42	1.4	0.8	30210	20.0	1.5	1.5	57	58	79	83	86	3	5	1.5	1.5
	90	24.75	23	19	82.8	108	4300	5300	0.626	0.42	1.4	0.8	32210	21.0	1.5	1.5	57	57	78	83	86	3	6	1.5	1.5
	90	32	32	24.5	112	155	4300	5300	0.825	0.41	1.5	0.8	33210	23.2	1.5	1.5	57	57	77	83	87	5	7.5	1.5	1.5
	110	29.25	27	23	130	158	3800	4800	1.28	0.35	1.7	1	30310	23.0	2.5	2	60	65	95	100	103	4	6.5	2	2
	110	29.25	27	19	108	128	3800	4800	1.21	0.83	0.7	0.4	31310	34.8	2.5	2	60	58	87	100	105	4	10.5	2	2

续表

基本尺寸/mm					基本额定载荷/kN		极限转速/(r/min)		重量/kg	计算系数			轴承代号	其他尺寸/mm			安装尺寸/mm								
d	D	T	B	C	C_r	C_{0r}	脂	油	W (≈)	e	Y	Y_0	30000 型	a (≈)	r (min)	r_1 (min)	d_a (min)	d_b (max)	D_a (min)	D_a (max)	D_b (min)	a_1 (min)	a_2 (min)	r_a (max)	r_b (max)
50	110	42.25	40	33	178	235	3800	4800	1.89	0.35	1.7	1	32310	28.2	2.5	2	60	61	90	100	102	5	9.5	2	2
55	80	17	17	14	41.5	66.8	4800	6000	0.262	0.31	1.9	1.1	32911	14.3	1	1	61	60	71	74	77	3	3	1	1
	90	23	22	19	63.8	93.2	4000	5000	0.53	0.31	1.9	1.1	32011 X2	19.0	1.5	1.5	—	—	—	—	—	4	6	1.5	1.5
	90	23	23	17.5	80.2	118	4000	5000	0.551	0.41	1.5	0.8	32011	19.8	1.5	1.5	62	63	81	83	86	4	5.5	1.5	1.5
	90	27	27	21	94.8	145	4000	5000	0.651	0.31	1.9	1.1	33011	19.0	1.5	1.5	62	63	81	83	86	5	6	1.5	1.5
	95	30	30	23	115	165	3800	4800	0.843	0.37	1.6	0.9	33111	21.9	1.5	1.5	62	62	83	88	91	5	7	1.5	1.5
	100	22.75	21	18	90.8	115	3800	4800	0.713	0.4	1.5	0.8	30211	21.0	2	1.5	64	64	88	91	95	4	5	2	1.5
	100	26.75	25	21	108	142	3800	4800	0.853	0.4	1.5	0.8	32211	22.8	2	1.5	64	62	87	91	96	4	6	2	1.5
	100	35	35	27	142	198	3800	4800	1.15	0.4	1.5	0.8	33211	25.1	2	1.5	64	62	85	91	96	6	8	2	1.5
	120	31.5	29	25	152	188	3400	4300	1.63	0.35	1.7	1	30311	24.9	2.5	2	65	70	104	110	112	4	6.5	2.5	2
	120	31.5	29	21	130	158	3400	4300	1.56	0.83	0.7	0.4	31311	37.5	2.5	2	65	63	94	110	114	4	10.5	2.5	2
	120	45.5	43	35	202	270	3400	4300	2.37	0.35	1.7	1	32311	30.4	2.5	2	65	66	99	110	111	5	10	2.5	2
60	85	17	16	14	34.5	56.5	4000	5000	0.24	0.38	1.6	0.9	32912 X2	18.0	1	1	—	—	—	—	—	3	5	1	1
	85	17	17	14	46.0	73.0	4000	5000	0.279	0.33	1.8	1	32912	15.1	1	1	66	65	75	79	82	3	3	1	1
	95	23	22	19	64.8	98.0	3800	4800	0.56	0.33	1.8	1	32012 X2	20.0	1.5	1.5	—	—	—	—	—	4	6	1.5	1.5
	95	23	23	17.5	81.8	122	3800	4800	0.584	0.43	1.4	0.8	32012	20.9	1.5	1.5	67	67	85	88	91	4	5.5	1.5	1.5
	95	27	27	21	96.8	150	3800	4800	0.691	0.33	1.8	1	33012	19.8	1.5	1.5	67	67	85	88	90	5	6	1.5	1.5
	100	30	30	23	118	172	3600	4500	0.895	0.4	1.5	0.8	33112	23.1	1.5	1.5	67	67	88	93	96	5	7	1.5	1.5
	110	23.75	22	19	102	130	3600	4500	0.904	0.4	1.5	0.8	30212	22.3	2	1.5	69	69	96	101	103	4	5	2	1.5
	110	29.75	28	24	132	180	3600	4500	1.17	0.4	1.5	0.8	32212	25.0	2	1.5	69	68	95	101	105	4	6	2	1.5
	110	38	38	29	165	230	3600	4500	1.51	0.4	1.5	0.8	33212	27.5	2	1.5	69	69	93	101	105	6	9	2	1.5
	130	33.5	31	26	170	210	3200	4000	1.99	0.35	1.7	1	30312	26.6	3	2.5	72	76	112	118	121	5	7.5	2.5	2.1
	130	33.5	31	22	145	178	3200	4000	1.90	0.83	0.7	0.4	31312	40.4	3	2.5	72	69	103	118	124	5	11.5	2.5	2.1

续表

基本尺寸/mm					基本额定载荷/kN		极限转速/(r/min)		重量/kg	计算系数			轴承代号	其他尺寸/mm			安装尺寸/mm								
d	D	T	B	C	C_r	C_{0r}	脂	油	W (≈)	e	Y	Y_0	30000 型	a (≈)	r (min)	r_1 (min)	d_a (min)	d_b (max)	D_a (min)	D_a (max)	D_b (min)	a_1 (min)	a_2 (min)	r_a (max)	r_b (max)
60	130	48.5	46	37	228	302	3200	4000	2.90	0.35	1.7	1	32312	32.0	3	2.5	72	72	107	118	122	6	11.5	2.5	2.1
65	90	17	17	14	45.5	73.2	3800	4800	0.295	0.35	1.7	0.9	32913	16.2	1	1	71	70	80	84	87	3	3	1	1
	100	23	22	19	67.0	102	3600	4500	0.63	0.35	1.7	0.9	32013 X2	21.0	1.5	1.5	—	—	—	—	—	4	6	1.5	1.5
	100	23	23	17.5	82.8	128	3600	4500	0.620	0.46	1.3	0.7	32013	22.4	1.5	1.5	72	72	90	93	97	4	5.5	1.5	1.5
	100	27	27	21	98.0	158	3600	4500	0.732	0.35	1.7	1	33013	20.9	1.5	1.5	72	72	89	93	96	5	6	1.5	1.5
	110	34	34	26.5	142	220	3400	4300	1.30	0.39	1.6	0.9	33113	26.0	1.5	1.5	72	73	96	103	106	6	7.5	1.5	1.5
	120	24.75	23	20	120	152	3200	4000	1.13	0.4	1.5	0.8	30213	23.8	2	1.5	74	77	106	111	114	4	5	2	1.5
	120	32.75	31	27	160	222	3200	4000	1.55	0.4	1.5	0.8	32213	27.3	2	1.5	74	75	104	111	115	4	6	2	1.5
	120	41	41	32	202	282	3200	4000	1.99	0.39	1.5	0.9	33213	29.5	2	1.5	74	74	102	111	115	7	9	2	1.5
	140	36	33	28	195	242	2800	3600	2.44	0.35	1.7	1	30313	28.7	3	2.5	77	83	122	128	131	5	8	2.5	2.1
	140	36	33	23	165	202	2800	3600	2.37	0.83	0.7	0.4	31313	44.2	3	2.5	77	75	111	128	134	5	13	2.5	2.1
	140	51	48	39	260	350	2800	3600	3.51	0.35	1.7	1	32313	34.3	3	2.5	77	79	117	128	131	6	12	2.5	2.1
70	100	20	19	16	53.2	85.5	3600	4500	—	0.33	1.8	1	32914 X2	19.0	1	1	—	—	—	—	—	4	6	1	1
	100	20	20	16	70.8	115	3600	4500	0.471	0.32	1.9	1	32914	17.6	1	1	76	76	90	94	96	4	4	1	1
	110	25	24	20	83.8	128	3400	4300	0.85	0.34	1.8	1	32014 X2	23.0	1.5	1.5	—	—	—	—	—	5	7	1.5	1.5
	110	25	25	19	105	160	3400	4300	0.839	0.43	1.4	0.8	32014	23.8	1.5	1.5	77	78	98	103	105	5	6	1.5	1.5
	110	31	31	25.5	135	220	3400	4300	1.07	0.28	2	1	33014	22.0	1.5	1.5	77	79	99	103	105	5	5.5	1.5	1.5
	120	37	37	29	172	268	3200	4000	1.70	0.39	1.5	1.2	33114	28.2	2	1.5	79	79	104	111	115	6	8	2	1.5
	125	26.25	24	21	132	175	3000	3800	1.26	0.42	1.4	0.8	30214	25.8	2	1.5	79	81	110	116	119	4	5.5	2	1.5
	125	33.25	31	27	168	238	3000	3800	1.64	0.42	1.4	0.8	32214	28.8	2	1.5	79	79	108	116	120	4	6.5	2	1.5
	125	41	41	32	208	298	3000	3800	2.10	0.41	1.5	0.8	33214	30.7	2	1.5	79	79	107	116	120	7	9	2	1.5
	150	38	35	30	218	272	2600	3400	2.98	0.35	1.7	1	30314	30.7	3	2.5	82	89	130	138	141	5	8	2.5	2.1
	150	38	35	25	188	230	2600	3400	2.86	0.83	0.7	0.4	31314	46.8	3	2.5	82	80	118	138	143	5	13	2.5	2.1
	150	54	51	42	298	408	2600	3400	4.34	0.35	1.7	1	32314	36.5	3	2.5	82	84	125	138	141	6	12	2.5	2.1

续表

基本尺寸/mm					基本额定载荷/kN		极限转速/(r/min)		重量/kg	计算系数			轴承代号	其他尺寸/mm			安装尺寸/mm								
d	D	T	B	C	C_r	C_{0r}	脂	油	W (≈)	e	Y	Y_0	30000 型	a (≈)	r (min)	r_1 (min)	d_a (min)	d_b (max)	D_a (min)	D_a (max)	D_b (min)	a_1 (min)	a_2 (min)	r_a (max)	r_b (max)
75	105	20	20	16	78.2	125	3400	4300	0.490	0.33	1.8	1	32915	18.5	1	1	81	81	94	99	102	4	4	1	1
	115	25	24	20	85.2	135	3200	4000	0.88	0.35	1.7	0.9	32015 X2	24.0	1.5	1.5	—	—	—	—	—	5	7	1.5	1.5
	115	25	25	19	102	160	3200	4000	0.875	0.46	1.3	0.7	32015	25.2	1.5	1.5	82	83	103	108	110	5	6	1.5	1.5
	115	31	31	25.5	132	220	3200	4000	1.12	0.3	2	1	33015	22.8	1.5	1.5	82	83	103	108	110	6	5.5	1.5	1.5
	125	37	37	29	175	280	3000	3800	1.78	0.4	1.5	0.8	33115	29.4	2	1.5	84	84	109	116	120	6	8	2	1.5
	130	27.25	25	22	138	185	2800	3600	1.36	0.44	1.4	0.8	30215	27.4	2	1.5	84	85	115	121	125	4	5.5	2	1.5
	130	33.25	31	27	170	242	2800	3600	1.74	0.44	1.4	0.8	32215	30.0	2	1.5	84	84	115	121	126	4	6.5	2	1.5
	130	41	41	31	208	300	2800	3600	2.17	0.43	1.4	0.8	33215	31.9	2	1.5	84	83	111	121	125	7	10	2	1.5
	160	40	37	31	252	318	2400	3200	3.57	0.35	1.7	1	30315	32.0	3	2.5	87	95	139	148	150	5	9	2.5	2.1
	160	40	37	26	208	258	2400	3200	3.38	0.83	0.7	0.4	31315	49.7	3	2.5	87	86	127	148	153	6	14	2.5	2.1
	160	58	55	45	348	482	2400	3200	5.37	0.35	1.7	1	32315	39.4	3	2.5	87	91	133	148	150	7	13	2.5	2.1
80	110	20	20	16	79.2	128	3200	4000	0.514	0.35	1.7	0.9	32916	19.6	1	1	86	85	99	104	107	4	4	1	1
	125	29	27	23	102	162	3000	3800	1.18	0.34	1.8	1	32016 X2	26.0	1.5	1.5	—	—	—	—	—	5	8	1.5	1.5
	125	29	29	22	140	220	3000	3800	1.27	0.42	1.4	0.8	32016	26.8	1.5	1.5	87	89	112	117	120	6	7	1.5	1.5
	125	36	36	29.5	182	305	3000	3800	1.63	0.28	2.2	1.2	33016	25.2	1.5	1.5	87	90	112	117	119	6	7	1.5	1.5
	130	37	37	29	180	292	2800	3600	1.87	0.42	1.4	0.8	33116	30.7	2	1.5	89	89	114	121	126	6	8	2	1.5
	140	28.25	26	22	160	212	2600	3400	1.67	0.42	1.4	0.8	30216	28.1	2.5	2	90	90	124	130	133	4	6	2.1	2
	140	35.25	33	28	198	278	2600	3400	2.13	0.42	1.4	0.8	32216	31.4	2.5	2	90	89	122	130	135	5	7.5	2.1	2
	140	46	46	35	245	362	2600	3400	2.83	0.43	1.4	0.8	33216	35.1	2.5	2	90	89	119	130	135	7	11	2.1	2
	170	42.5	39	33	278	352	2200	3000	4.27	0.35	1.7	1	30316	34.4	3	2.5	92	102	148	158	160	5	9.5	2.5	2.1
	170	42.5	39	27	230	288	2200	3000	4.05	0.83	0.7	0.4	31316	52.8	3	2.5	92	91	134	158	161	6	15.5	2.5	2.1
	170	61.5	58	48	388	542	2200	3000	6.38	0.35	1.7	1	32316	42.1	3	2.5	92	97	142	158	160	7	13.5	2.5	2.1

表 15.7 推力球轴承(摘自 GB/T 301—1995)

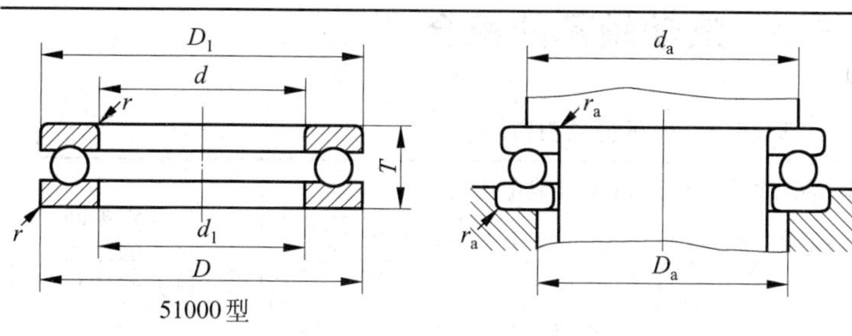

轴向当量动载荷：$P_a = F_a$

轴向当量静载荷：$P_{0a} = F_a$

最小轴向载荷：$F_{amin} = A\left(\frac{n}{1000}\right)^2$

式中：n—转速，r/min

基本尺寸/mm			基本额定载荷/kN		最小载荷常数	极限转速/(r/min)		重量/kg	轴承代号	其他尺寸/mm			安装尺寸/mm		
d	D	T	C_a	C_{0a}	A	脂	油	W (≈)	51000 型	d_1 (min)	D_1 (max)	r (min)	d_a (min)	D_a (max)	r_a (max)
15	28	9	10.5	16.8	0.002	5600	8000	0.022	51102	16	28	0.3	23	20	0.3
	32	12	16.5	24.8	0.003	4800	6700	0.041	51202	17	32	0.6	25	22	0.6
17	30	9	10.8	18.2	0.002	5300	7500	0.024	51103	18	30	0.3	25	22	0.3
	35	12	17.0	27.2	0.004	4500	6300	0.048	51203	19	35	0.6	28	24	0.6
20	35	10	14.2	24.5	0.004	4800	6700	0.036	51104	21	35	0.3	29	26	0.3
	40	14	22.2	37.5	0.007	3800	5300	0.075	51204	22	40	0.6	32	28	0.6
	47	18	35.0	55.8	0.016	3600	4500	0.15	51304	22	47	1	36	31	1
25	42	11	15.2	30.2	0.005	4300	6000	0.055	51105	26	42	0.6	35	32	0.6
	47	15	27.8	50.5	0.013	3400	4800	0.11	51205	27	47	0.6	38	34	0.6
	52	18	35.5	61.5	0.021	3000	4300	0.17	51305	27	52	1	41	36	1
	60	24	55.5	89.2	0.044	2200	3400	0.31	51405	27	60	1	46	39	1
30	47	11	16.0	34.2	0.007	4000	5600	0.062	51106	32	47	0.6	40	37	0.6
	52	16	28.0	54.2	0.016	3200	4500	0.13	51206	32	52	0.6	43	39	0.6
	60	21	42.8	78.5	0.033	2400	3600	0.26	51306	32	60	1	48	42	1
	70	28	72.5	125	0.082	1900	3000	0.51	51406	32	70	1	54	46	1
35	52	12	18.2	41.5	0.010	3800	5300	0.077	51107	37	52	0.6	45	42	0.6
	62	18	39.2	78.2	0.033	2800	4000	0.21	51207	37	62	1	51	46	1
	68	24	55.2	105	0.059	2000	3200	0.37	51307	37	68	1	55	48	1
	80	32	86.8	155	0.13	1700	2600	0.76	51407	37	80	1.1	62	53	1
40	60	13	26.8	62.8	0.021	3400	4800	0.11	51108	42	60	0.6	52	48	0.6
	68	19	47.0	98.2	0.050	2400	3600	0.26	51208	42	68	1	57	51	1
	78	26	69.2	135	0.096	1900	3000	0.53	51308	42	78	1	63	55	1
	90	36	112	205	0.22	1500	2200	1.06	51408	42	90	1.1	70	60	1
45	65	14	27.0	66.0	0.024	3200	4500	0.14	51109	47	65	0.6	57	53	0.6
	73	20	47.8	105	0.059	2200	3400	0.30	51209	47	73	1	62	56	1
	85	28	75.8	150	0.13	1700	2600	0.66	51309	47	85	1	69	61	1
	100	39	140	262	0.36	1400	2000	1.41	51409	47	100	1.1	78	67	1
50	70	14	27.2	69.2	0.027	3000	4300	0.15	51110	52	70	0.6	62	58	0.6
	78	22	48.5	112	0.068	2000	3200	0.37	51210	52	78	1	67	61	1
	95	31	96.5	202	0.21	1600	2400	0.92	51310	52	95	1.1	77	68	1
	110	43	160	302	0.50	1300	1900	1.86	51410	52	110	1.5	86	74	1.5

15.3 滚动轴承的配合

表 15.8 轴承的轴向游隙

轴承内径 d/mm		角接触球轴承允许轴向游隙范围/μm						Ⅱ型轴承间允许的距离（大概值）
		接触角 $\alpha=12^\circ$				$\alpha=26^\circ$ 及 36°		
		Ⅰ型		Ⅱ型		Ⅰ型		
超 过	到	min	max	min	max	min	max	
—	30	20	40	30	50	10	20	$8d$
30	50	30	50	40	70	15	30	$7d$
50	80	40	70	50	100	20	40	$6d$

轴承内径 d/mm		圆锥滚子轴承允许轴向游隙的范围/μm						Ⅱ型轴承间允许的距离（大概值）
		接触角 $\alpha=10^\circ\sim16^\circ$				$\alpha=25^\circ\sim29^\circ$		
		Ⅰ型		Ⅱ型		Ⅰ型		
超 过	到	min	max	min	max	min	max	
—	30	20	40	40	70	—	—	$14d$
30	50	40	70	50	100	20	40	$12d$
50	80	50	100	80	150	30	50	$11d$

轴承内径 d/mm		推力球轴承允许轴向游隙的范围/μm					
		轴承系列					
		8100		8200 及 8300		8400	
超 过	到	min	max	min	max	min	max
—	50	10	20	20	40	—	—
50	120	20	40	40	60	60	80

注：Ⅰ型为固定-游动支承结构，Ⅱ型为两端固定支承结构。

表 15.9 安装向心轴承的轴公差带（摘自 GB/T 275—1993）

运转状态		载荷状态	深沟球轴承 角接触球轴承	圆柱滚子轴承 圆锥滚子轴承	调心滚子轴承	公 差 带
说 明	举 例		轴承公称内径 d/mm			
内圈相对于载荷方向旋转或摆动	传送带、机床（主轴）、泵、通风机	轻	≤18 >18～100 >100～200	— ≤40 >40～140	— ≤40 >40～140	h5 j6① k6①
	变速箱、一般通用机械、内燃机木工机械	正常	≤18 >18～100 >100～140 >140～200	— ≤40 >40～100 >100～140	— ≤40 >40～100 >100～140	j5 js5 k5② m5 m6
	破碎机、铁路车辆、轧机	重		>50～140 >140～200	>50～100 >100～140	n6 p6
内圈相对于载荷方向静止	静止轴上的各种轮子	所有载荷	所有尺寸			f6 g6①
	张紧滑轮、绳索轮					h6 j6
仅受轴向载荷			所有尺寸			j6 js6

① 凡对精度有较高要求的场合，应用 j5，k5 代替 j6，k6。

② 圆锥滚子轴承、角接触球轴承配合对游隙影响不大，可用 k6，m6 代替 k5，m5。

表 15.10　安装向心轴承的外壳公差带(摘自 GB/T 275—1993)

<table>
<tr><th colspan="2">运转状态</th><th rowspan="2">载荷状态</th><th rowspan="2">其他状况</th><th colspan="2">公差带①</th></tr>
<tr><th>说明</th><th>举例</th><th>球轴承</th><th>滚子轴承</th></tr>
<tr><td rowspan="2">外圈相对于载荷方向静止</td><td rowspan="2">一般机械、电动机、铁路机车车辆轴箱</td><td>轻、正常、重</td><td>轴向易移动，可采用剖分式外壳</td><td colspan="2">H7，G7②</td></tr>
<tr><td>冲击</td><td rowspan="2">轴向能移动，可采用整体或剖分式外壳</td><td colspan="2" rowspan="2">J7，Js7</td></tr>
<tr><td rowspan="3">外圈相对于载荷方向摆动</td><td rowspan="3">曲轴主轴承、泵、电动机</td><td>轻、正常</td></tr>
<tr><td>正常、重</td><td rowspan="5">轴向不移动，采用整体式外壳</td><td colspan="2">K7</td></tr>
<tr><td>冲击</td><td colspan="2">M7</td></tr>
<tr><td rowspan="3">外圈相对于载荷方向旋转</td><td rowspan="3">张紧滑轮、轮毂轴承</td><td>轻</td><td>J7</td><td>K7</td></tr>
<tr><td>正常</td><td>K7，M7</td><td>M7，N7</td></tr>
<tr><td>重</td><td>—</td><td>N7，P7</td></tr>
</table>

① 并列公差带随尺寸的增大从左至右选择，对旋转精度有较高要求时，可相应提高一个公差等级。

② 不适用于剖分式外壳。

表 15.11　载荷状态(摘自 GB/T 275—1993)

载荷状态	轻载荷	正常载荷	重载荷
$\frac{P_r(\text{径向当量动载荷})}{C_r(\text{径向额定动载荷})}$	≤0.07	>0.07～0.15	>0.15

注：对于仅受轴向载荷的推力球轴承，与其配合的轴的公差带为 j6，js6，孔的公差带为 H8。

15.4　轴承盖及套杯

表 15.12　凸缘式轴承盖　　mm

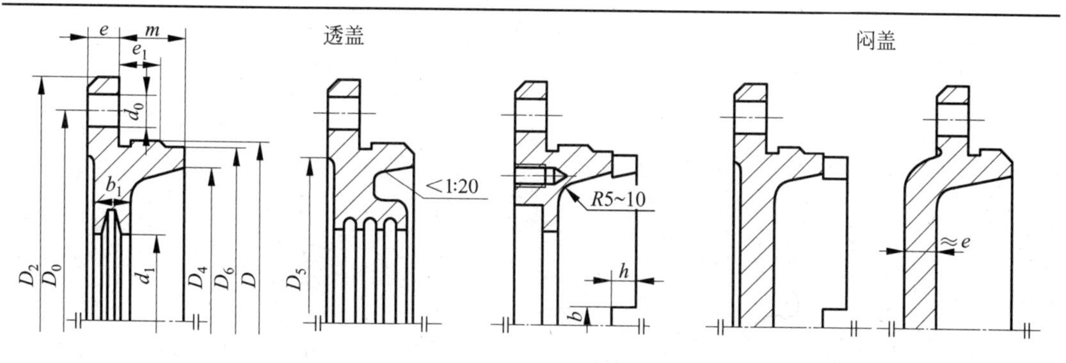

注：材料为 HT150

<table>
<tr><td rowspan="5">$d_0=d_3+1$
$D_0=D+2.5d_3$
$D_2=D_0+2.5d_3$
$e=1.2d_3$
$e_1\geqslant e$
m 由结构确定</td><td rowspan="5">$D_4=D-(10\sim15)$
$D_5=D_0-3d_3$
$D_6=D-(2\sim4)$
b_1,d_1 由密封件尺寸确定
$b=5\sim10$
$h=(0.8\sim1)b$</td><td>轴承外径 D</td><td>螺钉直径 d_3</td><td>螺钉数</td></tr>
<tr><td>45～65</td><td>6</td><td>4</td></tr>
<tr><td>70～100</td><td>8</td><td>4</td></tr>
<tr><td>110～140</td><td>10</td><td>6</td></tr>
<tr><td>150～230</td><td>12～16</td><td>6</td></tr>
</table>

表 15.13　嵌入式轴承盖　　mm

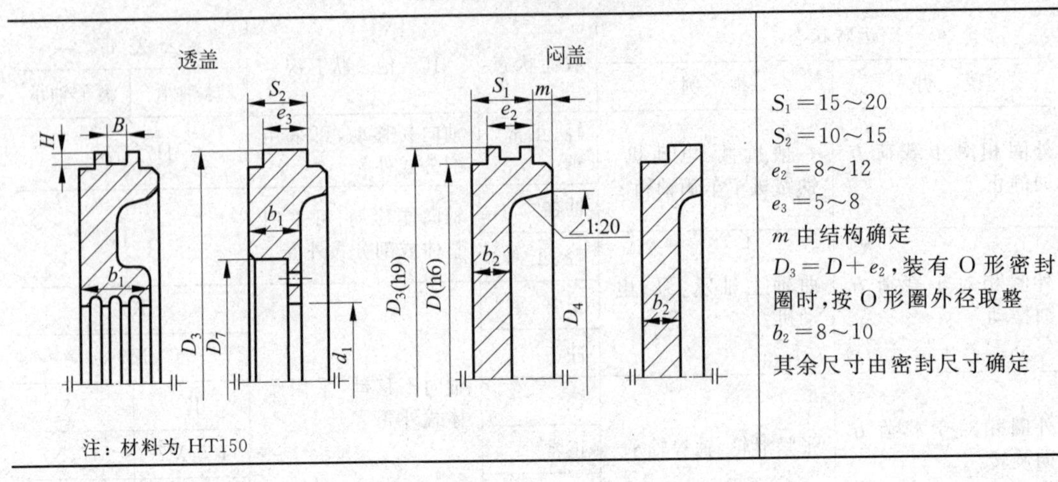

注：材料为 HT150

$S_1=15\sim20$
$S_2=10\sim15$
$e_2=8\sim12$
$e_3=5\sim8$
m 由结构确定
$D_3=D+e_2$，装有 O 形密封圈时，按 O 形圈外径取整
$b_2=8\sim10$
其余尺寸由密封尺寸确定

表 15.14　套杯　　mm

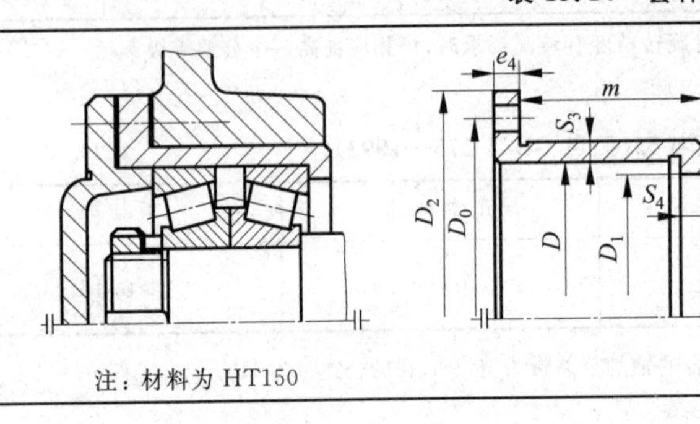

注：材料为 HT150

S_3、S_4、$e_4=7\sim12$
$D_0=D+2S_3+2.5d_3$
D_1 由轴承安装尺寸确定
$D_2=D_0+2.5d_3$
m 由结构确定

第 16 章　常用传动零件的结构尺寸

16.1　皮带传动主要零件

表 16.1　轮槽截面尺寸

mm

$r_1=0.2\sim0.5$

$d_a=d_d+2h_a$

$B=(z-1)e+2f$

z—轮槽数

基准宽度制

项目		普通 V 带轮槽型(GB/T 13575.1—1992)							窄 V 带轮槽型(JB/ZQ 4174—1997)			
		Y	Z	A	B	C	D	E	SPZ	SPA	SPB	SPC
b_d		5.3	8.5	11.0	14.0	19.0	27.0	32.0	8.5	11	14	19
h_{amin}		1.60	2.00	2.75	3.50	4.80	8.10	9.60	2	2.75	3.5	4.8
h_{fmin}		4.7	7.0	8.7	10.8	14.3	19.9	23.4	9	11	14	19
e		8±0.3	12±0.3	15±0.3	19±0.4	25.5±0.5	37±0.6	44.5±0.7	12±0.3	15±0.3	19±0.4	25.5±0.5
f_{min}		6	7	9	11.5	16	23	28	7	9	11.5	16
δ_{min}		5	5.5	6	7.5	10	12	15	5.5	6	7.5	10
r_2		0.5～1.0				1.0～1.6	1.6～2.0		0.5～1.0			1.0～1.6
φ/(°) 32	对应的 d_d	≤60	—	—	—	—	—	—	—	—	—	—
φ/(°) 34	对应的 d_d	—	≤80	≤118	≤190	≤315	—	—	≤80	≤118	≤190	≤315
φ/(°) 36	对应的 d_d	>60	—	—	—	—	≤475	≤600	—	—	—	—
φ/(°) 38	对应的 d_d	—	>80	>118	>190	>315	>475	>600	>80	>118	>190	>315
	极限偏差	±1				±0.5			±1			±0.5
d_{min}		20	50	75	125	200	355	500	63	90	140	224

有效宽度制窄 V 带轮(GB/T 13575.2—1992)

槽型	d_e	φ/(°)	b_e	Δe	e	f_{min}	h_e	(b_g)	g	r_1	r_2	r_3	d_{emin}
9N、9J	≤90	36	8.9	0.6	10.3±0.25	9	$9.5^{+0.5}_{0}$	9.23	0.5	0.2～0.5	0.5～1.0	1～2	67
	>90～150	38						9.24					
	>150～305	40						9.26					
	>305	42						9.28					
15N、15J	≤255	38	15.2	1.3	17.5±0.25	13	$15.5^{+0.5}_{0}$	15.54				2～3	180
	>255～405	40						15.56					
	>405	42						15.58					
25N、25J	≤405	38	25.4	2.5	28.6±0.25	19	$25.5^{+0.5}_{0}$	25.74				3～5	315
	>405～570	40						25.76					
	>570	42						25.78					

表 16.2　带轮基准直径与外径　　mm

普通 V 带带轮(GB/T 13575.1—1992)

d_d	槽型				d_d	槽型					d_d	槽型					
	Y	Z	A	B		Z	A	B	C	D		Z	A	B	C	D	E
	外径 d_a					外径 d_a						外径 d_a					
20	23.2				132	136	137.5	139			500	504	505.5	507	509.6	516.2	519.2
22.4	25.6				140	144	145.5	147			530	—	—	—	—	—	549.2
25	28.2				150	154	155.5	157			560	—	565.5	567	569.6	576.2	579.2
28	31.2				160	164	165.5	167			600	—	—	607	609.6	616.2	619.2
31.5	34.7				170	—	—	177			630	634	635.5	637	639.6	646.2	649.2
35.5	38.7				180	184	185.5	187			670		—	—	—	—	689.2
40	43.2				200	204	205.5	207	209.6		710		715.5	717	719.6	726.2	729.2
45	48.2				212	—	—	—	221.6		750		—	757	759.6	766.2	—
50	53.2	54			224	228	229.5	231	233.6		800		805.5	807	809.6	816.2	819.2
56	59.2	60			236	—	—	—	245.6		900			907	909.6	916.2	919.2
63	66.2	67			250	254	255.5	257	259.6		1000			1007	1009.6	1016.2	1019.2
71	74.2	75			265	—	—	—	274.6		1060			—	—	1076.2	—
75	—	79	80.5		280	284	285.5	287	289.6		1120			1127	1129.6	1136.2	1139.2
80	83.2	84	85.5		300	—	—	—	309.6		1250				1259.6	1266.2	1269.2
85	—	—	90.5		315	319	320.5	322	324.6		1400				1409.6	1416.2	1419.2
90	93.2	94	95.5		335	—	—	—	344.6		1500				—	1516.2	1519.2
95	—	—	100.5		355	359	360.5	362	364.6	371.2	1600				1609.6	1616.2	1619.2
100	103.2	104	105.5		375	—	—	—	—	391.2	1800				—	1816.2	1819.2
106	—	—	111.5		400	404	405.5	407	409.6	416.2	2000				2009.6	2016.2	2019.2
112	115.2	116	117.5		425	—	—	—	—	441.2	2240						2259.2
118	—	—	123.5		450	—	455.5	457	459.6	466.2	2500						2519.2
125	128.2	129	130.5	132	475	—	—	—	—	491.2							

基准宽度制窄 V 带带轮(JB/ZQ 4175—1997)

d_d	槽型		d_d	槽型				d_d	槽型				d_d	槽型		
	SPZ	SPA		SPZ	SPA	SPB	SPC		SPZ	SPA	SPB	SPC		SPA	SPB	SPC
	外径 d_a			外径 d_a					外径 d_a					外径 d_a		
63	67		132	136	137.5			280	284	285.5	287	289.6	710	715.5	717	719.6
71	75		140	144	145.5	147		300	—	—	—	309.6	750	—	757	759.6
75	79		150	154	155.5	157		315	319	320.5	322	324.6	800	805.5	807	809.6
80	84		160	164	165.5	167		335	—	—	—	344.6	900		907	909.6
90	94	95.5	170	—	—	177		355	359	360.5	362	364.6	1000		1007	1009.6
95	—	100.5	180	184	185.5	187		400	404	405.5	407	409.6	1120		1127	1129.6
100	104	105.5	200	204	205.5	207		450	—	455.5	457	459.6	1250			1259.6
106	—	111.5	224	228	229.5	231	233.6	500	504	505.5	507	509.6	1400			1409.6
112	116	117.5	236	—	—	243	245.6	560	—	565.5	567	569.6	1600			1609.6
118	—	123.5	250	254	255.5	257	259.6	600	—	—	607	609.6	2000			2009.6
125	129	130.5	265	—	—	—	274.6	630	634	635.5	637	639.6				

表 16.3　普通 V 带的基准长度(摘自 GB/T 11544—1997)　　mm

型号							型号						型号			
Y	Z	A	B	C	D	E	Z	A	B	C	D	E	A	B	C	D
基准长度 L_d							基准长度 L_d						基准长度 L_d			
200	405	630	930	1565	2740	4660	820	1550	1950	2880	5400	9150	2300	3600	6100	12 200
224	475	700	1000	1760	3100	5040	1080	1640	2180	3080	6100	12 230	2480	4060	6815	13 700
250	530	790	1100	1950	3330	5420	1330	1750	2300	3520	6840	13 750	2700	4430	7600	15 200
280	625	890	1210	2195	3730	6100	1420	1940	2500	4060	7620	15 280		4820	9100	
315	700	990	1370	2420	4080	6850	1540	2050	2700	4600	9140	16 800		5370	10 700	
355	780	1100	1560	2715	4620	7650		2200	2870	5380	10 700			6070		
400		1250	1760						3200							
450		1430														
500																

表 16.4　基准宽度制窄 V 带的基准长度(摘自 GB/T 11544—1997)　　mm

基准长度 L_d	不同型号的分布范围			基准长度 L_d	不同型号的分布范围				基准长度 L_d	不同型号的分布范围				基准长度 L_d	不同型号的分布范围	
	SPZ	SPA	SPB		SPZ	SPA	SPB	SPC		SPZ	SPA	SPB	SPC		SPB	SPC
630	+			1400	+	+	+		3150	+	+	+	+	7100	+	+
710	+			1600	+	+	+		3550	+	+	+	+	8000	+	+
800	+	+		1800	+	+	+		4000		+	+	+	9000		+
900	+	+		2000	+	+	+	+	4500		+	+	+	10000		+
1000	+	+		2240	+	+	+	+	5000			+	+	11200		+
1120	+	+		2500	+	+	+	+	5600			+	+	12500		+
1250	+	+	+	2800	+	+	+	+	6300			+	+			

注：标记示例：SPA　1250　GB/T 11544—1997

型号　基准长度,mm　标准号

16.2　齿轮传动主要零件

表 16.5　圆柱齿轮结构及尺寸

mm

结构形式		轴齿轮	锻造齿轮	
适用条件		$d_a<2D_1$ 或 $\delta<2.5m_t$	$d_a\leqslant 200$	$d_a\leqslant 500$
结构图		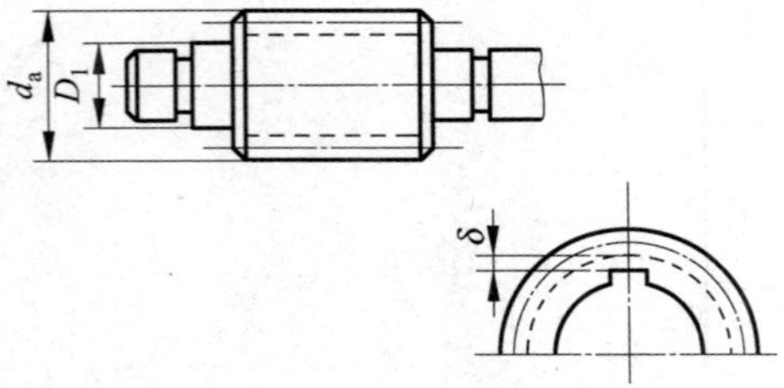	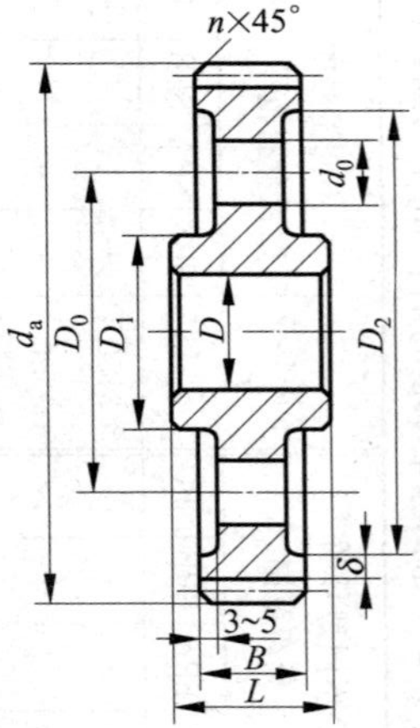	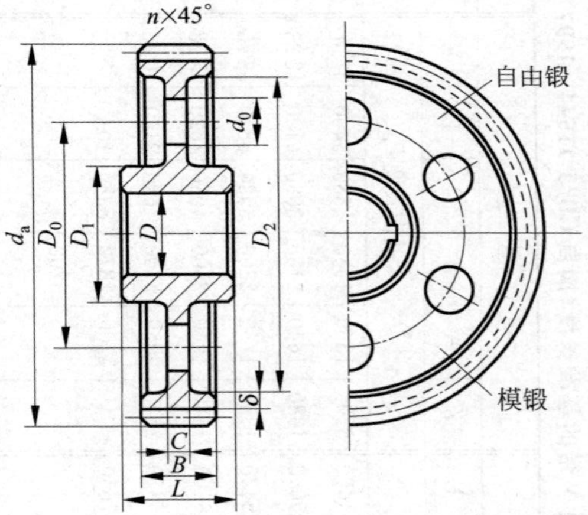
尺寸	D_1		$1.6D$	
	L		$(1.2\sim1.5)D, L\geqslant B$	
	δ		$2.5m_n$,但不小于 8～10	$(2.5\sim4)m_n$,但不小于 8～10
	C			$0.3B$(自由锻),$(0.2\sim0.3)B$(模锻)
	D_0		$0.5(D_1+D_2)$	
	d_0		$0.25(D_2-D_1)$,当 $d_0<10$ 时不必作孔	
	n		$0.5m_n$	

续表

结构形式		锻造齿轮		
适用条件		平辐板：$d_a \leqslant 500$ 斜辐板：$d_a \leqslant 600$	$d_a = 400 \sim 1000$ $B \leqslant 200$	$d_a > 1000$，$B = 200 \sim 450$（上半部） $B > 450$（下半部）
结构图		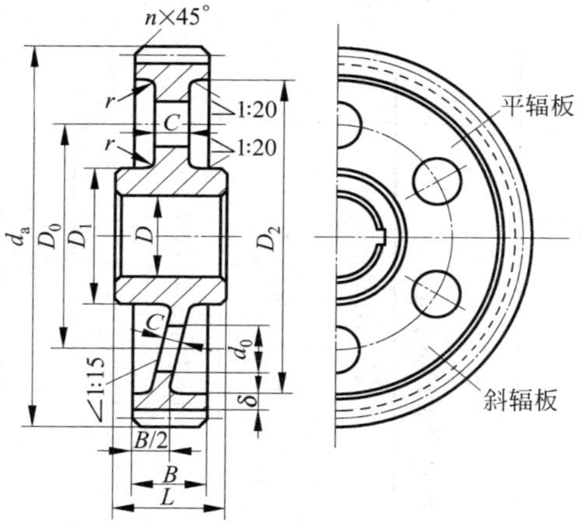 $n \times 45°$，r，C，1:20，1:20，d_a，D_0，D_1，D，D_2，d_0，δ，∠1:15，$B/2$，B，L，平辐板，斜辐板	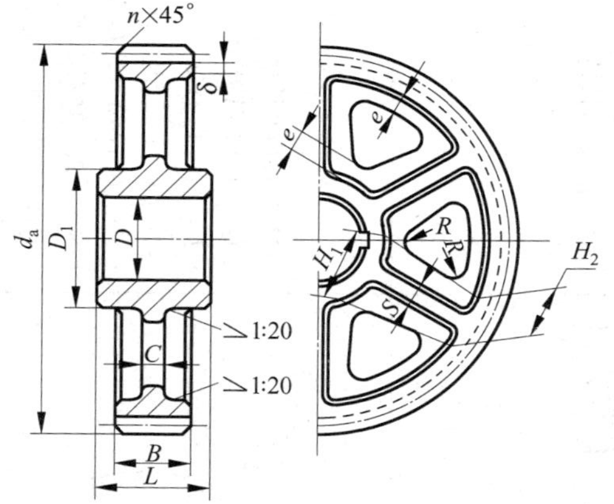 $n \times 45°$，δ，d_a，D_1，D，C，1:20，1:20，B，L，e，R，H_1，H_2，S	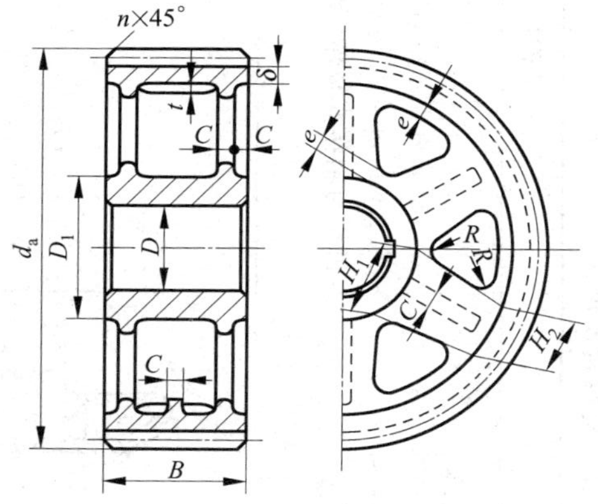 $n \times 45°$，δ，t，C，C，d_a，D_1，D，C，B，e，R，H_1，C，H_2
尺寸	D_1	$1.6D$（铸钢），$1.8D$（铸铁）		
	L	$(1.2 \sim 1.5)D$，$L \geqslant B$		
	δ	$(2.5 \sim 4)m_n$，但不小于 8		
	H_1		$0.8D$	
	H_2		$0.8H_1$	
	C	$0.2B$，但不小于 10	$H_1/5$，但不小于 10	
	S		$H_1/6$，但不小于 10	
	e		$(0.8 \sim 1.0)\delta$	
	D_0	$0.5(D_1 + D_2)$		
	d_0	$0.25(D_2 - D_1)$		
	R		按靠近轮毂的部分用单圆弧连接的条件决定	
	t			$0.8e$
	n	$0.5m_n$		

表 16.6　圆锥齿轮结构及尺寸

结构图形	结构尺寸
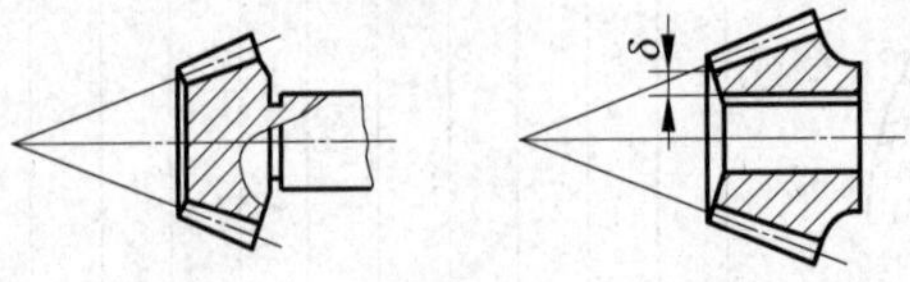 (a)　(b)	当小端齿根圆角离键槽顶部的距离 $\delta<1.6m$（m 为大端模数）时（图(b)），齿轮与轴作成整体（图(a)）
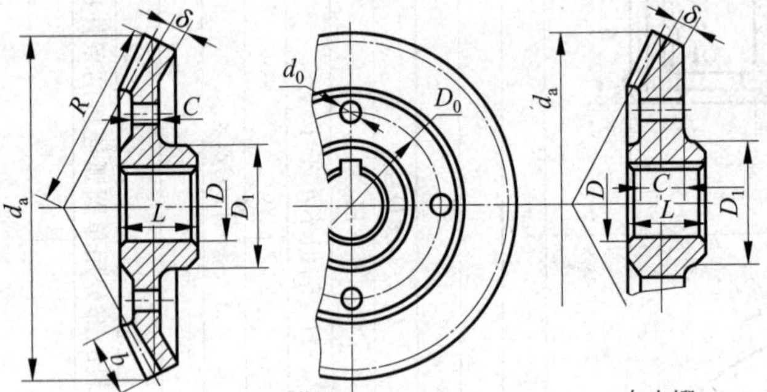 模锻　自由锻	$D_1=1.6D$，$L=(1\sim1.2)D$ $\delta=(3\sim4)m$，但不小于 10 mm $C=(0.1\sim0.17)R$ D_0，d_0 按结构确定
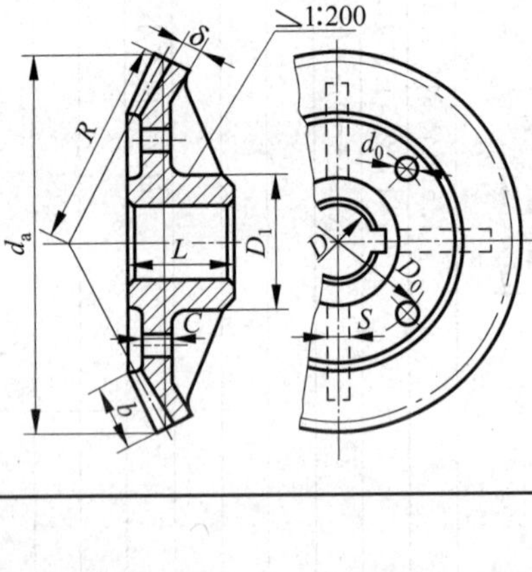	$D_1=1.6D$（铸钢） $D_1=1.8D$（铸铁） $L=(1\sim1.2)D$ $\delta=(3\sim4)m$，但不小于 10 mm $C=(0.1\sim0.17)R$，但不小于 10 mm $S=0.8C$，但不小于 10 mm D_0，d_0 按结构确定

表 16.7　蜗杆螺纹部分长度

普通圆柱蜗杆			圆弧圆柱蜗杆			磨削蜗杆的加长量 ΔL		
x	$z_1=1\sim2$	$z_1=3\sim4$	x_2	z_1	L	m/mm	ΔL/mm 普通	ΔL/mm 圆弧
-1	$L\geqslant(10.5+z_1)m$	$L\geqslant(10.5+z_1)m$	<1	$1\sim2$	$\geqslant(12.5+0.1z_2)m$	$\leqslant6$	$15\sim25$	20
-0.5	$L\geqslant(8+0.06z_2)m$	$L\geqslant(9.5+0.09z_2)m$	$1\sim1.5$	$1\sim2$	$\geqslant(13+0.1z_2)m$	$7\sim9$		30
0	$L\geqslant(11+0.06z_2)m$	$L\geqslant(12.5+0.09z_2)m$						
0.5	$L\geqslant(11+0.1z_2)m$	$L\geqslant(12.5+0.1z_2)m$	<1	$3\sim4$	$\geqslant(13.5+0.1z_2)m$	$10\sim14$	35	40
1	$L\geqslant(12+0.1z_2)m$	$L\geqslant(13+0.1z_2)m$	$1\sim1.5$	$3\sim4$	$\geqslant(14+0.1z_2)m$	$16\sim25$	50	50

注：当变位系数 x_2 为中间值时，L 按相邻两值中的较大者确定。

表 16.8　蜗轮结构及尺寸

结构型式	图　例	公　式	特点及应用范围
轮箍式	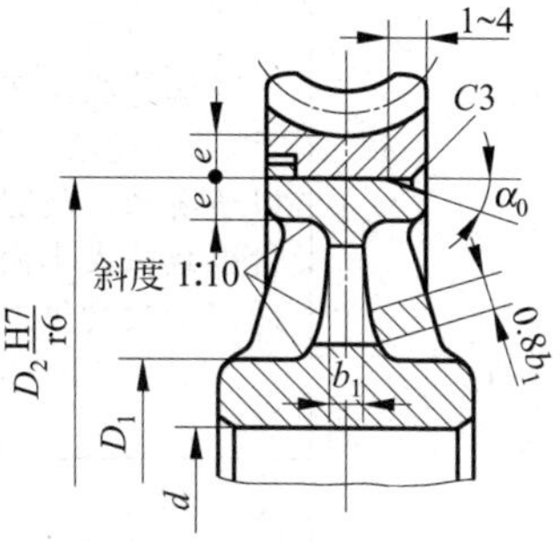 (a) 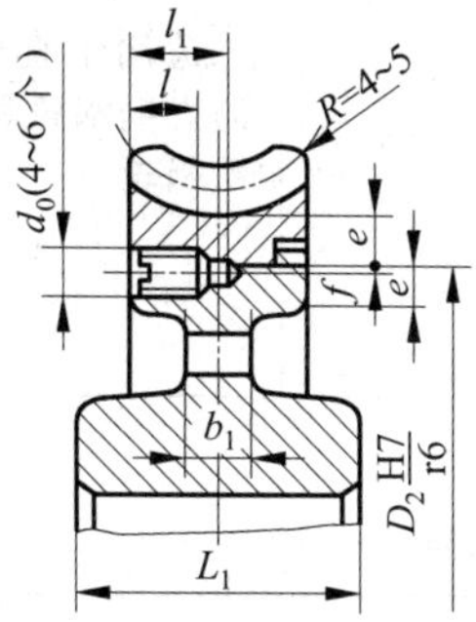 (b) 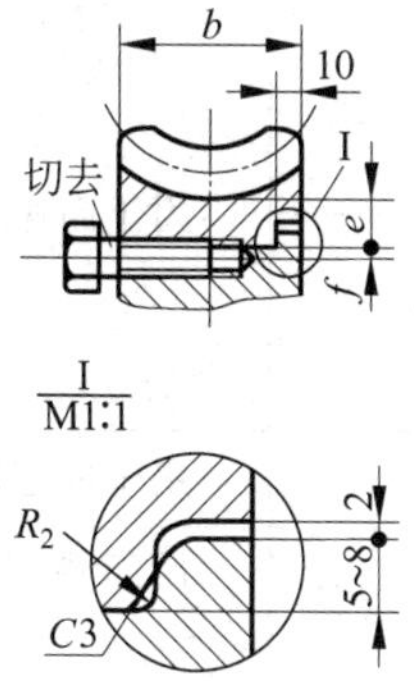 (c)	$e \approx 2m$ $f \approx 2 \sim 3$ mm $d_0 \approx (1.2 \sim 1.5)m$ $l \approx 3d_0 \approx (0.3 \sim 0.4)b$ $l_1 \approx l + 0.5d_0$ $\alpha_0 = 10°$ $b_1 \geqslant 1.7m$ $D_1 = (1.6 \sim 2)d$ $L_1 = (1.2 \sim 1.8)d$ $K = e = 2m$ d'_0 由螺栓组的计算确定	青铜轮缘与铸铁轮心通常采用$\frac{H7}{r6}$配合，如图(a)所示； 为了防止轮缘的轴向窜动，除加台肩外，还可用螺钉固定，如图(b)、(c)所示； 轮缘和轮心的结合形式及轮心辐板的结构形式可根据具体情况选择； 轴向力的方向尽量与装配时轮缘压入的方向一致
螺栓联接式	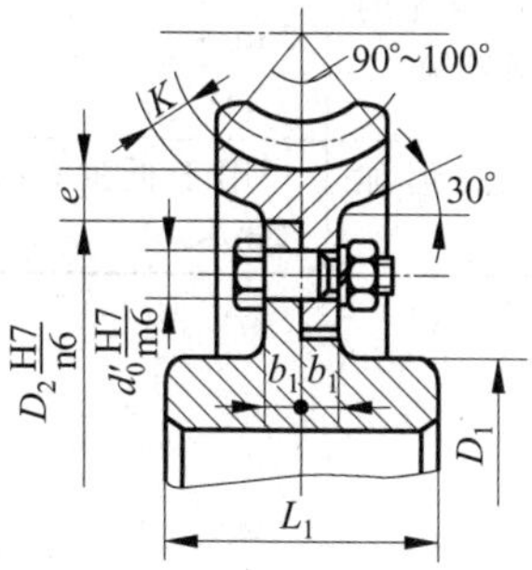	$e \approx 2m$ $f \approx 2 \sim 3$ mm $d_0 \approx (1.2 \sim 1.5)m$ $l \approx 3d_0 \approx (0.3 \sim 0.4)b$ $l_1 \approx l + 0.5d_0$ $\alpha_0 = 10°$ $b_1 \geqslant 1.7m$ $D_1 = (1.6 \sim 2)d$ $L_1 = (1.2 \sim 1.8)d$ $K = e = 2m$ d'_0 由螺栓组的计算确定	以光制螺栓联接，轮缘和轮心螺栓孔要同时铰制。螺栓数量按剪切计算确定，并以轮缘受挤压校核轮缘材料，许用挤压应力 $\sigma_{pp} = 0.3\sigma_s$（$\sigma_s$—轮缘材料屈服强度）

续表

结构型式	图　例	公　式	特点及应用范围
镶铸式	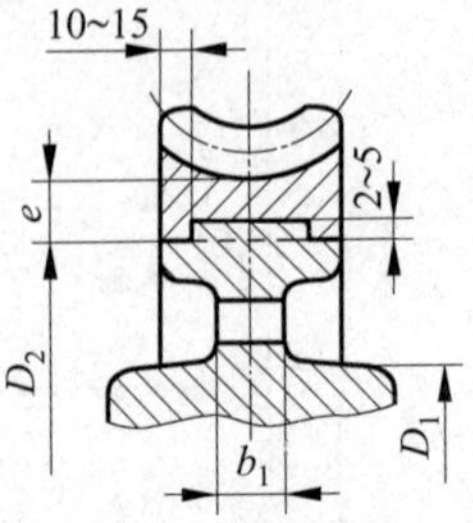	$D_0 \approx \frac{D_2 + D_1}{2}$ $D_3 \approx \frac{D_0}{4}$	青铜轮缘镶铸在铸铁轮心上，并在轮心上预制出凸键，以防滑动。凸键的宽度及数量视载荷大小而定。此结构适用于大批量生产
整体式	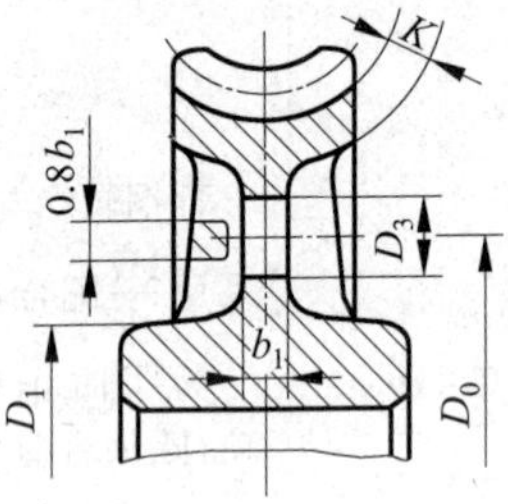		适用于直径小于 100 mm 的青铜蜗轮和任意直径的铸铁蜗轮

表 16.9　蜗杆、蜗轮材料选用

名称	材料牌号	使用特点	应用范围
蜗杆	20、15Cr、20Cr、20CrNi、20MnVB、20SiMnVB 20CrMnTi、20CrMnMo	渗碳淬火(56～62 HRC)并磨削	用于高速重载传动
	45、40Cr、40CrNi、35SiMn、42SiMn、35CrMo 37SiMn2MoV、38SiMnMo	淬火(45～55 HRC)并磨削	
	45	调质处理	用于低速轻载传动
蜗轮	ZCuSn10Pb1 ZCuSn5Pb5Zn5	抗胶合能力强，机械强度较低($\sigma_b < 350\ N/mm^2$)，价格较贵	用于滑动速度较大(v_s = 5～15 m/s)及长期连续工作处
	ZCuAl10Fe3 ZCuAl10Fe3Mn2	抗胶合能力较差，但机械强度较高($\sigma_b > 300\ N/mm^2$)，与其相配的蜗杆经表面硬化处理，价格较廉	用于中等滑动速度($v_s \leqslant$ 8 m/s)
	ZCuZn38Mn2Pb2		
	HT150 HT200	机械强度低，冲击韧性差，但加工容易，且价廉	用于低速轻载传动($v_s <$ 2 m/s)

第 17 章　减速器的润滑与密封

17.1　常用润滑油及选择

表 17.1　常用润滑油的主要性质和用途

名　称	代　号	运动黏度/(mm^2/s)(cSt) 40℃	凝点/ ℃(≤)	闪点(开口) /℃(≥)	主要用途
全损耗系统用油 (GB 443—1989)	L-AN10	9.00～11.0	−5	130	用于高速轻载机械轴承的润滑和冷却
	L-AN15	13.5～16.5		150	用于小型机床齿轮箱、传动装置轴承、中小型电动机、风动工具等
	L-AN22	19.8～24.2			主要用在一般机床齿轮变速、中小型机床导轨及100kW以上电动机轴承
	L-AN32	28.8～35.2			
	L-AN46	41.4～50.6		160	主要用在大型机床、大型刨床上
	L-AN68	61.2～74.8			
	L-AN100	90.0～110		180	主要用在低速重载的纺织机械及重型机床、锻压、铸工设备上
	L-AN150	135～165			
工业闭式齿轮油 (GB 5903—1995)	L-CKC68	61.2～74.8	−8	180	适用于煤炭、水泥、冶金工业部门大型封闭式齿轮传动装置的润滑
	L-CKC100	90.0～110			
	L-CKC150	135～165		200	
	L-CKC220	198～242			
	L-CKC320	288～352			
	L-CKC460	414～506			
	L-CKC680	612～748	−5	220	
蜗轮蜗杆油 (SH 0094—1991)	L-CKE220	198～242	−6	200	用于蜗轮蜗杆传动的润滑
	L-CKE320	288～352			
	L-CKE460	414～506		220	
	L-CKE680	612～748			
	L-CKE1000	900～1100			

17.2　常用润滑脂的主要性能及用途

润滑脂润滑密封结构简单、易于密封，但润滑效果相比油润滑较差。多数用于常开式齿轮传动、常开式蜗轮蜗杆传动和低速滚动轴承的润滑。润滑脂的选择可参考表 17.2 常用润滑脂的主要性质及用途。滚动轴承采用润滑脂润滑时，润滑脂的填充量不超过轴承空间的 1/3～1/2。

表 17.2　常用润滑脂的主要性质及用途

名　称	代　号	滴点/℃ (不低于)	工作锥入度 (25℃,150 g) $/10^{-1}$mm	主要用途
钙基润滑脂 (GB/T 491—1987)	L-XAAMHA1	80	310～340	有耐水性能。用于工作温度低于 55～60℃的各种工农业、交通运输机械设备的轴承润滑，特别是有水或潮湿处
	L-XAAMHA2	85	265～295	
	L-XAAMHA3	90	220～250	
	L-XAAMHA4	95	175～205	
钠基润滑脂 (GB/T 492—1989)	L-XACMGA2	160	265～295	不耐水(或潮湿)。用于工作温度在－10～110℃的一般中负荷机械设备轴承润滑
	L-XACMGA3		220～250	
通用锂基润滑脂 (GB/T 7324—1994)	1 号	170	310～340	有良好的耐水性和耐热性。适用于－20～120℃宽温度范围内各种机械的滚动轴承、滑动轴承及其他摩擦部位的润滑
	2 号	175	265～295	
	3 号	180	220～250	
钙钠基润滑脂 (SH/T0360—1992)	2 号	120	250～290	用于工作温度在 80～100℃、有水分或较潮湿环境中工作的机械润滑。多用于铁路机车、列车、小电动机、发电机滚动轴承(温度较高者)润滑。不适于低温工作
	3 号	135	200～240	
滚珠轴承脂 (SY 1514—1998)	ZGN69-2	120	250～290	用于机车、汽车、电动机及其他机械的滚动轴承润滑
7407 号齿轮润滑脂 (SY 4036—1984)		160	75～90	适用于各种低速、中、重载荷齿轮、链和联轴器等的润滑，使用温度≤120℃，可承受冲击载荷≤2500 MPa

17.3 油　　杯

表 17.3　直通式压注油杯基本形式与尺寸(摘自 JB/T 7940.1—1995)　　mm

d	H	h	h_1	S 基本尺寸	S 极限偏差	钢球(GB/T 308—1989)
M6	13	8	6	8	0 −0.22	3
M8×1	16	9	6.5	10		
M10×1	18	10	7	11		

标记示例：

联接螺纹 M10×1，直通式压注油杯的标记：

油杯 M10×1　JB/T 7940.1—1995

表 17.4　旋盖式油杯基本形式与尺寸(摘自 JB/T 7940.3—1995)　　mm

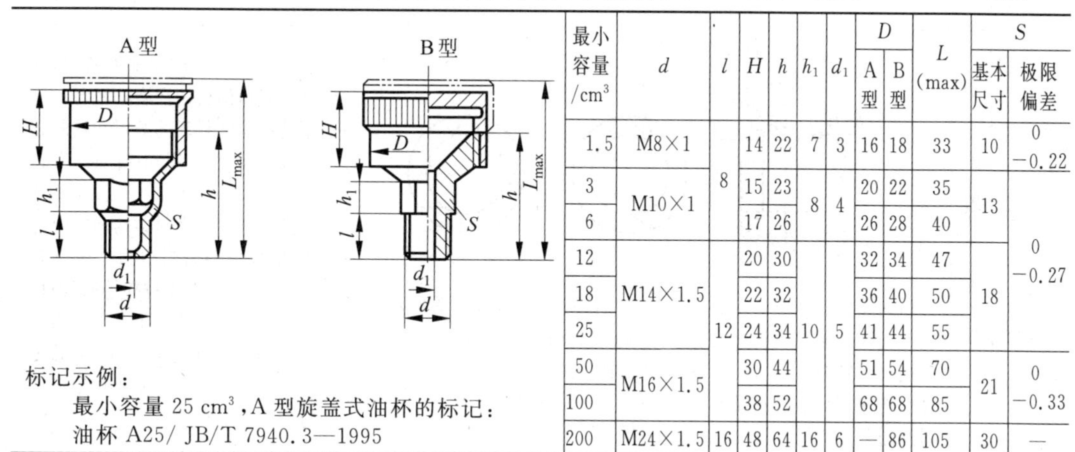

最小容量/cm^3	d	l	H	h	h_1	d_1	D A型	D B型	L(max)	S 基本尺寸	S 极限偏差
1.5	M8×1	8	14	22	7	3	16	18	33	10	0 −0.22
3	M10×1		15	23	8	4	20	22	35	13	0 −0.27
6			17	26			26	28	40		
12	M14×1.5	12	20	30	10	5	32	34	47	18	
18			22	32			36	40	50		
25			24	34			41	44	55		
50	M16×1.5		30	44			51	54	70	21	0 −0.33
100			38	52			68	68	85		
200	M24×1.5	16	48	64	16	6	—	86	105	30	—

标记示例：

最小容量 25 cm^3，A 型旋盖式油杯的标记：

油杯 A25/ JB/T 7940.3—1995

表 17.5　压配式压注油杯基本形式与尺寸(摘自 JB/T 7940.4—1995)　　mm

d 基本尺寸	d 极限偏差	H	钢球(按 GB/T 308—1989)
6	+0.040 +0.028	6	4
8	+0.049 +0.034	10	5
10	+0.058 +0.040	12	6
16	+0.063 +0.045	20	11
25	+0.085 +0.064	30	13

标记示例：

d=6 mm，压配式压注油杯的标记：

油杯 6JB/T 7940.4—1995

注：与 d 相配孔的极限偏差按 H8。

17.4　轴承的密封

表 17.6　常用的动密封形式

名称			原理、特点及简图	应用
接触式密封	填料密封	毛毡密封	毛毡 在壳体槽内填以毛毡圈，以堵塞泄漏间隙，达到密封的目的。毛毡具有天然弹性，呈松孔海绵状，可储存润滑油和防尘。轴旋转时，毛毡又将润滑油从轴上刮下反复自行润滑	一般用于低速、常温、常压的电机、齿轮箱等机械中，用以密封润滑脂、油、黏度大的液体及防尘，但不宜用于气体密封。 适用线速度：粗毛毡，$v_c \leqslant$ 3 m/s；优质细毛毡且轴经过抛光，$v_c \leqslant$ 10 m/s。温度不超过 90℃；压力一般为常压
		软填料密封	在轴与壳体之间充填软填料（俗称盘根），然后用压盖和螺钉压紧，以达到密封的目的。填料压紧力沿轴向分布不均匀，轴在靠近压盖处磨损最快。压力低时，轴转速可高；反之，转速要低	用于液体或气体介质往复运动和旋转运动的密封，广泛用于各种阀门、泵类，如水泵、真空泵等，泄漏率为 10～1000 mL/h。 选择适当填料材料及结构，可用于压力 $\leqslant$ 35 MPa、温度 $\leqslant$ 600℃和线速度 $\leqslant$ 20 m/s
		硬填料密封	弹簧　研磨　气流方向　密封盒　1　2 密封箱内装有若干密封盒，盒内装有一组密封环，如图所示。分瓣密封环靠圈弹簧和介质压力差贴附于轴上。填料环在填料盒内有适当的轴向和径向间隙，使其能随轴自由浮动。填料箱上的锁紧螺钉的作用只压紧各级填料盒，而不作用在各级填料环上。密封环材料通常为青铜、巴氏合金、石墨等	适用于往复运动轴的密封，如往复式压缩机的活塞杆密封。为了能补偿密封环的磨损和追随轴的跳动，可采用分瓣环、开口环等。 选择适当的密封结构和密封环型式，硬填料密封也适用于旋转轴的密封，如高压搅拌轴的密封。 硬填料密封适用于介质压力为 350 MPa、线速度为 12 m/s、温度为 −45～400℃，但需要对填料进行冷却或加热
		挤压型密封	R 挤压型密封按密封圈截面形状分有 O 形、方形等，以 O 形应用最广。 挤压型密封靠密封圈安装在槽内预先被挤压，产生压紧力。工作时，又靠介质压力挤压密封环，产生压紧力，封闭密封间隙，达到密封的目的。 结构紧凑，所占空间小，动摩擦阻力小，拆卸方便，成本低	用于往复及旋转运动。密封压力从 1.33×10^{-5} Pa 的真空到 40 MPa 的高压，温度达 −60～200℃，线速度 $\leqslant$ 3～5 m/s

续表

名　称			原理、特点及简图	应　用
接触式密封	填料密封	唇形密封	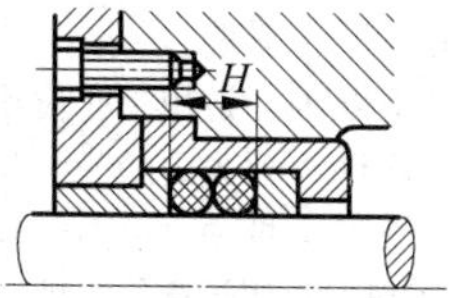 依靠密封唇的过盈量和工作介质压力所产生的径向压力即自紧作用,使密封件产生弹性变形,堵住漏出间隙,达到密封的目的。比挤压型密封有更显著的自紧作用。 结构型式有 Y、V、U、L、J 形。与 O 形环密封相比,结构较复杂,体积大,摩擦阻力大,装填方便,更换迅速	在许多场合下,已被 O 形环所代替,因此应用较少。现主要用于往复运动的密封,选用适当材料的油封,可用于压力达100 MPa的场合。 常用材料有橡胶、皮革、聚四氟乙烯等
	油封密封		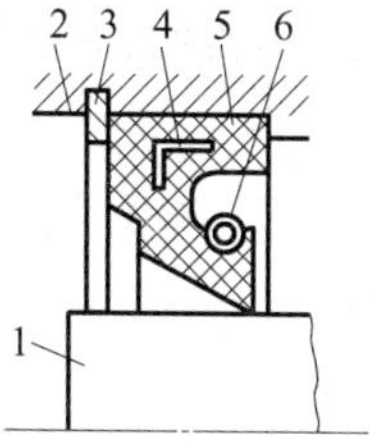 1—轴;　2—壳体; 3—卡圈;　4—骨架; 5—橡胶皮碗;　6—弹簧 在自由状态下,油封内径比轴径小,即有一定的过盈量。油封装到轴上后,其刃口的压力和自紧弹簧的收缩力对密封轴产生一定的径向抱紧力,遮断泄漏间隙,达到密封目的。 油封分有骨架与无骨架;有弹簧与无弹簧型。油封安装位置小,轴向尺寸小,使机器紧凑;密封性能好,使用寿命较长。对机器的振动和主轴的偏心都有一定的适应性。拆卸容易、检修方便、价格便宜,但不能承受高压	常用于液体密封,尤其广泛用于尺寸不大的旋转传动装置中密封润滑油,也用于封气或防尘。 不同材料的油封适用情况: 合成橡胶转轴线速度 $v_c \leqslant$ 20 m/s,常用于 12 m/s 以下,温度≤150℃。此时,轴的表面粗糙度为:$v_c \leqslant 3$ m/s 时,$Ra = 3.2$ μm;$v_c = 3 \sim 5$ m/s 时,$Ra = 0.8$ μm;$v_c > 5$ m/s 时,$Ra = 0.2$ μm。 皮革 $v_c \leqslant 10$ m/s,温度≤110℃。 聚四氟乙烯用于磨损严重的场合,寿命约比橡胶高 10 倍,但成本高。 以上各材料可使用压差 $\Delta p =$ 0.1～0.2 MPa,特殊可用于 $\Delta p =$ 0.5 MPa,但寿命为 500～2000 h
	涨圈密封		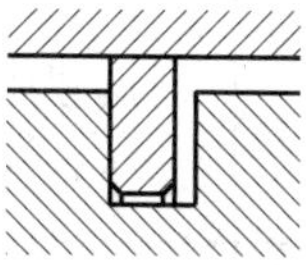 将带切口的弹性环放入槽中,由于涨圈本身的弹力,而使其外圆紧贴在壳体上,涨圈外径与壳体间无相对转动。 由于介质压力的作用,涨圈一端面贴合在涨圈槽的一侧产生相对运动,用液体进行润滑和堵漏,从而达到密封	一般用于液体介质密封(因涨圈密封必须以液体润滑)。 广泛用于密封油的装置。用于气体密封时,要有油润滑摩擦面。工作温度≤200℃,$v_c \leqslant 10$ m/s,压力往复运动≤70 MPa,旋转运动≤1.5 MPa
	机械密封		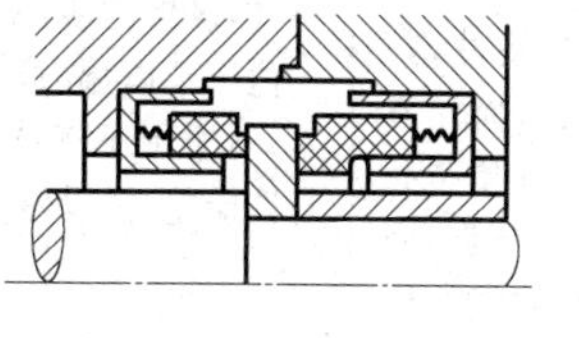 光滑而平直的动环和静环的端面,靠弹性构件和密封介质的压力使其互相贴合并作相对转动,端面间维持一层极薄的液体膜而达到密封的目的	应用广泛。用于密封各种不同黏度、有毒、易燃、易爆、强腐蚀性和含磨蚀性固体颗粒的介质,寿命可达25 000 h,一般不低于 8000 h。 目前使用已达到如下技术指标:轴径为 5～2000 mm;压力为 10^{-6} MPa 真空～45 MPa;温度为 −200～450℃;线速度为 150 m/s

续表

名称		原理、特点及简图	应用
非接触式密封	浮动环密封	外侧浮动环 弹簧 密封液 内侧浮动环 大气 介质 外漏 内漏 浮动环可以在轴上径向浮动，密封腔内通入比介质压力高的密封油。径向密封靠作用在浮动环上的弹簧力和密封油压力与隔离环贴合而达到；轴向密封靠浮动环与轴之间的狭小径向间隙对密封油产生节流来实现	结构简单，检修方便，但制造精度高，需采用复杂的自动化供油系统。 适用于介质压力＞10 MPa、转速为 10 000～20 000 r/min、线速度为 100 m/s 以上的流体机械，如气体压缩机、泵类等轴封
	迷宫密封	在旋转件和固定件之间形成很小的曲折间隙来实现密封。间隙内充以润滑脂	适用于高速，但须注意在圆周速度大于 5 m/s 时可能使润滑脂由曲路中甩出
		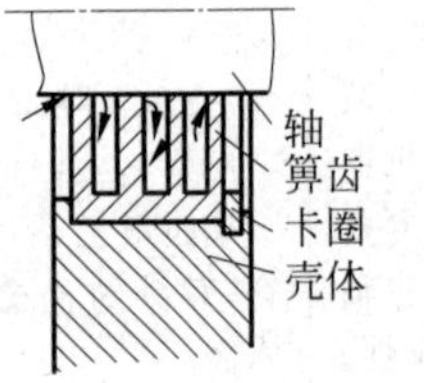 轴 算齿 卡圈 壳体 流体经过许多节流间隙与膨胀空腔组成的通道，经过多次节流而产生很大的能量损耗，流体压头大为下降，使流体难于渗漏，以达到密封的目的	用于气体密封，若在算齿及壳体下部设有回油孔，可用于液体密封
	离心密封	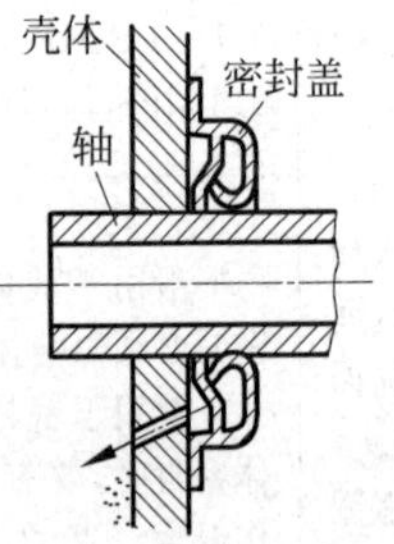 壳体 密封盖 轴 借离心力作用（甩油盘）将液体介质沿径向甩出，阻止液体进入漏泄缝隙，从而达到密封目的。转速愈高，密封效果愈好，转速太低或静止不动，则密封无效	结构简单，成本低，没有磨损，不需维护。 用于密封润滑油及其他液体，不适用于气体介质。广泛用于高温、高速的各种传动装置，以及压差为零或接近于零的场合
	螺旋密封	利用螺杆泵原理，当液体介质沿漏泄间隙渗漏时，借螺旋作用而将液体介质赶回去，以保证密封 壳体 轴 n F A 在设计螺旋密封装置时，对于螺旋赶油的方向要特别注意。设轴的旋转方向 n 从右向左看为顺时针方向，则液体介质与壳体的摩擦力 F 为逆时针方向，而摩擦力 F 在该右螺纹的螺旋线上的分力 A 向右，故液体介质被赶向右方	结构简单，制造、安装精度要求不高，维修方便，使用寿命长。 适用于高温、高速下的液体密封，不适用于气体密封。低速密封性能差，需设停机密封

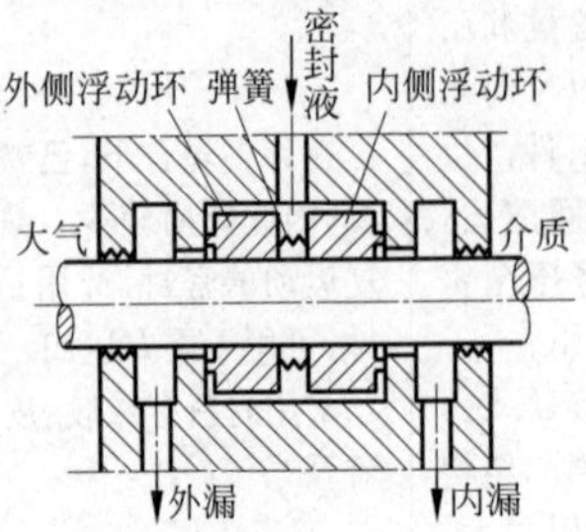

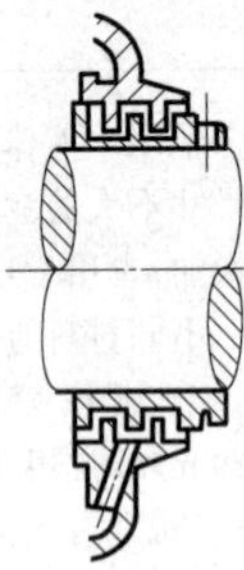

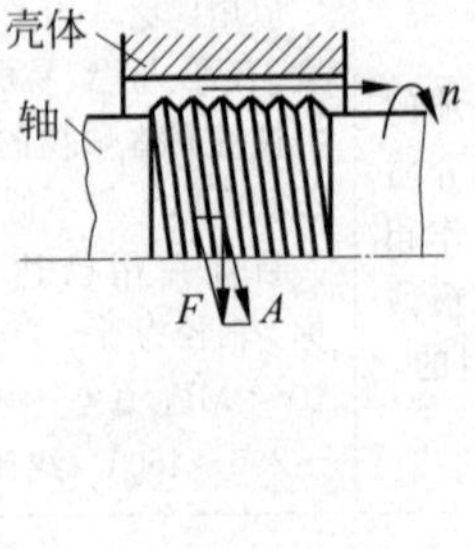

表 17.7　毡圈油封及槽

mm

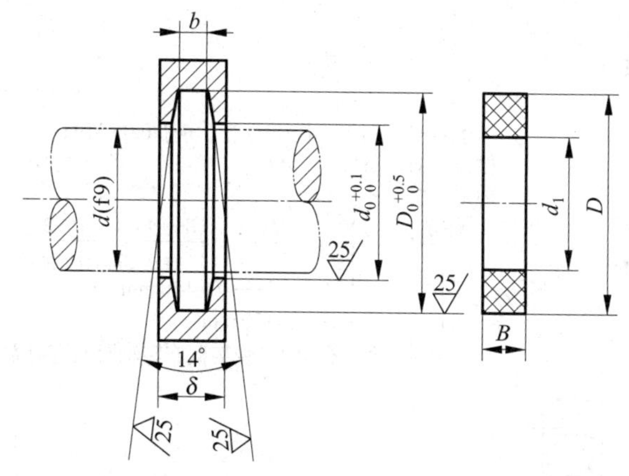

毡圈油封用于线速度<5 m/s

轴径 d	毡圈				槽				
	D	d_1	B	重量/kg	D_0	d_0	b	δ_{min} 用于钢	δ_{min} 用于铸铁
15	29	14	6	0.0010	28	16	5	10	12
20	33	19		0.0012	32	21			
25	39	24	7	0.0018	38	26	6	12	15
30	45	29		0.0023	44	31			
35	49	34		0.0023	48	36			
40	53	39		0.0026	52	41			
45	61	44	8	0.0040	60	46	7		
50	69	49		0.0054	68	51			
55	74	53		0.0060	72	56			
60	80	58		0.0069	78	61			
65	84	63		0.0070	82	66			
70	90	68		0.0079	88	71			
75	94	73		0.0080	92	77			
80	102	78	9	0.011	100	82	8	15	18
85	107	83		0.012	105	87			
90	112	88		0.012	110	92			
95	117	93	10	0.014	115	97			
100	122	98		0.015	120	102			
105	127	103		0.016	125	107			
110	132	108	10	0.017	130	112			
115	137	113		0.018	135	117			
120	142	118		0.018	140	122			
125	147	123		0.018	145	127			
130	152	128	12	0.030	150	132	10	18	20
135	157	133		0.030	155	137			
140	162	138		0.032	160	143			
145	167	143		0.033	165	148			
150	172	148		0.034	170	153			
155	177	153		0.035	175	158			
160	182	158		0.035	180	163			
165	187	163		0.037	185	168			
170	192	168		0.038	190	173			
175	197	173		0.038	195	178			
180	202	178		0.038	200	183			
185	207	182		0.039	205	188			
190	212	188		0.039	210	193			
195	217	193	14	0.041	215	198	12	20	22
200	222	198		0.042	220	203			
210	232	208		0.044	230	213			
220	242	218		0.046	240	223			
230	252	228		0.048	250	233			
240	262	238		0.051	260	243			

表 17.8　旋转轴唇形密封圈(摘自 GB/T 13871—1992)　　mm

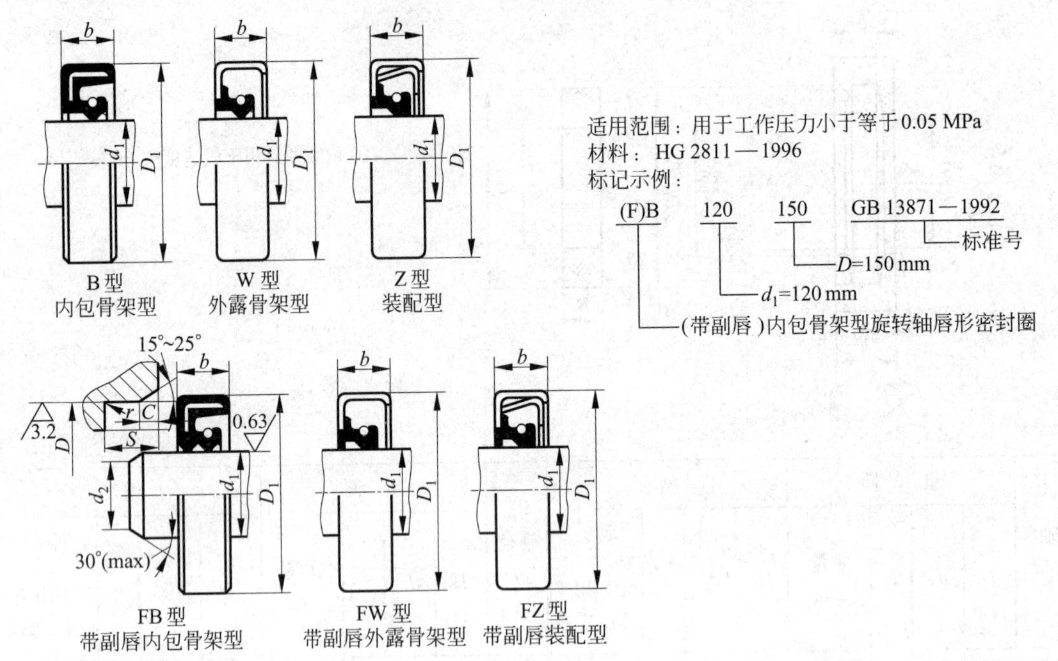

d_1 (h 11)	D (H8)	b	d_1-d_2 (≥)	S (min)	C	r (max)	d_1 (h 11)	D (H8)	b	d_1-d_2 (≥)	S (min)	C	r (max)
6	16	7±0.3	1.5	7.9	0.7~1	0.5	16	30	7±0.3	2	7.9	0.7~1	0.5
6	22						(16)	35					
7	22						18	30					
8	22						18	35					
8	24						20	35					
9	22						20	40					
10	22						(20)	45					
10	25						22	35		2.5			
12	24		2				22	40					
12	25						22	47					
12	30						25	40					
15	26						25	47					
15	30						25	52					
15	35						28	40					

续表

d_1 (h 11)	D (H8)	b	d_1-d_2 (≥)	S (min)	C	r (max)	d_1 (h 11)	D (H8)	b	d_1-d_2 (≥)	S (min)	C	r (max)
28	47						55	80					
28	52						60	80	8±0.3		8.9		
30	42	7±0.3	2.5	7.9			60	85					
30	47						65	85		4			
(30)	50						65	90					
30	52						70	90				0.7～1	0.5
32	45						70	95	10±0.3		10.9		
32	47						75	95					
32	52						75	100					
35	50						80	100					
35	52						80	110					
35	55		3				85	110		4.5			
38	52						85	120					
38	58				0.7～1	0.5	(90)	115					
38	62						90	120					
40	55	8±0.3		8.9			95	120	12±0.4		13.2		
(40)	60						100	125					
40	62						(105)	130					
42	55						110	140		5.5			
42	62						120	150				1.2～1.5	0.75
45	62						130	160					
45	65		3.5				140	170					
50	68						150	180					
(50)	70						160	190	15±0.4	7	16.2		
50	72						170	200					
55	72		4				180	210					
(55)	75						190	220					

续表

d_1 (h 11)	D (H8)	b	d_1-d_2 (≥)	S (min)	C	r (max)	d_1 (h 11)	D (H8)	b	d_1-d_2 (≥)	S (min)	C	r (max)
200	230	15±0.4	7	16.2	1.2～1.5	0.75	300	340	20±0.4	11	21.2	1.2～1.5	0.75
220	250						320	360					
240	270						340	380					
(250)	290		11				360	400					
260	300	20±0.4		21.2			380	420					
280	320						400	440					

注：1. 考虑到国内实际情况，除全部采用国际标准的基本尺寸外，还补充了若干种国内常用的规格，并加括号以示区别。

2. d_1 表面粗糙度范围为 $Ra=0.2\sim0.63\ \mu m$，$Ra_{max}=0.8\sim2.5\ \mu m$。$D$ 最大表面粗糙度 $Ra_{max}\leqslant12.5\ \mu m$。当采用外露骨架型密封圈时，$D$ 的表面粗糙度可选用更低的数值。

3. 唇形密封圈密封相关轴和腔体设计注意事项见 GB 13871—1992。

4. D_1 名义尺寸与 D 相同，但偏差不同。

表 17.9　O 形密封圈(摘自 JB/T 7757.2—1995)　　mm

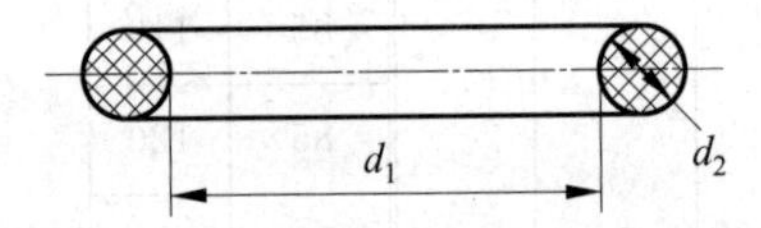

d_1		d_2									
内径	极限偏差	1.80 ±0.08	2.65 ±0.09	3.10 ±0.10	3.55 ±0.10	4.10 ±0.10	4.50 ±0.10	4.70 ±0.10	5.30 ±0.13	5.70 ±0.13	6.40 ±0.15
11.8	±0.17	*									
13.8		*									
15.8		*									
16.0			*								
17.8			*	*	*						
18.0			*	*							
19.8	±0.22		*	*	*						
20.0			*	*							
21.8			*	*	*						
22.0			*	*							
23.7			*	*	*						
24.7			*	*	*						
25.7			*	*	*						

续表

d_1		d_2									
内径	极限偏差	1.80 ±0.08	2.65 ±0.09	3.10 ±0.10	3.55 ±0.10	4.10 ±0.10	4.50 ±0.10	4.70 ±0.10	5.30 ±0.13	5.70 ±0.13	6.40 ±0.15
26.3	±0.22			*	*						
27.7			*	*	*						
28.3				*	*						
29.7			*	*	*						
30.3	±0.30			*	*						
31.7			*	*	*						
32.3				*	*						
32.7			*	*	*						
33.3				*	*						
34.7			*	*	*						
36.3				*	*						
37.7			*	*	*						
38.3				*	*						
39.7			*	*	*						
41.3				*	*						
42.7			*	*	*						
43.3				*	*						
44.7			*	*	*		*				
47.7			*	*	*		*				
48.4				*		*	*	*			
49.7			*	*	*	*	*				
50.4				*	*	*		*			
52.4	±0.45		*	*	*	*	*				
53.4				*		*		*			
54.4			*	*	*	*	*				
55.4					*	*		*			
57.6					*	*	*	*	*		
58.4						*		*			
59.6					*	*	*	*	*		
61.4						*	*	*			

续表

d_1		d_2									
内径	极限偏差	1.80 ±0.08	2.65 ±0.09	3.10 ±0.10	3.55 ±0.10	4.10 ±0.10	4.50 ±0.10	4.70 ±0.10	5.30 ±0.13	5.70 ±0.13	6.40 ±0.15
62.6	±0.45				*	*	*	*	*		
64.4						*		*			
64.6					*		*		*		
66.4							*	*			
67.6					*	*	*		*		
69.4						*		*			
69.6					*		*		*		
71.4							*	*			
72.6					*				*		
74.4							*	*			
74.6					*	*			*		
76.4					*		*	*	*		
79.6					*	*		*	*		

注：* 表示常用的规格。

表 17.10　迷宫式密封槽(摘自 GB/ZQ 4245—1997)　　mm

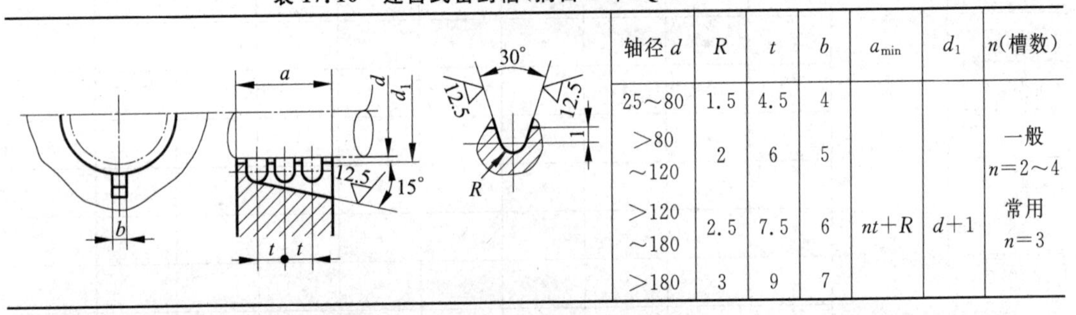

轴径 d	R	t	b	$a_{\min}$	d_1	n(槽数)
25～80	1.5	4.5	4	$nt+R$	$d+1$	一般 $n=2\sim4$ 常用 $n=3$
>80～120	2	6	5			
>120～180	2.5	7.5	6			
>180	3	9	7			

注：在个别情况下，R,t,b 尺寸可不按轴径选用。

表 17.11　径向密封槽(摘自 GB/ZQ 4245—1997)　　mm

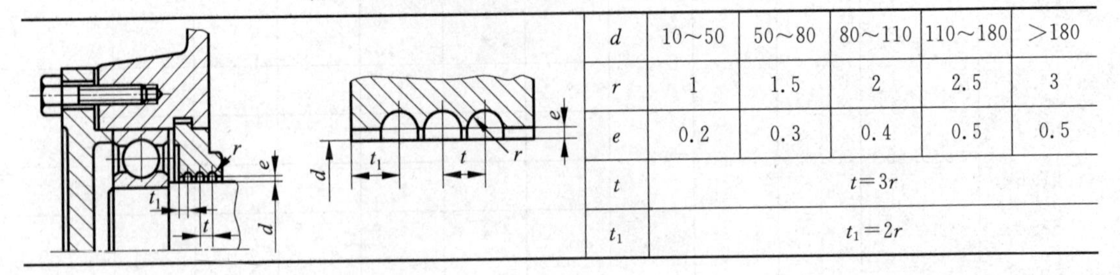

d	10～50	50～80	80～110	110～180	>180
r	1	1.5	2	2.5	3
e	0.2	0.3	0.4	0.5	0.5
t	$t=3r$				
t_1	$t_1=2r$				

表 17.12　轴向密封槽(摘自 GB/ZQ 4245—1997)　　mm

d	e	f_1	f_2
10～50	0.2	1	1.5
>50～80	0.3	1.5	2.5
>80～110	0.4	2	3
>110～180	0.5	2.5	3.5

17.5　油面指示器、窥视盖、透气塞、螺塞

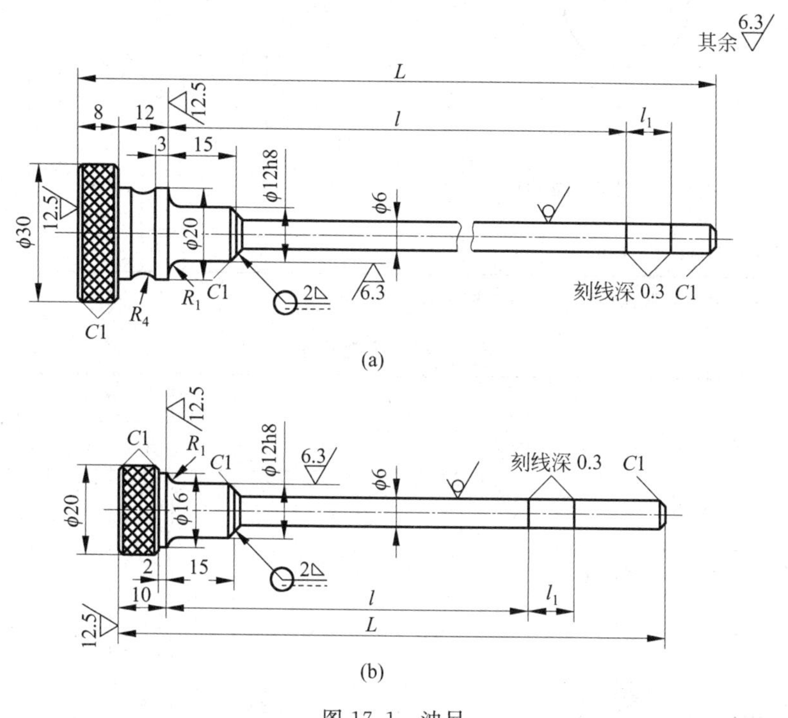

图 17.1　油尺

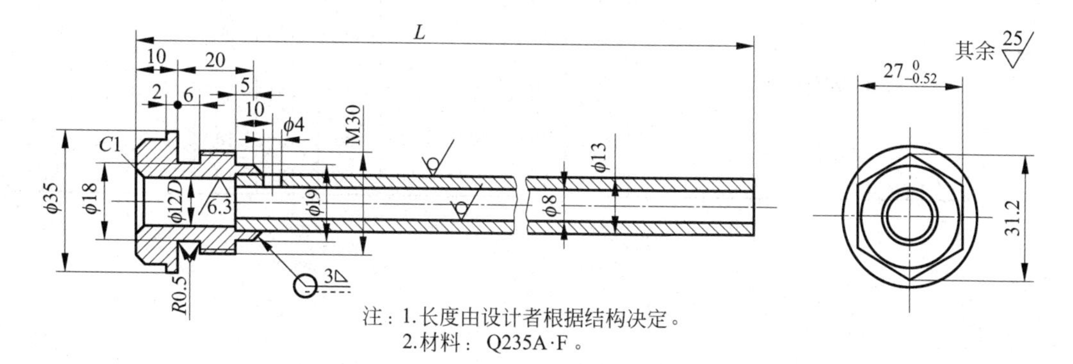

注：1.长度由设计者根据结构决定。
　　2.材料：Q235A·F。

图 17.2　油尺套

表 17.13 压配式油标(摘自 JB/T 7941.1—1995) mm

A型

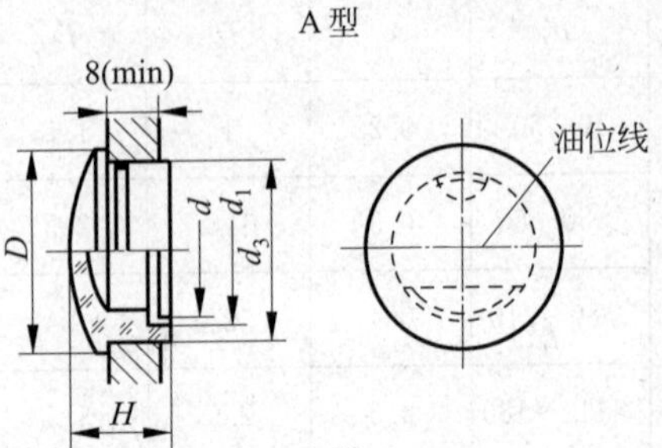

8(min)

油位线

B型

8(min)

油位线

标记示例：

视孔 $d=32$，A 型压配式圆形油标的标记：

油标 A32JB/T 7941.1—1995

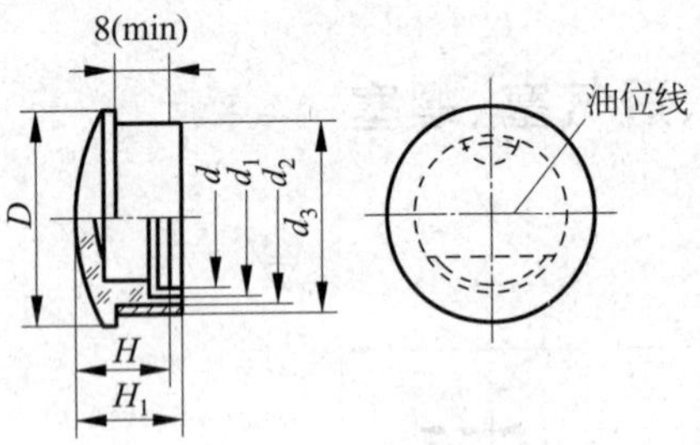

d	D	d_1		d_2		d_2		H	H_1	O形橡胶密封圈(GB/T 3452.1—1992)
		基本尺寸	极限偏差	基本尺寸	极限偏差	基本尺寸	极限偏差			
12	22	12	−0.050 −0.160	17	−0.050 −0.160	20	−0.065 −0.195	14	16	15×2.65
16	27	18		22	−0.065 −0.195	25				20×2.65
20	34	22	−0.065 −0.195	28		32	−0.080 −0.240	16	18	25×3.55
25	40	28		34	−0.080 −0.240	38				31.5×3.55
32	48	35	−0.080 −0.240	41		45		18	20	38.7×3.55
40	58	45		51		55				48.7×3.55
50	70	55	−0.100 −0.290	61	−0.100 −0.200	65	−0.100 −0.290	22	24	—
63	85	70		76		80				

注：与 d_1 相配合的孔极限偏差按 H11，A 型配用 O 形密封圈。

表 17.14 窥视孔盖 mm

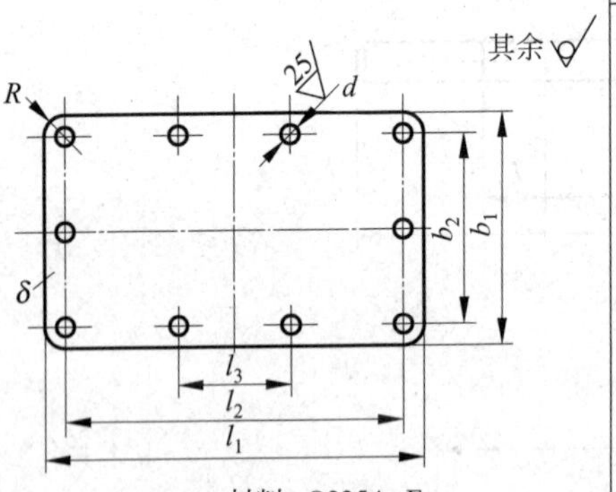

其余

材料：Q235A·F

l_1	l_2	l_3	b_1	b_2	d 直径	d 孔数	δ	R	重量/kg
90	75	—	70	55	7	4	4	5	0.2
120	105	—	90	75	7	4	4	5	0.34
180	165	—	140	125	7	8	4	5	0.79
200	180	—	180	160	11	8	4	10	1.13
220	200	—	200	180	11	8	4	10	1.38
270	240	—	220	190	11	8	6	15	2.8
140	125	—	120	105	7	8	4	5	0.53
180	165	—	140	125	7	8	4	5	0.79
220	190	—	160	130	11	8	4	15	1.1
270	240	—	180	150	11	8	6	15	2.2
350	320	—	220	190	11	8	10	15	6
420	390	130	260	230	13	10	10	15	8.6
500	460	150	300	260	13	10	10	20	11.8

表 17.15　透气塞　　mm

材料：Q235A·F

d	D	L	l	d_1	a	S	d	D	L	l	d_1	a	S
M10×1	13	16	8	3	2	14	M27×2	38	34	18	7	4	27
M12×1.25	16	19	10	4	2	17	M30×2	42	36	18	8	4	32
M16×1.5	22	23	12	5	2	22	M33×2	45	38	20	8	4	32
M20×1.5	30	28	15	6	4	22	M36×3	50	46	25	8	5	36
M22×1.5	32	29	15	7	4	22							

表 17.16　通气塞罩　　mm

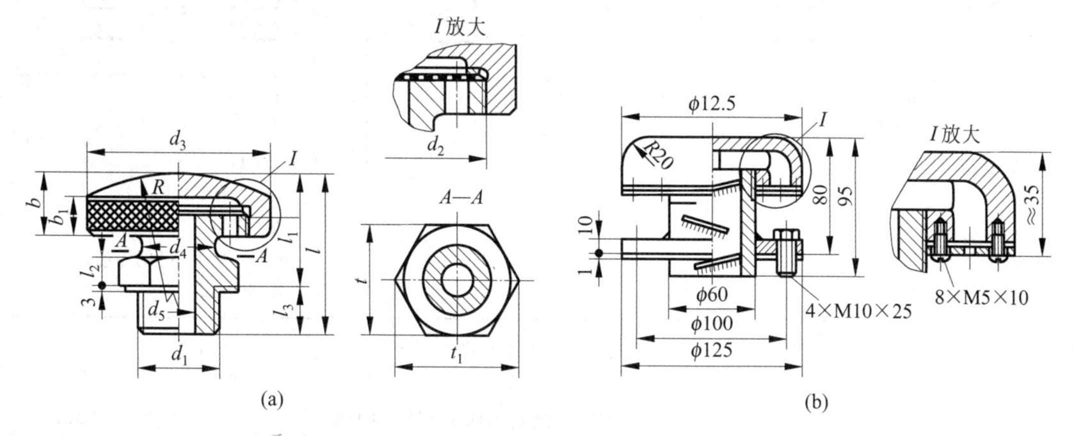

(a)　　(b)

型式	d_1	d_2	d_3	d_4	d_5	l	l_1	l_2	l_3	b	b_1	t_1	t	R	重量/kg
图(a)	M24	M48×1.5	55	22	12	55	40	8	15	20	16	41.6	36	85	0.45
	M36	M64×2	75	30	20	60	40	12	20	20	16	57.7	50	160	0.9
图(b)	尺寸见图														2.6

表 17.17　螺塞　　mm

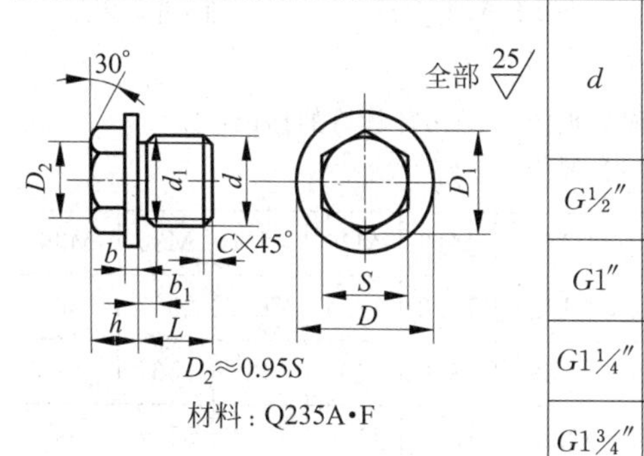

$D_2 \approx 0.95S$

材料：Q235A·F

d	D	D_1	S 公称尺寸	S 允差	h	L	b	b_1	C	d_1	重量/kg
G½″	30	25.4	22	−0.52	13	15	4	4	0.5	18	0.086
G1″	45	36.9	32	−1.0	17	20	4	5	1.5	29.5	0.272
G1¼″	55	47.3	41	−1.0	23	25	5	5	1.5	38	0.553
G1¾″	68	57.7	50	−1.0	27	30	5	5	1.5	50	1.013

第 18 章 减速器的起吊装置

箱盖吊钩	箱盖吊耳	箱座吊耳
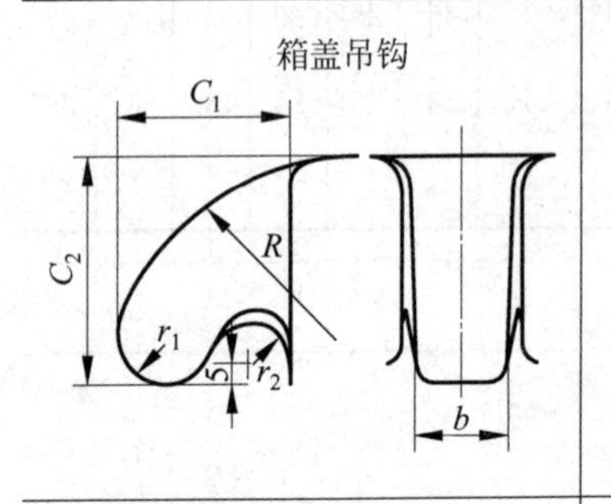	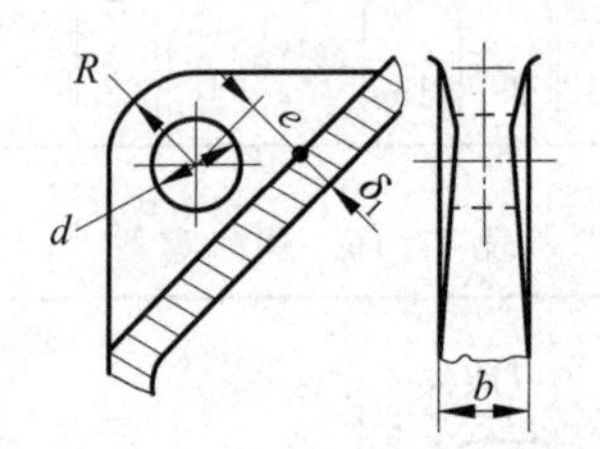	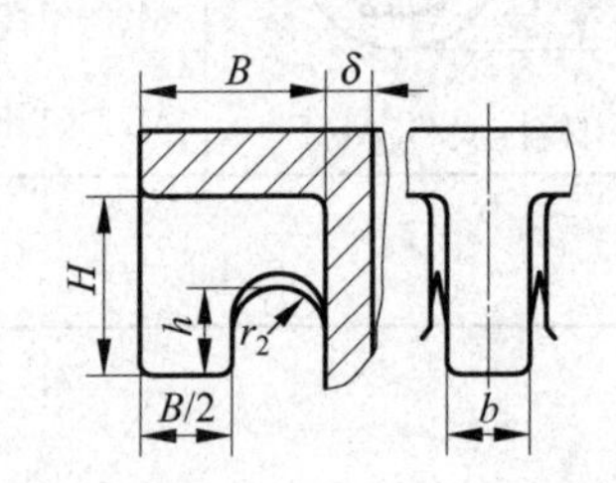
$C_1=(4\sim5)\delta_1$ $C_2=(1.3\sim1.5)C_1$ $b=2\delta_1$ $R=C_2$ $r_1=0.25C_1$ $r_2=0.2C_1$ δ_1—箱盖壁厚	$d=(1.8\sim2.5)\delta_1$ $R=(1\sim1.2)d$ $e=(0.8\sim1)d$ $b=2\delta_1$ δ_1—箱盖壁厚	$B=C_1+C_2$ $H=0.8B$ $h=0.5H$ $r_2=0.25B$ $b=2\delta$ C_1、C_2—扳手空间尺寸 δ—箱座壁厚

图 18.1 吊耳及吊钩

表 18.1 吊环螺钉(摘自 GB/T 825—1988) mm

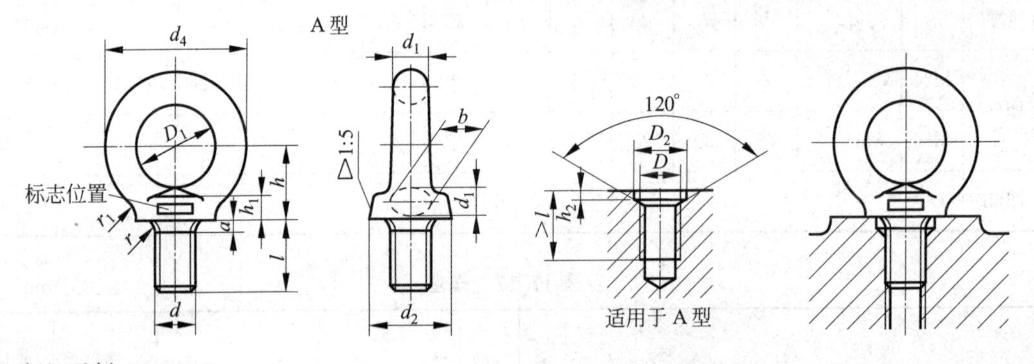

标记示例:

螺纹规格 M20,材料为 20 钢,经正火处理,不经表面处理的 A 型吊环螺钉的标记:

螺钉 GB/T 825—88-M20

$d(D)$	M8	M10	M12	M16	M20	M24	M30	M36
d_1(max)	9.1	11.1	13.1	15.2	17.4	21.4	25.7	30
D_1(公称)	20	24	28	34	40	48	56	67
d_2(max)	21.1	25.1	29.1	35.2	41.4	49.4	57.7	69
h_1(max)	7	9	11	13	15.1	19.1	23.2	27.4

续表

h	18	22	26	31	36	44	53	63
d_4（参考）	36	44	52	62	72	88	104	123
r_1	4	4	6	6	8	12	15	18
r(min)	1	1	1	1	1	2	2	3
l（公称）	16	20	22	28	35	40	45	55
a(max)	2.5	3	3.5	4	5	6	7	8
b(max)	10	12	14	16	19	24	28	32
D_2（公称 min）	13	15	17	22	28	32	38	45
h_2（公称 min）	2.5	3	3.5	4.5	5	7	8	9.5
最大起吊重量/kN 单螺钉起吊 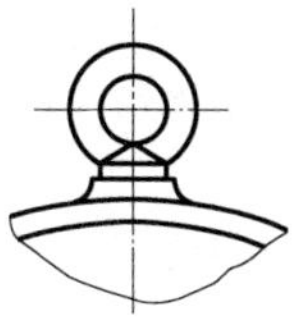	1.6	2.5	4	6.3	10	16	25	40
最大起吊重量/kN 双螺钉起吊 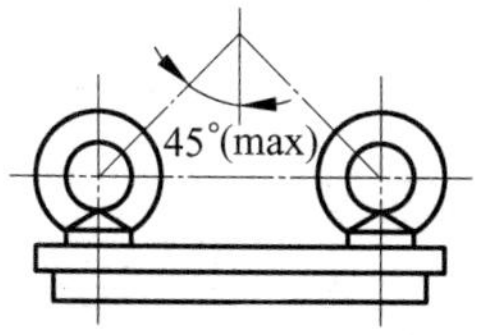 45°(max)	0.8	1.25	2	3.2	5	8	12.5	20

表 18.2　减速器参考重量

一级圆柱齿轮减速器						二级圆柱齿轮减速器					
a	100	160	200	250	315	a	100×140	140×200	180×250	200×280	250×355
W	0.26	1.05	2.1	4	8	W	1	2.6	4.8	6.8	12.5

注：a 为中心距，W 为减速器参考重量，单位为 kN。

第19章 电 动 机

电动机种类很多，本手册仅选用最常见的Y系列三相异步电动机。Y系列电动机是按照机电工委(IEC)标准设计的，具有国际互换性的特点。其中Y(IP44)小型三相异步电动机为一般用途笼型封闭自扇冷式电动机，具有防止灰尘或其他杂物入侵的特点。B级绝缘，可采用全压或降压启动。该型电动机的工作条件为：环境温度－15～＋40℃，相对湿度不超过90％，海拔高度不超过1000 m，电源额定电压360 V，频率50 Hz。常用于对启动性能、调速性能、畸转差率均无特殊要求的机器或设备，如金属切削机、水泵、鼓风机、运输机械和农业机械等。

表19.1 Y系列(IP44)三相异步电动机技术参数(摘自JB/T 9616—1999)

型号	额定功率/kW	满载时				堵转转矩/额定转矩	堵转电流/额定电流	最大转矩/额定转矩	噪声(声功率级)/dB(A)		振动速度/(mm/s)	转动惯量/(kg·m²)	重量(B3)/kg
		额定电流/A	转速/(r/min)	效率/%	功率因数cosφ				1级	2级			
同步转速 3000 r/min													
Y801-2	0.75	1.8	2830	75.0	0.84	2.2	6.5	2.3	66	71	1.8	0.00075	17
Y802-2	1.1	2.5	2830	77.0	0.86	2.2	7.0	2.3	66	71	1.8	0.0009	18
Y90S-2	1.5	3.4	2840	78.0	0.85	2.2	7.0	2.3	70	75	1.8	0.0012	22
Y90L-2	2.2	4.8	2840	80.5	0.86	2.2	7.0	2.3	70	75	1.8	0.0014	25
Y100L-2	3	6.4	2880	82.0	0.87	2.2	7.0	2.3	74	79	1.8	0.0029	34
Y112M-2	4	8.2	2890	85.5	0.87	2.2	7.0	2.3	74	79	1.8	0.0055	45
Y132S1-2	5.5	11.1	2900	85.5	0.88	2.0	7.0	2.3	78	83	1.8	0.0109	67
Y132S2-2	7.5	15.0	2900	86.2	0.88	2.0	7.0	2.3	78	83	1.8	0.0126	72
Y160M1-2	11	21.8	2930	87.2	0.88	2.0	7.0	2.3	82	87	2.8	0.0377	115
Y160M2-2	15	29.4	2930	88.2	0.88	2.0	7.0	2.3	82	87	2.8	0.0449	125
Y160L-2	18.5	35.5	2930	89.0	0.89	2.0	7.0	2.2	82	87	2.8	0.055	145
Y180M-2	22	42.2	2940	89.0	0.89	2.0	7.0	2.2	87	92	2.8	0.075	173
Y200L1-2	30	56.9	2950	90.0	0.89	2.0	7.0	2.2	90	95	2.8	0.124	232
同步转速 1500 r/min													
Y801-4	0.55	1.5	1390	73.0	0.76	2.4	6.0	2.3	56	67	1.8	0.0018	17
Y802-4	0.75	2	1390	74.5	0.76	2.3	6.0	2.3	56	67	1.8	0.0021	17
Y90S-4	1.1	2.7	1400	78.0	0.78	2.3	6.5	2.3	61	67	1.8	0.0021	25
Y90L-4	1.5	3.7	1400	79.0	0.79	2.3	6.5	2.3	62	67	1.8	0.0027	26
Y100L1-4	2.2	5	1430	81.0	0.82	2.2	7.0	2.3	65	70	1.8	0.0054	34

续表

型号	额定功率/kW	满载时				堵转转矩/额定转矩	堵转电流/额定电流	最大转矩/额定转矩	噪声（声功率级）/dB(A)		振动速度/(mm/s)	转动惯量/(kg·m²)	重量(B3)/kg
		额定电流/A	转速/(r/min)	效率/%	功率因数 cosφ				1级	2级			
同步转速　1500 r/min													
Y100L2-4	3	6.8	1430	82.5	0.81	2.2	7.0	2.3	65	70	1.8	0.0067	35
Y112M-4	4	8.8	1440	84.5	0.82	2.2	7.0	2.3	68	74	1.8	0.0095	47
Y132S-4	5.5	11.6	1440	85.5	0.84	2.2	7.0	2.3	70	78	1.8	0.0214	68
Y132M-4	7.5	15.4	1440	87.0	0.85	2.2	7.0	2.3	71	78	1.8	0.0296	79
Y160M-4	11	22.6	1460	88.0	0.84	2.2	7.0	2.3	75	82	1.8	0.0747	122
Y160L-4	15	30.3	1460	88.5	0.85	2.2	7.0	2.3	77	82	1.8	0.0918	142
Y180M-4	18.5	35.9	1470	91.0	0.86	2.0	7.0	2.2	77	82	1.8	0.139	174
Y180L-4	22	42.5	1470	91.5	0.86	2.0	7.0	2.2	77	82	1.8	0.158	192
Y200L-4	30	56.8	1470	92.2	0.87	2.0	7.0	2.2	79	84	1.8	0.262	253
同步转速　1000 r/min													
Y90S-6	0.75	2.3	910	72.5	0.70	2.0	5.5	2.2	56	65	1.8	0.0029	21
Y90L-6	1.1	3.2	910	73.5	0.72	2.0	5.5	2.2	56	65	1.8	0.0035	24
Y100L-6	1.5	4	940	77.5	0.74	2.0	6.0	2.2	62	67	1.8	0.0069	35
Y112M-6	2.2	5.6	940	80.5	0.74	2.0	6.0	2.2	62	67	1.8	0.0138	45
Y132S-6	3	7.2	960	83.0	0.76	2.0	6.5	2.2	66	71	1.8	0.0286	66
Y132M1-6	4	9.4	960	84.0	0.77	2.0	6.5	2.2	66	71	1.8	0.0357	75
Y132M2-6	5.5	12.6	960	85.3	0.78	2.0	6.5	2.2	66	71	1.8	0.0449	85
Y160M-6	7.5	17	970	86.0	0.78	2.0	6.5	2.0	69	75	1.8	0.0881	116
Y160L-6	11	24.6	970	87.0	0.78	2.0	6.5	2.0	70	75	1.8	0.116	139
Y180L-6	15	31.4	970	89.5	0.81	1.8	6.5	2.0	70	78	1.8	0.207	182
Y200L1-6	18.5	37.2	970	89.8	0.83	1.8	6.5	2.0	73	78	1.8	0.315	228
Y200L2-6	22	44.6	970	90.2	0.83	1.8	6.5	2.0	73	78	1.8	0.360	246
Y225M-6	30	59.5	980	90.2	0.85	1.7	6.5	2.0	76	81	1.8	0.547	294
同步转速　750 r/min													
Y132S-8	2.2	5.8	710	80.5	0.71	2.0	5.5	2.0	61	66	1.8	0.0314	66
Y132M-8	3	7.7	710	82.0	0.72	2.0	5.5	2.0	61	66	1.8	0.0395	76
Y160M1-8	4	9.9	720	84.0	0.732	2.0	6.0	2.0	64	69	1.8	0.0753	105
Y160M2-8	5.5	13.3	720	85.0	0.74	2.0	6.0	2.0	64	69	1.8	0.0931	115
Y160L-8	7.5	17.7	720	86.0	0.75	2.0	5.5	2.0	67	72	1.8	0.126	140
Y180L-8	11	24.8	730	87.5	0.77	1.7	6.0	2.0	67	72	1.8	0.203	180
Y200L-8	15	34.1	730	88.0	0.76	1.8	6.0	2.0	70	75	1.8	0.339	228

续表

型号	额定功率/kW	满载时 额定电流/A	满载时 转速/(r/min)	满载时 效率/%	满载时 功率因数 cosφ	堵转转矩/额定转矩	堵转电流/额定电流	最大转矩/额定转矩	噪声(声功率级)/dB(A) 1级	噪声(声功率级)/dB(A) 2级	振动速度/(mm/s)	转动惯量/(kg·m²)	重量(B3)/kg
同步转速　750 r/min													
Y225S-8	18.5	41.3	730	89.5	0.76	1.7	6.0	2.0	70	75	1.8	0.491	265
Y225M-8	22	47.6	730	90.0	0.78	1.8	6.0	2.0	70	75	1.8	0.547	296
Y250M-8	30	63	730	90.5	0.80	1.8	6.0	2.0	73	78	2.8	0.834	391

表 19.2　Y 系列三相异步电动机的外形和安装尺寸　　mm

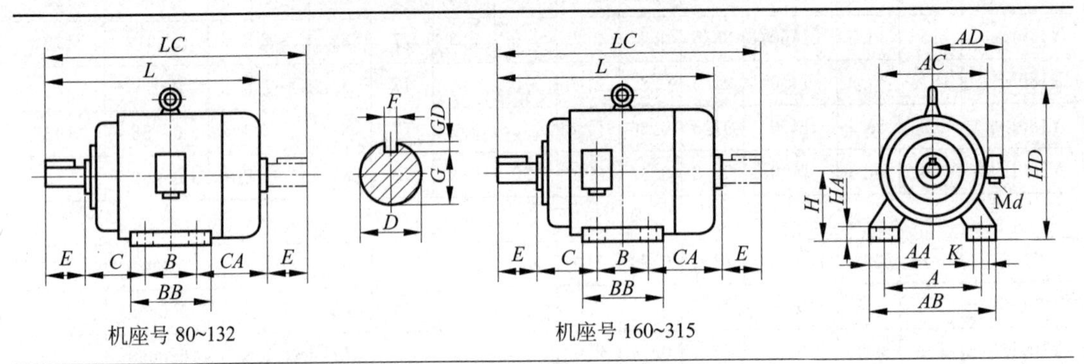

机座号 80~132　　　　机座号 160~315

机座号	H	A	B	C	CA	D 2极	D 4,6,8,10极	E 2极	E 4,6,8,10极	F 2极	F 4,6,8,10极	G 2极	G 4,6,8,10极	GD 2极	GD 4,6,8,10极	K
80	$80_{-0.5}^{0}$	125	100	50		$19_{-0.004}^{+0.009}$		40		6		15.5		6		10
90S	$90_{-0.5}^{0}$	140	100	56		$24_{-0.004}^{+0.009}$		50		8		20		7		10
90L	$90_{-0.5}^{0}$	140	125	56		$24_{-0.004}^{+0.009}$		50		8		20		7		10
100L	$100_{-0.5}^{0}$	160	140	63		$28_{-0.004}^{+0.009}$		60		8		24		7		12
112M	$112_{-0.5}^{0}$	190	140	70	133	$28_{-0.004}^{+0.009}$		60		8		24		7		12
132S	$132_{-0.5}^{0}$	216	140	89	168	$38_{+0.002}^{+0.018}$		80		10		33		8		12
132M	$132_{-0.5}^{0}$	216	178	89	168	$38_{+0.002}^{+0.018}$		80		10		33		8		12
160M	$160_{-0.5}^{0}$	254	210	108	184	$42_{+0.002}^{+0.018}$		110		12		37		8		15
160L	$160_{-0.5}^{0}$	254	254	108	184	$42_{+0.002}^{+0.018}$		110		12		37		8		15
180M	$180_{-0.5}^{0}$	279	241	121	203	$48_{+0.002}^{+0.018}$		110		14		42.5		9		15
180L	$180_{-0.5}^{0}$	279	279	121	203	$48_{+0.002}^{+0.018}$		110		14		42.5		9		15
200L	$200_{-0.5}^{0}$	318	305	133	224	$55_{+0.011}^{+0.030}$		110		16		49		10		19
225S	$225_{-0.5}^{0}$	356	286	149	249	—	$60_{+0.011}^{+0.030}$	—	140	—	18	—	53	—	11	19
225M	$225_{-0.5}^{0}$	356	311	149	249	$55_{+0.011}^{+0.030}$	$60_{+0.011}^{+0.030}$	110	140	16	18	49	53	10	11	19
250M	$250_{-0.5}^{0}$	406	349	168	273	$60_{+0.011}^{+0.030}$	$65_{+0.011}^{+0.030}$	140		18		53	58	11		24

续表

机座号	外形尺寸											
	AA	*AC*	*AB*	*AD*	*BB*	*HA*	*HD*	*L*		*LC*		*Md*
								2极	4,6,8,10极	2极	4,6,8,10极	
80	37	165	165	150	135	13	170	285				M24×1.5−6H
90S	39	175	180	155	135	13	190	310				M24×1.5−6H
90L	39	175	180	155	160	13	190	335				M24×1.5−6H
100L	42	205	205	180	180	15	245	380				M30×2−6H
112M	52	230	245	190	185	18	265	400		463		M30×2−6H
132S	63	270	280	210	205	20	315	470		557		M30×2−6H
132M	63	270	280	210	243	20	315	508		595		M30×2−6H
160M	73	325	330	255	275	22	385	600		722		M36×2−6H
160L	73	325	330	255	320	22	385	645		766		M36×2−6H
180M	73	360	355	285	315	24	430	670		785		M36×2−6H
180L	73	360	355	285	353	24	430	710		823		M36×2−6H
200L	73	400	395	310	380	27	475	770		882		M48×2−6H
225S	83	450	435	345	375	30	530	—	815	—	964	M48×2−6H
225M	83	450	435	345	400	30	530	810	840	929	989	M48×2−6H
250M	88	495	490	385	460	32	575	925		1070		M64×2−6H
280S	90	555	550	410	525	38	640	1000		1144		M64×2−6H
280M	90	555	550	410	576	38	640	1050		1195		M64×2−6H
315S	125	645	640	550	615	48	770	1155	1185	1307	1367	2−M64×2−6H
315M	125	645	640	550	665	48	770	1210	1240	1358	1418	2−M64×2−6H
315L	125	645	640	550	745	48	770	1210 1295	1240 1325	1358 1445	1418 1505	2−M64×2−6H

注：1. 机座号80、90无吊环螺钉。

2. *Md* 为接线盒进线口螺纹直径。

3. 安装尺寸符合标准JB/T 9616，外形尺寸各厂家稍有不同。

第 20 章　公差配合与表面粗糙度

20.1　公差与配合

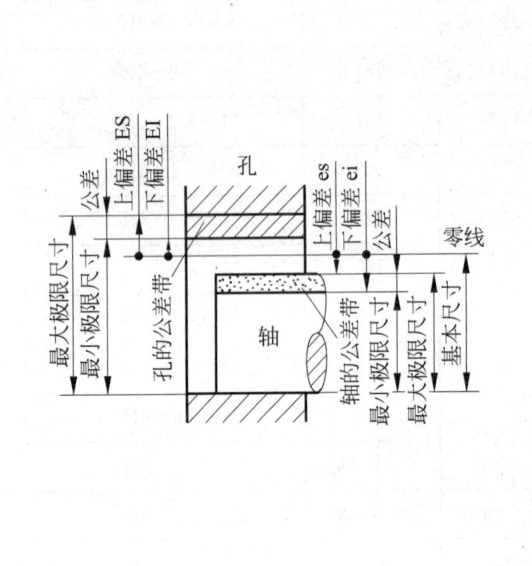

极限与配合的示意图

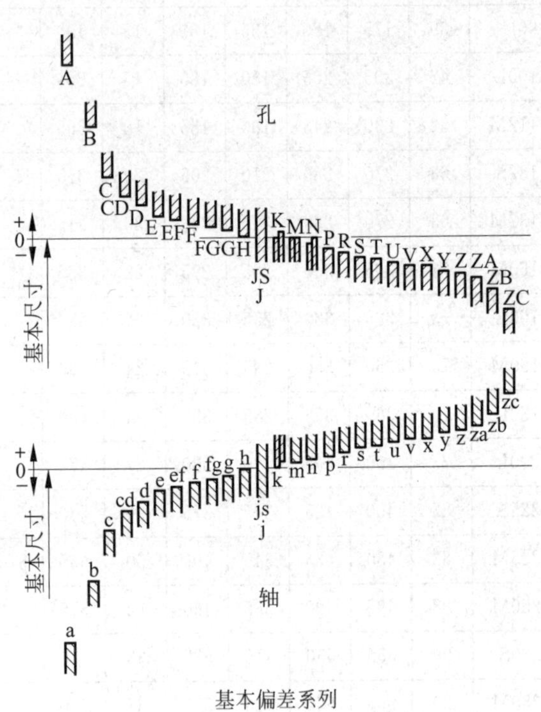

基本偏差系列

20.1.1　标准公差值

表 20.1　标准公差值（摘自 GB/T 1800.3—1998）

基本尺寸 /mm		标准公差等级																	
		IT1	IT2	IT3	IT4	IT5	IT6	IT7	IT8	IT9	IT10	IT11	IT12	IT13	IT14	IT15	IT16	IT17	IT18
大于	至	/μm											/mm						
—	3	0.8	1.2	2	3	4	6	10	14	25	40	60	0.1	0.14	0.25	0.4	0.6	1	1.4
3	6	1	1.5	2.5	4	5	8	12	18	30	48	75	0.12	0.18	0.3	0.48	0.75	1.2	1.8
6	10	1	1.5	2.5	4	6	9	15	22	36	58	90	0.15	0.22	0.36	0.58	0.9	1.5	2.2
10	18	1.2	2	3	5	8	11	18	27	43	70	110	0.18	0.27	0.43	0.7	1.1	1.8	2.7
18	30	1.5	2.5	4	6	9	13	21	33	52	84	130	0.21	0.33	0.52	0.84	1.3	2.1	3.3
30	50	1.5	2.5	4	7	11	16	25	39	62	100	160	0.25	0.39	0.62	1	1.6	2.5	3.9

续表

基本尺寸/mm		标准公差等级																	
		IT1	IT2	IT3	IT4	IT5	IT6	IT7	IT8	IT9	IT10	IT11	IT12	IT13	IT14	IT15	IT16	IT17	IT18
大于	至	/μm											/mm						
50	80	2	3	5	8	13	19	30	46	74	120	190	0.3	0.46	0.74	1.2	1.9	3	4.6
80	120	2.5	4	6	10	15	22	35	54	87	140	220	0.35	0.54	0.87	1.4	2.2	3.5	5.4
120	180	3.5	5	8	12	18	25	40	63	100	160	250	0.4	0.63	1	1.6	2.5	4	6.3
180	250	4.5	7	10	14	20	29	46	72	115	185	290	0.46	0.72	1.15	1.85	2.9	4.6	7.2
250	315	6	8	12	16	23	32	52	81	130	210	320	0.52	0.81	1.3	2.1	3.2	5.2	8.1
315	400	7	9	13	18	25	36	57	89	140	230	360	0.57	0.89	1.4	2.3	3.6	5.7	8.9
400	500	8	10	15	20	27	40	63	97	155	250	400	0.63	0.97	1.55	2.5	4	6.3	9.7
500	630	9	11	16	22	32	44	70	110	175	280	440	0.7	1.1	1.75	2.8	4.4	7	11

表 20.2　轴的极限偏差值

μm

公差带	等级	基本尺寸/mm							
		>10～18	>18～30	>30～50	>50～80	>80～120	>120～180	>180～250	>250～315
d	7	−50 −68	−65 −86	−80 −105	−100 −130	−120 −155	−145 −185	−170 −216	−190 −242
	8	−50 −77	−65 −98	−80 −119	−100 −146	−120 −174	−145 −208	−170 −242	−190 −271
	▼9	−50 −93	−65 −117	−80 −142	−100 −174	−120 −207	−145 −245	−170 −285	−190 −320
	10	−50 −120	−65 −149	−80 −180	−100 −220	−120 −260	−145 −305	−170 −355	−190 −400
e	6	−32 −43	−40 −53	−50 −66	−60 −79	−72 −94	−85 −110	−100 −129	−110 −142
	7	−32 −50	−40 −61	−50 −75	−60 −90	−72 −107	−85 −125	−100 −146	−110 −162
	8	−32 −59	−40 −73	−50 −89	−60 −106	−72 −126	−85 −148	−100 −172	−110 −191
	9	−32 −75	−40 −92	−50 −112	−60 −134	−72 −159	−85 −185	−100 −215	−110 −240
f	6	−16 −27	−20 −33	−25 −41	−30 −49	−36 −58	−43 −68	−50 −79	−56 −88
	▼7	−16 −34	−20 −41	−25 −50	−30 −60	−36 −71	−43 −83	−50 −96	−56 −108
	8	−16 −43	−20 −53	−25 −64	−30 −76	−36 −90	−43 −106	−50 −122	−56 −137
	9	−16 −59	−20 −72	−25 −87	−30 −104	−36 −123	−43 −143	−50 −165	−56 −186

续表

公差带	等级	基本尺寸/mm							
		>10～18	>18～30	>30～50	>50～80	>80～120	>120～180	>180～250	>250～315
g	5	−6 −14	−7 −16	−9 −20	−10 −23	−12 −27	−14 −32	−15 −35	−17 −40
	▼6	−6 −17	−7 −20	−9 −25	−10 −29	−12 −34	−14 −39	−15 −44	−17 −49
	7	−6 −24	−7 −28	−9 −34	−10 −40	−12 −47	−14 −54	−15 −61	−17 −69
	8	−6 −33	−7 −40	−9 −48	−10 −56	−12 −66	−14 −77	−15 −87	−17 −98
h	5	0 −8	0 −9	0 −11	0 −13	0 −15	0 −18	0 −20	0 −23
	▼6	0 −11	0 −13	0 −16	0 −19	0 −22	0 −25	0 −29	0 −32
	▼7	0 −18	0 −21	0 −25	0 −30	0 −35	0 −40	0 −46	0 −52
	8	0 −27	0 −33	0 −39	0 −46	0 −54	0 −63	0 −72	0 −81
	▼9	0 −43	0 −52	0 −62	0 −74	0 −87	0 −100	0 −115	0 −130
	10	0 −70	0 −84	0 −100	0 −120	0 −140	0 −160	0 −185	0 −210

公差带	等级	基本尺寸/mm														
		>10 ～18	>18 ～30	>30 ～50	>50 ～65	>65 ～80	>80 ～100	>100 ～120	>120 ～140	>140 ～160	>160 ～180	>180 ～200	>200 ～225	>225 ～250	>250 ～280	>280 ～315
j	5	+5 −3	+5 −4	+6 −5	+6 −7		+6 −9		+7 −11			+7 −13			+7 −16	
	6	+8 −3	+9 −4	+11 −5	+12 −7		+13 −9		+14 −11			+16 −13			—	
	7	+12 −6	+13 −8	+15 −10	+18 −12		+20 −15		+22 −18			+25 −21			—	
js	5	±4	±4.5	±5.5	±6.5		±7.5		±9			±10			±11.5	
	6	±5.5	±6.5	±8	±9.5		±11		±12.5			±14.5			±16	
	7	±9	±10	±12	±15		±17		±20			±23			±26	
k	5	+9 +1	+11 +2	+13 +2	+15 +2		+18 +3		+21 +3			+24 +4			+27 4	
	▼6	+12 +1	+15 +2	+18 +2	+21 +2		+25 +3		+28 +3			+33 +4			+36 +4	
	7	+19 +1	+23 +2	+27 +2	+32 +2		+38 +3		+43 +3			+50 +4			+56 +4	

续表

公差带	等级	基本尺寸/mm														
		>10 ~18	>18 ~30	>30 ~50	>50 ~65	>65 ~80	>80 ~100	>100 ~120	>120 ~140	>140 ~160	>160 ~180	>180 ~200	>200 ~225	>225 ~250	>250 ~280	>280 ~315
m	5	+15 +7	+17 +8	+20 +9	+24 +11		+28 +13		+33 +15			+37 +17			+43 +20	
	6	+18 +7	+21 +8	+25 +9	+30 +11		+35 +13		+40 +15			+46 +17			+52 +20	
	7	+25 +7	+29 +8	+34 +9	+41 +11		+48 +13		+55 +15			+63 +17			+72 +20	
n	5	+20 +12	+24 +15	+28 +17	+33 +20		+38 +23		+45 +27			+51 +31			+57 +34	
	▼6	+23 +12	+28 +15	+33 +17	+39 +20		+45 +23		+52 +27			+60 +31			+66 +34	
	7	+30 +12	+36 +15	+42 +17	+50 +20		+58 +23		+67 +27			+77 +31			+86 +34	
p	5	+26 +18	+31 +22	+37 +26	+45 +32		+52 +37		+61 +43			+70 +50			+79 +56	
	▼6	+29 +18	+35 +22	+42 +26	+51 +32		+59 +37		+68 +43			+79 +50			+88 +56	
	7	+36 +18	+43 +22	+51 +26	+62 +32		+72 +37		+83 +43			+96 +50			+108 +56	
r	5	+31 +23	+37 +28	+45 +34	+54 +41	+56 +43	+66 +51	+69 +54	+81 +63	+83 +65	+86 +68	+97 +77	+100 +80	+104 +84	+117 +94	+121 +98
	6	+34 +23	+41 +28	+50 +34	+60 +41	+62 +43	+73 +51	+76 +54	+88 +63	+90 +65	+93 +68	+106 +77	+109 +80	+113 +84	+126 +94	+130 +98
	7	+41 +23	+49 +28	+59 +34	+71 +41	+73 +43	+86 +51	+89 +54	+103 +63	+105 +65	+108 +68	+123 +77	+126 +80	+130 +84	+146 +94	+150 +98

注：标注▼者为优先公差等级，应优先选用。

表 20.3　孔的极限偏差值

μm

公差带	等级	基本尺寸/mm							
		>10~18	>18~30	>30~50	>50~80	>80~120	>120~180	>180~250	>250~315
D	8	+77 +50	+98 +65	+119 +80	+146 +100	+174 +120	+208 +145	+242 +170	+271 +190
	▼9	+93 +50	+117 +65	+142 +80	+174 +100	+207 +120	+245 +145	+285 +170	+320 +190
	10	+120 +50	+149 +65	+180 +80	+220 +100	+260 +120	+305 +145	+355 +170	+400 +190
	11	+160 +50	+195 +65	+240 +80	+290 +100	+340 +120	+395 +145	+460 +170	+510 +190

续表

公差带	等级	基本尺寸/mm							
		>10～18	>18～30	>30～50	>50～80	>80～120	>120～180	>180～250	>250～315
E	7	+50 +32	+61 +40	+75 +50	+90 +60	+107 +72	+125 +85	+146 +100	+162 +110
	8	+59 +32	+73 +40	+89 +50	+106 +60	+126 +72	+148 +85	+172 +100	+191 +110
	9	+75 +32	+92 +40	+112 +50	+134 +60	+159 +72	+185 +85	+215 +100	+240 +110
	10	+102 +32	+124 +40	+150 +50	+180 +60	+212 +72	+245 +85	+285 +100	+320 +110
F	6	+27 +16	+33 +20	+41 +25	+49 +30	+58 +36	+68 +43	+79 +50	+88 +56
	7	+34 +16	+41 +20	+50 +25	+60 +30	+71 +36	+83 +43	+96 +50	+108 +56
	▼8	+43 +16	+53 +20	+64 +25	+76 +30	+90 +36	+106 +43	+122 +50	+137 +56
	9	+59 +16	+72 +20	+87 +25	+104 +30	+123 +36	+143 +43	+165 +50	+186 +56
G	6	+17 +6	+20 +7	+25 +9	+29 +10	+34 +12	+39 +14	+44 +15	+49 +17
	▼7	+24 +6	+28 +7	+34 +9	+40 +10	+47 +12	+54 +14	+61 +15	+69 +17
	8	+33 +6	+40 +7	+48 +9	+56 +10	+66 +12	+77 +14	+87 +15	+98 +17
H	6	+11 0	+13 0	+16 0	+19 0	+22 0	+25 0	+29 0	+32 0
	▼7	+18 0	+21 0	+25 0	+30 0	+35 0	+40 0	+46 0	+52 0
	▼8	+27 0	+33 0	+39 0	+46 0	+54 0	+63 0	+72 0	+81 0
	▼9	+43 0	+52 0	+62 0	+74 0	+87 0	+100 0	+115 0	+130 0
	10	+70 0	+84 0	+100 0	+120 0	+140 0	+160 0	+185 0	+210 0
	▼11	+110 0	+130 0	+160 0	+190 0	+220 0	+250 0	+290 0	+320 0
J	7	+10 −8	+12 −9	+14 −11	+18 −12	+22 −13	+26 −14	+30 −16	+36 −16
	8	+15 −12	+20 −13	+24 −15	+28 −18	+34 −20	+41 −22	+47 −25	+55 −26

续表

公差带	等级	基本尺寸/mm							
		>10～18	>18～30	>30～50	>50～80	>80～120	>120～180	>180～250	>250～315
Js	6	±5.5	±6.5	±8	±9.5	±11	±12.5	±14.5	±16
	7	±9	±10	±12	±15	±17	±20	±23	±26
	8	±13	±16	±19	±23	±27	±31	±36	±40
K	6	+2 −9	+2 −11	+3 −13	+4 −15	+4 −18	+4 −21	+5 −24	+5 −27
	▼7	+6 −12	+6 −15	+7 −18	+9 −21	+10 −25	+12 −28	+13 −33	+16 −36
	8	+8 −19	+10 −23	+12 −27	+14 −32	+16 −38	+20 −43	+22 −50	+25 −56
N	6	−9 −20	−11 −24	−12 −28	−14 −33	−16 −38	−20 −45	−22 −51	−25 −57
	▼7	−5 −23	−7 −28	−8 −33	−9 −39	−10 −45	−12 −52	−14 −60	−14 −66
	8	−3 −30	−3 −36	−3 −42	−4 −50	−4 −58	−4 −67	−5 −77	−5 −86
P	6	−15 −26	−18 −31	−21 −37	−26 −45	−30 −52	−36 −61	−41 −70	−47 −79
	▼7	−11 −29	−14 −35	−17 −42	−21 −51	−24 −59	−28 −68	−33 −79	−36 −88

注：标注▼者为优先公差等级，应优先选用。

20.1.2　公差与配合的选用

1. 公差等级的选用

在满足使用要求的前提下，应尽可能选用较低的等级，以降低加工成本，参见表 20.5。当公差等级高于或等于 IT8 时，推荐选择孔的公差等级比轴低一级；低于 IT8 时，推荐孔、轴选择同级公差。

2. 基准制的选用

一般情况下，为加工、测量的方便，优先选用基孔制。与标准件配合时，通常依标准件定，如与滚动轴承配合的轴应按基孔制，与滚动轴承外圈配合的孔应按基轴制。

3. 配合的使用

应尽可能选用优先配合，（孔、轴均为优先公差等级结合而成的配合）和常用配合。表 20.6 列出了常用和优先的基孔制配合特性及应用举例，供选择基孔制配合时参考。此表也适合用于基轴制配合，但需将表中轴的基本偏差代号改为同名孔的基本偏差代号（如轴的基本偏差 d、e 改为孔的基本偏差 D、E），因而也可供选择基轴制配合时参考。

表 20.4　公差等级与常用加工方法的关系

加工方法	公差等级(IT)																
	01	0	1	2	3	4	5	6	7	8	9	10	11	12	13	14	15	16
研磨	—	—	—	—	—	—	—											
珩						—	—	—	—									
圆磨							—	—	—	—								
平磨							—	—	—	—								
金刚石车							—	—	—									
金刚石镗							—	—	—									
拉削							—	—	—	—								
铰孔								—	—	—	—	—						
车									—	—	—	—	—					
镗									—	—	—	—	—					
铣										—	—	—	—					
刨插												—	—					
钻孔												—	—	—	—			
滚压、挤压												—	—					
冲压												—	—	—	—	—		
压铸													—	—	—	—		
粉末冶金成形								—	—	—								
粉末冶金烧结									—	—	—	—						
砂型铸造、气割																		—
锻造																	—	

表 20.5　不同公差等级加工成本比较

尺寸	加工方法	公差等级(IT)															
		1	2	3	4	5	6	7	8	9	10	11	12	13	14	15	16
外径	普通车削						-·-·-	-·-·-	-·-·-	———	———	———	- - -	- - -	- - -		
	六角车床车削							-·-·-	-·-·-	———	———	———	- - -	- - -	- - -		
	自动车削							-·-·-	-·-·-	———	———	———	- - -	- - -			
	外圆磨			-·-·-	-·-·-	———	———	- - -	- - -								
	无心磨					-·-·-	———	———	———	- - -	- - -						
内径	普通车削						-·-·-	-·-·-	-·-·-	———	———	———	- - -	- - -	- - -		
	六角车床车削								-·-·-	-·-·-	———	———	- - -	- - -	- - -		
	自动车削								-·-·-	-·-·-	———	———	- - -	- - -			
	钻										-·-·-	-·-·-	———	———	- - -		
	铰							-·-·-	-·-·-	———	———	- - -	- - -				
	镗							-·-·-	-·-·-	———	———	- - -	- - -				
	精镗				-·-·-	-·-·-	———	———	- - -	- - -							
	内圆磨				-·-·-	-·-·-	———	———	- - -	- - -							
	研磨		-·-·-	-·-·-	———	———	- - -	- - -									
长度	普通车削							-·-·-	-·-·-	-·-·-	———	———	———	- - -	- - -	- - -	
	六角车床车削								-·-·-	-·-·-	———	———	———	- - -	- - -		
	自动车削								-·-·-	-·-·-	———	———	———	- - -	- - -		
	铣							-·-·-	-·-·-	-·-·-	———	———	———	- - -	- - -		

注：虚线、实线、点画线表示成本比例为 1∶2.5∶5。

表 20.6 常用和优先的基孔制配合特性及应用举例

基孔制配合特性	轴的基本偏差	使用特点	应用举例
配合间隙很大	d	适用松的转动配合	H9/d9 用于温度变化大、高速或轴颈压力大时的配合，精度较低的轴、孔的配合
配合间隙较大	e	适用于要求有明显间隙，易于转动的支承配合	H8/e7 用于大电机的高速轴与滑动轴承的配合。H8/e8 用于柴油机的凸轮轴与轴承、传动带的导轮与轴的配合。H9/e9 用于含油轴承与座孔的配合，粗糙机构中衬套与轴承外圈的配合
配合间隙中等	f	适用 IT6～IT8 级的一般转动的配合	H7/f6 用于机床中一般轴与滑动轴承的配合。H8/f8 用于跨距较大或多支承的传动轴和轴承的配合。H8/f7 用于蜗轮减速器的轴承端盖与孔、离合器活动爪与轴的配合
配合间隙较小	g	适用于相对运动速度不高或不回转的精密定位配合	H8/g7 用于柴油机挺杆与汽缸体的配合。H7/g6 用于矩形花键定心直径、可换钻套与钻模板的配合
配合间隙很小	h	适用于常拆卸或在调整时需移动或转动的联接处，或对同轴度有一定要求的孔轴配合	H7/h6、H8/h7 用于离合器与轴的配合、滑移齿轮与轴的配合。H8/h8 用于一般齿轮和轴、减速器中轴承盖和座孔、剖分式滑动轴承壳和轴瓦的配合。H10/h10、H11/h11 用于对开轴瓦与轴承座的配合
过盈概率小于 25%	j js	适用于频繁拆卸、同轴度要求较高的配合	H7/js6 用于减速器中齿轮和轴、轴承套杆与座孔、精密仪器与仪表中轴和轴承的配合。H8/js7 用于减速器中齿轮和轴的配合
过盈概率小于 55%	k	适用于不大的冲击载荷处，同轴度高、常拆卸处	H7/k6 用于减速器齿轮和轴、轻载荷和正常载荷的滚动轴承旋转套圈的配合、中型电机轴与联轴器或带轮的配合。H8/k7 用于压缩机连杆孔与十字头销的配合
过盈概率小于 65%	m	适用于紧密配合和不经常拆卸的配合	H7/m6 用于齿轮孔与轴、定位销与孔的配合，正常载荷滚动轴承旋转套圈的配合。H8/m7 用于升降机构中的轴与孔的配合
过盈概率小于 85%	n	适用于大转矩、振动及冲击、不经常拆卸的配合	H7/n6 用于链轮轮缘与轮芯、减速器中传动零件与轴、圆柱销与孔的配合，重负荷滚动轴承旋转套圈的配合。H8/n7 用于安全联轴器销钉和套的配合
轻型压入配合	p	用于不拆卸轻型过盈联接，不依靠配合过盈量传递载荷	H7/p6 用于冲击振动的重负荷的齿轮和轴、凸轮轴与孔的配合，H8/p7 用于升降机用蜗轮的轮缘和轮芯的配合
	r		H7/r6 用于重载齿轮与轴、蜗轮青铜轮缘与轮芯、轴和联轴器、可换铰套与铰模板的配合

20.2 形位公差

表 20.7　常用形位公差的符号及其标注(摘自 GB/T 1182—1996)

形位公差的分类与基本符号

公差类别		特征项目	被测要素	符号	有无基准
形状公差		直线度	单一要素	—	无
形状公差		平面度	单一要素	▱	无
形状公差		圆度	单一要素	○	无
形状公差		圆柱度	单一要素	⌭	无
形状公差或位置公差		线轮廓度	单一要素或关联要素	⌒	有或无
形状公差或位置公差		面轮廓度	单一要素或关联要素	⌓	有或无
位置公差	定向公差	平行度	关联要素	//	有
位置公差	定向公差	垂直度	关联要素	⊥	有
位置公差	定向公差	倾斜度	关联要素	∠	有
位置公差	定位公差	位置度	关联要素	⌖	有或无
位置公差	定位公差	同轴度(同心度)	关联要素	◎	有
位置公差	定位公差	对称度	关联要素	⌯	有
位置公差	跳动公差	圆跳动 径向	关联要素	↗	有
位置公差	跳动公差	圆跳动 端面	关联要素	↗	有
位置公差	跳动公差	圆跳动 斜向	关联要素	↗	有
位置公差	跳动公差	全跳动 径向	关联要素	⌰	有
位置公差	跳动公差	全跳动 端面	关联要素	⌰	有

被测要素、基准要素的标注要求及其他附加符号

说明		符号	说明	符号
被测要素的标注	直接	[arrow to hatched surface]	包容要求	Ⓔ
被测要素的标注	用字母	A [letter A above arrow to hatched surface]	最大实体要求	Ⓜ
基准要素的标注		Ⓐ [circled A on hatched surface]	最小实体要求	Ⓛ
基准目标的标注		φ2 / A1	可逆要求	Ⓡ
理论正确尺寸		50 (boxed)	延伸公差带	Ⓟ
			自由状态(非刚性零件)条件	Ⓕ
			全周(轮廓)	[circle on leader line with arrowhead]

表 20.8　平行度、垂直度和倾斜度公差值(摘自 GB/T 1184—1996)　μm

公差等级	主参数 $L,d(D)$/mm																应用举例(参考)	
	≤10	>10~16	>16~25	>25~40	>40~63	>63~100	>100~160	>160~250	>250~400	>400~630	>630~1000	>1000~1600	>1600~2500	>2500~4000	>4000~6300	>6300~10 000	平行度	垂直度和倾斜度
1	0.4	0.5	0.6	0.8	1	1.2	1.5	2	2.5	3	4	5	6	8	10	12	高精度机床测量仪器以及量具等主要基准面和工作面	
2	0.8	1	1.2	1.5	2	2.5	3	4	5	6	8	10	12	15	20	25	精密机床、测量仪器、量具以及模具的基准面和工作面。 精密机床上重要箱体主轴孔对基准面的要求,尾架孔对孔的要求	精密机床导轨、普通机床主要导轨、机床主轴轴向定位面、精密机床主轴轴肩端面、滚动轴承座圈端面、齿轮测量仪的心轴、光学分度头心轴、蜗轮轴端面、精密刀具、量具的工作面和基准面
3	1.5	2	2.5	3	4	5	6	8	10	12	15	20	25	30	40	50		
4	3	4	5	6	8	10	12	15	20	25	30	40	50	60	80	100	普通机床、测量仪器、量具及模具的基准面和工作面,高精度轴承座圈、端盖、挡圈的端面。 机床主轴孔对基准面的要求,重要轴承孔对基准面要求,床头箱体重要孔间距要求,一般减速器壳体孔,齿轮泵的轴孔端面等	普通机床导轨、精密机床重要零件、机床重要支承面、普通机床主轴偏摆、发动机轴和离合器凸缘,汽缸的支承端面、装 C、D 级轴承的箱体的凸肩、测量仪器、液压传动轴瓦端面、蜗轮盘端面、刀、量具工作面和基准面等
5	5	6	8	10	12	15	20	25	30	40	50	60	80	100	120	150		
6	8	10	12	15	20	25	30	40	50	60	80	100	120	150	200	250	一般机床零件的工作面或基准面,压力机和锻锤的工作面,中等精度钻模的工作面,一般刀具、量具、模具。 机床一般轴承孔对基准面的要求,床头箱一般孔间要求,汽缸轴线,变速器箱孔,主轴花键对定心直径,重型机械轴承盖的端面,卷扬机、手动传动装置中的传动轴	低精度机床主要基准面和工作面,回转工作台端面跳动,一般导轨、主轴箱体孔、刀架、砂轮架及工作台回转中心,机床轴肩、汽缸配合面对其轴线,活塞销孔对活塞中心线,以及装 F、G 级轴承壳体孔的轴线等,压缩机汽缸配合面对汽缸镜面轴线的垂直要求等
7	12	15	20	25	30	40	50	60	80	100	120	150	200	250	300	400		
8	20	25	30	40	50	60	80	100	120	150	200	250	300	400	500	600		

续表

公差等级	主参数 $L,d(D)$/mm																应用举例(参考)	
	≤10	>10~16	>16~25	>25~40	>40~63	>63~100	>100~160	>160~250	>250~400	>400~630	>630~1000	>1000~1600	>1600~2500	>2500~4000	>4000~6300	>6300~10 000	平行度	垂直度和倾斜度
9	30	40	50	60	80	100	120	150	200	250	300	400	500	600	800	1000	低精度零件、重型机械滚动轴承端盖。 柴油机和煤气发动机的曲轴孔、轴颈等	花键轴轴肩端面、皮带运输机法兰盘等端面对轴心线、手动卷扬机及传动装置中轴承端面、减速器壳体平面等
10	50	60	80	100	120	150	200	250	300	400	500	600	800	1000	1200	1500		
11	80	100	120	150	200	250	300	400	500	600	800	1000	1200	1500	2000	2500	零件的非工作面,卷扬机运输机上用的减速器壳体平面	农业机械齿轮端面等
12	120	150	200	250	300	400	500	600	800	1000	1200	1500	2000	2500	3000	4000		

主参数 $L,d(D)$图例

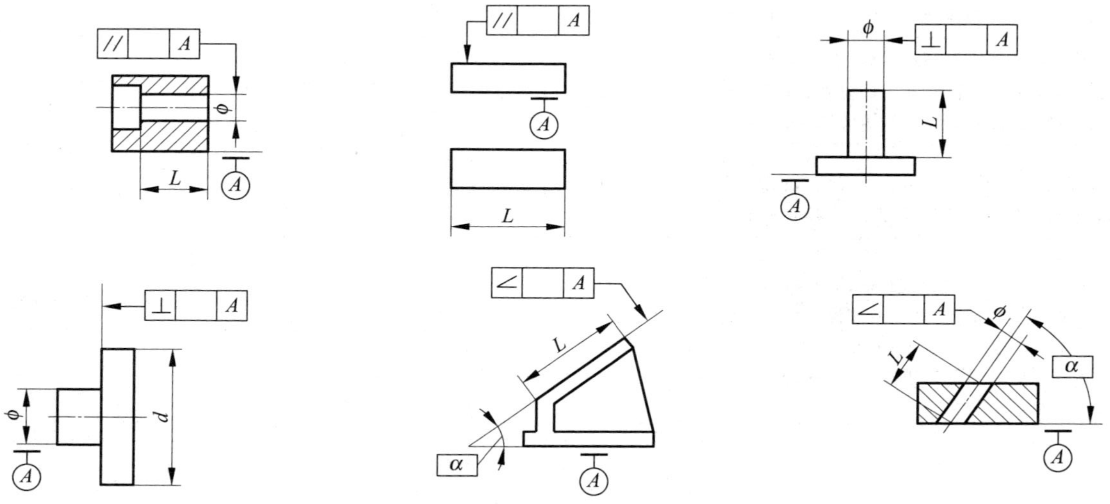

表 20.9　直线度和平面度公差值(摘自 GB/T 1184—1996)

μm

公差等级	主参数 L/mm																应用举例
	≤10	>10~16	>16~25	>25~40	>40~63	>63~100	>100~160	>160~250	>250~400	>400~630	>630~1000	>1000~1600	>1600~2500	>2500~4000	>4000~6300	>6300~10 000	
1	0.2	0.25	0.3	0.4	0.5	0.6	0.8	1	1.2	1.5	2	2.5	3	4	5	6	用于精密量具、测量仪器以及精度要求极高的精密机械零件。如 0 级样板、平尺、0 级宽平尺、工具显微镜等精密测量仪器的导轨面,喷油嘴针阀体端面平面度。油泵柱塞套端面的平面度等
	Ra	0.025		0.05				0.10				0.20					
2	0.4	0.5	0.6	0.8	1	1.2	1.5	2	2.5	3	4	5	6	8	10	12	
	Ra	0.05		0.10				0.20				0.40					
3	0.8	1	1.2	1.5	2	2.5	3	4	5	6	8	10	12	15	20	25	用于 0 级及 1 级宽平尺工作面,1 级样板平尺的工作面、测量仪器圆弧导轨的不直线度、测量仪器的测杆等
	Ra	0.10		0.10				0.40				0.80					
4	1.2	1.5	2	2.5	3	4	5	6	8	10	12	15	20	25	30	40	用于量具、测量仪器和机床导轨,如 1 级宽平尺,0 级平板、测量仪器的 V 形导轨、高精度平面磨床的 V 形导轨和滚动导轨,轴承磨床及平面磨床床身直线度等
	Ra	0.10		0.20				0.40				1.6					
5	2	2.5	3	4	5	6	8	10	12	15	20	25	30	40	50	60	用于 1 级平板,2 级宽平尺,平面磨床的纵导轨,垂直导轨、立柱导轨和平面磨床的工作台,液压龙门刨床导轨面,六角车床床身导轨面,柴油机进排气门导杆等
	Ra	0.20		0.20				0.80				1.6					
6	3	4	5	6	8	10	12	15	20	25	30	40	50	60	80	100	用于 1 级平板、普通车床床身导轨面、龙门刨床导轨面、滚齿机立柱导轨、床身导轨及工作台、自动车床床身导轨、平面磨床垂直导轨、卧式镗床、铣床工作台以及机床主轴箱导轨、柴油机进排气门导杆直线度,柴油机机体上部结合面等
	Ra	0.20		0.40				1.6				3.2					
7	5	6	8	10	12	15	20	25	30	40	50	60	80	100	120	150	用于 2 级平板、0.02 游标卡尺尺身的直线度,机床床头箱体、滚齿机床身导轨的直线度,镗床工作台、摇臂钻底座工作台、柴油机气门导杆、液压泵盖的平面度,压力机导轨及滑块
	Ra	0.40		0.80				1.6				6.3					

续表

公差等级	主参数 L/mm																应用举例
	≤10	>10~16	>16~25	>25~40	>40~63	>63~100	>100~160	>160~250	>250~400	>400~630	>630~1000	>1000~1600	>1600~2500	>2500~4000	>4000~6300	>6300~10 000	
8	8	10	12	15	20	25	30	40	50	60	80	100	120	150	200	250	用于2级平板、车床溜板箱体、机床主轴箱体、机床传动箱体、自动车床底座的直线度，汽缸盖结合面、汽缸座、内燃机连杆分离面的平面度，减速器壳体的结合面
	Ra	0.80		0.80				3.2				6.3					
9	12	15	20	25	30	40	50	60	80	100	120	150	200	250	300	400	用于3级平板、机床溜板箱、立钻工作台、螺纹磨床的挂轮架，金相显微镜的载物台、柴油机汽缸体、连杆的分离面、缸盖的结合面、阀片的平面度、空气压缩机的汽缸体、柴油机缸孔环面的平面度以及液压管件和法兰的连接面等
	Ra	1.6		1.6				3.2				12.5					
10	20	25	30	40	50	60	80	100	120	150	200	250	300	400	500	600	用于3级平板、自动车床床身底面的平面度，车床挂轮架的平面度，柴油机汽缸体、摩托车的曲轴箱体、汽车变速箱的壳体、汽车发动机缸盖结合面、阀片的平面度，以及辅助机构及手动机械的支承面
	Ra	1.6		3.2				6.3				12.5					
11	30	40	50	60	80	100	120	150	200	250	300	400	500	600	800	1000	用于易变形的薄片、薄壳零件，如离合器的摩擦片、汽车发动机缸盖的结合面、手动机械支架、机床法兰等
	Ra	3.2		6.3				12.5				12.5					
12	60	80	100	120	150	200	250	300	400	500	600	800	1000	1200	1500	2000	
	Ra	6.3		12.5				12.5				12.5					

主参数 L 图例

表 20.10　圆度、圆柱度公差值(GB/T 1184—1996)　　μm

公差等级	主参数 $d(D)$/mm													应用举例(参考)
	≤3	>3~6	>6~10	>10~18	>18~30	>30~50	>50~80	>80~120	>120~180	>180~250	>250~315	>315~400	>400~500	
0	0.1	0.1	0.12	0.15	0.2	0.25	0.3	0.4	0.6	0.8	1.0	1.2	1.5	高精度量仪主轴,高精度机床主轴,滚动轴承滚珠和滚柱等
1	0.2	0.2	0.25	0.25	0.3	0.4	0.5	0.6	1	1.2	1.6	2	2.5	
2	0.3	0.4	0.4	0.5	0.6	0.6	0.8	1	1.2	2	2.5	3	4	精密量仪主轴,外套、阀套,高压油泵柱塞及套,纺锭轴承,高速柴油机进、排气门,精密机床主轴轴颈,针阀圆柱表面,喷油泵柱塞及柱塞套
3	0.5	0.6	0.6	0.8	1	1	1.2	1.5	2	3	4	5	6	小工具显微镜套管外圆,高精度外圆磨床轴承,磨床砂轮主轴套筒,喷油嘴针、阀体,高精度微型轴承内外圈
4	0.8	1	1	1.2	1.5	1.5	2	2.5	3.5	4.5	6	7	8	较精密机床主轴、精密机床主轴箱孔,高压阀门活塞、活塞销、阀体孔,小工具显微镜顶针,高压油泵柱塞,较高精度滚动轴承的配合轴,铣削动力头箱体孔等
5	1.2	1.5	1.5	2	2.5	2.5	3	4	5	7	8	9	10	一般量仪主轴、测杆外圆,陀螺仪轴颈,一般机床主轴,较精密机床主轴及主轴箱孔,柴油机汽油机活塞、活塞销孔,铣削动力头轴承箱座孔,高压空气压缩机十字头销、活塞,较低精度滚动轴承配合轴等
6	2	2.5	2.5	3	4	4	5	6	8	10	12	13	15	仪表端盖外圆,一般机床主轴及箱孔,中等压力下液压装置工作面(包括泵、压缩机的活塞和汽缸),汽车发动机凸轮轴,纺机锭子,通用减速器轴颈,高速船用发动机曲轴、拖拉机曲轴主轴颈,风动绞车曲轴
7	3	4	4	5	6	7	8	10	12	14	16	18	20	大功率低速柴油机曲轴、活塞、活塞销、连杆、汽缸,高速柴油机箱体孔,千斤顶或压力油缸活塞,液压传动系统的分配机构,机车传动轴,水泵及一般减速器轴颈

续表

公差等级	主参数 $d(D)$/mm													应用举例(参考)
	≤3	>3~6	>6~10	>10~18	>18~30	>30~50	>50~80	>80~120	>120~180	>180~250	>250~315	>315~400	>400~500	
8	4	5	6	8	9	11	13	15	18	20	23	25	27	低速发动机、减速器、大功率曲柄轴轴颈,压气机连杆盖、体,拖拉机汽缸体、活塞,炼胶机冷铸轴辊、印刷机传墨辊,内燃机曲轴,柴油机机体孔,凸轮轴,拖拉机、小型船用柴油机汽缸套
9	6	8	9	11	13	16	19	22	25	29	32	36	40	空气压缩机缸体、液压传动筒、通用机械杠杆与拉杆用套筒销子、拖拉机活塞环套筒孔,氧压机机座
10	10	12	15	18	21	25	30	35	40	46	52	57	63	印染机导布辊、绞车、吊车、起重机滑动轴承轴颈等
11	14	18	22	27	33	39	46	54	63	72	81	89	97	
12	25	30	36	43	52	62	74	87	100	115	130	140	155	
主参数 $d(D)$图例	d										D			

表 20.11　同轴度、对称度、圆跳动度和全跳动公差值(摘自 GB/T 1184—1996)　μm

公差等级	主参数 $d(D)$, B, L/mm																	应用举例(参考)
	≤1	>1~3	>3~6	>6~10	>10~18	>18~30	>30~50	>50~120	>120~260	>260~500	>500~800	>800~1250	>1250~2000	>2000~3150	>3150~5000	>5000~8000	>8000~10 000	
1	0.4	0.4	0.5	0.6	0.8	1	1.2	1.5	2	2.5	3	4	5	6	8	10	12	用于同轴度或旋转精度要求很高的零件,一般需要按尺寸公差等级 IT6 或高于 IT6 制造的零件。例如,1、2 级用于精密测量仪器的主轴和顶尖,柴油机喷油嘴针阀等。3、4 级用于机床主轴轴颈、砂轮轴轴颈、汽轮机主轴、测量仪器的小齿轮轴、高精度滚动轴承内外圈等
2	0.6	0.6	0.8	1	1.2	1.5	2	2.5	3	4	5	6	8	10	12	15	20	
3	1	1	1.2	1.5	2	2.5	3	4	5	6	8	10	12	15	20	25	30	
4	1.5	1.5	2	2.5	3	4	5	6	8	10	12	15	20	25	30	40	50	
5	2.5	2.5	3	4	5	6	8	10	12	15	20	25	30	40	50	60	80	应用范围较广的精度等级,用于精度要求比较高,一般按尺寸公差等级 IT7 或 IT8 制造的零件。例如 5 级常用在机床轴颈、测量仪器的测量杆、汽轮机主轴、柱塞油泵转子、高精度滚动轴承外圈、一般精度轴承内圈。6、7 级用在内燃机曲轴、凸轮轴轴颈、水泵轴、齿轮轴、汽车后桥输出轴、电机转子、G 级精度滚动轴承内圈、印刷机传墨辊等
6	4	4	5	6	8	10	12	15	20	25	30	40	50	60	80	100	120	
7	6	6	8	10	12	15	20	25	30	40	50	60	80	100	120	150	200	
8	10	10	12	15	20	25	30	40	50	60	80	100	120	150	200	250	300	用于一般精度要求,通常按尺寸公差等级 IT9～IT11 制造的零件。例如,8 级用于拖拉机发动机分配轴轴颈,9 级精度以下齿轮与轴的配合面、水泵叶轮、离心泵泵体、棉花精梳机前后滚子。9 级用于内燃机汽缸套配合面、自行车中轴。10 级用于摩托车活塞、印染机导布辊、内燃机活塞环槽底径对活塞中心、汽缸套外圆对内孔工作面等
9	15	20	25	30	40	50	60	80	100	120	150	200	250	300	400	500	600	
10	25	40	50	60	80	100	120	150	200	250	300	400	500	600	800	1000	1200	
11	40	60	80	100	120	150	200	250	300	400	500	600	800	1000	1200	1500	2000	用于无特殊要求,一般按尺寸公差等级 IT12 制造的零件
12	60	120	150	200	250	300	400	500	600	800	1000	1200	1500	2000	2500	3000	4000	

续表

公差等级	主参数 $d(D)$，B，L/mm																应用举例(参考)
	≤1	>1~3	>3~6	>6~10	>10~18	>18~30	>30~50	>50~120	>120~260	>260~500	>500~800	>800~1250	>1250~2000	>2000~3150	>3150~5000	>5000~8000	>8000~10 000
主参数 $d(D)$，B，L 图例	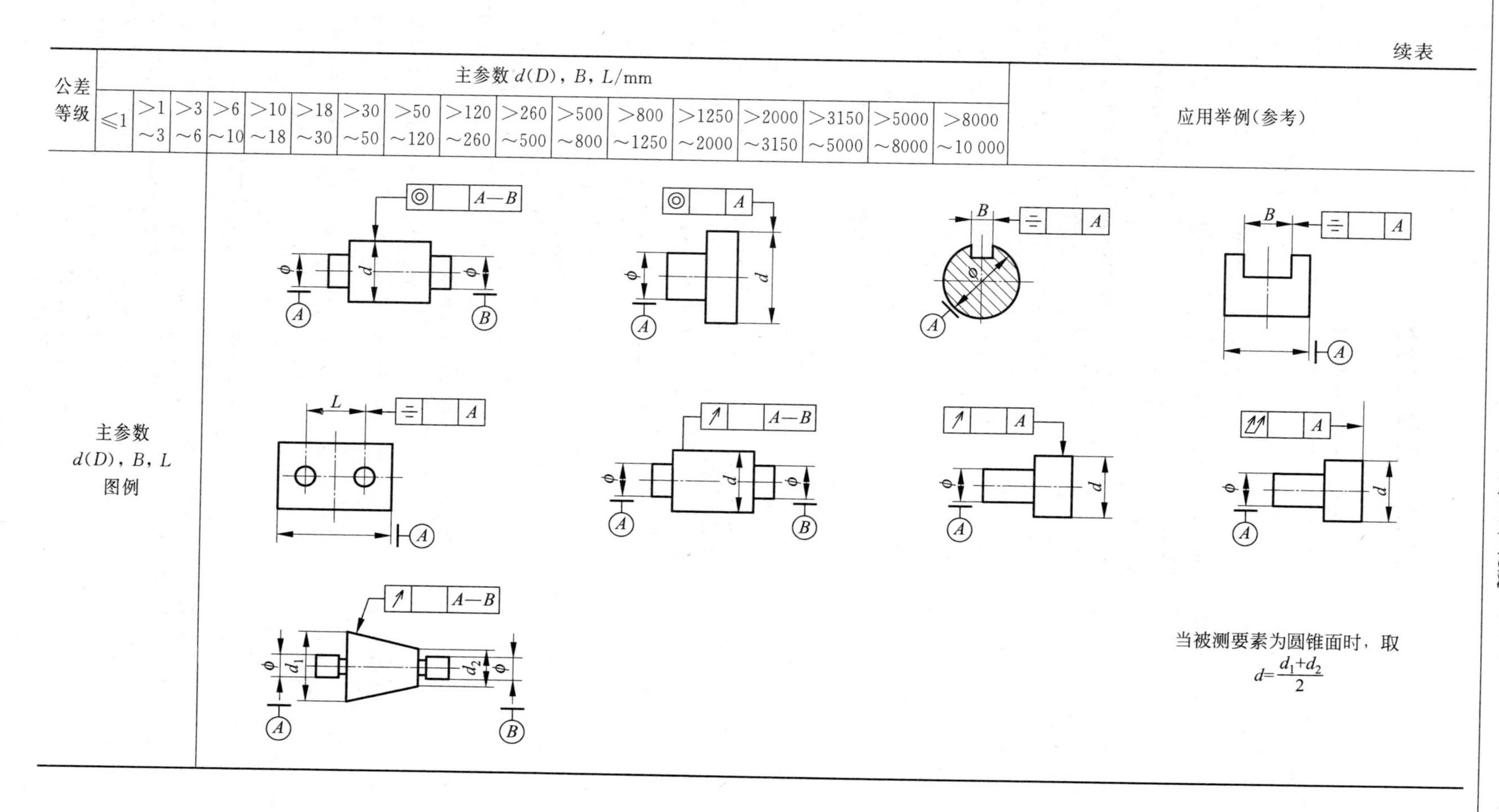																

当被测要素为圆锥面时，取 $d=\frac{d_1+d_2}{2}$

20.3　表面粗糙度

表 20.12　表面粗糙度选用

Ra 值不大于/μm	相当表面光洁度	表面状况	加工方法	应用举例
100	∇1	明显可见的刀痕	粗车、镗、刨、钻	粗加工的表面,如粗车、粗刨、切断等表面,用粗锉刀和粗砂轮等加工的表面,一般很少采用
25,50	∇2 ∇3			粗加工后的表面,焊接前的焊缝、粗钻孔壁等
12.5	∇4 ∇3	可见刀痕	粗车、刨、铣、钻	一般非结合表面,如轴的端面、倒角、齿轮及带轮的侧面、键槽的非工作表面,减重孔眼表面等
6.3	∇5 ∇4	可见加工痕迹	车、镗、刨、钻、铣、锉、磨、粗铰、铣齿	不重要零件的非配合表面,如支柱、支架、外壳、衬套、轴、盖等的端面。紧固件的自由表面,紧固件通孔的表面,内、外花键的非定心表面,不作为计量基准的齿轮顶圆表面等
3.2	∇6 ∇5	微见加工痕迹	车、镗、刨、铣、刮 1～2 点/cm^2、拉、磨、锉、滚压、铣齿	和其他零件连接不形成配合的表面,如箱体、外壳、端盖等零件的端面。要求有定心及配合特性的固定支承面,如定心的轴肩,键和键槽的工作表面。不重要的紧固螺纹的表面。需要滚花或氧化处理的表面等
1.6	∇7 ∇6	看不清加工痕迹	车、镗、刨、铣、铰、拉、磨、滚压、刮 1～2 点/cm^2、铣齿	安装直径超过 80 mm 的 G 级轴承的外壳孔,普通精度齿轮的齿面,定位销孔,V 带轮的表面,外径定心的内花键外径,轴承盖的定中心凸肩表面等
0.8	∇8 ∇7	可辨加工痕迹的方向	车、镗、拉、磨、立铣、刮 3～10 点/cm^2、滚压	要求保证定心及配合特性的表面,如锥销与圆柱销的表面,与 G 级精度滚动轴承相配合的轴颈和外壳孔,中速转动的轴颈,直径超过 80 mm 的 E、D 级滚动轴承配合的轴颈及外壳孔、内、外花键的定心内径,外花键键侧及定心外径,过盈配合 IT7 级的孔(H7),间隙配合 IT8～IT9 级的孔(H8,H9),磨削的轮齿表面等
0.4	∇9 ∇8	微辨加工痕迹的方向	铰、磨、镗、拉、刮 3～10 点/cm^2、滚压	要求长期保持配合性质稳定的配合表面,IT7 级的轴、孔配合表面,精度较高的轮齿表面,受变应力作用的重要零件,与直径小于 80 mm 的 E、D 级轴承配合的轴颈表面,与橡胶密封件接触的轴表面,尺寸大于 120 mm 的 IT13～IT16 级孔和轴用量规的测量表面
0.2	∇10 ∇9	不可辨加工痕迹的方向	布轮磨、磨、研磨、超级加工	工作时受变应力作用的重要零件的表面。保证零件的疲劳强度、防腐性和耐久性,并在工作时不破坏配合性质的表面,如轴颈表面、要求气密的表面和支承表面、圆锥定心表面等。IT5、IT6 级配合表面、高精度齿轮的齿面,与 C 级滚动轴承配合的轴颈表面,尺寸大于 315 mm 的 IT7～IT9 级孔和轴用量规及尺寸大于 120～315 mm 的 IT10～IT12 级孔和轴用量规的测量表面等

续表

Ra 值不大于/μm	相当表面光洁度	表面状况	加工方法	应用举例
0.1	∇11 ∇10	暗光泽面	超级加工	工作时承受较大变应力作用的重要零件的表面。保证精确定心的锥体表面。液压传动用的孔表面。汽缸套的内表面,活塞销的外表面,仪器导轨面,阀的工作面。尺寸小于 120 mm 的 IT10～IT12 级孔和轴用量规测量面等
0.05	∇12 ∇11	亮光泽面		保证高度气密性的接合表面,如活塞、柱塞和汽缸内表面。摩擦离合器的摩擦表面。对同轴度有精确要求的轴和孔。滚动导轨中的钢球或滚子和高速摩擦的工作表面
0.025	∇13 ∇12	镜状光泽面		高压柱塞泵中柱塞和柱塞套的配合表面,中等精度仪器零件配合表面,尺寸大于 120 mm 的 IT6 级孔用量规、小于 120 mm 的 IT7～IT9 级轴用和孔用量规测量表面
0.012	∇14 ∇13	雾状镜面		仪器的测量表面和配合表面,尺寸超过 100 mm 的块规工作面
0.008	∇14			块规的工作表面,高精度测量仪器的测量面,高精度仪器摩擦机构的支承表面

第 21 章　齿轮的精度

齿轮精度的标准及相关的指导性技术文件给出了很多偏差项目，但实际使用时的检验项目并不是很多，可以根据供需双方的要求协商确定，或选取一个检验组来定义齿轮的精度（例如选取表 21.2 中的一个检验组）。在课程设计中，只要求对齿轮精度有一个初步的了解。可以在参考相关资料的基础上，根据具体设计的齿轮的用途、使用要求和工作条件确定精度等级，参照第 7 章齿轮零件工作图例中标注的项目确定检验项目，根据所选定的精度和检验项目确定对应的偏差。进一步学习请参考齿轮精度专业资料。

21.1　渐开线圆柱齿轮的精度

国家标准对渐开线圆柱齿轮精度及齿轮副规定了 13 个精度等级，0 级精度最高，12 级精度最低，常用 7～9 级。齿轮零件工作图精度标注示例：

7GB/T 10095.1（表示各项偏差符合 GB/T 10095.1 的要求，精度都是 7 级）；

$7F_p6(F_\alpha、F_\beta)$ GB/T 10095.1（表示 F_p、F_α 和 F_β 都应符合 GB/T 10095.1 的要求，其中 F_p 为 7 级精度，F_α 和 F_β 为 6 级精度）。

表 21.1　齿轮精度等级及选择

精度等级	齿轮用途	齿轮圆周速度/(m/s)		工作条件
		直齿轮	斜齿轮	
0 级,1 级,2 级(展望级)				
3 级(极精密级)	测量齿轮；汽轮减速器；航空发动机；金属切削机床	到 40	到 75	要求特别精密的或在最平稳且无哭声的特别高速下工作的齿轮传动;特别精密机械中的齿轮;特别高速传动(透平齿轮;检测 5～6 级齿轮用的测量齿轮)
4 级(特别精密级)		到 35	到 70	特别精密分度机构中或在最平稳,且无噪声的极高速下工作的齿轮传动;特别精密分度机构中的齿轮;高速透平传动;检测 7 级齿轮用的测量齿轮
5 级(高精密级)		到 20	到 40	精密分度机构中或要求极平稳且无噪声的高速工作的齿轮传动;精密机构用齿轮;透平齿轮;检测 8 级和 9 级齿轮用测量齿轮
6 级(高精密级)	轻型汽车	到 16	到 30	要求最高效率且无噪声的高速下平稳工作的齿轮传动或分度机构的齿轮传动;特别重要的航空、汽车齿轮;读数装置用特别精密传动的齿轮
7 级(精密级)	机车；载重汽车、一般减速器；拖拉机、轧钢机	到 10	到 15	增速和减速用齿轮传动;金属切削机床送刀机构用齿轮;高速减速器用齿轮;航空、汽车用齿轮;读数装置用齿轮
8 级(中等精密级)	起重机	到 6	到 10	无须特别精密的一般机械制造用齿轮;包括在分度链中的机床传动齿轮;飞机、汽车制造业中的不重要齿轮;起重机构用齿轮;农业机械中的重要齿轮,通用减速器齿轮
9 级(较低精密级)	矿山绞车；农业机械	到 2	到 4	用于粗糙工作的齿轮
10 级(低精度级)		小于 2	小于 4	
11 级(低精度级)				
12 级(低精度级)				

表 21.2 推荐的齿轮检验组

检验组	检验项目	适用等级	测量仪器
1	F_p, F_α, F_β, F_r, E_{sn}或E_{bn}	3～9	齿距仪、齿形仪、齿向仪、摆差测定仪、齿厚卡尺或公法线千分尺
2	F_p与F_{pk}, F_α, F_β, F_r, E_{sn}或E_{bn}	3～9	齿距仪、齿形仪、齿向仪、摆差测定仪、齿厚卡尺或公法线千分尺
3	F_p, f_{pt}, F_α, F_β, F_r, E_{sn}或E_{bn}	3～9	齿距仪、齿形仪、齿向仪、摆差测定仪、齿厚卡尺或公法线千分尺
4	F''_i, f''_i, E_{sn}或E_{bn}	6～9	双面啮合测量仪、齿厚卡尺或公法线千分尺
5	f_{pt}, F_r, E_{sn}或E_{bn}	10～12	齿距仪、摆差测定仪、齿厚卡尺或公法线千分尺
6	F''_i, f''_i, F_β, E_{sn}或E_{bn}	3～6	单啮仪、齿向仪、齿厚卡尺或公法线千分尺

表 21.3 单个齿距极限偏差$\pm f_{pt}$、齿距积累总公差F_p、齿廓总公差F_α和齿廓形状偏差$f_{f\alpha}$（摘自 GB/T 10095.1—2001、GB/T 10095.2—2001） μm

分度圆直径 d/mm		模数 m_n/mm（精度等级 / 偏差项目）		单个齿距极限偏差$\pm f_{pt}$				齿距累积总公差F_p				齿廓总公差F_α				齿廓形状偏差$f_{f\alpha}$			
大于	至	大于	至	5	6	7	8	5	6	7	8	5	6	7	8	5	6	7	8
5	20	0.5	2	4.7	6.5	9.5	13	11	16	23	32	4.6	6.5	9.0	13	3.5	5.0	7.0	10
		2	3.5	5.0	7.5	10	15	12	17	23	33	6.5	9.5	13	19	5.0	7.0	10	14
20	50	0.5	2	5.0	7.0	10	14	14	20	29	41	5.0	7.5	10	15	4.0	5.5	8.0	11
		2	3.5	5.5	7.5	11	15	15	21	30	42	7.0	10	14	20	5.5	8.0	11	16
		3.5	6	6.0	8.5	12	17	15	22	31	44	9.0	12	18	25	7.0	9.5	14	19
50	125	0.5	2	5.5	7.5	11	15	18	26	37	52	6.0	8.5	12	17	4.5	6.5	9.0	13
		2	3.5	6.0	8.5	12	17	19	27	38	53	8.0	11	16	22	6.0	8.5	12	17
		3.5	6	6.5	9.0	13	18	19	28	39	55	9.5	13	19	27	7.5	10	15	21
125	280	0.5	2	6.0	8.5	12	17	24	35	49	69	7.0	10	14	20	5.5	7.5	11	15
		2	3.5	6.5	9.0	13	18	25	35	50	70	9.0	13	18	25	7.0	9.5	14	19
		3.5	6	7.0	10	14	20	25	36	51	72	11	15	21	30	8.0	12	16	23
280	560	0.5	2	6.5	9.5	13	19	32	46	64	91	8.5	12	17	23	6.5	9.0	13	18
		2	3.5	7.0	10	14	20	33	46	65	92	10	15	21	29	8.0	11	16	22
		3.5	6	8.0	11	16	22	33	47	66	94	12	17	24	34	9.0	13	18	26

表 21.4　单个齿距极限偏差 $\pm f_{\mathrm{H}\alpha}$、径向跳动公差 F_r、f_i'/K 和公法线长度变动公差 F_W（摘自 GB/T 10095.1—2001、GB/T 10095.2—2001）　　μm

分度圆直径 d/mm		模数 m_n/mm（精度等级 / 偏差项目）		单个齿距极限偏差 $\pm f_{\mathrm{H}\alpha}$				径向跳动公差 F_r				f_i'/K 值				公法线长度变动公差 F_W		
大于	至	大于	至	5	6	7	8	5	6	7	8	5	6	7	8	5	6	7
5	20	0.5	2	2.9	4.2	6.0	8.5	9.0	13	18	25	14	19	27	38	10	14	20
		2	3.5	4.2	6.0	8.5	12	9.5	13	19	27	16	23	32	45			
20	50	0.5	2	3.3	4.6	6.5	9.5	11	16	23	32	14	20	29	41	12	16	23
		2	3.5	4.5	6.5	9.0	13	12	17	24	34	17	24	34	48			
		3.5	6	5.5	8.0	11	16	12	17	25	35	19	27	38	54			
50	125	0.5	2	3.7	5.5	7.5	11	15	21	29	42	16	22	31	44	14	19	27
		2	3.5	5.0	7.0	10	14	15	21	30	43	18	25	36	51			
		3.5	6	6.0	8.5	12	17	16	22	31	44	20	29	40	57			
125	280	0.5	2	4.4	6.0	9.0	12	20	28	39	55	17	24	34	49	16	22	31
		2	3.5	5.5	8.0	11	16	20	28	40	56	20	28	39	56			
		3.5	6	6.5	9.5	13	19	20	29	41	58	22	31	44	62			
280	560	0.5	2	5.5	7.5	11	15	26	36	51	73	19	27	39	54	19	26	37
		2	3.5	6.5	9.0	13	18	26	37	52	74	22	31	44	62			
		3.5	6	7.5	11	15	21	27	38	53	75	24	34	48	68			

注：1. 表中 F_W 是根据我国的生产实践提出的，供参考。

2. 将 f_i'/K 乘以 K，即得到 f_i'；当 $\varepsilon_r<4$ 时，$K=0.2\left(\frac{\varepsilon_r+4}{\varepsilon_r}\right)$；当 $\varepsilon_r\geqslant4$ 时，$K=0.4$。

3. $F_i'=F_p+f_i'$。

4. $\pm F_{pk}=f_{pt}+1.6\sqrt{(k-1)m_n}$（5 级精度），通常取 $k=z/8$；按相邻两级的公比$\sqrt{2}$，可求得其他级 $\pm F_{pk}$ 值。

表 21.5　螺旋线公差(摘自 GB/T 10095.1—2001)　　　　μm

分度圆直径 d/mm		精度等级 / 偏差项目 / 齿宽 b/mm		螺旋线总公差 F_β				螺旋线形状公差 $f_{f\beta}$ 和螺旋线倾斜极限偏差 $\pm f_{H\beta}$			
大于	至	大于	至	5	6	7	8	5	6	7	8
5	20	4	10	6.0	8.5	12	17	4.4	6.0	8.5	12
		10	20	7.0	9.5	14	19	4.9	7.0	10	14
20	50	4	10	6.5	9.0	13	18	4.5	6.5	9.0	13
		10	20	7.0	10	14	20	5.0	7.0	10	14
		20	40	8.0	11	16	23	6.0	8.0	12	16
50	125	4	10	6.5	9.5	13	19	4.8	6.5	9.5	13
		10	20	7.5	11	15	21	5.5	7.5	11	15
		20	40	8.5	12	17	24	6.0	8.5	12	17
		40	80	10	14	20	28	7.0	10	14	20
125	280	4	10	7.0	10	14	20	5.0	7.0	10	14
		10	20	8.0	11	16	22	5.5	8.0	11	16
		20	40	9.0	13	18	25	6.5	9.0	13	18
		40	80	10	15	21	29	7.5	10	15	21
		80	160	12	17	25	35	8.5	12	17	25
280	560	10	20	8.5	12	17	24	6.0	8.5	12	17
		20	40	9.5	13	19	27	7.0	9.5	14	19
		40	80	11	15	22	31	8.0	11	16	22
		80	160	13	18	26	36	9.0	13	18	26
		160	250	15	21	30	43	11	15	22	30

表 21.6　径向综合公差

μm

分度圆直径 d/mm		模数 m_n/mm (精度等级/公差项目)		径向综合总公差 F_i''				一齿径向综合公差 f_i''			
大于	至	大于	至	5	6	7	8	5	6	7	8
5	20	0.2	0.5	11	15	21	30	2.0	2.5	3.5	5.0
		0.5	0.8	12	16	23	33	2.5	4.0	5.5	7.5
		0.8	1.0	12	18	25	35	3.5	5.0	7.0	10
		1.0	1.5	14	19	27	38	4.5	6.5	9.0	13
20	50	0.2	0.5	13	19	26	37	2.0	2.5	3.5	5.0
		0.5	0.8	14	20	28	40	2.5	4.0	5.5	7.5
		0.8	1.0	15	21	30	42	3.5	5.0	7.0	10
		1.0	1.5	16	23	32	45	4.5	6.5	9.0	13
		1.5	2.5	18	26	37	52	6.5	9.5	13	19
50	125	1.0	1.5	19	27	39	55	4.5	6.5	9.0	13
		1.5	2.5	22	31	43	61	6.5	9.5	13	19
		2.5	4.0	25	36	51	72	10	14	20	29
		4.0	6.0	31	44	62	88	15	22	31	44
		6.0	10	40	57	80	114	24	34	48	67
125	280	1.0	1.5	24	34	48	68	4.5	6.5	9.0	13
		1.5	2.5	26	37	53	75	6.5	9.5	13	19
		2.5	4.0	30	43	61	86	10	15	21	29
		4.0	6.0	36	51	72	102	15	22	31	44
		6.0	10	45	64	90	127	24	34	48	67
280	560	1.0	1.5	30	43	61	86	4.5	6.5	9.0	13
		1.5	2.5	33	46	65	92	6.5	9.5	13	19
		2.5	4.0	37	52	73	104	10	15	21	29
		4.0	6.0	42	60	84	119	15	22	31	44
		6.0	10	51	73	103	145	24	34	48	68

表 21.7　公法线长度 W'(m=1 mm,α =20°)　　mm

齿轮齿数 z	跨测齿数 K	公法线长度 W'	齿轮齿数 z	跨测齿数 K	公法线长度 W'	齿轮齿数 z	跨测齿数 K	公法线长度 W'	齿轮齿数 z	跨测齿数 K	公法线长度 W'	齿轮齿数 z	跨测齿数 K	公法线长度 W'
10	2	4.5683	48	6	16.9090	86	10	29.2497	124	14	41.5904	162	19	56.8833
11	2	5823	49	6	9230	87	10	2637	125	14	6044	163	19	8972
12	2	5963	50	6	9370	88	10	2777	126	15	44.5706	164	19	9113
13	2	6103	51	6	9510	89	10	29.2917	127	15	5846	165	19	9253
14	2	6243	52	6	9660	90	11	32.2579	128	15	5986	166	19	9393
15	2	6383	53	6	16.9790	91	11	2718	129	15	6126	167	19	9533
16	2	6523	54	7	19.9452	92	11	2858	130	15	6266	168	19	9673
17	2	4.6663	55	7	9591	93	11	2998	131	15	6406	169	19	9813
18	3	7.6324	56	7	9731	94	11	3138	132	15	6546	170	19	56.9953
19	3	6464	57	7	9871	95	11	3279	133	15	6686	171	20	59.9615
20	3	6604	58	7	20.0011	96	11	3419	134	15	44.6826	172	20	9754
21	3	6744	59	7	0152	97	11	3559	135	16	47.6490	173	20	9894
22	3	6884	60	7	0292	98	11	32.3699	136	16	6627	174	20	60.0034
23	3	7024	61	7	0432	99	12	35.3361	137	16	6767	175	20	0174
24	3	7165	62	7	20.0572	100	12	3500	138	16	6907	176	20	0314
25	3	7305	63	8	23.0233	101	12	3640	139	16	7047	177	20	0455
26	3	7.7445	64	8	0372	102	12	3780	140	16	7187	178	20	0595
27	4	10.7106	65	8	0513	103	12	3920	141	16	7327	179	20	60.0735
28	4	7246	66	8	0653	104	12	4060	142	16	7468	180	21	63.0397
29	4	7386	67	8	0793	105	12	4200	143	16	47.7608	181	21	0536
30	4	7526	68	8	0933	106	12	4340	144	17	50.7270	182	21	0676
31	4	7666	69	8	1073	107	12	35.4481	145	17	7409	183	21	0816
32	4	7806	70	8	1213	108	13	38.4142	146	17	7549	184	21	0956
33	4	7946	71	8	23.1353	109	13	4282	147	17	7689	185	21	1096
34	4	8086	72	9	26.1015	110	13	4422	148	17	7829	186	21	1236
35	4	10.8226	73	9	1155	111	13	4562	149	17	7969	187	21	1376
36	5	13.7888	74	9	1295	112	13	4702	150	17	8109	188	21	63.1516
37	5	8028	75	9	1435	113	13	4842	151	17	8249	189	22	66.1179
38	5	8168	76	9	1575	114	13	4982	152	17	50.8389	190	22	1318
39	5	8308	77	9	1715	115	13	5122	153	18	53.8051	191	22	1458
40	5	8448	78	9	1855	116	13	38.5262	154	18	8191	192	22	1598
41	5	8588	79	9	1995	117	14	41.4924	155	18	8331	193	22	1738
42	5	8728	80	9	26.2135	118	14	5064	156	18	8471	194	22	1878
43	5	8868	81	10	29.1797	119	14	5204	157	18	8611	195	22	2018
44	5	13.9008	82	10	1937	120	14	5344	158	18	8751	196	22	2158
45	6	16.8670	83	10	2077	121	14	5484	159	18	8891	197	22	66.2298
46	6	8810	84	10	2217	122	14	5624	160	18	9031	198	23	69.1961
47	6	8950	85	10	2357	123	14	5764	161	18	53.9171	199	23	2101

注：1. 标准直齿圆柱齿轮，公法线长 $W=W'm$。

2. 变位直齿圆柱齿轮，$|x|<0.3$ 时，跨测齿数不变，$W=(W'+0.684x)m$。

$|x|>0.3$ 时，跨齿数

$$K'=z\frac{\alpha_x}{180^\circ}+0.5,\quad 其中\quad \alpha_x=\arccos\frac{2d\cos\alpha}{d_a+d_f}$$

公法线长度

$$W=[2.9521(K'-0.5)+0.014z+0.684x]m$$

3. 斜齿轮的公法线长度 W_n 在法面内测量，按照假想(当量)齿数 z' 查表，z' 可按 $z'=zK_\beta$ 计算，K_β 值查表 21.8，假想齿数小数部分对应的公法线长度 $\Delta W'$ 查表 21.9。公法线总长 $W_n=(W'+\Delta W')m_n$。

表 21.8 假想齿数系数 $K_\beta(\alpha_n=20°)$

β	K_β	差值	β	K_β	差值	β	K_β	差值	β	K_β	差值
1°	1.000	0.002	10°	1.045	0.009	19°	1.173	0.021	28°	1.424	0.038
2°	1.002	0.002	11°	1.054	0.011	20°	1.194	0.022	29°	1.462	0.042
3°	1.004	0.003	12°	1.065	0.012	21°	1.216	0.024	30°	1.504	0.044
4°	1.007	0.004	13°	1.077	0.013	22°	1.240	0.026	31°	1.548	0.047
5°	1.011	0.005	14°	1.090	0.014	23°	1.266	0.027	32°	1.595	0.051
6°	1.016	0.006	15°	1.104	0.015	24°	1.293	0.030	33°	1.646	0.054
7°	1.022	0.006	16°	1.119	0.017	25°	1.323	0.031	34°	1.700	0.058
8°	1.028	0.008	17°	1.136	0.018	26°	1.354	0.034	35°	1.758	0.062
9°	1.036	0.009	18°	1.154	0.019	27°	1.388	0.036	36°	1.820	0.067

注：当分度圆螺旋角 β 为非整数时，K_β 可按差值用内插法求出。

表 21.9 假想齿数系数小数部分的公法线长度 $\Delta W'(m=1\ \text{mm}, \alpha_n=20°)$　mm

$\Delta z'$	0.00	0.01	0.02	0.03	0.04	0.05	0.06	0.07	0.08	0.09
0.0	0.0000	0.0001	0.0003	0.0004	0.0006	0.0007	0.0008	0.0010	0.0011	0.0013
0.1	0.0014	0.0015	0.0017	0.0018	0.0020	0.0021	0.0022	0.0024	0.0025	0.0027
0.2	0.0028	0.0029	0.0031	0.0032	0.0034	0.0035	0.0036	0.0038	0.0039	0.0041
0.3	0.0042	0.0043	0.0045	0.0046	0.0048	0.0049	0.0051	0.0052	0.0053	0.0055
0.4	0.0056	0.0057	0.0059	0.0060	0.0061	0.0063	0.0064	0.0066	0.0067	0.0069
0.5	0.0070	0.0071	0.0073	0.0074	0.0076	0.0077	0.0079	0.0080	0.0081	0.0083
0.6	0.0084	0.0085	0.0087	0.0088	0.0089	0.0091	0.0092	0.0094	0.0095	0.0097
0.7	0.0098	0.0099	0.0101	0.0102	0.0104	0.0105	0.0106	0.0108	0.0109	0.0111
0.8	0.0112	0.0114	0.0115	0.0116	0.0118	0.0119	0.0120	0.0122	0.0123	0.0124
0.9	0.0126	0.0127	0.0129	0.0130	0.0132	0.0133	0.0135	0.0136	0.0137	0.0139

表 21.10 齿坯公差

齿轮精度等级①	孔		轴		齿顶圆直径公差		基准面径向跳动②和端面圆跳动/μm		
	尺寸公差	形状公差	尺寸公差	形状公差	作测量基准	不作测量基准	分度圆直径/mm		
							≤125	>125～400	>400～800
7～8	IT7		IT6		IT8	按 IT11 给定，但不大于 $0.1m_n$	18	22	32
9～10	IT8		IT7		IT9		28	36	50

① 当三个公差组的精度等级不同时，按最高的精度等级确定公差值。

② 当以顶圆作基准面时，基准面径向跳动指的是顶圆径向跳动。

表 21.11　圆柱齿轮主要加工表面粗糙度 *Ra* 的推荐值　　μm

粗糙度 Ra 值 ＼ 加工面 Ⅱ组精度等级	轮齿齿面	基准孔（轴孔）	基准轴颈（齿轮轴）	基准端面	齿顶圆柱面	
					作测量基准	不作测量基准
7	0.8～1.6	0.8～1.6	0.8		1.6～3.2	
8	1.6～3.2	1.6	1.6	3.2	3.2	6.3～12.5
9	3.2～6.3	3.2	1.6		6.3	

表 21.12　齿轮副的中心距极限偏差和接触斑点

中心距极限偏差 $\pm f_a$/μm								接触斑点/%		
Ⅱ组精度等级	齿轮副的中心距/mm							Ⅲ组精度等级	按高度不小于	按长度不小于
	＞30～50	＞50～80	＞80～120	＞120～180	＞180～250	＞250～315	＞315～400			
7～8	19.5	23	27	31.5	36	40.5	44.5	7	45(35)	60
								8	40(30)	50
9～10	31	37	43.5	50	57.5	65	70	9	30	40

注：1. 采用设计齿形和设计齿线时，接触斑点的分布位置及大小可自行规定。

2. 表中括号内数值用于轴向重合度 ε_β＞0.8 的斜齿轮。

21.2　直齿圆锥齿轮的精度

国家标准对渐开线锥齿轮精度及齿轮副规定了 12 个精度等级，1 级精度最高，12 级精度最低。齿轮零件工作图精度标注示例：

7bGB/T 11356—1989（表示齿轮的三个公差组精度都是 7 级，最小法向侧隙种类为 b，法向侧隙公差种类为 B）；

7-400 B GB/T 11356—1989（表示齿轮的三个公差组精度都是 7 级，最小法向侧隙 400 μm，法向侧隙公差种类为 B）。

表 21.13　锥齿轮各项公差的分组

公差组	公差与极限偏差项目	误　差　特　性	对传动性能的主要影响
Ⅰ	F_i'，$F''_{i\Sigma}$，F_p，F_{pk}，F_r	以齿轮一转为周期的误差	传递运动的准确性
Ⅱ	f_i'，$f''_{i\Sigma}$，f'_{zk}，f_c	在齿轮一周内，多次周期性重复出现的误差	传动的平稳性
Ⅲ	接触斑点	齿向线的误差	载荷分布的均匀性

注：F_i'—切向综合公差；$F''_{i\Sigma}$—轴交角综合公差；F_p—齿距累积公差；F_{pk}—k 个齿距累积公差；F_r—齿圈径向跳动公差；f_i'—切向相邻齿综合公差；$f''_{i\Sigma}$—齿轴交角综合公差；f'_{zk}—周期误差的公差；f_c—齿形相对误差的公差；f'_{zk}—周期误差的公差。

表 21.14 锥齿轮Ⅱ组精度等级的选择

Ⅱ组精度等级	直齿	
	≤350 HBS	>350 HBS
	圆周速度/(m/s)≤	
7	7	6
8	4	3
9	3	2.5

注：圆周速度按照锥齿轮平均直径计算。

表 21.15 最小法向侧隙值

μm

中点锥距 R/mm		≤50			>50~100			>100~200			>200~400		
小轮分锥角 δ_1/(°)		≤15	>15~25	>25	≤15	>15~25	>25	≤15	>15~25	>25	≤15	>15~25	>25
最小法向侧隙种类	h	0	0	0	0	0	0	0	0	0	0	0	0
	e	15	21	25	21	25	30	25	35	40	30	46	52
	d	22	33	39	33	39	46	39	54	63	46	72	81
	c	36	52	62	52	62	74	62	87	100	74	115	130
	b	58	84	100	84	100	120	100	140	160	120	185	210
	a	90	130	160	130	160	190	160	220	250	190	290	320

注：正交齿轮副按中点锥距 R 查表。非正交齿轮副按 R' 查表，$R'=\frac{R}{2}(\sin 2\delta_1+\sin 2\delta_2)$，式中 δ_1、δ_2 为大、小轮的分锥角。

表 21.16 齿厚上偏差值

μm

基本值	中点分度圆直径/mm		≤125		>125~400		
	分锥角 δ/(°)		≤45	>45	≤20	>20~45	>45
	中点法向模数/mm	≤1~3.5	−20	−22	−28	−32	−30
		>3.5~6.3	−22	−25	−32		−30
		>6.3~10	−25	−28	−36		−34

系数	Ⅱ组精度等级	最小法向侧隙种类					
		h	e	d	c	b	a
	7	1.0	1.6	2.0	2.7	3.8	5.5
	8	—	—	2.2	3.0	4.2	6.0
	9	—	—	—	3.2	4.6	6.6

注：齿厚上偏差值等于基本值乘系数。例如精度等级为 8 级，最小法向侧隙种类为 c，分度圆锥角 60°，中点法向模数 4.9 mm，中点分度圆直径 100 mm 的锥齿轮上偏差为−0.075。

表 21.17 齿厚公差值

μm

齿圈跳动公差		法向侧隙公差种类					齿圈跳动公差		法向侧隙公差种类				
大于	到	H	D	C	B	A	大于	到	H	D	C	B	A
32	40	42	55	70	85	110	60	80	70	90	110	130	180
40	50	50	65	80	100	130	80	100	90	110	140	170	220
50	60	60	75	95	120	150	100	125	110	130	170	200	260

注：用于标准直齿锥齿轮。

表 21.18 锥齿轮常用公差和接触斑点值 μm

公差组别	检验项目	精度等级 / 中点分度圆直径/mm / 中点法向模数/mm	7		8		9	
			≤125	>125~400	≤125	>125~400	≤125	>125~400
Ⅰ	齿圈跳动公差 F_r	≥1~3.5	36	50	45	63	56	80
		>3.5~6.3	40	56	50	71	63	90
		>6.3~10	45	63	56	80	71	100
	齿轮副轴交角综合公差 $F''_{i\Sigma c}$	≥1~3.5	67	100	85	125	110	160
		>3.5~6.3	75	105	95	130	120	170
		>6.3~10	85	120	105	150	130	180
	齿轮副侧隙变动公差① F_{vj}	≥1~3.5					75	110
		>3.5~6.3					80	120
		>6.3~10					90	130
Ⅱ	齿距极限偏差 $\pm f_{pt}$	≥1~3.5	14	16	20	22	28	32
		>3.5~6.3	18	20	25	28	36	40
		>6.3~10	20	22	28	32	40	45
	齿形相对误差的公差 f_c	≥1~3.5	8	9	10	13		
		>3.5~6.3	9	11	13	15		
		>6.3~10	11	13	17	19		
	齿轮副一齿轴交角综合公差 $f''_{i\Sigma c}$	≥1~3.5	28	32	40	45	53	60
		>3.5~6.3	36	40	50	56	60	67
		>6.3~10	40	45	56	63	71	80
Ⅲ	接触斑点② /%	沿齿长方向	50~70			35~65		
		沿齿高方向	55~75			40~70		

① 取大、小轮中点分度圆直径之和的一半作为查表直径。当两齿轮的齿数比为不大于 3 的整数且采用选配时，应将表中 F_{vj} 值压缩 25%或更多。

② 接触斑点的形状、位置和大小，由设计者根据齿轮的用途、载荷和轮齿刚性及齿线形状特点等条件自行规定。表中接触斑点大小与精度等级的关系可供参考。对齿面修形的齿轮，在齿面大端、小端和齿顶边缘处不允许出现接触斑点；对齿面不修形的齿轮，其接触斑点大小不小于表中平均值。

表 21.19　齿轮坯尺寸公差

精度等级	7,8	9
轴径尺寸公差	IT6	IT7
孔径尺寸公差	IT7	IT8
外径尺寸极限偏差	0 −IT8	0 −IT9

注：当 3 个公差组精度等级不同时，公差值按最高的精度等级查取。

表 21.20　齿轮坯轮冠距和顶锥角极限偏差

中点法向模数/mm	轮冠距极限偏差/μm	顶锥角极限偏差/(′)
≤1.2	0 −50	+15 0
>1.2～10	0 −75	+8 0

表 21.21　齿坯顶锥母线跳动和基准面跳动公差　　μm

项目	顶锥母线跳动公差					基准端面跳动公差				
	外径/mm					基准端面直径/mm				
精度等级	≤30	>30～50	>50～120	>120～250	>250～500	≤30	>30～50	>50～120	>120～250	>250～500
7～8	25	30	40	50	60	10	12	15	20	25
9	50	60	80	100	120	15	20	25	30	40

注：当 3 个公差组精度等级不同时，公差值按最高的精度等级查取。

21.3　圆柱蜗杆和蜗轮的精度

蜗杆、蜗轮和蜗杆传动有 12 个精度等级，1 级精度最高，12 级精度最低。齿轮零件工作图精度标注示例：

蜗杆 8cGB/T 10089—1988 表示蜗杆的三个公差组精度都是 8 级，齿厚极限偏差为标准值，侧隙公差种类为 c；

蜗轮 7-8-8fGB/T 10089—1988 表示蜗轮的第Ⅰ公差组精度是 7 级，第Ⅱ、Ⅲ公差组精度是 8 级，齿厚极限偏差为标准值，侧隙公差种类为 f。

表 21.22　蜗杆、蜗轮和蜗杆传动的公差与极限偏差以及检验组的应用

检验对象	公差组	公差与极限偏差项目			检验组	适用范围
		名称	代号	数值		
蜗杆	Ⅱ	蜗杆一转螺旋线公差	f_h		Δf_h，Δf_{hL}	用于单头蜗杆
		蜗杆螺旋线公差	f_{hL}		Δf_{px}，Δf_{hL}	用于多头蜗杆
		蜗杆轴向齿距极限偏差	$\pm f_{px}$		Δf_{px}	用于 10～12 级精度
		蜗杆轴向齿距累积公差	f_{pxL}		Δf_{px}，Δf_{pxL}	7～9 级精度蜗杆常用此组检验
		蜗杆齿槽径向跳动公差	f_r		Δf_{px}，Δf_{pxL}，Δf_r	
	Ⅲ	蜗杆齿形公差	f_{f1}		Δf_{f1}	

续表

检验对象	公差组	公差与极限偏差项目 名称	代号	数值	检验组	适用范围
蜗轮	Ⅰ	蜗轮切向综合公差	F_i'	F_p+f_{f2}	$\Delta F_i'$	
		蜗轮径向综合公差	F_i''		$\Delta F_i''$	用于7～12级精度。7～9级成批大量生产常用
		蜗轮齿距累积公差	F_p		ΔF_p	用于5～12级精度。7～9级一般动力传动常用
		蜗轮 K 个齿距累积公差	F_{pK}		$\Delta F_p, \Delta F_{pK}$	
		蜗轮齿圈径向跳动公差	F_r		ΔF_r	用于9～12级精度
	Ⅱ	蜗轮一齿切向综合公差	f_i'	$0.6(f_{pt}+f_{f2})$	$\Delta f_i'$	
		蜗轮一齿径向综合公差	f_i''		$\Delta f_i''$	用于7～12级精度。7～9级成批大量生产常用
		蜗轮齿距极限偏差	$\pm f_{pt}$		Δf_{pt}	用于5～12级精度。7～9级一般动力传动常用
	Ⅲ	蜗轮齿形公差	f_{f2}		Δf_{f2}	当蜗杆副的接触斑点有要求时，Δf_{f2}可不检验
传动	Ⅰ	蜗杆副的切向综合公差	F_{ic}'	F_p+f_{ic}'	$\Delta F_{ic}', \Delta f_{ic}'$ 和接触斑点	对于5级和5级精度以下的传动，允许用$\Delta F_i'$和$\Delta f_i'$来代替$\Delta F_{ic}'$和$\Delta f_{ic}'$的检验，或以蜗杆、蜗轮相应公差组的检验组中最低结果来评定传动的第Ⅰ、Ⅱ公差组的精度等级
	Ⅱ	蜗杆副的一齿切向综合公差	f_{ic}'	$0.7(f_i'+f_h)$		
	Ⅲ	蜗杆副的接触斑点				
		蜗杆副的中心距极限偏差	$\pm f_a$		$\Delta f_a, \Delta f_x, \Delta f_\Sigma$	对不可调中心距的蜗杆传动，检验接触斑点的同时，还应检验Δf_a、Δf_x和Δf_Σ
		蜗杆副的中间平面极限偏差	$\pm f_x$			
		蜗杆副的轴交角极限偏差	$\pm f_\Sigma$			

表 21.23 蜗杆传动的加工方法及应用范围

精度等级		7	8	9
加工方法	蜗杆	渗碳淬火或淬火后磨削，齿面的 $Ra\leqslant 0.8\ \mu m$	淬火磨削或车削、铣削、齿面的 $Ra\leqslant 1.6\ \mu m$	车削或铣削，齿面的 $Ra\leqslant 1.6\ \mu m$
	蜗轮	滚削或飞刀加工后珩磨（或加载配对跑合），齿面的 $Ra\leqslant 1.60\ \mu m$	滚削或飞刀加工后加载配对跑合，齿面的 $Ra\leqslant 3.2\ \mu m$	滚削或飞刀加工，齿面的 $Ra\leqslant 3.2\ \mu m$
蜗轮圆周速度		$v_2\leqslant 7.5$ m/s	$v_2\leqslant 3$ m/s	$v_2\leqslant 1.5$ m/s
应用范围		用于中等精度工业运转机构的动力传动。如机床进给、操纵机构，电梯曳引装置	每天工作时间不长的一般动力传动。如起重运输机械减速器，纺织机械传动装置	低速传动或手动机构。如舞台升降装置，塑料蜗杆蜗轮传动

表 21.24　蜗杆的公差和极限偏差

μm

第Ⅱ公差组																		第Ⅲ公差组		
蜗杆齿槽径向跳动公差 f_r ①					模数 m/mm	蜗杆一转螺旋线公差 f_h			蜗杆螺旋线公差 f_{hL}			蜗杆轴向齿距极限偏差 $\pm f_{px}$			蜗杆轴向齿距累积公差 f_{pxL}			蜗杆齿形公差 f_{f1}		
分度圆直径 d_1/mm	模数 m/mm	精度等级				精度等级														
		7	8	9		7	8	9	7	8	9	7	8	9	7	8	9	7	8	9
>31.5~50	≥1~10	17	23	32	≥1~3.5	14	—	—	32	—	—	11	14	20	18	25	36	16	22	32
>50~80	≥1~16	18	25	36	>3.5~6.3	20	—	—	40	—	—	14	20	25	24	34	48	22	32	45
>80~125	≥1~16	20	28	40	>6.3~10	25	—	—	50	—	—	17	25	32	32	45	63	28	40	53
>125~180	≥1~25	25	32	45	>10~16	32	—	—	63	—	—	22	32	46	40	56	80	36	53	75

① 当蜗杆齿形角 $\alpha \neq 20°$时，f_r 值为本表公差值乘以 $\sin 20°/\sin\alpha$。

表 21.25　蜗轮的公差和极限偏差值

μm

第Ⅰ公差组						第Ⅰ公差组			第Ⅱ公差组						第Ⅲ公差组					
分度圆弧长 L/mm	蜗轮齿距累积公差 F_p 及 K 个齿距累积公差 F_{pK}			分度圆直径 d_2/mm	模数 m/mm	蜗轮径向综合公差 F_i''			蜗轮齿圈径向跳动公差 F_r			蜗轮一齿径向综合公差 f_i''			蜗轮齿距极限偏差 $\pm f_{pt}$			蜗轮齿形公差 f_{f2}		
	精度等级					精度等级														
	7	8	9			7	8	9	7	8	9	7	8	9	7	8	9	7	8	9
>11.2~20	22	32	45		≥1~3.5	56	71	90	40	50	63	20	28	36	14	20	28	11	14	22
>20~32	28	40	56	≤125	>3.5~6.3	71	90	112	50	63	80	25	36	45	18	25	36	14	20	32
>32~50	32	45	63		>6.3~10	80	100	125	56	71	90	28	40	50	20	28	40	17	22	36
>50~80	36	50	71		≥1~3.5	63	80	100	45	56	71	22	32	40	16	22	32	13	18	28
>80~160	45	63	90	>125	>3.5~6.3	80	100	125	56	71	90	28	40	50	20	28	40	16	22	36
>160~315	63	90	125	~400	>6.3~10	90	112	140	63	80	100	32	45	56	22	32	45	19	28	45
>315~630	90	125	180		>10~16	100	125	160	71	90	112	36	50	63	25	36	50	22	32	50

注：1. 查 F_p 时，取 $L=\pi d_2/2=\pi m z_2/2$；查 F_{pK}时，取 $L=K\pi m$（K 为 2 到小于 $z_2/2$ 的整数）。除特殊情况外，对于 F_{pK}，K 值规定取为小于 $z_2/6$ 的最大整数。

2. 当蜗杆齿形角 $\alpha \neq 20°$时，F_r、F_i''、f_i''的值为本表对应的公差值乘以 $\sin 20°/\sin\alpha$。

表 21.26　传动接触斑点和中心距极限偏差、中间平面极限偏差、轴交角极限偏差　　μm

传动接触斑点的要求		第Ⅲ公差组精度等级 7	8	9
接触面积的百分比/%	沿齿高不小于	55		45
	沿齿长不小于	50		40
接触位置		接触斑点痕迹应偏于啮出端，但不允许在齿顶和啮入、啮出端的棱边接触		

传动中心距 a/mm	传动中心距极限偏差 $\pm f_a$ 第Ⅲ公差组精度等级 7	8	9	传动中间平面极限偏差 $\pm f_x$ 第Ⅲ公差组精度等级 7	8	9
>30～50	31		50	25		40
>50～80	37		60	30		48
>80～120	44		70	36		56
>120～180	50		80	40		64
>180～250	58		92	47		74
>250～315	65		105	52		85
>315～400	70		115	56		92

传动轴交角极限偏差 $\pm f_\Sigma$：蜗轮齿宽 b_2/mm	第Ⅲ公差组精度等级 7	8	9
≤30	12	17	24
>30～50	14	19	28
>50～80	16	22	32
>80～120	19	24	36
>120～180	22	28	42
>180～250	25	32	48

表 21.27　传动的最小法向侧隙 $j_{n\,min}$　　μm

传动中心距 a/mm	侧隙种类 h	g	f	e	d	c	b	a
>30～50	0	11	16	25	39	62	100	160
>50～80	0	13	19	30	46	74	120	190
>80～120	0	15	22	35	54	87	140	220
>120～180	0	18	25	40	63	100	160	250
>180～250	0	20	29	46	72	115	185	290
>250～315	0	23	32	52	81	130	210	320
>315～400	0	25	36	57	89	140	230	360

表 21.28　齿厚偏差计算公式

齿厚偏差名称		计算公式	齿厚偏差名称		计算公式
蜗杆	齿厚上偏差	$E_{ss1}=-(j_{n\,min}/\cos\alpha_n+E_{s\Delta})$	蜗轮	齿厚上偏差	$E_{ss2}=0$
	齿厚下偏差	$E_{si1}=E_{ss1}-T_{s1}$		齿厚下偏差	$E_{si2}=-T_{s2}$

表 21.29　蜗杆齿厚公差和蜗轮齿厚公差　　μm

第Ⅱ公差组精度等级	蜗杆齿厚公差 T_{s1}①				蜗轮齿厚公差 T_{s2}②									
	模数 m/mm				蜗轮分度圆直径 d_2/mm									
					≤125			>125～400				>400～800		
					模数 m/mm									
	≥1～3.5	>3.5～6.3	>6.3～10	>10～16	≥1～3.5	>3.5～6.3	>6.3～10	≥1～3.5	>3.5～6.3	>6.3～10	>10～16	>3.5～6.3	>6.3～10	>10～16
7	45	56	71	95	90	110	120	100	120	130	140	120	130	160
8	53	71	90	120	110	130	140	120	140	160	170	140	160	190
9	67	90	110	150	130	160	170	140	170	190	210	170	190	230

① 当传动最大法向侧隙 $j_{n\max}$ 无要求时，允许蜗杆齿厚公差 T_{s1} 增大，最大不超过两倍。

② 在最小法向侧隙能保证的条件下，T_{s2} 公差带允许采用对称分布。

表 21.30　蜗杆齿厚上偏差误差补偿 $E_{s\Delta}$ 值　　μm

传动中心距 a/mm	蜗杆第Ⅱ公差组精度等级											
	7				8				9			
	模数 m/mm											
	≥1～3.5	>3.5～6.3	>6.3～10	>10～16	≥1～3.5	>3.5～6.3	>6.3～10	>10～16	≥1～3.5	>3.5～6.3	>6.3～10	>10～16
>30～50	48	56	63	—	56	71	85	—	80	95	115	—
>50～80	50	58	65	—	58	75	90	—	90	100	120	—
>80～120	56	63	71	80	63	78	90	110	95	105	125	160
>120～180	60	68	75	85	68	80	95	115	100	110	130	165
>180～250	71	75	80	90	75	85	100	115	110	120	140	170
>250～315	75	80	85	95	80	90	100	120	120	130	145	180
>315～400	80	85	90	100	85	95	105	125	130	140	155	185

表 21.31　蜗杆、蜗轮齿坯公差

精度①等级	齿坯尺寸和形状公差					齿坯基准面径向和端面跳动公差/μm				
	尺寸公差		形状公差		齿顶圆②直径公差	基准面直径 d/mm				
	孔	轴	孔	轴		≤31.5	>31.5～63	>63～125	>125～400	>400～800
7,8	IT7	IT6	IT6	IT5	IT8	7	10	14	18	22
9	IT8	IT7	IT7	IT6	IT9	10	16	22	28	36

① 当 3 个公差组的精度等级不同时，按最高精度等级确定公差。

② 当以齿顶圆作为测量齿厚基准时，齿顶圆也为蜗杆、蜗轮的齿坯基准面。当齿顶圆不作测量齿厚基准时，其尺寸公差按 IT11 确定，但不得大于 0.1 mm。

参考文献

[1] 林怡青，等. 机械设计基础课程设计指导书[M]. 北京：清华大学出版社，2008.
[2] 王昆，等. 机械设计、机械设计基础课程设计[M]. 北京：高等教育出版社，1995.
[3] 王连明. 机械设计课程设计[M]. 哈尔滨：哈尔滨工业大学出版社，1996.
[4] 吴宗泽，罗圣国. 机械设计课程设计手册[M]. 北京：高等教育出版社，2006.
[5] 宋宝玉. 机械设计课程设计指导书[M]. 北京：高等教育出版社，2006.
[6] 席伟光，等. 机械设计课程设计[M]. 北京：高等教育出版社，2003.
[7] 唐增宝，等. 机械设计课程设计[M]. 武汉：华中科技大学出版社，1999.
[8] 朱文坚，黄平. 机械设计课程设计[M]. 广州：华南理工大学出版社，2004.
[9] 朱孝录. 齿轮传动设计手册[M]. 北京：化学工业出版社，2005.
[10] 成大先. 机械设计手册[M]. 北京：化学工业出版社，2004.